U0313587

# 三江源生态保护和建设工程
# 生态效益监测评估

邵全琴　樊江文　等　著

科学出版社

北　京

# 内 容 简 介

本书以三江源生态建设效益评估为核心目标，以遥感、地理信息系统和生态模型等核心技术为主要手段，结合地面调查，构建了三江源生态保护和建设工程生态效益监测评估指标体系与技术体系，对三江源自然保护区生态保护和建设一期工程生态效益进行了综合评估。本书主要内容包括：三江源生态保护和建设工程生态效益监测评估指标体系、技术方法体系，三江源生态系统宏观结构，生态系统服务及生物多样性变化分析，生态系统变化的影响因素分析，生态保护和建设工程生态效益评估，基于规划目标的生态效益评估、评估结论与政策建议等。

本书适合于从事生态系统管理或生态建设的管理人员，地理学、生态学、林学、农学等专业的科研人员，以及高等院校相关专业的师生阅读、参考。

**图书在版编目（CIP）数据**

三江源生态保护和建设工程生态效益监测评估/邵全琴等著. —北京：科学出版社，2018.5

ISBN 978-7-03-054320-2

Ⅰ. ①三… Ⅱ. ①邵… Ⅲ. ①区域生态环境–环境保护–研究–青海
Ⅳ. ①X321.244

中国版本图书馆 CIP 数据核字（2017）第 217002 号

责任编辑：彭胜潮　赵　晶/责任校对：何艳萍
责任印制：肖　兴/封面设计：铭轩堂

**科 学 出 版 社** 出版
北京东黄城根北街 16 号
邮政编码：100717
http://www.sciencep.com

**中国科学院印刷厂** 印刷

科学出版社发行　各地新华书店经销

\*

2018 年 5 月第 一 版　　开本：787×1092　1/16
2018 年 5 月第一次印刷　　印张：30 1/4
字数：689 000

定价：168.00 元
（如有印装质量问题，我社负责调换）

## 本书出版和前期研究得到以下项目支持：

（1）国家科技专项"典型脆弱生态修复与保护研究"项目"重大生态工程生态效益监测与评估"（编号：2017YFC0506500）；

（2）国家自然科学基金项目"三江源区生态系统水供给服务变化及驱动机制与未来情景分析"（编号：41571504）；

（3）中国科学院科技服务网络计划（STS 计划）课题"三江源自然保护区生态保护和建设工程生态成效评估"（编号：KFJ-EW-STS-005-04）；

（4）青海省项目"2005～2012 年青海三江源自然保护区生态保护和建设工程生态成效综合评估"。

# 序

　　三江源区是长江、黄河、澜沧江三大河流的发源地，被誉为"中华水塔"，是我国乃至亚洲最重要的生态屏障和水源涵养区。近几十年来，由于受到气候变化与人类活动的共同影响，三江源区生态系统持续退化，为此，2005年1月26日国务院批准了《青海三江源自然保护区生态保护和建设总体规划》，一期工程总投资达75亿元，用于开展生态保护与建设工程。

　　为确保三江源生态工程的有效实施，必须掌握生态系统变化规律，监测评估工程取得的成效及存在的问题。三江源地处高寒地区，基础资料缺乏，地面观测基础薄弱，而且没有国内外成型的技术体系可供借鉴，生态工程的监测评估面临挑战。为此，必须攻克关键技术，发展区域生态监测与评估的综合能力。这不仅是三江源生态工程生态效益监测评估的急需，同时也是国家所有重大生态工程生态效益监测评估的急需。正是在这样的国家需求面前，以邵全琴研究员为首的中国科学院地理科学与资源研究所三江源生态评估课题组接受青海省的委托，历时近10年，实现了一系列关键技术突破，圆满完成了三江源区生态系统状况评估、三江源自然保护区生态保护和建设一期工程生态成效中期评估和终期评估。作为该领域的同行，我有机会全面了解了三江源生态保护和建设工程生态成效综合评估的系列成果，并对课题组取得的成果感到由衷的高兴。今天摆在各位读者面前的《三江源生态保护和建设工程生态效益监测评估》一书，是该项重要科研成果的总结和提升，具有以下几个突出的特点。

　　（1）围绕三江源自然保护区生态保护和建设工程规划预期目标和实施后的生态成效，构建了生态工程生态效益综合评估指标体系，以空间信息技术为核心手段，综合分析了规划实施8年来三江源生态系统结构变化、草地退化/恢复态势、草畜矛盾变化、水源涵养/水分调节、水土保持、防风固沙、水资源供给和径流调节等生态系统结构和服务功能在生态工程实施前后的变化，系统评价了三江源生态保护和建设一期工程的生态建设成效。

　　（2）集成野外观测与调查数据、生态模型模拟数据、人文经济实证调查数据和遥感对地观测数据，发展了多源数据融合、尺度转换与地面-空间数据相互验证等关键技术，实现了工程生态成效综合评估指标体系所需全部动态监测参数的生成与验证，研发了生态系统服务功能在时空尺度上的定量化评估技术，突破了生态工程成效评估动态空间信息获取的难题，建立了在该区域时间跨度最长、时空分辨率最高、指标项最为齐全、数据质量最为可靠的生态状况综合评估数据库，为该区域生态保护和建设奠定了重要的科学数据基础。

（3）发展了基于历史动态生态本底的区域生态工程成效评估、草地退化遥感分类系统、退化草地变化态势遥感分类系统、土地覆被转类指数模型、生态成效驱动力解析等生态系统评估的新概念和新方法，不仅实现了三江源自然保护区生态保护与建设工程成效的综合评估和分析，而且对牛态评估理论和方法创新做出了重要贡献。

（4）开展了生态工程生态效益评估，取得了一系列主要结论，包括：三江源地区宏观生态状况趋好，草地持续退化的趋势得到初步遏制；植被盖度明显好转；生态系统水源涵养量明显增加，黄河流域河川径流量有所增加；生态系统土壤保持服务量有所提升；自然保护区野生动植物栖息地环境质量逐渐改善。这些结论证明，工程措施对区域生态恢复产生了正面影响，为二期生态工程的实施奠定了良好基础。

该书不仅具有很高的学术价值，更可为从事重大生态工程监测评估工作的广大科技工作者提供可资借鉴的评估框架、指标体系和关键技术。

中国科学院院士

傅伯杰

2016 年 12 月于北京

# 前　言

　　三江源区地处青藏高原腹地，是长江、黄河、澜沧江三大河流的发源地，三条江河每年向下游供水 400 亿 m³ 左右，被誉为"中华水塔"。该地区是我国乃至亚洲最重要的生态屏障和水源涵养区，是世界上面积最大、海拔最高、类型最丰富的天然湿地分布区，是具有全球意义的生物多样性重要地区和高原生物基因库，是亚洲、北半球乃至全球气候变化的敏感区和重要启动区，是我国生态系统最丰富、最敏感和最脆弱的地区之一。20 世纪中期以来，由于受到气候变化与人类活动的共同影响，三江源区生态系统发生了大面积持续退化，致使流域水土流失日趋严重，源头产水量减少，草原鼠害猖獗，野生动物栖息地生境质量和生物多样性明显下降，直接威胁到长江、黄河和澜沧江流域的生态安全。

　　为了遏制三江源区生态系统的进一步恶化，2005 年 1 月 26 日国务院批准了《青海三江源自然保护区生态保护和建设总体规划》，一期工程总投资达 75 亿元，开展生态保护与建设工程。一期工程涉及青海省玉树、果洛、海南、黄南 4 个藏族自治州的 16 个县和格尔木市的唐古拉山乡，面积 36.3 万 km²。工程重点实施区域是三江源自然保护区，包括 6 个片区的 18 个自然保护区，总面积达 15.23 万 km²，占三江源地区总面积的 42%。工程实施时间为 2005~2013 年，历时 9 年；实施内容包括生态保护与建设项目、农牧民生产生活基础设施建设项目、支撑项目三大类，共 22 个子项目，其中生态保护与建设项目的主要内容包括退牧还草、退耕还林、退化草地治理、森林草原防火、草地鼠害治理、水土流失治理等。

　　为了有效开展一期工程的生态效益监测和评估工作，青海省政府决定，由青海省环保厅与水利厅、农牧厅、林业厅、气象局等单位共同组成三江源生态监测工作组；在青海省和中国科学院的大力支持下，中国科学院地理科学与资源研究所成立了三江源生态评估课题组（以下简称"课题组"），由刘纪远研究员任学术指导，邵全琴研究员任组长，樊江文研究员任副组长。在青海省环保厅的组织协调下，评估工作由中国科学院地理科学与资源研究所为技术主持单位，三江源生态监测工作组各成员单位参加，项目研究工作经历近 10 年，参加人员 150 余人。

　　课题组借鉴联合国新千年生态系统评估（MA）的理论框架，以生态环境的有效连续监测和生态建设成效评估为核心目标，以空间信息技术为主要手段，建设了三江源生态环境综合数据库系统，设计构建了生态建设工程生态效益评估指标体系，研发了空地一体化生态监测技术体系，发展了具有区域针对性的生态系统综合分析与模拟技术，提出了生态工程生态效益的工程与气候贡献率厘定方法，发展了基于生态系统动态过程本底的生态工程成效综合评估技术体系，开发了完整实现各项评估指标的生态综合监测与评估系统，编制发布了"三江源生态保护和建设生态效果评估技术规范"，完成了三江源自然保护区生态保护与建设工程生态本底评估及中期和终期生态效益评估。评估结论表明，经过青海省人民9年艰苦的生态建设，三江源一期生态工程取得了"生态系统退化趋势得到初步遏制，生态系统服务功能有所提升，重点生态建设工程区生态状况好转"的初步成效。但是，作为"中华水塔"的三江源区，要全面实现"整体恢复，全面好转，生态健康，功能稳定"的生态保护与建设长远目标，任务的长期性、艰巨性依然存在。评估成果被《青海三江源生态保护和建设二期工程规划》采纳，该规划于2013年12月在国务院部署"推进四大重点生态工程，构筑绿色保护屏障"的常务会议上通过；并于2015年5月21日由青海省人民政府和中国科学院共同批准发布；被编入2016年《青海蓝皮书——2016年青海经济社会形势分析与预测》；依据成果编写并颁布了《三江源生态监测技术规范》《三江源生态保护和建设生态效果评估技术规范》两项地方标准。

本书是对课题组多年的三江源区生态系统综合监测与评估研究成果所做的总结和归纳，也是科学出版社于2012年出版的《三江源区生态系统综合监测与评估》专著的延续。全书共分十章，具体研发及撰写分工如下：

第一章 邵全琴、唐玉芝、于海玲。第二章 邵全琴、刘纪远、樊江文、黄麟、曹巍、王军邦、陈卓奇、徐新良、于海玲、李愈哲。第三章 邵全琴、葛劲松等。第四章 第一节 葛劲松、王勇、杨永顺、李志强、聂学敏、李其江、陈强、王立亚、康海军、张更权、张富强、祁永刚、曹江源、周秉荣、杨毅、邵全琴、刘纪远、樊江文、徐新良、黄麟、曹巍、王军邦、陈卓奇、李愈哲，第二节 刘纪远、徐新良、黄麟、刘璐璐、邵全琴、樊江文，第三节 王军邦、曹巍、巩国丽、陈卓奇、吴丹、邵全琴、樊江文、刘纪远、刘璐璐、邴龙飞、张海燕。第五章 徐新良、刘璐璐、黄麟、刘纪远。第六章 第一节 葛劲松、李愈哲、樊江文，第二、三节 徐新良、黄麟、刘纪远，第四节邵全琴、杨帆。第七章 第一节 邵全琴、吴丹、刘璐璐，第二节 曹巍、郭兴健、黄海波、刘国波，第三节 巩国丽、刘国波、黄海波、刘纪远，第四节 樊江文、张海燕、陈卓奇、王军邦，第五节邵全琴、贺添、邴龙飞，第六节 李愈哲、樊江文。第八章 第一节 贺添、刘国波、曹巍、黄海波，第二节 樊江文、张海燕，第三节邵全琴、曹巍、陈卓奇。第九章 第一节 刘璐璐，第二节 杨帆，第三节 樊江文、曹巍、张海燕、于海玲、贺添，第四、五节 曹巍。第十章 刘纪远、邵全琴、樊江文。

在完成项目和编撰本书的过程中，得到了中国科学院科技促进发展局、中国科学院地理科学与资源研究所、青海省环保厅、青海省农牧厅、青海省林业厅、青海省气象局、青海省水利厅、青海省科技厅、青海省三江源办公室、青海省生态环境遥感监测中心、青海省环境监测中心站、青海省草原总站、青海省林业调查规划设计院、青海省气象科学研究所、青海省水文局、青海省工程咨询公司、中国科学院西北高原生物研究所、青海师范大学、青海大学等单位的大力支持。青海省环保厅杨汝坤、赵浩明、张兰青、任杰、司文轩，青海省科技厅解源、张超远、张燕，青海省三江源办公室李晓楠，环境保护部卫星环境应用中心王桥，中国科学院科技促进发展局冯仁国、周桔、赵涛、杨萍，中国科学院生态环境研究中心傅伯杰、欧阳志云，中国科学院地理科学与资源研究所葛全胜、王绍强、刘毅，以及中国科学院西北高原生物研究所李英年、赵新全等同志给予了具体帮助和指导，傅伯杰院士在百忙中为本书写序，在此一并表示衷心感谢。

由于本书涉及学科面广，加之作者水平有限，疏漏和不足之处在所难免，恳请读者批评指正。

作　者

2017 年 8 月于北京

# 目　　录

# 第一章 概 论

## 第一节 三江源生态保护和建设一期工程概况[*]

### 一、三江源自然保护区

#### 1. 面积与范围

三江源国家级自然保护区是在三江源区范围内由相对完整的 6 个片区的 18 个自然保护区组成。保护区总面积为 15.23 万 km²，占青海省总面积的 21%，占三江源区总面积的 42%。

#### 2. 自然保护区类型及主要保护对象

三江源自然保护区以长江、黄河、澜沧江三条大江大河源头生态系统为主要保护内容，保护对象复杂，地理区位独特。根据保护区主体功能确定了以高原湿地生态系统为主体的自然保护网络。其主要保护对象如下。

（1）高原湿地生态系统。重点是长江源区的各拉丹冬雪山群、尕恰迪如岗雪山群、岗钦雪山群，黄河流域的阿尼玛卿雪山、脱洛岗雪山和玛尼特雪山群；澜沧江流域的色的日冰川群；当曲、果宗木查、约古宗列、星宿海、楚玛尔河沿岸等主要沼泽；以及列入中国重要湿地名录的扎陵湖、鄂陵湖、玛多湖、黄河源区岗纳格玛错、依然错、多尔改错等湿地群。

（2）国家与青海省重点保护的藏羚、牦牛、雪豹、岩羊、藏原羚、冬虫夏草、兰科植物等珍稀、濒危和有经济价值的野生动植物物种及其栖息地。

（3）典型的高寒草甸与高山草原植被。

（4）青海（川西）云杉林、祁连（大果）圆柏林，山地圆柏疏林高原森林生态系统及高寒灌丛、冰缘植被、流坡植被等特有植被。

各自然保护区面积与主要保护对象见表 1-1。

表 1-1　三江源 18 个自然保护区主要保护对象

| 保护区名称 | 面积/km² | 保护类型 | 主要保护对象 | 保护区类型 |
| --- | --- | --- | --- | --- |
| 各拉丹冬 | 10 376.83 | 湿地 | 冰川、雪山和珍稀动植物 | 冰川类型 |
| 索加-曲麻河 | 41 631.56 | 高寒草原、湿地 | 高寒植被生态系统、野生动物 | 草地类型 |
| 果宗木查 | 11 192.76 | 湿地 | 沼泽湿地以及栖息的珍稀动物 | 湿地类型 |
| 当　曲 | 16 423.38 | 湿地 | 沼泽湿地以及栖息的珍稀动物 | 湿地类型 |

---

　* 本节内容摘编于《青海三江源自然保护区生态保护和建设总体规划》。

续表

| 保护区名称 | 面积/km² | 保护类型 | 主要保护对象 | 保护区类型 |
|---|---|---|---|---|
| 约古宗列 | 4 063.06 | 湿地 | 高寒湿地生态系统及其栖息的动物 | 湿地类型 |
| 扎陵湖-鄂陵湖 | 15 507.21 | 湿地与动物 | 湖泊湿地水禽、涉禽以及其他珍稀动物 | 湿地类型 |
| 星星海 | 6 906.43 | 湿地与动物 | 珍稀水禽及其栖息环境 | 湿地类型 |
| 阿尼玛卿 | 4 280.09 | 湿地与动物 | 雪山、高原珍稀动物 | 冰川类型 |
| 中铁-军功 | 7 865.31 | 森林、动物 | 针阔叶林与森林动物 | 森林类型 |
| 年保玉则 | 3 469.29 | 湿地 | 冰川、湖泊、野生动植及其栖息地 | 湿地类型 |
| 玛可河 | 1 971.27 | 森林、动物 | 暗针叶林、高山灌丛及珍稀动物 | 森林类型 |
| 多可河 | 578.76 | 森林、动物 | 暗针叶林、高山灌丛及珍稀动物 | 森林类型 |
| 麦秀 | 2 684.38 | 森林、动物 | 暗针叶林、珍稀动物 | 森林类型 |
| 昂赛 | 1 511.64 | 森林灌丛 | 暗针叶林、高山灌丛及动物 | 森林类型 |
| 白扎 | 8 935.27 | 森林、动物 | 暗针叶林、森林动物 | 森林类型 |
| 江西 | 2 424.73 | 森林、动物 | 暗针叶林、森林动物 | 森林类型 |
| 东仲 | 2 925.55 | 森林草原动物 | 暗针叶林、森林动物、高山草甸草原 | 森林类型 |
| 通天河沿 | 9 594.48 | 峡谷灌丛草地 | 高原峡谷灌丛草地 | 草地类型 |
| 合计 | 152 342.00 | 湿地类型 6 个，森林类型 8 个，草地类型 2 个，冰川类型 2 个 | | |

## 3. 功能分区

三江源自然保护区功能分区以国务院已批准的《三江源国家级自然保护区》功能区划范围为准。其功能分区为：核心区面积 31 218 km²，占自然保护区总面积的 20.5%；缓冲区面积 39 242 km²，占自然保护区总面积的 25.8%；实验区面积 81 882 km²，占自然保护区总面积的 53.7%（图 1-1）。

1）核心区

保护区共划分核心区 18 个，面积 31 218 km²。

在所有核心区中，主体功能以保护湿地生态系统的核心区分别占核心区个数的 42%，面积的 54%，其次依次为野生动物、典型森林与灌丛植被。

在空间布局上，中西部以野生动物类型为主，东部以森林灌丛类型为主，湿地类型主要区划在源头汇水区和高原湖泊周边。

2）缓冲区

在每个核心区周边，以及核心区之间，依据受干扰程度和保护对象特性的不同，划出了一定范围的缓冲区或缓冲带。缓冲区总面积 39 242 km²，占自然保护区总面积的 25.8%。

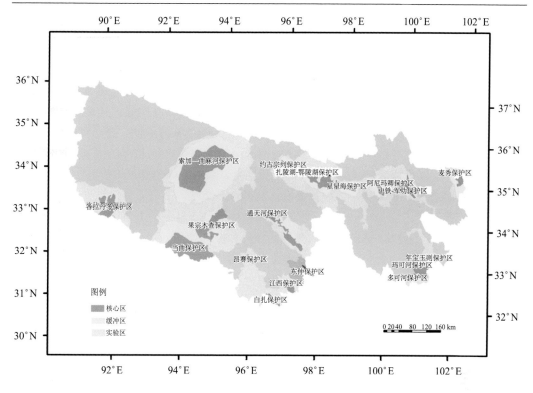

图 1-1 三江源自然保护区分布图

3）实验区

核心区和缓冲区以外的大范围区域为实验区，总面积 81 882 km²，占自然保护区总面积的 53.7%，基本包括了条件良好的所有秋冬草场和部分夏季草场。

## 二、三江源生态保护和建设工程

### 1. 生态工程规划目标与内容

1）总体目标

通过对自然保护区和生态功能区生态保护和建设的分步实施，基本上扭转整个三江源地区生态环境恶性循环的趋势，保护和恢复源区林草植被，遏制草地植被退化、沙化等高原生态系统失衡的趋势，增加源区保持水土、涵养水源能力，水源涵养量增加 13.20 亿 m³，减少水土流失 1 139.48 万 m³。人工增雨工程的实施，预计每年在作业区内增加降水 80 亿 m³，黄河径流增加 12 亿 m³。提高野生动植物栖息地环境质量。调整产业结构，提高牧民生活水平，实现牧民小康生活。建立为三江源区生态环境建设和可持续发展全方位服务的生态保障体系，实现山川秀美，经济发展，人民富裕，民族团结的总目标。

2）分期目标和任务

2004～2010 年，完成生态环境保护和建设先期工程，遏制保护区生态环境恶化，完善和巩固生态保护与建设成果，为后期大规模实施生态保护和建设奠定基础。

以三江源自然保护区为重点，主要开展天然草地及森林湿地保护和恢复工程，到 2010 年通过天然草地的恢复、退化草地的综合治理，森林植被保护、封山育林（草）、人工造林、退耕还林、沙漠化防治、39%的沼泽湿地生态系统和 80%的国家重点保护物种的保护，使区域草地退化、沙化得到治理和恢复，草地植被盖度平均提高 20%～40%，高寒草甸草地通过 5 年封育，植被覆盖度达到 60%～70%，高寒草原草地通过 7～10 年封育，植被覆盖度达到 40%～50%，严重退化草地通过 5 年封育并辅助人工措施，植被覆盖度达到 70%～80%。林草植被恢复后水源涵养能力增强。通过牧民集中定居，加快小城镇建设，引导群众调整产业结构，改变传统落后的生产方式；并实行以草定畜，达到畜草平衡，减轻天然草地的放牧压力，可将天然草地 458.95 万羊单位的超载牲畜予以缩减和转移。使保护区在 1 148.27 万 hm² 的天然草地上，保持牲畜 814.64 万羊单位（或保持牲畜 353 万头只）、人口 13.37 万人的合理承载能力范围内，保护区生态环境开始走上良性循环的轨道，实现天然草地、牲畜和人口的生态平衡。

2010～2020 年，完成环境与经济社会持续发展，实现生态、生产、生活的共同繁荣。

以三江源生态功能区为重点，在自然保护区生态保护和建设的基础上，继续开展更大范围内的生态保护和建设工程，全面完成三江源区中度以上退化草地的退牧还草，使区域内退化草地得到全面恢复。通过封山育林（草）、退耕还林、沙漠化防治、沼泽湿地封育等工程，森林植被和 90%沼泽湿地生态系统得到有效保护。加快三江源区小城镇和能源建设，发展太阳能和小水电代燃料工程，解决源区牧民能源短缺问题。调整人口布局，转化天然草地超载牲畜，彻底缓解人口对草场的依赖和牲畜对草场的压力，最终实现人与自然的和谐共处，使三江源地区成为生态、生产、生活共同繁荣的新牧区。

3）主要建设内容

三江源自然保护区生态保护和建设内容包括三大类 22 个子项目。

（1）生态保护与建设项目。包括退牧还草、已垦草原还草、退耕还林、生态恶化土地治理、森林草原防火、草地鼠害治理、水土保持和保护管理设施与能力建设等八项建设内容。

（2）农牧民生产生活基础设施建设项目。包括生态搬迁工程、小城镇建设、草地保护配套工程和人畜饮水工程等四项建设内容。

（3）支撑项目。主要包括人工增雨工程、生态监测与科技支撑等建设内容。

**2. 生态工程实施状况**

1）退牧还草

利用 5 年（2004～2008 年）时间完成退牧还草 9 658.29 万亩（已扣除纳入国家规划

退牧还草面积 7 557.13 万亩[①]），禁牧期 5 年，涉及人口 223 090 人，40 562 户。其中，核心区禁牧面积 3 072.63 万亩，缓冲区禁牧 2 325.403 万亩。实验区 4 260.27 万亩（表 1-2）。

表 1-2 退牧还草工程布局及规划表 （单位：万亩）

| 区域 | 草地面积 | 退牧还草面积 | 其中：围栏面积 | | |
| --- | --- | --- | --- | --- | --- |
| | | | 核心区 | 缓冲区 | 试验区 |
| 麦秀 | 307.94 | 172.77 | 33.75 | 60.20 | 78.82 |
| 中铁-军功 | 710.90 | 398.83 | 100.62 | 60.21 | 238.00 |
| 阿尼玛卿 | 374.56 | 210.14 | 32.49 | 55.03 | 122.62 |
| 星星海 | 753.42 | 422.69 | 115.66 | 77.21 | 229.82 |
| 年保玉则 | 295.11 | 165.56 | 12.46 | 13.32 | 139.78 |
| 多可河 | 24.71 | 13.86 | 7.69 | 2.21 | 3.96 |
| 通天河沿 | 861.03 | 483.06 | 101.87 | 118.60 | 262.59 |
| 东仲 | 290.00 | 162.70 | 23.07 | 37.01 | 102.62 |
| 江西 | 175.67 | 98.56 | 11.58 | 23.70 | 63.28 |
| 白扎 | 967.47 | 542.78 | 19.88 | 12.28 | 510.62 |
| 昂赛 | 110.66 | 62.08 | 21.02 | 10.87 | 30.20 |
| 当曲 | 2 233.27 | 1 252.92 | 763.39 | 298.48 | 191.05 |
| 索加-曲麻河 | 5 243.46 | 2 941.71 | 1 202.17 | 1 019.49 | 720.06 |
| 各拉丹冬 | 1 111.22 | 623.42 | 1.55 | 133.06 | 488.81 |
| 约古宗列 | 521.33 | 292.48 | 134.45 | 36.48 | 121.55 |
| 扎陵湖-鄂陵湖 | 1 934.13 | 1 085.10 | 140.96 | 191.90 | 752.24 |
| 果宗木查 | 1 178.85 | 661.36 | 335.38 | 159.23 | 166.75 |
| 玛可河 | 121.69 | 68.27 | 14.64 | 16.14 | 37.49 |
| 合计 | 17 215.42 | 9 658.29 | 3 072.63 | 2 325.40 | 4 260.27 |

2）退耕还林（草）

三江源地区有耕地 460 km$^2$，根据退耕还林工程规划，退耕还林（草）325.93 km$^2$。保护区有耕地面积 98.13 km$^2$。

保护区核心区是受绝对保护的区域，不能有任何的生产、生活活动，保护区核心区的耕地，必须全部无条件地退耕还林（还草）。由此，保护区核心区需要退耕 14.33 km$^2$。

缓冲区内耕地全部退耕，面积 51.07 km$^2$。

规划退耕还林（草）总面积 65.40 km$^2$，占保护区耕地面积的 66.39%（表 1-3）。

① 1 亩≈666.7 m$^2$，下同。

表 1-3　保护区耕地现状及规划表　　　　（单位：km$^2$）

| 区域 | 现　状 | | | | 规　划　面　积 | | | |
|---|---|---|---|---|---|---|---|---|
| | 合计 | 核心区 | 缓冲区 | 实验区 | 合计 | 核心区 | 缓冲区 | 实验区 |
| 中铁-军功 | 40.40 | 1.53 | 23.27 | 15.67 | 24.73 | 1.53 | 23.27 | |
| 麦秀 | 2.20 | 2.20 | — | — | 2.20 | 2.20 | 0.00 | |
| 玛可河 | 17.13 | 3.07 | 10.07 | 4.00 | 13.13 | 3.07 | 10.07 | |
| 通天河沿 | 25.67 | 5.00 | 16.93 | 3.73 | 21.93 | 5.00 | 16.93 | |
| 东仲 | 2.93 | 0.07 | 0.07 | 2.80 | 0.13 | 0.07 | 0.07 | |
| 江西 | 7.33 | 2.53 | 0.80 | 4.00 | 3.27 | 2.53 | 0.80 | |
| 白扎 | 1.47 | — | — | 1.47 | | | | |
| 合计 | 98.13 | 14.33 | 51.07 | 32.73 | 65.40 | 14.33 | 51.07 | |

3）封山育林

保护区内有宜林荒山 5 934.53 km$^2$，疏林地 203.00 km$^2$，保护区内的灌木盖度大于 15%，小于 30% 的宜林荒山和郁闭度小于 0.2 的疏林地通过补播、补种、围栏、管护等措施实施封山育林。

封山育林是要针对以森林灌丛植被为主的中铁-军功、麦秀、玛可河、多可河、通天河沿，东仲、江西、白扎、昂赛等。总规模 3 013.60 km$^2$，占宜林荒山面积的 50.78%，其中宜林荒山封山育林 2 822.80 km$^2$，疏林地封山育林 190.80 km$^2$（表 1-4）。

表 1-4　封山育林规模及投资估算表　　　　（单位：km$^2$）

| 区域 | 统计类型 | 封山育林规模 | 区域 | 统计类型 | 封山育林规模 |
|---|---|---|---|---|---|
| 中铁-军功 | 宜林荒山 | 832.20 | 东仲 | 宜林荒山 | 135.80 |
| | 疏林地 | 83.93 | | 疏林地 | 0.67 |
| | 合计 | 916.13 | | 合计 | 136.47 |
| 麦秀 | 宜林荒山 | 96.93 | 江西 | 宜林荒山 | 67.33 |
| | 疏林地 | 14.00 | | 疏林地 | 13.87 |
| | 合计 | 110.93 | | 合计 | 81.13 |
| 玛可河 | 宜林荒山 | 82.93 | 白扎 | 宜林荒山 | 126.80 |
| | 疏林地 | 9.73 | | 疏林地 | 32.60 |
| | 合计 | 92.67 | | 合计 | 159.47 |
| 多可河 | 宜林荒山 | 59.87 | 昂赛 | 宜林荒山 | 120.53 |
| | 合计 | 59.87 | | 疏林地 | 29.60 |
| 通天河沿 | 宜林荒山 | 1 300.40 | | 合计 | 150.13 |
| | 疏林地 | 6.47 | 总计 | | 3 013.60 |
| | 合计 | 1 306.80 | | | |

4）沙漠化土地防治

自然保护区沙漠化土地面积主要分布在索加-曲麻河、扎陵湖-鄂陵湖、星星海保护区，面积 1 106.67 km²，其中索加-曲麻河 294.20 km²，扎陵湖-鄂陵湖 50.80 km²，星星海 761.67 km²。

在高海拔地区，不适合人工植树种草来恢复植被，只能通过人工辅助的方式，建立围栏，进行封沙育草，通过减少人畜活动，改善局部地区生态条件，逐年恢复原生植被来遏制沙漠化进程，恢复原有生境。规划对保护区内的沙漠化土地通过封沙育林草措施，初步遏制沙漠化的蔓延，规划面积 441 km²（表 1-5）。

**表 1-5　保护区沙漠化现状及规划表**　　　　　（单位：km²）

| 区域 | 现状 | | | | 规划面积 | | | |
|---|---|---|---|---|---|---|---|---|
| | 合计 | 核心区 | 缓冲区 | 实验区 | 合计 | 核心区 | 缓冲区 | 实验区 |
| 索加-曲麻河 | 294.20 | 178.80 | 115.40 | | | | 57.73 | |
| 扎陵湖-鄂陵湖 | 50.80 | 16.13 | 32.20 | 2.47 | | | | 2.47 |
| 星星海 | 761.73 | 0.00 | 0.00 | 761.73 | | | | 380.87 |
| 合计 | 1 106.67 | 194.93 | 147.60 | 764.20 | 441.00 | | 57.73 | 383.33 |

5）湿地生态系统保护

**湿地生态系统重点保护区域**　根据各湿地的重要性和典型性，在三江源区分别选择了河流、高原湖泊、沼泽、冰川雪山 4 个主要湿地类型的 9 个重点湿地进行保护，它们分别是长江源区的各拉丹冬雪山、当曲湿地群；黄河源区的约古宗列沼泽湿地群、扎陵湖-鄂陵湖湿地、星星海沼泽湿地、阿尼玛卿雪山；分别属于黄河和长江水系的年保玉则湿地群；澜沧江源区的果宗木查湿地群（表 1-6）。

**重点湿地封育保护**　三江源自然保护区主体功能是以保护湿地生态系统为主，湿地类型主要在源头汇水区和高原湖泊周边地区。主要分布在果宗木查、扎陵湖-鄂陵湖、星星湖、阿尼玛卿、年保玉则、当曲、各拉丹冬、约古宗列、索加-曲麻河等 9 个保护区，面积 8 892.73 km²，其中水域、湖泊湿地 2 092.67 km²，沼泽湿地 2 754.73 km²，冰川湿地 4 045.33 km²。规划主要对果宗木查、当曲、约古宗列、扎陵湖-鄂陵湖、星星海、年保玉则保护区内核心区和缓冲区内的沼泽湿地进行保护，规划保护面积 1 067.47 km²，其中：核心区 598.47 km²、缓冲区 469 km²（表 1-7）。

6）黑土滩综合治理

**黑土滩退化草地现状**　三江源自然保护区退化草地面积 5.72 万 km²，占可利用草地面积 55.40%。黑土滩面积 1.84 万 km²，其中核心区 2 348.2 km²、缓冲区 4 901.73 km²、实验区 1.11 万 km²（表 1-8）。

表 1-6　三江源自然保护区湿地面积统计表　　　　（单位：km²）

| 区域 | 湿地类型 | 面积 | 所在流域 | 区域 | 湿地类型 | 面积 | 所在流域 |
|---|---|---|---|---|---|---|---|
| 各拉丹冬 | 小计 | 2 968.71 | 长江源区 | 扎陵湖-鄂陵湖 | 小计 | 1 510.45 | 黄河源区 |
| | 水域 | 400.14 | | | 水域 | 1 218.72 | |
| | 沼泽 | | | | 沼泽 | 291.73 | |
| | 冰川 | 2 568.57 | | | 冰川 | | |
| 索加-曲麻河 | 小计 | 352.27 | 长江源区 | 星星海 | 小计 | 415.55 | 黄河源区 |
| | 水域 | 167.77 | | | 水域 | 190.52 | |
| | 沼泽 | 184.50 | | | 沼泽 | 225.06 | |
| | 冰川 | | | | 冰川 | | |
| 果宗木查 | 小计 | 954.64 | 澜沧江源区 | 阿尼玛卿 | 小计 | 264.43 | 黄河源区 |
| | 水域 | 1.21 | | | 水域 | | |
| | 沼泽 | 559.14 | | | 沼泽 | 0.01 | |
| | 冰川 | 394.29 | | | 冰川 | 264.42 | |
| 当曲 | 小计 | 779.22 | 长江源区 | 年保玉则 | 小计 | 208.59 | 年保玉则以西、以南为长江水系，以东以北为黄河源区 |
| | 水域 | 86.68 | | | 水域 | 13.71 | |
| | 沼泽 | 93.70 | | | 沼泽 | 23.36 | |
| | 冰川 | 598.84 | | | 冰川 | 171.52 | |
| 约古宗列 | 小计 | 1 438.89 | 黄河源区 | 合计 | 小计 | 8 892.75 | |
| | 水域 | 13.94 | | | 水域 | 2 092.69 | |
| | 沼泽 | 1 377.25 | | | 沼泽 | 2754.72 | |
| | 冰川 | 47.70 | | | 冰川 | 4 045.34 | |

表 1-7　保护区沼泽湿地封育保护面积表　　　　（单位：km²）

| 区域 | 面积 | 区域 | 面积 |
|---|---|---|---|
| 果宗木查 | 259.13 | 扎陵湖-鄂陵湖 | 185.93 |
| 当曲 | 93.73 | 星星海 | 28.40 |
| 约古宗列 | 476.93 | 年保玉则 | 23.33 |
| | | 合计 | 1 067.47 |

表 1-8　三江源自然保护区黑土滩退化草地面积、治理面积　　　（单位：km²）

| 区域 | 草地面积 | 黑土滩面积 | 治理面积 |
|---|---|---|---|
| 麦秀 | 2 053.00 | 328.47 | 111.67 |
| 中铁-军功 | 4 739.40 | 758.27 | 251.53 |
| 阿尼玛卿 | 2 497.07 | 399.53 | 136.80 |
| 星星海 | 5 022.80 | 803.67 | 155.13 |
| 年保玉则 | 1 970.07 | 314.80 | 161.67 |

续表

| 区域 | 草地面积 | 黑土滩面积 | 治理面积 |
|---|---|---|---|
| 多可河 | 164.73 | 26.33 | 10.73 |
| 通天河沿 | 5 740.20 | 918.40 | 207.53 |
| 东仲 | 1 933.40 | 309.33 | 71.47 |
| 江西 | 1 171.13 | 187.40 | 62.20 |
| 白扎 | 6 449.80 | 1 032.00 | 99.13 |
| 昂赛 | 737.67 | 118.07 | 10.87 |
| 当曲 | 14 888.47 | 2 382.13 | 232.07 |
| 索加-曲麻河 | 34 956.40 | 5 593.00 | 893.93 |
| 各拉丹冬 | 7 408.13 | 1 185.33 | 435.80 |
| 约古宗列 | 3 475.53 | 556.07 | 41.67 |
| 扎陵湖-鄂陵湖 | 12 894.20 | 2 063.07 | 412.73 |
| 果宗木查 | 7 859.00 | 1 257.47 | 141.27 |
| 玛可河 | 811.27 | 129.80 | 47.73 |
| 合计 | 114 772.27 | 18 363.53 | 3 483.87 |

黑土滩治理规模及措施 黑土滩是指由于过牧、鼠害以及冻融、风蚀和水蚀引起的严重退化的草地,主要表现为植被稀疏、盖度降低、可食牧草比重减少、草场生产力大幅度下降、土地裸露、土壤结构及理化性质变劣、水土流失及土地荒漠化加剧。该类草地仅通过长期封育,难以恢复,必须通过人工治理措施相配套。黑土滩治理集中在缓冲区、实验区进行,主要治理措施为土壤改良、施肥、补播牧草及封禁等。技术路线为:整地(耕、耙等)—施肥—播种(撒播)—轻耙(覆土)—镇压。规划利用 5 年时间完成黑土滩治理面积 3 483.87 km$^2$,其中:缓冲区 1 334.53 km$^2$、实验区 2 149.33 km$^2$。

7)森林草原防火

森林(草原)防火是自然保护区生态建设工程的重要工作,总投资 5 205.00 万元。

8)鼠害防治

三江源自然保护区草地鼠害面积 3 138.13 万亩(2.10 万 km$^2$),其中核心区 666.30 万亩(4 442 km$^2$)、缓冲区 946.65 万亩(6 311 km$^2$)、实验区 1 525.18 万亩(1.02 万 km$^2$)(表 1-9)。

表 1-9 鼠害防治规模表 (单位:万亩)

| 区域 | 合计 | 核心区 | 缓冲区 | 实验区 |
|---|---|---|---|---|
| 麦秀 | 80.95 | 1.73 | 4.82 | 74.9 |
| 中铁-军功 | 191.66 | 13.26 | 7.76 | 170.65 |
| 阿尼玛卿 | 97.04 | — | 31.05 | 65.99 |

续表

| 区域 | 合计 | 核心区 | 缓冲区 | 实验区 |
|---|---|---|---|---|
| 星星海 | 123.69 | 13.63 | 32.14 | 77.93 |
| 年保玉则 | 117.6 | 2.94 | 4.91 | 109.75 |
| 多可河 | 8.33 | 0.71 | 3.15 | 4.47 |
| 通天河沿 | 164.38 | 17.18 | 40.51 | 106.69 |
| 东仲 | 53.88 | 3.18 | 6.49 | 44.21 |
| 江西 | 45.48 | 1.36 | 2.47 | 41.65 |
| 白扎 | 74.05 | 3.71 | 4.57 | 65.77 |
| 昂赛 | 10.07 | 2.35 | 4.08 | 3.65 |
| 当曲 | 343.73 | 179.13 | 99.93 | 64.68 |
| 索加-曲麻河 | 955.06 | 320.93 | 458.06 | 176.07 |
| 各拉丹冬 | 309.15 | — | 54.04 | 255.11 |
| 约古宗列 | 58.8 | 29.26 | 19.5 | 10.04 |
| 扎陵湖-鄂陵湖 | 300.55 | 7.79 | 104.41 | 188.35 |
| 合计 | 3 138.13 | 666.30 | 946.65 | 1 525.18 |

9）水土保持工程

根据青海省 2000 年土壤侵蚀遥感调查，三江源区的水土流失面积为 9.62 万 km²，占该区总面积的 26.5%。2004～2010 年，三江源保护区范围内共完成水土流失治理面积 500 km²（表 1-10）。

表 1-10　三江源自然保护区水土保持工程规划表　　　　（单位：km²）

| 分　县 | 水土流失面积 | 分　县 | 水土流失面积 |
|---|---|---|---|
| 一、玉树州 | 250 | 12.甘德县 | 13 |
| 　　1.玉树县 | 50 | 三、海南州 | 42 |
| 　　2.囊谦县 | 42 | 　　13.同德县 | 21 |
| 　　3.治多县 | 33 | 　　14.兴海县 | 21 |
| 　　4.曲麻莱县 | 38 | 四、黄南州 | 42 |
| 　　5.杂多县 | 46 | 　　15.河南县 | 21 |
| 　　6.称多县 | 42 | 　　16.泽库县 | 21 |
| 二、果洛州 | 166 | 五、格尔木市 | |
| 　　7.达日县 | 33 | 　　17.唐古拉乡 | |
| 　　8.班玛县 | 33 | | |
| 　　9.玛多县 | 33 | 合计 | 500 |
| 　　10.玛沁县 | 33 | | |
| 　　11.久治县 | 21 | | |

10）保护区管理设施与能力建设

以站点为核心，进行综合能力建设。包括保护管理站（点）改造及建设，保护管理局、分局建设，界碑（桩）设置，野生动物保护（野外巡护和物种保护工程），湖泊湿地的禁渔工程。

**3. 农牧民生产生活基础设施建设项目**

1）生态搬迁工程

自然保护区有人口 223 090 人，其中核心区 43 566 人，缓冲区 54 254 人，实验区 125 270人。按小康型消费标准进行测算，三江源保护区人口环境容量为 133 731 人，24 315 户，需生态搬迁 89 358 人，16 129 户。实际搬迁群众 55 773 人，10 140 户（表 1-11）。

表 1-11　生态搬迁工程建设分区规模表

| 区域 | 自然保护区现有人口 | | 生态搬迁 | | 建设规模/万 m² | |
| --- | --- | --- | --- | --- | --- | --- |
| | 人 | 户 | 人 | 户 | 住房 | 暖棚 |
| 麦秀 | 16 389 | 2 980 | 4 097 | 745 | 3.35 | 8.94 |
| 中铁-军功 | 48 293 | 8 781 | 12 073 | 2 195 | 9.88 | 26.34 |
| 阿尼玛卿 | 2 939 | 534 | 735 | 134 | 0.60 | 1.61 |
| 星星海 | 7 610 | 1 384 | 1 903 | 346 | 1.56 | 4.15 |
| 年保玉则 | 10 576 | 1 923 | 2 644 | 481 | 2.16 | 5.77 |
| 多可河 | 1 299 | 236 | 325 | 59 | 0.27 | 0.71 |
| 通天河沿 | 36 109 | 6 565 | 9 027 | 1 641 | 7.38 | 19.69 |
| 东仲 | 4 138 | 752 | 1 035 | 188 | 0.85 | 2.26 |
| 江西 | 36 221 | 6 467 | 9 055 | 1 617 | 7.28 | 19.40 |
| 白扎 | 5 438 | 989 | 1 360 | 247 | 1.11 | 2.96 |
| 昂赛 | 3 694 | 672 | 924 | 168 | 0.76 | 2.02 |
| 当曲 | 3 335 | 606 | 834 | 152 | 0.68 | 1.82 |
| 索加-曲麻河 | 13 867 | 2 521 | 3 467 | 630 | 2.84 | 7.56 |
| 各拉丹冬 | 2 113 | 503 | 528 | 126 | 0.57 | 1.51 |
| 约古宗列 | 9 234 | 1 679 | 2 309 | 420 | 1.89 | 5.04 |
| 扎陵湖-鄂陵湖 | 1 902 | 346 | 476 | 86 | 0.39 | 1.03 |
| 果宗木查 | 12 297 | 2 236 | 3 074 | 559 | 2.52 | 6.71 |
| 玛可河 | 7 636 | 1 388 | 1 909 | 347 | 1.56 | 4.16 |
| 合计 | 223 090 | 40 562 | 55 773 | 10 140 | 45.63 | 121.68 |

生态搬迁后，其承包草场应实施禁牧，但其草场承包权不变，并享受退牧还草饲料粮补助。

为进入城镇的生态搬迁群众建设与其生活和生产直接相关的住房及基本的农牧业生

产设施，主要包括住房和畜牧业生产用畜棚。搬迁户每户建住房 45 m²，畜棚一座，每座 120 m²。

保护区生态搬迁户数 10 140 户，55 773 人。共建住房 45.63 万 m²，暖棚 121.68 万 m²。生态搬迁后，可使 318.40 万羊单位的牲畜从天然草原上转移出来（表 1-11）。

2）小城镇建设

依托具有一定规模、市场经济相对发达的县城及建制镇进行重点开发建设，吸纳部分牧民进城镇，形成强大的规模集聚效应。

根据牧民进城镇的规模和可能安置的基本方式，小城镇建设选择以本区域内为主，即以区域内各县城为中心的城镇或建制镇周围。以各县城为中心的城镇或建制镇约有 22 个，县域城镇包括玉树州州府所在地结古镇（玉树县）、称文镇（称多县）、香达镇（囊谦县）、加吉博洛格镇（治多县）、萨呼腾镇（杂多县）、约改滩镇（曲麻莱县）；果洛州州府所在地大武镇（玛沁县）、玛查理镇（玛多县）、吉迈镇（达日县）、柯曲镇（甘德县）、智青松多镇（久治县）、塞来塘镇（班玛县）；子科滩镇（兴海县）、尕巴松多镇（同德县）、优干宁镇（河南县）、乃亥镇（泽库县）。建制镇包括玉树县的隆宝，称多县的歇武、清水河，囊谦县的白扎，玛沁县的拉加，玛多县的花石峡，兴海县的河卡等。这些小城镇建设所在地均在保护区范围之处，基本达到了《中华人民共和国自然保护区条例》的要求。

根据三江源地区城镇建设现状及《村镇规划标准》，规划规模应确定为中心镇中型（人口 3 000～10 000 人）或大型（人口大于 10 000 人）两级，人均建设用地指标 120 m²/人，建设用地主要由居住建筑用地、公共建设用地、生产建筑用地、道路广场用地、市政设施用地、公共绿化用地等构成（表 1-12）。

表 1-12　三江源保护区小城镇人均建设用地构成表

| 用地名称 | 人均建设用地/（m²/人） | 比例/% |
| --- | --- | --- |
| 居住用地 | 45 | 37.5 |
| 公共设施用地 | 33.3 | 27.8 |
| 行政管理用地 | 5 | 4.1 |
| 教育机构用地 | 10 | 8.3 |
| 文体科技用地 | 2 | 1.7 |
| 医疗保健用地 | 2 | 1.7 |
| 商业金融用地 | 14 | 11.7 |
| 其他设施用地 | 0.3 | 0.25 |
| 生产建筑用地 | 14 | 11.7 |
| 道路广场用地 | 9 | 7.5 |
| 市政设施用地 | 5 | 4.1 |
| 公共绿化用地 | 13.7 | 11.4 |
| 合计 | 120 | 100.0 |

3）草地保护配套工程

建设养畜工程实施户共 30 421 户，暖棚建设户均 120 m²，贮草棚户均 40 m²，共建设暖棚 365.06 万 m²，贮草棚 121.69 万 m²，人工饲草料基地 101.4 km²。配套工程实施后，牧业基础设施得以加强，可使 140.55 万羊单位的牲畜从天然草原上转移出来（表1-13）。

表 1-13 建设养畜配套工程规模与投资表

| 区域 | 建设养畜户数 | | 建设规模 | | | 投资/万元 | | | |
| | 人口 | 户数 | 暖棚/万 m² | 贮草棚/万 m² | 饲草料基地/km² | 合计 | 暖棚 | 贮草棚 | 饲草料基地 |
|---|---|---|---|---|---|---|---|---|---|
| 麦秀 | 12 292 | 2235 | 26.82 | 8.94 | 7.47 | 6 548.15 | 5 363.67 | 1 072.73 | 111.74 |
| 中铁-军功 | 36 220 | 6585 | 79.02 | 26.34 | 21.93 | 19 295.25 | 15 804.98 | 3 161.00 | 329.27 |
| 阿尼玛卿 | 2 204 | 401 | 4.81 | 1.60 | 1.33 | 1 174.26 | 961.85 | 192.37 | 20.04 |
| 星星海 | 5 708 | 1038 | 12.45 | 4.15 | 3.47 | 3 040.54 | 2 490.55 | 498.11 | 51.89 |
| 年保玉则 | 7 932 | 1442 | 17.31 | 5.77 | 4.80 | 4 225.59 | 3 461.24 | 692.25 | 72.11 |
| 多可河 | 974 | 177 | 2.13 | 0.71 | 0.60 | 519.01 | 425.13 | 85.03 | 8.86 |
| 通天河沿 | 27 082 | 4924 | 59.09 | 19.70 | 16.40 | 14 427.19 | 11 817.49 | 2 363.50 | 246.20 |
| 东仲 | 3 104 | 564 | 6.77 | 2.26 | 1.87 | 1 653.32 | 1 354.25 | 270.85 | 28.21 |
| 江西 | 27 166 | 4 850 | 58.20 | 19.40 | 16.20 | 14 211.61 | 11 640.91 | 2 328.18 | 242.52 |
| 白扎 | 4 079 | 742 | 8.90 | 2.97 | 2.47 | 2 172.73 | 1 779.71 | 355.94 | 37.08 |
| 昂赛 | 2 771 | 504 | 6.04 | 2.01 | 1.67 | 1 475.92 | 1 208.95 | 241.79 | 25.19 |
| 当曲 | 2 501 | 455 | 5.46 | 1.82 | 1.53 | 1 332.48 | 1 091.45 | 218.29 | 22.74 |
| 索加-曲麻河 | 10 400 | 1 891 | 22.69 | 7.56 | 6.33 | 5 540.50 | 4 538.29 | 907.66 | 94.55 |
| 各拉丹冬 | 1 585 | 377 | 4.52 | 1.51 | 1.27 | 1 104.57 | 904.77 | 180.95 | 18.85 |
| 约古宗列 | 6 926 | 1 259 | 15.11 | 5.04 | 4.20 | 3 689.40 | 3 022.04 | 604.41 | 62.96 |
| 扎陵湖-鄂陵湖 | 1 427 | 259 | 3.11 | 1.04 | 0.87 | 759.94 | 622.47 | 124.49 | 12.97 |
| 果宗木查 | 9 223 | 1 677 | 20.12 | 6.71 | 5.60 | 4 913.21 | 4 024.47 | 804.89 | 83.84 |
| 玛可河 | 5 727 | 1 041 | 12.50 | 4.17 | 3.47 | 3 050.93 | 2 499.05 | 499.81 | 52.06 |
| 合计 | 167 318 | 30 421 | 365.06 | 121.69 | 101.40 | 89 134.60 | 73 011.27 | 14 602.25 | 1 521.07 |

4）能源建设工程

三江源区太阳能资源比较丰富，日照时数长，太阳辐射率高，多年平均年总辐射量为 62 万 J/cm²，是将来发展太阳能利用的基础。水电资源丰富，三江源自然保护区居江河源头，河流众多，水系发育，水头高，坡降大，水力资源非常丰富，不仅具有建设大中型水电站的优势，也可大力发展微小水电站。水力资源蕴藏量 1 692.718 万 kW，其中：可开发中小水电 344.531 万 kW，占全省中小水电可开发的 52.7%，已开发中小水电 5.9681

万 kW，占中小水电可开发的 0.91%，开发潜力巨大。

自然保护区能源建设主要以太阳能利用工程为主，包括太阳灶、太阳房和太阳能电池及生活用能等工程（表 1-14）。

表 1-14  太阳能利用工程规模表

| 区域 | 合计 | | 太阳灶/台 | 太阳能电池及生活用能/户 | 太阳房/所 |
| --- | --- | --- | --- | --- | --- |
| | 户 | 人 | | | |
| 麦秀 | 2 235 | 12 292 | 2 235 | 2 235 | 22 |
| 中铁-军功 | 6 585 | 36 220 | 6 585 | 6 585 | 66 |
| 阿尼玛卿 | 401 | 2 204 | 401 | 401 | 4 |
| 星星海 | 1 038 | 5 708 | 1 038 | 1 038 | 10 |
| 年保玉则 | 1 442 | 7 932 | 1 442 | 1 442 | 14 |
| 多可河 | 177 | 974 | 177 | 177 | 2 |
| 通天河沿 | 4 924 | 27 082 | 4 924 | 4 924 | 49 |
| 东仲 | 564 | 3 104 | 564 | 564 | 6 |
| 江西 | 4 850 | 27 166 | 4 850 | 4 850 | 49 |
| 白扎 | 742 | 4 079 | 742 | 742 | 7 |
| 昂赛 | 504 | 2 771 | 504 | 504 | 5 |
| 当曲 | 455 | 2 501 | 455 | 455 | 5 |
| 索加-曲麻河 | 1 891 | 10 400 | 1 891 | 1 891 | 19 |
| 各拉丹冬 | 377 | 1585 | 377 | 377 | 4 |
| 约古宗列 | 1 259 | 6 926 | 1 259 | 1 259 | 13 |
| 扎陵湖-鄂陵湖 | 259 | 1 427 | 259 | 259 | 3 |
| 果宗木查 | 1 677 | 9 223 | 1 677 | 1 677 | 17 |
| 玛可河 | 1 041 | 5 727 | 1 041 | 1 041 | 10 |
| 总计 | 30 421 | 167 318 | 30 421 | 30 421 | 304 |

（1）太阳灶：采光面积约为 1.8 m²。规划利用 7 年时间（2004～2010 年）完成保护区牧户推广太阳灶 30421 台（户），在牧户中得到普及。

（2）太阳房小学：规划在牧民集中聚居点改扩建 304 所小学为太阳房小学。

（3）太阳能电池及生活用能：规划利用 7 年时间，在保护区推广太阳能电池及生活用能 30 421 户。完成后太阳能电池及生活用能在农牧户中得到普及。

5）灌溉饲草料基地建设

根据三江源地区地形、地貌、水文、气象等特征，结合地区实际，本次规划建设灌溉饲草料地的主要模式有家庭草库仓式、联合开发的饲草料地和饲草料基地 3 种。

（1）家庭草库仓式。这种模式以牧户为单元，户均占有饲草料地 3 hm²，规模一般在 3～67 hm² 不等，其用水量少，独户或几户经营，适应畜草双承包经营体制。

（2）联合开发的饲草料地。这种模式规模一般在 $67\sim667\ hm^2$ 之间，适用于有一定水资源开发利用条件、土地平坦、土质较好的地区，由多户联合开发、分户经营。

（3）饲草料基地。这种模式适用于土地连片集中，地表水相对丰富，以及根据实际需要安置部分牧民进城镇的地区，规模一般较大，为 $667\sim1\ 333\ hm^2$ 左右。该模式主要用于对各州县牧区现有牧场、农场等的部分农田的退耕还草工程中。

按照规划总体布局和要求，结合保护区部分牧民进城镇点建设、合理的牲畜数量及地区水资源条件等因素综合分析，规划在三江源保护区范围内发展建设家庭草库仑和联合开发饲草料地模式的灌溉饲草料基地 112 处 $3\ 333\ hm^2$，主要在海南州的同德县、兴海县以及黄南州的泽库县进行试点建设。其中同德县 $1\ 333\ hm^2$，兴海县 $1\ 333\ hm^2$，泽库县 $667\ hm^2$。

6）人畜饮水工程

截至 2000 年，三江源地区已建成农田灌溉干、支渠 124 条，全长 631 km，草原灌溉渠道 80 条，全长 330 km，抽水机站 42 座，配套机电井 128 眼，供水管道 422 条，全长 578 km。这些工程共发展农田灌溉面积 233.33 km²，发展灌溉饲草料基地 55.8 km²，解决了 26.958 万人饮水和 280 万头（只）牲畜的吃水困难问题。牧区水利工程的兴建，对地方农牧业生产起到了积极的促进作用。

由于三江源地区海拔高、地形复杂，自然条件恶劣，经济落后，地处偏远，交通不便等原因，三江源地区水利建设力度严重不足。

结合三江源区地形、地质、气象、水文、水源条件和社会经济状况等因素综合分析，确定该区人饮工程建设以小型工程为主，工程水源以引取地表水为主；根据地区条件因地制宜地采取引泉、截流、打井、管道输水等工程措施，规划兴建 256 项人畜饮水工程，计划解决 13.16 万人（已解决 3.57 万人饮水困难，另有 5.58 万人搬迁群众饮水问题在小城镇建设中解决）的饮水困难问题。主要建设内容有修建引水枢纽 193 座，大口井 93 眼，机井 50 眼，土井 1 102 眼，蓄水池 209 座，各类阀井 1 906 眼，供水点 762 座，埋设干支管道 1 472 km。估算总投资 15 462.31 万元（表 1-15）。

**4. 支撑项目**

1）人工增雨工程

从 1997 年开始至今已连续 7 年实施了黄河上游地区人工增雨工作，主要采用飞机和地面综合作业方式进行增雨催化作业。作业区域包括黄河源头至龙羊峡整个黄河流域。青海省是西北人工增雨工程（一期）主要建设基地之一，依靠西北人工增雨（一期）工程建设，改装了一架催化作业飞机和增加了新型的烟剂燃烧催化装置，对青海省的人工增雨基础设施建设有了很大的促进作用。目前一架作业飞机不能满足在青海省内整个黄河流域进行人工增雨作业；同时，西北基地内的先进探测仪器所覆盖的区域有限。

表 1-15　三江源自然保护区人畜饮水工程规划表　　（单位：人）

| 分　县 | 人口 | 人饮困难数 | 分　县 | 人口 | 人饮困难数 |
|---|---|---|---|---|---|
| 一、玉树州 | 124 333 | 73 340 | 12.甘德县 | 2 745 | 1 619 |
| 1.玉树县 | 19 483 | 11 492 | 三、海南州 | 35 577 | 20 986 |
| 2.囊谦县 | 34 654 | 20 441 | 13.同德县 | 15 873 | 9 363 |
| 3.治多县 | 10 447 | 6 162 | 14.兴海县 | 19 704 | 11 623 |
| 4.曲麻莱县 | 12 654 | 7 464 | 四、黄南州 | 20 005 | 11 800 |
| 5.杂多县 | 19 326 | 11 400 | 15.河南县 | 3 616 | 2 133 |
| 6.称多县 | 27 769 | 16 380 | 16.泽库县 | 16 389 | 9 667 |
| 二、果洛州 | 41 062 | 24 221 | 五、格尔木市 | 2 113 | 1 246 |
| 7.达日县 | 1 426 | 841 | 17.唐占拉乡 | 2 113 | 1 246 |
| 8.班玛县 | 8 935 | 5 271 | | | |
| 9.玛多县 | 8 086 | 4 770 | 合计 | 223 090 | 131 594 |
| 10.玛沁县 | 12 039 | 7 101 | | | |
| 11.久治县 | 7 831 | 4 619 | | | |

根据《中华人民共和国自然保护区条例》要求，所有基本建设内容均围绕三江源人工增雨工作需要，在自然保护区以外建设。人工增雨工程项目建设主要包括以下 6 个系统的建设内容。

（1）人工增雨综合监测系统。人工增雨综合监测系统是利用飞机机载探测设备和地面综合观测网对作业区内云和降水系统进行多要素、连续跟踪监测，从而掌握作业区内云降水系统的宏微观特征和降水的形成机制，以及降水云系的动力和微物理时空变化特征，为空中水汽和云水资源的分析预测、开发利用和作业效果的评估提供科学的基础数据。人工增雨综合监测系统由飞机探测和地面综合观测网组成。

（2）催化作业系统。催化作业系统建设包括飞机催化子系统和地面催化子系统组成。

（3）信息传输系统。为了能够快速有效地指挥人工增雨作业，以及实现飞机与地面监测网各种监测资料和作业信息的及时传输，需建立一套完备的信息传输系统。具体建设内容包括人工增雨指挥中心与各作业县之间的计算机网络系统建设、作业飞机与地面指挥中心之间的通信、各县指挥基地与各作业点之间的通讯网络建设。

（4）作业指挥系统。人工增雨作业指挥系统建设包括青海省省级人工增雨作业指挥中心和各县指挥中心建设的基础设施建设和相应的软件建设两部分组成。

（5）人工增雨作业评估系统。人工增雨作业评估系统建设内容包括土壤水分监测、土壤化学成分监测、大气化学监测、遥感接收处理系统、灾害监测及预警系统、分析实验室建设。

（6）人员培训。飞机、地面、高空、特种观测仪器设备的工作原理、操作维护、观测方法、中小故障排除和有关规章制度、管理规范等；雷达气象学，新一代天气雷达概述，多普勒天气雷达原理，数据模糊的处理，速度图的识别，对流性风暴的结构、演变及其雷达回波特征、导出产品（包括降水算法）和雷达产品应用个例分析等内容。

2）科技支撑及生态监测

A. 科技支撑

科技支撑建设主要以生态学原理和系统科学理论为基础，紧密结合退化生态系统的恢复生态学和可持续发展理论，采用定量、半定量方法，应用遥感技术和地理信息系统等方法研究江河源区生物多样性、生态环境、草地退化等方面的现状、存在的主要问题、形成机制及演化过程，在深入分析自然动力和人为因素影响的基础上，预测江河源区生物多样性和草地的演替趋势，探讨生物多样性保护与资源利用的相互关系，进而提出生物多样性保护与草地生态环境保护对策与措施，建立既能保护物种的多样性、防止草地退化，又能提高资源的利用和农牧民收入的草地资源的利用新模式。模拟自然生态环境，利用生物技术、染色体工程、组织培养、理化诱导和快速繁殖等高技术建立生物多样性保护和环境保护与经济效益兼备的可持续发展优化生产体系。

B. 生态监测

以国内外现有研究成果为依托，充分利用三江源地区现有的地面气象监测网系统，建设一个密度适宜、布局合理和自动化程度较高的综合监测网，建立起以大气、水、地圈和生物圈环境的野外综合长期观测台站网络为基础，以补点调查为辅助，以遥感、地理信息和全球定位的"3S"技术为支撑的三江源地区生态环境监测基地，通过先进的信息采集、模拟和分析技术，收集三江源地区的高分辨率监测数据，采集区域内有关地质、地貌、植被、水文、及气候变化等自然环境基础资料，迅速查明三江源地区生态环境现状，建立生态环境数据库和该地区生态环境遥感-地面动态监测系统，实时地监测该区生态环境及相关的生态环境变化状况，建立该地区生态环境动态监测、预警、信息传输与评价服务系统，全面掌握保护区生态环境状况与变化趋势，各项生态治理工程的环境影响及效果，提高科学的生态环境保护对策和措施。为政府和有关部门提供客观、科学、丰富、直观的基础数据，为生态环境建设服务；填补我国在三江源这个特殊的高海拔地区的生态环境数据资料空白，为全球各国科学家研究青藏高原生态环境变化以及对全球生态环境的影响提供可靠的基础数据。

C. 农牧民培训

把三江源区生态总体规划与扶贫开发、农业综合开发、水土保持、畜牧业基础建设、草原治虫灭鼠等措施结合起来，一方面加强对三江源区原有的中青年劳动力舍饲育肥、牧业科技、家政服务等方面的实用技术短期培训，提高牧民生产技能和经营水平，使其脱离传统的畜牧业经营方式；另一方面，依靠农牧业培训基地，采取有效形式和方法，有计划地组织项目实施州、县、乡畜牧业部门管理干部、专业技术人员的培训，使他们转变观念，开阔眼界，更新知识，更好地从事基层技术推广工作。

**5. 工程投资**

三江源自然保护区生态保护和建设各项工程总投资 75.07 亿元，其中中央投资 65.76 亿元，地方配套及农牧民自筹 9.31 亿元（表 1-16）。

### 表 1-16　三江源自然保护区生态保护和建设项目投资

| 项目 | 单位 | 规模 | 投资/万元 | 中央投资/万元 | 地方配套及农牧民自筹/万元 | 投资比例/% |
|---|---|---|---|---|---|---|
| 一、生态保护与建设项目 | | | 492 485.21 | 434 535.47 | 57 949.74 | 65.60 |
| 　1. 退牧还草工程 | km² | 64 388.60 | 312 687.14 | 254 737.40 | 57 949.74 | |
| 　　围栏 | km² | 64 388.60 | 193 165.80 | 135 216.06 | 57 949.74 | |
| 　　饲料粮补助 | 万 kg | 132 801.49 | 119 521.34 | 119 521.34 | | |
| 　2. 退耕还林还草工程 | km² | 65.40 | 15 177.54 | 15 177.54 | | |
| 　3. 生态恶化土地治理工程 | km² | 8 005.93 | 99 739.60 | 99 739.60 | | |
| 　　1）封山育林 | km² | 3 013.60 | 31 642.59 | 31 642.59 | | |
| 　　2）沙漠化土地防治 | km² | 441.00 | 4 630.68 | 4 630.68 | | |
| 　　3）湿地保护 | km² | 1 067.47 | 11 208.40 | 11 208.40 | | |
| 　　4）黑土滩治理 | km² | 3 483.87 | 52 257.93 | 52 257.93 | | |
| 　4. 森林草原防火工程 | | | 5 205.00 | 5 205.00 | | |
| 　5. 鼠害防治工程 | km² | 20 920.87 | 15 690.00 | 15 690.00 | | |
| 　6. 水土保持工程 | km² | 500.00 | 15 000.00 | 15 000.00 | | |
| 　7. 保护区管理设施与能力建设 | | | 28 986.00 | 28 986.00 | | |
| 　　1）保护管理站点改造和建设 | 个 | 18.00 | 8 830.00 | 8 830.00 | | |
| 　　2）保护管理局、分局建设 | 个 | 5.00 | 9 000.00 | 9 000.00 | | |
| 　　3）界碑（桩）建设 | | | 2 470.00 | 2 470.00 | | |
| 　　4）野生动物保护 | | | 8 660.00 | 8 660.00 | | |
| 　　5）湖泊湿地禁渔工程 | | | 26.00 | 26.00 | | |
| 二、农牧民生产生活基础设施建设项目 | | | 222 320.71 | 187 137.21 | 35 183.50 | 29.61 |
| 　1. 生态移民工程 | 户 | 10 140.00 | 63 070.00 | 27 886.50 | 35 183.50 | |
| 　2. 小城镇建设 | | | 31 851.57 | 31 851.57 | | |
| 　3. 草地保护配套工程 | | | 111 936.83 | 111 936.83 | | |
| 　　1）建设养畜工程 | 户 | 30 421.00 | 89 134.60 | 89 134.60 | | |
| 　　2）能源建设 | | | 18 557.23 | 18 557.23 | | |
| 　　3）灌溉饲草料基地建设 | km² | 33.33 | 4 245.00 | 4 245.00 | | |
| 　4. 人畜饮水工程 | 万人 | 13.16 | 15 462.31 | 15 462.31 | | |
| 三、支撑项目 | | | 35 938.20 | 35 938.20 | | 4.79 |
| 　1. 人工增雨工程 | | | 18 788.20 | 18 788.20 | | |
| 　2. 科技支撑与生态监测 | | | 17 150.00 | 17 150.00 | | |
| 　　1）科研课题及应用推广 | | | 6 280.00 | 6 280.00 | | |
| 　　2）生态监测 | | | 5 500.00 | 5 500.00 | | |
| 　　3）培训 | | | 5 370.00 | 5 370.00 | | |
| 　　合　计 | | | 750 744.12 | 657 610.88 | 93 133.24 | 100.00 |
| 　　投资比例/% | | | 100 | 87.59 | 12.41 | |

按建设内容分：生态保护与建设项目投资 49.25 亿元，占总投资的 65.60%，其中中央投资 43.45 亿元，地方配套及农牧民自筹 5.80 亿元；农牧民生产生活基础设施建设项目投资 22.23 亿元，占总投资的 29.61%，其中中央投资 18.71 亿元，地方配套及农牧民自筹 3.52 亿元；支撑项目投资 3.59 亿元，占总投资的 4.79%，全部为中央投资。

按各建设项目分：生态保护与建设项目投资 49.25 亿元，其中退牧还草工程 31.27 亿元，退耕还林还草工程 1.52 亿元，生态恶化土地治理工程 9.97 亿元，森林草原防火工程 0.52 亿元，鼠害防治工程 1.57 亿元，水土保持工程 1.50 亿元，保护区管理设施与能力建设 2.90 亿元。

农牧民生产生活基础设施建设项目投资 22.23 亿元，其中生态移民工程 6.31 亿元，小城镇建设 3.19 亿元，草地保护配套工程 11.19 亿元，人畜饮水工程 1.55 亿元。

支撑项目投资 3.59 亿元，其中人工增雨工程 1.88 亿元，科技支撑与生态监测 1.71 亿元。

### 6. 预期生态效益

到 2010 年，三江源自然保护区完成退牧还草 643.886 万 $hm^2$，黑土滩治理 36.84 万 $hm^2$，封山育林（草）30.14 万 $hm^2$，退耕还林 0.65 万 $hm^2$，沙漠化防治 4.41 万 $hm^2$，40% 的沼泽湿地生态系统和 80% 的国家重点保护物种的保护。使保护区草地退化、沙化得到治理和恢复，草地植被盖度提高 20%～40%，水源涵养量可增加 13.20 亿 $m^3$，减少水土流失 1 139.48 万 $m^3$。人工增雨工程的实施，预计每年在作业区内增加降水 80 亿 $m^3$，黄河径流增加 12 亿 $m^3$。

通过对三江源自然保护区生态保护和建设，使区域的生态环境得到改善，并为各种野生动植物提供良好的栖息环境，使三江源地区成为"野生动植物天然的庇护场所"和"生物物种基因库"。

## 第二节　三江源生态保护和建设工程区自然及经济社会特征

### 一、自 然 条 件

青海三江源生态保护和建设工程区位于北纬 31°39′～36°12′，东经 89°45′～102°23′之间（图 1-2），地处我国青海省南部、青藏高原腹地，是长江、黄河和澜沧江的源头汇水区，3 条江河每年向下游供水 400 亿 $m^3$ 左右，被誉为"中华水塔"。行政区域涉及果洛、玉树、海南、黄南 4 个藏族自治州的 16 个县和格尔木市的唐古拉山乡，总面积 36.3 万 $km^2$。

### 1. 地形地貌

三江源生态保护和建设工程区自然地理环境独特，地势高耸，山脉绵亘，地形复杂多样（图 1-3，图 1-4）。三江源区海拔在 2 800～6 564 m 之间，其中主体地貌海拔 4 000～5 800 m。

昆仑山及其支脉阿尼玛卿山、巴颜喀拉山和南部的唐古拉山脉构成了三江源区地形的骨架，巴颜喀拉山是长江与黄河的分水岭。海拔 5 000 m 以上分布有冰川地貌。在长江、澜沧江源头，群山高耸，以冰川、冰缘、高山、高地平原、丘陵地貌为主，相间分布，间有谷地、盆地和沼泽；在北部和中西部呈山原状，地形起伏较小，切割不深，多宽阔而平缓的滩地，间有大面积沼泽湿地分布；东部阿尼玛卿山横贯东西，高山、高地平原、丘陵、谷地都有分布，海拔 6 280 m 的阿尼玛卿山，山顶积雪终年覆盖。

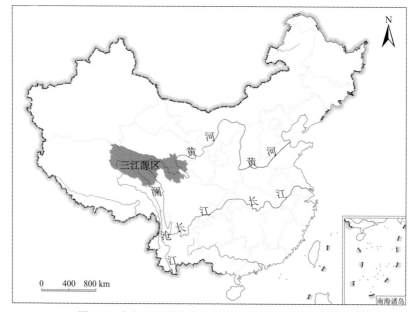

图 1-2　青海三江源生态保护和建设工程区地理位置

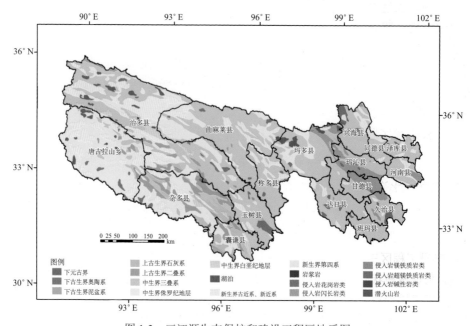

图 1-3　三江源生态保护和建设工程区地质图

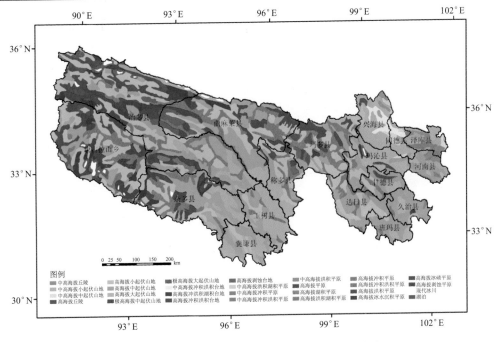

图1-4 三江源生态保护和建设工程区地貌类型图

### 2. 气候

三江源生态保护和建设工程区为典型的高原大陆性气候，表现为冷热两季交替、干旱两季分明，年温差小、日温差大、日照时间长、辐射强烈的气候特征。冷季为青藏高气压所控制，长达 7 个月，气温低、降水少、风沙多；暖季受西南季风的影响产生热低压、水汽丰富，降水较多。三江源区海拔高且空气稀薄，年日照时数为 2 300～2 900 小时，年辐射量 5 500～6 800 MJ/m²，全年平均气温通常在−5.6～−3.8 ℃之间（图1-5）。最暖月（7月）平均气温为 6.4～13.2 ℃，极端最高气温为28℃；最冷月（1月）平均气温为−6.6～−13.8 ℃，极端最低气温为−48℃。降水量高度集中，水热同季，降水地域差异很大，年平均降水量 262.2～772.8 mm（图1-6），6～9月的降水量约占全年总降水量的75%，夜雨量比例达到55%～66%。年蒸发量达到 730～1700 mm。沙暴天数在 19 天/年左右。

### 3. 水文及水资源

长江、黄河、澜沧江三大水系构成了青海省的主要外流区域，其中长江和黄河流域面积占全省总面积的43%，占青海省外流区域面积的90%以上（图1-7）。三江源生态保护和建设工程区三大水系干支流受到地质构造、地貌格局和岩性的影响，大都从西北流向东南，形成树枝状或羽毛状水系，干流河床粗壮，沿构造线发育；两侧支流均较短，坡度较陡，且近于排列和垂直汇入干流。雨水和冰雪融水是三大水系径流的主要补给来源，降水补给比重占40%～70%，其次是冰雪融水补给，地下水补给亦占有一定的比重。

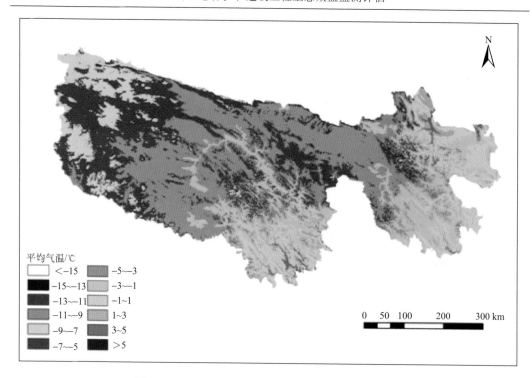

图 1-5 三江源生态保护和建设工程区多年平均气温

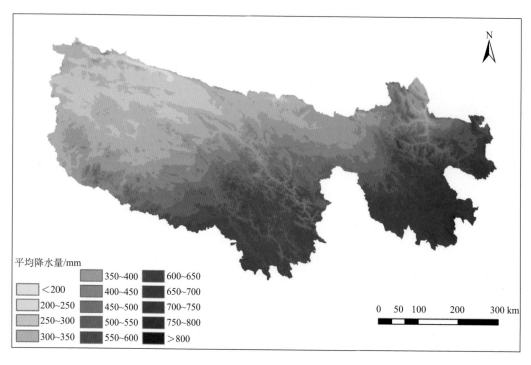

图 1-6 三江源生态保护和建设工程区多年平均降水量

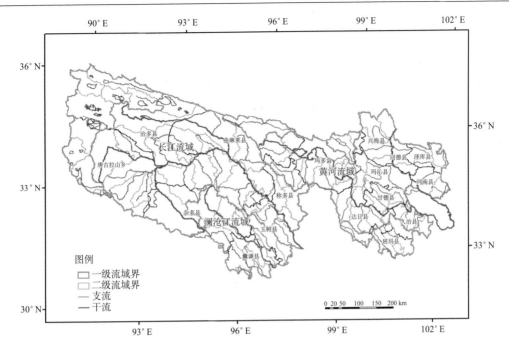

图1-7 三江源生态保护和建设工程区水系与流域分布图

黄河是我国第二大河，发源于青海省巴颜喀拉山北麓约古宗列盆地西南隅，源头海拔4 724 m，流经川、甘、宁、内蒙古、陕、晋、豫等9省（区），最后注入渤海。黄河在青海省境内干流长1 693.8 km，流域面积15.3万 km²，约占全省总面积的21%，多年平均径流量209.8亿 m³，占全流域多年平均径流量的35.9%，为青海省第一大河。

长江为我国第一大河，发源于唐古拉山主峰各拉丹冬雪山西南麓姜根迪如冰川，正源为沱沱河，北源为楚玛尔河，南源为当曲。流经藏、川、滇、渝、鄂、湘、赣、皖、苏、沪10省（区），注入东海。青海省境内干流长1 206 km，流域面积15.85万 km²，多年平均径流量180.6亿 m³，占青海省多年平均径流量的28.8%，是青海省内仅次于黄河的第二大河。

澜沧江是一条国际性河流，发源于青海省唐古拉山北麓杂多县西北部查加日玛山西侧，海拔5 388 m，从西北向东南经杂多、囊谦县，在娘拉附近注入西藏，经云南省出国境。青海省境内流域面积3.75万 km²，占全省面积的5.2%，多年平均径流量110.0亿 m³，占全省多年平均径流量的17.6%。该流域降水丰沛，河网密度大，流域面积500 km²以上的支流20条，流域面积300 km²以上的支流33条。

### 4. 土壤

三江源生态保护和建设工程区主要土壤类型有高山寒漠土、高山草甸土、高山草原土、山地草甸土、灰褐土、栗钙土、沼泽土、风沙土等类型（图1-8），其中以高山草甸土分布最多，海拔区间为3 500～4 800 m。沼泽草甸土也比较普遍，多数沼泽化草地土壤都属于这一类型。灰褐土则发育在有乔、灌木生长的地区。三江源区土壤有如下明

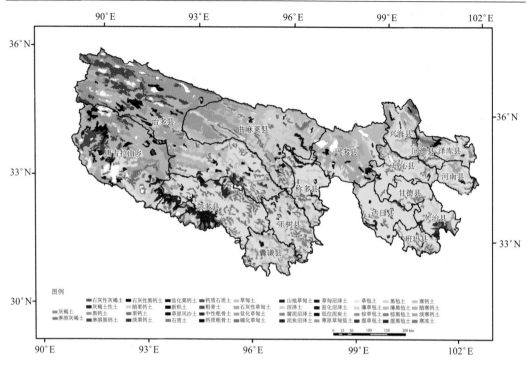

图 1-8　三江源生态保护和建设工程区土壤类型分布

显特点：一是垂直地带性规律显著，随着海拔的升高，土壤有显著变化；二是多埋藏土或掩盖层，也就是说表面层与下层土有差异；三是阴阳坡土壤差异性大，往往是同海拔的山地阳坡是山地草原土，而阴坡则是山地草甸土或灰褐土；四是生草化程度强，有机质含量高而分解慢。

## 5. 植被

三江源生态保护和建设工程区有维管束植物 87 个科的 471 属 2 308 种，其中乔灌木有 52 属，占 11%，其余 89% 均为草本植物种。主要植被类型有森林植被和草地植被（图1-9）。其中森林植被包括：①亚高山暗针叶林，主要树种有青海云杉、紫果云杉、川西云杉、祁连圆柏、大果圆柏、塔枝圆柏等。紫果云杉分布在黄南麦秀、果洛玛可河与多可河，川西云杉主要分布在玉树州的江西与白扎等地，青海云杉与祁连圆柏分布较广，三江源生态保护和建设工程区四个州所属林区均有生长，大果圆柏与塔枝圆柏，垂直分布相对较高，主要在玉树地区和玛可河、多可河以及黄南麦秀地区；②针阔叶混交林，主要有云杉圆柏混交林、云杉桦树混交林等，在三江源生态保护和建设工程区各林地中都有分布；③落叶阔叶林，在三江源区各林地的低位区都有生长，阴阳坡山地都有分布，以桦树为主，在黄南麦秀地区与海南兴海、同德，果洛和玛沁等地有少量山杨生长，呈小片状分布在山地阳坡或沟谷底部、滩地；④灌木林，在自然保护区广为分布的灌木树种有杜鹃、高山柳、沙棘、鲜卑木、锦鸡儿、金露梅、绣线菊、小檗、忍冬等。既有常绿型的杜鹃林灌丛，也有植株较高的沙棘、高山柳灌丛，还有低矮的锦鸡儿、金露梅灌

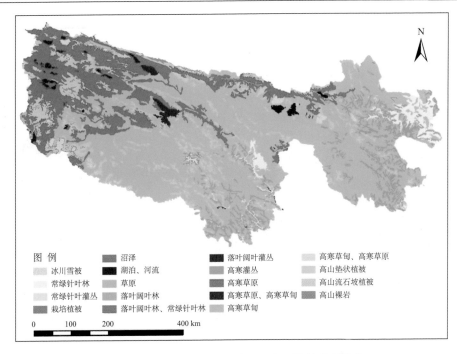

图 1-9 三江源生态保护和建设工程区植被类型分布

丛，大多数灌木林生长在乔木林上缘或林下，而金露梅与锦鸡儿灌丛则成片分布在山地阴坡、半阴坡、独立分布于乔木林上缘。

草地植被主要有以下几个植被类型：①高寒草甸，这类草地分布海拔较高，一般在 3 500～4 500 m 甚至更高，以嵩草为主，伴生有少量禾草、苔草等，总盖度 80%～95%，禾草层高度 10～25 cm，嵩草层高度 5～8 cm；②高寒草原，这类草原以赖草、针茅、莎草以及低层的苔草和其他杂草组成，植物群落高度 15～30 cm，主体分布高度 3 200～ 3 800 m；③高原沼泽植被，在多数沼泽湿地和低洼积水地都是这类植被的分布区域，主要植物种有莎草、毛茛、眼子菜、杉叶藻等，伴生种有狐尾藻、沿沟草等，平均覆盖度 25%～60%；④垫状植被，多数分布在裸露山地的下沿或洪积扇砾石滩地，主要物种有雪灵芝、垫状点地梅等，伴生种有福禄草、风毛菊、红景天、兔耳草、黄堇、委陵菜、雪莲和高山嵩草等。

## 6. 野生动物

根据调查，三江源生态保护和建设工程区有兽类动物 8 目 20 科 85 种，鸟类动物 16 目 41 科 237 种，两栖爬行类动物 7 目 13 科 48 种。国家重点保护动物 69 种，其中藏羚羊、野牦牛、白唇鹿、雪豹、藏野驴、黑颈鹤、金雕、玉带海雕、雉鹑等 16 种是国家一级保护动物；岩羊、盘羊、马鹿、藏原羚、蓝马鸡、藏马鸡、淡腹雪鸡、藏雪鸡等 53 种是国家二级重点保护动物。艾虎、沙狐、猞猁、斑头雁、赤麻鸭等 32 种是省级保护动物。

# 二、经济社会特征

三江源生态保护和建设工程区包括青海省果洛州玛多、玛沁、甘德、久治、班玛、达日 6 县，玉树州称多、杂多、治多、曲麻莱、囊谦、玉树 6 县，海南州兴海、同德 2 县，黄南州泽库、河南 2 县，以及格尔木市唐古拉山乡，共计 16 个县、127 个乡镇（图 1-10）。

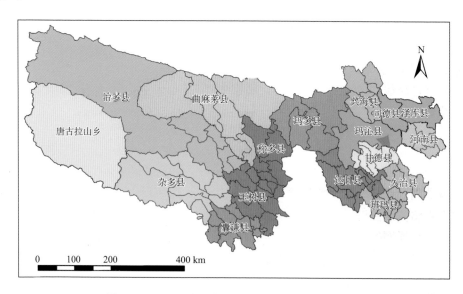

图 1-10　三江源生态保护和建设工程区行政区划图

## 1. 人口

2012 年三江源生态保护和建设工程区内总人口为 82.65 万人（唐古拉山乡除外），其中，果洛州总人口为 18.87 万人，玛沁、班玛、甘德、达日、久治、玛多 6 县分别占果洛州总人口的 25.55%、15.00%、18.56%、19.89%、13.47%和 7.54%；玉树州总人口为 39.18 万人，玉树、杂多、称多、治多、囊谦、曲麻莱 6 县分别占玉树州总人口的 27.12%、14.81%、15.51%、9.14%、25.45%、7.97%；海南州兴海、同德 2 县人口分别为 5.92 万人和 7.68 万人，分别占海南州总人口的 12.95%和 16.80%；黄南州泽库、河南 2 县人口分别为 7.20 万人和 3.81 万人，分别占黄南州总人口的 27.39%和 14.50%。

## 2. 产业结构

三江源生态保护和建设工程区是一个社会经济基础薄弱、生产方式相对落后的地区。三江源生态保护和建设工程区经济以草地畜牧业为主，2012 年果洛州生产总值 30.54 亿元，其中农牧业产值 6.01 亿元，占总产值的 19.70%；玉树州生产总值 47.17 亿元，其中农牧业产值 25.12 亿元，占总产值的 53.25%；海南州生产总值 104.35 亿元，其中农牧业产值 33.04 亿元，占总产值的 31.67%；黄南州生产总值 58.11 亿元，其中农牧业产值 19.68

种基因，使其在全国甚至全球生态系统中占有非常突出的战略地位。三江源区为该地区及下游地区持续稳定地提供清洁优质水资源，即水供给功能，是该地区生态系统的核心功能；而具备如此功能的生态系统，必须依赖于支持功能基础，以及在减缓和适应全球气候变化中的碳源汇调节功能和水热调节功能的正常发挥。同时，三江源区是我国草地畜牧业发展的重要基地，其草地生态系统牧草供给功能也是一项重要服务。因此，需要综合维持稳定的供给功能、支持功能、调节功能，发挥生态安全屏障的战略作用。

## 第三节  生态工程生态效益监测评估的重要性和必要性

20世纪中期以来，由于受到气候变化与人类活动的共同影响，三江源地区生态系统发生了大面积持续退化，致使流域水土流失日趋严重，源头产水量减少，草原鼠害猖獗，野生动物栖息地生境质量和生物多样性明显下降。

2005年，国务院批准《青海三江源自然保护区生态保护和建设总体规划》（以下简称《规划》），投资75亿元，开展生态保护与建设工程。规划涉及青海省玉树、果洛、海南、黄南4个藏族自治州的16个县和格尔木市的唐古拉山乡，面积36.3万 $km^2$。一期工程于2005年至2013年实施，历时9年，包括生态保护与建设项目、农牧民生产生活基础设施建设项目、支撑项目三大类，共22个子项目，其中生态保护与建设项目的主要内容包括退牧还草、退耕还林、退化草地治理、森林草原防火、草地鼠害治理、水土流失治理等。一期工程以三江源自然保护区为重点工程区，范围包括6个片区、18个自然保护区，总面积达15.23万 $km^2$，占三江源地区总面积的42%。

有效监测工程区生态环境变化，全面科学地评估生态工程的生态效益，是规划科学实施与管理的重要保证。为了有效开展一期工程的生态效益监测和评估工作，青海省政府决定，由青海省环保厅与省水利厅、农牧厅、林业厅、气象局等单位共同组成三江源生态监测工作组。同时，在省政府的组织协调下，由中国科学院地理科学与资源研究所为技术支撑单位，三江源生态监测工作组各成员单位参加，综合应用地面观测、遥感监测和模型模拟相结合的技术方法，在构建综合评估指标体系和生态本底的基础上，对一期工程生态效益开展了连续9年的科学监测与评估，共同完成了青海三江源自然保护区生态保护和建设工程生态效益综合评估工作。评估的主要任务是：建立三江源自然保护区生态监测体系；对区域内的生态环境要素进行动态监测；建立生态环境综合数据库、数据共享平台和信息查询体系；建立三江源自然保护区生态环境评价、生态系统综合评估体系；开展三江源自然保护区生态保护和建设工程的成效评估等。

一期工程评估由青海省环境保护厅总负责，并进行省内各部门组织协调；中国科学院地理科学与资源研究所负责遥感监测、模型模拟、验证野外调查、信息综合分析、完成本底、中期和一期评估报告；青海省环境监测中心站（生态环境遥感中心）负责水土气环境质量监测，建设监测评估信息系统；青海省水文水资源勘测局负责水文水资源监测；青海省水土保持监测总站负责水土保持综合监测；青海省草原总站负责草地生态监测；青海省林业调查规划院负责森林和湿地生态监测；青海省气象科学研究所负责气象要素观测。

　　为此，在科学技术部、青海省和中国科学院共同支持下，项目组通过国家科技支撑项目"国家生态恢复重建的综合监测评估关键技术研发"、国家科技支撑课题"三江源区生态环境星地一体化监测关键技术"、青海省项目"三江源区生态系统本底综合评估"、青海省项目"青海省三江源自然保护区生态保护和建设工程生态效益中期评估"、青海省项目"青海省三江源自然保护区生态保护和建设一期工程生态效益综合评估"、中国科学院西部行动计划项目"三江源区生态——生产功能区的区划及其评估研究"等，开展了多学科联合攻关，突破了三江源生态系统地面-遥感一体化监测等关键技术，实现了青海三江源自然保护区生态保护与建设工程生态效益的动态监测与综合评估。

　　取得了以下突破：

　　（1）创造性地提出了"历史动态生态本底"的概念，在此基础上，构建了针对生态工程目标、基于动态过程本底的生态效益综合监测与评估指标体系。

　　（2）在提出形态与成因相结合的草地退化/恢复遥感分类系统、基于知识的草地退化遥感解析模型、叶面积指数和光合有效辐射遥感反演新算法、地面-遥感观测数据尺度转换方法的基础上，自主研发了三江源区生态系统地面-遥感一体化监测技术体系。

　　（3）在发展了基于大样地循环采样进行生态模型参数本地化、基于植被生产力的草地产草量估算、生态系统主要服务量估算等方法的基础上，开拓性地发展了具有区域针对性的生态系统综合分析与模拟技术。

　　（4）在提出生态工程生态效益的工程与气候贡献率厘定方法，以及土地覆被转类指数等新概念的基础上，自主发展了基于生态系统动态过程本底的生态工程成效综合评估技术体系，开发了完整实现各项评估指标的生态综合监测与评估系统。

　　（5）完成了三江源重大生态工程生态本底评估，及中期和终期生态效益评估，取得了一系列新的科学认识。

　　形成标准 3 项，发表论文 213 篇，其中 SCI 收录 59 篇；出版专著/图集 9 部；被采纳的重要咨询报告 12 份；获软件著作版权 32 项，申请发明专利 5 项。与国内外同类技术相比，评估指标及方法具有综合性、系统性、完整性、长序列、时空动态和定量化的特点；指标参数获取突破了利用常用方法判别草地退化、估算草地生产力等时空不确定性的问题，解决了美国航空航天局遥感产品在区域尺度分辨率和精度低的问题，并填补了部分生态参数无产品的空白；实现了区域生态系统综合评估理论和方法论创新，成果总体达到了国际先进水平。

　　形成的技术系统在青海省 5 个部门 7 个单位组成的生态环境监测组运行，形成的技术体系在西部 12 省市和鄱阳湖流域及国家 6 个重大生态工程区开展了推广应用。成果直接用于三江源一期生态工程滚动实施的指导，二期生态工程的规划；中共中央、国务院关于深入实施西部大开发战略的若干意见、西部大开发十二五规划、西部重点生态区综合治理规划纲要、生态文明示范工程试点市县选择评价指标体系、玉树地震救灾和灾后重建、贵州东南部地区生态补偿示范区建设规划、黄河上游白银段生态环境综合治理规划，在保障国家生态安全、提升行业和地方生态监测与评估技术水平、引领生态系统评估学科发展、推动区域可持续发展等方面取得了明显的生态和社会效益。

# 第二章 生态工程生态效益监测评估理论与方法

## 第一节 生态工程生态效益监测评估研究进展

随着经济社会的快速发展，人类活动对生态系统的负面影响日益增强，生态环境恶化日益加剧。20 世纪中期以来，全球生态危机爆发，表现为人口激增、资源破坏、能源短缺、环境污染、食物供应不足等，这些问题和灾难在不同国家有着不同的表现。为改善与扭转这一局面，生态工程应运而生。国际上重点生态工程的实践始于 1934 年的美国"罗斯福工程"，还有原苏联"斯大林改造大自然计划"、北非 5 国"绿色坝工程"、加拿大"绿色计划"、日本"治山计划"、法国"林业生态工程"、菲律宾"全国植树造林计划"、印度"社会林业计划"、韩国"治山绿化计划"、尼泊尔"喜马拉雅山南麓高原生态恢复工程"等（李世东，2007）。我国也高度重视生态环境建设，以保护、恢复和发展森林植被为中心，按不同的主攻方向和治理目标，整合启动了天然林资源保护工程、退耕还林工程、"三北"防护林工程、退牧还草工程、长江流域等防护林体系建设工程、京津风沙源治理工程、三江源自然保护区生态保护与建设工程、野生动植物保护及自然保护区建设工程、速生丰产用材林基地建设工程等九大重点林业生态工程。经过多年的工程实施，对投入大量资源、成本的大规模生态工程，评估其实现和获得的生态效益，有助于更高效地实施与管理现有工程并科学规划实施未来的潜在生态工程，优化实施区域和工程措施。

生态工程成效综合评估是生态工程实施中亟待解决的一个应用型理论与技术问题。工程成效一般可分为生态效益、经济效益和社会效益。生态效益是指在生态系统及其影响范围内，对人类社会有益的全部效用，包括保持水土、改良土壤、调节气候、减少灾害、保存物种、改善水土资源环境条件等。经济效益是指生态系统及其影响范围内，被人们开发利用已变为经济形态的效益，泛指被人们认识且可能变为经济形态的森林效益，前者特指已经实现的经济效益，后者特指其潜在的经济效益。社会效益是指生态系统及其影响范围内，被人们认识且已经为社会服务的效益。生态效益得到发挥是经济效益和社会效益得到体现和持续发展的基础，社会效益常常是生态效益在人类社会的延续。比如生态环境的改善增强了社会的可持续发展能力，森林涵蓄水源和提供休闲场所的功能带来社会效益。生态效益通过量化折价即可作为间接经济效益，如森林涵蓄水源的量相当于建造多少座水库的价值，保土蓄肥相当于建造多少个氮肥钾肥和磷肥厂。生态效益评估的基础是监测生态系统结构与服务变化，但由于生态系统及其服务的复杂与多样性，定量评价及其价值化方法也多种多样并逐步发展。

国际上，1990 年，压力-状态-响应模型（PSR 模型）广泛应用于生态系统评估、资源利用和可持续发展评估等，强调环境影响因素对环境的影响及遏制环境恶化应该采取的行动。联合国于 2001 年启动实施了千年生态系统评估项目（Millenium Ecosystem Assessment，MA），提出了评估生态系统与人类福祉之间相互关系的概念框架，首次在全球尺度上系统、全面地揭示了各类生态系统的现状和变化趋势、未来变化的情景和应采取的对策，其评估结果为履行有关的国际公约，改进与生态系统管理有关的决策制定过程提供了充分的科学依据。加拿大实施了战略性生态恢复评估（SERA），针对不列颠哥伦比亚省的森林生态系统恢复项目，通过生态保护、林业管护、生态恢复等多领域专家打分的方式，对退化森林生态系统恢复治理的优先顺序进行了排序，引导对退化森林生态系统恢复计划的投资方向。美国农业部（USDA）于 2002 年发起了生态保护效果评估计划（Consevation Effect Assessment Project, CEAP），对美国的环境质量激励计划（EQIP）、保育保护区计划（CRP）、湿地保护区计划（WRP）、野生动植物栖息地激励计划（WHIP）等保护工程进行了工程效果的评价，建立了包括水质、土壤质量、水调节（水源涵养）、野生动物栖息地等的评价指标体系，在田间、流域和国家三个尺度，分别采用样点调查、模型模拟和综合分析等方法，采用工程区和非工程区对比、工程前后对比、有工程措施和无工程措施模型模拟结果对比等手段，定量评价了工程对耕地、湿地、野生动植物和草地的影响，其开发的基于 Web 的分布式地球流域-农业研究数据系统（STEWARDS），在美国被广泛应用于生态工程成效评估和后续工程布局、管理优化等领域。2009 年起，国际林业研究中心（CIFOR）基于 Before-After-Control-Intervention（BACI）方法，对 15 个热带雨林国家的森林保护项目 REDD+（减少毁林和森林退化等所致排放量）的实施效果进行了对比评估（Börner et al., 2016）。2009～2012 年，欧盟实施了沙漠化防治计划（PRACTICE），对位于欧洲、非洲、中东、亚洲、南北美洲等 12 个国家的防沙治沙措施的有效性进行了综合评价，建立了涵盖社会、经济、文化以及环境等 4 方面 50 余项指标的评价指标体系；该项目在地面观测和遥感监测的基础上，采用参与式的评价模式，邀请农牧民、自然资源管理人员、科学家以及政策制定者，为不同的指标设置相应权重，对各地区防沙治沙手段和措施的有效性进行了分级评价，评估结果被推广应用于同类地区的沙漠化防治研究和工作中。日本通过等效替代法对涵养水源效益进行计量评价，该研究以森林土壤的非毛管孔隙度为基础，求得森林土壤对降水的贮水能力，以拦沙坝的修筑费用的多少作为评价基础，对有林地和无林地的地表侵蚀量的差值进行比较分析，通过比较，将森林抑制的崩塌和泥沙流失量换算为修筑拦蓄同等量泥沙的混凝土堰堤的所需费用进行计量，研究了防护林防止泥沙崩塌效益。

　　在国内，生态监测与评估多通过生物丰度、植被覆盖度、水网密度、土地退化和污染负荷等指标，基于权重法和归一化方法计算生态环境质量指数，此法简单易行，但不能真正反映区域生态系统的退化状况。基于国家生态系统观测研究网络（CNERN）台站网络进行站点尺度生态监测，也基于 PSR 模型、生态服务价值估算、MA 概念框架等开展区域和全国的生态系统评估。比如西部生态系统综合评估，对中国西部生态系统及其服务功能的现状、演变规律和未来情景进行了全面评估，形成了一系列原创性研究成果，完成了中国森林生态系统服务功能评估，并颁布了相关行业标准。但没有发展出一套系统、全面的评估指标体系。

　　我国于 1989 年开始试点开展林业生态工程综合效益评价，此后针对"三北"防护林、退耕还林、天然林保护等国家重大林业工程，构建各类评价指标体系和监测信息平台，或采用站点监测数据对比，或利用 NDVI、植被覆盖度等参数，或从生态系统服务实物量和价值量方面，或以水源涵养、水土保持、防风固沙、改善小气候等生态服务指标，或者通过实证调查、层次分析、价值估算等方法，对工程效果进行评价。

　　而针对区域性的生态综合治理工程，中国科学院地理科学与资源研究所构建了针对生态工程目标、基于动态过程本底的生态效益综合监测与评估指标体系，先后完成了青海三江源自然保护区生态保护与建设一期工程评估、西藏生态安全屏障保护与建设工程建设成效综合评估等研究，基于生态系统结构-功能过程趋势分析方法，开展了工程的生态效益评估并提出咨询建议，应用于工程滚动规划和实施；环保部与中国科学院联合开展了全国生态环境十年变化（2000～2010 年）遥感调查与评估，构建了各类生态环境监测平台。

　　然而，由于工程成效评估技术方法上存在较大的差距，目前大量生态工程评估缺乏针对性和系统性，使得我们只能从一些诸如恢复治理面积、植被覆盖度、生产力等表象特征上评价生态系统的变化状况，缺乏空间针对性，导致工程效果的高估或低估及缺乏科学性的问题，难以全面回答工程规划之初设定的目标，难以全面反映生态系统变化，揭示生态系统变化的原因和今后的发展趋势，直接影响到工程的科学决策与滚动实施。卫星遥感为大尺度、长时间序列的生态系统监测开辟了新思路，多角度遥感、高光谱、主动雷达以及激光雷达等技术已被证明在植被类型、结构特征和植被动态监测方面具有更大的优势。对地遥感可获取面状连续覆盖、动态的地表能量平衡信息、地表结构信息、地表水分信息和植被覆盖地表光合作用有关信息。目前遥感反演产品的质量虽然有了很大提高，数据精度仍然有待改进。地表观测虽然可以获得高精度参数数据，然而仅能实现点上测量，很难获得大区域的数据，这对生态系统空间格局、变化的研究十分不利。如何将卫星观测和地表观测的优势结合起来，解决多尺度观测数据和模型运行尺度间的匹配问题，构建长时间序列、动态、联网的一体化研究平台，是生态系统监测评估面临的一个关键问题。

# 第二节　生态工程生态效益监测理论与方法

## 一、大样地循环采样

　　空间采样是地学调查、建模和验证等的重要方法，传统的空间采样的方法包括随机空间采样、等距离空间采样和分层随机采样等（Congalton, 1988），其核心是在尽可能地描述空间异质性前提下以较高的效率和较低的成本，获得满足统计学要求的具有空间代表性的样本。然而，在按照地统计学要求，刻画地学变量空间异质性时，需要较多的样本量，导致较低效率（Legendre, 1993; Aubry and Debouzie, 2000; Dutilleul, 1993）。在时间序列抽样研究中的一种方法是，按等时间间距的倍数抽样以保证采样密度，而同时降低采样量；Burrows 等（2002）将这种采样方法应用到空间上，提出了针对生态系统参量（植被覆盖度、叶面积指数和净初级生产力）的基于地统计学的循环采样方案。

循环采样的理论基础是在最小采样点数量下得到平稳离散随机过程在同一周期内不同时间间隔的协方差，从而使样本能够表征总体变异的时间动态特征(Clinger, 1976)。例如对于某一时间序列，如果在 1 个周期内间隔时间为 0 时，则总的采样点对数为 1，这种采样模式表示为 1/1，可以表征测量的系统性误差；在 1 个周期内考虑到 3 种时间间隔时，采样点对数为 2，表征了时间间隔为 0、0～1 和 1～1 三种间隔时的变异，表示为 2/3；同理，3/7 采样模式，以 3 对采样点可以表征 7 种时间间隔下所测定量的变异性；依次类推，就可以得到如表所示的不同采样模式（见表 2-1）。

**表 2-1　循环采样设计模式**

| 循环方式 | 循环长度 | 采样点数 | 采样位置 |
| --- | --- | --- | --- |
| 1/1 | 1 | 1 | 0 |
| 2/3 | 3 | 2 | 0,1 |
| 3/7 | 7 | 3 | 0,1,3 |
| 4/13 | 13 | 4 | 0,1,3,9 |
| 5/21 | 21 | 5 | 0,1,4,14,16 |
| 6/31 | 31 | 6 | 0,1,3,8,12,18 |
| 7/37 | 37 | 7 | 0.1.6.10,17,23,35 |

资料来源：Clinger，1976。

在对生态系统参量进行地面采样时，根据地统计学原理需同时考虑其空间变异性的方向性，因此，基于循环采样方案的大样地设置，不仅要考虑空间范围的代表性，特别是针对卫星遥感产品验证等，需要在采样范围内具有足够统计学意义的像元数；同时，也需要考虑其内部的空间异质性，即尽可能包括所有不同距离间隔时的协方差。李正泉（2006）在验证基于 1km 空间分辨率 MODIS 的植被总初级生产力进行高寒草地生物量采样时，以通量观测塔为中心，沿东南西北四个方向分别采用 4/13 的循环采样设计方案（图 2-1）。按 4/13 循环采样方案，采样基本步长设置为 25m，则可以得到 13 种间距组合，而采样点对数仅为 4，即只需在 0、1、3、9 基本步长的倍数处设置采样样方。

# 二、尺　度　转　换

地表的空间异质性是在大尺度分析中产生信息不确定性的主要原因，它会影响到生态系统功能的预测结果（Tian et al.，2003）。通常情况下，遥感影像的一个像元仅能反映占主导地位的土地覆盖类型信息，而忽视其他覆盖类型的信息，根据占主要成分的覆盖类型来获得表面参数。在低分辨率遥感影像中，由于空间异质性和混合像元现象的普遍存在，一个像元被划分为一种土地覆盖类型，掩盖了像元内其他土地覆盖类型的信息，从而导致最终结果的不确定性（Chen et al.，2002）。

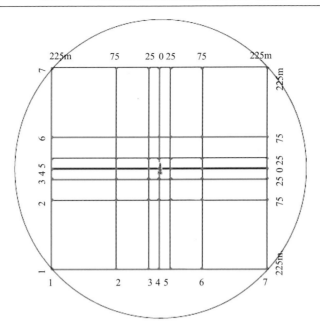

图 2-1　循环采样 3/7 循环方式采样点示意图（据李正泉，2006）

　　本节利用野外采样数据对模型结果进行验证，但是野外采样数据与模型模拟的 1 km 净初级生产力数据存在明显的尺度差异。因此本节利用 3 种不同尺度的 NDVI 数据（30 m、250 m、1 km），建立 3 种尺度间的转换关系（假定野外采样数据与 30 mNDVI 数据同尺度），并将 NDVI 数据间的尺度关系应用于 NPP 数据，对模型模拟结果进行验证。

　　图 2-2（a, b）分别为青藏高原海北地区 2008 年 8 月 17 日 30 m 分辨率 NDVI（Landsat TM）和 1 km 分辨率 NDVI（MODIS）。图 a 为 TM 30 m NDVI，直方图（图 2-3）中

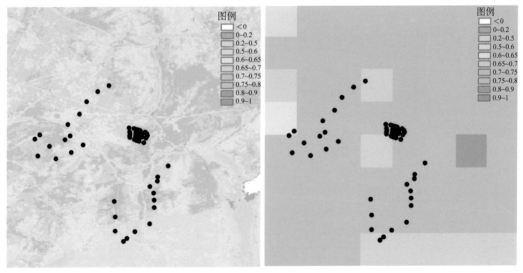

(a) TM 30 m NDVI　　　　　　　　　　　　　　　　　　(b) MODIS 1 km NDVI

图 2-2　2008 年 8 月 17 日海北地区 NDVI 分布图

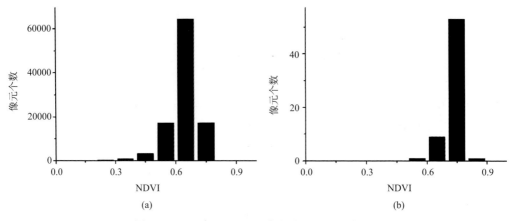

图 2-3　2008 年 8 月 17 日海北地区 NDVI 直方图

NDVI 值主要分布范围为 0.6～0.7，均值为 0.64，标准差为 0.075。图 b 为 MODIS 1 km NDVI 数据，直值主要分布范围 0.7～0.8，均值为 0.73，标准差为 0.075。两者之间空间相似性很大，但是存在明显的尺度差异。

由于 1 个低分辨率的像元包含若干个（假设为 $m$ 个）高分辨率的像元，因此低分辨率像元被赋予一个占优势的 NDVI 值。低分辨率像元 NDVI 值（$NDVI_{low}$）可以通过对高分辨率数据（$NDVI_{high}$）的平均获得（$NDVI_D$），并以此作为低分辨率像元的真实值，以此真实值与观测的低分辨率像元值建立关系，即为两种尺度之间的转换关系（$R$）（王培娟等，2007；张万昌等，2008）。

$$NDVI_D = \sum_{i=0}^{n} NDVI_{high} / n \qquad (2.1)$$

$$NDVI_D = NDVI_{low} \times R \qquad (2.2)$$

图 2-4（a，b）分别为 30 m NDVI 数据计算得到的 250 m NDVI 数据的关系图和 250 m NDVI 数据计算得到的 250 m NDVI 数据的关系图，分别得到 3 种空间尺度之间的关系式如下。

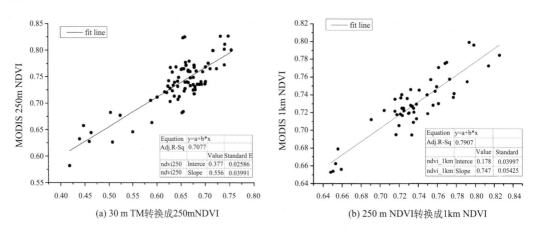

图 2-4　3 种尺度（30 m，250 m，1 km）NDVI 之间的转换关系

$$NDVI_{250} = 0.556 \times NDVI_{30} + 0.377 \qquad (2.3)$$

$$NDVI_{1km} = 0.747 \times NDVI_{250} + 0.178 \qquad (2.4)$$

利用上式对 MODIS 1 km NDVI 数据进行尺度转换，使其与 TM 30 m NDVI 数据具有相同的尺度，图 2-5（a，b）分别为尺度转换后海北地区 NDVI 空间分布图和直方图。尺度转换前 NDVI 分布于 1∶1 线之上，尺度转换后 NDVI 均匀分布于 1∶1 线上下（图 2-4a）。校正后 NDVI 直方图显示，NDVI 主要分布于 0.6～0.7，均值为 0.64，标准差为 0.096，与 30 m NDVI 接近。

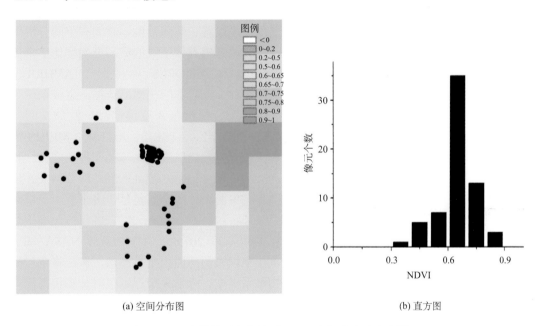

(a) 空间分布图　　　　　　　　　　　　(b) 直方图

图 2-5　尺度转换后海北地区 NDVI 空间分布及直方图

## 三、生态参数遥感反演

全球范围内生态环境问题已被人们广泛关注，如何准确、快速获取适当尺度上的生态环境参数及变化信息是其中的关键科学问题。传统的基于地面台站的观测手段已经远远不能满足区域甚至全球尺度的生态环境监测与评估的需求，卫星遥感技术可以提供全球尺度的周期性观测，大大提高了获取大尺度、高时空分辨率的对地观测数据的能力，是全球变化研究的重要数据源（Baret and Buis，2008）。然而如何有效的从海量遥感数据中获取有价值的资源环境信息依然是一个亟待解决的科学问题。综合利用多源对地观测的遥感数据以及地面台站观测数据，提高对地表生态环境的检测水平，实现不同时空分辨率的数据同化，及时掌握地表关键生态参数时空分布与演化规律，进而驱动生态环境过程模拟，更为准确的定量分析地表能量平衡以及全球气候变化已经成为国际前沿问题，也是目前国家继续掌握的科学事实。

随着遥感观测数据的类型变得复杂多样且数据量急剧增加，遥感反演不仅需要先进的反演算法，也需要多样化的数据处理（梁顺林等，2016）。遥感反演方法可以分为经验反演和机理反演。经验反演是直接建立遥感信号与变量之间的关系，通过增加输入-输出数据对，提高估算的稳定性和精度，常利用机器学习方法进行土壤水分、地表净辐射、降水、叶面积指数等参数反演，包括人工神经网络、支持向量机、自组织映射、决策树、随机森林等集合方法，以及案例推理、神经模糊、遗传算法、多元自适应回归样条函数等。

　　机理反演主要是基于植被辐射传输等物理模型，增加信息量，以增加求解的稳定性和精度，比如使用多源遥感数据、先验知识挖掘和利用、最优化反演的求解约束、时空约束、多算法集成、数据同化等。不同传感器波段设置、观测角度、时间和空间分辨率不同，在不同应用领域都有各自的优势，融合多源遥感数据生成的产品准确度比单个传感器数据生成的产品准确度明显要高。比如 CYCLOPES 项目集成 AVHRR、VEGETATION、POLDER、MERIS、MSG 等多种中分辨率的传感器数据，生成全球范围的反照率、叶面积指数、光合有效辐射吸收比、植被覆盖度等产品。欧洲空间局 GlobCarbon 项目对 VEGETATION-1、VEGETATION-2、ATSR-2、AATSR、MERIS 等多种传感器数据进行融合，生成叶面积指数、光合有效辐射吸收比等陆面参数产品。我国具有自主产权的全球陆表特征参数（GLASS）产品（Liang et al.，2013b，2013c）是基于 AVHRR 和 MODIS 数据生成的，特别是其中两个辐射产品是基于多个静止卫星数据和 MODIS 数据反演生成的（Zhang et al.，2014a）。

　　目前已有的叶面积指数标准产品主要有（刘洋等，2013）：①MOD15：NASA 基于 TERRA-AQUA/MODIS 数据生成的全球 2000 年以来的叶面积指数产品，算法将全球植被归为 8 种生物群系类型，针对不同的生物群系类型，分别采用三维辐射传输模型模拟生成查找表，进而反演得到像元最可能的叶面积指数。②CYCLOPES：基于 SPOT/VEGETATION 数据生成的全球 1999 年以来的叶面积指数产品，算法采用冠层辐射传输模型 SAIL 联合叶片辐射传输模型 PROSPECT 模拟冠层反射率，输入 VEGETATION 红、近红外和短波红外波段反射率及角度信息，反演获得全球叶面积指数。③GLOBMAP：基于 AVHRR 和 MODIS 数据生成的全球 1981 年以来的高一致性叶面积指数数据，基于 MODIS 数据采用改进的 GLOBCARBON LAI 算法反演叶面积指数，利用 AVHRR 与 MODIS 的重叠观测，实现了历史 AVHRR 数据的回溯反演，解决了 2 种不同传感器引起的反演结果不一致的问题。

　　目前已有的地表反照率产品分别有：全球 1.25 km 和 5km 的 AVHRR 产品；1985～1989 年 2.5 km 的 ERBE（earth radiation budget experiment）辐射数据集。POLDER-I 和 POLDER-II 合成的全球反照率分布图。MISR 每 8 天的数据集等；MODIS 提供的 2000 至今，空间分辨率 500 m、1 km 以及 0.05°，时间分辨率为 8 天的地表反照率产品，其中包括 7 个窄波段与三个宽波段（可见光、近红外、短波）反照率产品。基于卫星热红外通道的地表比辐射率反演已经发展了一系列较为成熟的方法，包括 MODIS 产品的昼夜算法、灰体发射率方法、温度-比辐射率分离算法（TES）、基于 NDVI 的比辐射率计算法、基于陆地表面覆盖分类的计算方法、高光谱数据的发射率反演方法。MODIS 的昼夜算法是通过 7 个热红外通道进行地表温度反演的副产品，而这种方法在近几年被频繁验证，但是这种算法不仅需要大于等于 7 个热红外通道，而且在理论和实现方面都具有非常复杂的实现过程。而基于 NDVI 的方法不仅计算简单，而且与昼夜算法的结果具有很好的相关性。

　　遥感反演的目的是获取地球大气和地表覆盖等相关物理参数。然而现实中对地表状况的准确描述需要大量的数据集，许多物理模型只能用有限的数学手段近似描述。例如由于陆地植被关键参数反演精度不够，限制了陆地生态系统碳循环的高精度模拟和碳源汇的精确计算（Verger et al.，2008）。协同遥感反演研究主要体现在建立各种遥感机理模型及其地学描述中的尺度问题、参数反演理论与方法、反演结果的真实性检验等方面（Courtier et al.，1993；Raffy and Gregoire，1998; Woodcock and Strahler，1987；李小文等，2000；张仁华等，2010）。遥感协同反演需要多学科交叉，利用其他领域已经成熟的模型来发展集成模型与算法，提高反演精度，有效地进行多源时空数据挖掘。例如近年来多角度观测为陆地地表物理参数反演以及气溶胶遥感提供了一种新颖的思路（Diner et al.，1999）。将卫星数据产品和其他观测数据同化到一个地表模型中来反演土壤湿度，使得遥感数据域生态系统或者生态模型的结合越来越紧密（Nouvellon et al.，2001；Weiss et al.，2001）。

# 四、草地退化/恢复时空信息提取

　　遥感信息源在时间、空间序列上的连续性及宏观效应，为应用遥感技术进行草地退化动态监测提供了条件。传统的草地退化遥感监测方法，主要利用陆地卫星 Landsat TM、ETM+等遥感影像通过人工解译、分类或遥感参数反演，获取大区域尺度草地植被覆盖度、植被指数、生产力、生物量、可食牧草率等，构建草地退化指标体系或构建草地退化模型，进而辨识草地退化特征信息。

　　在青海三江源区，刘纪远等构建了草地退化的遥感分类体系，利用 20 世纪 70 年代以来的多期遥感影像，通过遥感影像直接对比分析解译，获得了三江源地区草地退化时空数据集，并在此基础上分析了 70 年代以来三江源地区草地退化的时空特征。涂军等（1999）分析了青海省达日县高寒草甸草地 3 种退化类型的成因、分布和面积。杨文才等（2011）利用 MODIS NDVI 数据，分别建立了基于 NDVI 的地上生物量和植被盖度模型，对三江源区称多县高寒草地退化现状进行了监测评价。

　　在藏北地区，高清竹等（2005）基于 AVHRR-NDVI 数据、SPOT-NDVI 数据以及 MODIS-NDVI 数据，选择草地的植被盖度为草地退化的遥感监测指标，提出了青藏高原草地退化指数，研究了藏北地区草地退化的时空分布特征。李辉霞等（2007）通过分析草地退化地面评价指标与遥感评价指标之间的关系，探讨了西藏北部草地退化的遥感评价模型。曹旭娟等（2016）基于草地退化指数定量分析自 21 世纪以来藏北地区草地退化时空特征。毛飞等（2008）以草地荒漠化评价"基准"和 5 年滑动平均的方法，分析了 1982～2000 年来那曲地区草地荒漠化的动态变化规律，在分析气候因子对草地退化的影响中得出潜在蒸散量对草地退化面积的影响最显著。戴睿等（2013）利用藏北那曲地区的 2000～2011 年 MODIS-NDVI 数据，选用草地植被覆盖度作为草地退

化的遥感监测指标，分析了过去 10 年该区草地退化的时空变化特征。边多等（2008）
利用卫星遥感资料、草地调查数据以及气象社会统计等资料，对藏西北高寒牧区 14
个县的草地退化状况进行了分析。

在其他区域，仝川等（2002）结合地面植被调查，基于典型草原退化演替模式，研
究了锡林河流域草原植被退化空间格局特征。薛存芳等（2009）以内蒙古自治区鄂尔多
斯市伊金霍洛旗、乌兰察布市四子王旗、锡林浩特市、浑善达克沙地、通辽市扎鲁特旗
及东乌珠穆沁旗等地区为研究区，探讨了基于 MODIS MSAVI 的草地退化监测模型。刘
志明等（2001）分析了吉林省西部草地退化的状况及发展趋势进行分析。臧淑英（2008）
等基于大庆地区多期 TM 影像，应用归一化植被指数（NDVI）和土壤调节植被指数
（SAVI），采用像元二分模型法和经验模型法建立了草地植被盖度和可食牧草率的遥感
定量反演模型，并在此基础上研究了该地区的草地退化特征。

草地生物量和生产力变化也可用于表示草地退化。吴红等（2011）利用光能利用率
模型反演草地净初级生产力（NPP），以 NPP 减少的百分数作为指标，提取了玛多县草
地退化信息。徐剑波（2011）和杜自强等（2010）分别以三江源玛多县和黑河中上游地
区为实验区，在基于植株高度、覆盖度和地上生物量构建草地退化指数的基础上，建立
了草地退化指数与植被指数的遥感评价模型，监测评价了草地退化现状。

应用传统遥感信息提取方法时，在草地退化、杂类草入侵初期，覆盖度、生产力和
生物量并不一定呈现下降趋势，可能仅仅是物种上的变化，而且随着杂类草入侵加剧，
退化草地的覆盖度、生产力和生物量可能会增加，因此，这种现象无法通过传统方法监
测出来。高光谱遥感数据以其高光谱分辨率及丰富的光谱维信息特性，在对草地退化监
测方面大大优于常规多光谱遥感，能发展形成对退化草地杂类草入侵高光谱遥感反演算
法和模型，有效解决传统草地退化遥感监测的不足。运用高光谱遥感数据可从众多的窄
波段中筛选那些对植物类型光谱差异明显的波段，或者利用筛选的少数几个窄波段对植
物类型进行识别与分类，改善分类精度。

目前，利用高光谱遥感数据开展草地退化杂类草入侵方面的研究，主要集中在通过
野外地面光谱测定，获取不同草地植被种群、不同退化程度草地的反射率光谱数据，进
而结合高光谱遥感数据开展不同草地植被种群、退化类型信息的提取。Yamano 等（2003）
测量了内蒙古锡林郭勒地区芨芨草、小叶锦鸡儿、大针茅和羊草 4 种草的反射光谱特征，
利用高光谱反射率 670～720 nm 之间的 4 次导数峰值，将小叶锦鸡儿从其他 3 类草中区
分出来。王艳荣和雍世鹏（2004）分析了内蒙古不同退化程度草地的多时相地面反射率
数据，得到了区分羊草和大针茅草原不同退化程度草地的最佳时相和最佳波段组合。王
焕炯等（2010）利用地面实测光谱数据进行了内蒙古呼伦贝尔温性草甸草原高光谱草地
退化监测，利用光谱"红边"位置、反射率的一、二阶导数和植被指数，提取冷蒿（退
化指示植物）、针茅、羊草和苔草的信息。娜日苏等（2010）利用光谱仪对内蒙古西乌
旗退化草甸草原进行了地面光谱测量，并分析了不同退化梯度下草地反射率光谱特征，
发现随着退化梯度的不断加强，植物群落的反射率不断增强。范燕敏等（2006）测量分
析了新疆天然草地及植物的反射光谱数据，发现新疆不同草地类型、不同植物光谱曲线
特征差异明显。喻小勇等（2012）利用地面光谱测量和草地样方调查，对三江源区的高

山嵩草、矮嵩草和藏嵩草 3 种未退化高寒草甸以及 4 种不同退化程度的高山嵩草草甸的实测光谱曲线进行了比较。

## 五、生态系统生产力模型模拟

生态系统生产力模型是把生态系统当作一大功能整体来模拟的，过程比较复杂，应用的尺度范围比较广。可归纳为 3 类：经验模型、过程模型、遥感模型。

（1）经验模型：亦称为统计模型或气候相关模型。统计模型以气候相关模型来估测 NPP，对土壤呼吸的模拟是在假设土壤碳循环达到平衡状态下，推导出土壤呼吸对温度和水分的综合效应系数或碳周转率，进而计算现在非平衡态生态系统的土壤呼吸。气候相关模型主要是根据植物生长量与气候因子（如降水量、气温、光照等）相关原理建立起的生产力估算数学模型，比如 Miami 模型、Thornthwaite Memorial 模型、Chikugo 模型。经验模型的不足表现在没有考虑地上植被的分布及生物体变化等。

（2）过程模型：即机理模型、光能利用率模型，有着完整的理论框架，结构严谨，根据植物生理、生态学原理，通过对太阳能转化为化学能的过程以及植物冠层蒸散与光合作用相伴随的植物体及土壤水分散失的过程，从机理上模拟植被的光合作用、呼吸作用、蒸腾蒸发以及土壤水分散失等过程，进而估算陆地植被生产力，大多将土壤—植被—大气作为一个系统，进行各层的物质、能量交换模拟并建立相应的模型或模型库，更能揭示生物生产过程以及与环境相互作用的机理。过程模型的缺点　是机理复杂，模型需要的参数较多，涉及植物生理生态、太阳辐射、植被冠层、土壤植被以及气象等众多参数，且有些参数不易获得，成为过程模型发展中的一个限制因素。

过程模型的模拟尺度有植物器官与个体尺度、冠层尺度、区域尺度乃至全球尺度。植物器官、个体尺度的生理生态学过程模型中，叶片尺度的过程模型发展得最为完善，叶片的生理过程大致包括能量传输过程、物质交换过程和生理调节过程三大过程，可通过对应的光合作用模型、气孔导度模型和蒸腾蒸散模型进行模拟。冠层尺度的生理生态学过程模型主要包括物质能量的传输、辐射传输等，通过简化的方法将单叶片模型扩展到冠层尺度，通常通过大叶模型、多层模型、阳生叶和阴生叶分离模型来实现模型的扩展和移植。区域尺度的过程模型将叶片、个体和冠层尺度模型扩展至景观区域乃至全球尺度，比如 SiB2、Biome-BGC、CASA、BEPS、TEM、Century 等。

（3）遥感模型：以遥感数据为输入参数的模型，利用遥感数据获得大时空尺度地表覆被信息、植被生长状态信息和土壤状况信息。通过遥感数据获得各类植被指数，进而推算生物量、叶面积指数是较为常用的方法。微波遥感还可以提取植被结构和植物含水量等。遥感模型的关键是实现输入参数的尺度转换，将样地尺度的生态系统参数与遥感获得的大尺度生态系统参数间建立关系，获得对较大尺度生态系统格局和过程的深入认识。

# 第三节　生态工程生态效益评估理论与方法

## 一、历史动态本底与地带性顶级本底

在开展三江源自然保护区生态保护和建设工程生态效益评估研究工作中，本书创新性地提出了"历史动态生态本底"和"地带性顶级生态本底"的概念，并将其运用到生态工程生态效益的评估中。

"历史动态生态本底"是指在生态工程生态效益评估中生态工程在时间尺度上的对比本底，它是生态保护和建设工程实施前的区域生态状况，该本底既包括工程实施前 5～10 年的生态系统平均状况，也包括过去 20～30 年生态系统的变化趋势。以前有许多生态工程评估研究，将工程实施前一年作为生态工程效益评估的"本底年"，将当年生态系统状况的各种指标作为对比和评估工程实施效果的参照系。然而，该"本底年"有可能受气候波动或其他因素的影响，成为所谓的"丰年"或"歉年"，这就会使得生态工程生态效益的评估充满不确定性，其评估结果有可能被高估或者低估。针对这一问题，本书提出了"历史动态生态本底"的概念，将生态工程实施前十几年甚至前几十年都作为"本底年"，分析生态工程实施前几十年生态系统各项监测评估指标的平均状况、变化程度和变化趋势，使之成为一个"动态本底"，以此本底为基础，与生态工程实施后若干年生态系统的各项监测评估指标进行对比，进而评估生态工程的生态效益。显然，"历史动态生态本底"不仅可以有效避免生态工程评估结果受气候波动等影响造成的不确定性，而且可以从变化趋势上更准确、更科学地评估生态系统工程生态效益，比如，在生态工程实施前若干年生态系统相关监测评估指标呈下降或变差的趋势，在生态工程实施后一段时间仍呈现下降或变差，但其变化幅度比生态工程实施前有所减轻或减缓，这也表明该生态工程具有较好的生态效益。由此可见，"历史动态生态本底"不仅解决了因降水周期性导致的生态工程成效评价不确定性问题，而且可以准确判断生态系统的变化过程和趋势，从而使生态效益评估具有科学性。

"地带性顶级生态本底"是本书提出的另一个相关概念。"地带性顶级生态本底"是指生态工程在空间尺度上的对比本底，它反映了与工程区相同地带和相同类型生态系统的最佳状况。"地带性顶级生态本底"是相同地带和相同生态系统类型长期未受到人类干扰、胁迫和破坏的地区，如自然保护区或相关研究设置的永久样地等。"地带性顶级生态本底"可看作是生态工程实施和退化生态系统恢复在理论上的目标，它可以用来对比分析和评估生态系统实施的成效、差距和潜力。

历史动态本底与地带性顶级生态本底的提出和建立是生态工程生态效益评估理论与方法研究的重要进展，对推动和促进生态工程生态效益评估理论和方法的发展具有很重要的意义。

# 二、评估理论框架与方法

## 1. 评估方法

基于历史动态本底与地带性顶级生态本底的概念，本书进一步发展并提出了"历史动态本底-恢复现状-恢复指数"+"地带顶级本底-恢复现状-偏离指数"生态工程生态效益评估方法。

"历史动态本底-恢复现状-恢复指数"生态工程生态效益评估方法的核心内容是：建立工程区生态工程实施前十几年乃至几十年能够反映生态系统结构和质量及服务变化的历史动态本底，基于该本底，与生态工程实施后若干年的生态系统相关状况进行比较，进而量化工程前后生态系统各项监测评估指标的变化幅度，估算生态工程实施后生态系统的恢复指数，分析生态工程实施前后生态系统的变化趋势，在厘定工程因素和气候波动及变化对生态系统变化影响的贡献率的基础上，对生态工程的生态效益进行科学评估。

"地带性顶级本底-恢复现状-偏离指数"生态工程生态效益评估方法的核心内容是构建生态工程区域地带性顶级生态本底，基于地带顶级生态本底，评价工程实施前后生态系统退化/恢复的趋势，对比分析生态系统与顶级状态的距离，分析生态工程的恢复程度、恢复差距和恢复潜力。

通过将上述两种方法相结合的方法，形成"历史动态本底-恢复现状-恢复指数"+"地带性顶级本底-恢复现状-偏离指数"生态工程生态效益评估方法，开展生态工程生态效益的综合评估，不仅可以解决因降水周期性导致的生态工程生态效益评价不确定性问题，而且可以准确判断生态系统的退化/恢复趋势和程度，从而使评估更具有科学性。

## 2. 评估理论框架

青海三江源自然保护区生态保护与建设工程生态效益综合评估采用了基于生态系统结构-服务功能动态过程趋势分析的重大生态工程生态效益综合评估技术方法框架。该框架针对生态保护与建设工程预期生态效益的主要关注问题，以区域生态建设工程的生态效益评估为核心服务对象，以联合国 MA 生态评估框架为理论基础，以空间信息技术为核心手段，生成多时空尺度系列生态监测与评估信息，围绕区域生态系统结构与服务功能特征及其变化规律，构建综合评估指标体系，在建立三江源生态工程区 20 世纪 90 年代初至 2004 年动态本底的基础上，对工程近 8 年的区域生态系统结构与服务功能变化进行了完整的把握，并在对比各项指标前 30 年和后 8 年变化趋势的基础上，给出生态工程成效与局限性的科学结论，客观公正地评价区域生态保护和建设工程的生态建设成效。

通过数值平台实现空间遥感数据和地面观测数据的相互验证、融合和尺度转换，进而实现星地一体化的生态系统综合评估和生态工程成效评估，提供决策支持（图 2-6）。主要包括以下几个重要环节：①多源数据采集；②生态系统结构与宏观生态状况监测；③草地退化与恢复综合监测；④森林、湿地和荒漠生态系统状况监测；⑤生态系统水源涵养/水分调节服务综合监测；⑥生态系统水土保持与防风固沙服务综合监测；⑦自然保护区/工程区生态效益综合监测。

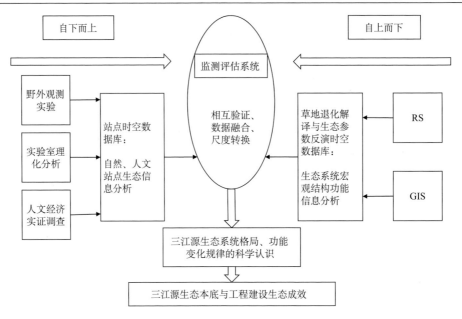

图 2-6　三江源区生态保护与建设规划工程生态效益综合评估技术框架

# 三、气候波动与生态工程对生态恢复的贡献率厘定方法

重大生态工程实施区域生态系统退化/恢复会受到年度气候波动与工程实施的共同影响，因此，在生态工程生态效益评估时需要厘定生态工程和气候波动对生态系统退化/恢复的贡献率，明确生态工程的作用大小，这是生态工程生态效益评估需要解决的关键问题之一。

本书作者在开展重大生态工程生态效益评估工作中，研发并提出了多种生态工程生态效益评估气候因素和工程实施厘定技术方法，包括模型变量参数控制法、工程措施区域内外对比法、地面联网观测对比法等。

模型变量参数控制法。在应用模型模拟，采用模型相关参数控制的方法，分别模拟目前实际气候状况和多年份平均气候状况下生态系统重要评估参数，并分析目前实际气候状况和多年份平均气候状况下生态系统相关评估参数的变化和差异，在明确气候因素对生态系统变化的影响的基础上，分析气候因素和工程因素对生态系统影响的贡献率。具体公式如下：

$$C_{\text{project}} = \frac{G_{\text{Al}} - G_{\text{Ap}}}{|G_{\text{Rl}} - G_{\text{Rp}}|} \tag{2.5}$$

$$C_{\text{nature}} = \frac{G_{\text{Rl}} - G_{\text{Rp}}}{|G_{\text{Rl}} - G_{\text{Rp}}|} - C_{\text{project}} \tag{2.6}$$

式中，$C_{\text{project}}$ 是生态工程的贡献率；$C_{\text{nature}}$ 是自然因素（气候变化为主）的贡献率；$G_{\text{Al}}$、$G_{\text{Ap}}$ 分别是平均气候状况下工程实施后和实施前的指标量；$G_{\text{Rl}}$、$G_{\text{Rp}}$ 分别是真实气候状况下工程实施后和实施前的指标量。

　　工程措施区内外对比法。通过工程区内外生态系统监测评估相关指标的对比统计分析进行生态工程贡献率的判定，测定并分析评估工程实施区和相同条件下非工程实施区域生态系统相关指标的差异，这也是较为常用的评估方法。由于工程实施区和非工程实施区处于相同的气候环境中，工程实施区和非工程实施区生态系统相关指标的差异可以认定为工程措施的作用。

　　地面联网观测对比法。采用长期定位站联网观测的手段实现气候因素和生态工程对生态系统变化影响的贡献率厘定。

# 第三章　三江源生态保护和建设工程
# 生态效益监测评估技术规范

## 第一节　三江源生态保护和建设工程生态效益监测技术规范<sup>*</sup>

### 一、范　　围

本规范规定了三江源区遥感监测的数据准备、监测内容及监测方法；地面监测站点布设、监测内容、监测指标及监测方法；生态监测质量保证和质量控制等内容。

本规范适用于三江源区遥感监测和地面监测，以及对在三江源区实施的生态保护和建设工程的跟踪监测。

### 二、规范性引用文件

下列文件对于本文件的应用是必不可少的。凡是注日期的引用文件，仅所注日期的版本适用于本文件。凡是不注日期的引用文件，其最新版本（包括所有的修改单）适用于本文件。

GB/T1.1—2009　《标准化工作导则》第一部分　标准的结构和编写；

GB 3095　《环境空气质量标准》；

GB 3838　《地表水环境质量标准》；

GB 5749　《生活饮用水卫生标准》；

GB/T 14848　《地下水质量标准》；

GB 15618　《土壤环境质量标准》；

GB/T 50138　《水位观测标准》；

GB 50159　《河流悬移质泥沙测验规范》；

GB 50179　《河流流量测验规范》；

GB/T24708—2009　《湿地分类》；

GB/T24255—2009　《沙化土地监测技术规程》；

SL 190　《土壤侵蚀分类分级标准》；

SL 277　《水土保持监测技术规程》；

LY/T1812—2009　《林地分类》；

SD239—1987　《水土保持试验规范》；

QX/T45—2007　《地面气象观测规范》；

---

＊ 本节内容摘编于《三江源生态监测技术规范》（DB 63/ T993—2011）。

SL190—2007 《土壤侵蚀分类分级标准》；

DB63/F209—1994 《青海省草地资源调查技术规范》；

DB63/T331—1999 《草地旱鼠预测预报技术规程》；

DB 63/T 372 《青海省气象灾害标准》。

# 三、术语和定义

下列术语和定义适用本规范。

## 1. 三江源区

本标准中三江源区指三江源生态监测区域，包括青海三江源区玉树、果洛、黄南、海南 4 个藏族自治州所辖的 21 个县及格尔木代管的唐古拉山镇。

## 2. 生态监测

生态监测是应用可比的方法，在时间或空间上对特定区域范围内的生态系统或生态系统组合体的类型、结构和功能及其组成要素等进行系统的测定和观察，利用生命系统及其相互关系的变化来监测生态环境质量状况，用以评价和预测人类活动对生态系统的影响，为合理利用资源，改善生态环境和自然保护提供决策服务。

## 3. 生态系统

生态是生物与环境、生命个体与整体之间的一种相互作用关系。生态系统是指一定空间范围内，生物群落与其所处的环境所形成的相互作用的统一体。

# 四、遥 感 监 测

## 1. 数据准备

1）数据源

A. 监测方法

工作底图的选择以 1∶100 000 地形图和 1∶100 000 DEM（或 DRG）数据为主，根据监测需求也可选用大比例尺地形图和 DEM（或 DRG）数据。

B. 遥感信息源

遥感影像选取分辨率为低分辨率（>50 m）、中分辨率（10～50 m）、高分辨率（<10 m），针对特定需求优化遥感数据的选择，重点区域可选取多信息源融合后的影像，影像时相的选择上以 7～9 月为最佳，单景影像中云层覆盖应少于 5%。

2）影像处理

A. 影像合成与融合处理

对于中分辨率遥感数据，采用标准假彩色合成，合成的影像地面分辨率为 30 m。根据实际需求，可采用其他高分辨率卫星影像数据，提高影像的空间分辨率，以保证监测的精度要求。

B. 影像几何纠正

影像几何纠正时采用 1980 西安坐标系；高程系统采用 1985 国家高程基准；1∶100 000～1∶1 000 000 采用高斯-克吕格投影，如研究区域大，则采用阿尔伯斯双标准纬线割圆锥投影。

判读提取目标地物的最小单元：一般规定变化的面状地类应大于 4×4 个像元（120 m×120 m），线状地物图斑短边宽度最小为 2 个像元，长边最小为 6 个像元；屏幕解译线划描迹精度为 2 个像元点，并且保持圆润。

C. 文件命名

以景为单位采样后影像命名采用 PATH＋ROW＋接收年＋接收月＋接收日＋波段号，如 PATH 号为 136，ROW 号为 56，影像接收时间为 2010 年 7 月 1 日，则采样后影像命名为：1365620100701432.img。

D. 影像的镶嵌

影像镶嵌时，地物连接应光滑，色彩过渡自然，不应出现明显的模糊。镶嵌时应注意选择现势性好的影像区域，尽量避开有云、雾等遮盖的区域，使明显面状地物完整的出自一景影像，且景与景之间接边最大误差控制在 1 个像元。

3）其他高分辨率遥感影像应用处理

项目区没有现成的可以用来纠正这些数据的地图资料，可利用 GPS 设备到实地采集、导线测量或购买三角网的控制点等方法获取控制点坐标。

**2. 遥感监测内容**

1）土地利用/土地覆被监测

在进行三江源区土地利用/土地覆被监测中土地分类采用中分辨率遥感数据的土地利用/覆被分类系统设计原则。一级分为 6 类，主要根据土地的自然生态和利用属性；二级分为 23 个类型，主要根据三江源区土地经营特点、利用方式和覆盖特征（表 3-1）。三江源区土地分类类型含义详见表 3-2。

表 3-1　三江源区遥感监测土地利用/覆被分类

| 序号 | 一级分类 | 二级分类 |
| --- | --- | --- |
| 1 | 耕地 | 旱地 |
| 2 | 林地 | 有林地、灌木林地、疏林地、其他林地 |
| 3 | 草地 | 高覆盖度草地、中覆盖度草地、低覆盖度草地 |
| 4 | 水域 | 河渠、湖泊、水库坑塘、永久性冰川雪地、滩地 |
| 5 | 人工用地 | 城镇用地、农村居民用地、工矿建设用地 |
| 6 | 未利用土地 | 沙地、戈壁、盐碱地、沼泽地、裸土地、裸岩石砾地、其他 |

## 表 3-2　三江源区生态遥感监测土地利用/覆盖分类体系

1.耕地：指种植农作物的土地，包括熟耕地、新开荒地、休闲地、轮歇地、草田轮作地；以种植农作物为主的农果、农桑、农林用地；耕种三年以上的滩地和海涂

| 12 旱地 [1] | 指无灌溉水源及设施，靠天然降水生长作物的耕地；有水源和浇灌设施，在一般年景下能正常灌溉的旱作物耕地；以种菜为主的耕地；正常轮作的休闲地和轮歇地 |

2.林地：指生长乔木、灌木、竹类以及沿海红树林地等林业用地

| 21 有林地 | 连续面积大于 0.067 km$^2$、郁闭度 0.30（含 0.3）以上的林地，附着森林植被的乔木林地 |
| 22 灌木林地 | 灌木树种或因生境恶劣矮化成灌木型的乔木树种，以经营灌木林为目的或起防护作用，连续面积大于 0.067 km$^2$、覆盖度在 30%以上的林地 |
| 23 疏林地 | 乔木树种，连续面积大于 0.067 km$^2$，郁闭度在 0.10～0.19 之间的林地 |
| 24 其他林地 | 指未成林造林地、迹地、苗圃及宜林地等 |

3.草地：指生长草本植物为主、覆盖度在 5%以上的各类草地，包括以牧为主的灌丛草地和郁闭度在 10%以下的疏林草地

| 31 高覆盖度草地 | 指覆盖度>50%的天然草地、改良草地和割草地。此类草地一般水分条件较好，草被生长茂密 |
| 32 中覆盖度草地 | 指覆盖度在 20%～50%的天然草地和改良草地，此类草地一般水分不足，草被较稀疏 |
| 33 低覆盖度草地 | 指覆盖度在 5%～20%的天然草地，此类草地水分缺乏，草被稀疏，牧业利用条件差 |

4.水域：指天然陆地水域和水利设施用地

| 41 河渠 | 指天然形成或人工开挖的河流及主干渠常年水位以下的土地。人工渠包括堤岸 |
| 42 湖泊 | 指天然形成的积水区常年水位以下的土地 |
| 43 水库、坑塘 | 指人工修建的蓄水区常年水位以下的土地 |
| 44 冰川和永久积雪地 | 指常年被冰川和积雪覆盖的土地 |
| 滩地 | 指河、湖水域平水期水位与洪水期水位之间的土地 |

5.人工用地：指城市、村镇、工业、交通等用地

| 51 城镇用地 | 指大城市、中等城市、小城市及县镇以上的建成区用地 |
| 52 农村居民点用地 | 指镇以下的居民点用地 |
| 53 工矿建设用地 | 指独立于各级居民点以外的厂矿、大型工业区、油田、盐场、采石场等用地，以及交通道路、机场、码头及特殊用地 |

6.未利用土地：目前还未利用的土地，包括难利用的土地

| 61 沙地 | 指地表为沙覆盖、植覆被盖度在 5%以下的土地，包括沙漠，不包括水系中的沙滩 |
| 62 戈壁 | 指地表以碎石为主、植覆被盖度在 5%以下的土地 |
| 63 盐碱地 | 地表盐碱聚集、植被稀少，只能生长强耐盐碱植物的土地 |
| 64 沼泽地 | 指地势平坦低洼、排水不畅、长期潮湿、季节性积水或常年积水，表层生长湿生植物的土地 |
| 65 裸土地 | 指地表土质覆盖、植覆被盖度在 5%以下的土地 |
| 66 裸岩石砾地 | 指地表为岩石或石砾，其覆盖面积>50%的土地 |
| 67 其他 | 指其他未利用土地，包括高寒荒漠、苔原等 |

1）旱地为三位编码：121 为山区旱地；122 为丘陵旱地；123 为平原旱地；124 为坡度大于 25°的旱地。

2）土地侵蚀监测

三江源区土壤侵蚀数据采集以中分辨率数据作为主要信息源，采用人机交互的数字作业方式进行土壤侵蚀类型和土壤侵蚀强度的专题信息提取，参照《土壤侵蚀分类分级标准》（SL190—2007）确定土壤侵蚀分级。土壤侵蚀分类按全国土壤分类系统执行见表3-3。

表3-3　三江源区土壤侵蚀分类系统

| 一级类型 | 强度等级（二级类型） |
|---|---|
| 1 水力侵蚀 | 11 微度 12 轻度 13 中度 14 强烈 15 极强烈 16 剧烈 |
| 2 风力侵蚀 | 21 微度 22 轻度 23 中度 24 强烈 25 极强烈 26 剧烈 |
| 3 冻融侵蚀 | 31 微度 32 轻度 33 中度 34 强烈 |
| 4 重力侵蚀 | 不分级 |
| 5 工程侵蚀 | 不分级 |

对难以获取足够的侵蚀模数的地区，特拟定土壤侵蚀强度分级的指标见表 3-4、表3-5。三江源区遥感监测水力侵蚀强度分级指标。

表3-4　三江源区遥感监测水力侵蚀强度

| 地类 | | 地面坡度 | | | | |
|---|---|---|---|---|---|---|
| | | 5°～8° | 8°～15° | 15°～25° | 25°～35° | >35° |
| 非耕地的林草覆盖度/% | 60～75 | 轻度 | 轻度 | 轻度 | 中度 | 中度 |
| | 45～60 | 轻度 | 轻度 | 中度 | 中度 | 强烈 |
| | 30～45 | 轻度 | 中度 | 中度 | 强烈 | 极强列 |
| | <30 | 中度 | 中度 | 强烈 | 极强烈 | 剧烈 |
| 坡耕地 | | 轻度 | 中度 | 强烈 | 极强烈 | 剧烈 |

表3-5　三江源区遥感监测风力侵蚀强度分级指标

| 级别 | 床面形态（地表形态） | 植覆被盖度（非流沙面积）/% |
|---|---|---|
| 1 微度 | 固定沙丘，沙地和滩地 | >70 |
| 2 轻度 | 固定沙丘，半固定沙丘，沙地 | 70～50 |
| 3 中度 | 半固定沙丘，沙地 | 50～30 |
| 4 强烈 | 半固定沙丘，流动沙丘，沙地 | 30～10 |
| 5 极强烈 | 流动沙丘，沙地 | <10 |
| 6 剧烈 | 大片流动沙丘 | <10 |

3）植被生长监测

A. 监测方法

设立有代表性植被定位监测点，监测生长期植被的地上生物量、高度、覆盖度等指标；通过中、高分辨率遥感数据，优选进行植被指数合成，比较与地面定位监测站点同步的植被指数，分析植被生长期与植被指数及地上生物量的函数关系，建立植被地上生物量的卫星遥感监测模型，确定地上植被生物量分级标准；制作植被长势信息图。

B. 监测时间

每年7～9月为植被各项监测指标地面监测时段；1～12月为遥感监测植被生长信息的时段。

C. 数据格式及精度要求

产草量单位为 $kg/km^2$，数据有效位数不超过四位，精度为1 kg，如4 367 $kg/km^2$、$5.462×10^5 kg/km^2$、15 $kg/km^2$。

4）湖泊水域面积动态监测

选取中分辨率的遥感数据用做动态监测湖/库水域面积随不同季节和年份之间的动态变化。

A. 湖泊水域面积动态监测方法

水体对太阳光吸收、反射和透射是随着波长而变化的，总的来说是以吸收为主，吸收大于反射和透射。卫星传感器根据不同地物及云在不同波长范围的光谱特性，反映水体、植被、云以及城镇用地等信息。水体对近红外波段的吸收能力较强，在 1.4 μm 和 1.9 μm 附近，其吸收率接近 100%。利用遥感影像的光谱增强技术，突出图像中地表部分的反差，使水体、陆地得到清楚、直观地显示，实现对湖泊水域面积的动态监测。

B. 湖泊水域面积动态监测提交的数据格式和精度要求

湖泊水域面积以 $km^2$ 为单位，精确到 0.01 $km^2$，湖泊长度、宽度、岸线长度以 m 为单位，精确到 100 m。

5）沙化土地动态监测

选取中分辨率遥感数据用做沙化土地面积在不同季节和年度之间的动态变化监测。

A. 沙化土地动态监测方法

沙质地物在波长 0.5～2.4 μm 波段上可产生 30%～50%的高反射率，并在卫星影像上表现出非常明亮的或是浅、极浅的色调信息，与其他地物，如植被、水体、基岩山地、农作物等形成明显的对比，构成沙化土地独特的光谱特征和图像解译标志库。利用这种特定的光谱信息和解译标志，对不同区域、不同时间的沙化土地类型的现状、分布规律、演变趋势等进行解译、研究和监测。

B. 沙化土地动态监测提交的数据格式及精度要求

沙化土地面积以 $km^2$ 单位，精确到 0.01 $km^2$。沙化土地长度、宽度、边缘线长度以 m 为单位，精确到 500 m。

**3. 遥感监测信息要求**

1）数据格式

遥感监测数据格式分为栅格数据和矢量数据。

2）专题图

专题图件基本比例尺 1∶100 000，重点区域则更大；投影方式（projected coordinate system）为阿尔伯斯双标准纬线割圆锥投影；椭球体（spheroid name）为克拉索夫斯基椭球体；中央经线（longitude of central meridian）为 110°E；第一标准纬线（latitude of 1 st standard parallel）为 25°N；第二标准纬线（latitude of 2nd standard parallel）为 47 °N；投影起始纬度（latitude of origin of projedtion）为 12°；中央经线偏差（false easting at central meridian）为 0；起始点偏差度（false northing at origin）为 0。

# 五、地　面　监　测

**1. 监测布点原则**

1）代表性原则

根据监测区域的生态地理环境特征，选择具有代表性的样点和样地，尽可能少的点位获取最具有代表性的生态系统状况信息。

2）地域性原则

自然地理单元的差异性原则。

3）控制性原则

满足专业代表性要求的区域内最低点位设置数量要求。

4）兼顾性原则

各生态要素监（观）测点位尽可能归一或在布设时靠近。

5）可达性原则

各生态要素的监测项有可靠的技术方法或仪器设备，便于实施质量控制。

6）方便管理原则

监测工作可以按计划进行，能够进行有效管理。

**2. 监测站（点）位布设**

1）监测站（点）位布设

根据对生态系统要素监测与评价、生态系统综合评估及生态保护和建设工程跟踪监测的要求，布设三江源区生态监测-地面监测站（点），地面监测站（点）包括生态系统综合监测站、专项（基础）监测点。

A. 生态系统综合监测站（点）

为满足生态环境状况、生态系统结构、完整性评价和生态系统综合评估的要求，结合区位的重要性、生态系统与小流域的特点，在三江源区布设生态系统综合监测站点，以草地、森林、湿地生态系统为监测的基本单元，开展水文、土壤、气象、生物、环境等多种生态要素综合监测。

B. 专项（基础）监测站（点）

为满足生态环境因子、生态系统要素评价需求及生态保护和建设工程的实施区域，布设生态监测专项（基础）监测基础站点，主要包括草地生态监测样点（地）、森林生态监测样点（地）、湿地生态监测样点（地）、沙化土地监测点（地）、水文水资源观测/巡测站、水土保持综合监测小区、水土保持辅助监测点、气象要素观测站、环境质量监测点等；分别开展植被（草地、湿地、森林、沙化土地）、气象、水文、水土保持、环境质量（环境空气、生活饮用水水质、地表水水质、土壤）等生态要素专项监测。

草地生态监测样点根据草地植被类型进行布设；森林生态监测样点（地）根据林地类型进行布设；湿地生态监测样点（区）根据湿地类型以及湿地植被类型进行布设；沙化土地监测点（区）根据区域沙化土地状况进行布设；水文水资源观测站根据流域水系进行布设；水土保持综合监测小区及辅助监测点根据区域、小流域进行布设；气象要素观测站根据行政区域进行布设；环境空气质量监测点和生活饮用水水质监测点以乡镇、人口集中地为中心进行布设；地表水水质监测断面根据流域水系进行布设；土壤环境质量监测点根据土壤类型、结合土地利用及植被类型进行布设。

2）监测点的编码规则

采用十六位编码。第1至第6位为县行政区代码，第7、8、9、10位为监测类型（草地：CDHJ；森林：SLHJ；湿地：SDHJ；沙化土地：SHHJ；水文、水资源：SYHJ；水土保持：SBHJ；环境质量：HJZL；气象：QXHJ）；第11、12、13位为顺序号，第14位监测点位性质，区域类为Q，工程类为G，第15、16位为点位布设年度。

编码示例：630×××（行政区划）-××××（类型）-×××（序号）-×（G、Q）-××（年度）。

三江源区内各类生态监测站（点）位实行统一编码。经确定的监测站（点）要填写站点基本特征登记表，对监测站点的基本特征进行描述并记录，供各专项监测时定点、定期采集地面监测信息和遥感校核数据使用。

**3. 地面监测内容**

在三江源生态系统综合监测站点，以草地、森林、湿地生态系统为监测的基本单元，开展气象、水文、土壤、生物（植物）、环境等多项生态要素监测。监测内容应包括植被（草地、湿地、森林）、气象、水文、环境质量（环境空气、生活饮用水水质、地表水水质、土壤）等多项监测。在专项（基础）监测基础站点，分别开展包括植被（草地、湿地、森林、沙化土地）、气象、水文、水土保持、环境质量（环境空气、生活饮用水水质、地表水水质、土壤）等专项生态要素监测。

1）草地生态监测

A. 草地植被样地设置

草地监测样地按长期监测标准样地设计（表 3-6），样地一经确定，不再轻易变更。样地的大小至少要满足有效监测 10 年，每年 7～9 月植被生长盛期监测 1 期，固定样地设置的面积不小于 10 km²，同时监测位点面积不小于 40 m×30 m。样方设置采用固定和随机两种方法。

B. 监测内容

监测内容主要包括草地面积、草地类型、草地动态变化、草地群落结构、草地载畜量、草地鼠虫害、草地生态保护与建设工程跟踪监测。

C. 监测方法

草地群落监测方法。草地样方面积为 1 m×1 m，灌丛草地样方面积为 2 m×5 m，至少重复 6 次。监测采用现场调查法、现场描述法、资料收集监测。监测过程参照《青海省草地资源调查技术规范》（DB63/F209—1994）和《草地旱鼠预测预报技术规程》（DB63/T331—1999）。

表 3-6　草地生态专项监测一览表

| 类别 | 监测内容 | 监测指标 | 监测方法 | 监测频度 | 监测时间 | 备注 |
|---|---|---|---|---|---|---|
| 草地监测 | 草地基本情况 | 草地面积 | 遥感与实地调查 | 1 次/a | 全年 | |
| | | 草地类型 | 实地调查 | 1 次/a | 7～9 月 | |
| | | 草地动态变化 | 遥感 | 1 次/a | 全年 | |
| | | 载畜量 | 实地调查 | 1 次/a | 7～9 月 | |
| | | 利用方式 | 实地调查 | 1 次/a | 7～9 月 | |
| | 植被群落结构 | 盖度 | 样方法 | 1 次/a | 7～9 月 | |
| | | 高度 | 样方法 | 1 次/a | 7～9 月 | |
| | | 频度 | 样方法 | 1 次/a | 7～9 月 | |
| | | 株丛数 | 样方法 | 1 次/a | 7～9 月 | |
| | | 生物量 | 样方法 | 1 次/a | 7～9 月 | |
| | | 叶面积指数 | 仪器法 | 1 次/a | 7～9 月 | |

续表

| 类别 | 监测内容 | 监测指标 | 监测方法 | 监测频度 | 监测时间 | 备注 |
|------|---------|---------|---------|---------|---------|------|
| 鼠虫害监测 | 鼠害监测 | 单位面积有效洞口数 | 样方法 | 2 次/a | 4～5 月<br>8～9 月 | |
| | | 土丘数 | 样方法 | 2 次/a | 4～5 月<br>8～9 月 | |
| | | 洞口系数 | 样方法 | 2 次/a | 4～5 月<br>8～9 月 | |
| | | 害鼠密度 | 样方法 | 2 次/a | 4～5 月<br>8～9 月 | |
| | | 损失调查 | 样方对照法 | 2 次/a | 4～5 月<br>8～9 月 | 未发生区域为对照 |
| | 虫害监测 | 种类 | 现场调查 | 1 次/a | 7～8 月 | |
| | | 密度 | 样方法 | 1 次/a | 7～8 月 | |
| | | 危害程度 | 样方对照法 | 1 次/a | 7～8 月 | 未发生区域为对照 |
| 草地保护工程跟踪监测 | 工程调查 | 工程类型 | 实地调查 | 1 次/a | 10～12 月 | |
| | | 工程规模 | 实地调查 | 1 次/a | 10～12 月 | |
| | | 工程分布 | 实地调查 | 1 次/a | 10～12 月 | |
| | | 工程进度 | 实地调查 | 1 次/a | 10～12 月 | |
| | 植被监测 | 植被群落结构 | 样方法 | 1 次/a | 7～8 月 | 未实施工程区为对照 |

草地鼠虫害监测方法。啮齿类动物在草地植被监测点选定三块四分之一公顷的固定样地，调查方法可采用堵洞盗洞法、夹日法进行调查。有害昆虫根据昆虫的种类，生理形态和危害习性分别采用直接观察法的样方法和间接法中的扫网法，同时结合其他监测工作进行损失调查。监测过程参照《草地旱鼠预测预报技术规程》（DB63/T331—1999）。

D. 监测指标

监测指标主要包括草地面积、草地类型、植被盖度、高度、频度、生物量、鼠虫害监测等。

E. 监测结果表征

监测结果表征见表 3-7、表 3-8 和表 3-9，监测执行单位可根据监测实际情况对表格进行修改。

2）湿地生态监测

A. 监测样地设置

湿地植被固定样地面积不小于 10 km$^2$，设置 200 m×4 m 的样带进行监测。

## B. 监测内容

### 表 3-7    草地生态监测调查表

| 样地名称 | | 草地类型 | | | | | 样地面积/m² | | |
|---|---|---|---|---|---|---|---|---|---|
| 海拔/m | | 监测时间 | | | | | 样方面积/m² | | |
| 样点 GPS 坐标 | 北纬: | | | | | | 样方第___次重复 | | |
| | 东经: | | | | | | | | |
| 植被总盖度/% | | | 载畜量（头/km²） | | | | | | |
| 牧草高度/cm | | | 利用方式（冬场或夏场） | | | | | | |
| 序号 | 名称 | 分盖度/% | 草高/cm | 频度/% | 株丛数/丛 | 生物量/（kg/km²） | 是否可食牧草 | 是否建群种或优势种 | 备注 |
| | | | | | | | | | |
| | | | | | | | | | |
| | | | | | | | | | |

样地描述：

景观照片：

### 表 3-8    草地鼠虫害监测调查表

| 样地名称 | | 草地类型 | | 样地面积/m² | |
|---|---|---|---|---|---|
| 海拔/m | | 调查时间 | | 样方面积/m² | |
| 样点 GPS 坐标 | 北纬: | | | 样方第___次重复 | |
| | 东经: | | | | |
| 植被总盖度/% | | | 调查方法 | | |
| 序号 | 有效洞数/（个/km²） | 鼠类数量/（个/km²） | 害虫数量/（个/m²） | 备注 | |
| | | | | | |
| | | | | | |

样地描述：

景观照片：

### 表 3-9    生态保护工程跟踪监测调查表

| 工程类型 | | 实施地点 | | 规模 | |
|---|---|---|---|---|---|
| 海拔/m | | 调查时间 | | | |
| 样点 GPS 坐标 | 北纬: | | | | |
| | 东经: | | | | |
| 调查方法 | | | | | |
| 序号 | 名称 | 分盖度/% | 草高/cm | 频度/% | 多度/% | 生物量/（kg/km²） | 是否可食牧草 | 是否建群种或优势种 | 备注（填写工程区内外） |
| | | | | | | | | | |
| | | | | | | | | | |
| | | | | | | | | | |

工程进度及工程描述：

景观照片：

监测内容主要包括湿地面积、湿地类型、水域动态变化、湿植物群落结构、湿地保护与建设工程跟踪监测。

C. 监测方法

湿地植物群落监测方法。湿地植物群落监测采用 200 m×4 m 的样带，以中心线为准，兼顾中心线两侧各 2 m 的区域进行区划调查。监测采用现场调查法、现场描述法、资料收集、访问调查进行监测。

D. 监测指标

监测指标包括湿地分布、面积、植被类型、盖度、高度、群落生物量（包括湿地草本植物群落、湿地灌木群落）等。

湿地监测参照《湿地分类》（GB/T 24708—2009）和湿地调查规程（国家林业局，2008）进行监测（表 3-10）。

表 3-10　湿地生态专项监测一览表

| 类别 | 监测内容 | 监测指标 | 监测方法 | 监测频度 | 监测时间 | 备注 |
|---|---|---|---|---|---|---|
| 湿地监测 | 湿地基本情况 | 湿地面积 | 遥感与实地调查 | 1 次/a | 全年 | |
| | | 湿地类型 | 实地调查 | 1 次/a | 7~9 月 | |
| | | 湿地动态变化 | 遥感 | 1 次/a | 全年 | |
| | | 载畜量 | 实地调查 | 1 次/a | 7~9 月 | |
| | | 利用方式 | 实地调查 | 1 次/a | 7~9 月 | |
| | 湿地植被监测 | 湿地植被类型 | 现场调查 | 1 次/a | 7~8 月 | |
| | | 湿地植被面积 | 遥感与实地调查 | 1 次/a | 7~9 月 | |
| | | 湿地植被分布 | 遥感与实地调查 | 1 次/a | 7~9 月 | |
| | 植被群落结构 | 种类组成 | 样线法 | 1 次/a | 7~9 月 | |
| | | 盖度 | 样线法 | 1 次/a | 7~9 月 | |
| | | 高度 | 样线法 | 1 次/a | 7~9 月 | |
| | | 叶面积指数 | 仪器法 | 1 次/a | 7~9 月 | |
| | | 建群种 | 样方法 | 1 次/a | 7~9 月 | |
| | 群落生物量 | 草本植物生物量 | 样方法 | 1 次/a | 7~9 月 | |
| | | 灌木群落生物量 | 样方法 | 1 次/a | 7~9 月 | |
| | | 浮游植物生物量 | 叶绿素测定法 | 1 次/a | 7~9 月 | |
| | | 水生植物现存量 | 框架采集法 | 1 次/a | 7~9 月 | |
| | | 草本植物群落第一性生产力 | 收获法 | 1 次/a | 7~9 月 | |
| 湿地保护工程跟踪监测 | 工程调查 | 工程类型 | 实地调查 | 1 次/a | 10~12 月 | |
| | | 工程规模 | 实地调查 | 1 次/a | 10~12 月 | |
| | | 工程分布 | 实地调查 | 1 次/a | 10~12 月 | |
| | | 工程进度 | 实地调查 | 1 次/a | 10~12 月 | |
| | 植被监测 | 植被群落结构 | 样方法 | 1 次/a | 7~9 月 | 未实施工程区为对照 |

E. 监测结果表征

监测结果表征见表 3-11，湿地保护和建设工程调查结果参考表 3-9，监测执行单位可根据监测实际情况对表格进行修改。

表 3-11  湿地生态监测植被调查表

| 样地名称 | | 湿地类型 | | 样地面积/m² | |
|---|---|---|---|---|---|
| 海拔/m | | 监测时间 | | 样方面积/m² | |
| 样点 GPS 坐标 | 北纬： | | | 样方第___次重复 | |
| | 东经： | | | | |
| 植被总盖度/% | | 载畜量/（头/km²） | | | |
| 牧草高度/cm | | 利用方式 | | | |

| 序号 | 名称 | 分盖度/% | 草高/cm | 频度/% | 多度/% | 鲜草量/（kg/km²） | 是否可食牧草 | 是否建群种或优势种 | 备注 |
|---|---|---|---|---|---|---|---|---|---|
| | | | | | | | | | |
| | | | | | | | | | |
| | | | | | | | | | |

样地描述：

景观照片：

3）森林生态监测

A. 监测样地设置

林地固定样地面积不小于 10 km²，林木样方面积为 28.28 m×28.28 m，林下植被样方面积乔木和灌丛群落均为 28.5 m×28.5 m，草地群落为 1 m×1 m。

B. 监测内容

监测内容主要包括森林面积、林地类型、林木植被数量特征、林地植被群落结构、森林生态保护与建设工程跟踪监测。

C. 监测方法

林地植物群落监测方法。林地植物群落监测采用样方法，林地样方大小为 28.8 m×28.8 m，林下灌木监测采用对角线区划，样木实测法，最少选取 5 株监测木。草本监测样方为 1 m×1 m，至少需 4 个重复。森林监测参照《林地分类》（LY/T 1812—2009）和森林资源规划设计调查主要技术规定（国家林业局 2003 年）进行监测。

D. 监测指标

监测指标包括林木种类、株数、胸径、郁闭度、生长量；林下植被监测指标包括高度、盖度、频度、生物量等（表 3-12）。

表 3-12 森林生态专项监测一览表

| 类别 | 监测内容 | 监测指标 | 监测方法 | 监测频度 | 监测时间 | 备注 |
|---|---|---|---|---|---|---|
| 森林监测 | 森林基本情况 | 森林面积 | 遥感与实地调查 | 1 次/a | 全年 | |
| | | 森林类型 | 实地调查 | 1 次/a | 7~9 月 | |
| | | 森林动态变化 | 遥感 | 1 次/a | 全年 | |
| | | 载畜量 | 实地调查 | 1 次/a | 7~9 月 | |
| | | 利用方式 | 实地调查 | 1 次/a | 7~9 月 | |
| | 林木植被特征 | 郁闭度 | 样地（线）法 | 1 次/a | 7~9 月 | |
| | | 林木种类 | 样地法 | 1 次/a | 7~9 月 | |
| | | 高度 | 测高器法 | 1 次/a | 7~9 月 | |
| | | 叶面积指数 | 仪器法 | 1 次/a | 7~9 月 | |
| | | 树冠 | 轮廓线测量法 | 1 次/a | 7~9 月 | |
| | | 胸径 | 测量法 | 1 次/a | 7~9 月 | 标志树木 |
| | | 生长量 | 样方法 | 1 次/a | 7~9 月 | |
| | | 蓄积量 | | 1 次/a | 7~9 月 | 生长量蓄积量采用实测计算法，高度为测量法、盖度频度均为样线测量法 |
| | 林下植被群落 | 高度 | 样线法 | 1 次/a | 7~9 月 | |
| | | 盖度 | 样线法 | 1 次/a | 7~9 月 | |
| | | 频度 | 样线法 | 1 次/a | 7~9 月 | |
| | | 生物量 | 样方法 | 1 次/a | 7~9 月 | |
| 森林保护工程跟踪监测 | 工程调查 | 工程类型 | 实地调查 | 1 次/a | 7~9 月 | |
| | | 工程规模 | 实地调查 | 1 次/a | 7~9 月 | |
| | | 工程分布 | 实地调查 | 1 次/a | 7~9 月 | |
| | | 工程进度 | 实地调查 | 1 次/a | 7~9 月 | |
| | 植被监测 | 林下植被群落结构 | 样方法 | 1 次/a | 7~9 月 | 未实施工程区为对照 |

E. 监测结果表征

监测结果表征见表 3-13 和表 3-14，森林生态保护和建设工程调查结果参考表 3-9，监测执行单位可根据监测实际情况对表格进行修改。

表 3-13　森林生态监测林地调查表

| 样地名称 | | | 林地类型 | | | 样地面积/m² | |
|---|---|---|---|---|---|---|---|
| 海拔/m | | | 监测时间 | | | 样方面积/m² | |
| 样点 GPS 坐标 | 北纬： | | | | | 样方第___次重复 | |
| | 东经： | | | | | | |
| 植被总盖度/% | | | 利用方式 | | | | |
| 序号 | 树种名称 | 株数 | | 郁闭度 | 胸径/cm | 蓄积量/m³ | 生长量 | 高度/m | 备注 |
| | | 高<30 cm | 高>30 cm | | | | | | |
| | | | | | | | | | |
| | | | | | | | | | |
| | | | | | | | | | |

样地描述：

景观照片：

表 3-14　森林生态监测林下植被调查表

| 样地名称 | | | 林地类型 | | | | 样地面积/m² | |
|---|---|---|---|---|---|---|---|---|
| 海拔/m | | | 监测时间 | | | | 样方面积/m² | |
| 样点 GPS 坐标 | 北纬： | | | | | | 样方第___次重复 | |
| | 东经： | | | | | | | |
| 植被总盖度/% | | | 利用方式 | | | | | |
| 植被平均高度/cm | | | | | | | | |
| 序号 | 名称 | 分盖度/% | 草高/cm | 频度/% | 多度/% | 生物量/(kg/km²) | 是否可食牧草 | 是否建群种或优势种 | 备注 |
| | | | | | | | | | |
| | | | | | | | | | |

样地描述：

景观照片：

4）沙化土地监测

A. 监测样地设置

沙化土地监测样地按长期监测标准样地设计，样地设置的面积不小于 10 km²，采用固定或人为随机设置监测样地。

B. 监测内容

监测内容主要包括沙化土地基本情况、沙化土地动态变化、植被群落特征。

C. 监测指标

指标主要包括植被类型、群落结构、盖度、频度、生物量；沙化土地面积，沙丘移动速度。

D. 沙化土地植物群落监测方法

沙化土地植被监测灌木监测采用监测木（标志树木）实测法，草本监测采用样方实测法，草本样方面积为 1 m×1 m，至少需 6 个重复，监测采用现场调查法、现场描述法、资料收集（表 3-15）。

监测过程参照《沙化土地监测技术规程》（GB/T 24255—2009）进行监测。

**表 3-15 沙化土地专项监测一览表**

| 类别 | 监测内容 | 监测指标 | 监测方法 | 监测频度 | 监测时间 | 备注 |
|---|---|---|---|---|---|---|
| 沙化土地监测 | 沙化土地基本情况 | 沙化土地面积 | 遥感与实地调查 | 1 次/a | 全年 | |
| | | 沙丘移动速度 | 遥感与实地调查 | 1 次/a | 全年 | |
| | | 沙化土地动态变化 | 遥感 | 1 次/a | 全年 | |
| | 植被群落结构 | 植被类型 | 样方法 | 1 次/a | 7～9 月 | |
| | | 盖度 | 样方法 | 1 次/a | 7～9 月 | |
| | | 高度 | 样方法 | 1 次/a | 7～9 月 | |
| | | 频度 | 样方法 | 1 次/a | 7～9 月 | |
| | | 生物量 | 样方法 | 1 次/a | 7～9 月 | |
| 沙化土地治理工程跟踪监测 | 工程 | 工程类型 | 实地调查 | 1 次/a | 7～9 月 | |
| | | 工程规模 | 实地调查 | 1 次/a | 7～9 月 | |
| | | 工程分布 | 实地调查 | 1 次/a | 7～9 月 | |
| | | 工程进度 | 实地调查 | 1 次/a | 7～9 月 | |
| | 植被状况 | 植被群落结构 | 样方法 | 1 次/a | 7～9 月 | 未实施工程区为对照 |

E. 监测结果表征

监测结果表征见表 3-16，沙化土地治理工程调查结果参考表 3-9，监测执行单位可根据监测实际情况对表格进行修改。

**表 3-16 沙化土地监测植被调查表**

| 样地名称 | | 植被类型 | | | | 样地面积/m² | | |
|---|---|---|---|---|---|---|---|---|
| 海拔/m | | 监测时间 | | | | 样方面积/m² | | |
| 样点 GPS 坐标 | 北纬： | | | | | 样方第___次重复 | | |
| | 东经： | | | | | | | |
| 植被总盖度/% | | | 利用方式 | | | | | |
| 植被平均高度/cm | | | | | | | | |
| 序号 | 名称 | 分盖度/% | 草高/cm | 频度/% | 多度/% | 生物量/(kg/km²) | 是否可食牧草 | 是否建群种或优势种 | 备注 |
| | | | | | | | | | |
| | | | | | | | | | |

样地描述：

景观照片：

5）水文、水资源监测

A. 监测内容

包括水文水资源观测和水质监测。

B. 监测方法

水文、水资源监测采用驻测与巡测、自动与人工监测相结合的方式。监测过程参照《水位观测标准》（GB/T 50138）、《河流悬移质泥沙测验规范》（GB 50159）和《河流流量测验规范》（GB 50179）进行监测。

C. 监测指标

水文、水资源监测指标主要包括水位、流量、泥沙、降水、蒸发、地下水、水温、冰情、气温等（表 3-17）。

表 3-17　水文、水资源专项监测一览表

| 类别 | 监测内容 | 监测指标 | 监测方法 | 监测频度 | 监测时间 | 备注 |
|---|---|---|---|---|---|---|
| 水文、水资源监测 | 河流、湖库及地下水监测 | 水位 | 水位计法 | 定时分段监测 | 全年 | 执行 GB 50138-2010 |
| | | 流量 | 流速仪法 | 定时监测 | 全年 | 执行 GB 50179-93 |
| | | 含沙量 | 烘干法 | 定时监测 | 全年 | 执行 GB50159-92 |
| | | 降水 | 翻斗雨量计法 | 定时分段监测 | 驻测站全年，巡测站汛期 | 执行 SL21-2006 |
| | | 蒸发 | 器测法 | 定时分段监测 | 驻测站全年，巡测站汛期 | 执行 SL265-88 |
| | | 地下水 | 绳测法 | 定时分段监测 | 驻测站全年，巡测站汛期 | 执行 SL183-2005 |
| | | 水温 | 温度计法 | 定时分段监测 | 驻测站全年，巡测站汛期 | |
| | | 冰情 | | 定时分段监测 | 驻测站全年，巡测站汛期 | |
| | | 气温 | 温度计法 | 定时分段监测 | 驻测站全年，巡测站汛期 | |

D. 监测结果表征

监测结果表征见表 3-18，监测执行单位可根据监测实际情况对表格进行修改。

表 3-18　水文、水资源监测统计表

| 河名 | 站名/流域断面 | 集水面积/km² | 月径流量/m³/s | 年径流量/m³/s | 最高月份径流量占全年的百分比/% | 水资源量/亿 m³ | | 出境水量/亿 m³ | 水位/m | 流量/m³/s | 输沙量/万 t |
|---|---|---|---|---|---|---|---|---|---|---|---|
| | | | | | | 地表水 | 地下水 | | | | |
| | | | | | | | | | | | |

E. 监测结果表征

监测结果表征见表 3-19，监测执行单位可根据监测实际情况对表格进行修改。

表 3-19  水土保持生态监测统计表

| 监测区类型 | 样区位置 | 样区规格 | 监测内容 | | | | | | | | | 平均侵蚀模数/ [t/(km²·a)] |
|---|---|---|---|---|---|---|---|---|---|---|---|---|
| | | | 坡度/(°) | 基岩种类 | 土壤厚度/cm | 植被种类 | 植被覆盖度/% | 土壤侵蚀类型 | 土壤侵蚀强度 | 样区侵蚀量/t | 侵蚀模数/ [t/(km²·a)] | |
| | | | | | | | | | | | | |

6）气象监测

A. 监测内容

包括气象要素监测和气象灾害等要素的监测。

B. 监测方法

气象要素监测采用自动气象站的方式进行监测，对于没有气象站所在区域采用科学合理的差值方法进行计算。

气象灾害监测参照《青海省气象灾害标准》（DB 63/T 372）和《地面气象观测规范》（QX/T45—2007）进行监测。

C. 监测指标

气象要素的监测主要包括气温、气压、湿度、风向、风速、降水、地温、蒸发、日照、辐射等。

气象灾害的监测主要包括雪灾、干旱、森林（草原）火灾、沙尘暴等天气气候灾害的动态监测（表 3-20）。

表 3-20  水土保持专项监测一览表

| 类别 | 监测内容 | 监测指标 | 监测方法 | 监测频度 | 监测时间 | 备注 |
|---|---|---|---|---|---|---|
| 水土保持监测 | 气象要素 | 气温 | 气温计 | 3 次/天 | 全年 | |
| | | 降水量 | 雨量器 | 逢雨观测 | 全年 | |
| | | 气压 | 仪器法 | 连续 | 全年 | |
| | | 日照 | 仪器法 | 连续 | 全年 | |
| | | 蒸发量 | 蒸发器 | 1 次/天 | 全年 | |
| | | 相对湿度 | 湿度计 | 3 次/天 | 全年 | |
| | | 地温 | 温度表 | 1 次/天 | 全年 | |
| | | 风向风速 | 风向风速计 | 连续 | 全年 | |
| | | 辐射 | 辐射表 | 连续 | 全年 | |
| | | 大气降尘 | 质量法 | 1 次/季 | 全年 | 日连续采样 |
| | 气象灾害 | 雪灾 | 遥感与实地调查 | 全年 | 逢灾监测 | |
| | | 干旱 | 遥感与实地调查 | 全年 | 逢灾监测 | |
| | | 火灾 | 遥感与实地调查 | 全年 | 逢灾监测 | |
| | | 沙尘暴 | 遥感与实地调查 | 全年 | 逢灾监测 | |
| | | 冰冻 | 遥感与实地调查 | 全年 | 逢灾监测 | |
| | | 冰冻 | 遥感与实地调查 | 全年 | 逢灾监测 | |
| | | 暴雨 | 遥感与实地调查 | 全年 | 逢灾监测 | |

D. 监测结果表征

监测结果表征见表 3-21，监测执行单位可根据监测实际情况对表格进行修改。

表 3-21　气象要素监测统计表

| 序号 | 监测区位置 | 监测范围 | 监测内容 | | | | | | | | | | | | 备注 |
|---|---|---|---|---|---|---|---|---|---|---|---|---|---|---|---|
| | | | 月均温度/℃ | 年均温/℃ | 月降水量/mm | 年降水量/mm | 蒸发量/mm | 日照/h | 气压/Pa | 湿度/% | 风速/m/s | 辐射量kJ/m² | 自然灾害类型 | 灾害发生时间 | |
| | | | | | | | | | | | | | | | |
| | | | | | | | | | | | | | | | |

自然灾害情况描述：

续表

| 日期时间 | 1分钟雨量/mm | 1小时雨量/mm | 空气温度/℃ | 最高气温/℃ | 最低气温/℃ | 相对湿度/% | 地表温度/℃ | 5 cm地温/℃ | 10 cm地温/℃ | 15 cm地温/℃ | 20 cm地温/℃ | 总辐射/kJ/m² |
|---|---|---|---|---|---|---|---|---|---|---|---|---|
| | | | | | | | | | | | | |
| | | | | | | | | | | | | |
| | | | | | | | | | | | | |

7）环境质量监测

A. 监测内容

包括环境空气质量、水环境质量（地表水环境质量、地下水环境质量、生活饮用水源地水环境质量）、土壤环境质量监测。

B. 监测方法

环境质量监测采用自动监测与手动监测相结合的方式进行，采用《环境空气质量标准》（GB 3095）、《地表水环境质量标准》（GB 3838）、《生活饮用水卫生标准》（GB 5749）、《地下水质量标准》（GB/T 14848）、《土壤环境质量标准》（GB 15618）推荐采样及分析方法进行监测。

C. 监测指标

环境空气质量监测：监测指标为总悬浮颗粒物（TSP）、可吸入颗粒物（$PM_{10}$）、二氧化硫（$SO_2$）、二氧化氮（$NO_2$）。

水环境质量监测：地表水环境质量监测指标为：水温、pH、溶解氧、高锰酸盐指数、化学需氧量、五日生化需氧量、氨氮、总磷、总氮、铜、锌、氟化物、硒、砷、汞、镉、铬（六价）、铅、氰化物、挥发酚、石油类、阴离子表面活性剂、硫化物、粪大肠菌群、硫酸盐（以 $SO_4^{2-}$ 计）、氯化物（以 Cl⁻ 计）、硝酸盐（以 N 计）、铁、锰。

地下水环境质量和生活饮用水源地水环境质量监测指标为：水温、pH、总硬度、高锰酸盐指数、化学需氧量、五日生化需氧量、氨氮、总磷、总氮、铜、锌、氟化物、硒、砷、汞、镉、铬（六价）、铅、氰化物、挥发酚、石油类、阴离子表面活性剂、硫化物、粪大肠菌群、硫酸盐（以 $SO_4^{2-}$ 计）、氯化物（以 $Cl^-$ 计）、硝酸盐（以 N 计）、铁、锰。

土壤环境质量监测：土壤环境质量监测分为土壤理化性状和土壤环境质量监测，监测指标为土壤质地、土壤 pH、阳离子交换量、砷、镉、铬、铜、汞、镍、铅、锌、土壤有机质（表 3-22）。

表 3-22　环境质量专项监测一览表

| 类别 | 监测内容 | 监测指标 | 监测方法 | 监测频度 | 监测时间 | 备注 |
|---|---|---|---|---|---|---|
| 环境质量监测 | 环境空气质量 | 总悬浮颗粒物 | 重量法 | 1 次/a | 7～9 月 | GB/T 15432—95 |
| | | 可吸入颗粒物 | 重量法 | 1 次/a | 7～9 月 | GB 6921—86 |
| | | 二氧化氮 | Saltzman 法 | 1 次/a | 7～9 月 | GB/T 15435—95 |
| | | 二氧化硫 | 四氯汞盐副玫瑰苯胺法 | 1 次/a | 7～9 月 | GB 8790—88 |
| | 水环境质量监测 | 水温 | 温度计法 | 1 次/a | 7～9 月 | GB 13195—91 |
| | | pH | 玻璃电极法 | 1 次/a | 7～9 月 | GB 6920—86 |
| | | 溶解氧 | 碘量法 | 1 次/a | 7～9 月 | GB 7489—87 |
| | | 高锰酸盐指数 | 酸性法 | 1 次/a | 7～9 月 | GB 11892—89 |
| | | 化学需氧量 | 重铬酸盐法 | 1 次/a | 7～9 月 | GB 11914—89 |
| | | 五日生化需氧量 | 稀释接种法或无汞压力法 | 1 次/a | 7～9 月 | GB 7488—87 |
| | | 氨氮 | 纳氏试剂比色法 | 1 次/a | 7～9 月 | HJ 535—2009 |
| | | 总磷 | 钼锑抗分光光度法 | 1 次/a | 7～9 月 | GB 11983—89 |
| | | 总氮 | 过硫酸钾氧化—紫外法 | 1 次/a | 7～9 月 | GB 11894—89 |
| | | 铜 | 石墨炉原子吸收分光光度法 | 1 次/a | 7～9 月 | GB/T 17141—1997 |
| | | 锌 | 火焰原子吸收法 | 1 次/a | 7～9 月 | GB 7475—87 |
| | | 氟化物 | 离子选择电极法 | 1 次/a | 7～9 月 | GB 7484—87 |
| | | 硒 | 二氨基萘银光法 | 1 次/a | 7～9 月 | GB 11902—89 |
| | | 砷 | 原子荧光法 | 1 次/a | 7～9 月 | 《水和废水监测分析方法》第四版增补版 |
| | | 汞 | 原子荧光法 | 1 次/a | 7～9 月 | 《水和废水监测分析方法》第四版增补版 |
| | | 镉 | 原子吸收分光光度法 | 1 次/a | 7～9 月 | GB 7475—87 |
| | | 铬（六价） | 二苯碳酰二肼分光光度法 | 1 次/a | 7～9 月 | GB 7467—87 |
| | | 铅 | 原子吸收分光光度法 | 1 次/a | 7～9 月 | GB 7475—87 |
| | | 氰化物 | 异烟酸吡唑啉酮比色法 | 1 次/a | 7～9 月 | GB 7487—87 |
| | | 挥发酚 | 4-氨基安替比林萃取光度法 | 1 次/a | 7～9 月 | GB 7490—87 |
| | | 石油类 | 红外分光光度法 | 1 次/a | 7～9 月 | GB/T16488—1996 |
| | | 阴离子表面活性 | 亚甲基蓝分光光度法 | 1 次/a | 7～9 月 | GB 7494—87 |
| | | 硫化物 | 对氨基二甲基苯胺光度法 | 1 次/a | 7～9 月 | GB/T16489—1996 |

续表

| 类别 | 监测内容 | 监测指标 | 监测方法 | 监测频度 | 监测时间 | 备注 |
|---|---|---|---|---|---|---|
| 环境质量监测 | 水环境质量监测 | 粪大肠群落 | 发酵法 | 1 次/a | 7～9 月 | 《水和废水监测分析方法（第三版）》 |
| | | 硫酸盐 | 铬酸钡光度法 | 1 次/a | 7～9 月 | 《水和废水监测分析方法（第三版）》 |
| | | 氯化物 | 硝酸银滴定法 | 1 次/a | 7～9 月 | GB 7486—87 |
| | | 硝酸盐 | 紫外分光光度法 | 1 次/a | 7～9 月 | 《水和废水监测分析方法（第三版）》 |
| | | 铁 | 火焰原子吸收分光光度法 | 1 次/a | 7～9 月 | GB 11911—89 |
| | | 锰 | 火焰原子吸收分光光度法 | 1 次/a | 7～9 月 | GB 11911—89 |
| | | 总硬度 | EDTA 法 | 1 次/a | 7～9 月 | GB 7477—87 |
| | | 溶解性总固体 | 重量法 | 1 次/a | 7～9 月 | GB 11901—89 |
| | | 亚硝酸盐 | 盐酸萘乙二胺分光光度法 | 1 次/a | 7～9 月 | GB 1313580T—92 |
| | 土壤环境质量 | pH | 玻璃电极法 | 1 次/5a | 7～9 月 | 《土壤元素的近代分析方法》 |
| | | 阳离子交换量 | 乙酸铵法 | 1 次/5a | 7～9 月 | 《土壤理化分析》 |
| | | 总氮 | 森林土壤全氮的测定 | 1 次/5a | 7～9 月 | GB 7848—87 |
| | | 总磷 | 森林土壤全磷的测定 | 1 次/5a | 7～9 月 | GB 7852—87 |
| | | 总钾 | 森林土壤全钾的测定 | 1 次/5a | 7～9 月 | GB 7854—87 |
| | | 镉 | 火焰原子吸收分光光度法测定 | 1 次/5a | 7～9 月 | GB/T 17141—1997 |
| | | 汞 | 冷原子吸收法 | 1 次/5a | 7～9 月 | GB/T17136—1997 |
| | | 砷 | 二乙基二硫代氨基甲酸银分光光度法 | 1 次/5a | 7～9 月 | GB/T 17134—1997 |
| | | 铜 | 火焰原子吸收分光光度法 | 1 次/5a | 7～9 月 | GB/T17138—1997 |
| | | 铅 | 火焰原子吸收分光光度法 | 1 次/5a | 7～9 月 | GB/T17141—1997 |
| | | 铬 | 火焰原子吸收分光光度法 | 1 次/5a | 7～9 月 | GB/T17137—1997 |
| | | 锌 | 火焰原子吸收分光光度法 | 1 次/5a | 7～9 月 | GB/T17138—1997 |
| | | 镍 | 火焰原子吸收分光光度法 | 1 次/5a | 7～9 月 | 《土壤元素的近代分析方法》 |

D. 监测结果表征

监测结果表征见表 3-23、表 3-24、表 3-25、表 3-26，监测执行单位可根据监测实际情况对表格进行修改。

**表 3-23  环境空气质量监测统计表**

| 采样点位 | GPS 坐标 | 采样时间 | 二氧化氮（$NO_2$） | 二氧化硫（$SO_2$） | 总悬浮颗粒物（TSP） | 可吸入颗粒物（PM10） |
|---|---|---|---|---|---|---|

**表 3-24　地表水环境质量监测统计表**　　　（单位：mg/L）

| 采样断面 | GPS 坐标 | 采样时间 | 监测项目 | | | | | |
| --- | --- | --- | --- | --- | --- | --- | --- | --- |
| | | | 水温/℃ | pH（无量纲） | 溶解氧 | 高锰酸盐指数 | 化学需氧量 | 五日生化需氧量 |
| | | | | | | | | |

| 采样断面 | GPS 坐标 | 采样时间 | 监测项目 | | | | | |
| --- | --- | --- | --- | --- | --- | --- | --- | --- |
| | | | 氨氮 | 总磷 | 总氮 | 锌 | 氟化物 | 硒 |
| | | | | | | | | |

| 采样断面 | GPS 坐标 | 采样时间 | 监测项目 | | | | | |
| --- | --- | --- | --- | --- | --- | --- | --- | --- |
| | | | 砷 | 汞 | 镉 | 铬（六价） | 铅 | 氰化物 |
| | | | | | | | | |

| 采样断面 | GPS 坐标 | 采样时间 | 监测项目 | | | | | |
| --- | --- | --- | --- | --- | --- | --- | --- | --- |
| | | | 挥发酚 | 石油类 | 阴离子表面活性剂 | 硫化物 | 粪大肠菌群 | 铜 |
| | | | | | | | | |

**表 3-25　地下水和生活饮用水源地水环境质量监测统计表**　　　（单位：mg/L）

| 采样断面/点位 | GPS 坐标 | 采样时间 | 监测项目 | | | | | |
| --- | --- | --- | --- | --- | --- | --- | --- | --- |
| | | | 水温/℃ | pH（无量纲） | 溶解氧 | 高锰酸盐指数 | 化学需氧量 | 五日生化需氧量 |
| | | | | | | | | |

| 采样断面/点位 | GPS 坐标 | 采样时间 | 监测项目 | | | | | |
| --- | --- | --- | --- | --- | --- | --- | --- | --- |
| | | | 氨氮 | 总磷 | 总氮 | 锌 | 氟化物 | 硒 |
| | | | | | | | | |

| 采样断面/点位 | GPS 坐标 | 采样时间 | 监测项目 | | | | | |
| --- | --- | --- | --- | --- | --- | --- | --- | --- |
| | | | 砷 | 汞 | 镉 | 铬（六价） | 铅 | 氰化物 |
| | | | | | | | | |

| 采样断面/点位 | GPS 坐标 | 采样时间 | 监测项目 | | | | | |
| --- | --- | --- | --- | --- | --- | --- | --- | --- |
| | | | 挥发酚 | 石油类 | 阴离子表面活性剂 | 硫化物 | 粪大肠菌群/（个/L） | 铜 |
| | | | | | | | | |

| 采样断面/点位 | GPS 坐标 | 采样时间 | 监测项目 | | | | |
| --- | --- | --- | --- | --- | --- | --- | --- |
| | | | 硫酸盐 | 氯化物 | 硝酸盐 | 铁 | 锰 |
| | | | | | | | |

**表 3-26　土壤环境质量监测统计表**

| 监测点位 | GPS坐标 | 监测时间 | 阳离子交换量/[cmol(+)/kg] | pH(无量纲) | 铜/(mg/kg) | 锌/(mg/kg) | 铅/(mg/kg) | 镉/(mg/kg) | 铬/(mg/kg) | 汞/(mg/kg) | 砷/(mg/kg) | 备注 |
|---|---|---|---|---|---|---|---|---|---|---|---|---|
| | | | | | | | | | | | | |

# 六、质量保证和质量控制

## 1. 总体要求

对生态监测过程进行全面质量控制，确保监测结果的代表性、准确性、可靠性、可比性、完整性。

从现场采样观测到实验室分析数据汇总、测试数据统计分析、报告编制全过程的质量控制。

对生态监测全过程的质控进行监督；对原始记录、监测结果进行核查。

严格按照标准方法和各行业技术规范/标准的要求，进行布点采样、观测，保证样品及观测数据的代表性。

## 2. 监测数据管理与控制

现场原始采样（观测）记录，要有现场采样负责人签字。

监测结果、监测报告由本单位项目技术负责人签字后方可报出。

数据有效位的文字表达应统一标准符合技术要求；报出数据须经三级审核；可疑（异常）数据必须及时核查并记录说明。

如发现质量问题，应及时通知监测人员立即查找原因，采取纠正、预防措施。

监测过程的全部质量控制记录应存档。

## 3. 数据安全措施

1）数据文件的妥善备份

对文件的备份操作要经常进行，尤其对那些十分重要的文件和数据更应如此。现有的操作系统提供了很强的文件备份功能，操作人员要采取以下备份策略。

完全备份：把开始操作前所选择的所有文件备份起来，优点是易于恢复全部文件。

增量备份：只将上次完全备份或增量备份操作以来改变了的文件备份起来。

差别备份：只将上次完全备份操作以来改变了的文件备份起来。

备份介质：光盘和 4 mm 高密度磁带。反映阶段性成果的数据- ETM+批处理数据、影像文件、资源环境分层矢量图数据、细小地物数据库、分县属性数据库等要备份到光盘上。

备份的时间周期：主要数据文件每月至少备份一次；每个生产阶段的数据都要备份；采用双备份。

2）数据库加密

系统中需要保密的数据采取加密措施：一方面采用加密软件对数据库加密；另一方面也要从加强系统资源权限管理入手。

建立健全系统管理员制，超级用户的使用权限必须掌握在系统管理员手中，对数据文件的使用权限实行逐级管理，设置口令。

严格控制系统之外的软盘交互操作，以防止病毒入侵；定期在系统平台上运行杀毒软件，减少病毒侵害。

3）加强数据库软硬件平台的维护和数据介质管理

保护好计算机平台是保障数据安全的物理条件。

计算机系统的物理性能应具有很高的安全性，要具有双电源容错和部件热插拔功能，以避免系统掉电时的数据损失。

存贮数据介质（光盘、磁带）要由专人管理，放在介质专柜内。

# 第二节　三江源生态保护和建设工程<br>生态效益评估技术规范<sup>*</sup>

## 一、范　　围

本标准规定了三江源生态保护和建设生态效果评估的数据来源、评估指标体系、评估指标的计算方法、评估分析方法等。本标准适用于三江源区生态保护和建设的生态效果评估及区域生态本底评估。

## 二、规范性引用文件

本标准引用了下列标准内容。如下列标准被修订，其最新版本（包括所有的修改单）适用于本标准。

GB3838《地表水环境质量标准》；

GB15618《土壤环境质量标准》；

GB3095《环境空气质量标准》；

LY/T 1721《森林生态系统服务功能评估规范》；

DB63/T 993《三江源生态监测技术规范》；

---

\* 本节内容摘编于《三江源生态保护和建设生态效果评估技术规范》（DB 63/ T1342—2015）。

DB63/T 1176《草地合理载畜量计算》；

# 三、术语和定义

下列术语和定义适用本标准。

## 1. 三江源区

指青海三江源生态保护和建设工程实施区域，即青海三江源国家生态保护综合试验区。

## 2. 生态保护和建设工程

应用生态学原理和现代科学技术手段，对优良生态系统进行保护，以及对退化生态系统进行恢复重建的工程项目，简称生态工程。

## 3. 生态保护和建设生态效果

指被评价区域通过生态保护和建设工程的实施，生态系统得到恢复的效果。

## 4. 生态保护和建设生态效果评估

指采用科学合理的方法，分析和评价生态保护和建设工程实施后区域生态状况变化情况，以及所达到预期目标和指标的实现状况。

## 5. 生态本底

指被评价区域生态工程实施前 5～10 年或更长时间的生态系统平均状况，以及变化趋势。

## 6. 背景年

指被评价区域生态工程的生态本底评估起始年份。

## 7. 基准年

指被评价区域生态工程实施的前一年。

## 8. 评估年

指被评价区域生态工程实施后开展生态评估的年份，可以是工程实施期间的某一年，或工程结束的年份。

## 9. 生态系统宏观结构

指被评价区域生态系统各类型的组成状况与面积占比。

**10. 生态系统质量**

指被评价区域生态系统状况的优劣程度。

**11. 生态系统服务功能**

生态系统与生态过程所形成及维持的人类赖以生存的自然环境条件与效用（见 LY/T 1721），本规范涉及的生态系统服务功能主要包括水源涵养、土壤保持、防风固沙、牧草供给、水供给等。

**12. 生态系统变化动态度**

指表征生态系统类型发生变化的指数。

**13. 土地覆被状况指数（land cover situation index，LCSI）**

土地覆被状况指数是用来衡量评价区域土地覆被状况的指数。

**14. 土地覆被转类指数（land cover change index，LCCI）**

土地覆被转类指数是定量表征评价区域土地覆被与宏观生态状况转好或转差程度的指数。

**15. 草地退化状况变化指数（grassland degration change index，GDCI）**

草地退化状况变化指数是反映评价区域草地生态系统退化状况变化的指数。

**16. 水源涵养量**

与裸地相比较，森林、草地等生态系统涵养水分的增加量。

**17. 水源涵养服务功能保有率**

指被评价区域某类生态系统水源涵养量达到同类最优生态系统水源涵养量的水平。

**18. 夏汛期河流径流调节系数**

指被评价区域生态系统夏汛期调节河流径流的能力。

**19. 土壤保持量**

指被评价区域无植被保护下的潜在土壤侵蚀量与现实植被覆被状态下的土壤侵蚀量的差值。

**20. 土壤保持服务功能保有率**

指被评价区域某类生态系统土壤保持量达到同类最优生态系统土壤保持量的水平。

### 21. 防风固沙量

指被评价区域无植被状况下的潜在土壤风蚀量与现实植被覆盖条件下的土壤风蚀量的差值。

### 22. 防风固沙服务功能保有率

指被评价区域某类生态系统防风固沙量达到同类最优生态系统防风固沙量的水平。

### 23. 生态系统质量变化指数（ecosytem quality change index，EQCI）

生态系统质量变化指数是反映评价区域生态系统质量变化状况的综合指数。

### 24. 生态系统服务功能变化指数（ecosytem service change index，ESCI）

生态系统服务功能变化指数是反映评价区域生态系统服务功能变化状况的综合指数。

### 25. 生态系统变化的生态工程影响指数（impact of ecological project on ecosytem change，$EPECI_P$）

生态系统变化的生态工程影响指数是反映生态工程对评价区域生态系统变化影响的综合指数。

### 26. 生态系统变化的生态工程贡献率（contribution of ecological project on ecosytem change，CEPEC）

生态系统变化的生态工程贡献率是反映生态工程对评价区域生态系统变化贡献率的综合指数。

## 四、评估指标体系

三江源生态保护和建设工程生态效益评估指标体系包括生态系统宏观结构、质量、服务功能及变化影响因素等四个类别，见表3-27。

## 五、数据源及指标计算方法

### 1. 数据源

评估使用的数据主要包括遥感监测数据（遥感解译土地利用/覆被分类与生态系统类型数据转换见表3-2、表3-28、表3-29）、三江源生态监测站网获得的地面监测数据（见本章第一节）和调查统计数据（表3-30）。

**表 3-27　三江源生态保护和建设工程生态效益评估指标体系**

| 指标类别 | 评估指标 | |
| --- | --- | --- |
| | 一级指标 | 二级指标 |
| 生态系统<br>宏观结构 | 生态系统宏观结构 | 生态系统分类面积、变化率、动态度（$S$） |
| | 生态系统宏观结构变化指数（EMSCI） | |
| 生态系统<br>质量 | 草地退化与恢复 | 草地退化与恢复分类面积、草地退化与恢复分类面积占比、草地退化状况变化指数（GDCI） |
| | 植被状况 | 植被生物量、植被覆盖度（$F_c$）、植被净初级生产力（NPP）、植被状况变化指数（VCCI） |
| | 宏观生态状况 | 土地覆被状况指数（LCSI）、土地覆被转类指数（LCCI） |
| | 植物物种多样性 | 物种丰富度、物种重要值（$P$）、多样性指数（$H'$）、均匀度指数（$J$） |
| | 环境质量 | 地表水环境质量指数（$WI_i$）、土壤环境质量指数（$SI_i$）、环境空气质量指数（$AI_i$） |
| | 多年冻土上限深度 | |
| | 生态系统质量变化指数（EQCI） | |
| 生态系统服务 | 水源涵养 | 枯水季河流径流量、水源涵养量（$W$）、水源涵养服务保有率（WP）、夏汛期河流径流调节系数（RS） |
| | 土壤保持 | 河流径流含沙量、土壤水蚀模数（$A$）、土壤保持量（SK）、土壤保持服务保有率（SP） |
| | 防风固沙 | 土壤风蚀模数（SL）、防风固沙量（FS）、防风固沙服务保有率（FP） |
| | 牧草供给 | 草地产草量（GY）、草地理论载畜量（$C_l$） |
| | 水供给 | 河流径流量、湖泊面积、湖泊水量、冰川面积、地下水资源量 |
| | 生态系统服务变化指数（ESCI） | |
| 生态系统变化<br>的影响因素 | 气候变化 | 气温、降水、湿润系数 |
| | 人类活动 | 生态工程、草地载畜压力指数（$I_p$） |
| | 生态工程和气候变化贡献率 | 生态系统变化的工程影响指数（$EPECI_P$） |
| | | 评价参数（植被净初级生产力、水源涵养功能、土壤保持功能、防风固沙功能）变化的生态工程贡献率（EPC） |
| | | 评价参数（植被净初级生产力、水源涵养功能、土壤保持功能、防风固沙功能）变化的气候变化贡献率（CEPC） |

**表 3-28　土地利用/覆被类型与生态系统类型转换关系**

| 生态系统类型 | 土地利用/覆被类型 |
| --- | --- |
| 农田生态系统 | 水田 11 |
| | 旱地 12 |
| 森林生态系统 | 有林地 21 |
| | 灌木林地 22 |
| | 疏林地 23 |
| | 其他林地 24 |

续表

| 生态系统类型 | 土地利用/覆被类型 |
|---|---|
| 草地生态系统 | 高覆盖度草地 31 |
| | 中覆盖度草地 32 |
| | 低覆盖度草地 33 |
| 荒漠生态系统 | 沙地 61 |
| | 戈壁 62 |
| | 盐碱地 63 |
| | 其他 67 |
| 水体与湿地生态系统 | 河渠 41 |
| | 湖泊 42 |
| | 水库坑塘 43 |
| | 冰川与永久积雪地 44 |
| | 滩地 46 |
| | 沼泽地 64 |
| 其他生态系统 | 城镇用地 51 |
| | 农村居民地 52 |
| | 工矿用地 53 |
| | 裸土地 65 |
| | 裸岩石砾地 66 |

表 3-29　土地覆被转类指数计算采用的土地覆被类型遥感分类体系转化

| 编码 | 土地覆被类型 | 土地利用/覆被类型 |
|---|---|---|
| 10 | 农田 | 水田 11 |
| | | 旱地 12 |
| 20 | 森林 | 有林地 21 |
| | | 疏林地 23 |
| | | 其他林地 24 |
| 22 | 灌丛 | 灌木林地 22 |
| 31 | 高覆盖草地 | 高覆盖度草地 31 |
| 32 | 中覆盖草地 | 中覆盖度草地 32 |
| 33 | 低覆盖草地 | 低覆盖度草地 33 |
| 40 | 水体与湿地 | 河渠 41 |
| | | 湖泊 42 |
| | | 水库坑塘 43 |
| | | 冰川与永久积雪地 44 |
| | | 滩地 46 |
| | | 沼泽地 64 |

| 编码 | 土地覆被类型 | 土地利用/覆被类型 |
|---|---|---|
| 50 | 居民地 | 城镇用地 51 |
| | | 农村居民地 52 |
| | | 其他建设用地 53 |
| 60 | 沙地、戈壁与裸岩石砾地 | 沙地 61 |
| | | 戈壁 62 |
| | | 盐碱地 63 |
| | | 裸土地 65 |
| | | 裸岩石砾地 66 |
| 67 | 荒漠 | 其他 67，包括高寒荒漠、苔原等 |

**表 3-30　数据源**

| 指标类别 | 评估指标 | | 数据源 |
|---|---|---|---|
| | 一级指标 | 二级指标 | |
| 生态系统宏观结构 | 生态系统宏观结构 | 生态系统分类面积 | 遥感监测 |
| | | 变化率 | 遥感监测 |
| | | 动态度 | 遥感监测 |
| | 生态系统宏观结构变化指数（EMSCI） | | （综合计算） |
| 生态系统质量 | 草地退化与恢复 | 草地退化与恢复分类面积 | 遥感监测 |
| | | 草地退化与恢复分类面积占比 | 遥感监测数据统计 |
| | | 草地退化状况变化指数（GDCI） | （综合计算） |
| | 植被状况 | 植被覆盖度 | 遥感监测 |
| | | 植被生物量 | 遥感监测、地面监测、模型计算 |
| | | 植被净初级生产力（NPP） | 遥感监测、模型计算 |
| | | 植被状况变化指数（VCCI） | （综合计算） |
| | 宏观生态状况 | 土地覆被状况指数 | 遥感监测 |
| | | 土地覆被转类指数 | 遥感监测 |
| | 物种多样性 | 物种丰富度 | 地面监测 |
| | | 多样性指数 | 地面监测统计 |
| | | 物种重要值 | 地面监测数据计算 |
| | | 均匀度指数 | 地面监测数据计算 |
| | 环境质量 | 地表水环境质量指数 | 地面监测 |
| | | 土壤环境质量指数 | 地面监测 |
| | | 环境空气质量指数 | 地面监测 |
| | | 多年冻土上限深度 | 地面监测、遥感监测 |
| | 生态系统质量变化指数（EQCI） | | （综合计算） |

续表

| 指标类别 | 评估指标 | | 数据源 |
|---|---|---|---|
| | 一级指标 | 二级指标 | |
| 生态系统变化的影响因素 | 水源涵养 | 水源涵养量 | 地面监测、遥感监测数据计算 |
| | | 水源涵养服务功能保有率 | 地面监测、遥感监测数据计算 |
| | | 枯水季河流径流量 | 地面监测 |
| | | 夏汛期河流径流调节系数 | 地面监测 |
| | 土壤保持 | 土壤水蚀模数 | 地面监测、遥感监测、模型计算 |
| | | 土壤保持量 | 地面监测、遥感监测、模型计算 |
| | | 土壤保持服务功能保有率 | （综合计算） |
| | | 河流径流含沙量 | 地面监测 |
| | 防风固沙 | 风蚀模数 | 地面监测、模型计算 |
| | | 防风固沙量 | 地面监测、模型计算 |
| | | 防风固沙服务功能保有率 | （综合计算） |
| | 牧草供给 | 草地产草量 | 地面监测、遥感监测 |
| | | 草地理论载畜量 | 地面监测数据计算 |
| 生态系统变化的影响因素 | 水供给 | 河流径流量 | 地面监测 |
| | | 湖泊面积 | 遥感监测 |
| | | 湖泊水量 | 地面监测、遥感监测数据计算 |
| | | 冰川面积 | 遥感监测 |
| | | 地下水资源量 | 地面监测、模型计算 |
| | 生态系统服务功能变化指数（ESCI） | | （综合计算） |
| 生态系统变化的影响因素 | 气候变化 | 气温 | 地面监测 |
| | | 降水 | 地面监测 |
| | | 湿润系数 | 地面监测数据计算 |
| | 人类活动 | 草地载畜压力指数 | 统计数据计算 |
| | | 生态工程 | 调查统计数据 |
| | 生态工程和气候变化贡献率 | 生态系统变化的工程影响指数（EPECIp） | 综合计算 |
| | | NPP 变化的生态工程贡献率 | 综合计算 |
| | | NPP 变化的气候贡献率 | 综合计算 |
| | | 水源涵养服务功能变化的生态工程贡献率 | 综合计算 |
| | | 水源涵养服务功能变化的气候贡献率 | 综合计算 |
| | | 土壤保持服务功能变化的生态工程贡献率 | 综合计算 |
| | | 土壤保持服务功能变化的气候贡献率 | 综合计算 |
| | | 防风固沙服务功能变化的生态工程贡献率 | 综合计算 |
| | | 防风固沙服务功能变化的气候贡献率 | 综合计算 |

**2. 指标计算方法**

1）生态系统动态度计算方法

生态系统动态度计算公式

$$S = \frac{\sum\limits_{i=1}^{n} \dfrac{\Delta S_i}{S_i}}{t} \times 100\% \tag{3.1}$$

式中，$S$ 为与 $t$ 时段对应的被评估区生态系统类型变化动态度（无量纲）；$S_i$ 为监测开始时间第 $i$ 类生态系统类型的总面积（$km^2$），生态系统类型划分见表 3-28；$\Delta S_i$ 为由监测开始至监测结束时段内第 $i$ 类生态系统类型转变为其他生态系统类型的面积总和（$km^2$）；$t$ 为时间段（年）。

2）草地退化状况变化指数计算方法

草地退化状况变化指数计算公式

$$\text{GDCI} = \frac{\sum\limits_{k=1}^{n} A_k \times (D_a - D_b)}{A} \times 100\% \tag{3.2}$$

式中，GDCI 为草地退化状况变化指数（无量纲），大于 0 表示草地恢复，小于 0 表示退化；$k$ 为草地退化类型；$A_k$ 为第 $k$ 类草地退化类型的转类面积（$km^2$）；$A$ 为被评价区总面积（$km^2$）；$D_a$ 为转类前的草地退化级别（无量纲，见表 3-31）；$D_b$ 为转类后的草地退化级别（无量纲，见表 3-31）。

表 3-31　草地退化类型与级别

| 草地退化类型 | 好转 | 未退化 | 轻度退化 | 中度退化 | 重度退化 |
| --- | --- | --- | --- | --- | --- |
| 退化级别（$D$） | 1 | 2 | 3 | 4 | 5 |

3）植被覆盖度计算方法

植被覆盖度计算公式

$$F_c = \frac{\text{NDVI} - \text{NDVI}_{min}}{\text{NDVI}_{max} - \text{NDVI}_{min}} \times 100\% \tag{3.3}$$

式中，$F_c$ 为植被覆盖度（%）；$\text{NDVI}_{min}$ 为无植被覆盖像元的 NDVI 值；$\text{NDVI}_{max}$ 为完全被植被所覆盖的像元的 NDVI 值。

4）植被净初级生产力（NPP）估算方法

植被净初级生产力（NPP）采用改进的生态模型 GLOPEM 估算，公式如下：

$$\text{NPP} = \text{GPP} - R_a$$

$$\text{GPP} = \text{APAR} \times \varepsilon$$

$$APAR = FPAR \times PAR \tag{3.4}$$

$$\varepsilon = \varepsilon^* \times \sigma_T \times \sigma_E \times \sigma_S$$

式中，NPP 为植被净初级生产力$[gC/(m^2 \cdot a)]$；GPP 为总初级生产力$[gC/(m^2 \cdot a)]$；$R_a$ 为植被自养呼吸$[gC/(m^2 \cdot a)]$；APAR 为植被吸收的光合有效辐射$[MJ/(m^2 \cdot a)]$；FPAR 为植被吸收光合有效辐射比率；PAR 为光合有效辐射$[MJ/(m^2 \cdot a)]$；$\varepsilon$ 为植物实际光合利用率（gC/MJ）；$\varepsilon^*$ 为植被潜在光能利用率（C/MJ）；$\sigma_T$ 为空气温度缺失对植被生长的影响系数；$\sigma_E$ 为空气湿度缺失对植被生长的影响系数；$\sigma_S$ 为土壤水分缺失对植被生长的影响系数。

GLOPEM 模型参数设置及计算见表 3-32。

**表 3-32　植被净初级生产力估算模型 GLOPEM 参数设置及计算方法**

| 序号 | 参数 | 计算公式与参数设置 |
|---|---|---|
| 1 | 光合有效辐射（PAR） | $$PAR = \int_{0.4}^{0.7} I_s(\lambda) d\lambda$$ $$I_s = I_b + I_d = I_0 \times \tau_b \times \cos i + I_0 \times \tau_s$$ $$\cos i = \sin\delta(\sin\varphi\cos\alpha - \cos\varphi\sin\alpha\cos\varphi) + \cos\delta\cos h(\cos\varphi\cos\alpha + \sin\varphi\sin\alpha\cos\varphi) + \cos\delta\sin\alpha\sin\varphi\sin h$$ PAR 为光合 PAR 为光合有效辐射（W/m²）；$I_s$ 为单波段光合有效辐射值$[W/(m^2 \cdot \mu m)]$；$I_0$ 为单波段大气顶瞬时辐射$[W/(m^2 \cdot \mu m)]$；$I_b$ 为单波段直射辐射$[W/(m^2 \cdot \mu m)]$；$I_d$ 为单波段散射辐射$[W/(m^2 \cdot \mu m)]$；$\tau_b$ 为直射辐射透过率（无量纲）；$\tau_s$ 为散射辐射透过率（无量纲）；$\cos i$ 为地形、纬度以及地球赤纬的校正系数（无量纲）；$h$ 为太阳高度角对应的地方时角（°）；$\alpha$ 为坡度（°）；$\varphi$ 为坡向（°）；$\delta$ 为太阳赤纬（°） |
| 2 | 空气温度对植物生长的影响系数（$\sigma_T$） | $$\sigma_T = \frac{(T - T_{\min})(T - T_{\max})}{(T - T_{\min})(T - T_{\max}) - (T - T_{opt})^2}$$ $\sigma_T$ 为空气温度对植物生长的影响系数；$T$ 为空气温度（℃）；$T_{\min}$、$T_{opt}$ 和 $T_{\max}$ 分别为光合作用最低、最适和最高气温（℃），分别设置为 0℃、10℃、20℃ |
| 3 | 空气湿度对植物生长的影响系数（$\sigma_E$） | $$\sigma_E = \begin{cases} 1 - 0.05\delta_q & 0 < \delta_q < 15 \\ 0.25 & \delta_q > 15 \end{cases}$$ $$\delta_q = QW(T) - q$$ $\sigma_E$ 为空气湿度对植物生长的影响系数；$\delta_q$ 为比湿差（g/kg）；$QW(T)$ 为在指定温度条件下的饱和空气比湿（g/kg）；$q$ 为当前空气比湿（g/kg） |
| 4 | 土壤水分缺失对植物生长的影响系数（$\sigma_S$） | $$\sigma_s = 1 - \exp[0.081 \times (\delta_\theta - 83.3)]$$ $\sigma_s$ 为土壤水分缺失对植物生长的影响系数；$\delta_\theta$ 为 1 m 以上表层土壤水分亏损量（mm，其值为饱和土壤水含量和实际土壤水含量之差） |
| 5 | 自养呼吸（$R_a$） | $$R_a = R_{m,t} + R_{g,t}$$ $$R_{m,t} = Leaf_{resp} + Stem_{resp}$$ $$R_{g,t} = 0.35 \times GPP$$ $R_a$ 自养呼吸$[gC/(m^2 \cdot a)]$；$R_{m,t}$ 为维持性呼吸$[gC/(m^2 \cdot a)]$；$R_{g,t}$ 为生长性呼吸$[gC/(m^2 \cdot a)]$；$Leaf_{resp}$ 为叶片呼吸$[gC/(m^2 \cdot a)]$；$Stem_{resp}$ 为茎呼吸$[gC/(m^2 \cdot a)]$；$Root_{resp}$ 为根呼吸$[gC/(m^2 \cdot a)]$ |

5）土地覆被状况指数计算方法

土地覆被状况指数计算公式

$$\text{LCSI} = \sum_{i=1}^{4} \frac{C_i}{A} \times 100\% \tag{3.5}$$

式中，LCSI 为土地覆被状况指数；$C_i$ 为林地、灌丛、高覆盖草地、水域和沼泽面积；$i=1$，…，4 分别为林地、灌丛、高覆盖草地、水域和沼泽 4 种土地覆被类型；$A$ 为计算区域总面积（$km^2$）。土地覆被状况指数越接近 100%，反映土地覆被状况越好，生态系统综合功能越高。

6）土地覆被转类指数计算方法

土地覆被转类指数计算公式

$$\text{LCCI} = \frac{\sum_{k}^{n} \left[ \left( A_{ab} \times \left( D_a - D_b \right) \right) \right]}{A} \times 100\% \tag{3.6}$$

式中， LCCI 为土地覆被转类指数（无量纲）；$a$ 为土地覆被转类前的类型，1、2、…、$n$，$n=10$；$b$ 为土地覆被转类后的类型，1、2、…、$n$，$n=10$；$A_{ab}$ 为第 $a$ 类土地覆被类型转为第 $b$ 类土地覆被类型（参见表 3-30）的转类面积（$km^2$），表 3-33 中的土地覆被类型与遥感解译获得的土地利用/覆被类型之间的关系；$A$ 为被评价区总面积（$km^2$）；$D_a$ 为转类前的生态级别（无量纲表 3-33）；$D_b$ 为转类后的生态级别（无量纲，表 3-33）。

表 3-33　土地覆被类型生态级别

| 土地覆被类型 | 水体与沼泽 | 林地 | 灌丛 | 高覆盖草地 | 中覆盖草地 | 低覆盖草地 | 农田 | 建设用地 | 荒漠 | 沙地、戈壁与裸地 |
|---|---|---|---|---|---|---|---|---|---|---|
| 生态级别（D） | 1 | 2 | 3 | 4 | 5 | 6 | 7 | 8 | 9 | 10 |

7）植物物种重要值

植物物种重要值计算公式

$$P = \frac{H + C + F + B}{4} \tag{3.7}$$

式中，$P$ 为植物物种重要值；$H$ 为植物相对高度；$C$ 为植物相对盖度；$F$ 为植物相对频度；$B$ 为植物相对生物量。

8）植物物种多样性指数计算方法

植物物种多样性指数计算公式

$$H' = -\sum_{1}^{i} P_i \times \ln P_i \tag{3.8}$$

式中，$H'$ 为 Shannon-Wiener 指数；$P_i$ 为种 $i$ 植物物种的重要值。

9）植被均匀度指数计算方法

植被均匀度指数计算公式

$$J = \frac{H'}{\ln S} \tag{3.9}$$

式中，$J$ 为 Pielou 均匀度指数；$H'$ 为 Shannon-Wiener 指数；$S$ 为植物物种数。

10）地表水环境质量指数计算方法

地表水环境质量指数计算公式

$$\text{WI}_i = \frac{C_{wi}}{C_{w0i}} \tag{3.10}$$

式中，$C_{wi}$ 为 $i$ 监测指标监测值（mg/L）；$C_{w0i}$ 为 $i$ 监测指标质量标准限值（mg/L）（参见 GB3838）；$\text{WI}_i$ 为 $i$ 监测指标质量指数（$\text{WI}_i \leqslant 1$ 达标，$\text{WI}_i > 1$ 超标）。

11）土壤环境质量指数计算方法

土壤环境质量指数计算公式

$$\text{SI}_i = \frac{C_{si}}{C_{s0i}} \tag{3.11}$$

式中，$C_{si}$ 为 $i$ 监测指标监测值（mg/kg）；$C_{s0i}$ 为 $i$ 监测指标质量标准限值（mg/kg）（参见 GB15618）；$\text{SI}_i$ 为 $i$ 监测指标质量指数（$\text{SI}_i \leqslant 1$ 达标，$\text{SI}_i > 1$ 超标）。

12）环境空气质量指数计算方法

环境空气质量指数计算公式

$$\text{AI}_i = \frac{C_{Ai}}{C_{A0i}} \tag{3.12}$$

式中，$C_{Ai}$ 为 $i$ 监测指标监测值（mg/m$^3$）；$C_{A0i}$ 为 $i$ 监测指标质量标准限值（mg/ m$^3$）（参见 GB3095）；$\text{AI}_i$ 为 $i$ 监测指标质量指数（$\text{AI}_i \leqslant 1$ 达标，$\text{AI}_i > 1$ 超标）。

13）生态系统水源涵养量估算方法

生态系统水源涵养量采用降水贮存量法计算，公式如下：

$$W = 10A \times P \times R$$
$$P = P_0 \times K$$
$$R = R_0 - R_g \tag{3.13}$$
$$R_g = -0.3187 \times F_c + 0.36403$$

式中，$W$ 为与裸地相比较，森林、草地等生态系统涵养水分的增加量（m$^3$）；$A$ 为生态系统面积（hm$^2$）；$P$ 为年产流降水量（mm）；$P_0$ 为年均降水量（mm）；$R$ 为与裸地相比较，生态系统减少径流的效益系数。对于森林生态系统，温带针叶林取 0.24；温带落叶疏林取 0.16，对于草地生态系统则使用公式计算；$R_0$ 为产流降雨条件下裸地降雨径流率，取值 0.36403；$R_g$ 为产流降雨条件下生态系统降雨径流率；$K$ 为产流降水量占降水量的比例，取值 0.68。

14）生态系统水源涵养服务功能保有率计算方法

水源涵养服务功能保有率计算公式

$$WP = \frac{W}{W_g} \times 100\% \tag{3.14}$$

式中，WP 为评估单元的某类生态系统水源涵养服务功能保有率（%）；$W$ 为评估单元某类生态系统的水源涵养量（m³）；$W_g$ 为三江源区同类最优生态系统的水源涵养量（m³）。

15）夏汛期径流调节系数计算方法

夏汛期径流调节系数计算公式

$$RS = \frac{CV_r}{CV_p}$$

$$CV_r = \frac{SD_r}{M_r} \tag{3.15}$$

$$CV_p = \frac{SD_p}{M_p}$$

式中，RS 为夏汛期径流调节系数；$CV_r$ 为夏汛期径流量变异系数；$SD_r$ 为夏汛期径流量的标准差；$M_r$ 为夏汛期径流量平均值（m³/s）；$CV_p$ 为夏汛期降水量变异系数；$SD_p$ 为夏汛期降水量标准差；$M_p$ 为夏汛期降水量平均值（mm）。

16）土壤水蚀模数估算方法

土壤水蚀模数可以利用水土流失地面监测数据、水文站径流含沙量观测数据计算。同时，也可采用修正的通用土壤流失方程（RUSLE）计算。土壤水蚀模数估算方程如下：

$$A = R \times K \times L \times S \times C \times P \tag{3.16}$$

式中，$A$ 为土壤水蚀模数（$t \cdot hm^{-2} \cdot a^{-1}$）；$R$ 为降雨侵蚀力因子（$MJ \cdot mm \cdot hm^{-2} \cdot h^{-1} \cdot a^{-1}$），见表 3-34；$K$ 为土壤可蚀性因子（$t \cdot hm^2 \cdot h \cdot hm^{-2} \cdot MJ^{-1} \cdot mm^{-1}$），见表 3-34；$L$ 为坡长因子（无量纲），见表 3-34；$S$ 为坡度因子（无量纲），见表 3-34；$C$ 为覆盖和管理因子（无量纲），取值范围为 0～1，见表 3-34；$P$ 为水土保持措施因子（无量纲），取值范围为 0～1，取值为 0.95。

**表 3-34　土壤水蚀模数估算方程参数设置及计算方法**

| 序号 | 参数 | 计算公式与参数设置 |
|---|---|---|
| 1 | 降雨侵蚀力因子（$R$） | $$R_i = \alpha \sum_{j=1}^{k} D_j^{\beta}$$ $$\beta = 0.8363 + \frac{18.144}{P_{d12}} + \frac{24.455}{P_{y12}}$$ $$\alpha = 21.586 \times \beta^{-7.1891}$$ $R_i$ 为一年中第 $i$ 个 16 天内的降雨侵蚀（MJ·mm·hm$^{-2}$·h$^{-1}$·a$^{-1}$）；$D_j$ 为 16 天内第 $j$ 天的侵蚀性日雨量（要求日雨量≥12 mm，否则以 0 计算，$k$=16）；$\alpha$、$\beta$ 为模型待定参数；$P_{d12}$ 为日雨量 ≥12 mm 的日平均雨量；$P_{y12}$ 为日雨量≥12 mm 的年平均雨量 |
| 2 | 土壤可蚀性因子（$K$） | $$K = \frac{[2.1 \times 10^{-4}(12 - OM)M^{1.14} + 3.25(S-2) + 2.5(P-3)]}{100} \times \text{Ratio}$$ $K$ 为土壤可蚀性因子（t·h·hm$^{-2}$·MJ$^{-1}$·mm$^{-1}$）；$OM$ 为土壤有机质含量百分比（%）；$M$ 为土壤颗粒级配参数（无量纲）；$S$ 为土壤结构系数（无量纲）；$P$ 为渗透等级（无量纲）；Ratio 为美国制单位转换为国际制单位的转换系数（无量纲，取值为 0.1317） |
| 3 | 坡长坡度因子（LS） | $$L = \left( \frac{\gamma}{22.13} \right)^m \begin{cases} m = 0.5 & \theta \geq 9\% \\ m = 0.4 & 3\% \leq \theta < 9\% \\ m = 0.3 & 1\% \leq \theta < 3\% \\ m = 0.2 & \theta < 1\% \end{cases} \quad S = \begin{cases} 10.8\sin\theta + 0.03 & \theta < 9\% \\ 16.8\sin\theta - 0.50 & 9\% \leq \theta \leq 18\% \\ 21.91\sin\theta - 0.96 & \theta > 18\% \end{cases}$$ $L$ 为坡长因子（无量纲）；$\gamma$ 为坡度（m）；$m$ 为常数项（无量纲，取决于坡度大小）；$S$ 为坡度因子（无量纲）；$\theta$ 为坡度（%） |
| 4 | 植被覆盖因子（$C$） | $$C = \begin{cases} 1 & F_c \\ 0.6508 - 0.3436\lg F_c & 0 < F_c \leq 78.3\% \\ 0 & F_c > 78.3\% \end{cases}$$ $C$ 为植被覆盖因子（无量纲）；$F_c$ 为植被覆盖度（%） |

17）生态系统土壤保持量估算方法

$$SK = SK_q - SK_r$$
$$SK_q = A_q \times M \tag{3.17}$$
$$SK_r = A_r \times M$$

式中，SK 为计算单元上的生态系统土壤保持量（t·a$^{-1}$）；$SK_q$ 为计算单元上无植被保护下的潜在土壤侵蚀量（t·a$^{-1}$）；$SK_r$ 为计算单元上现实覆被状态下的土壤侵蚀量（t·a$^{-1}$）；$A_q$ 为计算单元上无植被保护下的潜在土壤侵蚀模数（t·hm$^{-2}$·a$^{-1}$）；$A_r$ 为计算单元现实覆被状态下的土壤侵蚀模数（t·hm$^{-2}$·a$^{-1}$）；$M$ 为计算单元的面积（hm$^2$）。

18）生态系统土壤保持服务功能保有率计算方法

生态系统土壤保持服务功能保有率计算公式

$$SP = \frac{SK}{SK_g} \times 100\% \tag{3.18}$$

式中，SP 为评估单元的某类生态系统土壤保持服务功能保有率（%）；SK 为评估单元上某类生态系统的土壤保持量（t）；$SK_g$ 为三江源区同类最优生态系统的土壤保持量（t）。

19）土壤风蚀模数估算方法

土壤风蚀模数采用修正风蚀方程（RWEQ）计算，公式如下：

$$SL = \frac{Q_x}{X}$$

$$Q_x = Q_{max}\left[1 - e^{\left(\frac{X}{S}\right)^2}\right]$$

$$Q_{max} = 109.8\left(WF \times EF \times SCF \times K' \times COG\right) \qquad (3.19)$$

$$S = 150.71\left(WF \times EF \times SCF \times K' \times COG\right)^{-0.3711}$$

式中，SL 为土壤风蚀模数（$kg/m^2$）；X 为地块长度（m），取值 100 m；$Q_x$ 为地块长度 x 处的沙通量（kg/m）；$Q_{max}$ 为风力的最大输沙能力（kg/m）；S 为关键地块长度（m）；WF 为气象因子（kg/m），见表 3-35；EF 为土壤可蚀性成分，见表 3-35；SCF 为土壤结皮因子（无量纲），见表 3-35；$K'$ 为土壤糙度因子（无量纲），见表 3-35；COG 为植被因子（无量纲），见表 3-35。

表 3-35　土壤风蚀模数估算方程参数设置及计算方法

| 序号 | 参数 | 计算公式与参数设置 |
|---|---|---|
| 1 | 气候因子（WF） | $$WF = \frac{\sum_1^n WS_{2i}(WS_{2i} - WS_t)^2 \times N_d\,\rho}{N \times g} \times SW \times SD$$ $$SW = \frac{ET_p - (R+I)\dfrac{R_d}{N_d}}{ET_p}$$ $$ET_p = 0.0162 \times \frac{SR}{58.5} \times (DT + 17.8)$$ $$SD = 1 - P$$ WF 为气候因子（kg/m）；$WS_{2i}$ 为 2 m 处第 i 次观测风速（m/s）；$WS_t$ 为 2 m 处临界风速（取值 5 m/s）；n 为风速的观测次数（一般 500 次）；$N_d$ 为试验的天数（d）；$\rho$ 为空气密度（$kg/m^3$）；g 为重力加速度（$m/s^2$）；SW 为土壤湿度因子（无量纲）；SD 为雪覆盖因子（无量纲）；SW 为土壤湿度因子（无量纲）；$ET_p$ 为潜在相对蒸发量（mm）；R 为降水量（mm）；I 为灌溉量（mm）；$R_d$ 为降雨次数总或灌溉天数（d）；$N_d$ 为天数（d，一般 15 d）；SR 为太阳辐射总量（$cal/cm^2$）；DT 为平均温度（℃）；P 为计算时段内积雪覆盖深度大于 25.4 mm 的概率（无量纲） |
| 2 | 土壤可蚀性因子（EF） | $$EF = \frac{29.09 + 0.31Sa + 0.17Si + 0.33Sa/Cl - 2.59OM - 0.95CaCO_3}{100}$$ EF 为土壤可蚀性因子（无量纲）；Sa 为土壤砂粒含量（%）；Si 为土壤粉砂含量（%）；Sa/Cl 为土壤砂粒和黏土含量比（%）；OM 为有机质含量（%）；$CaCO_3$ 为碳酸钙含量（%） |
| 3 | 土壤结皮因子（SCF） | $$SCF = \frac{1}{1 + 0.0066(Cl)^2 + 0.021(OM)^2}$$ SCF 为土壤结皮因子（无量纲）；Cl 为黏土含量（%）；OM 为有机质含量（%） |

续表

| 序号 | 参数 | 计算公式与参数设置 |
|------|------|---------------------|
| 4 | 土壤糙度因子（$K'$） | $$K' = e^{[R_c \times (1.86K_r - 2.41K_r^{0.934}) - 0.124C_{rr}]}$$ $$K_r = \frac{4RH^2}{RS}$$ $$C_{rr} = \frac{L_1 - L_2}{L_1} \times 100$$ $$R_c = 1 - 0.00032\theta - 0.000349\theta^2 + 0.00000258\theta^3$$ $K'$为土壤糙度因子（无量纲）；$R_c$为调整系数（无量纲）；$\theta$为风向与垄平行方向的夹角（°）；$K_r$为土垄糙度因子（无量纲）；RH为土垄高度（cm）；RS为土垄间距（cm）；$L_1$、$L_2$为给定长度（m）；$C_{rr}$为任意方向上的地表糙度（无量纲） |
| 5 | 植被因子（COG） | $$COG = SLR_f \times SLR_s \times SLR_c$$ $$SLR_f = e^{-0.0438SC}$$ $$SLR_s = e^{-0.0344SA^{0.6413}}$$ $$SLR_c = e^{-5.614F_c^{0.7366}}$$ COG为植被因子（无量纲）；$SLR_f$为枯萎植被的土壤流失比率（无量纲），SC为枯萎植被地表覆盖率（无量纲）；$SLR_s$为直立残茬土壤流失比率（无量纲），SA为直立残茬当量面积（cm$^2$，1 m$^2$内直立秸秆的个数乘以秸秆直径的平均值再乘以秸秆高度）；$SLR_c$为植被覆盖土壤流失比率（无量纲），$F_c$为土表植被覆盖度（%） |

20）防风固沙量计算方法

生态系统防风固沙量计算公式

$$FS = FS_q - FS_r$$
$$FS_q = SL_q \times M \tag{3.20}$$
$$FS_r = SL_r \times M$$

式中，FS为计算单元上的生态系统防风固沙量（t·a$^{-1}$）；$FS_q$为计算单元上无植被保护下的潜在土壤风蚀量（t·a$^{-1}$）；$FS_r$为计算单元上现实覆被状态下的土壤风蚀量（t·a$^{-1}$）；$SL_q$为计算单元上无植被保护下的潜在土壤风蚀模数（t·hm$^{-2}$·a$^{-1}$）；$SL_r$为计算单元上现实覆被状态下的土壤风蚀模数（t·hm$^{-2}$·a$^{-1}$）；$M$为计算单元面积（hm$^2$）。

21）防风固沙服务功能保有率计算方法

生态系统防风固沙服务功能保有率计算公式

$$FP = \frac{FS}{FS_g} \times 100\% \tag{3.21}$$

式中，FP为评估单元的某类生态系统防风固沙服务功能保有率（%）；FS为评估单元上某类生态系统的防风固沙量（t）；$FS_g$为三江源区同类最优生态系统的防风固沙量（t）。

22）草地产草量估算方法

草地产草量可以实地测定获得，或利用植被指数遥感数据与实测产草量建立的经验公式获得，也可以基于生态模型模拟的植被净初级生产力（NPP）数据计算获得，公式如下：

$$GY = \frac{NPP}{1 + \dfrac{B_{NPP}}{A_{NPP}}}$$

$$B_{NPP} = BGB \times \frac{liveBGB}{BGB} \times turnover \qquad (3.22)$$

$$turnover = 0.0009 \times A_{NPP} + 0.25$$

式中，GY 为草地产草量（g/m²）；$A_{NPP}$ 为草地植被地上部分生产力（g/m²）；$B_{NPP}$ 为草地植被地下部分生产力（g/m²）。BGB 为草地植被地下部分（根系）生物量（g/m²）；liveBGB 为活根系生物量占总根系生物量的比例（%）；turnover 为草地植物根系周转值（无量纲）。

23）草地理论载畜量估算方法

草地理论载畜量计算公式

$$C_l = \frac{Y_m \times U_t \times C_o \times H_a}{S_f \times D_f \times G_t} \qquad (3.23)$$

式中，$C_l$ 为单位面积草地可承载的家畜数量（羊单位/hm²）；$Y_m$ 为单位面积草地产草量（kg/hm²）；$U_t$ 为放牧利用率（%）；$C_o$ 为草地可利用率（%）；$H_a$ 为草地可食牧草比例（%）；$S_f$ 为一个羊单位家畜的日食量（kg/羊单位/日）；$D_f$ 为草地牧草的标准干草折算系数（%）；$G_t$ 为放牧草地的放牧天数（天）。

24）草地载畜压力指数变化

草地载畜压力指数计算公式

$$I_p = \frac{C_s}{C_l}$$

$$C_s = \frac{C_n \times (1 + C_h) \times G_t}{A_r \times 365} \qquad (3.24)$$

式中，$I_p$ 为草地载畜压力指数（无量纲）；$C_l$ 为草地理论载畜量（羊单位/hm²）；$C_s$ 为草地现实载畜量（羊单位/hm²）；$C_n$ 为年末家畜存栏数（羊单位）；$C_h$ 为家畜出栏率（%）；$G_t$ 为草地放牧时间（天）；$A_r$ 为计算单元的草地面积（hm²）。

# 六、生态保护和建设生态效果评估

## 1. 生态系统宏观结构变化评价

### 1）生态系统宏观结构变化

根据三江源区各类生态系统面积变化的统计结果，判断各类生态系统变化程度（表 3-36），对评价区域各类生态系统面积变化进行归一化（表 3-37，表 3-38），计算生态系统宏观结构变化指数（EMSCI）。

表 3-36  各类生态系统面积变化程度分级

| 类别 | 判别等级 | | | | | | | | |
|---|---|---|---|---|---|---|---|---|---|
| 面积变化率/% | <-15 | -15～-10 | -10～-5 | -5～-1 | -1～1 | 1～5 | 5～10 | 10～15 | ≥15 |
| 变化程度 | 显著减少 | 明显减少 | 较明显减少 | 微弱减少 | 基本持平 | 微弱增加 | 较明显增加 | 明显增加 | 显著增加 |

表 3-37  湿地、森林、草地生态系统面积变化程度归一化表

| 类别 | 判别等级 | | | | | | | | |
|---|---|---|---|---|---|---|---|---|---|
| 面积变化率/% | <-15 | -15～-10 | -10～-5 | -5～-1 | -1～1 | 1～5 | 5～10 | 10～15 | ≥15 |
| 变化程度 | 显著减少 | 明显减少 | 较明显减少 | 微弱减少 | 基本持平 | 微弱增加 | 较明显增加 | 明显增加 | 显著增加 |
| 归一化值 | 1 | 2 | 3 | 4 | 5 | 6 | 7 | 8 | 9 |

表 3-38  荒漠、农田、其他生态系统面积变化程度归一化表

| 类别 | 判别等级 | | | | | | | | |
|---|---|---|---|---|---|---|---|---|---|
| 面积变化率/% | >15 | 10～15 | 5～10 | 1～5 | -1～1 | -5～-1 | -10～-5 | -15～-10 | ≤-15 |
| 变化程度 | 显著增加 | 明显增加 | 较明显增加 | 微弱增加 | 基本持平 | 微弱减少 | 较明显减少 | 明显减少 | 显著减少 |
| 归一化值 | 1 | 2 | 3 | 4 | 5 | 6 | 7 | 8 | 9 |

生态系统宏观结构变化指数（EMSCI）计算如下：

$$\text{EMSCI} = 0.25\,\text{EMSC}_W + 0.1\,\text{EMSC}_F + 0.2\,\text{EMSC}_G + 0.15\,\text{EMSC}_D + 0.1\,\text{EMSC}_C \\ + 0.1\,\text{EMSC}_R + 0.1\,\text{EMSC}_O \tag{3.25}$$

式中，EMSCI 为生态系统宏观结构变化指数；$\text{EMSC}_W$ 为湿地生态系统面积变化程度归一化值；$\text{EMSC}_F$ 为森林生态系统面积变化程度归一化值；$\text{EMSC}_G$ 为草地生态系统面积变化程度归一化值；$\text{EMSC}_D$ 为荒漠生态系统面积变化程度归一化值；$\text{EMSC}_C$ 为农田生态系统面积变化程度归一化值；$\text{EMSC}_R$ 为聚落生态系统面积变化程度归一化值；$\text{EMSC}_O$ 为其他生态系统面积变化程度归一化值。

用生态系统宏观结构变化指数（EMSCI），评价区域生态系统宏观结构变化程度（表 3-39）。

表 3-39　生态系统宏观结构变化指数（EMSCI）变化评价分级

| 类别 | 判别等级 | | | | | | | | |
|------|------|------|------|------|------|------|------|------|------|
| EMSCI | 0~1 | 1~2 | 2~3 | 3~4 | 4~5 | 5~6 | 6~7 | 7~8 | 8~9 |
| 变化程度 | 显著转差 | 明显转差 | 较明显转差 | 微弱转差 | 基本不变 | 微弱转好 | 较明显转好 | 明显转好 | 显著转好 |

2）生态系统变化动态度评价

根据各类生态系统动态度（$S$）变化，评价区域生态系统变化程度（表 3-40）。

表 3-40　生态系统变化动态度（$S$）评价分级

| 类别 | 判别等级 | | | | | |
|------|------|------|------|------|------|------|
| 动态度/% | <0.1 | 0.1~1 | 1~5 | 5~10 | 10~20 | ≥ 20 |
| 变化程度 | 稳定少动 | 微弱变动 | 较明显变动 | 明显变动 | 显著变动 | 极显著变动 |

## 2. 生态系统质量变化评价

1）生态系统质量变化分类评价

A. 草地退化与恢复评价

根据草地退化状况变化指数（GDCI）统计结果，评价区域草地退化和恢复状况（表 3-41）。

表 3-41　草地退化和恢复状况评价表

| 类别 | 判别等级 | | | | | |
|------|------|------|------|------|------|------|
| 草地退化和恢复状况 | 好转面积变化比例 | 无退化面积变化比例 | 轻度退化面积变化比例 | 中度退化面积变化比例 | 重度退化面积变化比例 | 退化草地总面积变化比例 |
| 退化趋势没有得到遏制 | 不变或减少 | 不变或减少 | 不变或增加 | 不变或增加 | 不变或增加 | 增加 |
| 退化趋势得到初步遏制，局部好转 | 不变或增加 | 不变或增加 | 不变或减少 | 不变或减少 | 不变或减少 | 减少 |
| 退化趋势明显遏制，初步好转 | 增加 | 增加 | 减少 | 减少 | 减少 | 明显减少 |

B. 基于草地退化状况变化的生态系统质量变化评价

根据草地退化状况变化指数（GDCI）变化幅度，判断区域生态系统质量变化程度（表 3-42）。

C. 基于植被状况变化的生态系统质量变化评价

根据植被盖度、NPP、生物量统计结果变化率，判断三江源区生态系统质量变化程度（表 3-43）。

表 3-42　基于草地退化状况变化指数的生态系统质量变化判断

| 类别 | 判别等级 | | | | | | | | |
|---|---|---|---|---|---|---|---|---|---|
| GDCI | <-5 | -5~-2.5 | -2.5~-1 | -1~-0.01 | -0.01~0.01 | 0.01~1 | 1~2.5 | 2.5~5 | ≥5 |
| 变化程度 | 显著转差 | 明显转差 | 较明显转差 | 微弱转差 | 基本不变 | 微弱转好 | 较明显转好 | 明显转好 | 显著转好 |
| 归一化值 | 1 | 2 | 3 | 4 | 5 | 6 | 7 | 8 | 9 |

表 3-43　基于植被覆盖度、NPP 和生物量的生态系统质量变化分类判断

| 类别 | 判别等级 | | | | | | | | |
|---|---|---|---|---|---|---|---|---|---|
| 变化率/% | <-10 | -10~-5 | -5~-1 | -1~-0.1 | -0.1~0.1 | 0.1~1 | 1~5 | 5~10 | ≥10 |
| 变化程度 | 显著转差 | 明显转差 | 较明显转差 | 微弱转差 | 基本不变 | 微弱转好 | 较明显转好 | 明显转好 | 显著转好 |
| 归一化值 | 1 | 2 | 3 | 4 | 5 | 6 | 7 | 8 | 9 |

用植被状况变化指数（VCCI），评价区域生态系统质量变化（表 3-44）。

植被状况变化指数计算方法见公式

$$VCCI = 0.4 VCC_{VC} + 0.3 VCC_{NPP} + 0.3 VCC_{VB} \qquad (3.26)$$

式中，VCCI 为植被状况变化指数；$VCCI_{VC}$ 为植被覆盖度变化的归一化值；$VCCI_{NPP}$ 为植被净初级生产力变化的归一化值；$VCCI_{VB}$ 为植被生物量变化的归一化值。

表 3-44　基于植被状况变化指数的生态系统质量变化评价

| 类别 | 判别等级 | | | | | | | | |
|---|---|---|---|---|---|---|---|---|---|
| VCCI | 0~1 | 1~2 | 2~3 | 3~4 | 4~5 | 5~6 | 6~7 | 7~8 | 8~9 |
| 评价结果 | 显著转差 | 明显转差 | 较明显转差 | 微弱转差 | 基本不变 | 微弱转好 | 较明显转好 | 明显转好 | 显著转好 |

D. 基于宏观生态状况的生态系统质量变化评价

根据土地覆被状况指数、转类指数统计结果，判断区域生态系统质量变化程度（表 3-45，表 3-46）。

表 3-45　基于土地覆被转类指数的生态系统质量变化判断

| 类别 | 判别等级 | | | | | | | | |
|---|---|---|---|---|---|---|---|---|---|
| 土地覆被转类指数 | <-5 | -5~-2.5 | -2.5~-1 | -1~-0.01 | -0.01~0.01 | 0.01~1 | 1~2.5 | 2.5~5 | ≥5 |
| 变化程度 | 显著转差 | 明显转差 | 较明显转差 | 微弱转差 | 基本不变 | 微弱转好 | 较明显转好 | 明显转好 | 显著转好 |
| 归一化值 | 1 | 2 | 3 | 4 | 5 | 6 | 7 | 8 | 9 |

表 3-46　基于土地覆被状况指数的生态系统质量变化判断

| 类别 | 判别等级 | | | | | | | | |
|------|------|------|------|------|------|------|------|------|------|
| 变化率/% | <-15 | -15~-10 | -10~-5 | -5~-1 | -1~1 | 1~5 | 5~10 | 10~15 | ≥15 |
| 变化程度 | 显著转差 | 明显转差 | 较明显转差 | 微弱转差 | 基本不变 | 微弱转好 | 较明显转好 | 明显转好 | 显著转好 |
| 归一化值 | 1 | 2 | 3 | 4 | 5 | 6 | 7 | 8 | 9 |

用宏观生态状况变化指数（MECCI），评价三江源区生态系统质量变化（表 3-47）。宏观生态状况变化指数计算见公式：

$$MECCI = 0.65 MECC_{LCCI} + 0.35 MECC_{LCSI} \tag{3.27}$$

式中，MECCI 为宏观生态状况指数；$MECC_{LCCI}$ 为土地覆被转类指数的归一化值；$MECC_{LCSI}$ 为土地覆被状况指数的归一化值。

表 3-47　基于宏观生态状况指数的生态系统质量变化评价

| 类别 | 判别等级 | | | | | | | | |
|------|------|------|------|------|------|------|------|------|------|
| MECCI | 0~1 | 1~2 | 2~3 | 3~4 | 4~5 | 5~6 | 6~7 | 7~8 | 8~9 |
| 评价结果 | 显著转差 | 明显转差 | 较明显转差 | 微弱转差 | 基本不变 | 微弱转好 | 较明显转好 | 明显转好 | 显著转好 |

E. 基于植被组成结构的生态系统质量变化评价

根据植物物种丰富度、物种多样性指数、植被均匀度指数和植被物种重要值的统计结果变化率，判断区域生态系统质量变化程度（表 3-48）。

表 3-48　基于植被组成结构的生态系统质量变化分类判断

| 类别 | 判别等级 | | | | | | | | |
|------|------|------|------|------|------|------|------|------|------|
| 变化率/% | <-15 | -15~-10 | -10~-5 | -5~-1 | -1~1 | 1~5 | 5~10 | 10~15 | ≥15 |
| 变化程度 | 显著转差 | 明显转差 | 较明显转差 | 微弱转差 | 基本不变 | 微弱转好 | 较明显转好 | 明显转好 | 显著转好 |
| 归一化值 | 1 | 2 | 3 | 4 | 5 | 6 | 7 | 8 | 9 |

用植物物种多样性变化指数（VCSCI），评价区域生态系统质量变化（表 3-49）。植物物种多样性变化指数计算见公式

$$VCSCI = 0.25 VCSC_{S} + 0.25 VCSC_{H} + 0.25 VCSC_{EQ} + 0.25 VCSC_{VI} \tag{3.28}$$

式中，VCSCI 为植物物种多样性变化指数；$VCSC_{S}$ 为植物物种丰富度的归一化值；$VCSC_{H}$ 为植物物种多样性指数的归一化值；$VCSC_{EQ}$ 为植被均匀度指数的归一化值；$VCSC_{VI}$ 为物种重要值的归一化值。

表 3-49 基于植物物种多样性变化指数的生态系统质量变化评价

| 类别 | 判别等级 | | | | | | | |
|---|---|---|---|---|---|---|---|---|
| VCSCI | 0～1 | 1～2 | 2～3 | 3～4 | 4～5 | 5～6 | 6～7 | 7～8 | 8～9 |
| 评价结果 | 显著转差 | 明显转差 | 较明显转差 | 微弱转差 | 基本不变 | 微弱转好 | 较明显转好 | 明显转好 | 显著转好 |

F. 基于植被组成结构的生态系统质量变化评价

根据地表水环境质量指数、土壤环境质量指数和环境空气质量指数的统计结果变化率，判断区域生态系统质量变化程度（表 3-50，表 3-51）。

$$ENQCI = 0.4\,ENQC_{WQI} + 0.3\,ENQC_{SQI} + 0.3\,ENQC_{AQI} \tag{3.29}$$

式中，$ENQCI$ 为环境质量变化指数；$ENQC_{WQI}$ 为水质指数的归一化值；$ENQC_{SQI}$ 为土壤质量指数归一化值；$ENQC_{AQI}$ 为空气质量指数归一化值。

表 3-50 基于水质指数、土壤质量指数和空气质量指数的生态系统质量变化分类判断

| 类别 | 判别等级 | | | | | | | |
|---|---|---|---|---|---|---|---|---|
| 变化率/% | >15 | 10～15 | 5～10 | 1～5 | −1～1 | −5～−1 | −10～−5 | −15～−10 | ≤−15 |
| 变化程度 | 显著转差 | 明显转差 | 较明显转差 | 微弱转差 | 基本不变 | 微弱转好 | 较明显转好 | 明显转好 | 显著转好 |
| 归一化值 | 1 | 2 | 3 | 4 | 5 | 6 | 7 | 8 | 9 |

表 3-51 基于环境质量变化指数的生态系统质量变化评价

| 类别 | 判别等级 | | | | | | | |
|---|---|---|---|---|---|---|---|---|
| ENQCI | 0～1 | 1～2 | 2～3 | 3～4 | 4～5 | 5～6 | 6～7 | 7～8 | 8～9 |
| 评价结果 | 显著转差 | 明显转差 | 较明显转差 | 微弱转差 | 基本不变 | 微弱转好 | 较明显转好 | 明显转好 | 显著转好 |

G. 基于多年冻土深度上限变化的生态系统质量变化评价

根据多年冻土上限深度统计结果变化率，评价区域生态系统质量变化（表 3-52）。

表 3-52 基于多年冻土深度上限变化的生态系统质量变化判断

| 类别 | 判别等级 | | | | | | | |
|---|---|---|---|---|---|---|---|---|
| 变化率/% | >15 | 10～15 | 5～10 | 1～5 | −1～1 | −5～−1 | −10～−5 | −15～−10 | ≤−15 |
| 评价结果 | 显著转差 | 明显转差 | 较明显转差 | 微弱转差 | 基本不变 | 微弱转好 | 较明显转好 | 明显转好 | 显著转好 |
| 归一化值 | 1 | 2 | 3 | 4 | 5 | 6 | 7 | 8 | 9 |

2）生态系统质量变化综合评价

用生态系统质量变化指数（EQCI），对三江源区生态系统质量变化进行综合评价（表3-53）。该指数介于1～9之间，数值大于5表示生态系统质量转好，数值小于5表示生态系统质量转差。生态系统质量变化指数计算见公式：

$$EQCI = 0.25\,GDCI + 0.18\,VCCI + 0.17\,MECCI + 0.15\,VCSCI + 0.15\,ENQCI + 0.1\,PF \quad (3.30)$$

式中，EQCI为生态系统质量变化指数；GDCI为基于草地退化状况变化指数变化的生态系统质量变化等级归一化值；VCCI为基于植被状况变化指数变化的生态系统质量变化等级归一化值；MECCI为基于宏观生态状况变化的生态系统质量变化等级归一化值；VCSCI为基于物种生物多样性指数变化的生态系统质量变化等级归一化值；ENQCI为基于环境质量指数变化的生态系统质量变化等级归一化值；PF为基于多年冻土上限变化的生态系统质量变化等级归一化值。

表3-53　生态系统质量变化综合评价

| 类别 | 判别等级 | | | | | | | |
|---|---|---|---|---|---|---|---|---|
| EQCI | 0～1 | 1～2 | 2～3 | 3～4 | 4～5 | 5～6 | 6～7 | 7～8 | 8～9 |
| 评价结果 | 显著转差 | 明显转差 | 较明显转差 | 微弱转差 | 基本不变 | 微弱转好 | 较明显转好 | 明显转好 | 显著转好 |

### 3. 生态系统服务功能变化评价

1）生态系统服务功能变化分类评价

A. 生态系统水源涵养服务功能变化评价

根据生态系统水源涵养量、水源涵养服务保有率和河流枯水季径流量的统计结果变化率，判断三江源区生态系统水源涵养服务变化程度（表3-54）。

表3-54　基于水源涵养量、水源涵养服务功能保有率和河流枯水季径流量的生态系统水源涵养服务功能变化判断

| 类别 | 判别等级 | | | | | | | |
|---|---|---|---|---|---|---|---|---|
| 变化率/% | <-15 | -15～-10 | -10～-5 | -5～-1 | -1～1 | 1～5 | 5～10 | 10～15 | ≥15 |
| 变化程度 | 显著转差 | 明显转差 | 较明显转差 | 微弱转差 | 基本不变 | 微弱转好 | 较明显转好 | 明显转好 | 显著转好 |
| 归一化值 | 1 | 2 | 3 | 4 | 5 | 6 | 7 | 8 | 9 |

根据夏季径流调节系数的统计结果变化率，判断三江源区生态系统水源涵养服务变化程度（表3-55）。

表 3-55 基于夏季径流调节系数的生态系统水源涵养服务功能变化判断

| 类别 | 判别等级 | | | | | | | | |
|---|---|---|---|---|---|---|---|---|---|
| 变化率/% | >15 | 10～15 | 5～10 | 1～5 | −1～1 | −5～−1 | −10～−5 | −15～−10 | ≤−15 |
| 变化程度 | 显著转差 | 明显转差 | 较明显转差 | 微弱转差 | 基本不变 | 微弱转好 | 较明显转好 | 明显转好 | 显著转好 |
| 归一化值 | 1 | 2 | 3 | 4 | 5 | 6 | 7 | 8 | 9 |

用水源涵养服务变化指数（WRCI），评价三江源区生态系统水源涵养服务变化（表 3-56）。

水源涵养服务变化指数计算见公式

$$\text{WRCI} = 0.3\,\text{WRC}_\text{W} + 0.3\,\text{WRC}_\text{WP} + 0.3\,\text{WRC}_\text{RW} + 0.1\,\text{WRC}_\text{RS} \tag{3.31}$$

式中，WRCI 为水源涵养服务变化指数；$\text{WRC}_\text{W}$ 为水源涵养量的归一化值；$\text{WRC}_\text{WP}$ 为水源涵养服务保有率的归一化值；$\text{WRC}_\text{RW}$ 为河流枯水季径流量的归一化值；$\text{WRC}_\text{RS}$ 为流域夏季径流调节系数的归一化值。

表 3-56 生态系统水源涵养服务变化评价

| 类别 | 判别等级 | | | | | | | | |
|---|---|---|---|---|---|---|---|---|---|
| WRCI | 0～1 | 1～2 | 2～3 | 3～4 | 4～5 | 5～6 | 6～7 | 7～8 | 8～9 |
| 评价结果 | 显著转差 | 明显转差 | 较明显转差 | 微弱转差 | 基本不变 | 微弱转好 | 较明显转好 | 明显转好 | 显著转好 |

B. 生态系统土壤保持服务功能变化评价

根据土壤水蚀模数和河流径流含沙量的统计结果变化率，判断三江源区生态系统土壤保持服务变化程度（表 3-57）。

表 3-57 基于土壤水蚀模数和河流径流含沙量的生态系统土壤保持服务变化判断

| 类别 | 判别等级 | | | | | | | | |
|---|---|---|---|---|---|---|---|---|---|
| 变化率/% | >15 | 10～15 | 5～10 | 1～5 | −1～1 | −5～−1 | −10～−5 | −15～−10 | ≤−15 |
| 变化程度 | 显著转差 | 明显转差 | 较明显转差 | 微弱转差 | 基本不变 | 微弱转好 | 较明显转好 | 明显转好 | 显著转好 |
| 归一化值 | 1 | 2 | 3 | 4 | 5 | 6 | 7 | 8 | 9 |

根据土壤保持量和土壤保持服务保有率的统计结果变化率，判断三江源区生态系统土壤保持服务变化程度（表 3-58）。

表 3-58　基于土壤保持量和土壤保持服务保有率的生态系统土壤保持服务变化判断

| 类别 | 判别等级 | | | | | | | | |
|------|------|------|------|------|------|------|------|------|------|
| 变化率/% | <−15 | −15~−10 | −10~−5 | −5~−1 | −1~1 | 1~5 | 5~10 | 10~15 | ≥15 |
| 变化程度 | 显著转差 | 明显转差 | 较明显转差 | 微弱转差 | 基本不变 | 微弱转好 | 较明显转好 | 明显转好 | 显著转好 |
| 归一化值 | 1 | 2 | 3 | 4 | 5 | 6 | 7 | 8 | 9 |

用土壤保持服务变化指数（SPCI），评价三江源区生态系统土壤保持服务变化（表 3-59）。

土壤保持服务变化指数利用计算见公式

$$SPCI = 0.25SPC_A + 0.25SPC_{SK} + 0.25SPC_{SP} + 0.25SPC_{RS} \qquad (3.32)$$

式中，SPCI 为土壤保持服务变化指数；$SPC_A$ 为土壤水蚀模数的归一化值；$SPC_{SK}$ 为土壤保持量的归一化值；$SPC_{SP}$ 为土壤保持服务保有率的归一化值；$SPC_{RS}$ 为河流径流含沙量的归一化值。

表 3-59　生态系统土壤保持服务变化评价

| 类别 | 判别等级 | | | | | | | | |
|------|------|------|------|------|------|------|------|------|------|
| SPCI | 0~1 | 1~2 | 2~3 | 3~4 | 4~5 | 5~6 | 6~7 | 7~8 | 8~9 |
| 评价结果 | 显著转差 | 明显转差 | 较明显转差 | 微弱转差 | 基本不变 | 微弱转好 | 较明显转好 | 明显转好 | 显著转好 |

C. 生态系统防风固沙服务功能变化评价

根据土壤风蚀模数的统计结果变化率，判断三江源区生态系统防风固沙服务变化（表 3-60）。

表 3-60　基于土壤风蚀模数的生态系统土壤保持服务变化判断

| 类别 | 判别等级 | | | | | | | | |
|------|------|------|------|------|------|------|------|------|------|
| 变化率/% | >15 | 10~15 | 5~10 | 1~5 | −1~1 | −5~−1 | −10~−5 | −15~−10 | ≤−15 |
| 变化程度 | 显著转差 | 明显转差 | 较明显转差 | 微弱转差 | 基本不变 | 微弱转好 | 较明显转好 | 明显转好 | 显著转好 |
| 归一化值 | 1 | 2 | 3 | 4 | 5 | 6 | 7 | 8 | 9 |

根据防风固沙量和防风固沙服务保有率的统计结果变化率，判断三江源区生态系统防风固沙服务变化程度（表 3-61）。

表 3-61　基于防风固沙量和防风固沙服务保有率的生态系统防风固沙服务变化判断

| 类别 | 判别等级 | | | | | | | | |
|---|---|---|---|---|---|---|---|---|---|
| 变化率/% | <-15 | -15~-10 | -10~-5 | -5~-1 | -1~1 | 1~5 | 5~10 | 10~15 | ≥15 |
| 变化程度 | 显著转差 | 明显转差 | 较明显转差 | 微弱转差 | 基本不变 | 微弱转好 | 较明显转好 | 明显转好 | 显著转好 |
| 归一化值 | 1 | 2 | 3 | 4 | 5 | 6 | 7 | 8 | 9 |

用防风固沙服务变化指数（FSCI），评价三江源区生态系统防风固沙服务变化（表 3-62）。

防风固沙服务变化指数计算见公式：

$$FSCI = 0.4\,FSC_{SL} + 0.3\,FSC_{FS} + 0.3\,FSC_{FP} \tag{3.33}$$

式中，FSCI 为防风固沙服务变化指数；$FSC_{SL}$ 为土壤风蚀模数的归一化值；$FSC_{FS}$ 为防风固沙量的归一化值；$FSC_{FP}$ 为防风固沙服务保有率的归一化值。

表 3-62　生态系统防风固沙服务变化评价

| 类别 | 判别等级 | | | | | | | | |
|---|---|---|---|---|---|---|---|---|---|
| FSCI | 0~1 | 1~2 | 2~3 | 3~4 | 4~5 | 5~6 | 6~7 | 7~8 | 8~9 |
| 评价结果 | 显著转差 | 明显转差 | 较明显转差 | 微弱转差 | 基本不变 | 微弱转好 | 较明显转好 | 明显转好 | 显著转好 |

D. 生态系统牧草供给服务功能变化评价

根据草地产草量和理论载畜量的统计结果变化率，判断三江源区生态系统牧草供给服务变化程度（表 3-63）。

表 3-63　基于草地产草量和理论载畜量的生态系统牧草供给服务变化判断

| 类别 | 判别等级 | | | | | | | | |
|---|---|---|---|---|---|---|---|---|---|
| 变化率/% | <-15 | -15~-10 | -10~-5 | -5~-1 | -1~1 | 1~5 | 5~10 | 10~15 | ≥15 |
| 变化程度 | 显著转差 | 明显转差 | 较明显转差 | 微弱转差 | 基本不变 | 微弱转好 | 较明显转好 | 明显转好 | 显著转好 |

用牧草供给服务变化指数（HSCI），评价三江源区基于牧草供给服务变化指数的生态系统牧草供给服务变化（表 3-64）。

牧草供给服务变化指数计算见公式：

$$HSCI = 0.5\,HSC_{GY} + 0.5\,HSC_{CL} \tag{3.34}$$

式中，HSCI 为牧草供给服务变化指数；$HSC_{GY}$ 为草地产草量的归一化值；$HSC_{CL}$ 为草地理论载畜量的归一化值。

表 3-64　生态系统牧草供给服务变化评价

| 类别 | 判别等级 | | | | | | | |
|------|------|------|------|------|------|------|------|------|
| HSCI | 0~1 | 1~2 | 2~3 | 3~4 | 4~5 | 5~6 | 6~7 | 7~8 | 8~9 |
| 评价结果 | 显著转差 | 明显转差 | 较明显转差 | 微弱转差 | 基本不变 | 微弱转好 | 较明显转好 | 明显转好 | 显著转好 |

E. 生态系统水供给服务功能变化评价

根据河流径流量、湖泊面积、湖泊水量、冰川面积和地下水资源量的统计结果变化率，分别判断区域生态系统水供给服务功能变化程度（表 3-65）。

表 3-65　基于河流径流量、湖泊面积、湖泊水量、冰川面积
和地下水资源量的生态系统水供给服务功能变化判断

| 类别 | 判别等级 | | | | | | | |
|------|------|------|------|------|------|------|------|------|
| 变化率/% | <-15 | -15~-10 | -10~-5 | -5~-1 | -1~1 | 1~5 | 5~10 | 10~15 | ≥15 |
| 变化程度 | 显著转差 | 明显转差 | 较明显转差 | 微弱转差 | 基本不变 | 微弱转好 | 较明显转好 | 明显转好 | 显著转好 |

用水供给服务功能变化指数（WSCI），评价区域生态系统水供给服务功能变化（表3-66）。水供给服务功能变化指数计算见公式：

$$WSCI = 0.2\,WSC_R + 0.2\,WSC_{LA} + 0.2\,WSC_{LW} + 0.2\,WSC_{GA} + 0.2\,WSCI_{WB} \qquad (3.35)$$

式中，WSCI 为水供给服务功能变化指数；$WSC_R$ 为河流径流量的归一化值；$WSC_{LA}$ 为湖泊面积的归一化值；$WSC_{LW}$ 为湖泊水量的归一化值；$WSC_{GA}$ 为冰川面积的归一化值；$WSCI_{WB}$ 为地下水资源量的归一化值。

表 3-66　生态系统水供给服务功能变化评价

| 类别 | 判别等级 | | | | | | | |
|------|------|------|------|------|------|------|------|------|
| WSCI | 0~1 | 1~2 | 2~3 | 3~4 | 4~5 | 5~6 | 6~7 | 7~8 | 8~9 |
| 评价结果 | 显著转差 | 明显转差 | 较明显转差 | 微弱转差 | 基本不变 | 微弱转好 | 较明显转好 | 明显转好 | 显著转好 |

2）生态系统服务功能变化综合评价

用生态系统服务变化指数（ESCI），对三江源区生态系统服务变化进行综合评价（表3-67）。该指数介于 1~9 之间，数值大于 5 表示生态系统服务转好，数值小于 5 表示生态系统服务转差。

生态系统服务变化指数计算见公式：

$$ESCI = 0.2\,WRCI + 0.25\,SPCI + 0.15\,FSCI + 0.2\,HSCI + 0.2\,WSCI \tag{3.36}$$

式中，ESCI 为生态系统服务变化指数；WRCI 为基于水源涵养服务变化指数的生态系统服务变化等级归一化值；SPCI 为基于土壤保持服务变化指数的生态系统服务变化等级归一化值；FSCI 为基于防风固沙服务变化指数的生态系统服务变化等级归一化值；HSCI 为基于牧草供给服务变化指数的生态系统服务变化等级归一化值；WSCI 为基于水供给服务变化指数的生态系统服务变化等级归一化值。

表 3-67　生态系统服务变化综合评价

| 类别 | 判别等级 | | | | | | | | |
|---|---|---|---|---|---|---|---|---|---|
| ESCI | 0~1 | 1~2 | 2~3 | 3~4 | 4~5 | 5~6 | 6~7 | 7~8 | 8~9 |
| 评价结果 | 显著转差 | 明显转差 | 较明显转差 | 微弱转差 | 基本不变 | 微弱转好 | 较明显转好 | 明显转好 | 显著转好 |

**4. 生态保护和建设工程生态效果综合评估与生态工程影响贡献率核定**

1）生态系统变化状况综合评估

用生态系统变化状况指数（ECI），对三江源区生态系统变化状况进行综合评价（表3-68）。

生态系统变化状况指数计算见公式：

$$ECI = 0.35\,EMSCI + 0.25\,EQCI + 0.4\,ESCI \tag{3.37}$$

式中，ECI 为生态系统变化状况指数；EMSCI 为生态系统宏观结构变化指数；EQCI 为生态系统质量变化指数；ESCI 为生态系统服务变化指数。

表 3-68　生态系统变化状况综合评价

| 类别 | 判别等级 | | | | | | | | |
|---|---|---|---|---|---|---|---|---|---|
| ECI | 0~1 | 1~2 | 2~3 | 3~4 | 4~5 | 5~6 | 6~7 | 7~8 | 8~9 |
| 评价结果 | 显著转差 | 明显转差 | 较明显转差 | 微弱转差 | 基本不变 | 微弱转好 | 较明显转好 | 明显转好 | 显著转好 |

2）生态系统变化的工程和气候影响贡献率核定

A. 基于工程区内外参数对比的生态工程影响判别

根据生态工程区内外植被净初级生产力、生物量、植被覆盖度、物种丰富度、多样性指数、物种重要值、植被均匀度等参数统计结果变化率，分别判断各参数变化的生态工程影响程度（表3-69）。

**表 3-69　生态工程区生态系统参数变化的生态工程影响程度分类判别表**

| 类别 | 判别等级 | | | | | |
|---|---|---|---|---|---|---|
| 变化率/% | <-1 | -1~1 | 1~5 | 5~10 | 10~15 | >15 |
| 影响程度 | 负面影响 | 无影响 | 影响微弱 | 影响较明显 | 影响明显 | 影响显著 |
| 归一化值 | 1 | 2 | 3 | 4 | 5 | 6 |

用生态工程影响指数（EPECI$_P$），评价工程区内生态系统变化的生态工程影响（表 3-70）。介于 1~6 之间，数值大于 2 表示生态工程有正面影响，数值小于 2 表示生态工程有负面影响，数值等于 2 表示生态工程无影响。

生态工程影响指数的计算见公式：

$$EPECI_P = 0.2EPEC_{NPP} + 0.2EPEC_{VB} + 0.2EPEC_{FC} + 0.1EPEC_S + 0.1EPEC_H$$
$$+ 0.1EPEC_{VI} + 0.1EPEC_{EQ} \tag{3.38}$$

式中：EPECI$_P$ 为生态工程区生态系统系统变化的生态工程影响指数；EPEC$_{NPP}$ 为基于植被净初级生产力的生态工程影响程度归一化值；EPEC$_{VB}$ 为基于植被生物量的生态工程影响程度归一化值；EPEC$_{FC}$ 为基于植被覆盖度的生态工程影响程度归一化值；EPEC$_S$ 为基于物种丰富度的生态工程影响程度归一化值；EPEC$_H$ 为基于多样性指数的生态工程影响程度归一化值；EPEC$_{VI}$ 为基于物种重要值的生态工程影响程度归一化值；EPEC$_{EQ}$ 为基于植被均匀度的生态工程影响程度归一化值。

**表 3-70　生态工程区生态系统变化的生态工程影响程度判别表**

| 类别 | 判别等级 | | | | | |
|---|---|---|---|---|---|---|
| EPECI$_P$ | 1 | 2 | 3 | 4 | 5 | 6 |
| 评价结果 | 负面影响 | 无影响 | 影响微弱 | 影响较明显 | 影响明显 | 影响显著 |

B. 基于自然保护区内外 ECI 对比的生态工程影响判别

根据自然保护区内外生态系统状况变化指数（ECI）的统计结果差值，评价自然保护区内生态系统变化的生态工程影响（表 3-71）。

**表 3-71　自然保护区生态系统变化的生态工程影响程度判别表**

| 类别 | 判别等级 | | | | | |
|---|---|---|---|---|---|---|
| 保护区内外 ECI 差值 | <0 | 0 | 1~2 | 2~4 | 4~6 | 6~8 |
| 评价结果 | 负面影响 | 无影响 | 影响微弱 | 影响较明显 | 影响明显 | 影响显著 |

C. 基于模型变量参数控制的生态系统变化气候与生态工程贡献率判别

生态工程贡献率计算：根据实际气候状况和平均气候状况下生态系统重要评价参数的变化统计结果，分别计算区域 NPP、生态系统水源涵养量、土壤水蚀模数、土壤风蚀模数变化的生态工程贡献率。生态工程贡献率计算见公式。

$$EPC = \frac{ACP}{RCP} \times 100\% \qquad (3.39)$$

式中，EPC 为生态工程贡献率；ACP 为平均气候状况下参数平均值；RCP 为真实气候状况下参数平均值。

生态工程贡献率综合判别：根据生态系统重要评价参数（NPP、水源涵养、土壤水蚀模数、土壤风蚀模数）的生态工程贡献率统计结果，计算区域生态系统变化的生态工程贡献率（CEPEC），综合判断生态工程贡献率。生态系统变化的生态工程贡献率计算见公式：

$$CEPEC = 0.25 EPC_{NPP} + 0.25 EPC_W + 0.25 EPC_A + 0.25 EPC_{SL} \qquad (3.40)$$

式中，CEPEC 为生态系统变化的生态工程贡献率；$EPC_{NPP}$ 为 NPP 变化的生态工程影响贡献率；$EPC_W$ 为生态系统水源涵养变化的生态工程影响贡献率；$EPC_A$ 为土壤水蚀模数变化的生态工程影响贡献率；$EPC_{SL}$ 为土壤风蚀模数变化的生态工程影响贡献率。

**5. 评估结论**

进行生态保护和建设工程区域生态本底评估时，主要从生态系统结构、生态系统质量、生态系统服务功能，以及生态系统变化的气候和人类活动影响几个方面进行分析评估总结。

进行生态保护和建设工程生态效果评估时，不仅从生态系统结构、生态系统质量、生态系统服务功能，以及生态系统变化的气候和人类活动影响几个方面进行分析评估总结；而且要针对重要生态问题，分类组合上述评估指标，分析生态工程实施后重要生态问题的解决程度及生态工程的贡献。同时，针对生态保护和建设规划目标，评估规划目标的实现情况及生态工程的贡献率。

# 第四章 三江源生态工程区
# 生态系统变化监测与模拟

## 第一节 地 面 监 测

在野外核查的基础上，对监测站点进行 GPS 定位并采集了相关信息，按照"整合资源、填平补齐"的原则，配置相关监测仪器和数据库设备 100 余台套，建立了三江源自然保护区生态监测站点体系：14 个生态系统综合站点（草地生态系统监测点 7 个、湿地生态系统监测点 3 个、森林生态系统监测点 2 个、荒漠生态系统监测点 2 个）、3 个水土保持监测小区、2 个水文水资源巡测队、4 个水文水资源巡测站、7 个水文水资源驻测站、2 个自动气象站。共布设草地、森林、湿地、沙化土地、水文水资源、水土保持、气象要素、环境质量等基础监测点 512 个。其中：草地生态监测样点（区）148 个、森林生态监测样点（地）120 个、湿地生态监测样点（区）9 个、沙化土地监测点（区）

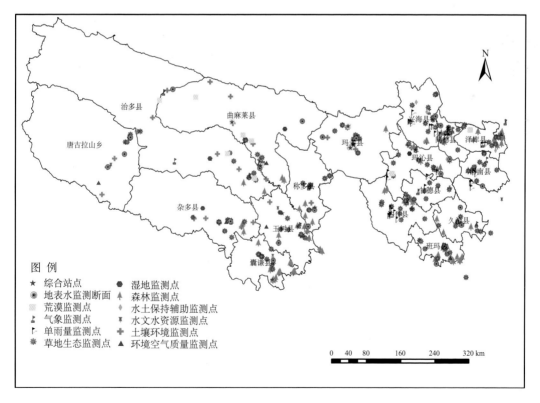

图 4-1 三江源生态评估地面监测体系分布

39 个、水文水资源观测站 18 个、水土保持辅助监测点 17 个、气象要素观测站 18 个、区域自动站点 31 个、环境空气质量监测点 21 个、生活饮用水水质监测点 18 个、地表水水质监测断面 23 个、土壤环境质量监测点 50 个。自 2005 年至 2012 年通过连续多年观测，已取得生态系统植被生产力、植物组成结构、土壤特性、草地退化、水文、气象等各类监测数据上百万个。生态监测站点组成如图 4-1 所示。

三江源生态工程区森林资源样地监测采取机械抽样和典型抽样相结合、机械样地和典型样地相结合、实地调查和遥感调查相结合的方法，突出重点，反映总体。分为两部分：一是间隔一定时间（5 年）监测全部样地；二是典型设置有代表性的样地进行连续监测。样地监测共设置调查完成综合站点监测样地 2 个，基础站点监测样地 120 个。按工程类别分：67 个为林业工程监测样地，55 个为非林业工程监测样地。按监测对象分：34 个为乔木林样地，42 个为灌木林样地，32 个为灌丛样地，8 个为退耕还林样地，6 个为牧地。监测调查因子包括立地条件、林分因子、生物量、野生动物、林业工程实施状况等。

三江源生态工程区草地生态监测共设点位 155 个，其中有 7 个为草地生态系统综合监测点，148 个为草地生态监测基础样点。基础样点中，自然生态区域设样点 81 个，生态工程区 67 个。自然生态区域中温性草原类草地设 8 个样点，高寒草原类草地设 12 个样点，高寒草甸类草地设 61 个样点；生态工程区 67 个样点中，包括退牧还草工程、休牧育草工程、围栏建设、草地补播、建设养畜工程、鼠害防治工程、退耕还林（草）等重要工程。监测内容主要包括草地植被动态状况监测、草地鼠虫害动态监测、气象要素监测、土壤要素监测、水文要素监测、环境质量监测、草地生态保护与建设工程跟踪监测。其中气象要素监测、土壤要素监测、水文要素监测、环境质量监测等由相关业务部门进行监测。

三江源生态工程区湿地监测调查站点是称多清水河、治多索加、治多扎河、曲麻莱约古宗列曲、玉树隆宝、杂多当曲 6 个沼泽湿地，久治年保玉则、玛多星星海 2 个湖泊湿地和玛沁阿尼玛卿雪山冰川湿地进行连续监测。湿地监测每年 7~8 月监测一次。调查因子主要有湿地植被状态因子、野生动物因子和影响湿地状态因子三部分。湿地植被状态因子包括：监测样地植被盖度、生物量、优势种植物、指示种、指示种的分布状况、指示种比例、指示种平均高度、指示种生物量、样方内水体平均面积及平均深度等。野生动物因子包括：监测调查样地野生动物指示种、数量、种类、分布、生境状况等。湿地影响指标因子包括：湿地所在地区人口、牲畜（牛羊）活动数量、气温与降水量等。

三江源生态工程区荒漠生态监测点 41 个，有 2 个为荒漠生态系统综合监测点，其余 39 个为荒漠生态监测基础样点。监测内容包括植被群落特征、动物种群、工程跟踪监测与成效调查等。荒漠植被状况动态监测主要包括群落结构与外貌特征（包括植物组成、层片与成层结构、季相、物候期、生活力、植物生态类型等）；群落数量特征（包括高度、盖度、多度、频度、优势度、生物量等）。植被状况采用观察描述法和资料收集法；群落结构与外貌及其数量特征采用样方法；动物种群监测采用样方统计法、直接观察法。气象要素监测主要包括气温、降水量、相对湿度、地温、风向风速、辐射等的自动观测。土壤要素监测包括土壤特性（包括有效土层深度、覆沙厚度、土壤侵蚀模数、土壤风蚀量、沙物质堆积强度、沙丘移动速率、土壤类型、土壤腐殖质层厚度、土壤机械组成、容重、土壤坚实度等）、土壤理化性质（包括 pH、有机质、全氮、氨态氮、硝态氮、全磷、有效磷、全钾、缓效钾、阳离子交换量、土壤微量元素等）。水文要素监测包括持水量、萎蔫含水量、土壤饱和导水率、土壤孔隙度、土壤水势、地表水深度、地表水径流量、地下水埋深、地表水和地下水质常规等。野生动物调查主要包括鸟类种类和数量；大型兽类种类和数量、小型兽类种类和数量、土壤动物种类和数量、昆虫种类和数量等。

三江源生态工程区水文监测站点数据主要有：1975~2007 年黄河源唐乃亥站、吉迈站流量、含沙量日观测数据，其中 1990 年数据缺失。1975~2009 年长江源直门达站、沱沱河站流量、含沙量日观测数据，其中沱沱河站无 1975~1984 年、1986 年含沙量数据，且缺枯水期以及部分春汛期流量和含沙量数据，因此沱沱河流域枯水期以 5 月上旬至 6 月上旬为准。

三江源生态工程区水文水资源监测站点 18 处，分别为：沱沱河、直门达、雁石坪、曲麻河、新寨、香达、下拉秀、班玛、扎陵湖、鄂陵湖、吉迈、军功、大米滩、上村、同仁、唐乃亥、隆宝滩、玛曲。

三江源生态工程区水土保持监测站（点）20 个，包括 3 个水土保持专业监测小区、17 个水土保持辅测点。主要包括对区域内的水蚀、风蚀强度及其分布、以及对降水、植被、土壤和地形、地貌等水土流失因子的监测。水蚀监测指标为水蚀小区观测指标（包括径流量、泥沙量、土壤有机质含量、渗透率、土壤导水率、土壤黏结力、土壤机械组成、土壤交换阳离子含量、土壤团粒含量、地表植被种类、植株高度、植被覆盖度、植被生长量、土壤流失量）、控制站观测（包括水位变化、泥沙含量）、气象观测（包括降水量、降水强度、气温、湿度、蒸发等气候指标的总量和过程）。风蚀监测指标为风蚀强度、降尘、土壤含水量、土壤坚实度、土壤可蚀性、植被覆盖度、残茬等地面覆盖、土地利用与风蚀防治措施等。

此外，连续 7 年开展了数次大规模生态环境野外线路调查，行程约 8 万余公里，主要包括 LUCC 和草地退化遥感解译验证野外调查，土壤持水力、土壤侵蚀 $^{137}$Cs 及土壤理化性状取样调查，用于草地生产力和产草量模拟结果验证的草地样方调查，以及用于遥感和地面尺度转换的 5 个 5 km×5 km 循环采样草地大样地数据，连续多年采集地上、地下生物量数据 2 430 和 2 916 个，土壤样品 4 131 个。

# 第二节  遥 感 监 测

研发了三江源生态工程区生态系统地面-遥感一体化监测技术体系，包括地面-遥感观测的尺度转换方法、叶面积指数、光合有效辐射等遥感反演新算法，解决了 NASA 遥感产品在区域尺度分辨率和精度低的问题，并填补了部分生态参数无产品的空白；提出了形态与成因相结合的草地退化/恢复遥感分类系统，研建了基于知识的草地退化遥感解析模型（图 4-2），解决了利用常规方法判别草地退化的时空不确定性问题，在草地退化/恢复遥感分类系统方面有重大突破。

生态系统类型时空数据是分析生态系统变化的重要依据，在地面监测体系的支持下，基于地学、气候学和生态学知识，依据20世纪70年代MSS、90年代与2004年TM、2012年环境小卫星四期影像数据，经图像精纠正和拉伸处理后，进行土地利用/覆被遥感解译，并判读四期之间土地利用/覆被变化，建立了基于知识的生态系统类型遥感信息提取方法（图4-3），完成了20世纪70年代以来5期生态系统分类制图，大幅度提高了分类制图精度。在此基础上，生成森林、草地、农田、湿地与水体、聚落、其他生态系统类型空间分布数据，进而对生态系统类型空间数据进行统计分析，综合评价各生态系统类型的变化趋势。

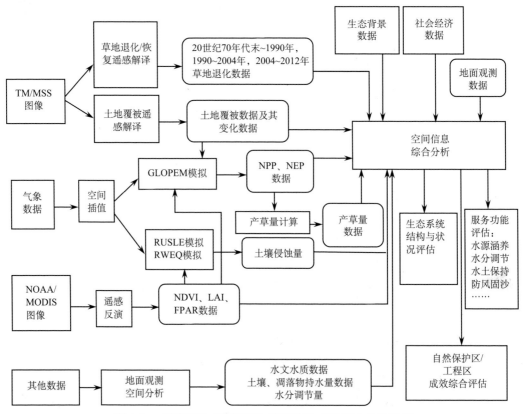

图4-2　遥感解译+遥感反演+模型模拟+GIS综合分析流程

草地是三江源生态工程区的主体生态系统，草地退化是三江源生态服务下降最主要的原因。国内外草地退化遥感监测分析的常用方法有两种：一是利用两期土地利用/覆被变化数据中的高中低覆盖度草地面积变化来进行判断，这不能完全反映草地退化状况，如盖度从100%降到51%，仍属于高覆盖草地，而实际上草地已发生了严重退化；二是利用NDVI（或根据NDVI估算的覆盖度）增减来判断，该方法也存在较大缺陷，因为高寒草甸NDVI存在严重的饱和现象与噪音问题。针对以往草地退化遥感判别利用植被指数存在的问题，本书提出了形态与成因相结合的草地退化/恢复遥感分类系统，并研建了基于知识的草地退化遥感解析模型，克服了上述问题，并适用于年代际和年际草地退化/恢复的识别（图4-4）。利用该分类系统，遥感解析得到了三江源区1∶10万20世纪70年代末至20世纪90年代初、20世纪90年代初至2004年草地退化空间数据与退化草地生态系统变化态势空间数据。具体方法详见第三章第一节。

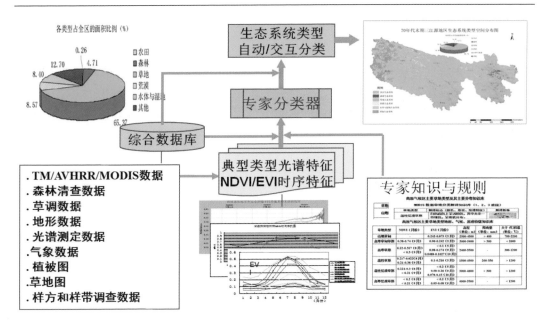

图4-3　基于知识的生态系统类型遥感信息提取

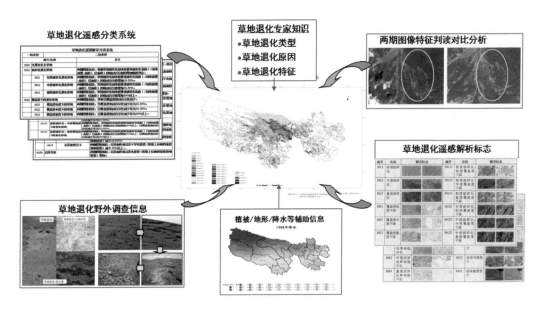

图4-4　基于专家知识的草地退化遥感解析模型

叶面积指数与光合有效辐射是生态模型的关键参数。目前叶面积指数产品均使用单角度遥感数据源，精度偏低，为此，本书设计了单角度传感器数据与多角度传感器数据定量融合进行叶面积指数反演的方法，解决了利用多角度数据反演结果覆盖范围窄和利用单角度多光谱数据反演结果不确定性较大的问题。本算法利用多角度数据得到高质量叶面积指数，以此为基础构建像元级的背景知识库，用于约束单角度数据的叶面积指数反演，实现了两种数据的定量融合，将 8 天的反演比率从 15.5%提升到了 65.2%，得到可用于生态系统模型驱动的高质量叶面积指数数据，与野外观测站点结果比较，误差在0.8以内。

光合有效辐射目前只有地面观测数据空间插值的产品，本区域站点稀少，精度过低，为此，本书发展了基于地球同步卫星数据的地表短波辐射和光合有效辐射的遥感反演算法，解决了已有的地表辐射数据空间分辨率太低无法满足生态系统模拟需求，以及光合有效辐射没有遥感产品的问题。该算法利用静止卫星数据估算高空间分辨率地表辐射的方法，优化设计各种大气和地表条件下地表反射率的估算方法以及从瞬间辐射向日均辐射的转换方法，从而得到满足生态系统模型驱动的高分辨率地表辐射数据。用全国 96个站点数据进行比较验证，误差为 1.5%（图 4-5）。

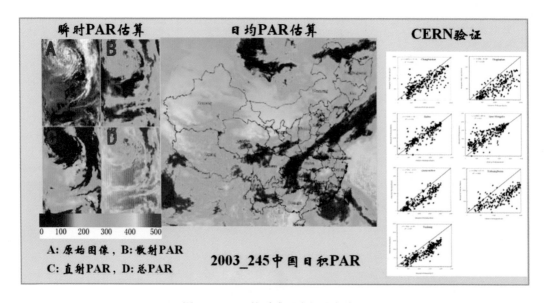

图 4-5　PAR 的遥感反演与站点验证

通过生态状况变化指数（土地覆被转类指数），解决了动态度指数模型不能反映生态系统转好还是转坏的问题。利用 SPOT Vegetation 10 天间隔的 1 km NDVI 数据产品，基于归一化植被指数的植被覆盖度计算模型，获取了三江源区 1998～2012 年年度最大植被覆盖度空间数据。具体方法详见第三章第二节。

# 第三节　模　型　模　拟

发展了具有区域针对性的生态系统变化模拟技术，包括基于大样地循环采样进行生态模型参数本地化的方法，以及基于生态模型的草地产草量估算方法；生态系统水源涵养、土壤保持、防风固沙服务量的估算方法。在基于生态模型估算草地产草量和载畜压力方法等方面具有重大创新。

# 一、基于大样地循环采样进行生态模型参数本地化

模拟植被生产力等重要参数需要采用生态模型，国际上常用的 GLO-PEM 遥感模型和 CEVSA 生态机理模型各有优缺点，我们进行了 2 个模型的耦合。同时，针对传统草地样方数据难以与模型数据在空间分辨率上相匹配的问题，项目设计了大样地循环采样方法，支持了模型参数的本地化。在改进遥感生产力模型（GLO-PEM）的基础上，基于大样地循环采样获得的数据进行了具有区域针对性的模型参数调试，完成了模型参数的区域本地化（图 4-6）。

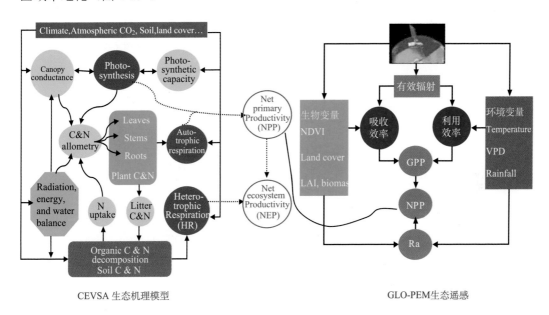

图 4-6　基于大样地数据进行了植被光合作用最适温度等模型参数的调试

植被净初级生产力（NPP）反映了植物群落在自然条件下的生产能力，它是维持地球生命的最基本、最重要的生态系统支持功能之一，与生态系统土壤形成、营养循环等共同成为生态系统为人类提供其他直接服务的基础，并支持或维持了生态系统的形成和发展。因此，分析和评估植被净初级生产力是认识和掌握生态系统支持功能的重要内容之一。

草地植被 NPP 的计算采用 GLOPEM-CEVSA 模型。GLOPEM-CEVSA 模型是在基于遥感的全球生产效率模型（GLO-PEM）和植被、大气和土壤碳交换模型（CEVSA）基础上发展而来。GLOPEM-CEVSA 模型建立在碳循环过程和生理生态学理论基础上。通过模拟光能利用率，以卫星遥感反演的 FPAR 模拟植被吸收的光合有效辐射（APAR），获得植被总初级生产力（GPP）；以植被生物量和气温及不同植被群落的维持性呼吸系数及温度关系模拟植被维持性呼吸（$R_m$）和生长性呼吸（$R_g$），获得植被净初级生产力（NPP）；植被通过自养呼吸释放一部分光合作用固定的碳到大气中，其余的碳按分配模式分配到根、茎和叶中储存或凋落，凋落物进入土壤后，与土壤中原有的有机质在微

生物等作用下进行异养呼吸（Rh），将生态系统固定的一部分碳释放到大气中，最后固定在植被中的这部分碳即为净生态系统生产力。因此，模型实现途径是，首先利用GLOPEM 模型模拟净初级生产力，然后，利用 CEVSA 模型中的植被分配模块、植被凋落物模块及土壤异养呼吸模块，模拟得到净生态系统生产力。

　　模型所用主要数据包括基于卫星遥感的 FPAR 和气温及降水等气象数据。其中遥感数据是 1988 年以来 1 km 空间分辨率的 NOAA/AVHRR 的 NDVI，该数据由中国气象局气象卫星中心提供，本书根据 NOAA 公布的最新校正方法和校正系数重新进行了辐射订正，并采用手工几何校正的方式，对该数据进行了精确的几何纠正。在此 NDVI 数据基础上，采用 Liu 等（2007）开发的冠层辐射传输算法，反演获得用于模型输入的 FPAR。气象数据由中国气象局和青海省气象局提供，在 13 个站点气象数据基础上，利用 ANUSPLIN 空间插值，获得了 1988 年以来气温、降水、相对湿度、风速、日照时数等空间插值数据作为模型输入。在此基础上，通过 GLOPEM-CEVSA 模型模拟了 1988 年以来 1 km 空间分辨率三江源区草地植被 NPP。

　　发展了地面-遥感观测的尺度转换方法。传统的草地样方采集获取的数据，难以与遥感获取的数据匹配，因为在小范围内设置样方获取的生物量数据估算区域草地产草量，本身存在误差，而且难以反映空间异质性。因此，在三江源区设置了 5 个 5 km×5 km 和 3 km×3 km 的循环采样大样地，连续多年采集地上、地下生物量样品 2 430 和 2 916 个，土壤样品 4 131 个。利用 3 种不同尺度的归一化植被指数（NDVI）数据（TM 30 m、MODIS 250 m 和 1 km），建立 3 种尺度间的转换关系，并将此尺度关系应用于模型参数化和模拟结果验证。模拟了三江源区 1988～2012 年每 16 天 1 km 的植被 NPP 时空数据。

## 二、基于生态模型的草地产草量估算方法

　　草地产草量和载畜压力时空数据是实现草畜平衡的重要依据。以往的草地产草量遥感估算多采用 NDVI 与实测产草量建立的经验关系，误差较大。为此，本书发展了基于生态模型的草地产草量和草地载畜压力指数算法，解决了草畜平衡估算中的时空针对性和定量化问题。发展了基于 GLOPEM 模型和地下生产力模型的草地产草量估算方法，解决了在用 NDVI 与实测草地数据建立的经验公式估算中，因不同年份降水在时间分布上的变化造成 NDVI 和产草量在时间上的差异性，及 NDVI 饱和，从而导致年际产草量增减估算的误差问题。本书提出了基于生态模型的草地载畜压力指数的概念及算法，解决了草畜平衡估算中的时空针对性和定量化的问题。基于 GLOPEM 模型和地下生产力模型的草地产草量估算方法和基于生态模型的草地载畜压力指数算法，结合草地类型空间数据、草地季节草场空间数据、分县家畜统计数据、第一次草地资源调查和三江源草地资源监测等数据，模拟得到 1988～2012 年草地产草量数据和草地载畜压力指数数据。具体估算方法如下。

　　草地产草量计算包含 GLOPEM-CEVSA 模型运算的逐年 NPP 数据（1km 栅格），结合草地类型空间数据、草地冬夏场空间数据、分县家畜统计数据、第一次草地资源调

查数据、三江源草地资源监测数据、中国草地样带数据，以及相关研究的成果等。

草地产草量计算主要以 GLOPEM-CEVSA 模型运算的逐年的 NPP 为基础数据，通过 NPP 地上/地下分配，估算草地的产草量（樊江文等，2010）。

$$NPP=ANPP+BNPP \tag{4.1}$$

式中，ANPP 为植被地上部分生产力；BNPP 为植被地下部分生产力。由此，可通过各类草地植被地下部分生产力和地上部分生产力的比值，估算植被地上部分净初级生产力，对于草地可认为是草地产草量。

$$GY＝NPP/[1+（BNPP/ANPP）] \tag{4.2}$$

式中，GY 为草地产草量。

BNPP 计算采用了 Gill 等 2002 年提出的草地植被地下生产力计算方法（Gill et al.，2002）：

$$BNPP = BGB×（live\ BGB/BGB）× turnover \tag{4.3}$$
$$turnover = 0.0009（g / m^2）× ANPP + 0.25$$

式中，BGB 为草地植被地下部分（根系）生物量；live BGB/BGB 为活根系生物量占总根系生物量的比例；turnover 为草地植物根系周转值。

BGB 和 ANPP 分别采用 2003～2005 年在三江源地区测定的高寒草甸、高寒草原、高寒荒漠、高寒荒漠草原和温性草原等各类草地下生物量和地上生产力的样方数据；live BGB/BGB 取值 0.79（周兴明，2001；Gill et al.，2002）。

# 三、生态系统水源涵养、土壤保持、防风固沙服务量估算方法

水源涵养、土壤保持、防风固沙是评价三江源生态系统主要服务的重要内容。水源涵养量估算采用降水贮存量法，对产流降水量比值和径流效益系数值进行了修正。水土流失量估算采用修正通用土壤流失方程，风蚀模数模拟采用修正风蚀方程，进行了参数本地化。

## 1. 生态系统水源涵养服务量估算

### 1）方法选择

降水贮存量法表示的是一个地块有植被与无植被状况相比较下减少的地表径流量，即自然生态系统与裸地（假想）相比较，其截留降水、涵养水分的能力。该方法原理较为简单，所需参数较少，通过降水、植被、土地覆被等长时间序列数据可适用于较大尺度生态系统水源涵养量的估算。

以降水贮存量法估算三江源区林草生态系统的水分调节效应。三江源区年均降水量通过对该区及其周边气象站点的观测数据插值而成。森林生态系统减少径流的效益系数主要通过已有的文献资料收集得到，草地生态系统降雨径流率通过草地植被覆盖度计算得到。三江源区高寒草甸面积较大，植物种类繁多，植株低矮，生长密集，其土壤具有

良好的涵养水源能力。不同植被覆盖度下高寒草甸的降水产流特征采用李元寿等（2006）在长江和黄河源区的研究结果。

2）参数改进与估算

降水贮存量法以与裸地相比较，生态系统的水分调节效应来衡量其涵养水源的能力（赵同谦，2004）。本书认为，在一定的气候条件下，自然植被在极度退化状态下也会保留一定的覆盖度，不会完全退化至纯裸地，因此原公式中裸地降雨径流率用极度退化下残留植被的降雨径流率代替。此外，同时对降雨量、产流降水量占降水总量的比例、生态系统降雨径流率等参数的获取进行了改进。

三江源区生态系统的水源涵养/水分调节效应采用降水贮存量法计算，用公式可表示为

$$Q = 10A \cdot J \cdot R$$
$$J = J_0 \cdot K$$

(4.4)

式中，$Q$ 为与裸地相比较，森林、草地等生态系统涵养水分的增加量（$m^3$）；$A$ 为生态系统面积（$hm^2$）；$J$ 为研究区产流降水量（mm）；$J_0$ 为研究区年均降水量（mm）；$K$ 为产流降水量占降水总量的比例；$R$ 为与裸地相比较，生态系统减少径流的效益系数。

A. 降水量

三江源区降水量数据从全国空间差值数据中切割出来。首先通过中国地区 756 个气象站点的日降雨资料，采用基于薄片样条理论的 ANUSPLIN 方法（Hutchinson，1995；Apaydin et al.，2004）进行空间插值，生成了 1990~2010 年全国 1 km 逐月降水数据集。该方法在空间插值过程中考虑了地形因子的影响，能够表达一定的空间异质性；但由于未考虑周边国际气象台站的数据，边界处插值结果偏低。本研究将 ANUSPLIN 插值结果与国家气象信息中心提供的 0.25°×0.25°日值降水格点数据结合，以每个格点降水量纠正控制 ANUSPLIN 插值结果的总量，同时保留 ANUSPLIN 插值数据中的空间差异，生成了 1990~2010 年全国 1 km 逐月降水数据集。

B. 产流降水量占降水总量的比例（$K$ 值）

产流降水量是指发生产流的降水量总和。人们在研究中发现，并非所有的降雨都能形成径流，只有在降水量和雨强满足一定的条件后才有可能产流。自然降雨中的小降雨次数频繁，而这些小降雨事件多半不产生侵蚀，在计算产流降水量时如果将不产生地表径流的降雨剔除掉，不但会大大减少工作量，而且会提高计算精度。

通过搜集已公开发表文献中用径流小区实测的降雨产流临界值，根据点位信息，以临近国家气象台站实测日降水数据修正同时期热带降雨测量卫星（tropical rainfall measuring mission, TRMM）提供的逐日 3 小时降水量数据，累积单次降水量大于降水产流临界值的数值，得到单点产流降水量占降水总量的比例（$K$ 值）（图 4-7）。扫描并数字化了多年年均河川径流系数等值线，并进行了空间插值，将上述 $K$ 值与该点径流系数建立线性关系（图 4-8），相关系数高达 0.8 以上。通过该线性关系，即可得到产流降水量占降水总量比例的空间分布。

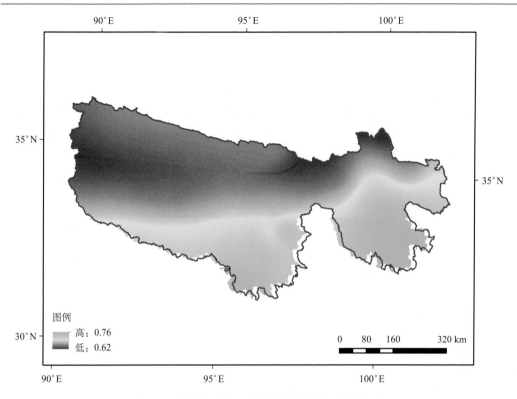

图 4-7　产流降水量占降水总量的比例（K 值）图

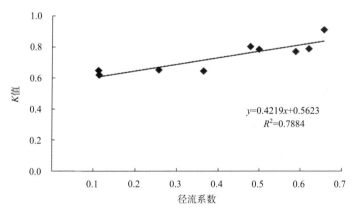

图 4-8　径流系数与 K 值关系图

C. 降水径流率

三江源区森林生态系统减少径流的效益系数主要通过已有的文献资料收集得到。草地生态系统降水径流率 $R$ 与草地植被覆盖度 $f_c$ 计算得到（朱连奇等，2003）：

$$R = -0.3187f_c + 0.36403 \qquad (R^2 = 0.9337) \qquad (4.5)$$

三江源区高寒草甸面积较大，植物种类繁多，植株低矮，生长密集，其土壤具有良好的涵养水源能力。不同植被覆盖度下高寒草甸的降水产流特征采用李元寿等（2006）

在长江和黄河源区的研究结果。

3）水源涵养服务保有率计算

为消除年际间降水波动对模拟结果的影响，定义了水源涵养服务保有率，其结果集中体现了生态系统由于自身变化导致的服务变化。

森林生态系统水源涵养服务保有率计算公式可以表达为

$$\mathrm{WP}_{ijk} = \frac{W_{ijk}}{\mathrm{WG}_{ij}} \tag{4.6}$$

式中，$\mathrm{WP}_{ijk}$ 为第 $i$ 年第 $j$ 个气候带第 $k$ 个栅格的森林生态系统水源涵养服务保有率；$W_{ijk}$ 为第 $i$ 年第 $j$ 个气候带第 $k$ 个栅格的森林水源涵养量；$\mathrm{WG}_{ij}$ 为第 $i$ 年第 $j$ 个气候带中降雨径流率最小（假设量）的森林类型的水源涵养量。

草地生态系统水源涵养服务保有率计算公式可以表达为

$$\mathrm{WP}_{ik} = \frac{W_{ik}}{\mathrm{WG}_{ik}} \tag{4.7}$$

式中，$\mathrm{WP}_{ik}$ 为第 $i$ 年第 $k$ 个栅格的草地生态系统水源涵养服务保有率；$W_{ik}$ 为第 $i$ 年第 $k$ 个栅格的草地水源涵养量；$\mathrm{WG}_{ik}$ 为第 $i$ 年第 $k$ 个栅格草地植被覆盖度为 100%（假设量）的水源涵养量。

湿地生态系统水源涵养服务保有率计算公式可以表达为

$$\mathrm{WP}_{ik} = \frac{W_{ik}}{\mathrm{WG}_{ik}} \tag{4.8}$$

式中，$\mathrm{WP}_{ik}$ 为第 $i$ 年第 $k$ 个栅格的湿地生态系统水源涵养服务保有率；$W_{ik}$ 为第 $i$ 年第 $k$ 个栅格的湿地水源涵养量；$\mathrm{WG}_{ik}$ 为第 $i$ 年第 $k$ 个栅格 100% 为湿地（假设量）的水源涵养量。

**2. 生态系统土壤保持服务量估算**

三江源区土壤水蚀量的估算采用美国的修正通用水土流失方程（RUSLE），对于方程中的降雨侵蚀力、土壤可蚀性、坡长、坡度、覆盖和管理，以及水土保持措施等因子进行了参数本地化。为了避免用年降雨侵蚀力与年草地覆盖因子计算因时间不同步而造成结果误差较大的问题，利用 16 天降雨侵蚀力和 16 天草地覆盖因子计算；在坡长计算中把生态系统类型边界、道路、河流、沟塘湖泊等地表要素考虑为径流的阻隔因素，改进了传统算法中通过相邻栅格间的坡向以及坡度变化率确定坡长终止点的方法，避免了坡长因子的高估。利用长江、黄河的 4 个主要水文站年输沙量对估算结果进行了相关性验证，$R^2$ 为 0.72。具体方法如下。

1）地面监测评估指标与方法

A. 地面监测概况

水土保持生态监测是对水土流失因子的监测，包括对降水量、植被、土壤和地形、地貌等。根据布设各类监测点（站）的实际情况及监测要求，采取不同的方法开展具体的监测工作。水土保持生态监测区域范围涉及果洛州玛多、玛沁、甘德、久治、班玛、达日 6 县，玉树州称多、杂多、治多、曲麻莱、囊谦、玉树 6 县，海南州的兴海、同德 2 县，黄南州的泽库和河南 2 县，格尔木市唐古拉山乡，共 16 县 1 市。三江源水土保持监测共设 24 个水蚀监测站（点）（表 4-1），包括 8 个生态系统综合站（点）、16 个水土保持辅测点。

B. 监测方案

监测内容。三江源自然保护区水土保持监测内容主要包括对区域内的水蚀、风蚀强度及其分布以及对降水量、植被、土壤和地形、地貌等水土流失因子的监测。

监测指标。水蚀小区观测指标包括径流量、泥沙量、土壤有机质含量、渗透率、土壤导水率、土壤黏结力、土壤机械组成、土壤交换阳离子含量、土壤团粒含量、地表植被种类、植株高度、植被覆盖度、植被生长量、土壤流失量、控制站观测（包括水位变化、泥沙含量）、气象观测（包括降水量、降水强度、气温、湿度、蒸发等）气候指标的总量和过程。以上各项监测指标为水蚀小区的监测内容，鉴于 2007 年度水蚀小区建成后一直未投入正式运行，本年度仅对各监测点进行了样区监测，监测指标主要有植被覆盖度、土壤流失量等。

C. 监测时间

每年雨季后（大约 9～10 月份）监（观）测。

D. 监测方法

在 2 个水蚀小区进行连续动态观测，主要采用人工观测法进行观测，在 8 个生态系统监测站点和 16 个水土保持辅测点进行适时巡测。

E. 各类站点的观测内容、指标及方法

采用简易水土流失观测场观测方法。

每次大暴雨之后和汛期终了，观测钉帽距地面高度，计算土壤侵蚀厚度和总的土壤侵蚀量。计算公式采用：

$$A=ZS/1000\cos\theta \tag{4.9}$$

式中，$A$ 为土壤侵蚀量（$m^3$）；$Z$ 为侵蚀厚度（mm）；$S$ 为水平投影面积（$m^2$）；$\theta$ 为斜坡坡度值。

计算侵蚀模数的公式采用：

$$M=1000A\gamma/S \tag{4.10}$$

式中，$M$ 为土壤侵蚀模数 [$t/(km^2 \cdot a)$]；$A$ 为土壤侵蚀量（$m^3$）；$\gamma$ 为土壤干容重（$t/m^3$）；$S$ 为水平投影面积（$m^2$）。

有人为扰动的地方，钢钎应在汛期末收回，来年再用，布设数量可适当增加。人为扰动少时可长期固定不动，但应注意保护，长期观测。

新堆放的土堆应考虑沉降产生的影响，在平坦地段设置对照观测或应用沉降率计算沉降高度。若钢钎不与土体同时沉降，则实际侵蚀厚度，计算公式：

$$Z=Z_0-\beta \tag{4.11}$$

表 4-1　三江源生态监测项目水土保持监测站（点）基本信息表

| 序号 | 站（点）名称 | 站点代码 | 所属行政区域 | 地理坐标 | | 海拔/m | 站点类型 | 管理单位 |
|---|---|---|---|---|---|---|---|---|
| | | | | 经度 | 纬度 | | | |
| 1 | 兴海县生态系统综合监测站 | 632524-CDST-145（Q） | 海南州兴海县曲什安镇仕安乡纳洞村 | 100°05′43.9″ | 35°25′37.2″ | 3 260 | | 青海省环境监测中心站 |
| 2 | 达日县生态系统综合监测站 | 632624-CDST-073（Q） | 果洛州达日县窝赛乡超龙村 | 99°47′46.8″ | 33°36′29.6″ | 4 073 | | 青海省环境监测中心站 |
| 3 | 玛多县生态系统综合监测站 | 632626-CDST-069（Q） | 果洛州玛多县扎陵湖乡 | 97°55′39.1″ | 35°06′12.5″ | 4 271 | 草地生态系统综合监测点 | 青海省环境监测中心站 |
| 4 | 杂多县生态系统综合监测站 | 632722-CDST-030（Q） | 玉树州杂多县扎青乡 | 95°12′10.5″ | 32°55′3.1″ | 4 135 | | 青海省环境监测中心站 |
| 5 | 曲麻莱县生态系统综合监测站 | 632726-CDST-044（Q） | 玉树州曲麻莱县约改镇长江村 | 95°50′3.9″ | 34°04′58.0″ | 4 215 | | 青海省环境监测中心站 |
| 6 | 称多县生态系统综合监测站 | 632723-CDST-004（Q） | 玉树州称多县珍秦乡 | 97°11′53.5″ | 33°44′20.2″ | 4 412 | | 青海省环境监测中心站 |
| 7 | 玛沁县生态系统综合监测站 | 632621-SLST-01（G） | 果洛州玛沁县雪山乡 | 99°43′52.5″ | 34°47′27.9″ | 3 789 | 森林生态系统综合监测点 | 青海省环境监测中心站 |
| 8 | 囊谦县生态系统综合监测站 | 632725-SLST-02（G） | 玉树州囊谦县白扎乡 | 96°31′35.4″ | 31°52′07.4″ | 3 819 | | 青海省环境监测中心站 |
| 9 | 直门达小流域监测点 | 632626-SB-001（G）-05 | 玉树州称多县歇武乡直门达村 | 97°14.079′ | 33°00.920′ | 3 567 | 水土保持专业监测点 | 青海省水土保持监测总站 |
| 10 | 德念沟（孔西科）工程监测点 | 632626-SB-002（G）-05 | 玉树州玉树县结古镇德念沟 | 96°58.561′ | 33°00.584′ | 3 792 | | 青海省水土保持监测总站 |
| 11 | 孟宗沟典型小流域监测点 | 632626-SB-003（G）-05 | 玉树州玉树县结古镇先锋村 | 96°59.777′ | 32°59.254′ | 3 790 | | 青海省水土保持监测总站 |
| 12 | 香曲（香达）监测点 | 632626-SB-SY-004（G）-05 | 玉树州囊谦县香达乡 | 96°27.732′ | 32°18.440′ | 3 690 | | 青海省水土保持监测总站 |
| 13 | 考少下青（赛群）监测点 | 632626-SB-005（G）-05 | 玉树州杂多县萨呼腾镇 | 95°17.961′ | 32°53.929′ | 4 146 | | 青海省水土保持监测总站 |
| 14 | 陇纳河流域监测点 | 632626-SB-006（G）-05 | 玉树州曲麻莱县 | 95°49.590′ | 34°09.960′ | 4 320 | | 青海省水土保持监测总站 |
| 15 | 莫巴沟流域监测点 | 632626-SB-008-（G）-05 | 果洛州班玛县 | 100°41′ | 32°55′ | 3 635 | | 青海省水土保持监测总站 |
| 16 | 黄河乡封育草地监测点 | 632626-SB-009-（G）-05 | 果洛州玛多县黄河乡 | 98°15′ | 34°35′ | 4 262 | | 青海省水土保持监测总站 |
| 17 | 卡日万玛流域监测点 | 632626-SB-0012-（G）-05 | 果洛州达日县建设乡 | 99°37′ | 35°44′ | 3 993 | | 青海省水土保持监测总站 |
| 18 | 西科曲沟流域监测点 | 632626-SB-0013-（G）-05 | 果洛州甘德县阿曲流域 | 99°55′ | 33°57′ | 4 005 | | 青海省水土保持监测总站 |
| 19 | 扎拉贡玛流域监测点 | 632626-SB-0014-（G）-05 | 果洛州久治县智青松多镇 | 100°59′ | 33°25′ | 3 927 | | 青海省水土保持监测总站 |
| 20 | 阿莫日曲流域监测点 | 632626-SB-0015-（G）-05 | 果洛州玛沁县拉加镇 | 100°34′ | 34°40′ | 3 243 | | 青海省水土保持监测总站 |
| 21 | 巴由河流域监测点 | 632626-SB-0016-（G）-05 | 海南州同德县尕巴松多 | 100°33′ | 35°15′ | 3 060 | | 青海省水土保持监测总站 |
| 22 | 曲玛沟流域监测点 | 632626-SB-0017-（G）-05 | 黄南州泽库县多禾茂乡 | 101°49′ | 34°56′ | 3 738 | | 青海省水土保持监测总站 |
| 23 | 冬沃沟流域监测点 | 632626-SB-0018-（G）-05 | 黄南州河南县宁木特乡 | 101°20′ | 34°35′ | 3 477 | | 青海省水土保持监测总站 |
| 24 | 下泉曲流域监测点 | 632626-SB-0019-（G）-05 | 海南州兴海县子科滩镇 | 99°55′ | 35°34′ | 3 340 | | 青海省水土保持监测总站 |

注：孟宗沟监测点和巴河流域监测点为水土保持综合监测站。

式中，$Z$ 为实际侵蚀厚度（mm）；$Z_0$ 为观测值（mm）；$\beta$ 为沉降高度（mm）。

2）估算方法与数据

A. 水力侵蚀定量模拟方法

基于修正的通用水土流失方程（evised universal soil loss equation，RUSLE）计算单位面积的土壤流失量，即土壤侵蚀模数。通用水土流失方程中包含 6 大因子，降雨侵蚀力因子（$R$）、土壤可蚀性因子（$K$）、坡长因子（$L$）、坡度因子（$S$）、覆盖和管理因子（$C$）以及水土保持措施因子（$P$），详见公式：

$$A = R \times K \times L \times S \times C \times P \tag{4.12}$$

降雨侵蚀力因子（$R$）。降雨侵蚀力是土壤侵蚀的驱动因子，与土壤侵蚀强度有直接的关系。降雨侵蚀力 $R$ 计算可分为 $EI_{30}$ 经典计算方法和常规气象资料简易算法两类。由于降雨动能 E 和 30 分钟降雨强度 $I_{30}$ 资料获取难度较大，所以国内外许多学者根据区域性降雨侵蚀特点，建立了基于常规降水量资料的简易模型。采用章文波等（2002）等的全国日雨量拟合模型来估算降雨侵蚀力，是基于日雨量资料的半月降雨侵蚀力模型。其公式如下：

$$M_i = \alpha \sum_{j=1}^{k} D_j{}^{\beta} \tag{4.13}$$

式中，$M_i$ 为某半月时段的降雨侵蚀力值（MJ·mm·hm$^{-2}$·h$^{-1}$·a$^{-1}$）；$D_j$ 表示半月时段内第 $j$ 天的侵蚀性日雨量（要求日雨量大于等于 12 mm，否则以 0 计算，阈值 12 mm 与中国侵蚀性降雨标准一致；$k$ 表示半月时段内的天数，半月时段的划分以每月第 15 日为界，每月前 15 天作为一个半月时段，该月剩下部分作为另一个半月时段，将全年依次划分为 23 个时段。

$\alpha$、$\beta$ 是模型待定参数：

$$\beta = 0.8363 + \frac{18.144}{\overline{P}_{d12}} + \frac{24.455}{\overline{P}_{y12}} \tag{4.14}$$

$$\alpha = 21.586\beta^{-7.1891}$$

式中，$P_{d12}$ 表示日雨量 12 mm 以上（包括等于 12 mm）的日平均雨量；$P_{y12}$ 表示日雨量 12 mm 以上（包括 12 mm）的年平均雨量。

土壤可蚀性因子（$K$）。土壤是土壤侵蚀发生的主体，土壤可蚀性是表征土壤性质对侵蚀敏感程度的指标，即在标准单位小区上测得的特定土壤在单位降雨侵蚀力作用下的土壤流失率。尽管关于土壤可蚀性值估算的研究很多，但具有代表性的成果为 RUSLE 方程中 Wischmeier（1971）等提出的 Nomo 图法和 Williams（1984）等在侵蚀生产力评价模型 EPIC 中使用的计算方法，本书采用了 Nomo 图法（表 4-2）。

Wischmeier 根据美国土壤主要性质，分析了 55 种土壤性质指标，筛选出粉粒+极细砂粒含量、砂粒含量、有机质含量、结构和入渗 5 项土壤特性指标，建立了 $K$ 值与土壤性质之间的诺谟图 Nomo 模型。其计算公式如下：

表 4-2　Nomo 图中结构性指数与可渗透性指数的定义

| 结构性指数 S | 含义 | 可渗透性指数 P | 含义 |
|---|---|---|---|
| 1 | 非常坚固（very structured or particulate） | 1 | 快速（rapid） |
| 2 | 很坚固（fairly structured） | 2 | 中快速（moderate to rapid） |
| 3 | 较坚固（slightly structured） | 3 | 中速（moderate） |
| 4 | 坚固（solid） | 4 | 中慢速（moderate to slow） |
| | | 5 | 慢速（slow） |
| | | 6 | 极慢（very slow） |

$$K = \left[ 2.1 \times 10^{-4} (12 - OM) M^{1.14} + 3.25(S-2) + 2.5(P-3) \right] / 100 \times 0.1317 \quad (4.15)$$

式中，$K$ 为土壤可蚀性因子值；$OM$ 为土壤有机质含量百分比（%）；$M$ 为土壤颗粒级配参数，为美国粒径分级制中（粉粒+极细砂）与（100−黏粒）百分比之积；$S$ 为土壤结构系数；$P$ 为渗透等级。

美国制的粒径等级：黏粒为<0.002 mm；粉粒为 0.002～0.05 mm；极细砂为 0.05～0.1 mm；砂粒为 0.1～2.0 mm。

在计算土壤可蚀性因子时采用的数据来源于 1：100 万中国土壤数据库，该数据库根据全国土壤普查办公室 1995 年编制并出版的《1：100 万中华人民共和国土壤图》，采用了传统的"土壤发生分类"系统，基本制图单元为亚类，共分出 12 土纲，61 个土类，227 个亚类。土壤属性数据库记录数达 2 647 条，属性数据项 16 个，基本覆盖了全国各种类型土壤及其主要属性特征。

坡长和坡度因子（$L$、$S$）。由于坡度和坡长因子相互之间联系较为紧密，因此通常将它们作为一个整体进行考虑。坡长因子是指在其他条件相同的情况下，某一长度的田块坡面上的土壤流失量与 72.6 英尺[①]（标准单位小区的长度）长坡面上的流失量的比值；坡度因子是指在其他条件相同的情况下，某一坡度的田块坡面上的土壤流失量与 9%（标准单位小区的坡度）坡度的坡面上流失量的比值。坡度坡长因子的算法建立在 McCool 等（1989）和刘宝元（1994）研究的基础之上，核心算法为

$$L = \left( \frac{\gamma}{22.13} \right)^m$$

$$m = \beta / (1 + \beta)$$

$$\beta = \left( \sin\theta / 0.0896 \right) \Big/ \left[ 3.0 \times (\sin\theta)^{0.8} + 0.56 \right] \quad (4.16)$$

$$S = \begin{cases} 10.8\sin\theta + 0.03, & \theta < 9\% \\ 16.8\sin\theta - 0.50, & 9\% \leqslant \theta \leqslant 18\% \\ 21.91\sin\theta - 0.96, & \theta > 18\% \end{cases}$$

式中，$\gamma$ 为坡长（m）；$m$ 为无量纲常数，取决于坡度百分比值（$\theta$）；$S$ 也为坡度，单

① 1 英尺=0.3048 m。

位是弧度。

　　盖度和管理因子（$C$）。$C$ 因子是指在一定的覆盖度和管理措施下，一定面积土地上的土壤流失量与采取连续清耕、休闲处理的相同面积土地上的流失量的比值，为无量纲数，介于 0～1 之间。要确定 $C$ 因子的值，需要详细的气候、土地利用、前期作物残留量、土壤湿度等资料，在大尺度研究中，一般难以获取这些资料，且 $C$ 值的经典算法非常复杂，国内部分学者采用植被覆盖度求解 $C$ 值，采用了蔡崇法（2000）提出的 $C$ 值计算方法：

$$C = \begin{cases} 1 & f = 0 \\ 0.6508 - 0.3436 \lg f & 0 < f \leqslant 78.3\% \\ 0 & f > 78.3\% \end{cases} \tag{4.17}$$

　　上述公式中，植被覆盖度 $f$ 基于植被指数 NDVI 数据计算得到，公式如下：

$$f = \frac{\left( \mathrm{NDVI} - \mathrm{NDVI_{soil}} \right)}{\left( \mathrm{NDVI_{max}} - \mathrm{NDVI_{soil}} \right)} \tag{4.18}$$

式中，$\mathrm{NDVI_{soil}}$ 为纯裸土像元的 NDVI 值；$\mathrm{NDVI_{max}}$ 纯植被像元的 NDVI 值。

　　B. 生态系统土壤保持服务评估方法

　　通过对陆地生态系统土壤保持量以及土壤保持服务保有率进行定量分析来衡量生态系统的保育土壤的能力。

　　土壤保持量的定义为生态系统在极度退化状况下的土壤流失量与现实状况下土壤流失量的差值，公式如下：

$$\mathrm{AB}_i = \mathrm{AD}_i - \mathrm{AT}_i$$

$$\mathrm{AT}_i = \sum_{j=1}^{23} \mathrm{AT}_{ij} \tag{4.19}$$

$$\mathrm{AT}_{ij} = R_{ij} \times K \times L \times S \times \mathrm{CT}_{ij} \times P_i$$

$$\mathrm{AD}_i = \sum_{j=1}^{23} \mathrm{AD}_{ij}$$

$$\mathrm{AD}_{ij} = R_{ij} \times K \times L \times S \times \mathrm{CD}_{ij} \times P_i$$

式中，$\mathrm{AB}_i$ 为第 $i$ 年土壤保持量[t/（hm²·a）]；$\mathrm{AD}_i$ 是第 $i$ 年生态系统在极度退化状况下的土壤流失量[t/（hm²·a）]；$\mathrm{AT}_i$ 为第 $i$ 年现实状况下土壤流失量[t/（hm²·a）]；$\mathrm{CD}_{ij}$ 为第 $i$ 年第 $j$ 期不同气候带生态系统极度退化状况下的盖度和管理因子（无量纲）；$\mathrm{CT}_{ij}$ 为第 $i$ 年第 $j$ 期现实状况下的盖度和管理因子（无量纲）；$R_{ij}$ 为第 $i$ 年第 $j$ 期降雨侵蚀力（MJ·mm·hm⁻²·h⁻¹·a⁻¹）；$K$ 为土壤可蚀性（t·h·hm⁻²·MJ⁻¹·mm⁻¹）；$L$ 为坡长因子；$S$ 为坡度因子。

　　土壤保持服务保有率的定义是土壤保持量与生态系统在极度退化状况下的土壤流失量的比值，该值在计算过程中抵消了降雨侵蚀力对结果的影响，结果主要受生态系统植被覆盖度的影响。

$$\mathrm{SP}_i = \mathrm{AB}_i / \mathrm{AD}_i \tag{4.20}$$

式中，$SP_i$为第$i$年土壤保持服务保有率；$AB_i$为第$i$年土壤保持量$[t/(hm^2 \cdot a)]$；$AD_i$是第$i$年生态系统在极度退化状况下的土壤流失量$[t/(hm^2 \cdot a)]$。

C. 数据来源与处理

降雨侵蚀力因子（$R$）。为了使降雨侵蚀力因子的时间分辨率与$C$因子保持一致，将半月降雨侵蚀力模型改进为16天降雨侵蚀力模型。选取三江源及其周边地区国家气象台站的日雨量数据以及日平均气温等气象资料，用于计算降雨侵蚀力因子，具体步骤如下。

第一步　基于1997~2012年的日降雨资料，根据定义，计算出多年日雨量大于等于12 mm的日平均雨量以及年平均雨量，从而计算出所有站点的模型待定参数α和β。

第二步　根据降雨侵蚀力模型公式的定义，计算每个站点全年23个时段的降雨侵蚀力。

第三步　基于所有站点降雨侵蚀力，采用ANUSPLIN插值方法，插值得到全年23个时段的降雨侵蚀力空间数据集。

第四步　基于日平均气温数据，同样采用ANUSPLIN插值方法，插值得到23个时段的平均气温空间数据集。

第五步　利用每个时段的平均气温空间数据集对降雨侵蚀力空间数据集进行纠正，即将平均气温低于0℃的区域的降雨侵蚀力设为0，以剔除降雪对估算结果的影响（国家气象台站中降水数据含降雪量），得到的结果为最终使用的降雨侵蚀力因子。

坡度坡长因子（$L$、$S$）。利用基于SRTM3 V4.1数据加工制作得到的三江源地区90 m分辨率DEM数据完成坡度坡长因子的计算。具体步骤如下：

第一步　坡度值的提取。坡度值提取是依据Van Remortel（2001）的计算方法，采用D8算法计算最大坡降方向的坡度值，为了确保每个栅格都与河网相连接，当坡度为0º时，栅格点坡度设置为0.1，这样计算是为了与USLE、RUSLE标准保持一致，并计算坡长值在水平方向上的投影距离。计算坡度的同时，将最大坡度所在方向确定为该点流出方向，如图4-9所示，其中，$C$为当前计算点，该点的流出方向将被标记为1~128中的一个值，用于累积坡长的计算。

| NW 32 | N 64 | NE 128 |
|---|---|---|
| W 16 | C | E 1 |
| SW 8 | S 4 | SE 2 |

图4-9　当前计算点流向及其编码

第二步　坡长值的提取。在提取坡长值时，首先定义坡长为从坡面径流的起点到径流被拦截点或流路中断点的水平距离。中断因子被定义为从一个栅格沿着径流方向到下一个栅格的坡度变化率。因为小于 2.86°（约 5%）的坡面不产生侵蚀，所以当坡度小于和大于 2.86° 时，根据 Van Remortel（2001）的建议将中断因子分别设定为 0.7 和 0.5。各栅格点初始的累积坡长值为流路中断点和单元坡长两者中的极大值。累积坡长的计算方法是以起点栅格为基础，沿周围 8 个不同方向的最大坡降方向累加坡长。对于 DEM 数据，无法确定沿哪条流路方向上的坡长最大，因此，累积坡长的计算采用扫描线的方式，通过对栅格点的正向反向遍历来完成。从栅格数据起点逐点计算，直到终点。

第三步　坡度坡长因子的计算。基于坡度值和坡长值，根据定义可以计算得到最终所需的坡度坡长因子。

NDVI。使用的 NDVI 数据来源于 1990～2000 年的 AVHRR-NDVI 和 2000～2010 年 MODIS-NDVI，从而构成 1990～2010 年的长时间序列完整 NDVI 数据集。由于 NOAA/AVHRR 和 MODIS 数据由不同的卫星传感器观测得到，因此它们的辐照强度具有一定差异。为了消除两者的差异，利用 AVHRR-NDVI 和 MODIS-NDVI 在 2000 年的同时期数据，对同时间同空间位置的栅格点进行线性拟合，建立两个数据集之间的拟合关系式，得到拟合系数，并根据拟合系数将两套数据进行归一化处理，从而消除两者间的差异。

$$NDVI_{AVHRR}=NDVI_{MODIS}\times A+B \tag{4.21}$$

极度退化生态系统的盖度和管理因子（$C_{退化}$）。通过植被覆盖度指标来衡量生态系统状况的优劣，然而在现实状况下，极度退化的生态系统也是具有一定植被覆盖度的，因此在计算区域潜在土壤侵蚀量时，分别计算 1997～2012 年三江源地区的每 16 天的最低覆盖度（覆盖度直方统计图低值端 5%处的覆盖度），然后基于覆盖度推导得出相应的盖度和管理因子，即极度退化生态系统的 $C$ 因子。

3）模型结果验证

为了对模拟结果进行验证，搜集到三江源地区沱沱河、吉迈以及直门达 3 个水文站 1990～2007 年 5～10 月的逐日输沙量数据，利用逐日输沙量数据计算出水文站控制流域上游区域的 1990～2007 年的输沙量，然后从模型模拟结果中提取各水文站控制流域范围内同时段的土壤流失量，最后将输沙量与土壤流失量建立相关关系，两者的 $R^2$ 系数达到 0.718，具有较好的相关性（图 4-10）。

**3. 生态系统防风固沙服务量估算**

土壤风蚀量估算采用美国的修正风蚀方程（RWEQ），对该方程中的气候因子（风因子、土壤湿度、雪盖因子）、土壤可蚀性因子、土壤结皮因子、地表粗糙度因子、植被因子等进行了参数本地化，考虑了月尺度和春冬季枯萎覆盖度等，提高了估算精度。利用 $^{137}Cs$ 地面调查数据对估算结果进行了相关性验证，$R^2$ 为 0.85。具体方法如下。

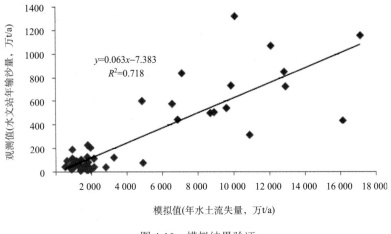

$$y=0.063x-7.383$$
$$R^2=0.718$$

图 4-10　模拟结果验证

1）地面监测评估指标与方法

风蚀监测评估指标为风蚀强度、土壤含水量、土壤坚实度、土壤可蚀性、植被覆盖度、残茬等地面覆盖、土地利用与风蚀防治措施等。

A. 监测方法

（1）风蚀强度观测应采用地面定位插钎法，每 15 天量取插钎离地面的高度变化。有条件时可采用高精度地面摄影或高精度全球定位系统方法。

（2）土壤含水量和土壤紧实度的测定可采用土壤物理学方法，并与风蚀强度观测同步进行。

（3）植被覆盖度、土地利用和风蚀防治措施调查应采用地面调查或遥感影像解译方法，应与风蚀强度观测同步进行。

受监测设备和技术力量的限制，部分年度仅对植被覆盖度、风蚀强度进行监测。地面监测站点选用如表 4-3。

表 4-3　三江源生态监测项目风蚀监测站（点）基本信息表

| 序号 | 站（点）名称 | 站点代码 | 所属行政区域 | 地理坐标 | | 海拔/m | 站点类型 | 管理单位 |
| --- | --- | --- | --- | --- | --- | --- | --- | --- |
| | | | | 经度 | 纬度 | | | |
| 1 | 唐古拉山乡生态系统综合监测站 | 632801-CDST-051（G） | 格尔木市唐古拉山乡 | 92°39′56.4″ | 34°22′17.7″ | 4 585 | 草地生态系统综合监测点 | 青海省草原总站 |
| 2 | 沱沱河风蚀监测点 | 632626-SB-007（G）-05 | 海西州格尔木市唐古拉山乡 | 92°26.465′ | 34°12.902′ | 4 532 | | 青海省水土保持监测总站 |
| 3 | 星星海风蚀监测点 | 632626-SB-0010-（G）-05 | 果洛州玛多县黑河乡 | 98°00′ | 34°40′ | 4 250 | 水土保持专业监测点 | 青海省水土保持监测总站 |
| 4 | 大河坝风蚀监测点 | 632626-SB-0011-（G）-05 | 海南州兴海县子科镇 | 99°56′ | 34°58′ | 3 350 | | 青海省水土保持监测总站 |

B. 评估方法

根据实测的土壤侵蚀模数确定其侵蚀强度，并为区域的土壤侵蚀强度提供基准，对照区域背景值，结合遥感调查，分析土壤侵蚀面积和强度的变化，推断区域和工程项目区生态环境的变化趋势。各土壤侵蚀类型强度的划分依据为《土壤侵蚀分类分级标准》（SL190—2007），标准如下（表4-4）。

表4-4 风力侵蚀强度

| 级别 | 床面形态<br>（地表形态） | 植被覆盖度/%（非流沙面积） | 风蚀厚度/（mm/a） | 侵蚀模数/[t/(km²·a)] |
|---|---|---|---|---|
| 微 度 | 固定沙丘、沙地和滩地 | >70 | <2 | <200 |
| 轻 度 | 固定沙丘、半固定沙丘、沙地 | 70～50 | 2～10 | 200～2500 |
| 中 度 | 半固定沙丘、沙地 | 50～30 | 10～25 | 2500～5000 |
| 强 烈 | 半固定沙丘、流动沙丘、沙地 | 30～10 | 25～50 | 5000～8000 |
| 极强烈 | 流动沙丘、沙地 | <10 | 50～100 | 8000～15000 |
| 剧 烈 | 大片流动沙丘 | <10 | >100 | >15000 |

微度侵蚀：平沙地中出现斑状风蚀坑，梁窝状沙丘迎风坡基本无风蚀，农耕地中有零星的风蚀斑。风蚀地貌占总面积5%以下。斑点状流沙，占总面积5%以下。植被覆盖度大于50%。包括风蚀区的水体。

轻度侵蚀：平沙地中出现长的风蚀沟，梁窝状沙丘迎风坡出现风蚀破口。风蚀地貌占总面积5%～25%。片状流沙、灌丛沙堆，占总面积5%～25%。植被覆盖度20%～50%。

中度侵蚀：平沙地中出现大的风蚀坑，梁窝状沙丘迎风坡风蚀破口达 1/2 处。风蚀地貌占总面积25%～50%。大面积的片状流沙、密集的灌丛沙堆，占总面积25%～50%。植被覆盖度10%～20%。

强度侵蚀：平沙地中出现大的风蚀坑，梁窝状沙丘迎风坡风蚀破口达到丘顶。风蚀地貌占总面积50%～70%。或密集高达的流动沙丘、沙丘链，占总面积50%～70%。植被覆盖度5%～10%。

极强度侵蚀：出现深层块状风蚀洼地、风蚀深槽，风蚀地貌占总面积70%以上。或流动平沙地与流动沙丘占总面积70%以上。植被覆盖度1%～5%。

剧烈侵蚀：出现极深层片状风蚀盆地、风蚀大深槽、风蚀谷，流动沙丘占总面积90%以上。植被覆盖度小于1%。包括裸岩和石、砾质戈壁。

2）估算方法与数据

A. 风蚀量估算

在充分考虑气侯条件、植被状况、地表土壤的粗糙度、土壤可蚀性、土壤结皮的情况下，利用 RWEQ 定量评估土壤风蚀量，裸土条件下和地表覆盖植被条件下的土壤风蚀量的差值即为防风固沙服务量。把关键地块长度 s 与风、土壤因子和作物参量之间的关系进行回归分析，得出方程：

$$SL = Q/x$$

$$Q_x = Q_{max} \left[ 1 - e^{\left(\frac{x}{s}\right)^2} \right] \tag{4.22}$$

$$Q_{max} = 109.8(WF \cdot EF \cdot SCF \cdot K' \cdot COG)$$

$$s = 150.71(WF \cdot EF \cdot SCF \cdot K' \cdot COG)^{-0.3711}$$

式中，SL 表示土壤风蚀模数；$x$ 表示地块长度；$Q_x$ 表示地块长度 $x$ 处的沙通量（kg/m）；$Q_{max}$ 表示风力的最大输沙能力（kg/m）；$s$ 表示关键地块长度（m）；WF 表示气象因子；EF 表示土壤可蚀性成分；SCF 表示土壤结皮因子；$K'$ 表示土壤糙度因子；COG 表示植被因子，包括平铺、直立作物残留物和植被冠层。

　　a. 气候因子

气候因子中的风因子和土壤湿度因子利用从中国气象科学数据共享服务网上下载（http://cdc.cma.gov.cn）的国家台站的日均风速、降水量、温度、日照时数、纬度等来计算完成；雪盖因子则利用从中国西部环境与生态科学数据中心（http://westdc.westgis.ac.cn）下载的中国雪深长时间序列数据集来计算雪盖因子，该数据集提供了从 1978～2010 年的逐日中国范围内的积雪厚度分布（Dai and Che et al.，2010；车涛等，2004）。

$$WF = \frac{\sum_{i=1}^{N} WS_2 \left( WS_2 - WS_t \right)^2 \times N_d \rho}{N \times g} \times SW \times SD \tag{4.23}$$

式中，WF 为气候因子，kg/m；$WS_2$ 为 2 m 处风速，m/s；$WS_t$ 为 2 m 处临界风速（假定为 5 m/s）；$N$ 为风速的观测次数（一般 500 次）；$N_d$ 为试验的天数，d；$\rho$ 为空气密度，kg/m$^3$；$g$ 为重力加速度，m/s$^2$；SW 为土壤湿度因子无量纲；SD 为雪覆盖因子。

　　（1）空气密度通过下式求得：

$$\rho = 348.0 \times \left( \frac{1.013 - 0.1183EL + 0.0048EL^2}{T} \right) \tag{4.24}$$

式中，EL 为海拔，单位为 km；$T$ 为绝对温度，单位为开氏度。

　　（2）土壤湿度通过下式求得：

$$SW = \frac{ET_p - (R + I)\frac{R_d}{N_d}}{ET_p} \tag{4.25}$$

$$ET_p = 0.0162 \times \left( \frac{SR}{58.5} \right) \times (DT + 17.8)$$

式中，SW 为土壤湿度因子；$ET_p$ 为潜在相对蒸发量，mm；采用了 Samani 和 Pessaralkli（1986）的方法；$R$ 为降水量，单位为 mm；$I$ 为灌溉量，单位为 mm；$R_d$ 为降雨次数和（或）灌溉天数；$N_d$ 为天数，单位为 d（一般 15 d）；SR 为太阳辐射总量，单位为 cal/cm$^2$；DT 为平均温度，单位为℃。

其中，太阳辐射采用方法如下：

$$R_{s0} = \left( a_s + b_s \frac{n}{N} \right) R_a$$

$$N = \frac{24}{\pi} \cdot \omega_s$$

$$R_a = \frac{24(60)}{\pi} \cdot G_{sr} \cdot d_r \cdot \left[ \omega_s \cdot \sin\varphi \cdot \sin\delta + \cos\varphi \cdot \cos\delta \cdot \sin\omega_s \right]$$

$$d_r = 1 + 0.033 \cdot \cos\left( \frac{2\pi}{365} \cdot J \right) \tag{4.26}$$

$$\delta = 0.409 \cdot \sin\left( \frac{2\pi}{365} \cdot J - 1.39 \right)$$

$$\omega_s = \arccos\left[ -\tan\varphi \cdot \tan\delta \right]$$

$$\text{或} \quad \omega_s = \frac{\pi}{2} - \arctan\left[ \frac{-\tan\varphi \cdot \tan\delta}{X^{0.5}} \right]$$

$$X = 1 - \left[ \tan\varphi \right]^2 \cdot \left[ \tan\delta \right]^2$$

$$X = 0.00001 \quad \text{if} \quad X \leqslant 0$$

式中，$R_s$ 为太阳辐射（MJ·m$^{-2}$·d$^{-1}$）；$R_{s0}$ 为晴空下的太阳辐射（MJ·m$^{-2}$·d$^{-1}$）；$a_s$ 和 $b_s$ 的取值：最好以当地校正结果为准，在无实测校正地区推荐采用 $a_s$ 为 0.25，$b_s$ 为 0.50 的标准值。$R_a$ 为地球外辐射（MJ·m$^{-2}$·d$^{-1}$）；$n$ 为实际日照时数；$N$ 为最大可能日照时数；$G_{sr}$ 为太阳常数（0.0820 MJ·m$^{-2}$·min$^{-1}$）；$d_r$ 为日地相对距离；$\omega_s$ 为日落时角（rad）；$\varphi$ 为纬度（rad）；$\delta$ 为太阳倾角（rad）；$J$ 为对应于一年中的第几天。

（3）雪盖因子通过下式求得：

$$SD = 1 - P(\text{snow cover} > 25.4\text{mm}) \tag{4.27}$$

式中，$P$（snow cover >25.4 mm）为计算时段内积雪覆盖深度大于 25.4 mm 的概率。

b. 土壤可蚀性因子

土壤颗粒分为可蚀性土粒和非可蚀性土粒，粒径大于 0.84 mm 的土粒不易被风蚀，称为非可蚀性颗粒。土壤可蚀性因子则为土壤表层直径小于 0.84 mm 的颗粒的含量。

Fryear 等（1994）建立以下方程来描述土壤可蚀性因子 EF 的值：

$$EF = \frac{29.09 + 0.31Sa + 0.17Si + 0.33Sa/Cl - 2.59OM - 0.95CaCO_3}{100} \tag{4.28}$$

式中，Sa 为土壤砂粒含量；Si 为土壤粉砂含量；Sa/Cl 为土壤砂粒和黏土含量比；OM 为有机质含量；CaCO$_3$ 为碳酸钙含量。

c. 土壤结皮因子

土壤结皮（soil crust）为土壤颗粒物（特别是黏土、粉砂与有机质颗粒）的胶结作用而在土壤表面生成一层物理、化学和生物性状均较特殊的土壤微层（表 2-29）。

$$SCF = \frac{1}{1 + 0.0066(Cl)^2 + 0.021(OM)^2} \qquad (4.29)$$

式中，Cl 为黏土含量（5.0～39.3）；OM 为有机质含量（0.32～4.74）。

表 4-5　RWEQ 标准数据库中物质含量范围表

| | Sa | Si | Cl | Sa/Cl | OM | CaCO₃ |
|---|---|---|---|---|---|---|
| 范围/% | 5.5～93.6 | 0.5～69.5 | 5.0～39.3 | 1.2～53.0 | 0.18～4.79 | 0.0～25.2 |

土壤数据来源于中国西部环境与生态科学数据中心（http://westdc.westgis.ac.cn）提供的 1∶100 万土壤图所附的土壤属性表和空间数据。对于土壤可蚀性和土壤结皮而言，由于我国土壤颗粒分级与美国制不同，RWEQ 中的分级使用的是美国制，为此需要先对土壤颗粒含量进行粒径转换，且实测的土壤颗粒含量参数需符合 RWEQ 标准数据库中的物质含量范围表，当实测值不符合要求时，可以使用 RWEQ 内嵌的土壤质地资料的输入参数。

表 4-6　RWEQ 模型内嵌适用的土壤资料　　　　（单位：%）

| 土壤质地（美国农业部） | 砂粒 | 粉砂粒 | 有机质含量 | 碳酸钙含量 |
|---|---|---|---|---|
| 砂土 | 93 | 4 | 0.3 | 1 |
| 壤质砂土 | 84 | 10 | 0.5 | 2 |
| 砂质壤土 | 64 | 26 | 0.5 | 3 |
| 砂质黏壤土 | 59 | 13 | 1 | 3 |
| 砂质黏土 | 52 | 7 | 1 | 3 |
| 粉（砂）土 | 6 | 88 | 1.5 | 3 |
| 粉砂质壤土 | 21 | 67 | 1.5 | 3 |
| 壤土 | 41 | 41 | 1.5 | 3 |
| 粉砂质黏壤土 | 10 | 56 | 2 | 3 |
| 粉砂质黏土 | 6 | 47 | 2.5 | 3 |
| 黏壤土 | 32 | 34 | 2.5 | 3 |
| 黏土 | 20 | 20 | 3 | 3 |

　　d. 地表粗糙度因子

　　土壤糙度因子 $K'$ 取决于自由糙度 RR 和定向糙度 OR，Ali Saleh 曾在总结前人研究的基础上提出了一种滚轴式链条法来测定地表糙度，拟采用这种简便方法。其基本原理是：两点间直线距离最短，当地表糙度增加时，其地表距离随之增加。于是当一个给定长度为 $L_1$ 的链条放于粗的地表时，其水平长度将缩小为 $L_2$，$L_1$ 和 $L_2$ 的差值和地表粗糙程度密切相关，可用下式来计算地表糙度。

$$C_{rr} = \left(1 - \frac{L_2}{L_1}\right) \times 100 \qquad (4.30)$$

续表

| 序号 | 名称 | 所在县 | 扩大面积 |
|---|---|---|---|
| 4 | 库赛湖 | 治多县 | 69.49 |
| 5 | 海丁诺尔 | 治多县 | 62.67 |
| 6 | 乌兰乌拉湖 | 唐古拉山乡 | 62.48 |
| 7 | 西金乌兰湖 | 治多县 | 61.57 |
| 8 | 扎陵湖 | 玛多县 | 32.85 |
| 9 | 勒斜武担湖 | 治多县 | 32.60 |
| 10 | 可可西里湖 | 治多县 | 31.15 |
| 11 | 赤布张错 | 唐古拉山乡 | 30.73 |
| 12 | 明镜湖 | 治多县 | 29.29 |
| 13 | 东日昂巴坎错 | 曲麻莱县 | 18.88 |
| 14 | 黑海（托索湖） | 玛多县 | 16.34 |
| 15 | 永红湖 | 治多县 | 14.68 |
| 16 | 加德仁错 | 治多县 | 12.59 |
| 17 | 星星海 | 玛多县 | 12.03 |
| 18 | 苟鲁山克措 | 治多县 | 11.76 |
| 19 | 苟鲁措 | 治多县 | 8.02 |
| 20 | 雀莫错 | 唐古拉山乡 | 6.56 |
| 21 | 移山湖 | 治多县 | 5.36 |
| 22 | 马鞍湖 | 治多县 | 3.37 |
| 23 | 察日错 | 治多县 | 2.57 |
| 24 | 扎里娃错 | 治多县 | 1.97 |
| 25 | 葫芦湖 | 唐古拉山乡 | 1.26 |

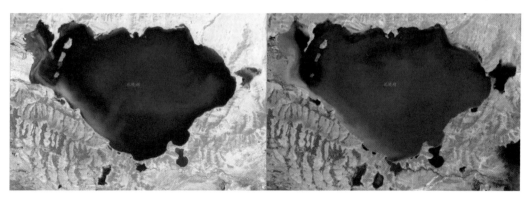

(a) TM-2003年7月17日　　　　　　　　(b) HJ-2012年9月5日

图 5-2 玛多扎陵湖南部水域扩大，草地好转

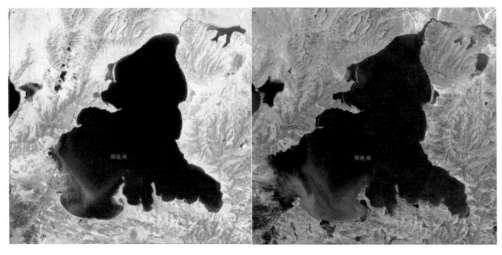

(a) TM-2003年7月17日　　　　　　　　　　　　　　　(b) HJ-2012年9月5日

图 5-3　玛多鄂陵湖西南部水域扩大

(a) TM-2003年7月17日　　　　　　　　　　　　　　　(b) HJ-2012年9月5日

图 5-4　玛多星星海南部水域扩大

(a) TM-2004年7月17日　　　　　　　　　　　　　　　(b) HJ-2012年9月5日

图 5-5　曲麻莱县中北部水域扩大，草地转好

(a) TM-2005年9月10日　　　　　　　　　　　　　　　(b) 环境小卫星-2009年9月5日

图 5-6　泽库县泽曲镇城镇扩展

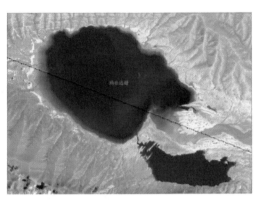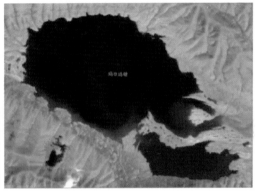

(a) TM-2004年8月16日　　　　　　　　　　　　　　　(b) TM-2009年8月30日

图 5-7　治多县玛日达错水域扩大

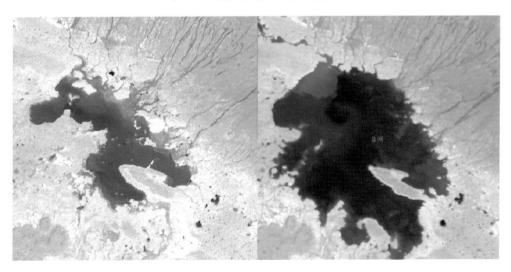

(a) TM-2003年10月10日　　　　　　　　　　　　　　(b) HJ-2012年9月13日

图 5-8　治多县盐湖水域扩大

　　20 世纪 90 年代初至 2004 年三江源地区草地、水体和湿地生态系统面积呈显著减少趋势，而 2004～2012 年草地和水体与湿地生态系统面积变化却以增长为主，系统反映了 2004 年生态保护建设工程实施以来三江源地区生态环境状况的逐步好转。荒漠生态系统变化在 2004～2012 年以减少为主，而 20 世纪 90 年代初至 2004 年却以显著增长为主；农田生态系统的变化在前后两个时段均以增长为主，但后期与前期相比，增长的幅度要小得多。上述变化初步表明，三江源地区生态系统结构正逐步趋于好转，这与该时期的气象状况条件，以及三江源生态保护工程的实施是密切相关的。

**2. 动态度**

　　从表 5-3 看，20 世纪 90 年代初至 2004 年，三江源区生态系统年变化程度呈微弱变动状态，农田生态系统变化最为剧烈，主要因 353.75 km$^2$ 的草地被开垦为农田，其次是聚落生态系统的变化较为剧烈，森林生态系统的变化最为微弱；2004～2012 年三江源区生态系统年变动程度较前期略有上升，但仍为微弱变动，农田、草地及其他生态系统变化速率比前期更趋缓慢，其中农田生态系统年变化速率下降为 0.18%，而草地生态系统年变化速率下降为 0.04%，水体与湿地、森林、荒漠及聚落生态系统年变化速率较前期有所上升。

表 5-3　三江源区生态系统类型变化动态度

| 生态系统类型 | 动态度/% | |
| --- | --- | --- |
| | 20 世纪 90 年代初至 2004 年 | 2004～2012 年 |
| 农田生态系统 | 4.95 | 0.18 |
| 森林生态系统 | 0.01 | 0.04 |
| 草地生态系统 | 0.06 | 0.04 |
| 水体与湿地生态系统 | 0.09 | 0.37 |
| 荒漠生态系统 | 0.21 | 0.22 |
| 聚落生态系统 | 1.08 | 2.38 |
| 其他生态系统 | 0.14 | 0.12 |
| 总区 | 0.45 | 0.51 |

# 第二节　州域生态系统宏观结构状况及其变化

## 一、2012 年生态系统宏观结构状况

　　2012 年，三江源区各州生态系统面积详见表 5-4。其中，玉树藏族自治州总面积最大，占三江源区总面积的 57.41%；果洛藏族自治州面积占全区总面积的 20.78%；格尔木市唐古拉山乡面积占全区总面积的 13.38%；海南藏族自治州面积占全区总面积的 4.68%；黄南藏族自治州面积占全区总面积的 3.75%。各州均以草地生态系统分布最广，

玉树、果洛州的农田与聚落生态系统面积较小，海南、黄南州的荒漠与聚落生态系统面积较小，唐古拉山乡农田、森林、聚落 3 种生态系统则少有分布。

表 5-4　2012 年三江源区各州生态系统类型　　　（单位：km²）

| 州域 | 农田 | 森林 | 草地 | 水体与湿地 | 荒漠 | 聚落 | 其他 |
|---|---|---|---|---|---|---|---|
| 玉树藏族自治州 | 0.91 | 3 795.43 | 132 013.91 | 19 604.40 | 19 498.85 | 21.14 | 29 812.92 |
| 果洛藏族自治州 | 3.96 | 8 728.94 | 53 221.53 | 4 968.52 | 1 268.58 | 28.47 | 5 891.72 |
| 海南藏族自治州 | 771.14 | 2 462.84 | 11 535.85 | 442.99 | 111.11 | 15.80 | 1 356.33 |
| 黄南藏族自治州 | 146.44 | 1 752.24 | 10 684.49 | 540.19 | 1.73 | 7.75 | 252.51 |
| 格尔木市唐古拉山乡 | 0.00 | 0.00 | 25 582.15 | 5 121.93 | 9 087.02 | 0.00 | 7 912.18 |

## 二、工程实施前后生态系统宏观结构变化

### 1. 面积转类矩阵

1）格尔木市唐古拉山乡

工程实施前（20 世纪 90 年代初至 2004 年），唐古拉山乡生态系统宏观结构变化较微弱，生态系统类型的转变主要表现为草地及荒漠面积的减少，以及水体与湿地的扩张。工程实施前 13 年间，草地面积净减少 9.04 km²，荒漠面积净减少 9.92 km²，水体与湿地面积净增加 17.80 km²。工程实施后（2004～2012 年），唐古拉山乡生态系统宏观结构变化较前期剧烈，生态系统类型的转变主要表现为水体与湿地及荒漠面积减少，其他生态系统面积增加。工程实施后 8 年间，水体与湿地面积净减少 101.68 km²，荒漠面积净减少 104.39 km²，其他生态系统面积净增加 166.18 km²（表 5-5）。

表 5-5　唐古拉山乡生态系统宏观结构变化转类矩阵　　　（单位：km²）

| 时段 | 类型 | 草地 | 水体与湿地 | 荒漠 | 其他 |
|---|---|---|---|---|---|
| 工程实施前 | 草地 | 25 541.68 | 8.46 | 0.00 | 1.16 |
|  | 水体与湿地 | 0.00 | 5 205.80 | 0.00 | 0.00 |
|  | 荒漠 | 0.58 | 9.34 | 9 191.42 | 0.00 |
|  | 其他 | 0.00 | 0.00 | 0.00 | 7 744.84 |
| 工程实施后 | 草地 | 25 511.05 | 23.51 | 7.70 | 0.00 |
|  | 水体与湿地 | 13.57 | 5 023.43 | 5.37 | 181.24 |
|  | 荒漠 | 42.47 | 74.99 | 9 073.95 | 0.00 |
|  | 其他 | 15.06 | 0.00 | 0.00 | 7 730.94 |

2）果洛藏族自治州

工程实施前（20 世纪 90 年代初至 2004 年），果洛藏族自治州生态系统宏观结构变化较剧烈，生态系统类型的转变主要表现为水体与湿地退化为草地，以及草地退化为荒

漠。工程实施前 13 年间，水体与湿地面积净减少 110.78 km²，草地面积净减少 427.57 km²，荒漠面积净增加 461.56 km²。工程实施后（2004～2012 年），果洛藏族自治州生态系统宏观结构变化较前期微弱，生态系统类型的变化主要表现为荒漠恢复为草地，草地恢复为水体与湿地。工程实施后 8 年间，水体与湿地面积净增加 74.82 km²，草地面积净增加 146.45 km²，荒漠面积净减少 204.4 km²（表 5-6）。

表 5-6　果洛藏族自治州生态系统宏观结构变化转类矩阵　　（单位：km²）

| 时段 | 类型 | 农田 | 森林 | 草地 | 水体与湿地 | 荒漠 | 聚落 | 其他 |
|---|---|---|---|---|---|---|---|---|
| 工程实施前 | 农田 | 6.55 | 0.00 | 0.00 | 0.00 | 0.00 | 0.00 | 0.00 |
| | 森林 | 0.00 | 8 726.68 | 7.08 | 0.00 | 0.00 | 0.00 | 0.38 |
| | 草地 | 0.00 | 0.00 | 52 947.17 | 9.31 | 491.96 | 0.56 | 53.64 |
| | 水体与湿地 | 0.00 | 0.00 | 87.32 | 4 884.35 | 1.57 | 0.00 | 31.20 |
| | 荒漠 | 0.00 | 0.00 | 31.97 | 0.00 | 979.45 | 0.00 | 0.00 |
| | 聚落 | 0.00 | 0.00 | 0.00 | 0.00 | 0.00 | 25.66 | 0.00 |
| | 其他 | 0.00 | 0.00 | 1.53 | 0.00 | 0.00 | 0.00 | 5 825.34 |
| 工程实施后 | 农田 | 3.78 | 0.00 | 2.76 | 0.00 | 0.00 | 0.00 | 0.00 |
| | 森林 | 0.00 | 8 724.89 | 1.74 | 0.05 | 0.00 | 0.00 | 0.00 |
| | 草地 | 0.17 | 4.05 | 52 975.57 | 92.88 | 0.00 | 2.40 | 0.00 |
| | 水体与湿地 | 0.00 | 0.00 | 27.82 | 4 865.84 | 0.00 | 0.00 | 0.00 |
| | 荒漠 | 0.00 | 0.00 | 194.64 | 9.76 | 1 268.58 | 0.00 | 0.00 |
| | 聚落 | 0.00 | 0.00 | 0.16 | 0.00 | 0.00 | 26.07 | 0.00 |
| | 其他 | 0.00 | 0.00 | 18.83 | 0.00 | 0.00 | 0.00 | 5 891.72 |

3）海南藏族自治州

工程实施前（20 世纪 90 年代初至 2004 年），海南藏族自治州生态系统宏观结构变化较剧烈，生态系统类型的转变主要表现为草地转变为农田。工程实施前 13 年间，草地面积净减少 356.97 km²，农田面积净增加 285.49 km²。工程实施后（2004～2012 年），海南藏族自治州生态系统宏观结构变化较前期微弱，生态系统类型的转变主要发生在森林和水体与湿地上。工程实施后 8 年间，森林面积净减少 9.97 km²，水体与湿地面积净增加 5.89 km²（表 5-7）。

表 5-7　海南藏族自治州生态系统宏观结构变化转类矩阵　　（单位：km²）

| 时段 | 类型 | 农田 | 森林 | 草地 | 水体与湿地 | 荒漠 | 聚落 | 其他 |
|---|---|---|---|---|---|---|---|---|
| 工程实施前 | 农田 | 464.33 | 0.00 | 18.65 | 0.00 | 0.00 | 0.18 | 0.00 |
| | 森林 | 0.00 | 2 467.90 | 0.94 | 0.00 | 0.00 | 0.00 | 0.00 |
| | 草地 | 304.32 | 4.58 | 11 516.27 | 0.34 | 49.01 | 5.08 | 13.50 |
| | 水体与湿地 | 0.00 | 0.33 | 0.27 | 436.77 | 0.00 | 0.00 | 0.00 |
| | 荒漠 | 0.00 | 0.00 | 0.00 | 0.00 | 62.10 | 0.00 | 0.00 |
| | 聚落 | 0.00 | 0.00 | 0.00 | 0.00 | 0.00 | 8.83 | 0.00 |
| | 其他 | 0.00 | 0.00 | 0.00 | 0.00 | 0.00 | 0.00 | 1 342.67 |

续表

| 时段 | 类型 | 农田 | 森林 | 草地 | 水体与湿地 | 荒漠 | 聚落 | 其他 |
|---|---|---|---|---|---|---|---|---|
| 工程实施后 | 农田 | 768.65 | 0.00 | 0.00 | 0.00 | 0.00 | 0.00 | 0.00 |
| | 森林 | 0.00 | 2 462.79 | 8.55 | 1.47 | 0.00 | 0.00 | 0.00 |
| | 草地 | 2.49 | 0.00 | 11 526.73 | 4.77 | 0.00 | 1.71 | 0.43 |
| | 水体与湿地 | 0.00 | 0.00 | 0.35 | 436.75 | 0.00 | 0.00 | 0.00 |
| | 荒漠 | 0.00 | 0.00 | 0.00 | 0.00 | 111.11 | 0.00 | 0.00 |
| | 聚落 | 0.00 | 0.00 | 0.00 | 0.00 | 0.00 | 14.09 | 0.00 |
| | 其他 | 0.00 | 0.05 | 0.21 | 0.00 | 0.00 | 0.00 | 1 355.90 |

4）黄南藏族自治州

工程实施前（20 世纪 90 年代初至 2004 年），黄南藏族自治州生态系统宏观结构变化较微弱，生态系统类型的转变主要表现为草地转变为农田。工程实施前 13 年间，草地面积净减少 46.86 $km^2$，农田面积净增加 49.43 $km^2$。工程实施后（2004～2012 年），黄南藏族自治州生态系统宏观结构变化较前期微弱，生态系统类型的转变主要表现为草地转变为农田和森林。工程实施后 8 年间，草地面积净减少 18.25 $km^2$，森林面积净增加 5.81 $km^2$，农田面积净增加 8.02 $km^2$（表 5-8）。

表 5-8　黄南藏族自治州生态系统宏观结构变化转类矩阵　　　　（单位：$km^2$）

| 时段 | 类型 | 农田 | 森林 | 草地 | 水体与湿地 | 荒漠 | 聚落 | 其他 |
|---|---|---|---|---|---|---|---|---|
| 工程实施前 | 农田 | 88.99 | 0.00 | 0.00 | 0.00 | 0.00 | 0.00 | 0.00 |
| | 森林 | 0.00 | 1 746.08 | 0.51 | 0.00 | 0.00 | 0.00 | 0.00 |
| | 草地 | 49.43 | 0.36 | 10 699.31 | 0.00 | 0.00 | 0.44 | 0.07 |
| | 水体与湿地 | 0.00 | 0.00 | 2.92 | 539.20 | 0.00 | 0.00 | 0.00 |
| | 荒漠 | 0.00 | 0.00 | 0.00 | 0.00 | 1.73 | 0.00 | 0.00 |
| | 聚落 | 0.00 | 0.00 | 0.00 | 0.00 | 0.00 | 3.87 | 0.00 |
| | 其他 | 0.00 | 0.00 | 0.00 | 0.00 | 0.00 | 0.00 | 252.45 |
| 工程实施后 | 农田 | 138.43 | 0.00 | 0.00 | 0.00 | 0.00 | 0.00 | 0.00 |
| | 森林 | 0.00 | 1 746.43 | 0.00 | 0.00 | 0.00 | 0.00 | 0.00 |
| | 草地 | 8.02 | 5.81 | 10 684.21 | 1.27 | 0.00 | 3.44 | 0.00 |
| | 水体与湿地 | 0.00 | 0.00 | 0.28 | 538.92 | 0.00 | 0.00 | 0.00 |
| | 荒漠 | 0.00 | 0.00 | 0.00 | 0.00 | 1.73 | 0.00 | 0.00 |
| | 聚落 | 0.00 | 0.00 | 0.00 | 0.00 | 0.00 | 4.31 | 0.00 |
| | 其他 | 0.00 | 0.00 | 0.00 | 0.00 | 0.00 | 0.00 | 252.51 |

5）玉树藏族自治州

工程实施前（20 世纪 90 年代初至 2004 年），玉树藏族自治州生态系统宏观结构变化主要表现为草地、水体与湿地的面积减少，以及荒漠、其他生态系统的面积扩张。工程实施前 13 年间，草地面积净减少 405.49 km²，水体与湿地面积净减少 123.63 km²，荒漠面积净增加 154.26 km²，其他类型面积净增加 380.49 km²。工程实施后（2004～2012年），玉树藏族自治州生态系统宏观结构变化较前期剧烈，呈现好转态势，变化主要表现为水体与湿地的面积扩张，荒漠、其他类型的面积减少。工程实施后的 8 年间，水体与湿地面积净增加 307.66 km²，荒漠净减少 185.31 km²，草地净减少 44.06 km²，其他类型净减少 99.68 km²（表 5-9）。

表 5-9　玉树藏族自治州生态系统宏观结构变化转类矩阵　（单位：km²）

| 时段 | 类型 | 农田 | 森林 | 草地 | 水体与湿地 | 荒漠 | 聚落 | 其他 |
|---|---|---|---|---|---|---|---|---|
| 工程实施前 | 农田 | 0.91 | 0.00 | 1.20 | 0.00 | 0.00 | 0.00 | 0.00 |
| | 森林 | 0.00 | 3 776.40 | 7.66 | 0.00 | 0.00 | 0.00 | 0.00 |
| | 草地 | 0.00 | 0.24 | 131 891.48 | 5.70 | 24.46 | 1.33 | 540.25 |
| | 水体与湿地 | 0.00 | 0.00 | 156.87 | 19 254.40 | 1.79 | 0.00 | 7.13 |
| | 荒漠 | 0.00 | 1.48 | 0.01 | 35.36 | 19 493.04 | 0.00 | 0.00 |
| | 聚落 | 0.00 | 0.00 | 0.00 | 0.00 | 0.00 | 15.71 | 0.00 |
| | 其他 | 0.00 | 0.00 | 0.75 | 1.28 | 164.87 | 0.00 | 29 365.22 |
| 工程实施后 | 农田 | 0.91 | 0.00 | 0.00 | 0.00 | 0.00 | 0.00 | 0.00 |
| | 森林 | 0.00 | 3 770.11 | 8.01 | 0.00 | 0.00 | 0.00 | 0.00 |
| | 草地 | 0.00 | 25.01 | 131 896.95 | 131.65 | 0.19 | 4.17 | 0.01 |
| | 水体与湿地 | 0.00 | 0.22 | 19.39 | 19 224.53 | 0.00 | 0.01 | 52.59 |
| | 荒漠 | 0.00 | 0.00 | 5.52 | 179.99 | 19 498.66 | 0.00 | 0.00 |
| | 聚落 | 0.00 | 0.00 | 0.09 | 0.00 | 0.00 | 16.96 | 0.00 |
| | 其他 | 0.00 | 0.09 | 83.96 | 68.23 | 0.00 | 0.00 | 29 760.33 |

## 2. 动态度

从图 5-9 可以看出，20 世纪 90 年代初至 2004 年，三江源区各州生态系统变化程度存在较大差距，玉树藏族自治州呈较明显变动，50%以上的农田生态系统转变为草地，其次为海南藏族自治州及果洛藏族自治州，呈微弱变动，格尔木市唐古拉山乡及黄南藏族自治州呈稳定少动；2004～2012 年三江源区各州生态系统变动程度也存在较大差距，其中果洛藏族自治州呈明显变动，大量的草地及荒漠生态系统转类为草地生态系统，玉树藏族自治州及格尔木市唐古拉山乡呈微弱变动，海南藏族自治州及黄南藏族自治州呈稳定少动。从两时段对比来看，玉树藏族自治州及果洛藏族自治州变化最为明显，黄南藏族自治州前后两时段生态系统变化程度基本一致。

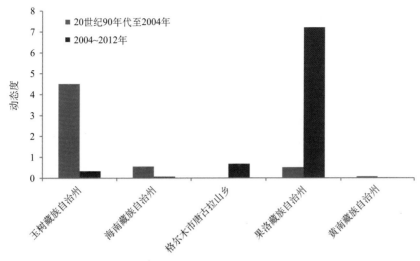

图 5-9　三江源区州域生态系统变化动态度

# 第三节　县域生态系统宏观结构状况及其变化

## 一、2012 年生态系统宏观结构状况

2012 年，三江源区各县生态系统面积见表 5-10。其中，治多县总面积最大，占三江源区总面积的 22.65%；同德县总面积最小，仅占全区总面积的 1.29%。农田生态系统仅在兴海、同德、泽库、玛沁、河南、囊谦 6 个县有分布；除唐古拉山乡外，森林与聚落生态系统在其余各县均有分布；荒漠生态系统在除河南、甘德、久治 3 县外的其余各县均有分布；草地、水体与湿地及其他类生态系统在各县均有分布，其中各县均以草地生态系统分布最广（表 5-10）。

表 5-10　2012 年三江源区各县生态系统类型　　　　　　　（单位：km²）

| 县域 | 农田 | 森林 | 草地 | 水体与湿地 | 荒漠 | 聚落 | 其他 |
|---|---|---|---|---|---|---|---|
| 治多县 | 0.00 | 32.89 | 40 122.97 | 10 463.82 | 16 177.04 | 3.37 | 13 927.36 |
| 曲麻莱县 | 0.00 | 193.16 | 36 053.63 | 2 911.38 | 3 172.78 | 1.41 | 4 332.41 |
| 兴海县 | 311.01 | 1 573.29 | 8 407.83 | 372.55 | 105.05 | 14.94 | 1 321.33 |
| 唐古拉山乡 | 0.00 | 0.00 | 25 582.15 | 5 121.93 | 9 087.02 | 0.00 | 7 912.18 |
| 玛多县 | 0.00 | 129.15 | 19 194.92 | 3 357.56 | 1 066.64 | 8.80 | 693.44 |
| 同德县 | 461.36 | 887.87 | 3 142.35 | 60.09 | 6.06 | 1.78 | 30.58 |
| 泽库县 | 141.41 | 610.18 | 5 437.71 | 348.46 | 1.73 | 3.02 | 156.40 |
| 玛沁县 | 3.96 | 2 882.93 | 7 789.29 | 461.68 | 175.89 | 8.93 | 2 148.67 |
| 称多县 | 0.00 | 446.67 | 11 889.42 | 972.15 | 9.42 | 4.61 | 1 266.19 |
| 河南县 | 2.85 | 1 141.65 | 4 959.89 | 194.49 | 0.00 | 5.05 | 96.11 |
| 杂多县 | 0.00 | 386.31 | 23 890.37 | 4 646.06 | 150.75 | 0.37 | 6 363.33 |

续表

| 县域 | 农田 | 森林 | 草地 | 水体与湿地 | 荒漠 | 聚落 | 其他 |
|---|---|---|---|---|---|---|---|
| 甘德县 | 0.00 | 1 303.76 | 5 016.88 | 210.93 | 0.00 | 2.12 | 567.53 |
| 达日县 | 0.00 | 1 265.24 | 10 766.83 | 549.12 | 25.80 | 2.88 | 1 877.09 |
| 玉树县 | 0.00 | 1 666.06 | 11 193.61 | 313.05 | 0.44 | 9.97 | 2 133.81 |
| 久治县 | 0.00 | 1 417.31 | 6 055.04 | 253.35 | 0.00 | 1.91 | 528.54 |
| 班玛县 | 0.00 | 1 730.04 | 4 402.12 | 135.09 | 0.60 | 3.83 | 73.31 |
| 囊谦县 | 0.91 | 1 069.92 | 9 024.38 | 290.38 | 2.75 | 1.41 | 1 682.47 |

# 二、工程实施前后生态系统宏观结构变化

## 1. 面积转类矩阵

唐古拉山乡生态系统宏观结构变化在本章第二节已详细介绍，本节不再赘述。

1）治多县

工程实施前（20 世纪 90 年代初至 2004 年），三江源区治多县生态系统宏观结构变化比较剧烈，生态系统类型转变主要表现为荒漠面积扩张、其他生态系统逐步向荒漠过渡。工程实施前 13 年间，荒漠面积净增加 142.71 $km^2$，水体与湿地净增加 19.45 $km^2$，其他生态系统净减少 153.79 $km^2$。工程实施后（2004～2012 年），三江源区治多县生态系统宏观结构变化较前期微弱，生态系统类型转变主要表现为水体与湿地面积扩张，草地和荒漠面积减少。工程实施后 8 年间，水体与湿地面积净增加 293.59 $km^2$，荒漠面积净减少 184.12 $km^2$，草地净减少 92.75 $km^2$（表 5-11）。

表 5-11　治多县生态系统宏观结构变化转类矩阵　　（单位：$km^2$）

| 时段 | 类型 | 森林 | 草地 | 水体与湿地 | 荒漠 | 聚落 | 其他 |
|---|---|---|---|---|---|---|---|
| 工程实施前 | 森林 | 32.89 | 1.96 | 0.00 | 0.00 | 0.00 | 0.00 |
| | 草地 | 0.00 | 40 202.20 | 2.86 | 11.91 | 0.00 | 5.16 |
| | 水体与湿地 | 0.00 | 11.52 | 10 130.72 | 1.39 | 0.00 | 7.13 |
| | 荒漠 | 0.00 | 0.01 | 35.36 | 16 183.07 | 0.00 | 0.00 |
| | 聚落 | 0.00 | 0.00 | 0.00 | 0.00 | 2.66 | 0.00 |
| | 其他 | 0.00 | 0.02 | 1.28 | 164.78 | 0.00 | 13 932.49 |
| 工程实施后 | 森林 | 32.89 | 0.00 | 0.00 | 0.00 | 0.00 | 0.00 |
| | 草地 | 0.00 | 40 113.77 | 101.05 | 0.19 | 0.71 | 0.01 |
| | 水体与湿地 | 0.00 | 1.65 | 10 115.74 | 0.00 | 0.00 | 52.84 |
| | 荒漠 | 0.00 | 5.52 | 178.79 | 16 176.85 | 0.00 | 0.00 |
| | 聚落 | 0.00 | 0.00 | 0.00 | 0.00 | 2.66 | 0.00 |
| | 其他 | 0.00 | 2.04 | 68.23 | 0.00 | 0.00 | 13 874.51 |

2）曲麻莱县

工程实施前（20 世纪 90 年代初至 2004 年），三江源区曲麻莱县生态系统宏观结构变化比较剧烈，生态系统类型转变主要表现为草地和水体与湿地面积萎缩，其他生态系统扩张。工程实施前 13 年间，其他生态系统的面积净增加 177.38 km²，草地净减少 89.88 km²，水体与湿地净减少 85.70 km²。工程实施后（2004～2012 年），三江源区曲麻莱县生态系统宏观结构变化较前期微弱，生态系统类型转变主要表现为水体与湿地面积扩张，草地面积减少。工程实施后 8 年间，水体与湿地净增加 25.81 km²，草地面积净减少 23.98 km²（表 5-12）。

表 5-12　曲麻莱县生态系统宏观结构变化转类矩阵　　　　（单位：km²）

| 时段 | 类型 | 森林 | 草地 | 水体与湿地 | 荒漠 | 聚落 | 其他 |
|---|---|---|---|---|---|---|---|
| 工程实施前 | 森林 | 193.05 | 0.31 | 0.00 | 0.00 | 0.00 | 0.00 |
| | 草地 | 0.10 | 35 888.91 | 2.14 | 4.71 | 0.18 | 271.44 |
| | 水体与湿地 | 0.00 | 94.70 | 2 876.28 | 0.30 | 0.00 | 0.00 |
| | 荒漠 | 0.00 | 0.00 | 6.79 | 3 168.97 | 0.00 | 0.00 |
| | 聚落 | 0.00 | 0.00 | 0.00 | 0.00 | 1.22 | 0.00 |
| | 其他 | 0.00 | 93.70 | 0.37 | 0.00 | 0.00 | 4 061.59 |
| 工程实施后 | 森林 | 193.16 | 0.00 | 0.00 | 0.00 | 0.00 | 0.00 |
| | 草地 | 0.00 | 36 053.00 | 24.61 | 0.00 | 0.00 | 0.00 |
| | 水体与湿地 | 0.00 | 0.00 | 2 885.57 | 0.00 | 0.00 | 0.00 |
| | 荒漠 | 0.00 | 0.00 | 1.20 | 3 172.78 | 0.00 | 0.00 |
| | 聚落 | 0.00 | 0.00 | 0.00 | 0.00 | 1.41 | 0.00 |
| | 其他 | 0.00 | 0.63 | 0.00 | 0.00 | 0.00 | 4 332.41 |

3）兴海县

工程实施前（20 世纪 90 年代初至 2004 年），三江源区兴海县生态系统宏观结构变化比较剧烈，生态系统类型转变主要表现为草地和水体与湿地面积萎缩，荒漠扩张。工程实施前 13 年间，草地面积净减少 75.21 km²，水体与湿地面积净减少 10.62 km²，荒漠面积净增加 49.01 km²。工程实施后（2004～2012 年），三江源区兴海县生态系统宏观结构变化较前期微弱，生态系统类型转变主要表现为水体与湿地面积扩张，森林和草地面积减少。工程实施后 8 年间，水体与湿地面积净增加 3.77 km²，草地面积净减少 6.93 km²，森林面积净减少 1.47 km²（表 5-13）。

4）玛多县

工程实施前（20 世纪 90 年代初至 2004 年），三江源区玛多县生态系统宏观结构变化比较剧烈，生态系统类型的转变主要表现为草地和水体与湿地面积减少，荒漠面积增加。工程实施前 13 年间，草地面积净减少 385.06 km²，水体与湿地面积净减少 63.29 km²，荒漠面积净增加 449.68 km²。工程实施后（2004～2012 年），三江源区玛多县生态系统宏观结构变化也较剧烈，生态系统类型的转变主要表现为水体与湿地和草地面积增加，荒漠面积减少。工程实施后 8 年间，草地面积净增加 135.82 km²，水体与湿地面积净增加 82.25 km²，荒漠面积净减少 203.43 km²（表 5-14）。

表 5-13　兴海县生态系统宏观结构变化转类矩阵　　　　（单位：km²）

| 时段 | 类型 | 农田 | 森林 | 草地 | 水体与湿地 | 荒漠 | 聚落 | 其他 |
|---|---|---|---|---|---|---|---|---|
| 工程实施前 | 农田 | 266.37 | 0.00 | 18.65 | 0.00 | 0.00 | 0.18 | 0.00 |
| | 森林 | 0.00 | 1 574.13 | 1.22 | 0.00 | 0.00 | 0.00 | 0.27 |
| | 草地 | 42.15 | 0.31 | 8 381.43 | 0.34 | 49.01 | 5.08 | 11.64 |
| | 水体与湿地 | 0.00 | 0.33 | 0.27 | 367.60 | 0.00 | 0.00 | 11.20 |
| | 荒漠 | 0.00 | 0.00 | 0.00 | 0.00 | 56.04 | 0.00 | 0.00 |
| | 聚落 | 0.00 | 0.00 | 0.00 | 0.00 | 0.00 | 7.97 | 0.00 |
| | 其他 | 0.00 | 0.00 | 13.19 | 0.84 | 0.00 | 0.00 | 1 297.78 |
| 工程实施后 | 农田 | 308.52 | 0.00 | 0.00 | 0.00 | 0.00 | 0.00 | 0.00 |
| | 森林 | 0.00 | 1 573.29 | 0.00 | 1.47 | 0.00 | 0.00 | 0.00 |
| | 草地 | 2.49 | 0.00 | 8 407.83 | 2.29 | 0.00 | 1.71 | 0.43 |
| | 水体与湿地 | 0.00 | 0.00 | 0.00 | 368.78 | 0.00 | 0.00 | 0.00 |
| | 荒漠 | 0.00 | 0.00 | 0.00 | 0.00 | 105.05 | 0.00 | 0.00 |
| | 聚落 | 0.00 | 0.00 | 0.00 | 0.00 | 0.00 | 13.23 | 0.00 |
| | 其他 | 0.00 | 0.00 | 0.00 | 0.00 | 0.00 | 0.00 | 1 320.90 |

表 5-14　玛多县生态系统宏观结构变化转类矩阵　　　　（单位：km²）

| 时段 | 类型 | 森林 | 草地 | 水体与湿地 | 荒漠 | 聚落 | 其他 |
|---|---|---|---|---|---|---|---|
| 工程实施前 | 森林 | 129.26 | 1.41 | 0.00 | 0.00 | 0.00 | 0.00 |
| | 草地 | 0.00 | 18 955.77 | 8.22 | 479.73 | 0.43 | 0.00 |
| | 水体与湿地 | 0.00 | 69.94 | 3 267.09 | 1.92 | 0.00 | 0.00 |
| | 荒漠 | 0.00 | 31.97 | 0.00 | 788.41 | 0.00 | 0.00 |
| | 聚落 | 0.00 | 0.00 | 0.00 | 0.00 | 8.38 | 0.00 |
| | 其他 | 0.00 | 0.00 | 0.00 | 0.00 | 0.00 | 707.97 |
| 工程实施后 | 森林 | 129.15 | 0.11 | 0.00 | 0.00 | 0.00 | 0.00 |
| | 草地 | 0.00 | 18 970.85 | 88.24 | 0.00 | 0.00 | 0.00 |
| | 水体与湿地 | 0.00 | 14.78 | 3 260.54 | 0.00 | 0.00 | 0.00 |
| | 荒漠 | 0.00 | 194.64 | 8.78 | 1 066.64 | 0.00 | 0.00 |
| | 聚落 | 0.00 | 0.00 | 0.00 | 0.00 | 8.80 | 0.00 |
| | 其他 | 0.00 | 14.54 | 0.00 | 0.00 | 0.00 | 693.44 |

5）同德县

工程实施前（20 世纪 90 年代初至 2004 年），三江源区同德县生态系统宏观结构变化比较剧烈,生态系统类型的转变主要表现为草地面积减少,农田面积增加。工程实施前 13 年间,草地面积净减少 267.44 km²,农田面积净增加 263.40 km²。工程实施后(2004~2012 年),三江源区同德县生态系统宏观结构变化较前期微弱,生态系统类型的转变主要表现为水体与湿地和草地面积增加,森林面积减少。工程实施后 8 年间,草地面积净增加 6.64 km²,水体与湿地面积净增加 2.12 km²,森林面积净减少 8.50 km²(表 5-15)。

表 5-15　同德县生态系统宏观结构变化转类矩阵　　　　　(单位:km²)

| 时段 | 类型 | 农田 | 森林 | 草地 | 水体与湿地 | 荒漠 | 聚落 | 其他 |
|---|---|---|---|---|---|---|---|---|
| 工程实施前 | 农田 | 197.80 | 0.00 | 0.00 | 0.00 | 0.00 | 0.16 | 0.00 |
| | 森林 | 0.00 | 892.09 | 1.17 | 0.00 | 0.00 | 0.00 | 0.00 |
| | 草地 | 263.56 | 4.28 | 3 134.54 | 0.00 | 0.00 | 0.76 | 0.00 |
| | 水体与湿地 | 0.00 | 0.00 | 0.00 | 57.97 | 0.00 | 0.00 | 0.00 |
| | 荒漠 | 0.00 | 0.00 | 0.00 | 0.00 | 6.06 | 0.00 | 0.00 |
| | 聚落 | 0.00 | 0.00 | 0.00 | 0.00 | 0.00 | 0.86 | 0.00 |
| | 其他 | 0.00 | 0.00 | 0.00 | 0.00 | 0.00 | 0.00 | 30.85 |
| 工程实施后 | 农田 | 461.36 | 0.00 | 0.00 | 0.00 | 0.00 | 0.00 | 0.00 |
| | 森林 | 0.00 | 887.82 | 8.55 | 0.00 | 0.00 | 0.00 | 0.00 |
| | 草地 | 0.00 | 0.00 | 3 133.23 | 2.47 | 0.00 | 0.00 | 0.00 |
| | 水体与湿地 | 0.00 | 0.00 | 0.35 | 57.62 | 0.00 | 0.00 | 0.00 |
| | 荒漠 | 0.00 | 0.00 | 0.00 | 0.00 | 6.06 | 0.00 | 0.00 |
| | 聚落 | 0.00 | 0.00 | 0.00 | 0.00 | 0.00 | 1.78 | 0.00 |
| | 其他 | 0.00 | 0.05 | 0.21 | 0.00 | 0.00 | 0.00 | 30.58 |

6)泽库县

工程实施前(20 世纪 90 年代初至 2004 年),三江源区泽库县生态系统宏观结构变化比较剧烈,生态系统类型的转变主要表现为草地面积减少,农田面积增加。工程实施前 13 年间,草地面积净减少 50.07 km²,农田面积净增加 50.01 km²。工程实施后(2004~2012 年),三江源区泽库县生态系统宏观结构变化较前期微弱,生态系统类型的转变主要表现为草地面积减少,农田面积增加。工程实施后 8 年间,草地面积净减少 9.18 km²,农田面积净增加 8.02 km²(表 5-16)。

7)玛沁县

工程实施前(20 世纪 90 年代初至 2004 年),三江源区玛沁县生态系统宏观结构变化比较剧烈,生态系统类型的转变主要表现为水体与湿地面积减少,其他生态系统面积增加。工程实施前 13 年间,水体与湿地面积净减少 30.88 km²,其他生态系统面积净增加 22.95 km²。工程实施后(2004~2012 年),三江源区玛沁县生态系统宏观结构变化较前期微弱,生态系统类型的转变主要表现为农田面积减少,水体与湿地面积增加。工程实施后 8 年间，农田面积净减少 2.59 km$^2$，水体与湿地面积净增加 2.51 km$^2$（表 5-17）。

表 5-16  泽库县生态系统宏观结构变化转类矩阵　　　　　（单位：km$^2$）

| 时段 | 类型 | 农田 | 森林 | 草地 | 水体与湿地 | 荒漠 | 聚落 | 其他 |
|---|---|---|---|---|---|---|---|---|
| 工程实施前 | 农田 | 83.38 | 0.00 | 0.00 | 0.00 | 0.00 | 0.00 | 0.00 |
| | 森林 | 0.00 | 610.17 | 0.32 | 0.00 | 0.00 | 0.00 | 0.00 |
| | 草地 | 50.01 | 0.00 | 5 443.65 | 2.80 | 0.00 | 0.44 | 0.07 |
| | 水体与湿地 | 0.00 | 0.00 | 2.92 | 345.95 | 0.00 | 0.00 | 0.00 |
| | 荒漠 | 0.00 | 0.00 | 0.00 | 0.00 | 1.73 | 0.00 | 0.00 |
| | 聚落 | 0.00 | 0.00 | 0.00 | 0.00 | 0.00 | 1.15 | 0.00 |
| | 其他 | 0.00 | 0.00 | 0.00 | 0.00 | 0.00 | 0.00 | 156.33 |
| 工程实施后 | 农田 | 133.39 | 0.00 | 0.00 | 0.00 | 0.00 | 0.00 | 0.00 |
| | 森林 | 0.00 | 610.18 | 0.00 | 0.00 | 0.00 | 0.00 | 0.00 |
| | 草地 | 8.02 | 0.00 | 5 437.43 | 0.00 | 0.00 | 1.44 | 0.00 |
| | 水体与湿地 | 0.00 | 0.00 | 0.28 | 348.46 | 0.00 | 0.00 | 0.00 |
| | 荒漠 | 0.00 | 0.00 | 0.00 | 0.00 | 1.73 | 0.00 | 0.00 |
| | 聚落 | 0.00 | 0.00 | 0.00 | 0.00 | 0.00 | 1.58 | 0.00 |
| | 其他 | 0.00 | 0.00 | 0.00 | 0.00 | 0.00 | 0.00 | 156.40 |

表 5-17  玛沁县生态系统宏观结构变化转类矩阵　　　　　（单位：km$^2$）

| 时段 | 类型 | 农田 | 森林 | 草地 | 水体与湿地 | 荒漠 | 聚落 | 其他 |
|---|---|---|---|---|---|---|---|---|
| 工程实施前 | 农田 | 6.55 | 0.00 | 0.00 | 0.00 | 0.00 | 0.00 | 0.00 |
| | 森林 | 0.00 | 2 883.07 | 0.00 | 0.00 | 0.00 | 0.00 | 0.87 |
| | 草地 | 0.00 | 0.08 | 7 778.86 | 0.31 | 0.00 | 0.00 | 1.50 |
| | 水体与湿地 | 0.00 | 0.00 | 0.00 | 458.86 | 0.00 | 0.00 | 31.20 |
| | 荒漠 | 0.00 | 0.00 | 0.00 | 0.00 | 176.86 | 0.00 | 0.00 |
| | 聚落 | 0.00 | 0.00 | 0.00 | 0.00 | 0.00 | 7.16 | 0.00 |
| | 其他 | 0.00 | 0.03 | 10.58 | 0.00 | 0.00 | 0.00 | 2 115.39 |
| 工程实施后 | 农田 | 3.78 | 0.00 | 2.76 | 0.00 | 0.00 | 0.00 | 0.00 |
| | 森林 | 0.00 | 2 882.93 | 0.21 | 0.05 | 0.00 | 0.00 | 0.00 |
| | 草地 | 0.17 | 0.00 | 7 785.72 | 1.79 | 0.00 | 1.76 | 0.00 |
| | 水体与湿地 | 0.00 | 0.00 | 0.31 | 458.86 | 0.00 | 0.00 | 0.00 |
| | 荒漠 | 0.00 | 0.00 | 0.00 | 0.98 | 175.89 | 0.00 | 0.00 |
| | 聚落 | 0.00 | 0.00 | 0.00 | 0.00 | 0.00 | 7.16 | 0.00 |
| | 其他 | 0.00 | 0.00 | 0.28 | 0.00 | 0.00 | 0.00 | 2 148.67 |

8）称多县

工程实施前（20 世纪 90 年代初至 2004 年），三江源区称多县生态系统宏观结构变化比较剧烈，生态系统类型转变主要表现为草地和水体与湿地面积减少，其他生态系统面积增加。工程实施前 13 年间，草地面积净减少 199.36 km²，其他生态系统净增加 200.74 km²。工程实施后（2004～2012 年），三江源区称多县生态系统宏观结构变化较前期微弱，生态系统类型转变主要表现为其他生态系统和水体与湿地面积减少，草地面积增加。工程实施后 8 年间，其他生态系统净减少 77.07 km²，水体与湿地净减少 17.12 km²，草地净增加 93.34 km²（表 5-18）。

**表 5-18　称多县生态系统宏观结构变化转类矩阵**　　　（单位：km²）

| 时段 | 类型 | 森林 | 草地 | 水体与湿地 | 荒漠 | 聚落 | 其他 |
|---|---|---|---|---|---|---|---|
| 工程实施前 | 森林 | 446.67 | 1.56 | 0.00 | 0.00 | 0.00 | 0.00 |
| | 草地 | 0.00 | 11 791.44 | 2.22 | 0.00 | 1.03 | 200.74 |
| | 水体与湿地 | 0.00 | 3.08 | 987.05 | 0.00 | 0.00 | 0.00 |
| | 荒漠 | 0.00 | 0.00 | 0.00 | 9.42 | 0.00 | 0.00 |
| | 聚落 | 0.00 | 0.00 | 0.00 | 0.00 | 2.73 | 0.00 |
| | 其他 | 0.00 | 0.00 | 0.00 | 0.00 | 0.00 | 1 142.52 |
| 工程实施后 | 森林 | 446.67 | 0.00 | 0.00 | 0.00 | 0.00 | 0.00 |
| | 草地 | 0.00 | 11 795.23 | 0.00 | 0.00 | 0.85 | 0.00 |
| | 水体与湿地 | 0.00 | 17.12 | 972.15 | 0.00 | 0.00 | 0.00 |
| | 荒漠 | 0.00 | 0.00 | 0.00 | 9.42 | 0.00 | 0.00 |
| | 聚落 | 0.00 | 0.00 | 0.00 | 0.00 | 3.76 | 0.00 |
| | 其他 | 0.00 | 77.07 | 0.00 | 0.00 | 0.00 | 1 266.19 |

## 9）河南县

工程实施前（20 世纪 90 年代初至 2004 年），三江源区河南县生态系统宏观结构变化比较微弱，生态系统类型的转变主要表现为草地面积增加，农田面积减少。工程实施前 13 年间，草地面积净增加 2.85 km²，农田面积净减少 2.76 km²。工程实施后（2004～2012 年），三江源区河南县生态系统宏观结构变化依然较为微弱，生态系统类型的转变主要表现为森林和聚落面积增加，草地面积减少。工程实施后 8 年间，草地面积净减少 9.07 km²，森林面积净增加 5.81 km²，聚落面积净增加 1.99 km²（表 5-19）。

**表 5-19　河南县生态系统宏观结构变化转类矩阵**　　　（单位：km²）

| 时段 | 类型 | 农田 | 森林 | 草地 | 水体与湿地 | 聚落 | 其他 |
|---|---|---|---|---|---|---|---|
| 工程实施前 | 农田 | 2.85 | 0.00 | 2.76 | 0.00 | 0.00 | 0.00 |
| | 森林 | 0.00 | 1 134.83 | 1.40 | 0.00 | 0.00 | 0.00 |
| | 草地 | 0.00 | 0.98 | 4 964.81 | 0.00 | 0.33 | 0.00 |
| | 水体与湿地 | 0.00 | 0.04 | 0.00 | 193.22 | 0.00 | 0.00 |
| | 聚落 | 0.00 | 0.00 | 0.00 | 0.00 | 2.73 | 0.00 |
| | 其他 | 0.00 | 0.00 | 0.00 | 0.00 | 0.00 | 96.11 |

续表

| 时段 | 类型 | 农田 | 森林 | 草地 | 水体与湿地 | 聚落 | 其他 |
|---|---|---|---|---|---|---|---|
| 工程实施后 | 农田 | 2.85 | 0.00 | 0.00 | 0.00 | 0.00 | 0.00 |
| | 森林 | 0.00 | 1 135.85 | 0.00 | 0.00 | 0.00 | 0.00 |
| | 草地 | 0.00 | 5.81 | 4 959.89 | 1.27 | 1.99 | 0.00 |
| | 水体与湿地 | 0.00 | 0.00 | 0.00 | 193.22 | 0.00 | 0.00 |
| | 聚落 | 0.00 | 0.00 | 0.00 | 0.00 | 3.06 | 0.00 |
| | 其他 | 0.00 | 0.00 | 0.00 | 0.00 | 0.00 | 96.11 |

10）杂多县

工程实施前（20 世纪 90 年代初至 2004 年），三江源区杂多县生态系统宏观结构变化比较剧烈，生态系统类型转变主要表现为草地和荒漠面积增加，水体与湿地面积减少。工程实施前 13 年间，草地面积净增加 5.48 $km^2$，荒漠净增加 7.28 $km^2$，水体与湿地净减少 37.36 $km^2$。工程实施后（2004～2012 年），三江源区杂多县生态系统宏观结构没有变化（表 5-20）。

表 5-20  杂多县生态系统宏观结构变化转类矩阵　　　（单位：$km^2$）

| 时段 | 类型 | 森林 | 草地 | 水体与湿地 | 荒漠 | 聚落 | 其他 |
|---|---|---|---|---|---|---|---|
| 工程实施前 | 森林 | 386.31 | 0.00 | 0.00 | 0.00 | 0.00 | 0.00 |
| | 草地 | 0.00 | 23 852.90 | 0.21 | 7.10 | 0.00 | 24.68 |
| | 水体与湿地 | 0.00 | 37.47 | 4 645.85 | 0.10 | 0.00 | 0.00 |
| | 荒漠 | 0.00 | 0.00 | 0.00 | 143.47 | 0.00 | 0.00 |
| | 聚落 | 0.00 | 0.00 | 0.00 | 0.00 | 0.37 | 0.00 |
| | 其他 | 0.00 | 0.00 | 0.00 | 0.08 | 0.00 | 6 338.65 |
| 工程实施后 | 森林 | 386.31 | 0.00 | 0.00 | 0.00 | 0.00 | 0.00 |
| | 草地 | 0.00 | 23 890.37 | 0.00 | 0.00 | 0.00 | 0.00 |
| | 水体与湿地 | 0.00 | 0.00 | 4 646.06 | 0.00 | 0.00 | 0.00 |
| | 荒漠 | 0.00 | 0.00 | 0.00 | 150.75 | 0.00 | 0.00 |
| | 聚落 | 0.00 | 0.00 | 0.00 | 0.00 | 0.37 | 0.00 |
| | 其他 | 0.00 | 0.00 | 0.00 | 0.00 | 0.00 | 6 363.33 |

11）甘德县

工程实施前（20 世纪 90 年代初至 2004 年），三江源区甘德县生态系统宏观结构变化比较微弱，生态系统类型的转变主要表现为草地面积减少，其他生态系统面积增加。工程实施前 13 年间，草地面积净减少 7.89 $km^2$，其他生态系统面积净增 7.98 $km^2$。工程实施后（2004～2012 年），三江源区甘德县生态系统宏观结构变化依然较为微弱，生态系统类型的转变主要表现为草地面积增加，水体与湿地面积减少。工程实施后 8 年间，草地面积净增加 2.76 km$^2$，水体与湿地面积净减少 3.06 km$^2$（表 5-21）。

表 5-21　甘德县生态系统宏观结构变化转类矩阵　　　（单位：km$^2$）

| 时段 | 类型 | 森林 | 草地 | 水体与湿地 | 聚落 | 其他 |
|---|---|---|---|---|---|---|
| 工程实施前 | 森林 | 1 303.76 | 0.02 | 0.00 | 0.00 | 0.14 |
| | 草地 | 0.00 | 5 013.15 | 0.00 | 0.11 | 8.75 |
| | 水体与湿地 | 0.00 | 0.00 | 214.00 | 0.00 | 0.00 |
| | 聚落 | 0.00 | 0.00 | 0.00 | 1.71 | 0.00 |
| | 其他 | 0.00 | 0.95 | 0.00 | 0.00 | 558.63 |
| 工程实施后 | 森林 | 1 303.76 | 0.00 | 0.00 | 0.00 | 0.00 |
| | 草地 | 0.00 | 5 013.82 | 0.00 | 0.31 | 0.00 |
| | 水体与湿地 | 0.00 | 3.06 | 210.93 | 0.00 | 0.00 |
| | 聚落 | 0.00 | 0.00 | 0.00 | 1.82 | 0.00 |
| | 其他 | 0.00 | 0.00 | 0.00 | 0.00 | 567.53 |

12）达日县

工程实施前（20 世纪 90 年代初至 2004 年），三江源区达日县生态系统宏观结构变化比较剧烈，生态系统类型的转变主要表现为草地和水体与湿地面积减少，其他生态系统面积增加。工程实施前 13 年间，草地面积净减少 41.43 km$^2$，水体与湿地面积净减少 15.55 km$^2$，其他生态系统面积净增加 44.75 km$^2$。工程实施后（2004～2012 年），三江源区达日县生态系统宏观结构变化依然较为微弱，生态系统类型的转变主要表现为草地面积减少，森林和水体与湿地面积增加。工程实施后 8 年间，草地面积净减少 0.31 km$^2$，水体与湿地面积净增加 0.14 km$^2$，森林面积净增加 0.17 km$^2$（表 5-22）。

表 5-22　达日县生态系统宏观结构变化转类矩阵　　　（单位：km$^2$）

| 时段 | 类型 | 森林 | 草地 | 水体与湿地 | 荒漠 | 聚落 | 其他 |
|---|---|---|---|---|---|---|---|
| 工程实施前 | 森林 | 1 265.07 | 0.00 | 0.00 | 0.00 | 0.00 | 0.00 |
| | 草地 | 0.00 | 10 750.74 | 0.39 | 12.23 | 0.00 | 45.21 |
| | 水体与湿地 | 0.00 | 15.94 | 548.59 | 0.00 | 0.00 | 0.00 |
| | 荒漠 | 0.00 | 0.00 | 0.00 | 13.57 | 0.00 | 0.00 |
| | 聚落 | 0.00 | 0.00 | 0.00 | 0.00 | 2.88 | 0.00 |
| | 其他 | 0.00 | 0.46 | 0.00 | 0.00 | 0.00 | 1 831.88 |
| 工程实施后 | 森林 | 1 265.07 | 0.00 | 0.00 | 0.00 | 0.00 | 0.00 |
| | 草地 | 0.17 | 10 766.83 | 0.14 | 0.00 | 0.00 | 0.00 |
| | 水体与湿地 | 0.00 | 0.00 | 548.98 | 0.00 | 0.00 | 0.00 |
| | 荒漠 | 0.00 | 0.00 | 0.00 | 25.80 | 0.00 | 0.00 |
| | 聚落 | 0.00 | 0.00 | 0.00 | 0.00 | 2.88 | 0.00 |
| | 其他 | 0.00 | 0.00 | 0.00 | 0.00 | 0.00 | 1 877.09 |

13）玉树县

工程实施前（20 世纪 90 年代初至 2004 年），三江源区玉树县生态系统宏观结构变化比较微弱，生态系统类型转变主要表现为草地面积增加，水体与湿地面积萎缩。工程实施前 13 年间，草地面积净增加 38.56 km²，水体与湿地净减少 38.28 km²。工程期（2004～2012 年），三江源区玉树县生态系统宏观结构变化依然较为微弱，生态系统类型转变主要表现为草地面积减少，森林面积增加。工程实施后 8 年间，草地面积净减少 24.73 km²，森林面积净增加 17.31 km²（表 5-23）。

表 5-23　玉树县生态系统宏观结构变化转类矩阵　　　　（单位：km²）

| 时段 | 类型 | 森林 | 草地 | 水体与湿地 | 荒漠 | 聚落 | 其他 |
|---|---|---|---|---|---|---|---|
| 工程实施前 | 森林 | 1 647.27 | 0.00 | 0.00 | 0.00 | 0.00 | 0.43 |
| | 草地 | 0.00 | 11 179.38 | 0.00 | 0.00 | 0.12 | 0.28 |
| | 水体与湿地 | 0.00 | 38.28 | 307.92 | 0.00 | 0.00 | 0.00 |
| | 荒漠 | 1.48 | 0.00 | 0.00 | 0.44 | 0.00 | 0.00 |
| | 聚落 | 0.00 | 0.00 | 0.00 | 0.00 | 7.32 | 0.00 |
| | 其他 | 0.00 | 0.69 | 0.00 | 0.00 | 0.00 | 2 133.35 |
| 工程实施后 | 森林 | 1 640.74 | 8.01 | 0.00 | 0.00 | 0.00 | 0.00 |
| | 草地 | 25.01 | 11 184.74 | 5.98 | 0.00 | 2.61 | 0.00 |
| | 水体与湿地 | 0.22 | 0.62 | 307.07 | 0.00 | 0.01 | 0.00 |
| | 荒漠 | 0.00 | 0.00 | 0.00 | 0.44 | 0.00 | 0.00 |
| | 聚落 | 0.00 | 0.09 | 0.00 | 0.00 | 7.35 | 0.00 |
| | 其他 | 0.09 | 0.16 | 0.00 | 0.00 | 0.00 | 2 133.81 |

14）久治县

工程实施前（20 世纪 90 年代初至 2004 年），三江源区久治县生态系统宏观结构变化比较微弱，生态系统类型的转变主要表现为草地面积增加，其他生态系统面积减少。工程实施前 13 年间，草地面积净增加 6.41 km²，其他生态系统面积净减少 4.34 km²，水体与湿地面积净减少 1.67 km²。工程实施后（2004～2012 年），三江源区久治县生态系统宏观结构变化较前期稍微剧烈，生态系统类型的转变主要表现为草地面积增加，水体与湿地面积减少。工程实施后 8 年间，草地面积净增加 7.28 km²，水体与湿地面积净减少 8.39 km²（表 5-24）。

15）班玛县

工程实施前（20 世纪 90 年代初至 2004 年），三江源区班玛县生态系统宏观结构变化比较微弱，生态系统类型的转变主要表现为草地和森林面积减少，其他生态系统面积增加。工程实施前 13 年间，草地生态系统面积净减少 4.14 km²，森林面积净减少 5.28 km²，其他生态系统面积净增加 9.24 km$^2$。工程实施后（2004～2012 年），三江源区班玛县生态系统宏观结构变化依然较为微弱，生态系统类型的转变主要表现为草地和水体与湿地面积增加，森林和其他生态系统面积减少。工程实施后 8 年间，草地面积净增加 1.06 km$^2$，水体与湿地面积净增加 1.42 km$^2$，森林面积净减少 1.43 km$^2$，其他生态系统面积净减少 1.06 km$^2$（表 5-25）。

表 5-24　久治县生态系统宏观结构变化转类矩阵　　　　（单位：km$^2$）

| 时段 | 类型 | 森林 | 草地 | 水体与湿地 | 聚落 | 其他 |
|---|---|---|---|---|---|---|
| 工程实施前 | 森林 | 1 413.42 | 0.40 | 0.00 | 0.00 | 0.00 |
| | 草地 | 0.00 | 6 041.14 | 0.00 | 0.00 | 0.21 |
| | 水体与湿地 | 0.00 | 1.67 | 261.74 | 0.00 | 0.00 |
| | 聚落 | 0.00 | 0.00 | 0.00 | 1.74 | 0.00 |
| | 其他 | 0.00 | 4.55 | 0.00 | 0.00 | 531.28 |
| 工程实施后 | 森林 | 1 413.42 | 0.00 | 0.00 | 0.00 | 0.00 |
| | 草地 | 3.88 | 6 042.26 | 1.28 | 0.33 | 0.00 |
| | 水体与湿地 | 0.00 | 9.67 | 252.07 | 0.00 | 0.00 |
| | 聚落 | 0.00 | 0.16 | 0.00 | 1.58 | 0.00 |
| | 其他 | 0.00 | 2.95 | 0.00 | 0.00 | 528.54 |

表 5-25　班玛县生态系统宏观结构变化转类矩阵　　　　（单位：km$^2$）

| 时段 | 类型 | 森林 | 草地 | 水体与湿地 | 荒漠 | 聚落 | 其他 |
|---|---|---|---|---|---|---|---|
| 工程实施前 | 森林 | 1 731.45 | 5.29 | 0.00 | 0.00 | 0.00 | 0.00 |
| | 草地 | 0.01 | 4 395.20 | 0.72 | 0.00 | 0.03 | 9.24 |
| | 水体与湿地 | 0.00 | 0.57 | 132.95 | 0.00 | 0.00 | 0.00 |
| | 荒漠 | 0.00 | 0.00 | 0.00 | 0.60 | 0.00 | 0.00 |
| | 聚落 | 0.00 | 0.00 | 0.00 | 0.00 | 3.80 | 0.00 |
| | 其他 | 0.00 | 0.00 | 0.00 | 0.00 | 0.00 | 65.13 |
| 工程实施后 | 森林 | 1 730.04 | 1.43 | 0.00 | 0.00 | 0.00 | 0.00 |
| | 草地 | 0.00 | 4 399.63 | 1.42 | 0.00 | 0.00 | 0.00 |
| | 水体与湿地 | 0.00 | 0.00 | 133.66 | 0.00 | 0.00 | 0.00 |
| | 荒漠 | 0.00 | 0.00 | 0.00 | 0.60 | 0.00 | 0.00 |
| | 聚落 | 0.00 | 0.00 | 0.00 | 0.00 | 3.83 | 0.00 |
| | 其他 | 0.00 | 1.06 | 0.00 | 0.00 | 0.00 | 73.31 |

16）囊谦县

工程实施前（20 世纪 90 年代初至 2004 年），三江源区囊谦县生态系统宏观结构变化比较微弱，生态系统类型转变主要表现为农田、草地和森林面积减少，其他生态系统面积增加。工程实施前 13 年间，农田面积净减少 1.2 km$^2$，草地面积净减少 9.75 km$^2$，森林面积净减少 3.69 km²，其他生态系统净增加 14.24 km²。工程实施后（2004～2012 年），三江源区囊谦县生态系统宏观结构变化依然较为微弱，生态系统类型转变主要表现为其他生态系统向草地转类。工程实施后 8 年间，其他生态系统净减少 4.06 km²（表 5-26）。

表 5-26　囊谦县生态系统宏观结构变化转类矩阵　　　　（单位：km²）

| 时段 | 类型 | 农田 | 森林 | 草地 | 水体与湿地 | 荒漠 | 聚落 | 其他 |
|---|---|---|---|---|---|---|---|---|
| 工程实施前 | 农田 | 0.91 | 0.00 | 1.20 | 0.00 | 0.00 | 0.00 | 0.00 |
| | 森林 | 0.00 | 1 069.79 | 3.83 | 0.00 | 0.00 | 0.00 | 0.00 |
| | 草地 | 0.00 | 0.14 | 9 012.63 | 0.00 | 0.74 | 0.00 | 16.56 |
| | 水体与湿地 | 0.00 | 0.00 | 0.34 | 290.38 | 0.00 | 0.00 | 0.00 |
| | 荒漠 | 0.00 | 0.00 | 0.00 | 0.00 | 2.01 | 0.00 | 0.00 |
| | 聚落 | 0.00 | 0.00 | 0.00 | 0.00 | 0.00 | 1.41 | 0.00 |
| | 其他 | 0.00 | 0.00 | 2.32 | 0.00 | 0.00 | 0.00 | 1 669.98 |
| 工程实施后 | 农田 | 0.91 | 0.00 | 0.00 | 0.00 | 0.00 | 0.00 | 0.00 |
| | 森林 | 0.00 | 1 069.92 | 0.00 | 0.00 | 0.00 | 0.00 | 0.00 |
| | 草地 | 0.00 | 0.00 | 9 020.32 | 0.00 | 0.00 | 0.00 | 0.00 |
| | 水体与湿地 | 0.00 | 0.00 | 0.00 | 290.38 | 0.00 | 0.00 | 0.00 |
| | 荒漠 | 0.00 | 0.00 | 0.00 | 0.00 | 2.75 | 0.00 | 0.00 |
| | 聚落 | 0.00 | 0.00 | 0.00 | 0.00 | 0.00 | 1.41 | 0.00 |
| | 其他 | 0.00 | 0.00 | 4.06 | 0.00 | 0.00 | 0.00 | 1 682.47 |

　　综上所述，与 2004 年相比，2012 年全区农田生态系统的面积净增加了 7.92 km²，主要发生在东部的兴海县、泽库县和玛沁县。森林生态系统面积净增加了 15.41 km²，主要发生在东部的同德县、河南县和中部的玉树县。草地生态系统面积净增加了 123.75 km²，主要发生在中部的玛多县、称多县和西部的治多县和唐古拉山乡。水体与湿地生态系统的面积净增加了 287.73 km²，其中治多县和玛多县水体与湿地扩张最突出，分别净增加 293.59 km² 和 82.25 km²，而唐古拉山乡水体与湿地生态系统净减少了 101.68 km²，主要是由于冰川退缩所导致。荒漠生态系统的面积减少了 494.11 km²，其中玛多县荒漠减少最突出，其次是治多县。聚落生态系统的面积净增加了 11.48 km²，其他生态系统类型的面积净增加了 47.84 km²，其中唐古拉山乡增加最突出，主要表现为永久冰川退缩，裸岩砾石地增加。

**2. 动态度**

　　工程实施前（20 世纪 90 年代初至 2004 年），三江源区各县生态系统变化程度存在较大差距，玉树县生态系统明显变动，囊谦县呈较明显变动，唐古拉山乡、河南县、杂多县、甘德县、久治县及班玛县呈稳定少动状态，其他县呈微弱变动状态；2004～2012 年三江源区各县生态系统变动程度也存在较大差距，其中玛沁县呈明显变动，其次是玛多县及久治县呈较明显变动，曲麻莱县、兴海县、泽库县、河南县、达日县及囊谦县呈稳定少动状态，其他县呈微弱变动状态。从两时段对比来看，玉树县变化最为明显，其次为玛沁县、囊谦县及谷台县，河南、杂多等县前后两时段生态系统变化程度基本一致（图5-10）。

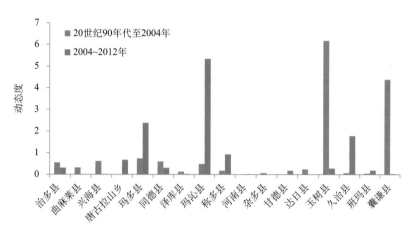

图 5-10 三江源区各县生态系统变化动态度

## 第四节 流域生态系统宏观结构状况及其变化

### 一、2012 年生态系统宏观结构状况

2012 年，三江源区各流域生态系统面积详见表 5-27。其中，农田生态系统只在黄河流域与澜沧江流域有分布，并且多分布于黄河流域；其余各类生态系统在黄河、长江、澜沧江三大流域均有分布。

表 5-27 2012 年三江源区各流域生态系统类型 （单位：km²）

| | 流域 | 农田 | 森林 | 草地 | 水体与湿地 | 荒漠 | 聚落 | 其他 |
|---|---|---|---|---|---|---|---|---|
| | 黄河流域 | 682.96 | 10 302.83 | 72 489.39 | 5 937.98 | 1 362.59 | 44.46 | 7 540.90 |
| | 长江流域 | 0.00 | 3 950.40 | 108 788.06 | 14 553.45 | 12 754.30 | 22.86 | 19 262.50 |
| | 澜沧江流域 | 0.91 | 2 362.25 | 25 603.86 | 1414.67 | 20.88 | 2.14 | 7 584.89 |
| | 黄河源吉迈水文站以上流域 | 0.00 | 716.90 | 34 648.94 | 4 093.91 | 1 253.50 | 10.38 | 3 216.15 |
| | 沱沱河流域 | 0.00 | 0.00 | 12 045.91 | 1 875.72 | 3 755.89 | 0.00 | 1 742.67 |
| 长江源 | 当曲流域 | 0.00 | 0.47 | 22 060.11 | 4 762.98 | 1 194.64 | 0.00 | 4 202.63 |
| | 楚玛尔河流域 | 0.00 | 7.02 | 12 967.34 | 2 360.31 | 3 189.86 | 0.69 | 2 713.59 |

### 二、工程实施前后生态系统宏观结构变化

评估中涉及的流域包括长江流域、黄河流域和澜沧江流域三大一级流域，以及黄河

源吉迈水文站以上流域，长江源沱沱河流域、当曲流域和楚玛尔河流域4个二级流域。

### 1. 面积转类矩阵

1）黄河流域

工程实施前（20世纪90年代初至2004年），三江源区黄河流域生态系统宏观结构变化剧烈，生态系统类型的转变主要表现为农田、荒漠和其他生态系统面积增加，草地和水体与湿地面积减少。工程实施前13年间，农田面积净增加320.87 km$^2$，荒漠面积净增加508.59 km$^2$，其他生态系统面积净增加337.33 km$^2$，草地面积净减少1 058.80 km$^2$，水体与湿地面积净减少116.51 km$^2$。工程实施后（2004～2012年），三江源区黄河流域生态系统宏观结构变化较前期微弱，生态系统类型的转变主要表现为草地和水体与湿地面积增加，荒漠面积萎缩。工程实施后8年间，草地面积净增加116.83 km$^2$，水体与湿地面积净增加92.42 km$^2$，荒漠面积净减少203.62 km$^2$（表5-28）。

表5-28　黄河流域生态系统宏观结构变化转类矩阵　　　（单位：km$^2$）

| 时段 | 类型 | 农田 | 森林 | 草地 | 水体与湿地 | 荒漠 | 聚落 | 其他 |
|---|---|---|---|---|---|---|---|---|
| 工程实施前 | 农田 | 340.76 | 0.00 | 15.90 | 0.00 | 0.00 | 0.00 | 0.00 |
| | 森林 | 0.00 | 10 298.53 | 2.13 | 0.00 | 0.00 | 0.00 | 0.38 |
| | 草地 | 336.77 | 4.89 | 72 227.99 | 9.35 | 539.28 | 5.81 | 307.29 |
| | 水体与湿地 | 0.00 | 0.33 | 93.06 | 5 836.21 | 1.28 | 0.00 | 31.20 |
| | 荒漠 | 0.00 | 0.00 | 31.97 | 0.00 | 1 025.64 | 0.00 | 0.00 |
| | 聚落 | 0.00 | 0.00 | 0.00 | 0.00 | 0.00 | 31.27 | 0.00 |
| | 其他 | 0.00 | 0.00 | 1.53 | 0.00 | 0.00 | 0.00 | 7 219.56 |
| 工程实施后 | 农田 | 674.77 | 0.00 | 2.76 | 0.00 | 0.00 | 0.00 | 0.00 |
| | 森林 | 0.00 | 10 293.36 | 8.87 | 1.52 | 0.00 | 0.00 | 0.00 |
| | 草地 | 8.19 | 9.42 | 72 237.73 | 109.26 | 0.00 | 7.55 | 0.43 |
| | 水体与湿地 | 0.00 | 0.00 | 27.33 | 5 818.23 | 0.00 | 0.00 | 0.00 |
| | 荒漠 | 0.00 | 0.00 | 194.64 | 8.97 | 1 362.59 | 0.00 | 0.00 |
| | 聚落 | 0.00 | 0.00 | 0.16 | 0.00 | 0.00 | 36.91 | 0.00 |
| | 其他 | 0.00 | 0.05 | 17.90 | 0.00 | 0.00 | 0.00 | 7 540.47 |

2）长江流域

工程实施前（20世纪90年代初至2004年），三江源区长江流域生态系统宏观结构变化比较剧烈，生态系统类型的转变主要表现为荒漠和其他生态系统面积增加，草地和水体与湿地面积减少。工程实施前13年间，荒漠面积净增加70.10 km$^2$，其他生态系统面积净增加145.28 km$^2$，草地面积净减少97.46 km$^2$，水体与湿地面积净减少111.36 km$^2$。工程实施后（2004～2012年），三江源区长江流域生态系统宏观结构变化也较剧烈，生态系统类型的转变主要表现为草地和其他生态系统面积扩大，荒漠和水体与湿地面积萎缩。工程实施后8年间，草地面积净增加118.85 km$^2$，其他生态系统面积净增加81.68 km$^2$，水体与湿地面积净减少146.84 km$^2$，荒漠面积净减少64.84 km$^2$（表5-29）。

表 5-29　长江流域生态系统宏观结构变化转类矩阵　　　（单位：km²）

| 时段 | 类型 | 森林 | 草地 | 水体与湿地 | 荒漠 | 聚落 | 其他 |
|---|---|---|---|---|---|---|---|
| 工程实施前 | 森林 | 3 941.72 | 9.50 | 0.00 | 0.00 | 0.00 | 0.00 |
| | 草地 | 0.10 | 108 523.19 | 5.05 | 12.86 | 1.36 | 224.12 |
| | 水体与湿地 | 0.00 | 135.19 | 14 668.11 | 1.20 | 0.00 | 7.13 |
| | 荒漠 | 1.48 | 0.58 | 26.27 | 12 720.71 | 0.00 | 0.00 |
| | 聚落 | 0.00 | 0.00 | 0.00 | 0.00 | 17.46 | 0.00 |
| | 其他 | 0.00 | 0.75 | 0.85 | 84.37 | 0.00 | 18 949.57 |
| 工程实施后 | 森林 | 3 936.31 | 6.99 | 0.00 | 0.00 | 0.00 | 0.00 |
| | 草地 | 13.78 | 108 613.51 | 30.08 | 7.70 | 4.14 | 0.00 |
| | 水体与湿地 | 0.22 | 33.63 | 14 485.50 | 0.00 | 0.00 | 180.92 |
| | 荒漠 | 0.00 | 43.04 | 29.51 | 12 746.60 | 0.00 | 0.00 |
| | 聚落 | 0.00 | 0.09 | 0.00 | 0.00 | 18.72 | 0.00 |
| | 其他 | 0.09 | 90.80 | 8.36 | 0.00 | 0.00 | 19 081.58 |

### 3）澜沧江流域

工程实施前（20 世纪 90 年代初至 2004 年），三江源区澜沧江流域生态系统宏观结构变化较其他两流域微弱，生态系统类型的转变主要表现为荒漠和其他生态系统面积增加，草地和水体与湿地面积减少。工程实施前 13 年间，荒漠面积净增加 7.93 km²，其他生态系统面积净增加 41.16 km²，草地面积净减少 34.14 km²，水体与湿地面积净减少 10.05 km²。工程实施后（2004～2012 年），三江源区澜沧江流域生态系统宏观结构变化较前期微弱，生态系统类型的转变主要表现为草地和其他生态系统面积减少，森林面积扩大。工程实施后 8 年间，森林面积净增加 9.23 km²，草地面积净减少 5.55 km²，其他生态系统面积净减少 4.21 km²（表 5-30）。

表 5-30　澜沧江流域生态系统宏观结构变化转类矩阵　　　（单位：km²）

| 时段 | 类型 | 农田 | 森林 | 草地 | 水体与湿地 | 荒漠 | 聚落 | 其他 |
|---|---|---|---|---|---|---|---|---|
| 工程实施前 | 农田 | 0.91 | 0.00 | 1.20 | 0.00 | 0.00 | 0.00 | 0.00 |
| | 森林 | 0.00 | 2 352.88 | 3.83 | 0.00 | 0.00 | 0.00 | 0.00 |
| | 草地 | 0.00 | 0.13 | 25 594.32 | 0.00 | 7.84 | 0.00 | 41.24 |
| | 水体与湿地 | 0.00 | 0.00 | 10.05 | 1 414.18 | 0.00 | 0.00 | 0.00 |
| | 荒漠 | 0.00 | 0.00 | 0.00 | 0.00 | 12.95 | 0.00 | 0.00 |
| | 聚落 | 0.00 | 0.00 | 0.00 | 0.00 | 0.00 | 2.11 | 0.00 |
| | 其他 | 0.00 | 0.00 | 0.00 | 0.00 | 0.08 | 0.00 | 7 547.86 |
| 工程实施后 | 农田 | 0.91 | 0.00 | 0.00 | 0.00 | 0.00 | 0.00 | 0.00 |
| | 森林 | 0.00 | 2 350.57 | 2.44 | 0.00 | 0.00 | 0.00 | 0.00 |
| | 草地 | 0.00 | 11.68 | 25 597.21 | 0.50 | 0.00 | 0.02 | 0.00 |
| | 水体与湿地 | 0.00 | 0.00 | 0.00 | 1 414.17 | 0.00 | 0.01 | 0.00 |
| | 荒漠 | 0.00 | 0.00 | 0.00 | 0.00 | 20.88 | 0.00 | 0.00 |
| | 聚落 | 0.00 | 0.00 | 0.00 | 0.00 | 0.00 | 2.11 | 0.00 |
| | 其他 | 0.00 | 0.00 | 4.21 | 0.00 | 0.00 | 0.00 | 7 584.89 |

4）黄河源吉迈水文站以上流域

工程实施前（20 世纪 90 年代初至 2004 年），三江源区黄河源吉迈水文站以上流域生态系统宏观结构变化剧烈，生态系统类型的转变主要表现为荒漠和其他生态系统面积增加，草地和水体与湿地面积减少。工程实施前 13 年间，荒漠面积净增加 459.10 km²，其他生态系统面积净增加 281.46 km²，草地面积净减少 660.51 km²，水体与湿地面积净减少 79.81 km²。工程实施后（2004～2012 年），三江源区黄河源吉迈水文站以上流域生态系统宏观结构变化较前期微弱，生态系统类型的转变主要表现为草地和水体与湿地面积增加，荒漠面积萎缩。工程实施后 8 年间，草地面积净增加 127.51 km²，水体与湿地面积净增加 91.27 km²，荒漠面积净减少 203.62 km²（表 5-31）。

表 5-31　黄河源吉迈水文站以上流域生态系统宏观结构变化转类矩阵　　　（单位：km²）

| 时段 | 类型 | 森林 | 草地 | 水体与湿地 | 荒漠 | 聚落 | 其他 |
|---|---|---|---|---|---|---|---|
| 工程实施前 | 森林 | 716.90 | 0.67 | 0.00 | 0.00 | 0.00 | 0.00 |
| | 草地 | 0.00 | 34 400.91 | 9.35 | 489.79 | 0.43 | 281.46 |
| | 水体与湿地 | 0.00 | 87.88 | 3 993.29 | 1.28 | 0.00 | 0.00 |
| | 荒漠 | 0.00 | 31.97 | 0.00 | 966.04 | 0.00 | 0.00 |
| | 聚落 | 0.00 | 0.00 | 0.00 | 0.00 | 9.95 | 0.00 |
| | 其他 | 0.00 | 0.00 | 0.00 | 0.00 | 0.00 | 2 949.85 |
| 工程实施后 | 森林 | 716.90 | 0.00 | 0.00 | 0.00 | 0.00 | 0.00 |
| | 草地 | 0.00 | 34 420.94 | 100.50 | 0.00 | 0.00 | 0.00 |
| | 水体与湿地 | 0.00 | 18.20 | 3 984.44 | 0.00 | 0.00 | 0.00 |
| | 荒漠 | 0.00 | 194.64 | 8.97 | 1 253.50 | 0.00 | 0.00 |
| | 聚落 | 0.00 | 0.00 | 0.00 | 0.00 | 10.38 | 0.00 |
| | 其他 | 0.00 | 15.16 | 0.00 | 0.00 | 0.00 | 3 216.15 |

5）楚玛尔河流域

工程实施前（20 世纪 90 年代初至 2004 年），三江源区长江源楚玛尔河流域生态系统宏观结构变化较剧烈，生态系统类型的转变主要表现为草地和荒漠面积增加，其他生态系统和水体与湿地面积减少。工程实施前 13 年间，草地面积净增加 14.67 km²，荒漠面积净增加 79.87 km²，其他生态系统面积净减少 84.23 km²，水体与湿地面积净减少 10.31 km²。工程实施后（2004～2012 年），三江源区长江源楚玛尔河流域生态系统宏观结构变化较前期微弱，生态系统类型的转变主要表现为草地和荒漠面积减少，水体与湿地面积扩大。工程实施后 8 年间，水体与湿地面积净增加 19.96 km²，草地面积净减少 7.07 km²，荒漠面积净减少 10.89 km²（表 5-32）。

6）当曲流域

工程实施前（20 世纪 90 年代初至 2004 年），三江源区长江源当曲流域生态系统宏观结构变化较微弱，生态系统类型的转变主要表现为草地面积增加，水体与湿地面积减少。工程实施前 13 年间，草地面积净增加 20.93 km²，水体与湿地面积净减少 21.82 km²。工程实施后（2004～2012 年），三江源区长江源当曲流域生态系统宏观结构变化较前期剧烈，生态系统类型的转变主要表现为水体与湿地面积减少，其他生态系统面积扩大。工程实施后 8 年间，水体与湿地面积净减少 173.88 km²，其他生态系统面积净增加 172.15 km²（表 5-33）。

表 5-32　长江源楚玛尔河流域生态系统宏观结构变化转类矩阵　　　　　（单位：km²）

| 时段 | 类型 | 森林 | 草地 | 水体与湿地 | 荒漠 | 聚落 | 其他 |
|---|---|---|---|---|---|---|---|
| 工程实施前 | 森林 | 7.02 | 0.00 | 0.00 | 0.00 | 0.00 | 0.00 |
| | 草地 | 0.00 | 12 952.63 | 0.40 | 6.70 | 0.00 | 0.00 |
| | 水体与湿地 | 0.00 | 21.77 | 2 328.36 | 0.38 | 0.00 | 0.15 |
| | 荒漠 | 0.00 | 0.00 | 11.58 | 3 109.30 | 0.00 | 0.00 |
| | 聚落 | 0.00 | 0.00 | 0.00 | 0.00 | 0.69 | 0.00 |
| | 其他 | 0.00 | 0.00 | 0.00 | 84.37 | 0.00 | 2 715.45 |
| 工程实施后 | 森林 | 7.02 | 0.00 | 0.00 | 0.00 | 0.00 | 0.00 |
| | 草地 | 0.00 | 12 967.34 | 7.07 | 0.00 | 0.00 | 0.00 |
| | 水体与湿地 | 0.00 | 0.00 | 2 339.13 | 0.00 | 0.00 | 1.22 |
| | 荒漠 | 0.00 | 0.00 | 10.89 | 3 189.86 | 0.00 | 0.00 |
| | 聚落 | 0.00 | 0.00 | 0.00 | 0.00 | 0.69 | 0.00 |
| | 其他 | 0.00 | 0.00 | 3.22 | 0.00 | 0.00 | 2 712.37 |

表 5-33　长江源当曲流域生态系统宏观结构变化转类矩阵　　　　　（单位：km²）

| 时段 | 类型 | 森林 | 草地 | 水体与湿地 | 荒漠 | 其他 |
|---|---|---|---|---|---|---|
| 工程实施前 | 森林 | 0.47 | 0.00 | 0.00 | 0.00 | 0.00 |
| | 草地 | 0.00 | 22 032.88 | 0.69 | 0.00 | 1.16 |
| | 水体与湿地 | 0.00 | 22.64 | 4 935.94 | 0.10 | 0.00 |
| | 荒漠 | 0.00 | 0.14 | 0.23 | 1 197.27 | 0.00 |
| | 其他 | 0.00 | 0.00 | 0.00 | 0.00 | 4 029.32 |
| 工程实施后 | 森林 | 0.47 | 0.00 | 0.00 | 0.00 | 0.00 |
| | 草地 | 0.00 | 22 053.19 | 2.46 | 0.00 | 0.00 |
| | 水体与湿地 | 0.00 | 2.06 | 4 757.33 | 0.00 | 177.48 |
| | 荒漠 | 0.00 | 0.50 | 2.22 | 1 194.64 | 0.00 |
| | 其他 | 0.00 | 4.36 | 0.97 | 0.00 | 4 025.15 |

7）沱沱河流域

工程实施前（20 世纪 90 年代初至 2004 年），三江源区长江源沱沱河流域生态系统宏观结构变化较其他两源头微弱，生态系统类型的转变主要表现为水体与湿地面积增加，草地和荒漠面积减少。工程实施前 13 年间，水体与湿地面积净增加 10.83 km²，草地面积净减少 2.14 km$^2$，荒漠面积净减少 7.84 km$^2$。工程实施后（2004～2012 年），三江源区长江源沱沱河流域生态系统宏观结构变化较前期剧烈，生态系统类型的转变主要表现为草地和水体与湿地面积扩大，荒漠和其他生态系统面积减少。工程实施后 8 年间，草地面积净增加 43.45 km$^2$，水体与湿地面积净增加 5.09 km$^2$，荒漠面积净减少 43.06 km$^2$，其他生态系统面积净减少 5.48 km$^2$（表 5-34）。

表 5-34　长江源沱沱河流域生态系统宏观结构变化转类矩阵　　　（单位：km$^2$）

| 时段 | 类型 | 草地 | 水体与湿地 | 荒漠 | 其他 |
|---|---|---|---|---|---|
| 工程实施前 | 草地 | 12 002.01 | 2.58 | 0.00 | 0.00 |
| | 水体与湿地 | 0.00 | 1 859.80 | 0.00 | 0.00 |
| | 荒漠 | 0.44 | 7.40 | 3 798.95 | 0.00 |
| | 其他 | 0.00 | 0.85 | 0.00 | 1 748.15 |
| 工程实施后 | 草地 | 11 985.61 | 9.14 | 7.70 | 0.00 |
| | 水体与湿地 | 13.07 | 1 855.33 | 0.00 | 2.23 |
| | 荒漠 | 39.63 | 11.13 | 3 748.19 | 0.00 |
| | 其他 | 7.60 | 0.12 | 0.00 | 1 740.44 |

## 2. 动态度

20 世纪 90 年代初至 2004 年，三江源区各流域生态系统变化程度存在较大差距，澜

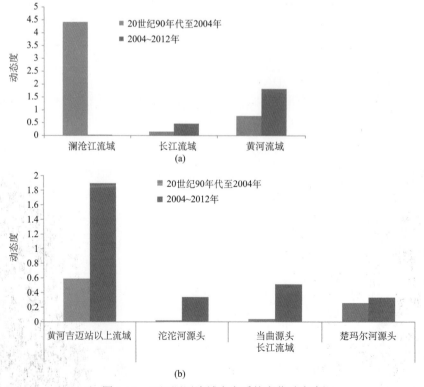

(a)

(b)

图 5-11　三江源区流域生态系统变化动态度

沧江流域生态系统较明显变动，主要此流域一半农田生态系统转变为草地，其次为黄河流域，长江流域也呈微弱变动；2004～2012 年三江源区各流域生态系统变动程度也存在较大差距，其中黄河流域呈较明显变动，长江流域呈微弱变动状态，澜沧江呈稳定少动状态。从两时段对比来看，澜沧江流域变化最为明显，其次为黄河流域（图 5-11）。

20 世纪 90 年代初至 2004 年，黄河源吉迈水文站以上流域，长江源沱沱河流域、当曲流域及楚玛尔河流域生态系统变化程度存在较大差异，黄河源吉迈水文站以上流域变化最为明显，其次为长江源楚玛尔河流域，两者都呈微弱变动态势，沱沱河流域及当曲流域呈稳定少动态势；2004～2012 年三江源区各流域生态系统变动程度也存在较大差距，其中黄河源吉迈水文站以上流域变化最为明显，呈较明显变动态势，长江流域三源头均呈微弱变动态势。从两时段对比来看，4 个小流域后期的生态系统变化程度较前期都更为明显，其中黄河源吉迈水文站以上流域变动最为明显，沱沱河流域、当曲流域其次，楚玛尔河流域变化程度基本不变。

## 第五节　自然保护区生态系统宏观结构状况及其变化

### 一、2012 年生态系统宏观结构状况

2012 年，三江源区各自然保护区生态系统面积详见表 5-35。其中，农田生态系统只在中铁-军功保护区有分布，森林生态系统除各拉丹冬保护区外，在其他各保护区均有分布，荒漠生态系统除东仲、多可河、年保玉则、麦秀保护区外，在其他各保护区均有分布，聚落生态系统在除当曲、昂赛、果宗木查、各拉丹冬、索加-曲麻河、约古宗列保护区外的其他保护区均有分布；其余各类生态系统在各个保护区均有分布，其中均以草地生态系统分布最广。

表 5-35　2012 年三江源区各自然保护区生态系统类型　　　（单位：km²）

| 保护区 | 农田 | 森林 | 草地 | 水体与湿地 | 荒漠 | 聚落 | 其他 |
|---|---|---|---|---|---|---|---|
| 东仲保护区 | 0.00 | 431.38 | 1 684.89 | 30.17 | 0.00 | 0.06 | 667.47 |
| 中铁-军功保护区 | 22.94 | 2 411.18 | 4 548.50 | 251.70 | 2.73 | 3.07 | 562.70 |
| 多可河保护区 | 0.00 | 142.17 | 384.43 | 8.35 | 0.00 | 0.10 | 0.75 |
| 年保玉则保护区 | 0.00 | 539.39 | 2 007.07 | 141.18 | 0.00 | 0.09 | 345.51 |
| 当曲保护区 | 0.00 | 0.47 | 11 495.85 | 3 416.44 | 131.39 | 0.00 | 1 220.01 |
| 扎陵湖-鄂陵湖保护区 | 0.00 | 22.52 | 10 544.27 | 2 176.50 | 752.91 | 0.16 | 523.37 |
| 昂赛保护区 | 0.00 | 25.64 | 948.32 | 40.79 | 0.25 | 0.00 | 546.31 |
| 星星海保护区 | 0.00 | 120.55 | 5 244.55 | 917.14 | 320.10 | 4.09 | 291.51 |
| 果宗木查保护区 | 0.00 | 161.27 | 7 171.35 | 1 075.26 | 9.53 | 0.00 | 2 734.82 |
| 各拉丹冬保护区 | 0.00 | 0.00 | 3 303.17 | 1 696.16 | 2 916.98 | 0.00 | 2 576.48 |
| 江西保护区 | 0.00 | 589.36 | 1 639.91 | 49.29 | 0.91 | 0.38 | 69.50 |
| 玛可河保护区 | 0.00 | 670.12 | 1 436.30 | 24.66 | 0.60 | 2.75 | 30.33 |
| 白扎保护区 | 0.00 | 655.36 | 6 139.67 | 200.59 | 1.85 | 0.20 | 1 374.60 |

| 保护区 | 农田 | 森林 | 草地 | 水体与湿地 | 荒漠 | 聚落 | 其他 |
|---|---|---|---|---|---|---|---|
| 索加-曲麻河保护区 | 0.00 | 10.55 | 29 463.45 | 3 876.88 | 4 754.94 | 0.00 | 3 354.99 |
| 约古宗列保护区 | 0.00 | 0.80 | 3 371.92 | 216.21 | 28.03 | 0.00 | 459.39 |
| 通天河沿保护区 | 0.00 | 822.07 | 6 502.83 | 262.24 | 0.21 | 2.77 | 1 290.48 |
| 阿尼玛卿保护区 | 0.00 | 553.01 | 2 183.69 | 190.37 | 4.06 | 0.03 | 1 395.83 |
| 麦秀保护区 | 0.00 | 526.55 | 1 978.63 | 94.62 | 0.00 | 0.57 | 136.50 |

# 二、工程实施前后生态系统宏观结构变化

## 1. 面积转类矩阵

### 1）东仲保护区

工程实施前（20 世纪 90 年代初至 2004 年），三江源区东仲保护区生态系统宏观结构没有发生变化。工程期（2004～2012 年），三江源区东仲保护区生态系统宏观结构变化较微弱，生态系统类型的转变主要表现为森林面积增加，草地面积减少。工程实施后 8 年间，森林面积净增加 2.54 km²，草地面积净减少 2.43 km²（表 5-36）。

**表 5-36　东仲保护区生态系统宏观结构变化转类矩阵**　　　　（单位：km²）

| 时段 | 类型 | 森林 | 草地 | 水体与湿地 | 聚落 | 其他 |
|---|---|---|---|---|---|---|
| 工程实施前 | 森林 | 428.83 | 0.00 | 0.00 | 0.00 | 0.00 |
|  | 草地 | 0.00 | 1 687.31 | 0.00 | 0.00 | 0.00 |
|  | 水体与湿地 | 0.00 | 0.00 | 30.28 | 0.00 | 0.00 |
|  | 聚落 | 0.00 | 0.00 | 0.00 | 0.06 | 0.00 |
|  | 其他 | 0.00 | 0.00 | 0.00 | 0.00 | 667.47 |
| 工程实施后 | 森林 | 425.80 | 3.03 | 0.00 | 0.00 | 0.00 |
|  | 草地 | 5.57 | 1 681.74 | 0.00 | 0.00 | 0.00 |
|  | 水体与湿地 | 0.00 | 0.12 | 30.17 | 0.00 | 0.00 |
|  | 聚落 | 0.00 | 0.00 | 0.00 | 0.06 | 0.00 |
|  | 其他 | 0.00 | 0.00 | 0.00 | 0.00 | 667.47 |

### 2）中铁-军功保护区

工程实施前（20 世纪 90 年代初至 2004 年），三江源区中铁-军功保护区生态系统宏观结构变化比较微弱，生态系统类型的转变主要表现为农田和草地面积减少，其他生态系统面积增加。工程实施前 13 年间，农田面积净减少 3.11 km²，草地面积净减少 3.03 km²，其他生态系统面积净增加 6.76 km²。工程实施后（2004～2012 年），三江源区中铁-军功保护区生态系统宏观结构变化与前期一样较微弱，生态系统类型的转变主要表现为森林和

草地面积减少，水体与湿地面积增加。工程实施后 8 年间，森林面积净减少 1.50 km$^2$，草地面积净减少 1.87 km$^2$，水体与湿地面积净增加 3.77 km$^2$（表 5-37）。

表 5-37　中铁-军功保护区生态系统宏观结构变化转类矩阵　　（单位：km$^2$）

| 时段 | 类型 | 农田 | 森林 | 草地 | 水体与湿地 | 荒漠 | 聚落 | 其他 |
|---|---|---|---|---|---|---|---|---|
| 工程实施前 | 农田 | 22.94 | 0.00 | 3.11 | 0.00 | 0.00 | 0.00 | 0.00 |
| | 森林 | 0.00 | 2 412.43 | 1.14 | 0.00 | 0.00 | 0.00 | 0.13 |
| | 草地 | 0.00 | 0.26 | 4 546.13 | 0.00 | 0.00 | 0.40 | 6.63 |
| | 水体与湿地 | 0.00 | 0.00 | 0.00 | 247.94 | 0.00 | 0.00 | 0.00 |
| | 荒漠 | 0.00 | 0.00 | 0.00 | 0.00 | 2.73 | 0.00 | 0.00 |
| | 聚落 | 0.00 | 0.00 | 0.00 | 0.00 | 0.00 | 2.68 | 0.00 |
| | 其他 | 0.00 | 0.00 | 0.00 | 0.00 | 0.00 | 0.00 | 556.33 |
| 工程实施后 | 农田 | 22.94 | 0.00 | 0.00 | 0.00 | 0.00 | 0.00 | 0.00 |
| | 森林 | 0.00 | 2 411.13 | 0.08 | 1.47 | 0.00 | 0.00 | 0.00 |
| | 草地 | 0.00 | 0.00 | 4 548.08 | 2.29 | 0.00 | 0.00 | 0.00 |
| | 水体与湿地 | 0.00 | 0.00 | 0.00 | 247.94 | 0.00 | 0.00 | 0.00 |
| | 荒漠 | 0.00 | 0.00 | 0.00 | 0.00 | 2.73 | 0.00 | 0.00 |
| | 聚落 | 0.00 | 0.00 | 0.00 | 0.00 | 0.00 | 3.07 | 0.00 |
| | 其他 | 0.00 | 0.05 | 0.34 | 0.00 | 0.00 | 0.00 | 562.70 |

### 3）多可河保护区

工程实施前（20 世纪 90 年代初至 2004 年），三江源区多可河保护区生态系统宏观结构变化比较微弱，生态系统类型的转变主要表现为森林面积减少，草地面积增加。工程实施前 13 年间，森林面积净减少 0.58 km$^2$，草地面积净增加 0.56 km$^2$。工程实施后（2004～2012 年），三江源区多可河保护区生态系统宏观结构未发生变化（表 5-38）。

表 5-38　多可河保护区生态系统宏观结构变化转类矩阵　　（单位：km$^2$）

| 时段 | 类型 | 森林 | 草地 | 水体与湿地 | 聚落 | 其他 |
|---|---|---|---|---|---|---|
| 工程实施前 | 森林 | 142.17 | 0.58 | 0.00 | 0.00 | 0.00 |
| | 草地 | 0.00 | 383.85 | 0.00 | 0.03 | 0.00 |
| | 水体与湿地 | 0.00 | 0.00 | 8.35 | 0.00 | 0.00 |
| | 聚落 | 0.00 | 0.00 | 0.00 | 0.08 | 0.00 |
| | 其他 | 0.00 | 0.00 | 0.00 | 0.00 | 0.75 |
| 工程实施后 | 森林 | 142.17 | 0.00 | 0.00 | 0.00 | 0.00 |
| | 草地 | 0.00 | 384.43 | 0.00 | 0.00 | 0.00 |
| | 水体与湿地 | 0.00 | 0.00 | 8.35 | 0.00 | 0.00 |
| | 聚落 | 0.00 | 0.00 | 0.00 | 0.10 | 0.00 |
| | 其他 | 0.00 | 0.00 | 0.00 | 0.00 | 0.75 |

### 4）年保玉则保护区

工程实施前（20世纪90年代初至2004年），三江源区年保玉则保护区生态系统宏观结构变化比较微弱，生态系统类型的转变主要表现为草地面积增加，其他生态系统面积减少。工程实施前13年间，草地面积净增加1.40 km²，其他生态系统面积净减少1.32 km²。工程实施后（2004～2012年），三江源区年保玉则保护区生态系统宏观结构变化依然较微弱，生态系统类型的转变主要表现为草地面积增加，水体与湿地面积减少。工程实施后8年间，草地面积净增加4.04 km²，水体与湿地面积净减少3.45 km²（表5-39）。

**表5-39　年保玉则保护区生态系统宏观结构变化转类矩阵**　　（单位：km²）

| 时段 | 类型 | 森林 | 草地 | 水体与湿地 | 聚落 | 其他 |
|---|---|---|---|---|---|---|
| 工程实施前 | 森林 | 539.39 | 0.08 | 0.00 | 0.00 | 0.00 |
| | 草地 | 0.00 | 2 001.42 | 0.00 | 0.00 | 0.21 |
| | 水体与湿地 | 0.00 | 0.00 | 144.63 | 0.00 | 0.00 |
| | 聚落 | 0.00 | 0.00 | 0.00 | 0.09 | 0.00 |
| | 其他 | 0.00 | 1.53 | 0.00 | 0.00 | 345.89 |
| 工程实施后 | 森林 | 539.39 | 0.00 | 0.00 | 0.00 | 0.00 |
| | 草地 | 0.00 | 2 002.68 | 0.35 | 0.00 | 0.00 |
| | 水体与湿地 | 0.00 | 3.80 | 140.83 | 0.00 | 0.00 |
| | 聚落 | 0.00 | 0.00 | 0.00 | 0.09 | 0.00 |
| | 其他 | 0.00 | 0.59 | 0.00 | 0.00 | 345.51 |

### 5）当曲保护区

工程实施前（20世纪90年代初至2004年），三江源区当曲保护区生态系统宏观结构变化比较微弱，生态系统类型的转变主要表现为草地面积增加，水体与湿地面积减少。工程实施前13年间，草地面积净增加22.40 km²，水体与湿地面积净减少22.49 km²。工程实施后（2004～2012年），三江源区当曲保护区生态系统宏观结构未发生变化（表5-40）。

**表5-40　当曲保护区生态系统宏观结构变化转类矩阵**　　（单位：km²）

| 时段 | 类型 | 森林 | 草地 | 水体与湿地 | 荒漠 | 其他 |
|---|---|---|---|---|---|---|
| 工程实施前 | 森林 | 0.47 | 0.00 | 0.00 | 0.00 | 0.00 |
| | 草地 | 0.00 | 11 473.24 | 0.21 | 0.00 | 0.00 |
| | 水体与湿地 | 0.00 | 22.61 | 3 416.23 | 0.10 | 0.00 |
| | 聚落 | 0.00 | 0.00 | 0.00 | 131.29 | 0.00 |
| | 其他 | 0.00 | 0.00 | 0.00 | 0.00 | 1 220.01 |
| 工程实施后 | 森林 | 0.47 | 0.00 | 0.00 | 0.00 | 0.00 |
| | 草地 | 0.00 | 11 495.85 | 0.00 | 0.00 | 0.00 |
| | 水体与湿地 | 0.00 | 0.00 | 3 416.44 | 0.00 | 0.00 |
| | 聚落 | 0.00 | 0.00 | 0.00 | 131.39 | 0.00 |
| | 其他 | 0.00 | 0.00 | 0.00 | 0.00 | 1 220.01 |

6）扎陵湖-鄂陵湖保护区

工程实施前（20 世纪 90 年代初至 2004 年），三江源区扎陵湖-鄂陵湖保护区生态系统宏观结构变化比较剧烈，生态系统类型的转变主要表现为草地面积减少，荒漠及其他生态系统面积增加。工程实施前 13 年间，草地面积净减少 352.29 km²，水体与湿地面积净减少 23.80 km²，荒漠面积净增加 309.53 km²，其他生态系统面积净增加 66.41 km²。工程实施后（2004～2012 年），三江源区扎陵湖-鄂陵湖保护区生态系统宏观结构变化较前期微弱，生态系统类型的转变主要表现为草地面积减少，水体与湿地面积增加。工程实施后 8 年间，草地面积净减少 73.30 km²，水体与湿地面积净增加 80.18 km²（表 5-41）。

表 5-41　扎陵湖-鄂陵湖保护区生态系统宏观结构变化转类矩阵　（单位：km²）

| 时段 | 类型 | 森林 | 草地 | 水体与湿地 | 荒漠 | 聚落 | 其他 |
|---|---|---|---|---|---|---|---|
| 工程实施前 | 森林 | 22.52 | 0.00 | 0.00 | 0.00 | 0.00 | 0.00 |
| | 草地 | 0.00 | 10 562.30 | 3.51 | 337.49 | 0.16 | 66.41 |
| | 水体与湿地 | 0.00 | 26.03 | 2 092.81 | 1.28 | 0.00 | 0.00 |
| | 荒漠 | 0.00 | 29.24 | 0.00 | 420.39 | 0.00 | 0.00 |
| | 聚落 | 0.00 | 0.00 | 0.00 | 0.00 | 0.00 | 0.00 |
| | 其他 | 0.00 | 0.00 | 0.00 | 0.00 | 0.00 | 457.58 |
| 工程实施后 | 森林 | 22.52 | 0.00 | 0.00 | 0.00 | 0.00 | 0.00 |
| | 草地 | 0.00 | 10 541.13 | 76.44 | 0.00 | 0.00 | 0.00 |
| | 水体与湿地 | 0.00 | 1.56 | 2 094.76 | 0.00 | 0.00 | 0.00 |
| | 荒漠 | 0.00 | 0.95 | 5.30 | 752.91 | 0.00 | 0.00 |
| | 聚落 | 0.00 | 0.00 | 0.00 | 0.00 | 0.16 | 0.00 |
| | 其他 | 0.00 | 0.63 | 0.00 | 0.00 | 0.00 | 523.37 |

7）昂赛保护区

工程实施前（20 世纪 90 年代初至 2004 年），三江源区昂赛保护区生态系统宏观结构未发生变化。工程实施后（2004～2012 年），三江源区昂赛保护区生态系统宏观结构未发生变化（表 5-42）。

8）星星海保护区

工程实施前（20 世纪 90 年代初至 2004 年），三江源区星星海保护区生态系统宏观结构变化比较剧烈，生态系统类型的转变主要表现为草地和水体与湿地面积减少，荒漠面积增加。工程实施前 13 年间，草地面积净减少 80.74 km²，水体与湿地面积净减少 36.68 km²，荒漠面积净增加 118.10 km²。工程实施后（2004～2012 年），三江源区星星海保护区生态系统宏观结构变化较剧烈，生态系统类型的转变主要表现为草地面积增加，荒漠面积减少。工程实施后 8 年间，草地面积净增加 158.13 km²，荒漠面积净减少 165.68 km²（表 5-43）。

表 5-42　昂赛保护区生态系统宏观结构变化转类矩阵　　　（单位：km²）

| 时段 | 类型 | 森林 | 草地 | 水体与湿地 | 荒漠 | 其他 |
|---|---|---|---|---|---|---|
| 工程实施前 | 森林 | 25.64 | 0.00 | 0.00 | 0.00 | 0.00 |
| | 草地 | 0.00 | 948.32 | 0.00 | 0.00 | 0.00 |
| | 水体与湿地 | 0.00 | 0.00 | 40.79 | 0.00 | 0.00 |
| | 聚落 | 0.00 | 0.00 | 0.00 | 0.25 | 0.00 |
| | 其他 | 0.00 | 0.00 | 0.00 | 0.00 | 546.31 |
| 工程实施后 | 森林 | 25.64 | 0.00 | 0.00 | 0.00 | 0.00 |
| | 草地 | 0.00 | 948.32 | 0.00 | 0.00 | 0.00 |
| | 水体与湿地 | 0.00 | 0.00 | 40.79 | 0.00 | 0.00 |
| | 聚落 | 0.00 | 0.00 | 0.00 | 0.25 | 0.00 |
| | 其他 | 0.00 | 0.00 | 0.00 | 0.00 | 546.31 |

表 5-43　星星海保护区生态系统宏观结构变化转类矩阵　　　（单位：km²）

| 时段 | 类型 | 森林 | 草地 | 水体与湿地 | 荒漠 | 聚落 | 其他 |
|---|---|---|---|---|---|---|---|
| 工程实施前 | 森林 | 120.55 | 0.67 | 0.00 | 0.00 | 0.00 | 0.00 |
| | 草地 | 0.00 | 5 045.54 | 3.52 | 118.10 | 0.00 | 0.00 |
| | 水体与湿地 | 0.00 | 40.20 | 906.07 | 0.00 | 0.00 | 0.00 |
| | 荒漠 | 0.00 | 0.00 | 0.00 | 367.68 | 0.00 | 0.00 |
| | 聚落 | 0.00 | 0.00 | 0.00 | 0.00 | 4.09 | 0.00 |
| | 其他 | 0.00 | 0.00 | 0.00 | 0.00 | 0.00 | 291.51 |
| 工程实施后 | 森林 | 120.55 | 0.00 | 0.00 | 0.00 | 0.00 | 0.00 |
| | 草地 | 0.00 | 5 067.33 | 19.08 | 0.00 | 0.00 | 0.00 |
| | 水体与湿地 | 0.00 | 14.73 | 894.86 | 0.00 | 0.00 | 0.00 |
| | 荒漠 | 0.00 | 162.48 | 3.20 | 320.10 | 0.00 | 0.00 |
| | 聚落 | 0.00 | 0.00 | 0.00 | 0.00 | 4.09 | 0.00 |
| | 其他 | 0.00 | 0.00 | 0.00 | 0.00 | 0.00 | 291.51 |

9）果宗木查保护区

　　工程实施前（20 世纪 90 年代初至 2004 年），三江源区果宗木查保护区生态系统宏观结构变化比较微弱，生态系统类型的转变主要表现为水体与湿地面积减少，其他生态系统面积增加。工程实施前 13 年间，水体与湿地面积净减少 14.86 km²，其他生态系统面积净增加 16.09 km²。工程实施后（2004～2012 年），三江源区果宗木查保护区生态系统宏观结构未发生变化（表 5-44）。

表 5-44 果宗木查保护区生态系统宏观结构变化转类矩阵 （单位：km²）

| 时段 | 类型 | 森林 | 草地 | 水体与湿地 | 荒漠 | 其他 |
|---|---|---|---|---|---|---|
| 工程实施前 | 森林 | 161.27 | 0.00 | 0.00 | 0.00 | 0.00 |
| | 草地 | 0.00 | 7 156.48 | 0.00 | 0.00 | 16.17 |
| | 水体与湿地 | 0.00 | 14.86 | 1 075.26 | 0.00 | 0.00 |
| | 荒漠 | 0.00 | 0.00 | 0.00 | 9.44 | 0.00 |
| | 其他 | 0.00 | 0.00 | 0.00 | 0.08 | 2 718.65 |
| 工程实施后 | 森林 | 161.27 | 0.00 | 0.00 | 0.00 | 0.00 |
| | 草地 | 0.00 | 7 171.35 | 0.00 | 0.00 | 0.00 |
| | 水体与湿地 | 0.00 | 0.00 | 1 075.26 | 0.00 | 0.00 |
| | 荒漠 | 0.00 | 0.00 | 0.00 | 9.53 | 0.00 |
| | 其他 | 0.00 | 0.00 | 0.00 | 0.00 | 2 734.82 |

10）各拉丹冬保护区

工程实施前（20 世纪 90 年代初至 2004 年），三江源区各拉丹冬保护区生态系统宏观结构变化比较微弱，生态系统类型的转变主要为草地面积减少，水体与湿地面积增加。工程实施前 13 年间，草地面积净减少 1.82 km²，荒漠面积净减少 0.42 km²，水体与湿地面积净增加 2.24 km²。工程实施后（2004～2012 年），三江源区各拉丹冬保护区生态系统宏观结构变化较微弱，生态系统类型的转变主要表现为荒漠面积减少，其他生态系统面积增加。工程实施后 8 年间，荒漠面积净减少 17.15 km²，其他生态系统面积净增加 19.21 km²（表 5-45）。

表 5-45 各拉丹冬保护区生态系统宏观结构变化转类矩阵 （单位：km²）

| 时段 | 类型 | 草地 | 水体与湿地 | 荒漠 | 其他 |
|---|---|---|---|---|---|
| 工程实施前 | 草地 | 3 306.82 | 1.82 | 0.00 | 0.00 |
| | 水体与湿地 | 0.00 | 1 692.33 | 0.00 | 0.00 |
| | 荒漠 | 0.00 | 0.42 | 2 934.13 | 0.00 |
| | 其他 | 0.00 | 0.00 | 0.00 | 2 557.27 |
| 工程实施后 | 草地 | 3 298.70 | 8.12 | 0.00 | 0.00 |
| | 水体与湿地 | 0.16 | 1 670.90 | 0.00 | 23.52 |
| | 荒漠 | 0.00 | 17.15 | 2 916.98 | 0.00 |
| | 其他 | 4.31 | 0.00 | 0.00 | 2 552.96 |

11）江西保护区

工程实施前（20 世纪 90 年代初至 2004 年），三江源区江西保护区生态系统宏观结构变化比较微弱，生态系统类型的转变主要表现为草地面积减少，荒漠面积增加。工程实施前 13 年间，草地面积净减少 0.63 km²，荒漠面积净增加 0.74 km²，同时农田全部转类为草地。工程实施后（2004～2012 年），三江源区江西保护区生态系统宏观结构变化较微弱，生态系统类型的转变主要表现为部分草地转变为森林。工程实施后 8 年间，8.92 km² 的草地转类为森林（表 5-46）。

表 5-46　江西保护区生态系统宏观结构变化转类矩阵　　（单位：km²）

| 时段 | 类型 | 农田 | 森林 | 草地 | 水体与湿地 | 荒漠 | 聚落 | 其他 |
|---|---|---|---|---|---|---|---|---|
| 工程实施前 | 农田 | 0.00 | 0.00 | 0.08 | 0.00 | 0.00 | 0.00 | 0.00 |
| | 森林 | 0.00 | 580.31 | 0.16 | 0.00 | 0.00 | 0.00 | 0.00 |
| | 草地 | 0.00 | 0.13 | 1 648.51 | 0.00 | 0.74 | 0.00 | 0.07 |
| | 水体与湿地 | 0.00 | 0.00 | 0.08 | 49.29 | 0.00 | 0.00 | 0.00 |
| | 荒漠 | 0.00 | 0.00 | 0.00 | 0.00 | 0.16 | 0.00 | 0.00 |
| | 聚落 | 0.00 | 0.00 | 0.00 | 0.00 | 0.00 | 0.38 | 0.00 |
| | 其他 | 0.00 | 0.00 | 0.00 | 0.00 | 0.00 | 0.00 | 69.43 |
| 工程实施后 | 农田 | 0.00 | 0.00 | 0.00 | 0.00 | 0.00 | 0.00 | 0.00 |
| | 森林 | 0.00 | 580.44 | 0.00 | 0.00 | 0.00 | 0.00 | 0.00 |
| | 草地 | 0.00 | 8.92 | 1 639.91 | 0.00 | 0.00 | 0.00 | 0.00 |
| | 水体与湿地 | 0.00 | 0.00 | 0.00 | 49.29 | 0.00 | 0.00 | 0.00 |
| | 荒漠 | 0.00 | 0.00 | 0.00 | 0.00 | 0.91 | 0.00 | 0.00 |
| | 聚落 | 0.00 | 0.00 | 0.00 | 0.00 | 0.00 | 0.38 | 0.00 |
| | 其他 | 0.00 | 0.00 | 0.00 | 0.00 | 0.00 | 0.00 | 69.50 |

## 12）玛可河保护区

工程实施前（20 世纪 90 年代初至 2004 年），三江源区玛可河保护区生态系统宏观结构变化比较微弱，生态系统类型的转变主要表现为森林转变为草地。工程实施前 13 年间，4.70 km² 森林转类为草地。工程实施后（2004～2012 年），三江源区玛可河保护区生态系统宏观结构未发生变化（表 5-47）。

表 5-47　玛可河保护区生态系统宏观结构变化转类矩阵　　（单位：km²）

| 时段 | 类型 | 森林 | 草地 | 水体与湿地 | 荒漠 | 聚落 | 其他 |
|---|---|---|---|---|---|---|---|
| 工程实施前 | 森林 | 670.12 | 4.70 | 0.00 | 0.00 | 0.00 | 0.00 |
| | 草地 | 0.00 | 1 431.60 | 0.00 | 0.00 | 0.00 | 0.00 |
| | 水体与湿地 | 0.00 | 0.00 | 24.66 | 0.00 | 0.00 | 0.00 |
| | 荒漠 | 0.00 | 0.00 | 0.00 | 0.60 | 0.00 | 0.00 |
| | 聚落 | 0.00 | 0.00 | 0.00 | 0.00 | 2.75 | 0.00 |
| | 其他 | 0.00 | 0.00 | 0.00 | 0.00 | 0.00 | 30.33 |
| 工程实施后 | 森林 | 670.12 | 0.00 | 0.00 | 0.00 | 0.00 | 0.00 |
| | 草地 | 0.00 | 1 436.30 | 0.00 | 0.00 | 0.00 | 0.00 |
| | 水体与湿地 | 0.00 | 0.00 | 24.66 | 0.00 | 0.00 | 0.00 |
| | 荒漠 | 0.00 | 0.00 | 0.00 | 0.60 | 0.00 | 0.00 |
| | 聚落 | 0.00 | 0.00 | 0.00 | 0.00 | 2.75 | 0.00 |
| | 其他 | 0.00 | 0.00 | 0.00 | 0.00 | 0.00 | 30.33 |

13）白扎保护区

工程实施前（20 世纪 90 年代初至 2004 年），三江源区白扎保护区生态系统宏观结构变化比较微弱，生态系统类型的转变主要表现为草地面积减少，其他生态系统面积增加。工程实施前 13 年间，草地面积净减少 4.50 km²，其他生态系统面积净增加 6.43 km²。工程实施后（2004～2012 年），三江源区白扎保护区生态系统宏观结构变化较微弱，生态系统类型的转变主要表现为其他生态系统变为草地。工程实施后 8 年间，1.63 km² 其他生态系统生态系统转类为草地生态系统（表 5-48）。

表 5-48　白扎保护区生态系统宏观结构变化转类矩阵　　（单位：km²）

| 时段 | 类型 | 森林 | 草地 | 水体与湿地 | 荒漠 | 聚落 | 其他 |
|---|---|---|---|---|---|---|---|
| 工程实施前 | 森林 | 655.36 | 1.93 | 0.00 | 0.00 | 0.00 | 0.00 |
| | 草地 | 0.00 | 6 136.11 | 0.00 | 0.00 | 0.00 | 6.43 |
| | 水体与湿地 | 0.00 | 0.00 | 200.59 | 0.00 | 0.00 | 0.00 |
| | 荒漠 | 0.00 | 0.00 | 0.00 | 1.85 | 0.00 | 0.00 |
| | 聚落 | 0.00 | 0.00 | 0.00 | 0.00 | 0.20 | 0.00 |
| | 其他 | 0.00 | 0.00 | 0.00 | 0.00 | 0.00 | 1 369.80 |
| 工程实施后 | 森林 | 655.36 | 0.00 | 0.00 | 0.00 | 0.00 | 0.00 |
| | 草地 | 0.00 | 6 138.04 | 0.00 | 0.00 | 0.00 | 0.00 |
| | 水体与湿地 | 0.00 | 0.00 | 200.59 | 0.00 | 0.00 | 0.00 |
| | 荒漠 | 0.00 | 0.00 | 0.00 | 1.85 | 0.00 | 0.00 |
| | 聚落 | 0.00 | 0.00 | 0.00 | 0.00 | 0.20 | 0.00 |
| | 其他 | 0.00 | 1.63 | 0.00 | 0.00 | 0.00 | 1 374.60 |

14）索加-曲麻河保护区

工程实施前（20 世纪 90 年代初至 2004 年），三江源区索加-曲麻河保护区生态系统宏观结构变化较剧烈，生态系统类型的转变主要表现为水体与湿地面积减少，草地面积增加。工程实施前 13 年间，水体与湿地面积净减少 94.78 km²，草地面积净增加 77.96 km²。工程实施后（2004～2012 年），三江源区索加-曲麻河保护区生态系统宏观结构变化较微弱，生态系统类型的转变主要表现为水体与湿地面积增加，草地、荒漠面积减少。工程实施后 8 年间，水体与湿地面积净增加 5.72 km²，荒漠面积净减少 3.12 km²，草地面积净减少 2.67 km²（表 5-49）。

15）约古宗列保护区

工程实施前（20 世纪 90 年代初至 2004 年），三江源区约古宗列保护区生态系统宏观结构变化比较微弱，生态系统类型的转变主要表现为草地面积减少，其他生态系统面积增加。工程实施前 13 年间，草地面积净减少 21.88 km²，其他生态系统面积净增加 28.47 km²。工程实施后（2004～2012 年），三江源区约古宗列保护区生态系统宏观结构变化较微弱，生态系统类型的转变主要表现为草地变为水体与湿地。工程实施后 8 年间，4.97 km² 草地转类为水体与湿地（表 5-50）。

**表 5-49　索加-曲麻河保护区生态系统宏观结构变化转类矩阵**　　（单位：km²）

| 时段 | 类型 | 森林 | 草地 | 水体与湿地 | 荒漠 | 其他 |
|---|---|---|---|---|---|---|
| 工程实施前 | 森林 | 10.55 | 0.00 | 0.00 | 0.00 | 0.00 |
| | 草地 | 0.00 | 29 372.13 | 0.00 | 10.87 | 5.16 |
| | 水体与湿地 | 0.00 | 93.99 | 3 870.93 | 1.02 | 0.00 |
| | 荒漠 | 0.00 | 0.00 | 0.23 | 4 746.17 | 0.00 |
| | 其他 | 0.00 | 0.00 | 0.00 | 0.00 | 3 349.76 |
| 工程实施后 | 森林 | 10.55 | 0.00 | 0.00 | 0.00 | 0.00 |
| | 草地 | 0.00 | 29 460.41 | 5.71 | 0.00 | 0.00 |
| | 水体与湿地 | 0.00 | 1.65 | 3 867.58 | 0.00 | 1.93 |
| | 荒漠 | 0.00 | 0.50 | 2.62 | 4 754.94 | 0.00 |
| | 其他 | 0.00 | 0.90 | 0.97 | 0.00 | 3 353.06 |

**表 5-50　约古宗列保护区生态系统宏观结构变化转类矩阵**　　（单位：km²）

| 时段 | 类型 | 森林 | 草地 | 水体与湿地 | 荒漠 | 其他 |
|---|---|---|---|---|---|---|
| 工程实施前 | 森林 | 0.80 | 0.00 | 0.00 | 0.00 | 0.00 |
| | 草地 | 0.00 | 3 370.31 | 0.00 | 0.00 | 28.47 |
| | 水体与湿地 | 0.00 | 6.58 | 211.23 | 0.00 | 0.00 |
| | 荒漠 | 0.00 | 0.00 | 0.00 | 28.03 | 0.00 |
| | 其他 | 0.00 | 0.00 | 0.00 | 0.00 | 430.93 |
| 工程实施后 | 森林 | 0.80 | 0.00 | 0.00 | 0.00 | 0.00 |
| | 草地 | 0.00 | 3 371.92 | 4.97 | 0.00 | 0.00 |
| | 水体与湿地 | 0.00 | 0.00 | 211.23 | 0.00 | 0.00 |
| | 荒漠 | 0.00 | 0.00 | 0.00 | 28.03 | 0.00 |
| | 其他 | 0.00 | 0.00 | 0.00 | 0.00 | 459.39 |

16）通天河沿保护区

工程实施前（20 世纪 90 年代初至 2004 年），三江源区通天河沿保护区生态系统宏观结构变化比较微弱，生态系统类型的转变主要表现为森林和草地面积减少，其他生态系统面积增加。工程实施前 13 年间，森林面积净减少 3.39 km²，草地面积净减少 2.98 km²，其他生态系统面积净增加 5.34 km²。工程实施后（2004～2012 年），三江源区通天河沿保护区生态系统宏观结构变化较前期剧烈，生态系统类型的转变主要表现为草地面积增加，其他生态系统面积减少。工程实施后 8 年间，草地面积净增加 69.81 km²，其他生态系统面积净减少 77.16 km$^2$（表 5-51）。

表 5-51 通天河沿保护区生态系统宏观结构变化转类矩阵 （单位：km$^2$）

| 时段 | 类型 | 森林 | 草地 | 水体与湿地 | 荒漠 | 聚落 | 其他 |
|---|---|---|---|---|---|---|---|
| 工程实施前 | 森林 | 819.77 | 3.49 | 0.00 | 0.00 | 0.00 | 0.00 |
| | 草地 | 0.10 | 6 429.53 | 0.00 | 0.00 | 1.03 | 5.34 |
| | 水体与湿地 | 0.00 | 0.00 | 257.94 | 0.00 | 0.00 | 0.00 |
| | 荒漠 | 0.00 | 0.00 | 0.00 | 0.21 | 0.00 | 0.00 |
| | 聚落 | 0.00 | 0.00 | 0.00 | 0.00 | 0.89 | 0.00 |
| | 其他 | 0.00 | 0.00 | 0.00 | 0.00 | 0.00 | 1 362.29 |
| 工程实施后 | 森林 | 815.97 | 3.90 | 0.00 | 0.00 | 0.00 | 0.00 |
| | 草地 | 5.79 | 6 420.90 | 5.48 | 0.00 | 0.85 | 0.00 |
| | 水体与湿地 | 0.22 | 0.97 | 256.76 | 0.00 | 0.00 | 0.00 |
| | 荒漠 | 0.00 | 0.00 | 0.00 | 0.21 | 0.00 | 0.00 |
| | 聚落 | 0.00 | 0.00 | 0.00 | 0.00 | 1.92 | 0.00 |
| | 其他 | 0.09 | 77.07 | 0.00 | 0.00 | 0.00 | 1 290.48 |

17）阿尼玛卿保护区

工程实施前（20 世纪 90 年代初至 2004 年），三江源区阿尼玛卿保护区生态系统宏观结构变化比较微弱，生态系统类型的转变主要表现为水体与湿地变为其他生态系统。工程实施前 13 年间，31.20 km$^2$ 水体与湿地转类为其他生态系统。工程实施后（2004～2012 年），三江源区阿尼玛卿保护区生态系统宏观结构变化较微弱，生态系统类型的转变主要发生在其他生态系统上。工程实施后 8 年间，0.11 km$^2$ 其他生态系统转类为草地（表 5-52）。

表 5-52 阿尼玛卿保护区生态系统宏观结构变化转类矩阵 （单位：km$^2$）

| 时段 | 类型 | 森林 | 草地 | 水体与湿地 | 荒漠 | 聚落 | 其他 |
|---|---|---|---|---|---|---|---|
| 工程实施前 | 森林 | 553.01 | 0.00 | 0.00 | 0.00 | 0.00 | 0.00 |
| | 草地 | 0.00 | 2 183.58 | 0.00 | 0.00 | 0.00 | 0.00 |
| | 水体与湿地 | 0.00 | 0.00 | 190.37 | 0.00 | 0.00 | 31.20 |
| | 荒漠 | 0.00 | 0.00 | 0.00 | 4.06 | 0.00 | 0.00 |
| | 聚落 | 0.00 | 0.00 | 0.00 | 0.00 | 0.03 | 0.00 |
| | 其他 | 0.00 | 0.00 | 0.00 | 0.00 | 0.00 | 1 364.75 |
| 工程实施后 | 森林 | 553.01 | 0.00 | 0.00 | 0.00 | 0.00 | 0.00 |
| | 草地 | 0.00 | 2 183.58 | 0.00 | 0.00 | 0.00 | 0.00 |
| | 水体与湿地 | 0.00 | 0.00 | 190.37 | 0.00 | 0.00 | 0.00 |
| | 荒漠 | 0.00 | 0.00 | 0.00 | 4.06 | 0.00 | 0.00 |
| | 聚落 | 0.00 | 0.00 | 0.00 | 0.00 | 0.03 | 0.00 |
| | 其他 | 0.00 | 0.11 | 0.00 | 0.00 | 0.00 | 1 395.83 |

18）麦秀保护区

工程实施前（20 世纪 90 年代初至 2004 年），三江源区麦秀保护区生态系统宏观结构变化比较微弱，生态系统类型的转变主要表现为森林和水体与湿地面积减少，草地面积增加。工程实施前 13 年间，森林面积净减少 0.32 $km^2$，水体与湿地面积减少 0.45 $km^2$，草地面积净增加 0.70 $km^2$。工程实施后（2004～2012 年），三江源区麦秀保护区生态系统宏观结构变化较微弱，生态系统类型的转变主要表现为草地变为聚落。工程实施后 8 年间，0.28 $km^2$ 草地转类为聚落（表 5-53）。

表 5-53　麦秀保护区生态系统宏观结构变化转类矩阵　　（单位：$km^2$）

| 时段 | 类型 | 森林 | 草地 | 水体与湿地 | 聚落 | 其他 |
| --- | --- | --- | --- | --- | --- | --- |
| 工程实施前 | 森林 | 526.55 | 0.32 | 0.00 | 0.00 | 0.00 |
| | 草地 | 0.00 | 1 978.14 | 0.00 | 0.00 | 0.07 |
| | 水体与湿地 | 0.00 | 0.45 | 94.62 | 0.00 | 0.00 |
| | 聚落 | 0.00 | 0.00 | 0.00 | 0.29 | 0.00 |
| | 其他 | 0.00 | 0.00 | 0.00 | 0.00 | 136.43 |
| 工程实施后 | 森林 | 526.55 | 0.00 | 0.00 | 0.00 | 0.00 |
| | 草地 | 0.00 | 1 978.63 | 0.00 | 0.28 | 0.00 |
| | 水体与湿地 | 0.00 | 0.00 | 94.62 | 0.00 | 0.00 |
| | 聚落 | 0.00 | 0.00 | 0.00 | 0.29 | 0.00 |
| | 其他 | 0.00 | 0.00 | 0.00 | 0.00 | 136.50 |

**2. 动态度**

20 世纪 90 年代初至 2004 年，三江源区各自然保护区生态系统变化程度存在较大差距，变动最大的是江西保护区的核心区，因为地区所有农田都被退耕为草地，其次是阿尼玛卿保护区的核心区，呈较明显变动；2004～2012 年三江源区各自然保护区生态系统变动程度也存在较大差距，其中星星海自然保护区的核心区及缓冲区变动最为剧烈，呈显著变动状态，主要因为此地区大量的荒漠变为水体与湿地或草地，其次是通天河沿保护区，其实验区呈较明显变动状态。从两时段对比来看，除星星海保护区、江西保护区、通天河沿保护区、阿尼玛卿保护区、扎陵湖-鄂陵湖保护区两时期变化程度相差较大外，其他保护区两时期生态系统变化程度大都呈稳定少动或微弱变动状态（表 5-54，图 5-12）。

表 5-54　三江源区自然保护区生态系统变化动态度

| 保护区 | 20 世纪 90 年代初至 2004 年 | | | 2004～2012 年 | | |
| --- | --- | --- | --- | --- | --- | --- |
| | 核心区 | 缓冲区 | 试验区 | 核心区 | 缓冲区 | 试验区 |
| 东仲 | 0.00 | 0.00 | 0.00 | 0.31 | 0.10 | 0.22 |
| 中铁-军功 | 0.00 | 0.00 | 0.95 | 0.02 | 0.02 | 0.03 |
| 多可河 | 0.00 | 0.00 | 0.12 | 0.00 | 0.00 | 0.00 |

续表

| 保护区 | 20世纪90年代初至2004年 | | | 2004～2012年 | | |
|---|---|---|---|---|---|---|
| | 核心区 | 缓冲区 | 试验区 | 核心区 | 缓冲区 | 试验区 |
| 年保玉则 | 0.00 | 0.03 | 0.07 | 0.13 | 0.22 | 0.43 |
| 当曲 | 0.04 | 0.11 | 0.01 | 0.00 | 0.00 | 0.00 |
| 扎陵湖-鄂陵湖 | 0.11 | 0.50 | 1.04 | 0.69 | 0.25 | 0.16 |
| 昂赛 | 0.00 | 0.00 | 0.00 | 0.00 | 0.00 | 0.00 |
| 星星海 | 0.46 | 1.06 | 0.44 | 10.73 | 11.89 | 1.27 |
| 果宗木查 | 0.16 | 0.13 | 0.04 | 0.00 | 0.00 | 0.00 |
| 各拉丹冬 | 0.00 | 0.00 | 0.01 | 0.02 | 0.07 | 0.53 |
| 江西 | 7.73 | 0.04 | 0.00 | 0.21 | 0.00 | 0.04 |
| 玛可河 | 0.01 | 0.05 | 0.12 | 0.00 | 0.00 | 0.00 |
| 白扎 | 0.01 | 0.00 | 0.04 | 0.00 | 0.33 | 0.01 |
| 索加-曲麻河 | 0.25 | 0.02 | 0.33 | 0.00 | 0.00 | 0.08 |
| 约古宗列 | 0.03 | 0.29 | 0.50 | 0.00 | 0.00 | 0.03 |
| 通天河沿 | 0.05 | 0.02 | 0.04 | 0.08 | 0.79 | 1.19 |
| 阿尼玛卿 | 1.66 | 0.50 | 0.00 | 0.00 | 0.00 | 0.00 |
| 麦秀 | 0.01 | 0.00 | 0.05 | 0.00 | 0.00 | 0.00 |
| 非保护区 | | 0.38 | | | 0.57 | |

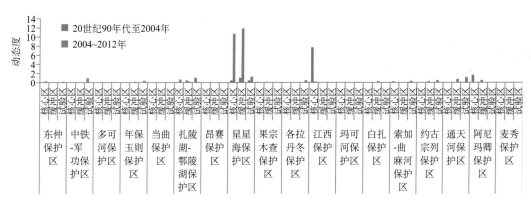

图 5-12　三江源区自然保护区生态系统变化动态度

# 第六节　重点工程区生态系统宏观结构状况及其变化

## 一、2012 年生态系统宏观结构状况

2012 年，三江源区各重点工程区生态系统面积详见表 5-55。其中，农田生态系统只在黄河源工程区有分布，森林生态系统除各拉丹冬工程区外，在其他各工程区均有分布，

荒漠生态系统除麦秀工程区外在其他各工程区均有分布,聚落生态系统主要分布在中南、黄河源、东南、麦秀 4 个工程区;其余各类生态系统在各个工程区均有分布。

表 5-55　2012 年三江源区各重点工程区生态系统类型　　（单位：km²）

| 重点工程区 | 农田 | 森林 | 草地 | 水体与湿地 | 荒漠 | 聚落 | 其他 |
|---|---|---|---|---|---|---|---|
| 中南工程区 | 0.00 | 2 523.39 | 16 905.54 | 577.66 | 3.22 | 3.41 | 3 964.35 |
| 黄河源工程区 | 22.94 | 3 108.06 | 25 892.93 | 3 751.91 | 1 107.82 | 7.35 | 3 232.81 |
| 东南工程区 | 0.00 | 1 351.69 | 3 822.11 | 174.20 | 0.60 | 2.94 | 382.26 |
| 长江源工程区 | 0.00 | 172.29 | 48 130.65 | 8 368.58 | 4 895.86 | 0.00 | 7 309.83 |
| 各拉丹冬工程区 | 0.00 | 0.00 | 3 301.34 | 1 696.06 | 2 916.42 | 0.00 | 2 576.34 |
| 麦秀工程区 | 0.00 | 526.69 | 1 978.64 | 94.62 | 0.00 | 0.57 | 136.50 |

# 二、工程实施前后生态系统宏观结构变化

## 1. 面积转类矩阵

### 1）中南工程区

工程实施前（20 世纪 90 年代初至 2004 年），三江源区中南工程区生态系统宏观结构变化较微弱，生态系统类型的转变主要表现为草地面积萎缩，其他生态系统扩张。工程实施前 13 年间，草地面积净减少 18.24 km²，其他生态系统面积净增加 27.82 km²。工程实施后（2004～2012 年），三江源区中南工程区生态系统宏观结构变化较前期剧烈，生态系统类型的转变主要表现为草地面积扩张，其他生态系统逐步向草地过渡。工程实施后 8 年间，草地面积净增加 60.09 km²，其他生态系统面积净减少 78.79 km²（表 5-56）。

表 5-56　中南工程区生态系统宏观结构变化转类矩阵　　（单位：km²）

| 时段 | 类型 | 农田 | 森林 | 草地 | 水体与湿地 | 荒漠 | 聚落 | 其他 |
|---|---|---|---|---|---|---|---|---|
| 工程实施前 | 农田 | 0.00 | 0.00 | 0.08 | 0.00 | 0.00 | 0.00 | 0.00 |
| | 森林 | 0.00 | 2 509.49 | 5.59 | 0.00 | 0.00 | 0.00 | 0.43 |
| | 草地 | 0.00 | 0.24 | 16 831.27 | 0.00 | 0.74 | 1.03 | 30.40 |
| | 水体与湿地 | 0.00 | 0.00 | 5.51 | 573.48 | 0.00 | 0.00 | 0.00 |
| | 荒漠 | 0.00 | 0.00 | 0.00 | 0.00 | 2.48 | 0.00 | 0.00 |
| | 聚落 | 0.00 | 0.00 | 0.00 | 0.00 | 0.00 | 1.53 | 0.00 |
| | 其他 | 0.00 | 0.00 | 3.00 | 0.00 | 0.00 | 0.00 | 4 012.31 |
| 工程实施后 | 农田 | 0.00 | 0.00 | 0.00 | 0.00 | 0.00 | 0.00 | 0.00 |
| | 森林 | 0.00 | 2 502.79 | 6.93 | 0.00 | 0.00 | 0.00 | 0.00 |
| | 草地 | 0.00 | 20.29 | 16 818.82 | 5.48 | 0.00 | 0.85 | 0.00 |
| | 水体与湿地 | 0.00 | 0.22 | 1.08 | 572.18 | 0.00 | 0.00 | 0.00 |
| | 荒漠 | 0.00 | 0.00 | 0.00 | 0.00 | 3.22 | 0.00 | 0.00 |
| | 聚落 | 0.00 | 0.00 | 0.00 | 0.00 | 0.00 | 2.56 | 0.00 |
| | 其他 | 0.00 | 0.09 | 78.70 | 0.00 | 0.00 | 0.00 | 3 964.35 |

2）黄河源工程区

工程实施前（20 世纪 90 年代初至 2004 年），三江源区黄河源工程区生态系统宏观结构变化较剧烈，生态系统类型的转变主要表现为草地面积萎缩，荒漠面积扩张。工程实施前 13 年间，草地面积净减少 457.96 km²，荒漠面积净增加 427.63 km²，其他生态系统面积净增加 132.84 km²。工程实施后（2004～2012 年），三江源区黄河源工程区生态系统宏观结构变化较前期微弱，生态系统类型的转变主要表现为草地和水体与湿面积扩张，荒漠逐步向草地过渡。工程实施后 8 年间，水体与湿地面积净增加 96.47 km²，草地面积净增加 78.10 km²，荒漠面积净减少 171.93 km²（表 5-57）。

表 5-57 黄河源工程区生态系统宏观结构变化转类矩阵 （单位：km²）

| 时段 | 类型 | 农田 | 森林 | 草地 | 水体与湿地 | 荒漠 | 聚落 | 其他 |
|---|---|---|---|---|---|---|---|---|
| 工程实施前 | 农田 | 22.94 | 0.00 | 3.11 | 0.00 | 0.00 | 0.00 | 0.00 |
| | 森林 | 0.00 | 3 109.31 | 1.81 | 0.00 | 0.00 | 0.00 | 0.13 |
| | 草地 | 0.00 | 0.26 | 25 707.85 | 7.03 | 455.59 | 0.55 | 101.51 |
| | 水体与湿地 | 0.00 | 0.00 | 72.82 | 3 648.41 | 1.28 | 0.00 | 31.20 |
| | 荒漠 | 0.00 | 0.00 | 29.24 | 0.00 | 822.88 | 0.00 | 0.00 |
| | 聚落 | 0.00 | 0.00 | 0.00 | 0.00 | 0.00 | 6.80 | 0.00 |
| | 其他 | 0.00 | 0.00 | 0.00 | 0.00 | 0.00 | 0.00 | 3 101.10 |
| 工程实施后 | 农田 | 22.94 | 0.00 | 0.00 | 0.00 | 0.00 | 0.00 | 0.00 |
| | 森林 | 0.00 | 3 108.01 | 0.08 | 1.47 | 0.00 | 0.00 | 0.00 |
| | 草地 | 0.00 | 0.00 | 25 712.04 | 102.79 | 0.00 | 0.00 | 0.00 |
| | 水体与湿地 | 0.00 | 0.00 | 16.30 | 3 639.15 | 0.00 | 0.00 | 0.00 |
| | 荒漠 | 0.00 | 0.00 | 163.43 | 8.50 | 1 107.82 | 0.00 | 0.00 |
| | 聚落 | 0.00 | 0.00 | 0.00 | 0.00 | 0.00 | 7.35 | 0.00 |
| | 其他 | 0.00 | 0.05 | 1.08 | 0.00 | 0.00 | 0.00 | 3 232.81 |

3）东南工程区

工程实施前（20 世纪 90 年代初至 2004 年），三江源区东南工程区生态系统宏观结构变化较微弱，生态系统类型的转变主要表现为森林面积萎缩，其他生态系统扩张。工程实施前 13 年间，森林面积净减少 5.37 km²，其他生态系统面积净增加 4.35 km²。工程实施后（2004～2012 年），三江源区东南工程区生态系统宏观结构变化程度与前期一样，较为微弱，生态系统类型的转变主要表现为草地面积扩张，水体与湿地面积萎缩。工程实施后 8 年间，草地面积净增加 4.04 km²，水体与湿地面积净减少 3.45 km²（表 5-58）。

4）长江源工程区

工程实施前（20 世纪 90 年代初至 2004 年），三江源区长江源工程区生态系统宏观结构变化较剧烈，生态系统类型的转变主要表现为草地面积扩张，水体与湿地向草地转类。工程实施前 13 年间，草地面积净增加 99.05 km²，水体与湿地面积净减少 132.14 km²。工程实施后（2004～2012 年），三江源区长江源工程区生态系统宏观结构变化较前期微弱，生态系统类型的转变主要表现为水体与湿地面积扩张，草地和荒漠面积萎缩。工程实施后 8 年间，水体与湿地面积净增加 5.72 km²，草地面积净减少 2.67 km²，荒漠面积净减少 3.12 km²（表 5-59）。

表 5-58　东南工程区生态系统宏观结构变化转类矩阵　（单位：km²）

| 时段 | 类型 | 森林 | 草地 | 水体与湿地 | 荒漠 | 聚落 | 其他 |
|---|---|---|---|---|---|---|---|
| 工程实施前 | 森林 | 1 351.68 | 5.37 | 0.00 | 0.00 | 0.00 | 0.00 |
| | 草地 | 0.01 | 3 808.97 | 0.00 | 0.00 | 0.03 | 8.08 |
| | 水体与湿地 | 0.00 | 0.00 | 177.65 | 0.00 | 0.00 | 0.00 |
| | 荒漠 | 0.00 | 0.00 | 0.00 | 0.60 | 0.00 | 0.00 |
| | 聚落 | 0.00 | 0.00 | 0.00 | 0.00 | 2.92 | 0.00 |
| | 其他 | 0.00 | 3.73 | 0.00 | 0.00 | 0.00 | 374.77 |
| 工程实施后 | 森林 | 1351.69 | 0.00 | 0.00 | 0.00 | 0.00 | 0.00 |
| | 草地 | 0.00 | 3 817.72 | 0.35 | 0.00 | 0.00 | 0.00 |
| | 水体与湿地 | 0.00 | 3.80 | 173.85 | 0.00 | 0.00 | 0.00 |
| | 荒漠 | 0.00 | 0.00 | 0.00 | 0.60 | 0.00 | 0.00 |
| | 聚落 | 0.00 | 0.00 | 0.00 | 0.00 | 2.94 | 0.00 |
| | 其他 | 0.00 | 0.59 | 0.00 | 0.00 | 0.00 | 382.26 |

表 5-59　长江源工程区生态系统宏观结构变化转类矩阵　（单位：km²）

| 时段 | 类型 | 森林 | 草地 | 水体与湿地 | 荒漠 | 其他 |
|---|---|---|---|---|---|---|
| 工程实施前 | 森林 | 172.29 | 0.00 | 0.00 | 0.00 | 0.00 |
| | 草地 | 0.00 | 48 001.86 | 0.21 | 10.87 | 21.33 |
| | 水体与湿地 | 0.00 | 131.46 | 8 362.41 | 1.12 | 0.00 |
| | 荒漠 | 0.00 | 0.00 | 0.23 | 4 886.90 | 0.00 |
| | 其他 | 0.00 | 0.00 | 0.00 | 0.08 | 7 288.43 |
| 工程实施后 | 森林 | 172.29 | 0.00 | 0.00 | 0.00 | 0.00 |
| | 草地 | 0.00 | 48 127.61 | 5.71 | 0.00 | 0.00 |
| | 水体与湿地 | 0.00 | 1.65 | 8 359.28 | 0.00 | 1.93 |
| | 荒漠 | 0.00 | 0.50 | 2.62 | 4 895.86 | 0.00 |
| | 其他 | 0.00 | 0.90 | 0.97 | 0.00 | 7 307.90 |

5）各拉丹冬工程区

工程实施前（20 世纪 90 年代初至 2004 年），三江源区各拉丹冬工程区生态系统宏观结构变化较微弱，生态系统类型的转变主要表现为草地面积萎缩，水体与湿地扩张。

工程实施前 13 年间，草地面积净减少 1.22 km²，水体与湿地面积净增加 2.15 km²。工程实施后（2004～2012 年），三江源区各拉丹冬工程区生态系统宏观结构变化较前期剧烈，生态系统类型的转变主要表现为荒漠逐步向水体与湿地过渡，其他生态系统面积增加。工程实施后 8 年间，水体与湿地面积净增加 1.59 km²，草地面积净减少 3.65 km²，荒漠面积净减少 17.15 km²，其他生态系统的面积净增加 19.21 km²（表 5-60）。

表 5-60    各拉丹冬工程区生态系统宏观结构变化转类矩阵    （单位：km²）

| 时段 | 类型 | 草地 | 水体与湿地 | 荒漠 | 其他 |
|---|---|---|---|---|---|
| 工程实施前 | 草地 | 3 304.39 | 1.82 | 0.00 | 0.00 |
| | 水体与湿地 | 0.10 | 1 692.23 | 0.00 | 0.00 |
| | 荒漠 | 0.37 | 0.43 | 2 933.57 | 0.00 |
| | 其他 | 0.14 | 0.00 | 0.00 | 2 557.14 |
| 工程实施后 | 草地 | 3 296.87 | 8.12 | 0.00 | 0.00 |
| | 水体与湿地 | 0.16 | 1 670.80 | 0.00 | 23.52 |
| | 荒漠 | 0.00 | 17.15 | 2 916.42 | 0.00 |
| | 其他 | 4.31 | 0.00 | 0.00 | 2 552.83 |

### 6）麦秀工程区

工程实施前（20 世纪 90 年代初至 2004 年），三江源区麦秀工程区生态系统宏观结构变化较微弱，生态系统类型的转变主要表现为草地面积的增加与水体与湿地的萎缩。工程实施前 13 年间，草地面积净增加 0.70 km²，水体与湿地面积净减少 0.45 km²。工程实施后（2004～2012 年），三江源区麦秀工程区生态系统宏观结构变化较前期微弱，生态系统类型的转变主要表现为草地转类为聚落。工程实施后 8 年间，0.28 km² 草地转类为聚落（表 5-61）。

表 5-61    麦秀工程区生态系统宏观结构变化转类矩阵    （单位：km²）

| 时段 | 类型 | 森林 | 草地 | 水体与湿地 | 聚落 | 其他 |
|---|---|---|---|---|---|---|
| 工程实施前 | 森林 | 526.69 | 0.32 | 0.00 | 0.00 | 0.00 |
| | 草地 | 0.00 | 1 978.15 | 0.00 | 0.00 | 0.07 |
| | 水体与湿地 | 0.00 | 0.45 | 94.62 | 0.00 | 0.00 |
| | 聚落 | 0.00 | 0.00 | 0.00 | 0.29 | 0.00 |
| | 其他 | 0.00 | 0.00 | 0.00 | 0.00 | 136.43 |
| 工程实施后 | 森林 | 526.69 | 0.00 | 0.00 | 0.00 | 0.00 |
| | 草地 | 0.00 | 1 978.64 | 0.00 | 0.28 | 0.00 |
| | 水体与湿地 | 0.00 | 0.00 | 94.62 | 0.00 | 0.00 |
| | 聚落 | 0.00 | 0.00 | 0.00 | 0.29 | 0.00 |
| | 其他 | 0.00 | 0.00 | 0.00 | 0.00 | 136.50 |

## 2. 动态度

20 世纪 90 年代初至 2004 年，三江源区各重点工程区生态系统变化程度存在较大差距，中南工程区呈明显变动，主要此流域农田生态系统转变为草地，其次为黄河源工程区，东南、各拉丹冬及麦秀工程区呈稳定少动状态，长江源工程区呈微弱变动；2004～2012 年三江源区各重点工程区生态系统变动程度也存在较大差距，其中黄河源工程区呈较明显变动，长江源及麦秀工程区呈稳定少动状态，其他工程区呈微弱变动状态。从两时段对比来看，中南工程区变化最为明显，其次为各拉丹冬及黄河源工程区（图 5-13）。

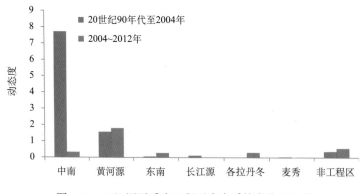

图 5-13　三江源区重点工程区生态系统变化动态度

# 第六章　三江源生态工程区生态系统质量变化

## 第一节　植被群落结构变化

### 一、草地植被群落结构变化

**1. 三江源区**

1）草地群落结构变化监测与评估

不同类型天然草地草层高度变化分析。采用样方法测定温性草原、高寒草原和高寒草甸 3 种草地类型天然草地草层高度（表 6-1）。温性草原草层高度在 3 种植被类型中相对较高，显著高于高寒草原和高寒草甸（$P<0.05$）。对 2005～2012 年 8 年来的观测数据的分析表明，3 种草地类型草层高度具有略降低趋势。

表 6-1　三江源区各类天然草地平均草层高度年度变化　（单位：cm）

| 草地类型 | 2005 年 | 2006 年 | 2007 年 | 2008 年 | 2009 年 | 2010 年 | 2011 年 | 2012 年 | 平均 |
|---|---|---|---|---|---|---|---|---|---|
| 温性草原类 | 8.6 | 7.6 | 6.6 | 9.3 | 6.7 | 5.6 | 4.8 | 5.2 | 6.8 |
| 高寒草原类 | 6.0 | 3.9 | 4.3 | 3.8 | 4.4 | 6.5 | 4.4 | 4.6 | 4.7 |
| 高寒草甸类 | 6.5 | 5.6 | 6.0 | 4.9 | 6.0 | 5.9 | 5.4 | 5.2 | 5.7 |
| 平均 | 7.0 | 5.7 | 6.0 | 5.0 | 5.7 | 6.0 | 4.9 | 5.0 | 5.7 |

各类天然草地植被盖度变化分析。2005～2012 年 8 年来天然草地植被覆盖度总体上呈增加趋势，特别是温性草原类明显增加（回归斜率 1.09%/a），而高寒草原和高寒草甸类略有降低（表 6-2）。

表 6-2　三江源区各类天然草地平均植被覆盖度年度变化　（单位：%）

| 草地类型 | 2005 年 | 2006 年 | 2007 年 | 2008 年 | 2009 年 | 2010 年 | 2011 年 | 2012 年 | 平均 |
|---|---|---|---|---|---|---|---|---|---|
| 温性草原类 | 61 | 64 | 70 | 67 | 64 | 79 | 75 | 79 | 69 |
| 高寒草原类 | 60 | 59 | 61 | 65 | 61 | 72 | 50 | 57 | 61 |
| 高寒草甸类 | 87 | 90 | 87 | 84 | 91 | 86 | 82 | 83 | 87 |
| 平均 | 69 | 71 | 73 | 72 | 70 | 83 | 74 | 76 | 73 |

另外，如果将工程实施后期（2008～2012 年）各类草地平均覆盖度与工程实施前期（2005～2007 年）进行比较，则发现 3 类草地的平均覆盖度增加了 5.6%，其中，温性草原类草地的平均覆盖度增加了 12%，高寒草原类草地的平均覆盖度增加了 1.6%，高寒

草甸类草地的平均覆盖度降低了3.2%。这表明，生态工程实施对草地覆盖度的提高具有较好的促进作用，但提高幅度仍然有限。

2）草地产草量变化

不同类型草地产草量分析。在3种草地类型中，高寒草甸类草地平均产草量最高，温性草原类次之。此外，3类草地的产草量均呈现增加趋势，其中以温性草原类的总产量增长最为稳定和明显，高寒草原和高寒草甸草地产草量的年增幅大致相同（表6-3）。

表6-3　三江源区各类天然草地生产力年度变化　　　　（单位：kg/hm²）

| 草地类型 | 2005 年 | 2006 年 | 2007 年 | 2008 年 | 2009 年 | 2010 年 | 2011 年 | 2012 年 |
|---|---|---|---|---|---|---|---|---|
| 温性草原类 | 1 377.34 | 1 442.93 | 1 666.95 | 1 432.5 | 2 338.44 | 2 818.63 | 3 114 | 3 265.73 |
| 高寒草原类 | 1 871.7 | 1 565.98 | 1 136.73 | 2 059.68 | 2 054.91 | 2 240.19 | 1 437.58 | 1 922.45 |
| 高寒草甸类 | 2 983.39 | 3 509.73 | 4 665.48 | 2 819.88 | 3 107.08 | 3 961.73 | 3 504.86 | 3 366.93 |
| 平均 | 2 077.48 | 2 172.88 | 2 489.72 | 2 104.02 | 2 500.14 | 3 006.85 | 2 685.48 | 2 950.81 |

在草地可食牧草产量方面，温性草原可食牧草产量上升趋势明显且稳定，这反映了温性草原草地生态环境的明显改善和牧场质量的显著提高。高寒草甸和高寒草原可食牧草产草量呈现波动变化，但趋势并不明显。其中，高寒草甸的可食牧草产草量高于高寒草原类（图6-1）。

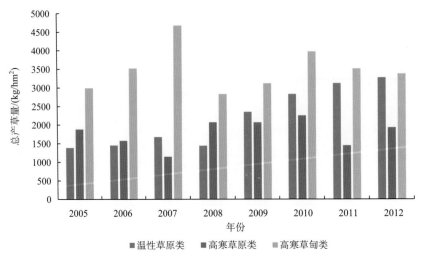

图6-1　自然区域草地总产草量比较

## 2. 自然保护区

1）草地群落结构变化监测与评估

由于对3种草地类型工程区内、外差异的监测并未连续进行，对2010年工程区内、外温性草原、高寒草原和高寒草甸 3 种不同草地类型的对比显示，工程区外草地总覆盖度整体高于工程区内约 5%。优势种覆盖度方面，工程区内优势种平均覆盖度高于工程区外 1%，此外工程区内优势种的营养枝和生殖枝平均高度也大于工程区外的平均水平（表 6-4）。

表 6-4 2010 年三江源区工程区内、外草地高度、覆盖度比较

| 草地类型 | 草层平均高度/cm | | 优势种平均高度/cm | | 植被覆盖度/% | |
| --- | --- | --- | --- | --- | --- | --- |
| | 营养枝 | 生殖枝 | 营养枝 | 生殖枝 | 总覆盖度 | 优势种 |
| 工程区内平均 | 5.19 | 12.68 | 7.24 | 16.96 | 78 | 36 |
| 温性草原类 | 5.80 | 16.78 | 10.12 | 30.73 | 62 | 29 |
| 高寒草原类 | 4.67 | 14.68 | 7.13 | 22.59 | 56 | 21 |
| 高寒草甸类 | 5.25 | 11.99 | 7.03 | 14.49 | 84 | 39 |
| 工程区外平均 | 6.00 | 14.00 | 7.20 | 14.60 | 83 | 35 |
| 温性草原类 | 5.60 | 17.00 | 15.10 | 29.30 | 79 | 30 |
| 高寒草原类 | 6.50 | 13.50 | 9.90 | 24.80 | 72 | 30 |
| 高寒草甸类 | 5.90 | 13.90 | 5.90 | 10.90 | 86 | 37 |
| 区内、外相比 | −0.81 | −1.32 | 0.04 | 2.36 | −5 | 1 |

2）草地产草量变化

工程区内、外平均总产草量差异较小，且产草量各组分差异也不大。其中，豆科植物和可食杂草略有下降，而豆科植物和不可食杂草略有增加，可食草总量和禾本科植物及毒草在工程区内、外的差异并不明显（表 6-5）。

表 6-5 2010 年三江源区工程区内、外草地产草量比较 （单位：kg/hm²）

| 草地类型 | 总重量 | 可食草总量 | 禾本科 | 莎草科 | 豆科 | 可食杂草 | 不可食杂草 | 毒草 |
| --- | --- | --- | --- | --- | --- | --- | --- | --- |
| 工程区内 | 3 000 | 2 461.49 | 1 092.99 | 491.34 | 183.51 | 693.70 | 357.89 | 180.57 |
| 温性草原类 | 3 042.13 | 2 306.57 | 1 217.82 | 310.22 | 118.11 | 660.42 | 494.61 | 240.94 |
| 高寒草原类 | 2 076.24 | 1 841.43 | 1 229.15 | 89.04 | 74.12 | 449.11 | 160.20 | 74.61 |
| 高寒草甸类 | 3 881.63 | 3 236.47 | 832.01 | 1 074.77 | 358.30 | 971.56 | 418.87 | 226.17 |
| 工程区外 | 3 006.85 | 2 527.24 | 1 139.97 | 421.52 | 205.61 | 772.05 | 297.19 | 178.09 |
| 温性草原类 | 2 818.63 | 2 544.58 | 1 684.48 | 174.00 | 182.63 | 503.50 | 121.95 | 152.08 |
| 高寒草原类 | 2 240.19 | 1 850.96 | 755.03 | 182.22 | 340.31 | 573.40 | 313.68 | 75.56 |
| 高寒草甸类 | 3 961.73 | 3 186.19 | 980.39 | 908.35 | 93.90 | 1 239.25 | 455.93 | 306.64 |
| 区内、外相比 | −6.8 | −65.8 | −47.0 | 69.8 | −22.1 | −78.4 | 60.7 | 2.5 |
| 区内、外相比（%） | 0.0 | 0.0 | 0.0 | 0.1 | −0.2 | −0.1 | 0.1 | 0.0 |

## 3. 重点工程区

1）草地群落结构变化监测与评估

工程区植被高度和覆盖度年际变化。从各类型工程区的植被高度及覆盖度的年度变

化情况看（表 6-6），其变化不太明显，有些甚至有降低情况。这可能与年际间气候波动及工程区工程实施时间还较短有关。

表 6-6　三江源区工程区植被高度和覆盖度年际变化

| 工程类别 | 年份 | 植株高度/cm | | 植被覆盖度/% | |
|---|---|---|---|---|---|
| | | 营养枝 | 生殖枝 | 总盖度 | 优势种盖度 |
| 退牧还草 | 2012 | 4.3 | 10.7 | 81 | 41 |
| | 2009 | 5.2 | 11.1 | 83 | 36 |
| | 2008 | 5.3 | 12.5 | 83 | 48 |
| | 2007 | 4.7 | 12.2 | 79 | 48 |
| | 2006 | 6 | 14.5 | 83 | 52 |
| | 2005 | 6.2 | 14.4 | 78 | 41 |
| 减畜禁牧 | 2012 | 4.4 | 10.3 | 82 | 43 |
| | 2011 | 5.2 | 12.2 | 81 | 41 |
| | 2010 | 4.77 | 10.57 | 84 | 43 |
| 围栏建设 | 2012 | 3.7 | 10.2 | 76 | 30 |
| | 2010 | 4.5 | 14.13 | 82 | 39 |
| | 2009 | 4.5 | 9.4 | 79 | 25 |
| | 2008 | 4.9 | 8.1 | 77 | 35 |
| 补播牧草 | 2012 | 5.6 | 13.8 | 77 | |
| | 2010 | 9.59 | 27.11 | 78 | 32 |
| | 2009 | 4.9 | 15.4 | 87 | 17 |
| | 2008 | 7.1 | 11.3 | 72 | 19 |
| 黑土滩治理 | 2012 | 7.0 | 12.4 | 68 | 32 |
| | 2010 | 5.57 | 13.67 | 76 | 24 |
| 休牧育草 | 2009 | 4.1 | 11.9 | 97 | 35 |
| | 2008 | 4.2 | 14.5 | 78 | 41 |
| | 2007 | 4.3 | 16.8 | 84 | 35 |
| | 2006 | 5.7 | 14.1 | 89 | 54 |
| | 2005 | 6.2 | 14.4 | 78 | 41 |
| 建设养畜 | 2012 | 4.8 | 13.7 | 85 | 29 |
| | 2010 | 6.62 | 16.57 | 90 | 38 |
| | 2009 | 5.4 | 12.7 | 60 | 24 |
| | 2008 | 8.4 | 13.1 | 60 | 28 |
| | 2007 | 3.5 | 11.8 | 75 | 36 |
| | 2006 | 8.3 | 19.5 | 89 | 27 |
| 鼠害防治 | 2012 | 4.5 | 9.9 | 79 | 31 |
| | 2010 | 3.88 | 7.16 | 84 | 22 |
| | 2009 | 4.4 | 8.9 | 75 | 28 |
| | 2008 | 4 | 12.1 | 77 | 39 |
| | 2007 | 4.7 | 10.8 | 73 | 35 |
| | 2006 | 5.3 | 13.7 | 81 | 50 |

2）草地产草量变化

不同工程措施对草地产草量的影响。观测表明（表 6-7），毒草生物量在黑土滩治理工程和鼠害防治工程区域仍然较高，个别区域达到 379.45 kg/hm²，这与这些区域原本的退化程度有关。围栏建设和补播牧草区域的毒草生物量则显著较低，这些措施很可能有效地控制了毒草生长。不可食牧草的生物量在减畜禁牧、围栏建设和补播牧草区域仍然较高，因此，改善草地质量应该是这些工程区域下一步需要重视和着力处理的问题。在牧草可食率方面，建设养畜工程区草地的牧草可食率相对较高，而鼠害防治工程区域的牧草可食率相对较低，这反映了工程前草地的基本情况。在工程区域，一般可食牧草比例均高于不可食杂草比例，但个别工程区不可食牧草比例仍超过了群落生物量的一半。因此，需要持续地开展草地生态工程，以促进草地质量的明显提高。

表6-7　三江源区工程区草地生物量组成比例　　　　（单位：%）

| 工程类别 | 年份 | 牧草可食率 | 禾本科牧草 | 莎草科牧草 | 豆科牧草 | 可食杂草 | 不可食杂草 | 毒草 |
|---|---|---|---|---|---|---|---|---|
| 退牧还草 | 2012 | 76.03 | 17.00 | 27.63 | 2.37 | 29.03 | 16.27 | 7.70 |
| 减畜禁牧 | 2012 | 75.92 | 16.02 | 30.42 | 2.66 | 26.82 | 15.81 | 8.27 |
| | 2011 | 78.7 | 12.43 | 37.91 | 2.05 | 26.14 | 12.83 | 8.64 |
| | 2010 | 78.74 | 18.47 | 34.52 | 1.99 | 23.75 | 12.93 | 8.33 |
| 围栏建设 | 2012 | 76.69 | 22.51 | 23.67 | 1.61 | 28.90 | 12.83 | 10.48 |
| | 2011 | 82.07 | 22.63 | 21.37 | 5.59 | 29.8 | 16.28 | 1.65 |
| | 2010 | 78.73 | 21.01 | 26.49 | 4.33 | 32.53 | 11.25 | 4.39 |
| | 2009 | 83.31 | 21.81 | 21.13 | 2.94 | 32.4 | 13.74 | 7.98 |
| 补播牧草 | 2012 | 65.37 | 16.31 | 2.17 | 0.17 | 46.72 | 18.65 | 15.98 |
| | 2011 | 80.07 | 32.76 | 1.22 | 1.03 | 45.06 | 14.96 | 4.97 |
| | 2010 | 86.42 | 54.18 | 2.39 | 0.45 | 29.39 | 10.2 | 3.39 |
| | 2009 | 76.18 | 21.62 | 0.09 | 0.71 | 53.76 | 22.34 | 1.48 |
| 黑土滩治理 | 2012 | 90.00 | 76.22 | 0.11 | 0.10 | 13.55 | 5.80 | 4.19 |
| | 2010 | 85.56 | 54.59 | 7.04 | 0.71 | 23.29 | 5.82 | 8.54 |
| 建设养畜 | 2012 | 74.51 | 22.30 | 20.74 | 1.40 | 30.07 | 15.88 | 9.61 |
| | 2011 | 84.92 | 21.81 | 35.3 | 1.93 | 25.7 | 9.4 | 5.68 |
| | 2010 | 85.76 | 31.4 | 24.5 | 0.76 | 28.64 | 5.37 | 9.34 |
| | 2009 | 90.56 | 68.32 | 10.29 | 0 | 12.62 | 5.4 | 3.41 |
| 鼠害防治 | 2012 | 72.07 | 23.66 | 21.42 | 5.12 | 21.871 | 9.02 | 8.91 |
| | 2011 | 70.4 | 19.78 | 16.33 | 6 | 25.02 | 18.77 | 10.83 |
| | 2010 | 75.68 | 22.74 | 24.71 | 8.71 | 19.62 | 9.11 | 15.11 |
| | 2009 | 80.7 | 28.78 | 20.06 | 4.61 | 27.25 | 9.03 | 10.27 |

## 二、荒漠植被群落结构变化

### 1. 三江源区

荒漠植被覆盖度变化。对 2005～2012 年 43 个荒漠监测站点样地植被覆盖度的统计分析表明,荒漠植被覆盖度总体上呈增加趋势,年均增长率为 1.05%,其中,29 个监测点植被覆盖度有所增加,14 个监测点植被覆盖度有不同程度降低(表 6-8)。

表 6-8　2005～2012 年 43 个荒漠监测站点样地植被覆盖度年度变化

| 年份 | 2005 | 2006 | 2007 | 2008 | 2009 | 2010 | 2011 | 2012 | 年增减率/% |
| --- | --- | --- | --- | --- | --- | --- | --- | --- | --- |
| 植被覆盖度/% | 28.15 | 28.29 | 29.08 | 29.93 | 29.07 | 33.52 | 34.71 | 34.43 | 1.05 |

荒漠植被生物量变化。对 2005～2012 年 43 个荒漠监测站点植被生物量的统计分析表明(表 6-9),荒漠植被生物量总体上呈降低趋势,年均增长率为–7.65 g/（m$^2$·a）,其中,29 个监测点植被生物量有所增加,14 个监测点植被生物量有不同程度降低。对 12 个观测的草地典型物种进行分析,嵩草和苔草生物量增加最为明显,而冰草生物量有所降低。

表 6-9　2005～2012 年 43 个荒漠监测站点样地植被生物量年度变化

| 年份 | 2005 | 2006 | 2007 | 2008 | 2009 | 2010 | 2011 | 2012 | 增减率/% |
| --- | --- | --- | --- | --- | --- | --- | --- | --- | --- |
| 植被生物量 /（g/m$^2$） | 158.27 | 156.19 | 145.98 | 146.97 | 111.62 | 108.45 | 115.22 | 116.90 | –7.65 |

荒漠指示种状况变化。对 43 个荒漠监测样地 2005～2012 年荒漠指示植物高度进行统计分析,荒漠草本植物高度总体上呈增加趋势,年均增长率为 0.32 cm/a,其中,19 个监测点草本植被高度有所增加,24 个监测点草本植被高度有不同程度降低。对 12 个观测的草地典型物种进行分析,嵩草和针茅高度增加最为明显,而唐松草高度有所降低。对 3 个灌木监测站点指示种植株高度的统计表明,荒漠灌木植株高度总体呈增加趋势,年增长率为 0.68 cm/a,其中,山生柳、锦鸡儿呈不同程度增加,高山柳有所降低(表 6-10)。

表 6-10　2005～2012 年 43 个荒漠监测站点指示种平均高度年度变化

| 年份 | 2005 | 2006 | 2007 | 2008 | 2009 | 2010 | 2011 | 2012 | 增减率 /（cm/a） |
| --- | --- | --- | --- | --- | --- | --- | --- | --- | --- |
| 草本指示植物均高/cm | 9.82 | 8.99 | 10.08 | 15.06 | 12.18 | 12.51 | 11.39 | 11.27 | 0.32 |
| 灌木指示植物均高/cm | 65.6 | 65.4 | 68.53 | 50.58 | 67.00 | 72.33 | 68.9 | 67.33 | 0.68 |

沙丘流动状况。通过两年的监测调查,沙丘植被盖度略有增加,但总体变化不明显,植被盖度只在 1 号、2 号、3 号样地略有增加。沙丘植被高度变化幅度也不大,仅在 2 号样地出现了一些增加(表 6-11)。

续表

| 植被覆盖度变化分级 | 工程实施前后植被覆盖度变化 | |
| --- | --- | --- |
| | 面积/km$^2$ | 面积比例/% |
| 基本稳定（–2% ～ 2%） | 38 519.73 | 13.06 |
| 轻微好转（2% ～ 10%） | 128 781.00 | 43.67 |
| 明显好转（＞10%） | 104 727.85 | 35.51 |

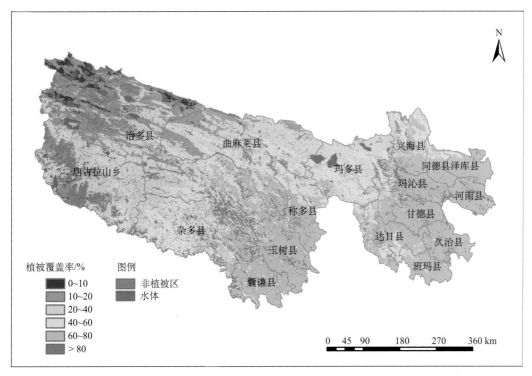

图 6-4　1998～2004 年三江源地区平均植被覆盖度状况空间分布

工程实施后（2005～2012 年）8 年间，三江源区植被覆盖度好转趋势明显（表6-22，图6-7，图6-8），好转区域的面积净增加 12.04%，其中明显好转区域的面积净增加 8.59%，轻微好转区域的面积净增加 3.45%，而三江源地区植被覆盖度变差区域的面积净减少8.88%。

表 6-22　工程实施前后三江源区植被覆盖度变化趋势面积统计

| 植被覆盖度变化趋势（年变化率） | 1998～2004 年植被覆盖度变化率 | | 2005～2012 年植被覆盖度变化率 | |
| --- | --- | --- | --- | --- |
| | 面积/km$^2$ | 面积比例/% | 面积/km$^2$ | 面积比例/% |
| 明显变差（＜–0.01） | 22 074.88 | 7.46 | 21 041.55 | 7.11 |
| 轻微变差（–0.01～–0.001） | 97 151.77 | 32.85 | 71 912.48 | 24.32 |
| 基本稳定（–0.001～0.001） | 45 586.17 | 15.41 | 35 415.62 | 11.97 |
| 轻微好转（0.001～0.01） | 116 241.48 | 39.30 | 126 428.55 | 42.75 |
| 明显好转（＞0.01） | 14 697.86 | 4.97 | 40 110.61 | 13.56 |

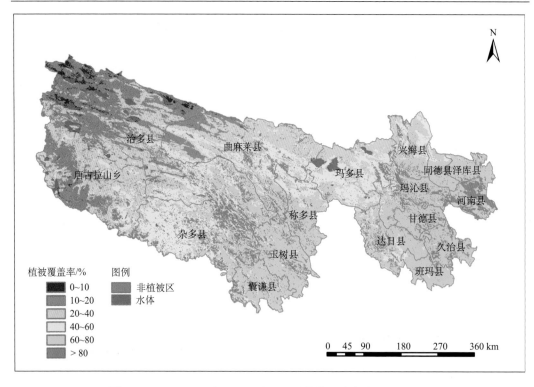

图 6-5　2005～2012 年三江源地区平均植被覆盖度状况空间分布

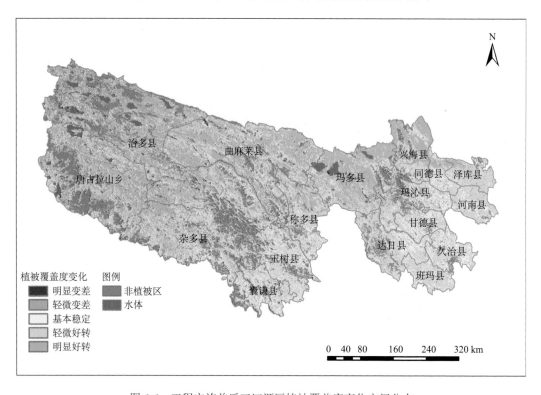

图 6-6　工程实施前后三江源区植被覆盖度变化空间分布

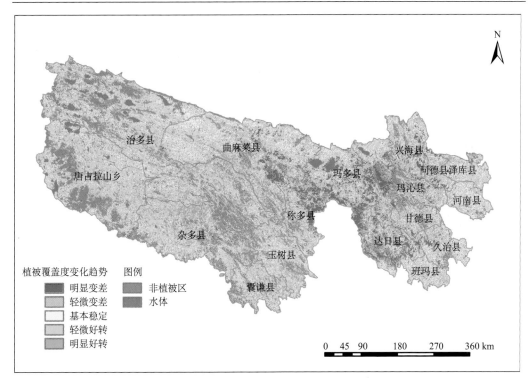

图 6-7　1998～2004 年三江源区植被覆盖度变化率空间分布

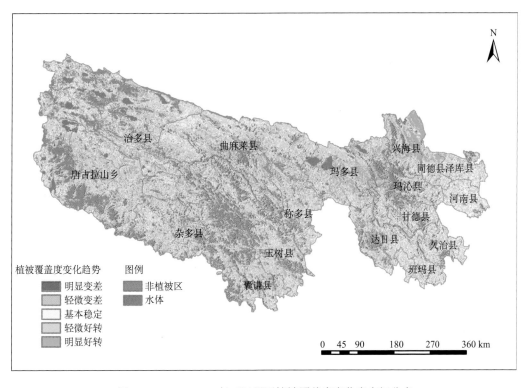

图 6-8　2005～2012 年三江源区植被覆盖度变化率空间分布

2）NPP

工程实施前（1998～2004 年）与工程实施后（2005～2012 年）相比，植被净初级生产力增加明显（表 6-23，图 6-9～图 6-11），植被净初级生产力增加的区域面积占三江源区土地总面积的 67.61%，其中植被净初级生产力轻微增加的面积占 33.61%，明显增加的面积占 15.38%，而植被净初级生产力减少区域的面积仅占 15.67%，明显减少的面积占 0.60%。

表 6-23　工程实施前后三江源区植被净初级生产力变化面积统计

| 植被净初级生产力变化分级 /[g/(cm²·a)] | 工程实施前后植被净初级生产力变化 | |
| --- | --- | --- |
| | 面积/km² | 面积比例/% |
| 明显减少（<-100） | 2 127 | 0.60 |
| 轻度减少（-100～-50） | 9 425 | 2.64 |
| 轻微减少（-50～-5） | 44 344 | 12.43 |
| 基本稳定（-5～5） | 59 634 | 16.72 |
| 轻微增加（5～50） | 119 857 | 33.61 |
| 轻度增加（50～100） | 66 394 | 18.62 |
| 明显增加（>100） | 54 840 | 15.38 |

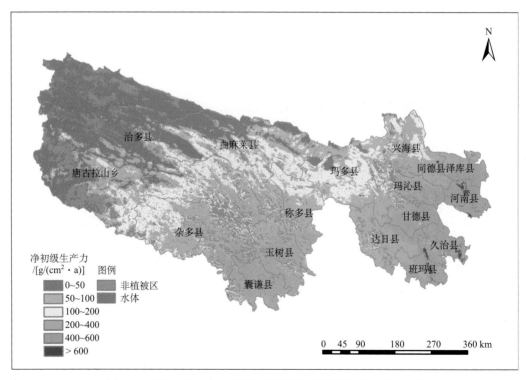

图 6-9　1998～2004 年三江源区平均植被净初级生产力空间分布

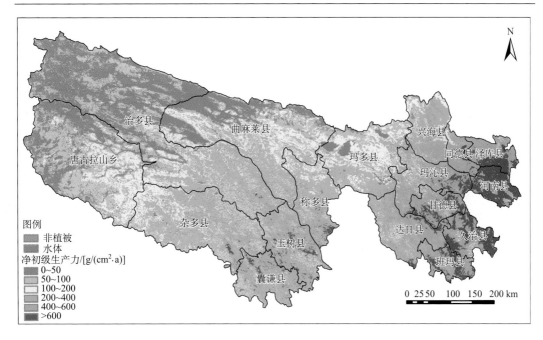

图 6-10　2005～2012 年三江源区平均植被净初级生产力空间分布

图 6-11　工程实施前后三江源区植被净初级生产力变化空间分布

　　工程实施后（2005~2012 年）8 年间，三江源区植被净初级生产力增加趋势明显（表
6-24，图 6-12，图 6-13），增加区域的面积净增加 44.26%，其中，明显增加区域的面积
净增加 0.36%，轻微增加区域的面积净增加 26.32%，而三江源地区植被净初级生产力减
少区域的面积净减少 46.95%。

表 6-24　工程实施前后三江源区植被净初级生产力变化趋势面积统计

| 植被净初级生产力变化趋势 | 1998~2004 年植被净初级生产力变化率 | | 2005~2012 年植被净初级生产力变化率 | |
| --- | --- | --- | --- | --- |
| /[g/（cm²·a）] | 面积/km² | 面积比例/% | 面积/km² | 面积比例/% |
| 明显减少（<-50） | 5 639 | 1.58 | 465 | 0.13 |
| 轻度减少（-50 ~ -10） | 129 522 | 36.32 | 23 292 | 6.53 |
| 轻微减少（-10 ~ -1） | 113 022 | 31.69 | 56 982 | 15.98 |
| 基本稳定（-1 ~ 1） | 50 583 | 14.18 | 60 215 | 16.88 |
| 轻微增加（1 ~ 10） | 48 004 | 13.46 | 141 872 | 39.78 |
| 轻度增加（10 ~ 50） | 9 850 | 2.76 | 72 525 | 20.34 |
| 明显增加（>50） | 1 | 0.00 | 1 270 | 0.36 |

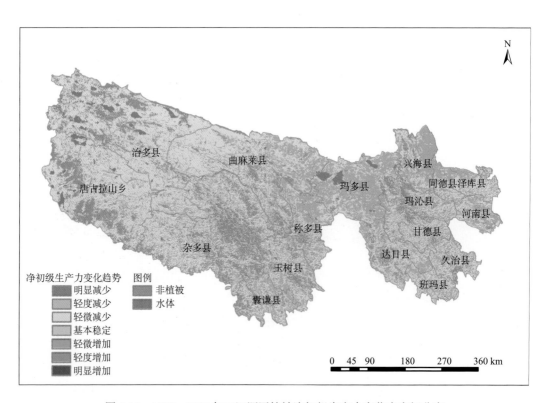

图 6-12　1998~2004 年三江源区植被净初级生产力变化率空间分布

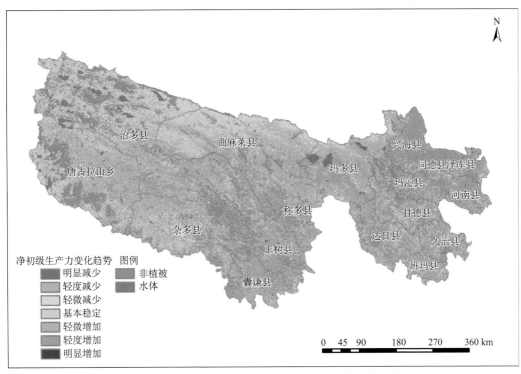

图 6-13　2005～2012 年三江源区植被净初级生产力变化率空间分布

# 二、州域植被覆盖度状况与生产力变化

## 1. 2012 年植被覆盖度与生产力状况

### 1）植被覆盖度

从三江源各州 2012 年植被覆盖度状况来看，各州植被覆盖度在 60%以上的区域中，以位于三江源东部的黄南藏族自治州植被覆盖度最高，植被覆盖度在 60%以上的区域所占的比例为 97.74%，并且植被覆盖度在 20%～40%的区域面积最小，仅占区域总面积的0.24%，其次是海南藏族自治州和果洛藏族自治州，占各州总面积的比例分别为 65.64%和 60.70%，另外，海南藏族自治州和果洛藏族自治州植被覆盖度在 60%～80%的面积占总面积比例最大，分别为 61.23%和 53.09%，格尔木市唐古拉山乡植被覆盖度在 40%～60%的面积比例最大，为 59.31%，玉树藏族自治区的植被覆盖度相对较低，各州中，其植被覆盖度在 20%以下的面积最多，占整个州总面积的比例最大，为 13.66%，由此说明，三江源州域植被覆盖度最高的是位于东部的黄南藏族自治州，最低的是玉树藏族自治州（表 6-25）。

### 2）NPP

从三江源各州 2012 年植被净初级生产力来看，植被净初级生产力在 400 g/（cm² · a）以上的自治州中，位于东部的黄南藏族自治州的面积最大，占研究区总面积的比例为94.21%，其次为海南藏族自治州和果洛藏族自治州，其植被净生产力分别为 48.8%和

47.99%，而位于三江源西部格尔木市唐古拉山乡的面积占总面积的比例最小，只有6.89%。另外，玉树藏族自治州的植被净初级生产力在 0～50 g/（cm² · a）的面积比例最大，为 25.23%，植被生产能力有待提高（表 6-26）。

表 6-25　2012 年三江源地区各州植被覆盖度面积统计表

| 州域 | 0～10% | | 10%～20% | | 20%～40% | | 40%～60% | | 60%～80% | | 80%～100% | |
|---|---|---|---|---|---|---|---|---|---|---|---|---|
| | 面积 /km² | 面积比例/% | 面积 /km² | 面积比例/% | 面积 /km² | 面积比例/% | 面积 /km² | 面积比例/% | 面积 /km² | 面积比例/% | 面积 /km² | 面积比例/% |
| 玉树藏族自治州 | 7 016.58 | 1.97 | 41 705.52 | 11.69 | 91 443.55 | 25.64 | 89 805.66 | 25.18 | 112 612.24 | 31.58 | 14 038.95 | 3.94 |
| 海南藏族自治州 | 0.83 | 0.00 | 61.12 | 0.37 | 1 749.40 | 10.52 | 3 903.52 | 23.47 | 10 183.34 | 61.23 | 731.81 | 4.40 |
| 格尔木市唐古拉山乡 | 9.91 | 0.02 | 1 315.76 | 2.76 | 10 460.04 | 21.96 | 28 255.48 | 59.31 | 7 510.51 | 15.77 | 87.55 | 0.18 |
| 果洛藏族自治州 | 566.61 | 0.77 | 853.22 | 1.15 | 8 057.30 | 10.90 | 19 579.53 | 26.48 | 39 250.74 | 53.09 | 5 622.35 | 7.60 |
| 黄南藏族自治州 | | | | | 31.39 | 0.24 | 268.44 | 2.02 | 6 932.33 | 52.22 | 6 042.77 | 45.52 |

表 6-26　2012 年三江源地区各州植被净生产力面积统计表

| 州域 | 0～50 g /（cm² · a） | | 50～100 g /（cm² · a） | | 100～200 g/ （cm² · a） | | 200～400 g /（cm² · a） | | 400～600 g /（cm² · a） | | >600 g /（cm² · a） | |
|---|---|---|---|---|---|---|---|---|---|---|---|---|
| | 面积 /km² | 面积比例 /% | 面积 /km² | 面积比例 /% | 面积 /km² | 面积比例 /% | 面积 /km² | 面积比例 /% | 面积 /km² | 面积比例 /% | 面积 /km² | 面积比例 /% |
| 玉树藏族自治州 | 51 468 | 25.23 | 25 159 | 12.33 | 30 621 | 15.01 | 53 080 | 26.02 | 28 932 | 14.18 | 14 721 | 7.22 |
| 海南藏族自治州 | 557 | 3.34 | 933 | 5.60 | 1856 | 11.14 | 5 186 | 31.12 | 5 946 | 35.68 | 2 187 | 13.12 |
| 格尔木市唐古拉山乡 | 3 240 | 6.80 | 16 067 | 33.74 | 11 319 | 23.77 | 13 707 | 28.79 | 3 283 | 6.89 | 2 | 0.00 |
| 果洛藏族自治州 | 3 477 | 4.70 | 3 345 | 4.52 | 9 028 | 12.21 | 22 607 | 30.57 | 24 019 | 32.48 | 11 471 | 15.51 |
| 黄南藏族自治州 | 62 | 0.47 | 43 | 0.33 | 122 | 0.92 | 538 | 4.07 | 2 825 | 21.37 | 9 628 | 72.84 |

## 2. 工程实施前后植被覆盖度状况与生产力变化

### 1）植被覆盖度

工程实施后（2005～2012 年）和工程实施前（1997～2004 年）相比，各州植被覆盖度都有好转（表 6-27）。其中，格尔木市唐古拉山乡覆盖度提高最多，明显好转的区域面积占 47.34%，轻微好转的区域面积占 35.75%，覆盖度明显变差的区域都不超过 3%。

表 6-27　工程实施前后三江源区各州植被覆盖度变化面积统计

| 州域 | 明显好转 (>10%) | | 轻微好转 (2%~10%) | | 基本稳定 (−2%~2%) | | 轻微变差 (−10%~−2%) | | 明显变差 (<−10%) | |
| --- | --- | --- | --- | --- | --- | --- | --- | --- | --- | --- |
| | 面积 /km² | 面积比 例/% | 面积 /km² | 面积比 例/% | 面积 /km² | 面积比 例/% | 面积 /km² | 面积比 例/% | 面积 /km² | 面积比例 /% |
| 玉树藏族自治州 | 767.33 | 38.28 | 834.81 | 41.65 | 225.57 | 11.25 | 133.85 | 6.68 | 42.92 | 2.14 |
| 海南藏族自治州 | 70.86 | 38.70 | 73.69 | 40.24 | 27.84 | 15.20 | 8.71 | 4.76 | 2.01 | 1.10 |
| 格尔木市唐古拉山乡 | 204.51 | 47.34 | 154.45 | 35.75 | 37.3 | 8.63 | 25.94 | 6.00 | 9.78 | 2.26 |
| 果洛藏族自治州 | 214.29 | 27.06 | 375.43 | 47.40 | 152.9 | 19.31 | 42.07 | 5.31 | 7.28 | 0.92 |
| 黄南藏族自治州 | 11.04 | 7.09 | 117.94 | 75.77 | 22.27 | 14.31 | 4.05 | 2.60 | 0.36 | 0.23 |

工程实施后（2005~2012 年），各州植被覆盖度明显好转。由表 6-28 和表 6-29 可以看出，海南藏族自治州植被覆盖度变化率提高最多，其中明显好转的区域面积净增加 17.52%，轻微好转的区域面积净增加 5.07%。果洛藏族自治州植被覆盖度明显变差的区域面积净减少 8.57%。

表 6-28　1997~2004 年三江源区各州植被覆盖度变化率面积统计

| 州域 | 明显好转 (>0.01) | | 轻微好转（0.001~ 0.01） | | 基本稳定 (−0.001~ −0.001) | | 轻微变差（−0.01~ −0.001） | | 明显变差 (<−0.01) | |
| --- | --- | --- | --- | --- | --- | --- | --- | --- | --- | --- |
| | 面积 /km² | 面积比 例/% | 面积 /km² | 面积比 例/% | 面积 /km² | 面积比 例/% | 面积 /km² | 面积比 例/% | 面积 /km² | 面积比例 /% |
| 玉树藏族自治州 | 138.05 | 6.88 | 896.01 | 44.65 | 324.56 | 16.17 | 553.46 | 27.58 | 94.74 | 4.72 |
| 海南藏族自治州 | 8.45 | 4.61 | 49.47 | 26.97 | 21.35 | 11.64 | 83.8 | 45.68 | 20.37 | 11.10 |
| 格尔木市唐古拉山乡 | 18.89 | 4.36 | 263.75 | 60.89 | 73.04 | 16.86 | 71.87 | 16.59 | 5.59 | 1.29 |
| 果洛藏族自治州 | 8.19 | 1.03 | 136.4 | 17.17 | 98.24 | 12.37 | 410.01 | 51.62 | 141.4 | 17.80 |
| 黄南藏族自治州 | 4.12 | 2.64 | 59.49 | 38.07 | 33.78 | 21.62 | 54.79 | 35.06 | 4.09 | 2.62 |

表 6-29　2005~2012 年三江源区各州植被覆盖度变化率面积统计

| 州域 | 明显好转 (>0.01) | | 轻微好转（0.001~ 0.01） | | 基本稳定 (−0.001~0.001) | | 轻微变差 (−0.01~−0.001) | | 明显变差 (<−0.01) | |
| --- | --- | --- | --- | --- | --- | --- | --- | --- | --- | --- |
| | 面积 /km² | 面积比 例/% | 面积 /km² | 面积比 例/% | 面积 /km² | 面积比 例/% | 面积 /km² | 面积比 例/% | 面积 /km² | 面积比 例/% |
| 玉树藏族自治州 | 266.55 | 13.30 | 914.7 | 45.63 | 233.04 | 11.63 | 438.55 | 21.88 | 151.64 | 7.56 |
| 海南藏族自治州 | 40.53 | 22.13 | 58.66 | 32.04 | 20.68 | 11.29 | 48.74 | 26.62 | 14.5 | 7.92 |
| 格尔木市唐古拉山乡 | 81.98 | 18.98 | 236.4 | 54.72 | 42.78 | 9.90 | 59.11 | 13.68 | 11.72 | 2.71 |
| 果洛藏族自治州 | 89.87 | 11.35 | 258.17 | 32.60 | 96.78 | 12.22 | 274.04 | 34.60 | 73.11 | 9.23 |
| 黄南藏族自治州 | 6.04 | 3.88 | 61.48 | 39.50 | 35.13 | 22.57 | 49.47 | 31.78 | 3.54 | 2.27 |

2）NPP

工程实施后（2005~2012 年）与工程实施前（1997~2004 年）相比，各州植被净初级生产力都有增加（表 6-30）。其中，黄南藏族自治州植被净初级生产力提高最多，植

表 6-30　工程实施前后三江源区各州植被净初级生产力变化面积统计

| 州域 | 明显减少 [<-100g/(cm²·a)] | | 轻度减少 [-100~-50g/(cm²·a)] | | 轻微减少 [-50~-5g/(cm²·a)] | | 基本稳定 [-5~5g/(cm²·a)] | | 轻微增加 [5~50g/(cm²·a)] | | 轻度增加 [50~100g/(cm²·a)] | | 明显增加 [>100g/(cm²·a)] | |
|---|---|---|---|---|---|---|---|---|---|---|---|---|---|---|
| | 面积/km² | 面积比例/% | 面积/km² | 面积比例/% | 面积/km² | 面积比例/% | 面积/km² | 面积比例/% | 面积/km² | 面积比例/% | 面积/km² | 面积比例/% | 面积/km² | 面积比例/% |
| 玉树藏族自治州 | 1 698 | 0.83 | 7 453 | 3.65 | 28 895 | 14.17 | 41 045 | 20.12 | 76 759 | 37.63 | 35 551 | 17.43 | 12 580 | 6.17 |
| 海南藏族自治州 | 15 | 0.09 | 153 | 0.92 | 925 | 5.55 | 403 | 2.42 | 2252 | 13.51 | 3 586 | 21.52 | 9 331 | 55.99 |
| 格尔木市唐古拉山乡 | 3 | 0.01 | 195 | 0.41 | 8 563 | 17.98 | 15 035 | 31.57 | 22 845 | 47.98 | 954 | 2.00 | 23 | 0.05 |
| 果洛藏族自治州 | 354 | 0.48 | 1 486 | 2.01 | 5 488 | 7.42 | 2 644 | 3.58 | 17 224 | 23.29 | 24 540 | 33.19 | 22 211 | 30.04 |
| 黄南藏族自治州 | 54 | 0.41 | 124 | 0.94 | 244 | 1.85 | 68 | 0.51 | 537 | 4.06 | 1623 | 12.28 | 10 568 | 79.95 |

表 6-31　1997~2004 年三江源区各州植被净初级生产力变化率面积统计

| 州域 | 明显减少 [<-50g/(cm²·a)] | | 轻度减少 [-50~-10g/(cm²·a)] | | 轻微减少 [-10~-1g/(cm²·a)] | | 基本稳定 [-1~1g/(cm²·a)] | | 轻微增加 [1~10g/(cm²·a)] | | 轻度增加 [10~50g/(cm²·a)] | | 明显增加 [>50g/(cm²·a)] | |
|---|---|---|---|---|---|---|---|---|---|---|---|---|---|---|
| | 面积/km² | 面积比例/% | 面积/km² | 面积比例/% | 面积/km² | 面积比例/% | 面积/km² | 面积比例/% | 面积/km² | 面积比例/% | 面积/km² | 面积比例/% | 面积/km² | 面积比例/% |
| 玉树藏族自治州 | 4 364 | 2.14 | 73 350 | 35.96 | 65 776 | 32.25 | 33 913 | 16.63 | 23 446 | 11.49 | 3 131 | 1.53 | 1 | 0.00 |
| 海南藏族自治州 | 40 | 0.24 | 4 450 | 26.70 | 5 712 | 34.28 | 1 265 | 7.59 | 3 882 | 23.29 | 1 316 | 7.90 | 0 | 0.00 |
| 格尔木市唐古拉山乡 | 8 | 0.02 | 5 336 | 11.21 | 19 955 | 41.91 | 11 147 | 23.41 | 10 423 | 21.89 | 749 | 1.57 | 0 | 0.00 |
| 果洛藏族自治州 | 1 061 | 1.43 | 43 384 | 58.67 | 17751 | 24.01 | 2 886 | 3.90 | 6 286 | 8.50 | 2 579 | 3.49 | 0 | 0.00 |
| 黄南藏族自治州 | 156 | 1.18 | 2 693 | 20.37 | 3 517 | 26.61 | 937 | 7.09 | 3 871 | 29.29 | 2 044 | 15.46 | 0 | 0.00 |

表 6-32　2005~2012 年三江源区各州植被净初级生产力变化率面积统计

| 州域 | 明显减少 [<-50g/(cm²·a)] | | 轻度减少 [-50~-10g/(cm²·a)] | | 轻微减少 [-10~-1g/(cm²·a)] | | 基本稳定 [-1~1g/(cm²·a)] | | 轻微增加 [1~10g/(cm²·a)] | | 轻度增加 [10~50g/(cm²·a)] | | 明显增加 [>50g/(cm²·a)] | |
|---|---|---|---|---|---|---|---|---|---|---|---|---|---|---|
| | 面积/km² | 面积比例/% | 面积/km² | 面积比例/% | 面积/km² | 面积比例/% | 面积/km² | 面积比例/% | 面积/km² | 面积比例/% | 面积/km² | 面积比例/% | 面积/km² | 面积比例/% |
| 玉树藏族自治州 | 317 | 0.16 | 12 575 | 6.16 | 32 584 | 15.97 | 39 408 | 19.32 | 81 987 | 40.19 | 36 282 | 17.79 | 828 | 0.41 |
| 海南藏族自治州 | 14 | 0.08 | 1 120 | 6.72 | 2 205 | 13.23 | 1 001 | 6.01 | 4 020 | 24.12 | 8 255 | 49.53 | 50 | 0.30 |
| 格尔木市唐古拉山乡 | 0 | 0.00 | 438 | 0.92 | 5 132 | 10.78 | 10 910 | 22.91 | 27 120 | 56.95 | 4 012 | 8.43 | 6 | 0.01 |
| 果洛藏族自治州 | 124 | 0.17 | 8 582 | 11.61 | 15 666 | 21.19 | 8 029 | 10.86 | 24 549 | 33.20 | 16 675 | 22.55 | 322 | 0.44 |
| 黄南藏族自治州 | 7 | 0.05 | 523 | 3.96 | 1276 | 9.65 | 530 | 4.01 | 3 696 | 27.96 | 7 124 | 53.90 | 62 | 0.47 |

被净初级生产力增加的区域面积占整个州的 96.29%，明显增加的区域面积占整个州的79.95%，而减少区域面积仅占整个州的 3.19%。其次为海南藏族自治州，植被净初级生产力增加的区域面积占整个州的 91.02%，明显增加的区域面积占整个州的 55.99%，而减少区域面积仅占整个州的 6.56%。玉树藏族自治州植被净初级生产力增加部分的面积最大，为 124 890 km²，占该州的 61.23%，而植被净初级生产力减少部分的面积也最大，为 38 046 km²，占该州的 18.65%。

工程实施后（2005～2012 年），各州植被初级生产力变化率增加部分比例较工程实施前（1997～2004 年）净增加均超过 35%（表 6-31、表 6-32）。其中，玉树藏族自治州植被净初级生产力变化率增加部分比重最大，为 45.36%。2005～2012 年，黄南藏族自治州植被净初级生产力变化率增加的区域面积占整个州的比例最大，为 82.33%，变化率减少的区域面积仅占整个州的 13.66%。玉树藏族自治州植被净初级生产力变化率增加部分的面积最大，为 119 097 km²，占该州的 58.39%，而减少部分的面积也最大，为 45 476 km²，占该州的 22.29%。

# 三、县域植被覆盖度状况与生产力变化

## 1. 2012 年植被覆盖度与生产力状况

### 1）植被覆盖度

从三江源地区 2012 年各县植被覆盖度状况来看，植被覆盖度大于 60%且面积比例在 90%以上的区域有 5 个县，其中植被覆盖度最高的是河南县，占总面积的比例为98.63%，其次是泽库县和班玛县的 96.79%和 96.71%，以及久治县和甘德县的 93.65%和 93.63%，同时，有 7 个县的植被覆盖度都在 20%以上，分别是同德县、泽库县、称多县、河南县、甘德县、达日县和班玛县。从植被覆盖度各等级来看，各县植被覆盖度在 60%～80%等级之间的面积较大，除唐古拉山乡、治多县、曲麻莱县和玛多县占总面积比例较小外，其他各县在此等级间的面积比例均在 28%以上，其中，以班玛县的面积比例最大，为 83.17%。由此说明，2012 年三江源地区各县植被覆盖度普遍较高（表 6-33）。

### 2）NPP

从三江源地区 2012 年各县植被净初级生产力状况来看，植被净初级生产力在 400 g/（cm²·a）为以上的县中，河南县的植被净初级生产力最大，占该县总面积比例为96.63%，其次为泽库县，面积比例为 91.74%，同时，还有其他 4 个县在此等级中的面积比例达到80%以上，分别为班玛县、久治县、同德县和甘德县。另外，在植被净初级生产力低于100 g/（cm²· a）的县中，唐古拉山乡、治多县和曲麻莱县所占总面积比例较大，分别为 64.25%、64.17%和 41.14%，说明 2012 年三江源地区东部和南部大部分县域植被净初级生产力较高，但三江源西部各县小部分地区植被净初级生产力有待提高（表 6-34）。

表6-33　2012年三江源地区各县植被覆盖度状况面积统计表

| 县域 | 0~10% | | 10%~20% | | 20%~40% | | 40%~60% | | 60%~80% | | 80%~100% | |
|---|---|---|---|---|---|---|---|---|---|---|---|---|
| | 面积/km² | 面积比例/% | 面积/km² | 面积比例/% | 面积/km² | 面积比例/% | 面积/km² | 面积比例/% | 面积/km² | 面积比例/% | 面积/km² | 面积比例/% |
| 治多县 | 4 897.15 | 6.08 | 24 507.24 | 30.41 | 27 700.43 | 34.38 | 13 699.48 | 17.00 | 9 769.53 | 12.12 | 2.48 | 0.00 |
| 曲麻莱县 | 156.11 | 0.33 | 5 149.07 | 11.04 | 18 877.46 | 40.49 | 15 798.26 | 33.89 | 6 632.51 | 14.23 | 5.78 | 0.01 |
| 兴海县 | 0.83 | 0.01 | 59.47 | 0.49 | 1 653.59 | 13.70 | 3 497.97 | 28.97 | 6 599.47 | 54.66 | 261.83 | 2.17 |
| 唐古拉山乡 | 1 323.20 | 2.78 | 10 467.47 | 21.96 | 28 273.65 | 59.32 | 7 508.86 | 15.75 | 87.55 | 0.18 | | |
| 玛多县 | 547.62 | 2.24 | 632.69 | 2.59 | 6 728.32 | 27.56 | 12 406.01 | 50.82 | 4 097.62 | 16.79 | | |
| 同德县 | | | | | 94.99 | 2.08 | 406.38 | 8.89 | 3 599.56 | 78.71 | 472.45 | 10.33 |
| 泽库县 | | | | | 31.39 | 0.47 | 181.71 | 2.74 | 4 715.44 | 71.02 | 1 711.40 | 25.77 |
| 玛沁县 | 14.87 | 0.11 | 217.23 | 1.62 | 1 012.64 | 7.53 | 2 487.81 | 18.50 | 8 306.74 | 61.76 | 1 409.92 | 10.48 |
| 称多县 | | | | | 283.31 | 1.95 | 4 785.65 | 32.96 | 9 159.14 | 63.08 | 290.74 | 2.00 |
| 河南县 | | | | | 2.48 | 0.04 | 88.38 | 1.33 | 2 210.29 | 33.32 | 4 332.19 | 65.31 |
| 杂多县 | 22.30 | 0.06 | 370.03 | 1.05 | 4 842.64 | 13.69 | 20 170.92 | 57.03 | 9 942.16 | 28.11 | 19.00 | 0.05 |
| 甘德县 | | | | | 56.17 | 0.79 | 394.81 | 5.57 | 5 500.11 | 77.63 | 1 134.05 | 16.01 |
| 达日县 | | | | | 169.32 | 1.17 | 3 562.39 | 24.67 | 10 293.19 | 71.27 | 417.94 | 2.89 |
| 玉树县 | 1.65 | 0.01 | 33.04 | 0.22 | 622.78 | 4.09 | 2 126.86 | 13.96 | 11 350.43 | 74.49 | 1 101.84 | 7.23 |
| 久治县 | 0.83 | 0.01 | 5.78 | 0.07 | 54.51 | 0.67 | 458.41 | 5.60 | 5 833.80 | 71.30 | 1 828.69 | 22.35 |
| 班玛县 | | | | | 0.83 | 0.01 | 205.67 | 3.27 | 5 225.06 | 83.17 | 850.75 | 13.54 |
| 囊谦县 | 3.30 | 0.03 | 76.81 | 0.64 | 773.10 | 6.44 | 1 911.29 | 15.91 | 9 069.11 | 75.52 | 175.93 | 1.46 |

表6-34 2012年三江源地区各县植被净初级生产力状况面积统计表

| 县域 | 0~50 g/ (cm²·a) | | 50~100 g/ (cm²·a) | | 100~200 g/ (cm²·a) | | 200~400 g/ (cm²·a) | | 400~600 g/ (cm²·a) | | >600 g/ (cm²·a) | |
|---|---|---|---|---|---|---|---|---|---|---|---|---|
| | 面积 /km² | 面积比 例/% | 面积 /km² | 面积比 例/% | 面积 /km² | 面积比 例/% | 面积 /km² | 面积比 例/% | 面积 /km² | 面积比 例/% | 面积 /km² | 面积比 例/% |
| 治多县 | 38 987 | 48.37 | 12 738 | 15.80 | 9 802 | 12.16 | 13 653 | 16.94 | 5 061 | 6.28 | 361 | 0.45 |
| 曲麻莱县 | 9 716 | 20.82 | 9 478 | 20.31 | 12 434 | 26.65 | 12 358 | 26.49 | 2 583 | 5.54 | 88 | 0.19 |
| 兴海县 | 530 | 4.39 | 876 | 7.26 | 1663 | 13.77 | 4 505 | 37.31 | 4 062 | 33.65 | 437 | 3.62 |
| 唐古拉山乡 | 19 205 | 40.49 | 11 268 | 23.76 | 13 678 | 28.84 | 3 278 | 6.91 | 2 | 0.00 | | |
| 玛多县 | 2 290 | 9.40 | 2 339 | 9.60 | 6 574 | 26.97 | 11 411 | 46.82 | 1 734 | 7.11 | 24 | 0.10 |
| 同德县 | 14 | 0.31 | 47 | 1.02 | 178 | 3.88 | 671 | 14.63 | 1 900 | 41.42 | 1 777 | 38.74 |
| 泽库县 | 34 | 0.51 | 48 | 0.72 | 91 | 1.37 | 375 | 5.65 | 1 904 | 28.70 | 4 183 | 63.04 |
| 玛沁县 | 853 | 6.34 | 541 | 4.02 | 1 166 | 8.66 | 3 548 | 26.36 | 5 123 | 38.07 | 2 227 | 16.55 |
| 称多县 | 191 | 1.32 | 305 | 2.11 | 1 652 | 11.41 | 6 363 | 43.95 | 4 009 | 27.69 | 1 959 | 13.53 |
| 河南县 | 29 | 0.44 | | | 30 | 0.46 | 162 | 2.47 | 924 | 14.08 | 5 418 | 82.55 |
| 杂多县 | 1 864 | 5.30 | 1 840 | 5.23 | 5 307 | 15.09 | 16 919 | 48.12 | 7 454 | 21.20 | 1 774 | 5.05 |
| 甘德县 | 96 | 1.35 | 85 | 1.20 | 221 | 3.11 | 1 009 | 14.21 | 3 376 | 47.54 | 2 315 | 32.60 |
| 达日县 | 121 | 0.84 | 205 | 1.43 | 773 | 5.39 | 4 500 | 31.38 | 7 375 | 51.43 | 1 367 | 9.53 |
| 玉树县 | 341 | 2.24 | 407 | 2.67 | 830 | 5.45 | 2 408 | 15.82 | 5 128 | 33.68 | 6 110 | 40.13 |
| 久治县 | 56 | 0.69 | 106 | 1.30 | 213 | 2.61 | 1 092 | 13.36 | 3 218 | 39.38 | 3 486 | 42.66 |
| 班玛县 | 5 | 0.08 | 6 | 0.10 | 37 | 0.60 | 1 006 | 16.23 | 3 119 | 50.32 | 2 025 | 32.67 |
| 襄谦县 | 370 | 3.12 | 391 | 3.29 | 596 | 5.02 | 1 383 | 11.65 | 4 699 | 39.59 | 4 430 | 37.32 |

## 2. 工程实施前后植被覆盖度状况与生产力变化

1）植被覆盖度

工程实施后（2005~2012年）和工程实施前（1998~2004年）相比，各县的植被覆盖度都有明显提高（表6-35）。其中，植被覆盖度明显好转部分面积比重较大的有治多县、曲麻莱县、兴海县、唐古拉山乡、玛多县、同德县、称多县及杂多县等。植被覆盖度提高最多的玛多县，其植被覆盖度明显好转的面积占该县面积的63.28%。各县植被覆盖度明显变差的面积都不超过3%。班玛县植被覆盖度没有明显变差的。

2005~2012年连续8年间，各县植被覆盖度好转趋势明显，由表6-36和表6-37可以看出，各县植被覆盖度明显好转的区域都有不同程度的增长。其中，玛多县明显好转区域的面积净增加了20.44%，轻微好转区域的面积净增加了27.37%。各县植被覆盖度变差的区域面积明显减少，其中玛多县、称多县和达日县明显变差区域面积减少明显，其面积分别净减少了15.01%、13.99%、19.75%。

表 6-35　工程实施前后三江源区各县植被覆盖度变化面积统计

| 县域 | 明显好转（>10%） | | 轻微好转（2%～10%） | | 基本稳定（-2%～2%） | | 轻微变差（-10%～-2%） | | 明显变差（<-10%） | |
|---|---|---|---|---|---|---|---|---|---|---|
| | 面积/km² | 面积比例/% | 面积/km² | 面积比例/% | 面积/km² | 面积比例/% | 面积/km² | 面积比例/% | 面积/km² | 面积比例/% |
| 治多县 | 354.87 | 48.98 | 248.25 | 34.27 | 58.68 | 8.10 | 44.74 | 6.18 | 17.92 | 2.47 |
| 曲麻莱县 | 239.27 | 47.34 | 175.19 | 34.66 | 45.9 | 9.08 | 35.8 | 7.08 | 9.24 | 1.83 |
| 兴海县 | 58.49 | 45.40 | 46.56 | 36.14 | 14.39 | 11.17 | 7.4 | 5.74 | 1.98 | 1.54 |
| 唐古拉山乡 | 204.51 | 47.34 | 154.45 | 35.75 | 37.3 | 8.63 | 25.94 | 6.00 | 9.78 | 2.26 |
| 玛多县 | 167.12 | 63.28 | 72.8 | 27.57 | 12.53 | 4.74 | 8.82 | 3.34 | 2.83 | 1.07 |
| 同德县 | 12.37 | 22.79 | 27.13 | 49.97 | 13.45 | 24.77 | 1.31 | 2.41 | 0.03 | 0.06 |
| 泽库县 | 10.21 | 13.13 | 57.66 | 74.12 | 7.68 | 9.87 | 2.01 | 2.58 | 0.23 | 0.30 |
| 玛沁县 | 18.57 | 13.86 | 67.65 | 50.49 | 33.41 | 24.94 | 11.01 | 8.22 | 3.34 | 2.49 |
| 称多县 | 47.35 | 30.09 | 81.93 | 52.07 | 19.39 | 12.32 | 7.84 | 4.98 | 0.83 | 0.53 |
| 河南县 | 0.83 | 1.07 | 60.28 | 77.41 | 14.59 | 18.74 | 2.04 | 2.62 | 0.13 | 0.17 |
| 杂多县 | 102.14 | 30.39 | 165.51 | 49.25 | 39.15 | 11.65 | 21.93 | 6.53 | 7.36 | 2.19 |
| 甘德县 | 1.81 | 2.30 | 44.25 | 56.34 | 27.27 | 34.72 | 4.91 | 6.25 | 0.3 | 0.38 |
| 达日县 | 22.76 | 15.21 | 86.37 | 57.74 | 30.92 | 20.67 | 9.03 | 6.04 | 0.51 | 0.34 |
| 玉树县 | 14.86 | 9.44 | 99.58 | 63.29 | 30.07 | 19.11 | 10.03 | 6.37 | 2.8 | 1.78 |
| 久治县 | 1.19 | 1.31 | 50.42 | 55.39 | 33.13 | 36.39 | 5.99 | 6.58 | 0.3 | 0.33 |
| 班玛县 | 2.84 | 3.80 | 53.94 | 72.18 | 15.64 | 20.93 | 2.31 | 3.09 | 0 | 0.00 |
| 襄谦县 | 8.84 | 7.15 | 64.35 | 52.08 | 32.38 | 26.21 | 13.51 | 10.93 | 4.47 | 3.62 |

表 6-36　1998～2004 年三江源区各县植被覆盖度变化趋势面积统计

| 县域 | 明显好转（>0.01） | | 轻微好转（0.001～0.01） | | 基本稳定（-0.001～0.001） | | 轻微变差（-0.01～-0.001） | | 明显变差（<-0.01） | |
|---|---|---|---|---|---|---|---|---|---|---|
| | 面积/km² | 面积比例/% | 面积/km² | 面积比例/% | 面积/km² | 面积比例/% | 面积/km² | 面积比例/% | 面积/km² | 面积比例/% |
| 治多县 | 59.89 | 6.14 | 492.9 | 50.55 | 189.01 | 19.38 | 203.78 | 20.90 | 29.55 | 3.03 |
| 曲麻莱县 | 29.02 | 5.14 | 187.93 | 33.30 | 101.18 | 17.93 | 212.15 | 37.59 | 34.07 | 6.04 |
| 兴海县 | 7.3 | 5.00 | 42.93 | 29.38 | 16.57 | 11.34 | 62.05 | 42.47 | 17.26 | 11.81 |
| 唐古拉山乡 | 22.86 | 3.96 | 313.74 | 54.39 | 95.8 | 16.61 | 115.66 | 20.05 | 28.73 | 4.98 |
| 玛多县 | 2.23 | 0.75 | 40.76 | 13.79 | 32.99 | 11.16 | 153.46 | 51.93 | 66.07 | 22.36 |
| 同德县 | 2.04 | 3.69 | 11.48 | 20.74 | 6.64 | 12.00 | 28.81 | 52.05 | 6.38 | 11.53 |
| 泽库县 | 4.07 | 5.05 | 34.97 | 43.35 | 14.01 | 17.37 | 24.75 | 30.68 | 2.86 | 3.55 |
| 玛沁县 | 1.85 | 1.14 | 27.28 | 16.74 | 18.63 | 11.43 | 84 | 51.55 | 31.19 | 19.14 |
| 称多县 | 4.23 | 2.40 | 31.69 | 17.96 | 17.16 | 9.73 | 81.46 | 46.17 | 41.89 | 23.74 |

续表

| 县域 | 明显好转（>0.01） | | 轻微好转<br>（0.001～0.01） | | 基本稳定<br>（−0.001～0.001） | | 轻微变差<br>（−0.01～−0.001） | | 明显变差（<−0.01） | |
|---|---|---|---|---|---|---|---|---|---|---|
| | 面积<br>/km² | 面积比例<br>/% | 面积<br>/km² | 面积比例<br>/% | 面积<br>/km² | 面积比例<br>/% | 面积<br>/km² | 面积比<br>例/% | 面积<br>/km² | 面积比例<br>/% |
| 河南县 | 0.18 | 0.22 | 25.79 | 31.96 | 20.59 | 25.51 | 31.67 | 39.24 | 2.47 | 3.06 |
| 杂多县 | 50.48 | 11.78 | 203.14 | 47.39 | 46.77 | 10.91 | 102.76 | 23.97 | 25.49 | 5.95 |
| 甘德县 | 0.88 | 1.03 | 15.86 | 18.47 | 14.29 | 16.65 | 47.67 | 55.53 | 7.15 | 8.33 |
| 达日县 | 0.74 | 0.42 | 19.73 | 11.27 | 13.54 | 7.74 | 90.17 | 51.52 | 50.85 | 29.05 |
| 玉树县 | 16.03 | 8.66 | 88.23 | 47.68 | 26.05 | 14.08 | 48.06 | 25.97 | 6.69 | 3.62 |
| 久治县 | 0.69 | 0.69 | 20.86 | 20.96 | 17.34 | 17.42 | 51.43 | 51.67 | 9.22 | 9.26 |
| 班玛县 | 4.5 | 5.88 | 29.39 | 38.41 | 11.45 | 14.96 | 26.34 | 34.42 | 4.84 | 6.33 |
| 襄谦县 | 16.45 | 11.28 | 68.21 | 46.79 | 16.86 | 11.57 | 35.82 | 24.57 | 8.44 | 5.79 |

表 6-37　2005～2012 年三江源地区各县植被覆盖度变化趋势面积统计

| 县域 | 明显好转（>0.01） | | 轻微好转<br>（0.001～0.01） | | 基本稳定<br>（−0.001～0.001） | | 轻微变差<br>（−0.01～−0.001） | | 明显变差<br>（<−0.01） | |
|---|---|---|---|---|---|---|---|---|---|---|
| | 面积<br>/km² | 面积比<br>例/% | 面积<br>/km² | 面积比<br>例/% | 面积<br>/km² | 面积比<br>例/% | 面积<br>/km² | 面积比<br>例/% | 面积<br>/km² | 面积比<br>例/% |
| 治多县 | 81.36 | 11.23 | 369.12 | 50.95 | 95.63 | 13.20 | 137.48 | 18.98 | 40.87 | 5.64 |
| 曲麻莱县 | 60.87 | 12.04 | 226.41 | 44.80 | 57.79 | 11.43 | 117.23 | 23.20 | 43.1 | 8.53 |
| 兴海县 | 32.93 | 25.56 | 37.31 | 28.96 | 11.3 | 8.77 | 34.26 | 26.60 | 13.02 | 10.11 |
| 唐古拉山乡 | 81.98 | 18.98 | 236.4 | 54.72 | 42.78 | 9.90 | 59.11 | 13.68 | 11.72 | 2.71 |
| 玛多县 | 55.97 | 21.19 | 106.08 | 40.16 | 24.38 | 9.23 | 58.31 | 22.07 | 19.42 | 7.35 |
| 同德县 | 7.6 | 14.00 | 21.35 | 39.33 | 9.38 | 17.28 | 14.48 | 26.67 | 1.48 | 2.73 |
| 泽库县 | 4.2 | 5.40 | 32.11 | 41.28 | 16.21 | 20.84 | 23.16 | 29.77 | 2.11 | 2.71 |
| 玛沁县 | 12.59 | 9.40 | 35.29 | 26.34 | 16.95 | 12.65 | 49.9 | 37.24 | 19.25 | 14.37 |
| 称多县 | 16.69 | 10.61 | 53.67 | 34.11 | 18.43 | 11.71 | 53.21 | 33.82 | 15.34 | 9.75 |
| 河南县 | 1.84 | 2.36 | 29.37 | 37.72 | 18.92 | 24.30 | 26.31 | 33.79 | 1.43 | 1.84 |
| 杂多县 | 61.3 | 18.24 | 142.97 | 42.54 | 32.06 | 9.54 | 71.29 | 21.21 | 28.47 | 8.47 |
| 甘德县 | 2.87 | 3.65 | 17.15 | 21.84 | 10.53 | 13.41 | 39.31 | 50.05 | 8.68 | 11.05 |
| 达日县 | 12.63 | 8.44 | 47.59 | 31.81 | 18.87 | 12.61 | 56.58 | 37.82 | 13.92 | 9.31 |
| 玉树县 | 22.65 | 14.40 | 67.48 | 42.89 | 17.01 | 10.81 | 36.84 | 23.41 | 13.36 | 8.49 |
| 久治县 | 2.49 | 2.74 | 23.73 | 26.07 | 15.19 | 16.69 | 41.47 | 45.56 | 8.15 | 8.95 |
| 班玛县 | 3.38 | 4.52 | 28.33 | 37.91 | 10.86 | 14.53 | 28.47 | 38.10 | 3.69 | 4.94 |
| 襄谦县 | 23.68 | 19.12 | 55.05 | 44.45 | 12.12 | 9.79 | 22.5 | 18.17 | 10.5 | 8.48 |

2）NPP

工程实施后（2005～2012 年）和工程实施前（1998～2004 年）相比，各县的植被净初级生产力均有明显提高（表 6-38）。而且各县植被净初级生产力增加部分面积比重都超过 50%，其中，各县中植被净初级生产力明显增加部分的面积比重大于 20% 的有兴海县、玛多县、同德县、泽库县、玛沁县、称多县、河南县、甘德县、达日县、久治县、班玛县 11 个县。其中，同德县植被净初级生产力增加部分所占的比重最大，为 97.58%，明显增加的比重为 74.58%。其次为河南县，植被净初级生产力增加部分所占的比重为 96.86%，明显增加部分比重为 81.27%。各县植被净初级生产力明显减少的面积比重都不超过 4%。

由表 6-39 和表 6-40 可以看出，工程实施前后各县植被净初级生产力变化率增加的区域面积比重都有不同程度的增长，而且工程实施前后各县植被净初级生产力增加部分面积比重净增加都超过 20%。其中，囊谦县植被净初级生产力变化率增加区域的面积比重净增加了 67.99%，变化率减少区域的面积比重净减少了 71.29%。2005～2012 年连续 8 年间，各县植被净初级生产力变化率增加区域面积比重均大于 50%。其中，面积比重最大的为泽库县，占 84.31%，其次为同德县，占 83.95%。唐古拉山乡植被净初级生产力变化率减少部分面积比重最小，为 11.70%。治多县植被净初级生产力变化率增加区域面积最大，为 46 629 km$^2$，占整个县的 57.85%。

# 四、流域植被覆盖度状况与生产力变化

## 1. 2012 年植被覆盖度与生产力状况

### 1）植被覆盖度

从三江源地区 2012 年各流域植被覆盖度状况来看，三江源一级流域中，澜沧江流域和黄河流域的植被覆盖度在 60% 以上的面积较大，分别占各流域总面积的 61.44% 和 60.21%，而长江流域在植被覆盖度为 20%～60% 等级间所占的面积比例最大为 65.93%，黄河源吉迈水文站以上流域在植被覆盖度为 40%～60% 的面积最大，为 20 322.90 km$^2$，占该流域总面积的比例为 46.31%；另外，长江源二级流域中，所有流域的植被覆盖度均在 80% 以下，并且植被覆盖度处于 60%～80% 的流域面积所占比例也较小，沱沱河流域、当曲流域和楚玛尔河流域在此等级间的面积比例分别为 0.02%、4.29% 和 3.41%，说明三江源中部和南部一级流域中，澜沧江流域和黄河流域植被覆盖度较高，而西部长江源二级流域的植被覆盖度相对较低（表 6-41）。

### 2）NPP

从三江源地区 2012 年各流域植被净初级生产力状况来看，三江源一级流域中，澜沧江流域和黄河流域在植被净初级生产力大于 400 g/（cm$^2$·a）的面积最大，分别占各流域总面积的 59.69% 和 47.34%，其次是黄河源吉迈水文站以上流域的面积比例为 19.19%，而长江流域在植被净初级生产力为 200～400 g/（cm$^2$·a）的面积最大，为 41 475 km$^2$，所

表6-38　工程实施前后三江源区各县植被净初级生产力变化面积统计

| 县域 | 明显减少 [<−100g/(cm²·a)] | | 轻度减少 [−100~−50g/(cm²·a)] | | 轻微减少 [−50~−5g/(cm²·a)] | | 基本稳定 [−5~5g/(cm²·a)] | | 轻微增加 [5~50g/(cm²·a)] | | 轻度增加 [50~100g/(cm²·a)] | | 明显增加 [>100g/(cm²·a)] | |
|---|---|---|---|---|---|---|---|---|---|---|---|---|---|---|
| | 面积/km² | 面积比例/% | 面积/km² | 面积比例/% | 面积/km² | 面积比例/% | 面积/km² | 面积比例/% | 面积/km² | 面积比例/% | 面积/km² | 面积比例/% | 面积/km² | 面积比例/% |
| 治多县 | 164 | 0.20 | 1 612 | 2.00 | 8 798 | 10.92 | 29 099 | 36.10 | 29 914 | 37.11 | 8476 | 10.52 | 2 539 | 3.15 |
| 曲麻莱县 | 70 | 0.15 | 677 | 1.45 | 6 707 | 14.38 | 6 774 | 14.52 | 21 001 | 45.01 | 8 588 | 18.41 | 2 840 | 6.09 |
| 兴海县 | 14 | 0.12 | 143 | 1.18 | 846 | 7.01 | 363 | 3.01 | 1 942 | 16.09 | 2 817 | 23.33 | 5 948 | 49.27 |
| 唐古拉山乡 | 3 | 0.01 | 195 | 0.41 | 8 551 | 18.03 | 14 954 | 31.53 | 22 760 | 47.99 | 945 | 1.99 | 23 | 0.05 |
| 玛多县 | 159 | 0.65 | 491 | 2.01 | 1 786 | 7.33 | 1 298 | 5.33 | 7713 | 31.65 | 7 798 | 32.00 | 5 127 | 21.04 |
| 同德县 | 1 | 0.02 | 7 | 0.15 | 70 | 1.53 | 33 | 0.72 | 293 | 6.39 | 762 | 16.61 | 3 421 | 74.58 |
| 泽库县 | 11 | 0.17 | 74 | 1.12 | 168 | 2.53 | 38 | 0.57 | 297 | 4.48 | 853 | 12.86 | 5 194 | 78.28 |
| 玛沁县 | 75 | 0.56 | 501 | 3.72 | 1 532 | 11.38 | 422 | 3.14 | 2 068 | 15.37 | 3 474 | 25.81 | 5 386 | 40.02 |
| 称多县 | 73 | 0.50 | 248 | 1.71 | 847 | 5.85 | 365 | 2.52 | 2 762 | 19.08 | 5 623 | 38.84 | 4 561 | 31.50 |
| 河南县 | 45 | 0.69 | 55 | 0.84 | 76 | 1.16 | 30 | 0.46 | 234 | 3.57 | 789 | 12.02 | 5 334 | 81.27 |
| 杂多县 | 527 | 1.50 | 2 942 | 8.37 | 8 879 | 25.25 | 3 541 | 10.07 | 14 493 | 41.22 | 4 328 | 12.31 | 448 | 1.27 |
| 甘德县 | 48 | 0.68 | 129 | 1.82 | 344 | 4.84 | 122 | 1.72 | 1 056 | 14.87 | 2 495 | 35.13 | 2 908 | 40.95 |
| 达日县 | 25 | 0.17 | 154 | 1.07 | 895 | 6.24 | 362 | 2.52 | 3 015 | 21.02 | 5 805 | 40.48 | 4 085 | 28.48 |
| 玉树县 | 399 | 2.62 | 992 | 6.52 | 1 564 | 10.27 | 529 | 3.47 | 4 113 | 27.02 | 5 823 | 38.25 | 1 804 | 11.85 |
| 久治县 | 40 | 0.49 | 155 | 1.90 | 590 | 7.22 | 263 | 3.22 | 1 712 | 20.95 | 2 581 | 31.59 | 2 830 | 34.63 |
| 班玛县 | 5 | 0.08 | 43 | 0.69 | 271 | 4.37 | 159 | 2.57 | 1 568 | 25.30 | 2 339 | 37.74 | 1 813 | 29.25 |
| 囊谦县 | 465 | 3.92 | 982 | 8.27 | 2 100 | 17.69 | 743 | 6.26 | 4 475 | 37.70 | 2 715 | 22.87 | 389 | 3.28 |

表6-39　1998-2004年三江源区各县植被净初级生产力变化率统计

| 县域 | 明显减少 [<-50 g/(cm²·a)] | | 轻度减少 [-50~-10g/(cm²·a)] | | 轻微减少 [-10~-1g/(cm²·a)] | | 基本稳定 [-1~1g/(cm²·a)] | | 轻微增加 [1~10 g/(cm²·a)] | | 轻度增加 [10~50 g/(cm²·a)] | | 明显增加 [>50 g/(cm²·a)] | |
|---|---|---|---|---|---|---|---|---|---|---|---|---|---|---|
| | 面积/km² | 面积比例/% | 面积/km² | 面积比例/% | 面积/km² | 面积比例/% | 面积/km² | 面积比例/% | 面积/km² | 面积比例/% | 面积/km² | 面积比例/% | 面积/km² | 面积比例/% |
| 治多县 | 538 | 0.67 | 14 651 | 18.18 | 25 934 | 32.18 | 26 272 | 32.59 | 12 472 | 15.47 | 735 | 0.91 | 0 | 0.00 |
| 曲麻莱县 | 202 | 0.43 | 14 927 | 31.99 | 21 035 | 45.08 | 4 941 | 10.59 | 4 980 | 10.67 | 572 | 1.23 | 0 | 0.00 |
| 兴海县 | 32 | 0.27 | 2 900 | 24.02 | 4 153 | 34.40 | 967 | 8.01 | 2 935 | 24.31 | 1 086 | 9.00 | 0 | 0.00 |
| 唐古拉山乡 | 8 | 0.02 | 5 334 | 11.25 | 19 868 | 41.89 | 11 094 | 23.39 | 10 379 | 21.88 | 748 | 1.58 | 0 | 0.00 |
| 玛多县 | 289 | 1.19 | 14 989 | 61.50 | 7 178 | 29.45 | 1 103 | 4.53 | 708 | 2.90 | 105 | 0.43 | 0 | 0.00 |
| 同德县 | 10 | 0.22 | 1 541 | 33.59 | 1 550 | 33.79 | 301 | 6.56 | 957 | 20.86 | 228 | 4.97 | 0 | 0.00 |
| 泽库县 | 50 | 0.75 | 1 023 | 15.42 | 1 991 | 30.01 | 545 | 8.21 | 2 023 | 30.49 | 1 003 | 15.12 | 0 | 0.00 |
| 玛沁县 | 300 | 2.23 | 6 738 | 50.07 | 3 255 | 24.19 | 608 | 4.52 | 1 821 | 13.53 | 736 | 5.47 | 0 | 0.00 |
| 称多县 | 224 | 1.55 | 7 521 | 51.94 | 4 262 | 29.44 | 631 | 4.36 | 1 369 | 9.46 | 472 | 3.26 | 0 | 0.00 |
| 河南县 | 108 | 1.65 | 1 663 | 25.34 | 1 515 | 23.08 | 390 | 5.94 | 1 841 | 28.05 | 1 046 | 15.94 | 0 | 0.00 |
| 杂多县 | 1 442 | 4.10 | 18 743 | 53.31 | 9 759 | 27.76 | 1 409 | 4.01 | 3 002 | 8.54 | 802 | 2.28 | 1 | 0.00 |
| 甘德县 | 131 | 1.84 | 2 987 | 42.06 | 1 856 | 26.13 | 324 | 4.56 | 1 132 | 15.94 | 672 | 9.46 | 0 | 0.00 |
| 达日县 | 229 | 1.60 | 11 016 | 76.81 | 2 011 | 14.02 | 263 | 1.83 | 657 | 4.58 | 165 | 1.15 | 0 | 0.00 |
| 玉树县 | 909 | 5.97 | 9 461 | 62.15 | 3 062 | 20.11 | 455 | 2.99 | 1 017 | 6.68 | 320 | 2.10 | 0 | 0.00 |
| 久治县 | 68 | 0.83 | 3 248 | 39.75 | 2 190 | 26.80 | 408 | 4.99 | 1 507 | 18.44 | 750 | 9.18 | 0 | 0.00 |
| 班玛县 | 39 | 0.63 | 4 222 | 68.12 | 1 174 | 18.94 | 171 | 2.76 | 444 | 7.16 | 148 | 2.39 | 0 | 0.00 |
| 囊谦县 | 1 050 | 8.85 | 8 052 | 67.84 | 1 725 | 14.53 | 206 | 1.74 | 606 | 5.11 | 230 | 1.94 | 0 | 0.00 |

表6-40　2005~2012年三江源区各县植被净初级生产力变化率统计

| 县域 | 明显减少[<-50 g/(cm²·a)] | | 轻度减少[-50~-10 g/(cm²·a)] | | 轻微减少[-10~-1 g/(cm²·a)] | | 基本稳定[-1~1 g/(cm²·a)] | | 轻微增加[1~10 g/(cm²·a)] | | 轻度增加[10~50 g/(cm²·a)] | | 明显增加[>50 g/(cm²·a)] | |
|---|---|---|---|---|---|---|---|---|---|---|---|---|---|---|
| | 面积/km² | 面积比例/% | 面积/km² | 面积比例/% | 面积/km² | 面积比例/% | 面积/km² | 面积比例/% | 面积/km² | 面积比例/% | 面积/km² | 面积比例/% | 面积/km² | 面积比例/% |
| 治多县 | 38 | 0.05 | 2591 | 3.21 | 9273 | 11.50 | 22 071 | 27.38 | 38 620 | 47.91 | 7917 | 9.82 | 92 | 0.11 |
| 曲麻莱县 | 38 | 0.08 | 2509 | 5.38 | 10 045 | 21.53 | 10 712 | 22.96 | 17 878 | 38.32 | 5423 | 11.62 | 52 | 0.11 |
| 兴海县 | 14 | 0.12 | 927 | 7.68 | 1819 | 15.07 | 828 | 6.86 | 3033 | 25.12 | 5435 | 45.02 | 17 | 0.14 |
| 唐古拉山乡 | 0 | 0.00 | 438 | 0.92 | 5110 | 10.77 | 10 852 | 22.88 | 27 024 | 56.98 | 4001 | 8.44 | 6 | 0.01 |
| 玛多县 | 10 | 0.04 | 1275 | 5.23 | 4650 | 19.08 | 4147 | 17.02 | 9846 | 40.40 | 4385 | 17.99 | 59 | 0.24 |
| 同德县 | 0 | 0.00 | 192 | 4.19 | 381 | 8.31 | 163 | 3.55 | 976 | 21.28 | 2841 | 61.94 | 34 | 0.74 |
| 泽库县 | 4 | 0.06 | 240 | 3.62 | 574 | 8.65 | 223 | 3.36 | 1626 | 24.51 | 3949 | 59.52 | 19 | 0.29 |
| 玛沁县 | 52 | 0.39 | 2145 | 15.94 | 2904 | 21.58 | 1186 | 8.81 | 3789 | 28.15 | 3310 | 24.60 | 72 | 0.53 |
| 称多县 | 38 | 0.26 | 1769 | 12.22 | 3507 | 24.22 | 1506 | 10.40 | 4960 | 34.26 | 2624 | 18.12 | 75 | 0.52 |
| 河南县 | 4 | 0.06 | 280 | 4.27 | 715 | 10.89 | 309 | 4.71 | 2069 | 31.53 | 3143 | 47.89 | 43 | 0.66 |
| 杂多县 | 61 | 0.17 | 3018 | 8.58 | 6211 | 17.67 | 3688 | 10.49 | 13 509 | 38.42 | 8490 | 24.15 | 181 | 0.51 |
| 甘德县 | 19 | 0.27 | 1251 | 17.61 | 1748 | 24.61 | 521 | 7.34 | 1925 | 27.11 | 1580 | 22.25 | 58 | 0.82 |
| 达日县 | 19 | 0.13 | 1795 | 12.52 | 3456 | 24.10 | 1202 | 8.38 | 4878 | 34.01 | 2935 | 20.47 | 56 | 0.39 |
| 玉树县 | 93 | 0.61 | 1675 | 11.00 | 2249 | 14.77 | 836 | 5.49 | 4063 | 26.69 | 6085 | 39.97 | 223 | 1.46 |
| 久治县 | 9 | 0.11 | 1185 | 14.50 | 1651 | 20.21 | 547 | 6.69 | 2161 | 26.45 | 2560 | 31.33 | 58 | 0.71 |
| 班玛县 | 15 | 0.24 | 893 | 14.41 | 1162 | 18.75 | 398 | 6.42 | 1867 | 30.12 | 1847 | 29.80 | 16 | 0.26 |
| 囊谦县 | 49 | 0.41 | 1015 | 8.55 | 1301 | 10.96 | 598 | 5.04 | 2955 | 24.90 | 5746 | 48.41 | 205 | 1.73 |

表 6-41　2012 年三江源各流域植被覆盖度状况面积统计表

| 流域 | | 0～10% | | 10%～20% | | 20%～40% | | 40%～60% | | 60%～80% | | 80%～100% | |
| --- | --- | --- | --- | --- | --- | --- | --- | --- | --- | --- | --- | --- | --- |
| | | 面积/km² | 面积比例/% | 面积/km² | 面积比例/% | 面积/km² | 面积比例/% | 面积/km² | 面积比例/% | 面积/km² | 面积比例/% | 面积/km² | 面积比例/% |
| 黄河源 | 长江流域 | 1 747.74 | 1.14 | 18 080.40 | 11.82 | 53 811.70 | 35.18 | 47 034.65 | 30.75 | 31 615.51 | 20.67 | 689.68 | 0.45 |
| | 黄河流域 | 521.18 | 0.52 | 840.01 | 0.84 | 11 351.25 | 11.30 | 27 267.62 | 27.14 | 49 629.01 | 49.39 | 10 868.89 | 10.82 |
| | 澜沧江流域 | 12.39 | 0.03 | 291.57 | 0.79 | 3 646.64 | 9.89 | 10 265.11 | 27.84 | 21 749.34 | 58.99 | 902.78 | 2.45 |
| | 吉迈水文站以上流域 | 505.49 | 1.15 | 557.53 | 1.27 | 8 139.07 | 18.55 | 20 322.90 | 46.31 | 14 326.39 | 32.65 | 30.56 | 0.07 |
| 长江源 | 沱沱河流域 | 308.09 | 1.59 | 3 617.73 | 18.62 | 13 149.38 | 67.69 | 2 348.22 | 12.09 | 3.30 | 0.02 | | |
| | 当曲流域 | 237.05 | 0.74 | 1 570.16 | 4.88 | 13 005.67 | 40.44 | 15 968.41 | 49.65 | 1 378.54 | 4.29 | | |
| | 楚玛尔河流域 | 427.02 | 2.01 | 6 511.92 | 30.66 | 10 520.33 | 49.53 | 3 056.90 | 14.39 | 725.20 | 3.41 | | |

占面积比例为 27.11%；另外，长江源二级流域中，沱沱河流域的植被净初级生产力都低于 400 g/（cm²·a），其植被净初级生产力处于 0～50 g/（cm²·a）的面积最多，所占比例为 36.04%，楚玛尔河流域的植被净初级生产力都在 600 g/（cm²·a）以下，处于植被净初级生产力 0～50 g/（cm²·a）的面积最大，占该流域总面积比例为 52.86%，而当曲流域大部分面积都在 200～400 g/（cm²·a），该部分所占比例为 37.26%，说明三江源中部和南部一级流域中，澜沧江流域和黄河流域植被净初级生产力较高，而西部长江源二级流域的植被净初级生产力相对较低（表 6-42）。

表 6-42　2012 年三江源各流域植被净初级生产力状况面积统计表

| 流域 | | 0～50 g/（cm²·a） | | 50～100 g/（cm²·a） | | 100～200 g/（cm²·a） | | 200～400 g/（cm²·a） | | 400～600 g/（cm²·a） | | >600 g/（cm²·a） | |
| --- | --- | --- | --- | --- | --- | --- | --- | --- | --- | --- | --- | --- | --- |
| | | 面积/km² | 面积比例/% | 面积/km² | 面积比例/% | 面积/km² | 面积比例/% | 面积/km² | 面积比例/% | 面积/km² | 面积比例/% | 面积/km² | 面积比例/% |
| 长江流域 | | 32 478 | 21.23 | 24 031 | 15.71 | 33 637 | 21.99 | 41 475 | 27.11 | 16 182 | 10.58 | 5 180 | 3.39 |
| 黄河流域 | | 3 987 | 3.96 | 4 916 | 4.89 | 13 399 | 13.32 | 30 653 | 30.48 | 27 447 | 27.29 | 20 156 | 20.04 |
| 澜沧江流域 | | 1 873 | 5.07 | 1 922 | 5.20 | 3 014 | 8.16 | 8 086 | 21.88 | 12 499 | 33.82 | 9 561 | 25.87 |
| 黄河源吉迈水文站以上流域 | | 2 417 | 5.52 | 3 177 | 7.25 | 9 809 | 22.38 | 20 011 | 45.66 | 7 564 | 17.26 | 847 | 1.93 |
| 长江源 | 沱沱河流域 | 6 995 | 36.04 | 5 630 | 29.01 | 5 883 | 30.31 | 901 | 4.64 | | | | |
| | 当曲流域 | 3 788 | 11.81 | 3 887 | 12.12 | 11 414 | 35.58 | 11 953 | 37.26 | 1 003 | 3.13 | 35 | 0.11 |
| | 楚玛尔河流域 | 11 224 | 52.86 | 4 869 | 22.93 | 3 246 | 15.29 | 1 808 | 8.51 | 88 | 0.41 | | |

## 2. 工程实施前后植被覆盖度状况与生产力变化

### 1）植被覆盖度

由表 6-43 可知，工程实施前后各流域植被覆盖度有明显提高，其中三江源一级流域中长江流域植被覆盖度提高最明显，明显好转的面积占该流域植被覆盖面积的 41.98%，轻微好转区域的面积占该流域植被覆盖面积的 40.23%。长江源二级流域植被覆盖度均有明显提高，其中，楚玛尔河流域明显好转的面积占该流域植被覆盖面积的 51.96%。

2005～2012 年连续 8 年间，各流域植被覆盖度变化趋势都有明显提高。三江源一级流域中黄河流域植被覆盖度明显好转的面积净增加 13.25%，轻微好转的面积净增加 15.20%，长江源二级流域中，沱沱河流域植被覆盖度明显好转的面积净增加 14.78%。各流域植被覆盖度明显变差的面积明显降低。一级流域中黄河流域植被覆盖度明显变差的面积净减少了 8.68%，黄河源吉迈水文站以上流域植被覆盖度明显变差的面积净减少了 18.35%（表 6-44，表 6-45）。

**表 6-43　工程实施前后三江源区各流域植被覆盖度变化面积统计**

| 流域 | | 明显好转（>10%） | | 轻微好转（2%～10%） | | 基本稳定（-2%～2%） | | 轻微变差（-10%～-2%） | | 明显变差（<-10%） | |
|---|---|---|---|---|---|---|---|---|---|---|---|
| | | 面积/km² | 面积比例/% | 面积/km² | 面积比例/% | 面积/km² | 面积比例/% | 面积/km² | 面积比例/% | 面积/km² | 面积比例/% |
| 长江流域 | | 648.76 | 41.98 | 621.77 | 40.23 | 151.88 | 9.83 | 94.31 | 6.10 | 28.86 | 1.87 |
| 黄河流域 | | 328.69 | 30.06 | 523.02 | 47.84 | 180.55 | 16.51 | 50.98 | 4.66 | 10.13 | 0.93 |
| 澜沧江流域 | | 48.23 | 13.93 | 188.64 | 54.50 | 67.23 | 19.42 | 30.9 | 8.93 | 11.15 | 3.22 |
| 黄河源吉迈水文站以上流域 | | 227.94 | 48.42 | 185.16 | 39.33 | 35.7 | 7.58 | 17.69 | 3.76 | 4.31 | 0.92 |
| 长江源 | 沱沱河流域 | 99.59 | 50.37 | 68.3 | 34.55 | 16.6 | 8.40 | 10.35 | 5.23 | 2.87 | 1.45 |
| | 当曲流域 | 138.32 | 43.51 | 133.99 | 42.15 | 25.26 | 7.95 | 14.61 | 4.60 | 5.73 | 1.80 |
| | 楚玛尔河流域 | 111.5 | 51.96 | 65.67 | 30.60 | 18.14 | 8.45 | 15.02 | 7.00 | 4.27 | 1.99 |
| | 合计 | 227.94 | 48.42 | 185.16 | 39.33 | 35.7 | 7.58 | 17.69 | 3.76 | 4.31 | 0.92 |

**表 6-44　1989～2004 年三江源区各流域植被覆盖度变化面积统计**

| 流域 | | 明显变差（<-0.01） | | 轻微变差（-0.01～-0.001） | | 基本稳定（-0.001～0.001） | | 轻微好转（0.001～0.01） | | 明显好转（>0.01） | |
|---|---|---|---|---|---|---|---|---|---|---|---|
| | | 面积/km² | 面积比例/% | 面积/km² | 面积比例/% | 面积/km² | 面积比例/% | 面积/km² | 面积比例/% | 面积/km² | 面积比例/% |
| 黄河流域 | | 169.28 | 15.85 | 541.86 | 50.75 | 142.69 | 13.36 | 199.37 | 18.67 | 14.58 | 1.37 |
| 长江流域 | | 63.32 | 3.90 | 387.49 | 23.86 | 251.31 | 15.48 | 803.6 | 49.49 | 117.99 | 7.27 |
| 澜沧江流域 | | 16.55 | 4.76 | 94.17 | 27.11 | 42.69 | 12.29 | 45.72 | 49.76 | 35.15 | 10.12 |
| 黄河源吉迈水文站以上流域 | | 109.26 | 26.18 | 260.37 | 62.40 | 50.44 | 12.09 | 49.76 | 11.92 | 1.45 | 0.35 |
| 长江源 | 沱沱河流域 | 1.05 | 0.53 | 32.06 | 16.22 | 36.96 | 18.69 | 120.67 | 61.03 | 6.97 | 3.53 |
| | 当曲流域 | 6.4 | 2.01 | 47.07 | 14.76 | 39.17 | 12.28 | 199.37 | 62.52 | 26.86 | 8.42 |
| | 楚玛尔河流域 | 2.61 | 1.22 | 51.78 | 24.13 | 48.02 | 22.38 | 105.51 | 49.17 | 6.68 | 3.11 |
| | 合计 | 10.06 | 1.38 | 130.91 | 17.90 | 124.15 | 16.98 | 425.55 | 58.20 | 40.51 | 5.54 |

表 6-45　2005～2012 年三江源区各流域植被覆盖度变化面积统计

| 流域 | 明显变差（<−0.01） | | 轻微变差 (−0.01～−0.001) | | 基本稳定 (−0.001～0.001) | | 轻微好转 (0.001～0.01) | | 明显好转 (>0.01) | |
|---|---|---|---|---|---|---|---|---|---|---|
| | 面积 /km² | 面积比例 /% | 面积 /km² | 面积比例 /% | 面积 /km² | 面积比例 /% | 面积 /km² | 面积比例 /% | 面积 /km² | 面积比例 /% |
| 黄河流域 | 38.71 | 8.68 | 134.91 | 30.25 | 56.06 | 12.57 | 151.06 | 33.87 | 65.21 | 14.62 |
| 长江流域 | 36.11 | 7.66 | 97.92 | 20.77 | 49.35 | 10.47 | 208.9 | 44.30 | 79.25 | 16.81 |
| 澜沧江流域 | 10.96 | 4.64 | 63.64 | 26.94 | 29.39 | 12.44 | 108.3 | 45.85 | 23.94 | 10.13 |
| 黄河源吉迈水文站 以上流域 | 36.86 | 7.83 | 123.53 | 26.24 | 47.98 | 10.19 | 185.01 | 39.30 | 77.42 | 16.44 |
| 长江源　沱沱河流域 | 3.52 | 1.78 | 28.34 | 14.33 | 21.6 | 10.93 | 108.05 | 54.65 | 36.2 | 18.31 |
| 当曲流域 | 13.17 | 4.14 | 50.11 | 15.76 | 9.04 | 29.74 | 162.54 | 51.13 | 63.34 | 19.92 |
| 楚玛尔河流域 | 8.99 | 4.19 | 42.45 | 19.78 | 29.74 | 13.86 | 111.25 | 51.84 | 22.17 | 10.33 |
| 合计 | 25.68 | 3.52 | 120.9 | 16.56 | 80.09 | 10.97 | 381.84 | 52.29 | 121.71 | 16.67 |

2）NPP

由表 6-46 可知，工程实施前后各流域植被净初级生产力有明显提高。其中，黄河流域植被净初级生产力提高最明显，植被净初级生产力增加区域的面积比重最大，为 89.02%，明显增加部分面积比重为 39.92%。长江流域植被净初级生产力增加区域的面积最大，为 97 699 km²，面积比重为 63.86%，轻微增加部分面积比重为 42.20%。澜沧江流域植被净初级生产力增加区域的面积比重为 59.48%，轻微增加部分面积比重为 34.04%。黄河流域植被净初级生产力减少区域面积比重最小，为 8.00%。黄河源吉迈水文站以上流域植被净初级生产力增加部分面积比重为 87.68%。长江源植被净初级生产力增加部分面积比重为 56.07%，其中，长江源二级流域中沱沱河流域植被净初级生产力增加部分面积比重最大，为 57.61%。

由表 6-47 和表 6-48 可知，工程实施后，各流域植被净初级生产力变化率都有明显提高，植被净初级生产力变化率增加部分面积比重净增加均超过 40%。2005～2012 年，澜沧江流域植被净初级生产力变化率增加部分面积比重最大，为 68.73%，比 1989～2004 年净提高 59.92%。同时，澜沧江流域植被净初级生产力变化率减少部分面积比重净降低 64.48%。黄河和长江流域植被净初级生产力增加区域的面积比重分别为 61.95% 和 60.28%。黄河源吉迈水文站以上流域和长江源植被净初级生产力增加部分面积比重分别为 55.00% 和 62.62%。而长江源二级流域中，当曲流域植被净初级生产力增加部分面积比重最大，为 68.42%，比工程实施前净增加 54.17%。

表6-46　工程实施前后三江源区各流域植被净初级生产力变化面积统计

| 流域 | 明显减少 [<-100g/(cm²·a)] | | 轻度减少 [-100~-50g/(cm²·a)] | | 轻微减少 [-50~-5g/(cm²·a)] | | 基本稳定 [-5~5g/(cm²·a)] | | 轻微增加 [5~50g/(cm²·a)] | | 轻度增加 [50~100g/(cm²·a)] | | 明显增加 [>100g/(cm²·a)] | |
|---|---|---|---|---|---|---|---|---|---|---|---|---|---|---|
| | 面积/km² | 面积比例/% | 面积/km² | 面积比例/% | 面积/km² | 面积比例/% | 面积/km² | 面积比例/% | 面积/km² | 面积比例/% | 面积/km² | 面积比例/% | 面积/km² | 面积比例/% |
| 澜沧江流域 | 1 136 | 3.07 | 3 894 | 10.54 | 7 618 | 20.61 | 2 327 | 6.30 | 12 580 | 34.04 | 8 193 | 22.17 | 1207 | 3.27 |
| 黄河流域 | 415 | 0.41 | 1 653 | 1.64 | 5 985 | 5.95 | 2 989 | 2.97 | 20 443 | 20.33 | 28 927 | 28.77 | 40 146 | 39.92 |
| 长江流域 | 557 | 0.36 | 3 583 | 2.34 | 24 418 | 15.96 | 26 726 | 17.47 | 64 565 | 42.20 | 23 019 | 15.05 | 10 115 | 6.61 |
| 黄河源吉迈水文站以上流域 | 198 | 0.45 | 681 | 1.55 | 2 697 | 6.15 | 1 823 | 4.16 | 12 712 | 28.99 | 15 342 | 34.99 | 10 391 | 23.70 |
| 长江源 沱沱河流域 | 0 | 0.00 | 23 | 0.12 | 2 668 | 13.75 | 5 537 | 28.53 | 10 854 | 55.92 | 315 | 1.62 | 12 | 0.06 |
| 长江源 当曲流域 | 37 | 0.12 | 589 | 1.84 | 7 808 | 24.35 | 5 497 | 17.14 | 16 162 | 50.40 | 1 887 | 5.88 | 86 | 0.27 |
| 长江源 楚玛尔河流域 | 0 | 0.00 | 55 | 0.26 | 3 109 | 14.66 | 6 607 | 31.15 | 9 976 | 47.03 | 1 299 | 6.12 | 164 | 0.77 |
| 合计 | 37 | 0.05 | 667 | 0.92 | 13 585 | 18.69 | 17 641 | 24.27 | 36 992 | 50.89 | 3 501 | 4.82 | 262 | 0.36 |

表6-47 1989~2004年三江源区各流域植被净初级生产力变化率面积统计

| 流域 | 明显减少 [<-100g/(cm²·a)] | | 轻度减少 [-100~-50 g/(cm²·a)] | | 轻微减少 [-50~-5 g/(cm²·a)] | | 基本稳定 [-5~5g/(cm²·a)] | | 轻微增加 [5~50g/(cm²·a)] | | 轻度增加 [50~100g/(cm²·a)] | | 明显增加 [>100g/(cm²·a)] | |
|---|---|---|---|---|---|---|---|---|---|---|---|---|---|---|
| | 面积/km² | 面积比例/% | 面积/km² | 面积比例/% | 面积/km² | 面积比例/% | 面积/km² | 面积比例/% | 面积/km² | 面积比例/% | 面积/km² | 面积比例/% | 面积/km² | 面积比例/% |
| 澜沧江流域 | 2 817 | 7.62 | 23 907 | 64.69 | 6 083 | 16.46 | 890 | 2.41 | 2376 | 6.43 | 881 | 2.38 | 1 | 0.00 |
| 黄河流域 | 1 175 | 1.17 | 46 428 | 46.17 | 28 598 | 28.44 | 5 163 | 5.13 | 13 521 | 13.45 | 5 673 | 5.64 | 0 | 0.00 |
| 长江流域 | 1 518 | 0.99 | 46 156 | 30.17 | 60 082 | 39.27 | 20 873 | 13.64 | 21 692 | 14.18 | 2 662 | 1.74 | 0 | 0.00 |
| 黄河源吉迈水文站以上流域 | 557 | 1.27 | 27 488 | 62.70 | 12 301 | 28.06 | 1 701 | 3.88 | 1 576 | 3.59 | 221 | 0.50 | 0 | 0.00 |
| 长江源 沱沱河流域 | 0 | 0.00 | 1 481 | 7.63 | 9 346 | 48.15 | 4 212 | 21.70 | 4 146 | 21.36 | 224 | 1.15 | 0 | 0.00 |
| 当曲流域 | 128 | 0.40 | 10 037 | 31.30 | 14 503 | 45.23 | 2 828 | 8.82 | 4 033 | 12.58 | 537 | 1.67 | 0 | 0.00 |
| 楚玛尔河流域 | 0 | 0.00 | 2 352 | 11.09 | 9 445 | 44.53 | 5 362 | 25.28 | 3 962 | 18.68 | 89 | 0.42 | 0 | 0.00 |
| 合计 | 128 | 0.18 | 13 870 | 19.08 | 33 294 | 45.81 | 12 402 | 17.06 | 12 141 | 16.70 | 850 | 1.17 | 0 | 0.00 |

表6-48　2005~2012年三江源区各流域植被净初级生产力变化率面积统计

| 流域 | | 明显减少 [<-100g/(cm²·a)] | | 轻度减少 [-100~-50g/(cm²·a)] | | 轻微减少 [-50~-5g/(cm²·a)] | | 基本稳定 [-5~5g/(cm²·a)] | | 轻微增加 [5~50g/(cm²·a)] | | 轻度增加 [50~100g/(cm²·a)] | | 明显增加 [>100g/(cm²·a)] | |
|---|---|---|---|---|---|---|---|---|---|---|---|---|---|---|---|
| | | 面积/km² | 面积比例/% | 面积/km² | 面积比例/% | 面积/km² | 面积比例/% | 面积/km² | 面积比例/% | 面积/km² | 面积比例/% | 面积/km² | 面积比例/% | 面积/km² | 面积比例/% |
| 澜沧江流域 | | 143 | 0.39 | 3 662 | 9.91 | 5 169 | 13.99 | 2 579 | 6.98 | 10 499 | 28.41 | 14 414 | 39.00 | 489 | 1.32 |
| 黄河流域 | | 125 | 0.12 | 9 048 | 9.00 | 19 073 | 18.97 | 10 019 | 9.96 | 32 372 | 32.19 | 29 539 | 29.38 | 382 | 0.38 |
| 长江流域 | | 174 | 0.11 | 8 427 | 5.51 | 24 505 | 16.02 | 27 656 | 18.08 | 68 414 | 44.72 | 23 465 | 15.34 | 342 | 0.22 |
| 黄河源吉迈水文站以上流域 | | 39 | 0.09 | 3 289 | 7.50 | 9 960 | 22.72 | 6 439 | 14.69 | 16 885 | 38.51 | 7 126 | 16.25 | 106 | 0.24 |
| 长江源 | 沱沱河流域 | 0 | 0.00 | 121 | 0.62 | 2 140 | 11.03 | 4 433 | 22.84 | 11 266 | 58.05 | 1 447 | 7.46 | 2 | 0.01 |
| | 当曲流域 | 3 | 0.01 | 1 077 | 3.36 | 4 669 | 14.56 | 4 376 | 13.65 | 16 536 | 51.57 | 5 375 | 16.76 | 30 | 0.09 |
| | 楚玛尔河流域 | 0 | 0.00 | 271 | 1.28 | 3 118 | 14.70 | 6 959 | 32.81 | 9 596 | 45.24 | 1 264 | 5.96 | 2 | 0.01 |
| 合计 | | 3 | 0.00 | 1 469 | 2.02 | 9 927 | 13.66 | 15 768 | 21.69 | 37 398 | 51.45 | 8 086 | 11.12 | 34 | 0.05 |

# 五、自然保护区植被覆盖度状况与生产力变化

## 1. 2012 年植被覆盖度与生产力状况

### 1）植被覆盖度

从三江源地区 2012 年各保护区植被覆盖度状况来看，大部分保护区的植被覆盖度在 60% 以上，其中以玛可河的植被覆盖度最高，占该保护区总面积的 97.05%，其次是多可河、江西和麦秀保护区，分别占区域总面积的比例为 96.21%、95.83% 和 93.27%，而植被覆盖度最低的是各拉丹冬保护区，其植被覆盖度大于 60% 的区域面积仅占总面积的 0.01%。另外，多可河保护区的植被覆盖度均在 40% 以上，同时江西、玛可河和麦秀保护区的植被覆盖度也都大于 20%。从植被覆盖度等级来看，各保护区处于植被覆盖度 60%～80% 的区域，所占各保护区总面积的比例较大，由此说明三江源地区 2012 年各保护区植被覆盖度整体较高（表 6-49）。

表 6-49　2012 年三江源各保护区植被覆盖度状况面积统计表

| 保护区 | 0～10% | | 10%～20% | | 20%～40% | | 40%～60% | | 60%～80% | | 80%～100% | |
|---|---|---|---|---|---|---|---|---|---|---|---|---|
| | 面积 /km² | 面积比例/% | 面积 /km² | 面积比例/% | 面积 /km² | 面积比例/% | 面积 /km² | 面积比例/% | 面积 /km² | 面积比例/% | 面积 /km² | 面积比例/% |
| 东仲 | 13.22 | 0.48 | 13.22 | 0.48 | 210.62 | 7.57 | 685.55 | 24.64 | 1 645.33 | 59.14 | 213.93 | 7.69 |
| 中铁-军功 | 5.78 | 0.07 | 5.78 | 0.07 | 112.33 | 1.44 | 869.74 | 11.14 | 6 074.98 | 77.83 | 736.76 | 9.44 |
| 多可河 | | | | | | | 19.82 | 3.79 | 477.41 | 91.31 | 25.60 | 4.90 |
| 年保玉则 | 5.78 | 0.19 | 5.78 | 0.19 | 52.04 | 1.72 | 318.00 | 10.54 | 2 185.51 | 72.41 | 450.98 | 14.94 |
| 当曲 | 166.85 | 1.02 | 166.85 | 1.02 | 2 093.00 | 12.79 | 12 076.45 | 73.78 | 1 864.21 | 11.39 | | |
| 扎陵-鄂陵湖 | 505.49 | 3.61 | 444.37 | 3.18 | 4 274.38 | 30.55 | 6 378.94 | 45.60 | 2 387.04 | 17.06 | | |
| 昂赛 | 0.83 | 0.05 | 0.83 | 0.05 | 199.88 | 12.78 | 465.85 | 29.79 | 886.26 | 56.68 | 9.91 | 0.63 |
| 星星海 | 133.81 | 1.90 | 133.81 | 1.90 | 1 287.68 | 18.32 | 4 116.62 | 58.57 | 1 355.41 | 19.29 | 0.83 | 0.01 |
| 果宗木查 | 182.54 | 1.61 | 182.54 | 1.61 | 1 608.98 | 14.20 | 5 354.74 | 47.26 | 4 000.98 | 35.31 | 0.83 | 0.01 |
| 各拉丹冬 | 630.21 | 6.02 | 4 070.36 | 38.90 | 5 190.37 | 49.60 | 572.39 | 5.47 | 0.83 | 0.01 | | |
| 江西 | | | | | 11.56 | 0.50 | 85.07 | 3.67 | 1 867.51 | 80.55 | 354.34 | 15.28 |
| 玛可河 | | | | | 0.83 | 0.04 | 61.95 | 2.91 | 1 693.23 | 79.52 | 373.34 | 17.53 |
| 白扎 | 77.64 | 0.92 | 77.64 | 0.92 | 705.38 | 8.40 | 1 537.95 | 18.31 | 5 940.35 | 70.72 | 60.30 | 0.72 |
| 索加-曲麻河 | 161.06 | 0.39 | 5 489.37 | 13.24 | 14 854.18 | 35.83 | 14 496.53 | 34.97 | 6 453.28 | 15.57 | | |
| 约古宗列 | 1.65 | 0.04 | 1.65 | 0.04 | 1 802.26 | 44.24 | 2 122.73 | 52.11 | 145.37 | 3.57 | | |
| 通天河沿 | 0.83 | 0.01 | 0.83 | 0.01 | 202.36 | 2.29 | 1 467.74 | 16.61 | 6 862.95 | 77.67 | 301.48 | 3.41 |
| 阿尼玛卿 | 204.84 | 4.54 | 204.84 | 4.54 | 819.36 | 18.15 | 1 577.60 | 34.94 | 1 700.67 | 37.66 | 8.26 | 0.18 |
| 麦秀 | | | | | 28.91 | 1.08 | 151.98 | 5.66 | 1 655.24 | 61.62 | 849.92 | 31.64 |

2）NPP

从三江源地区 2012 年各保护区植被净初级生产力状况来看，植被净初级生产力大于 400 g/（cm²·a）的保护区中，以江西保护区的植被净初级生产力最高，区域面积比例达到 92.33%，其次，玛可河、麦秀和多可河保护区的植被净初级生产力也都在 80% 以上，分别为 84.75%，82.76% 和 80.04%。另外，植被净初级生产力在 100 g/（cm²·a）以下的保护区中，以各拉丹冬保护区的面积比例最大，达到 86.55%，并且其植被净初级生产力均在 400 g/（cm²·a）以下，由此说明，三江源各保护区植被净初级生产力最高的是江西保护区，最低的是各拉丹冬保护区，植被净初级生产力整体较高，但有少部分地区仍需要改善（表 6-50）。

表 6-50 2012 年三江源各保护区植被净初级生产力状况面积统计表

| 保护区 | 0～50 g/（cm²·a） | | 50～100 g/（cm²·a） | | 100～200 g/（cm²·a） | | 200～400 g/（cm²·a） | | 400～600 g/（cm²·a） | | >600 g/（cm²·a） | |
| --- | --- | --- | --- | --- | --- | --- | --- | --- | --- | --- | --- | --- |
| | 面积 /km² | 面积比例/% | 面积 /km² | 面积比例/% | 面积 /km² | 面积比例/% | 面积 /km² | 面积比例/% | 面积 /km² | 面积比例/% | 面积 /km² | 面积比例/% |
| 东仲 | 111 | 4.04 | 148 | 5.39 | 273 | 9.94 | 654 | 23.81 | 768 | 27.96 | 793 | 28.87 |
| 中铁-军功 | 62 | 0.80 | 104 | 1.33 | 409 | 5.25 | 1 985 | 25.46 | 3 604 | 46.23 | 1 632 | 20.93 |
| 多可河 | | | | | 3 | 0.59 | 99 | 19.37 | 270 | 52.84 | 139 | 27.20 |
| 年保玉则 | 44 | 1.46 | 96 | 3.20 | 175 | 5.83 | 487 | 16.21 | 1 341 | 44.64 | 861 | 28.66 |
| 当曲 | 534 | 3.32 | 462 | 2.87 | 3 154 | 19.62 | 10 489 | 65.25 | 1 407 | 8.75 | 28 | 0.17 |
| 扎陵湖-鄂陵湖 | 1 767 | 12.65 | 1611 | 11.53 | 3 831 | 27.43 | 6 230 | 44.60 | 524 | 3.75 | 6 | 0.04 |
| 昂赛 | 43 | 2.76 | 149 | 9.57 | 179 | 11.50 | 286 | 18.37 | 584 | 37.51 | 316 | 20.30 |
| 星星海 | 440 | 6.37 | 455 | 6.59 | 1 476 | 21.38 | 3 471 | 50.28 | 1 023 | 14.82 | 39 | 0.56 |
| 果宗木查 | 954 | 8.55 | 671 | 6.02 | 1 261 | 11.31 | 4 628 | 41.50 | 3 381 | 30.31 | 258 | 2.31 |
| 各拉丹冬 | 6 532 | 63.19 | 2415 | 23.36 | 1 286 | 12.44 | 104 | 1.01 | | | | |
| 江西 | 5 | 0.22 | 6 | 0.26 | 34 | 1.49 | 130 | 5.70 | 867 | 37.99 | 1 240 | 54.34 |
| 玛可河 | 2 | 0.10 | 6 | 0.29 | 30 | 1.43 | 282 | 13.43 | 929 | 44.26 | 850 | 40.50 |
| 白扎 | 359 | 4.38 | 344 | 4.19 | 472 | 5.75 | 1 035 | 12.61 | 3 179 | 38.74 | 2 816 | 34.32 |
| 索加-曲麻河 | 7 482 | 18.04 | 7492 | 18.06 | 10 260 | 24.74 | 14 089 | 33.97 | 2 151 | 5.19 | 5 | 0.01 |
| 约古宗列 | 61 | 1.50 | 722 | 17.71 | 2 120 | 52.01 | 1 170 | 28.70 | 3 | 0.07 | | |
| 通天河沿 | 266 | 3.01 | 238 | 2.70 | 538 | 6.09 | 1 870 | 21.18 | 3 602 | 40.80 | 2 315 | 26.22 |
| 阿尼玛卿 | 748 | 17.26 | 428 | 9.88 | 721 | 16.64 | 1 670 | 38.53 | 734 | 16.94 | 33 | 0.76 |
| 麦秀 | 27 | 1.00 | 42 | 1.56 | 84 | 3.12 | 311 | 11.56 | 837 | 31.10 | 1 390 | 51.65 |

## 2. 工程实施前后植被覆盖度状况与生产力变化

1）植被覆盖度

工程实施前后，对比多年平均植被覆盖度可以看出，工程实施后期较前期相比各保护区的核心区、缓冲区和试验区均存在不同程度的提高，13 个保护区的植被覆盖度增幅超过了非保护区，说明除气候变化影响以外，生态工程的实施在一定程度上促进了植被的恢复（表 6-51）。

从工程实施前后的植被覆盖度变化倾向率可以看出（图 6-14），中铁-军功等 9 个保护区表现为先减少后增加趋势，东仲等 9 个保护区表现为持续增加趋势。其中，当曲、江西、玛可河保护区后期增幅低于前期，说明在这 3 个保护区内气候对生态系统的影响起到主要作用。东仲、扎陵-鄂陵湖、昂赛、星星海、果宗木查等 7 个保护区的植被覆盖度增幅高于非工程区，说明生态工程起到了积极作用。

**表 6-51　工程实施前后三江源自然保护区年平均植被覆盖度比较**　　　（单位：%）

| 保护区 | 1998～2004 年 | | | | 2005～2012 年 | | | | 变幅 |
| --- | --- | --- | --- | --- | --- | --- | --- | --- | --- |
| | 合计 | 核心区 | 实验区 | 缓冲区 | 合计 | 核心区 | 实验区 | 缓冲区 | 合计 |
| 东仲 | 59.41 | 65.04 | 56.63 | 59.60 | 62.18 | 67.11 | 59.12 | 62.55 | 2.77 |
| 中铁-军功 | 67.09 | 70.48 | 70.49 | 65.23 | 69.84 | 73.14 | 72.52 | 68.19 | 2.75 |
| 多可河 | 68.76 | 68.16 | 68.49 | 70.69 | 71.41 | 70.59 | 71.16 | 74.01 | 2.65 |
| 年保玉则 | 68.96 | 48.04 | 53.14 | 72.59 | 70.57 | 50.76 | 55.19 | 74.04 | 1.61 |
| 当曲 | 43.66 | 47.61 | 42.89 | 40.59 | 47.13 | 50.95 | 46.25 | 44.27 | 3.47 |
| 扎陵湖-鄂陵湖 | 38.86 | 27.39 | 38.90 | 41.88 | 42.30 | 29.08 | 42.75 | 45.65 | 3.44 |
| 昂赛 | 54.45 | 60.27 | 56.05 | 51.78 | 57.57 | 63.61 | 58.65 | 54.97 | 3.12 |
| 星星海 | 41.55 | 36.36 | 37.66 | 43.43 | 45.68 | 41.64 | 42.53 | 47.18 | 4.13 |
| 果宗木查 | 48.46 | 49.91 | 49.68 | 47.12 | 51.14 | 52.91 | 52.40 | 49.64 | 2.68 |
| 各拉丹冬 | 18.92 | 13.71 | 20.35 | 20.01 | 20.27 | 14.09 | 22.12 | 21.50 | 1.35 |
| 江西 | 68.09 | 69.51 | 64.77 | 68.04 | 70.89 | 72.26 | 67.00 | 70.92 | 2.8 |
| 玛可河 | 70.81 | 69.89 | 72.52 | 71.32 | 73.07 | 72.13 | 74.81 | 73.60 | 2.26 |
| 白扎 | 58.77 | 60.71 | 64.16 | 58.43 | 60.37 | 61.95 | 65.53 | 60.05 | 1.6 |
| 索加-曲麻河 | 35.40 | 32.12 | 35.36 | 37.57 | 38.59 | 35.11 | 38.75 | 40.70 | 3.19 |
| 约古宗列 | 36.97 | 37.41 | 31.41 | 38.26 | 39.86 | 39.90 | 34.00 | 41.38 | 2.89 |
| 通天河沿 | 63.61 | 62.47 | 60.44 | 66.47 | 66.42 | 66.14 | 63.72 | 68.57 | 2.81 |
| 阿尼玛卿 | 48.84 | 36.41 | 47.38 | 51.85 | 51.02 | 38.33 | 49.83 | 53.96 | 2.18 |
| 麦秀 | 70.34 | 69.12 | 72.18 | 68.90 | 73.69 | 72.67 | 75.41 | 72.31 | 3.35 |
| 整个保护区 | 47.15 | | | | 50.34 | | | | |
| 非保护区 | 41.58 | | | | 44.15 | | | | 2.57 |

## 2）NPP

1998～2012 年，各保护区内草地植被净初级生产力均呈现波动中缓慢增加的趋势（图 6-15）。工程实施前（1998～2004 年）与工程实施后 8 年（2005～2012 年）多年平均净初级生产力相比（图 6-16，表 6-52），各保护区均表现为增加。与非保护区相比，部分保护区草地植被净初级生产力增加趋势更为明显，如中铁-军功、扎陵湖-鄂陵湖、星星海、各拉丹冬、索加-曲麻河、约古宗列、通天河沿、阿尼玛卿、麦秀，说明除气候影响以外，生态工程具有积极的正面作用。

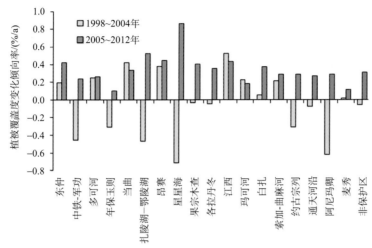

图 6-14 工程实施前后三江源自然保护区植被覆盖度变化倾向率比较

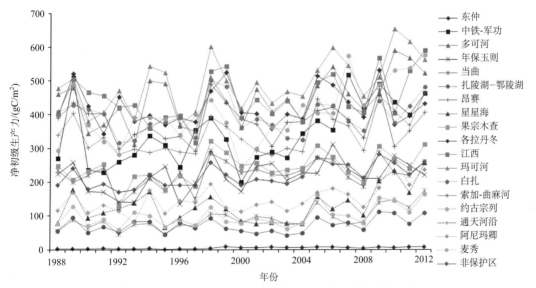

图 6-15 1988～2012 年三江源自然保护区净初级生产力年际变化

## 六、重点工程区植被覆盖度状况与生产力变化

### 1. 2012 年植被覆盖度与生产力状况

1）植被覆盖度

从三江源地区 2012 年各重点工程区植被覆盖度状况来看（表 6-53），位于三江源东部麦秀工程片区和东南工程片的植被覆盖度普遍高于其他地区，并且植被覆盖度最

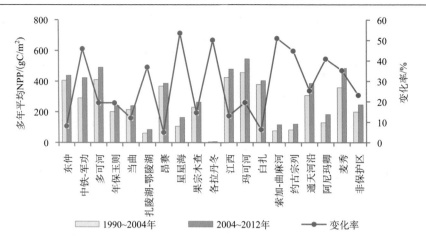

图 6-16　三江源自然保护区工程实施前后净初级生产力变化趋势比较

表 6-52　工程实施前后三江源自然保护区年平均净初级生产力比较　（单位：gC/m²）

| 保护区 | 1998～2004 年 | 2005～2012 年 | 变幅 |
| --- | --- | --- | --- |
| 东仲 | 405.67 | 438.13 | 32.46 |
| 中铁-军功 | 290.16 | 423.29 | 133.14 |
| 多可河 | 411.16 | 491.06 | 79.89 |
| 年保玉则 | 201.93 | 241.05 | 39.12 |
| 当曲 | 215.01 | 240.81 | 25.80 |
| 扎陵湖-鄂陵湖 | 62.28 | 85.25 | 22.97 |
| 昂赛 | 366.88 | 385.11 | 18.23 |
| 星星海 | 106.25 | 163.09 | 56.84 |
| 果宗木查 | 230.70 | 264.23 | 33.53 |
| 各拉丹冬 | 4.87 | 7.31 | 2.44 |
| 江西 | 424.23 | 479.60 | 55.37 |
| 玛可河 | 457.43 | 547.16 | 89.73 |
| 白扎 | 379.77 | 404.16 | 24.39 |
| 索加-曲麻河 | 77.82 | 117.55 | 39.72 |
| 约古宗列 | 84.18 | 121.95 | 37.77 |
| 通天河沿 | 308.16 | 386.40 | 78.24 |
| 阿尼玛卿 | 130.78 | 184.40 | 53.62 |
| 麦秀 | 358.92 | 485.53 | 126.61 |
| 整个保护区 | 246.86 | 306.23 | 59.37 |
| 非保护区 | 200.84 | 247.37 | 46.53 |

低的地区是位于西部的各拉丹冬工程片区。从各重点工程区来看，麦秀工程区的植被覆盖度都高于20%，并且麦秀工程区和东南工程区植被覆盖度大于60%的区域面积分别占总面积的93.3%和92.01%；黄河源工程区和长江源工程区的植被覆盖度居中，两地位于三江源中部偏东地区，植被覆盖度都是在第四等级40%～60%的面积比例最高，分别为40.7%和46.33%；中南工程区位于三江源南部，其植被覆盖度在60%～80%的面积最大，占区域总面积的比例为72.05%；各拉丹冬工程区的植被覆盖度普遍低于60%，植被覆盖度在20%～40%之间的面积最大，所占比例为49.66%。由此可以看出，各重点工程片区中，各拉丹冬工程区的植被覆盖度有待进一步提高。

表 6-53 2012 年三江源各重点工程区植被覆盖度状况面积统计表

| 重点工程区 | 0～10% | | 10%～20% | | 20%～40% | | 40%～60% | | 60%～80% | | 80%～100% | |
| --- | --- | --- | --- | --- | --- | --- | --- | --- | --- | --- | --- | --- |
| | 面积/km² | 面积比例/% | 面积/km² | 面积比例/% | 面积/km² | 面积比例/% | 面积/km² | 面积比例/% | 面积/km² | 面积比例/% | 面积/km² | 面积比例/% |
| 黄河源工程区 | 520.36 | 1.40 | 787.15 | 2.12 | 8 257.18 | 22.27 | 15 087.10 | 40.70 | 11 670.08 | 31.48 | 747.50 | 2.02 |
| 长江源工程区 | 183.36 | 0.27 | 5 900.70 | 8.57 | 18 604.06 | 27.03 | 31 883.95 | 46.33 | 12 249.08 | 17.80 | 0.83 | 0.00 |
| 中南工程区 | 4.96 | 0.02 | 100.77 | 0.42 | 1 366.97 | 5.73 | 4 264.46 | 17.88 | 17 187.53 | 72.05 | 931.69 | 3.91 |
| 麦秀工程区 | | | | | 28.08 | 1.04 | 153.63 | 5.67 | 1 670.93 | 61.64 | 858.18 | 31.66 |
| 东南工程区 | 0.83 | 0.01 | 5.78 | 0.10 | 52.04 | 0.91 | 395.64 | 6.96 | 4 371.01 | 76.84 | 863.13 | 15.17 |
| 各拉丹冬工程区 | 628.56 | 6.00 | 4 070.36 | 38.86 | 5 201.94 | 49.66 | 574.05 | 5.48 | 0.83 | 0.01 | | |

### 2）NPP

从三江源地区 2012 年各重点工程区植被净初级生产力状况来看（表 6-54），麦秀工程区和东南工程区的植被净初级生产力普遍高于其他重点工程区，处于三江源东部地区，植被净初级生产力最低的是位于三江源西部的各拉丹冬重点工程区。从各重点工程区来看，植被净初级生产力大于 400 g/（cm²·a）的地区中，麦秀工程区的最高，其植被净初级生产力大于 400 g/（cm²·a）的面积占总面积的比例为82.55%，其次是东南工程区，所占比例为78.26%，各拉丹冬工程区的植被净初级生产力都低于 400 g/（cm²·a），其植被净初级生产力在 0～50 g/（cm²·a）面积最大，所占比例为62.99%，由此可以看出，各拉丹冬重点保护区的植被净初级生产力有待进一步提高。

表 6-54 2012 年三江源各重点保护区植被净初级生产力状况面积统计表

| 重点工程区 | 0～50 g/（cm²·a） | | 50～100 g/（cm²·a） | | 100～200 g/（cm²·a） | | 200～400 g/（cm²·a） | | 400～600 g/（cm²·a） | | 600～2000 g/（cm²·a） | |
| --- | --- | --- | --- | --- | --- | --- | --- | --- | --- | --- | --- | --- |
| | 面积/km² | 面积比例/% | 面积/km² | 面积比例/% | 面积/km² | 面积比例/% | 面积/km² | 面积比例/% | 面积/km² | 面积比例/% | 面积/km² | 面积比例/% |
| 黄河源工程区 | 3 109 | 8.38 | 3 373 | 9.09 | 8 538 | 23.02 | 14 485 | 39.05 | 5 866 | 15.82 | 1 718 | 4.63 |
| 长江源工程区 | 9 042 | 13.15 | 8 659 | 12.59 | 14 689 | 21.36 | 29 170 | 42.42 | 6 915 | 10.06 | 282 | 0.41 |
| 中南工程区 | 776 | 3.29 | 884 | 3.74 | 1 498 | 6.34 | 3 978 | 16.84 | 9 002 | 38.11 | 7 483 | 31.68 |
| 麦秀工程区 | 31 | 1.15 | 42 | 1.55 | 88 | 3.25 | 311 | 11.50 | 841 | 31.09 | 1 392 | 51.46 |
| 东南工程区 | 44 | 0.77 | 104 | 1.82 | 215 | 3.77 | 877 | 15.38 | 2 584 | 45.31 | 1 879 | 32.95 |
| 各拉丹冬工程区 | 6 565 | 62.99 | 2 453 | 23.53 | 1 301 | 12.48 | 104 | 1.00 | | | | |

### 2. 工程实施前后植被覆盖度状况与生产力变化

1）植被覆盖度

工程实施后 8 年（2005～2012 年）与实施前 14 年（20 世纪 90 年代初至 2004 年）相比，黄河源工程区的多年平均植被覆盖度增幅高于非工程区，从植被覆盖度的变化倾向率来看，黄河源工程区的增速也远高于非工程区，说明工程的实施在一定程度上有效地促进了植被覆盖度的提升（图 6-17，表 6-55）。

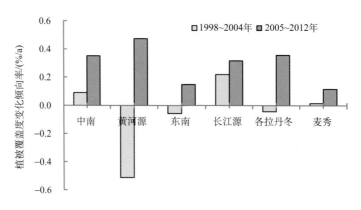

图 6-17　三江源工程区 2005～2012 年植被覆盖度变化倾向率

**表 6-55　重点工程区植被覆盖度变化**

| 重点工程区 | 评估指标 | 1998～2004 年 | 2005～2012 年 | 变幅 |
| --- | --- | --- | --- | --- |
| 黄河源工程区 | 平均植被覆盖度/% | 46.25 | 49.47 | 3.21 |
| | 植被覆盖度变化倾向率/%/a | −0.51 | 0.47 | 0.98 |
| 长江源工程区 | 平均植被覆盖度/% | 39.47 | 42.64 | 3.18 |
| | 植被覆盖度变化倾向率/%/a | 0.22 | 0.32 | 0.1 |
| 中南工程区 | 平均植被覆盖度/% | 61.27 | 63.67 | 2.39 |
| | 植被覆盖度变化倾向率/%/a | 0.09 | 0.35 | 0.26 |
| 麦秀工程区 | 平均植被覆盖度/% | 70.34 | 73.69 | 3.35 |
| | 植被覆盖度变化倾向率/%/a | 0.02 | 0.12 | 0.1 |
| 东南工程区 | 平均植被覆盖度/% | 69.64 | 71.59 | 1.95 |
| | 植被覆盖度变化倾向率/%/a | −0.06 | 0.15 | 0.21 |
| 各拉丹冬工程区 | 平均植被覆盖度/% | 18.92 | 20.27 | 1.34 |
| | 植被覆盖度变化倾向率/%/a | −0.04 | 0.36 | 0.4 |

长江源工程区的多年平均植被覆盖度持续增加，增幅高于非工程区，从植被覆盖度的变化倾向率来看，工程实施后植被覆盖度增加趋势也有所提升，说明工程的实施在一定程度上有效地促进了植被覆盖度的提升。

中南工程区的多年平均植被覆盖度增加了 2.39%，从植被覆盖度的变化倾向率来看，工程实施后增速由 0.09 %/a 变化为 0.35 %/a，远高于非工程区，说明工程的实施在一定程度上有效地促进了植被覆盖度的提升。

麦秀工程区的多年平均植被覆盖度增加了 3.35%，从植被覆盖度的变化倾向率来看，工程实施后增速由 0.02 %/a 变化为 0.12 %/a，说明工程的实施在一定程度上有效地促进了植被覆盖度的提升。

东南工程区的多年平均植被覆盖度增加了 1.95%，从植被覆盖度的变化倾向率来看，由工程实施前的减少 0.06 %/a 变化为工程实施后的增加 0.15 %/a，说明工程的实施在一定程度上有效地促进了植被覆盖度的提升。

各拉丹冬工程区的多年平均植被覆盖度增加了 1.34 %，从植被覆盖度的变化倾向率来看，由工程实施前的减少 0.04 %/a 变化为工程实施后的增加 0.36 %/a，说明工程的实施在较大程度上有效地促进了植被覆盖度的提升。

2）NPP

1998～2012 年，黄河源工程区植被净初级生产力和草地产草量均呈现波动中上升趋势，工程实施后与实施前相比，工程区植被净初级生产力增加了 60.89 gC/m²。长江源工程区植被净初级生产力和草地产草量均呈现波动中上升趋势，工程实施后与实施前相比，工程区植被净初级生产力增加了 37.07 gC/m²。中南工程区植被净初级生产力和草地产草量均呈现波动中上升趋势，工程实施前后相比，工程区植被净初级生产力增加了 48.95 gC/m²。麦秀工程区植被净初级生产力和草地产草量均呈现波动中上升趋势，工程实施前后相比，工程区植被净初级生产力增加了 127.67 gC/m²。东南工程区植被净初级生产力和草地产草量均呈现波动中上升趋势，工程实施前后相比，工程区植被净初级生产力增加了 87.83 gC/m²。各拉丹冬工程区植被净初级生产力和草地产草量均呈现波动中上升趋势，工程实施前后相比，工程区植被净初级生产力增加了 10.67 gC/m²（表 6-56，图 6-18）。

表 6-56  重点工程区生态系统净初级生产力变化　　（单位：gC/m²）

| 重点工程区 | 1998～2004 年 | 2005～2012 年 | 变幅 |
|---|---|---|---|
| 黄河源工程区 | 162.43 | 223.32 | 60.89 |
| 长江源工程区 | 138.98 | 176.05 | 37.07 |
| 中南工程区 | 369.02 | 417.96 | 48.95 |
| 麦秀工程区 | 409.01 | 536.68 | 127.67 |
| 东南工程区 | 446.18 | 534.01 | 87.83 |
| 各拉丹冬工程区 | 34.75 | 45.43 | 10.67 |

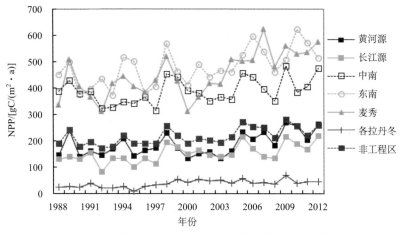

图 6-18　三江源工程区 1988～2012 年净初级生产力年际变化

# 第三节　草地退化与恢复

## 一、三江源区草地退化与恢复

### 1. 20 世纪 70 年代中期至 2004 年草地退化格局

在 20 世纪 70 年代中后期，三江源草地退化的格局已基本形成。在 20 世纪 90 年代初至 2004 年遥感卫星图像上可以识别的草地退化部位上、在 70 年代影像上，基本上可以看到草地退化的基本特征，且退化图斑的影纹相似（图 6-19，图 6-20）。

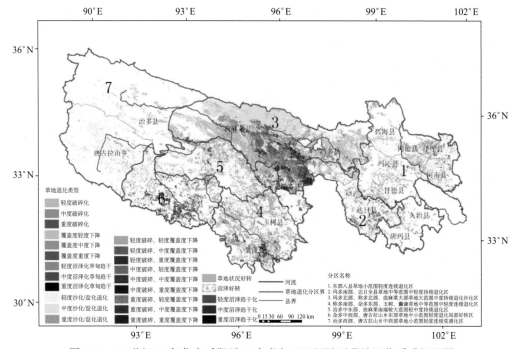

图 6-19　20 世纪 70 年代中后期至 90 年代初三江源地区草地退化遥感解译图

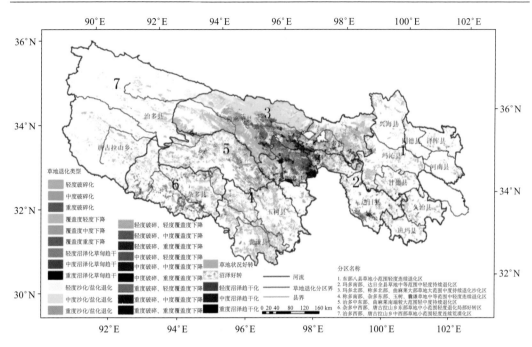

图 6-20　20 世纪 90 年代初至 2004 年三江源地区草地退化遥感解译图

从 20 世纪 70 年代中后期至 2004 年，三江源地区草地的退化过程一直在持续发生。退化过程的规律在不同区域和不同地带有明显不同的表现。在从东南向西北的水平地带分异上，草甸和草原生态系统存在着不同的退化过程规律，即在湿润半湿润的草甸类草地上，发生着草地破碎化先导，随后发生覆盖度持续降低，最后形成黑土滩的退化过程；在干旱、半干旱的草原类草地上，发生着覆盖度持续降低，最后形成沙化、荒漠化的退化过程。

三江源区草地退化面积在 20 世纪 70 年代中后期至 90 年代初期间为 7 662.15 hm²，占草地总面积的 32.9%；在 20 世纪 90 年代初至 2004 年为 8 418.55 hm²，占草地总面积的 36.2%；在整个 20 世纪 70 年代至 2004 年期间为 9 335.321 hm²，占草地总面积的 40.1%。这说明三江源区草地退化是一个在空间上影响面积大，在时间上持续时间长的连续变化过程。这一过程基本是连续的，总体上不存在 20 世纪 90 年代至今的急剧加强。

根据草地退化的空间分布、范围、程度、退化过程特征分析，三江源地区草地退化具有明显的区域差异，本书发现，三江源区草地退化可以分为 7 个区，即东部八县草地小范围轻度连续退化区；玛多南部、达日全县草地中等范围中轻度持续退化区；玛多北部、称多北部、曲麻莱大部草地大范围中度持续退化沙化区；称多南部、杂多东部、玉树、囊谦草地中等范围中轻度连续退化区；治多中东部、曲麻莱南端较大范围轻中度持续退化区；杂多中西部、唐古拉山乡东部草地中小范围轻度退化局部好转区；治多西部、唐古拉山乡中西部草地小范围轻度连续荒漠化区。由于上述 7 个区域在地理背景、气候变化，以及草畜矛盾 3 个方面的明显差异，导致各区草地退化在类型、程度、范围与时间过程方面的巨大差异，根据这些区域的特征和差异，对生态建设工程进行针对性的规划与部署显得十分重要。

### 2. 2004～2012 年草地退化与恢复态势

通过对三江源地区草地退化态势的遥感解译可以清楚地看到，20 世纪 90 年代初至 2004 年三江源地区草地退化图斑在 2004～2012 年呈现不同程度的草地退化减缓态势，而且局部地区草地状况有所好转（图 6-21）。

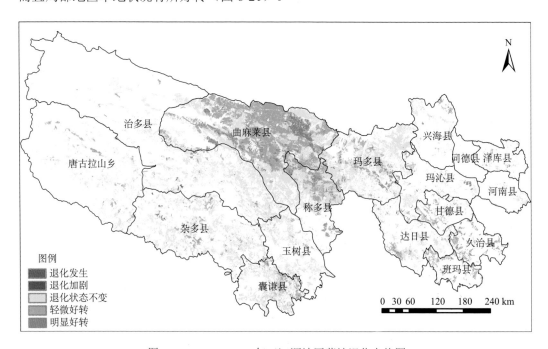

图 6-21　2004～2012 年三江源地区草地退化态势图

从 2004～2012 年三江源地区草地退化态势的统计结果看，退化状态不变的面积为 60 213.5 km²，占五类退化态势面积总量的 68.52%；轻微好转类型的面积为 21 834.7 km²，占 5 类退化态势面积总量的 24.85%；明显好转类型的面积为 5 425.8 km²，占 5 类退化态势面积总量的 6.17%；而退化发生类型的面积最少，为 105.9 km²，仅占 5 类退化态势面积总量的 0.12%；退化加剧类型的面积为 297.5 km²，占 5 类退化态势面积总量的 0.34%。

### 3. 工程实施前后草地退化与恢复状况变化

三江源区退化草地好转面积占全区面积比例由 20 世纪 90 年代初至 2004 年的 0.02% 提升到 2004～2012 年的 7.64%，面积增加近 27 180.74 km²，根据草地退化和恢复状况评价表的评价细则可以得出，全区草地退化趋势明显遏制，初步好转（表 6-57）。

表 6-57 三江源区草地退化和恢复分类面积及比例统计

| 时段 | 退化草地好转 | | 无退化 | | 发生退化 | |
|---|---|---|---|---|---|---|
| | 面积/km² | 比例/% | 面积/km² | 比例/% | 面积/km² | 比例/% |
| 20 世纪 90 年代<br>初至 2004 年 | 61.82 | 0.02 | 268 407.89 | 75.26 | 84 102.18 | 23.58 |
| 2004～2012 年 | 27 242.56 | 7.64 | 328 525.45 | 92.12 | 403.37 | 0.11 |
| 两时段差值 | 27 180.74 | 7.62 | 60 117.56 | 16.86 | −83 698.81 | −23.47 |

# 二、州域草地退化与恢复

## 1. 工程期草地退化与恢复状况

从各州草地退化态势看（表 6-58），2004～2012 年，三江源地区好转（轻微好转和明显好转）草地在各州均有分布，其中，玉树藏族自治州草地轻微好转和明显好转的面积都最大，分别占整个三江源地区轻微好转和明显好转草地总面积的 78.78%和 77.79%。果洛藏族自治州草地好转面积次之，其中，轻微好转与明显好转草地面积分别占整个三江源地区轻微好转和明显好转草地总面积的 16.35%和 21.28%。退化（退化发生和退化加剧）草地主要发生在玉树藏族自治州，退化发生和退化加剧草地面积分别为 96.64 km² 和 219.41 km²，分别占三江源地区退化发生草地总面积的 91.24%和 73.76%。海南藏族自治州和黄南藏族自治州没有退化草地。格尔木市唐古拉山乡好转（轻微好转和明显好转）草地面积为 793.15 km²，退化（退化发生和退化加剧）面积为 11.59 km²，分别占三江源地区草地好转和退化面积的 2.91%和 2.87%。

表 6-58 2004～2012 年三江源区各州草地退化面积统计 （单位：km²）

| 州域 | 退化发生 | 退化加剧 | 退化状态不变 | 轻微好转 | 明显好转 |
|---|---|---|---|---|---|
| 玉树藏族自治州 | 96.64 | 219.41 | 42 423.78 | 17 185.21 | 4 220.69 |
| 海南藏族自治州 | 0.00 | 0.00 | 730.62 | 189.92 | 19.99 |
| 格尔木市唐古拉山乡 | 2.07 | 9.52 | 3 223.70 | 784.32 | 8.83 |
| 果洛藏族自治州 | 7.21 | 68.52 | 13 088.80 | 3 565.80 | 1 154.53 |
| 黄南藏族自治州 | 0.00 | 0.00 | 712.30 | 89.45 | 21.67 |
| 合计 | 105.92 | 297.45 | 60 179.00 | 21 814.70 | 5 425.71 |

## 2. 工程实施前后草地退化与恢复状况变化

三江源区退化草地好转面积占全区面积比例由 20 世纪 90 年代初至 2004 年的 0.02%提升到 2004～2012 年的 7.64%，面积增加近 27 180.74 km²，根据草地退化和恢复状况评价表的评价细则可以得出，全区草地退化趋势明显遏制，初步好转（表 6-59）。

表 6-59　三江源区州域草地退化和恢复分类面积及比例统计

| 州域 | 时段 | 退化草地好转 | | 无退化 | | 发生退化 | |
|---|---|---|---|---|---|---|---|
| | | 面积/km² | 比例/% | 面积/km² | 比例/% | 面积/km² | 比例/% |
| 格尔木市<br>唐古拉山乡 | 20 世纪 90 年代初至 2004 年 | 0.00 | 0.00 | 43 676.68 | 91.56 | 3 547.53 | 7.44 |
| | 2004～2012 年 | 793.16 | 1.66 | 46 888.68 | 98.29 | 11.59 | 0.02 |
| | 两时段差值 | 793.16 | 1.66 | 3 212.00 | 6.73 | −3 535.94 | −7.41 |
| 果洛<br>藏族自治州 | 20 世纪 90 年代初至 2004 年 | 15.72 | 0.02 | 56 101.76 | 75.70 | 17 214.35 | 23.23 |
| | 2004～2012 年 | 4 720.02 | 6.37 | 69 273.86 | 93.47 | 75.73 | 0.10 |
| | 两时段差值 | 4 704.30 | 6.35 | 13 172.10 | 17.77 | −17 138.62 | −23.13 |
| 海南<br>藏族自治州 | 20 世纪 90 年代初至 2004 年 | 0.00 | 0.00 | 15 608.98 | 93.49 | 1 195.21 | 7.16 |
| | 2004～2012 年 | 209.94 | 1.26 | 16 481.18 | 98.71 | 0.00 | 0.00 |
| | 两时段差值 | 209.94 | 1.26 | 872.20 | 5.22 | −1 195.21 | −7.16 |
| 黄南<br>藏族自治州 | 20 世纪 90 年代初至 2004 年 | 0.00 | 0.00 | 12 554.13 | 93.79 | 1 021.90 | 7.63 |
| | 2004～2012 年 | 111.07 | 0.83 | 12 979.76 | 96.97 | 0.00 | 0.00 |
| | 两时段差值 | 111.07 | 0.83 | 425.63 | 3.18 | −1 021.90 | −7.63 |
| 玉树<br>藏族自治州 | 20 世纪 90 年代初至 2004 年 | 46.10 | 0.02 | 140 466.34 | 68.60 | 61 516.27 | 30.04 |
| | 2004～2012 年 | 21 408.37 | 10.46 | 182 901.97 | 89.33 | 316.05 | 0.15 |
| | 两时段差值 | 21 362.27 | 10.43 | 42 435.63 | 20.73 | −61 200.22 | −29.89 |

从州域情况来看，三江源区退化好转草地面积增加最多的是玉树藏族自治州，达到 21 362.27 km²，占该州面积比为 10.46%，其次是果洛藏族自治州，面积增加 4 720.02 km²，占州面积比达到 6.37%，而且各州退化草地面积比例均有一定程度下降，最明显的是玉树藏族自治州，下降近 30.29%，根据草地退化和恢复状况评价表的评价细则可以得出，各州草地退化和恢复状况：格尔木市唐古拉山乡、海南藏族自治州和黄南藏族自治州草地退化趋势得到初步遏制，局部好转，果洛藏族自治州和玉树藏族自治州的草地退化趋势明显遏制，初步好转。

# 三、县域草地退化与恢复

## 1. 工程实施后草地退化与恢复状况

从各县草地退化态势看，2004～2012 年三江源地区各县草地退化趋势基本得以控制，退化草地呈明显好转趋势，各县退化草地变化以轻微好转和明显好转为主，退化发生和退化加剧现象仅发生在极少数县。新发生退化草地的面积仅为 105.92 km²，主要发生在治多县和称多县（表 6-60）。

表6-60　2004～2012年三江源区各县草地退化面积统计　　　（单位：km²）

| 县域 | 退化发生 | 退化加剧 | 退化状态不变 | 轻微好转 | 明显好转 |
|---|---|---|---|---|---|
| 治多县 | 59.44 | 55.63 | 10 750.96 | 362.82 | 106.74 |
| 曲麻莱县 | 0.00 | 5.65 | 13 176.11 | 13 024.88 | 3 273.66 |
| 兴海县 | 0.00 | 0.00 | 693.73 | 179 | 18.14 |
| 唐古拉山乡 | 2.07 | 9.52 | 3 223.77 | 784.33 | 8.83 |
| 玛多县 | 2.34 | 7.81 | 9 360.88 | 1 226.9 | 558.67 |
| 同德县 | 0.00 | 0.00 | 36.89 | 10.93 | 1.87 |
| 泽库县 | 0.00 | 0.00 | 357.97 | 85.11 | 14.04 |
| 玛沁县 | 0.00 | 36.73 | 1 361.06 | 278.03 | 162.86 |
| 称多县 | 37.2 | 33 | 4 965.95 | 1 956.67 | 706.73 |
| 河南 | 0.00 | 0.00 | 353.92 | 4.3 | 7.63 |
| 杂多县 | 0.00 | 123.68 | 7 511.86 | 834.93 | 69.82 |
| 甘德县 | 0.00 | 0.00 | 432.45 | 490.87 | 76.15 |
| 达日县 | 0.24 | 20.69 | 1 807.78 | 403.14 | 63.34 |
| 玉树县 | 0.00 | 0.00 | 2 863.39 | 189.81 | 19.23 |
| 久治县 | 3.75 | 3.29 | 110.03 | 602.25 | 218.79 |
| 班玛县 | 0.88 | 0.00 | 15.58 | 564.28 | 74.7 |
| 襄谦县 | 0.00 | 1.45 | 3 159.16 | 818.58 | 44.54 |
| 合计 | 105.92 | 297.45 | 60 181.49 | 21 816.83 | 5 425.74 |

　　退化加剧草地的面积为297.45 km²，主要发生在杂多县和治多县，占三江源地区退化加剧草地总面积的60.28%。轻微好转和明显好转的草地在各县均有分布，其中，曲麻莱县草地轻微好转面积最大，占整个三江源地区轻微好转草地总面积的59.70%，明显好转的面积占整个三江源地区明显好转草地总面积的60.34%（图6-22～图6-28）。

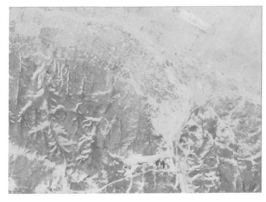

(a) TM-2005年9月10日　　　　　　　　　　　(b) HJ-2012年9月5日

图6-22　泽库县北部草地覆盖度增加

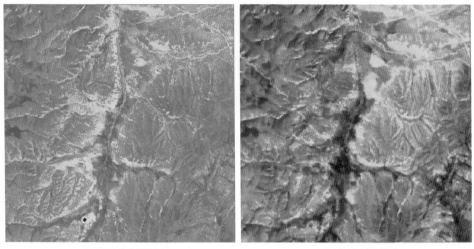

(a) TM-2005年9月10日　　　　　　　　　　　　(b) HJ-2012年9月5日

图 6-23　泽库县中部草地覆盖度增加

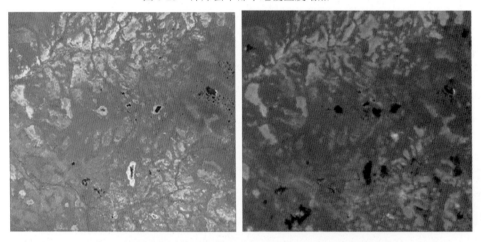

(a) TM-2003年7月17日　　　　　　　　　　　　(b) HJ-2009年9月10日

图 6-24　称多县东北部黑土滩好转

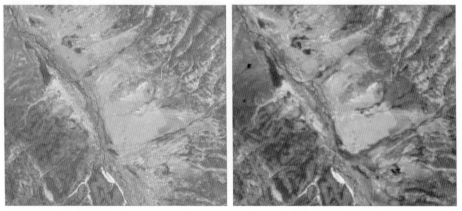

(a) TM-2004年7月17日　　　　　　　　　　　　(b) TM-2009年7月15日

图 6-25　治多县东南部草地好转

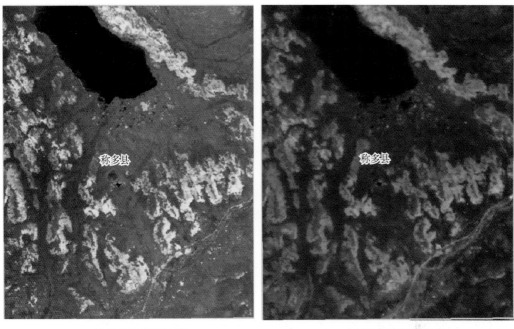

(a) TM-2004年7月17日　　　　　　　　(b) HJ-2012年9月10日

图 6-26　称多县中部沼泽水分条件好转

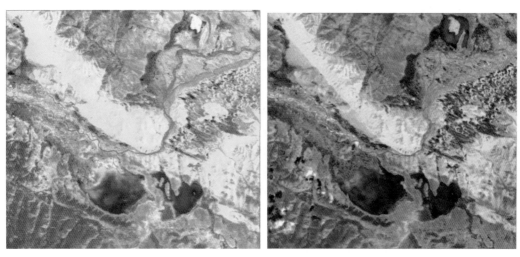

(a) TM-2003年7月17日　　　　　　　　(b) HJ-2012年9月5日

图 6-27　玛多县南部水域面积扩大，沼泽水分条件好转

(a) TM-2003年9月10日　　　　　　　　　　　(b) HJ-2012年9月5日

图 6-28　扎陵湖西部水域面积扩大，沼泽水分条件好转

## 2. 工程实施前后草地退化与恢复状况变化

在 17 个县（乡）级单元中，各县的草地退化好转和草地退化不变面积占整个草地面积的绝大部分。退化好转草地面积增加最明显的是曲麻莱县、称多县和玛多县，分别为16 285.16 km²、2 655.97 km² 和 1 785.57 km²，比例增加最明显的是曲麻莱县、班玛县、称多县、甘德县和久治县，分别为 34.90%、9.92%、18.21%、7.91% 和 9.94%，根据草地退化和恢复状况评价表的评价细则可以得出，治多县、兴海县、曲麻莱县、班玛县、玉树县、唐古拉山乡、囊谦县、甘德县、玛沁县和玛多县 10 个县的草地退化趋势明显遏制，初步好转，其他县的草地退化趋势得到初步遏制，局部好转（表 6-61）。

表 6-61　三江源区县域草地退化和恢复分类面积及比例统计

| 县域 | 时段 | 退化好转 | | 无退化 | | 退化草地 | |
|---|---|---|---|---|---|---|---|
| | | 面积/km² | 比例/% | 面积/km² | 比例/% | 面积/km² | 比例/% |
| 治多县 | 20 世纪 90 年代初至 2004 年 | 7.52 | 0.01 | 69 302.20 | 85.91 | 11 130.31 | 13.80 |
| | 2004~2012 年 | 469.57 | 0.58 | 80 034.09 | 99.21 | 55.63 | 0.07 |
| | 两时段差值 | 462.05 | 0.57 | 10 731.89 | 13.30 | −11 074.68 | −13.73 |
| 兴海县 | 20 世纪 90 年代初至 2004 年 | 0.00 | 0.00 | 11 213.06 | 92.62 | 890.86 | 7.36 |
| | 2004~2012 年 | 197.14 | 1.63 | 11 906.78 | 98.35 | 0.00 | 0.00 |
| | 两时段差值 | 197.14 | 1.63 | 693.72 | 5.73 | −890.86 | −7.36 |
| 曲麻莱县 | 20 世纪 90 年代初至 2004 年 | 13.32 | 0.03 | 17 134.36 | 36.72 | 29 324.45 | 62.84 |
| | 2004~2012 年 | 16 298.48 | 34.93 | 30 338.61 | 65.01 | 5.65 | 0.01 |
| | 两时段差值 | 16 285.16 | 34.90 | 13 204.25 | 28.30 | −29 318.80 | −62.83 |

续表

| 县域 | 时段 | 退化好转 | | 无退化 | | 退化草地 | |
| --- | --- | --- | --- | --- | --- | --- | --- |
| | | 面积/km² | 比例/% | 面积/km² | 比例/% | 面积/km² | 比例/% |
| 班玛县 | 20 世纪 90 年代初至 2004 年 | 9.65 | 0.15 | 5 673.08 | 89.40 | 655.73 | 10.33 |
| | 2004～2012 年 | 638.99 | 10.07 | 5 698.59 | 89.80 | 88.00 | 1.39 |
| | 两时段差值 | 629.34 | 9.92 | 25.51 | 0.40 | −567.73 | −8.95 |
| 玉树县 | 20 世纪 90 年代初至 2004 年 | 6.75 | 0.04 | 12 235.34 | 79.88 | 3 045.08 | 19.88 |
| | 2004～2012 年 | 209.04 | 1.36 | 15 099.58 | 98.58 | 0.00 | 0.00 |
| | 两时段差值 | 202.29 | 1.32 | 2 864.24 | 18.70 | −3 045.08 | −19.88 |
| 唐古拉山乡 | 20 世纪 90 年代初至 2004 年 | 0.00 | 0.00 | 43 676.68 | 91.56 | 3 547.53 | 7.44 |
| | 2004～2012 年 | 793.16 | 1.66 | 46 888.68 | 98.29 | 11.59 | 0.02 |
| | 两时段差值 | 793.16 | 1.66 | 3 212.00 | 6.73 | −3 535.94 | −7.41 |
| 称多县 | 20 世纪 90 年代初至 2004 年 | 7.44 | 0.05 | 6 874.87 | 47.13 | 7 500.74 | 51.42 |
| | 2004～2012 年 | 2 663.41 | 18.26 | 11 837.03 | 81.14 | 7 020.00 | 48.12 |
| | 两时段差值 | 2 655.97 | 18.21 | 4 962.16 | 34.01 | −480.74 | −3.30 |
| 泽库县 | 20 世纪 90 年代初至 2004 年 | 0.00 | 0.00 | 6 238.09 | 93.13 | 382.67 | 5.71 |
| | 2004～2012 年 | 99.15 | 1.48 | 6 597.25 | 98.50 | 0.00 | 0.00 |
| | 两时段差值 | 99.15 | 1.48 | 359.16 | 5.36 | −382.67 | −5.71 |
| 囊谦县 | 20 世纪 90 年代初至 2004 年 | 5.73 | 0.05 | 8 038.84 | 66.59 | 4 024.98 | 33.34 |
| | 2004～2012 年 | 863.12 | 7.15 | 11 204.94 | 92.82 | 1.45 | 0.01 |
| | 两时段差值 | 857.39 | 7.10 | 3 166.10 | 26.23 | −4 023.53 | −33.33 |
| 达日县 | 20 世纪 90 年代初至 2004 年 | 0.00 | 0.00 | 12 183.64 | 84.10 | 2 201.54 | 15.20 |
| | 2004～2012 年 | 466.51 | 3.22 | 13 995.58 | 96.61 | 2 093.00 | 14.45 |
| | 两时段差值 | 466.51 | 3.22 | 1 811.94 | 12.51 | −108.54 | −0.75 |
| 甘德县 | 20 世纪 90 年代初至 2004 年 | 5.18 | 0.07 | 6 087.57 | 85.72 | 1 002.86 | 14.12 |
| | 2004～2012 年 | 567.04 | 7.98 | 6 528.57 | 91.93 | 0.00 | 0.00 |
| | 两时段差值 | 561.86 | 7.91 | 441.00 | 6.21 | −1 002.86 | −14.12 |

| 县域 | 时段 | 退化好转 | | 无退化 | | 退化草地 | |
|---|---|---|---|---|---|---|---|
| | | 面积/km² | 比例/% | 面积/km² | 比例/% | 面积/km² | 比例/% |
| 同德县 | 20世纪90年代初至2004年 | 0.00 | 0.00 | 4 395.93 | 95.78 | 191.27 | 4.17 |
| | 2004~2012年 | 12.80 | 0.28 | 4 574.41 | 99.67 | 0.00 | 0.00 |
| | 两时段差值 | 12.80 | 0.28 | 178.48 | 3.89 | −191.27 | −4.17 |
| 杂多县 | 20世纪90年代初至2004年 | 5.34 | 0.02 | 26 880.87 | 75.85 | 6 490.71 | 18.32 |
| | 2004~2012年 | 904.75 | 2.55 | 34 387.87 | 97.04 | 123.68 | 0.35 |
| | 两时段差值 | 899.41 | 2.54 | 7 507.00 | 21.18 | −6 367.03 | −17.97 |
| 河南县 | 20世纪90年代初至2004年 | 0.00 | 0.00 | 6 316.07 | 94.44 | 359.23 | 5.37 |
| | 2004~2012年 | 11.92 | 0.18 | 6 382.54 | 95.44 | 0.00 | 0.00 |
| | 两时段差值 | 11.92 | 0.18 | 66.47 | 0.99 | −359.23 | −5.37 |
| 玛沁县 | 20世纪90年代初至2004年 | 0.40 | 0.00 | 11 613.32 | 86.21 | 1 849.15 | 13.73 |
| | 2004~2012年 | 440.89 | 3.27 | 12 984.43 | 96.39 | 36.73 | 0.27 |
| | 两时段差值 | 440.49 | 3.27 | 1 371.11 | 10.18 | −1 812.42 | −13.45 |
| 久治县 | 20世纪90年代初至2004年 | 0.49 | 0.01 | 7 315.62 | 88.61 | 938.01 | 11.36 |
| | 2004~2012年 | 821.05 | 9.94 | 7 426.03 | 89.95 | 704.00 | 8.53 |
| | 两时段差值 | 820.56 | 9.94 | 110.41 | 1.34 | −234.01 | −2.83 |
| 玛多县 | 20世纪90年代初至2004年 | 0.00 | 0.00 | 13 228.65 | 54.10 | 10 567.10 | 43.22 |
| | 2004~2012年 | 1 785.57 | 7.30 | 22 640.79 | 92.60 | 10.15 | 0.04 |
| | 两时段差值 | 1 785.57 | 7.30 | 9 412.14 | 38.49 | −10 556.95 | −43.18 |

# 四、流域草地退化与恢复

## 1. 工程实施后草地退化与恢复状况

从 2004~2012 年三江源地区各流域草地退化态势看（表 6-62），黄河、长江和澜沧江三大流域草地好转的趋势基本一致，其中，黄河流域草地好转（包括轻微好转和明显好转）的总面积为 9 145.91 km²，占三大流域草地好转总面积的 42.93%，长江流域草地好转的总面积为 10 750.49 km²，占三大流域草地好转总面积的 50.46%，澜沧江流域草地好转的总面积为 1 409.68 km²，占三大流域草地好转总面积的 6.62%。此外，三大流域也发生轻微的草地退化，其中，长江流域草地退化加剧的面积为 206.75 km²，占三大流域草地退化加剧总面积的 69.85%，草地退化发生的面积为 86.34 km²，占三大流域草地退化发生总面积的 86.28%。可见，在三大流域中，长江流域草地退化较黄河流域和澜沧江流域较明显。其中，黄河源吉迈水文站以上流域草地退化（退化发生和退化加剧）面积为 76.45 km²，好转面积为 7 546.85 km²。长江源草地退化面积为 129.38 km²，好转面积为 4 456.07 km²。长江源中楚玛尔河流域的好转草地面积最大，为 3 373.55 km²。当曲流域的草地退化面积最大，为 115.15 km²。

表6-62　2004～2012 年三江源区各流域草地退化面积统计　　（单位：km²）

| 流域 | | 退化发生 | 退化加剧 | 退化状态不变 | 轻微好转 | 明显好转 |
|---|---|---|---|---|---|---|
| 黄河流域 | | 13.73 | 77.65 | 16 771.3 | 6 610.18 | 2 535.73 |
| 长江流域 | | 86.34 | 206.75 | 30 267.5 | 8 763.27 | 1 987.22 |
| 澜沧江流域 | | 0.00 | 11.59 | 8 243.04 | 1 304.94 | 104.74 |
| 黄河源吉迈水文站以上流域 | | 13.12 | 63.33 | 13 249.12 | 5 380.1 | 2 166.75 |
| 长江源 | 楚玛尔河流域 | 5.40 | 0.00 | 3 394.81 | 2 579.70 | 793.85 |
| | 当曲流域 | 0.00 | 115.15 | 5 033.42 | 670.67 | 5.73 |
| | 沱沱河流域 | 1.07 | 7.76 | 1 035.23 | 403.02 | 3.10 |
| | 合计 | 6.47 | 122.91 | 9 463.46 | 3 653.39 | 802.68 |

## 2. 工程实施前后草地退化与恢复状况变化

从各流域的草地退化和恢复情况看（表6-63），三大流域草地退化好转和草地退化不变面积占整个草地面积的绝大部分，退化好转草地面积增加较多的流域有长江流域和黄河流域，分别为 10 721.39 km² 和 9 140.33 km²，而比例增加最多的流域有黄河流域、楚玛尔河流域和黄河源吉迈水文站以上流域，分别达到 9.07%、15.87% 和 17.17%，根据草地退化和恢复状况评价表的评价细则可以得出，各流域草地退化趋势明显遏制，初步好转。

表6-63　三江源区流域草地退化和恢复分类面积及比例统计

| 流域 | 时段 | 退化好转 | | 无退化 | | 退化草地 | |
|---|---|---|---|---|---|---|---|
| | | 面积/km² | 比例/% | 面积/km² | 比例/% | 面积/km² | 比例/% |
| 长江 | 20 世纪 90 年代初至 2004 年 | 29.05 | 0.02 | 111 702.6 | 72.97 | 38 666.77 | 25.26 |
| | 2004～2012 年 | 10 750.44 | 7.02 | 141 948.31 | 92.73 | 293.09 | 0.19 |
| | 两时段差值 | 10 721.39 | 7.00 | 30 245.71 | 19.76 | −38 373.68 | −25.07 |
| 黄河 | 20 世纪 90 年代初至 2004 年 | 5.58 | 0.01 | 74 451.19 | 73.91 | 25 213.88 | 25.03 |
| | 2004～2012 年 | 9 145.91 | 9.08 | 91 148.94 | 90.49 | 91.38 | 0.09 |
| | 两时段差值 | 9 140.33 | 9.07 | 16 697.75 | 16.58 | −25 122.5 | −24.94 |

续表

| 流域 | 时段 | 退化好转 | | 无退化 | | 退化草地 | |
|---|---|---|---|---|---|---|---|
| | | 面积/km² | 比例/% | 面积/km² | 比例/% | 面积/km² | 比例/% |
| 澜沧江 | 20 世纪 90 年代初至 2004 年 | 17.05 | 0.05 | 27 299.94 | 73.80 | 9 447.3 | 25.54 |
| | 2004～2012 年 | 1 409.69 | 3.81 | 35 549.39 | 96.11 | 11.59 | 0.03 |
| | 两时段差值 | 1 392.64 | 3.76 | 8 249.45 | 22.30 | −9 435.71 | −25.51 |
| 三江源区 | 20 世纪 90 年代初至 2004 年 | 51.68 | 0.02 | 213 453.73 | 73.40 | 73 327.95 | 25.22 |
| | 2004～2012 年 | 21 306.04 | 7.33 | 268 646.64 | 92.38 | 396.06 | 0.14 |
| | 两时段差值 | 21 254.36 | 7.31 | 55 192.91 | 18.98 | −72 931.89 | −25.08 |
| 长江源 楚玛尔河 | 20 世纪 90 年代初至 2004 年 | 2.30 | 0.01 | 14 453.30 | 68.05 | 6760.67 | 31.83 |
| | 2004～2012 年 | 3 372.87 | 15.88 | 17 850.32 | 84.05 | 5.42 | 0.03 |
| | 两时段差值 | 3 370.57 | 15.87 | 3 397.02 | 15.99 | −6755.25 | −31.81 |
| 当曲 | 20 世纪 90 年代初至 2004 年 | 0.00 | 0.00 | 26 392.19 | 81.91 | 0.00 | 0.00 |
| | 2004～1012 年 | 676.53 | 2.10 | 31 421.22 | 97.52 | 115.17 | 0.36 |
| | 两时段差值 | 676.53 | 2.1 | 5 029.03 | 15.61 | 115.17 | 0.36 |
| 沱沱河 | 20 世纪 90 年代初至 2004 年 | 0.00 | 0.00 | 17 964.98 | 92.50 | 1 423.82 | 7.33 |
| | 2004～2012 年 | 406.12 | 2.09 | 18 995.62 | 97.81 | 8.85 | 0.05 |
| | 两时段差值 | 406.12 | 2.09 | 1 030.64 | 5.31 | −1 414.97 | −7.29 |
| 合计 | 20 世纪 90 年代初至 2004 年 | 2.30 | 0.00 | 58 810.47 | 80.70 | 8 184.49 | 11.23 |
| | 2004～2012 年 | 4 455.52 | 6.11 | 68 267.16 | 93.67 | 129.44 | 0.18 |
| | 两时段差值 | 4 453.22 | 6.11 | 9 456.69 | 12.98 | −8 055.05 | −11.05 |
| 黄河源 吉迈水文站以上流域 | 20 世纪 90 年代初至 2004 年 | 0.00 | 0.00 | 22 984.48 | 52.31 | 20 012.17 | 45.54 |
| | 2004～2012 年 | 7 546.48 | 17.17 | 36 286.81 | 82.58 | 76.54 | 0.17 |
| | 两时段差值 | 7 546.48 | 17.17 | 13 302.33 | 30.27 | −19 935.63 | −45.37 |

# 五、自然保护区草地退化与恢复

## 1. 工程实施后草地退化与恢复状况

三江源自然保护区的退化草地退化/恢复态势以退化状态不变为主（图 6-29，表

6-64）。草地好转面积占保护区总面积的 9.01%，明显高于非保护区的 6.66%，其中核心区、缓冲区及实验区草地好转面积分别占保护区总面积的 1.72%、2.00%及 5.29%，说明草地退化得到了有效遏制。草地好转程度不同，草地轻微好转占比较大，特别是约古宗列保护区，其核心区、缓冲区及实验区的轻微好转占比分别达到 24.84%、28.92%及 39.30%，远高于其他保护区和非保护区；保护区的草地明显好转占保护区总面积的 2.13%，好于非保护区的 1.08%，其中，星星海与约古宗列保护区的草地明显好转占比分别达到 6.31%和20.66%。同时，扎陵湖-鄂陵湖、玛可河、索加-曲麻河、通天河沿保护区出现了新发生草地退化的情况，当曲等保护区存在草地退化加剧的问题。

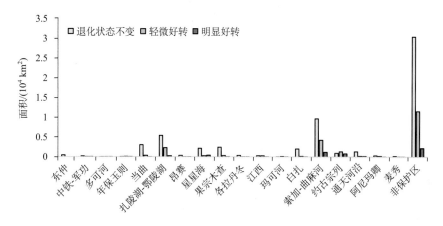

图 6-29　2004～2012 年三江源自然保护区草地退化/恢复态势

表 6-64　2004～2012 年三江源自然保护区草地退化/恢复态势

| 保护区 | 退化发生 | | 退化加剧 | | 退化状态不变 | | 轻微好转 | | 明显好转 | |
|---|---|---|---|---|---|---|---|---|---|---|
| | 面积 /km² | 比例 /% | 面积 /km² | 比例 /% | 面积 /km² | 比例 /% | 面积 /km² | 比例 /% | 面积 /km² | 比例 /% |
| 东仲 | | | | | 442.45 | 100 | | | | |
| 中铁-军功 | | | | | 208.82 | 60.24 | 42.95 | 12.39 | 58.01 | 16.73 |
| 多可河 | | | | | 0.48 | 1.07 | 33.07 | 73.62 | 3.62 | 8.06 |
| 年保玉则 | | | 1.16 | 0.61 | 44.06 | 23.07 | 99.92 | 52.33 | 46.31 | 24.25 |
| 当曲 | | | 113.72 | 3.17 | 3 089.04 | 86.12 | 374.99 | 10.45 | 9.62 | 0.27 |
| 扎陵湖-鄂陵湖 | 2.99 | 0.04 | 6.72 | 0.08 | 5 467.32 | 67.20 | 2 355.05 | 28.95 | 260.17 | 3.20 |
| 昂赛 | | | 1.1 | 0.28 | 362.2 | 92.74 | 26.13 | 6.69 | 1.11 | 0.28 |
| 星星海 | | | 15.59 | 0.52 | 2 229.14 | 74.38 | 304.57 | 10.16 | 435.28 | 14.52 |
| 果宗木查 | | | 6.1 | 0.21 | 2 494.24 | 86.99 | 333.73 | 11.64 | 39.52 | 1.38 |
| 各拉丹冬 | | | 6.23 | 1.57 | 380.13 | 96.00 | 7.15 | 1.81 | 2.04 | 0.52 |
| 江西 | | | | | 309.94 | 50.15 | 295.32 | 47.79 | 12.89 | 2.09 |
| 玛可河 | 0.88 | 0.51 | | | 10.11 | 5.90 | 140.58 | 82.10 | 29.33 | 17.13 |
| 白扎 | | | | | 2 082.89 | 92.35 | 162.76 | 7.22 | 6.13 | 0.27 |

续表

| 保护区 | 退化发生 | | 退化加剧 | | 退化状态不变 | | 轻微好转 | | 明显好转 | |
|---|---|---|---|---|---|---|---|---|---|---|
| | 面积/km² | 比例/% | 面积/km² | 比例/% | 面积/km² | 比例/% | 面积/km² | 比例/% | 面积/km² | 比例/% |
| 索加-曲麻河 | 50.24 | 0.33 | 52.91 | 0.35 | 9 679.43 | 63.12 | 4 292.9 | 27.99 | 1 255.8 | 8.19 |
| 约古宗列 | | | 2.65 | 0.08 | 1 015.05 | 31.17 | 1 397.8 | 42.93 | 842.04 | 25.86 |
| 通天河沿 | 2.84 | 0.17 | 12.78 | 0.74 | 1 375.7 | 80.00 | 179.53 | 10.44 | 158.41 | 9.21 |
| 阿尼玛卿 | | | | | 329.36 | 63.56 | 182.85 | 35.29 | 2.5 | 0.48 |
| 麦秀 | | | | | 198.57 | 90.66 | 9.71 | 4.43 | 10.24 | 4.68 |
| 整个保护区 | 56.95 | 0.13 | 218.9 | 0.50 | 29 718.9 | 68.33 | 10 238.9 | 23.54 | 3 173.0 | 7.30 |
| 非保护区 | 48.97 | 0.11 | 78.49 | 0.18 | 30 494.6 | 68.39 | 11 595.8 | 26.00 | 2 252.8 | 5.05 |

## 2. 工程实施前后草地退化与恢复状况变化

从整个保护区来看（表 6-65），2004～2012 年草地退化好转面积占比为 9%，面积相对 20 世纪 90 年代初至 2004 年增加 13 386.66 km²，退化草地面积仅占 0.19%。从各自然保护区来看，草地退化好转和草地退化不变面积占整个草地面积绝大部分，草地退化好转面积增加较多的有索加-曲麻河保护区、约古宗列、扎陵湖-鄂陵湖保护区和星星海保护区，分别为 5 584.64 km²、2 239.80 km²、2 615.22 km² 和 739.85 km²，退化好转草地面积比例增加较多的有索加-曲麻河保护区、约古宗列保护区、扎陵湖鄂陵湖保护区、星星海保护区和江西保护区，分别为 13.38%、54.95%、18.65%、10.73% 和 13.12%，根据草地退化和恢复状况评价表的评价细则可以得出，索加-曲麻河保护区、约古宗列保护区、扎陵湖-鄂陵湖保护区、星星海保护区、通天河沿保护区、江西保护区、果宗木查保护区、东仲保护区、当曲保护区、白扎保护区、昂赛保护区和阿尼玛卿保护区 12 个保护区的草地退化趋势明显遏制，初步好转，其余保护区草地退化趋势得到初步遏制，局部好转。

表 6-65　三江源区自然保护区草地退化和恢复分类面积及比例统计

| 保护区 | 时段 | 退化好转 | | 无退化 | | 发生退化 | |
|---|---|---|---|---|---|---|---|
| | | 面积/km² | 比例/% | 面积/km² | 比例/% | 面积/km² | 比例/% |
| 索加-曲麻河保护区 | 20 世纪 90 年代初至 2004 年 | 0.00 | 0.00 | 26 112.63 | 62.98 | 15 115.80 | 36.46 |
| | 2004～2012 年 | 5 548.64 | 13.38 | 35 783.95 | 86.30 | 103.15 | 0.25 |
| | 两时段差值 | 5 548.64 | 13.38 | 9 671.32 | 23.32 | -15 012.65 | -36.21 |
| 约古宗列保护区 | 20 世纪 90 年代初至 2004 年 | 0.00 | 0.00 | 819.12 | 20.09 | 3 178.02 | 77.96 |
| | 2004～2012 年 | 2 239.80 | 54.95 | 1 832.46 | 44.95 | 2.65 | 0.07 |
| | 两时段差值 | 2 239.80 | 54.95 | 1 013.34 | 24.86 | -3 175.37 | -77.90 |

续表

| 保护区 | 时段 | 退化好转 | | 无退化 | | 发生退化 | |
|---|---|---|---|---|---|---|---|
| | | 面积/km² | 比例/% | 面积/km² | 比例/% | 面积/km² | 比例/% |
| 扎陵湖-鄂陵湖保护区 | 20世纪90年代初至2004年 | 0.00 | 0.00 | 5 872.23 | 41.89 | 7 786.64 | 55.54 |
| | 2004~2012年 | 2 615.22 | 18.65 | 11 380.57 | 81.18 | 9.71 | 0.07 |
| | 两时段差值 | 2 615.22 | 18.65 | 5 508.34 | 39.29 | −7 776.93 | −55.47 |
| 中铁-军功保护区 | 20世纪90年代初至2004年 | 0.00 | 0.00 | 7 455.01 | 95.54 | 346.66 | 4.44 |
| | 2004~2012年 | 100.96 | 1.29 | 7 700.72 | 98.69 | 0.00 | 0.00 |
| | 两时段差值 | 100.96 | 1.29 | 245.71 | 3.15 | −346.66 | −4.44 |
| 星星海保护区 | 20世纪90年代初至2004年 | 0.00 | 0.00 | 3 896.84 | 56.49 | 2 666.04 | 38.65 |
| | 2004~2012年 | 739.85 | 10.73 | 6 138.05 | 88.98 | 15.59 | 0.23 |
| | 两时段差值 | 739.85 | 10.73 | 2 241.21 | 32.49 | −2 650.45 | −38.42 |
| 通天河沿保护区 | 20世纪90年代初至2004年 | 8.21 | 0.09 | 7 140.98 | 80.41 | 1 718.16 | 19.35 |
| | 2004~2012年 | 337.95 | 3.81 | 8 513.59 | 95.87 | 15.62 | 0.18 |
| | 两时段差值 | 329.74 | 3.71 | 1 372.61 | 15.46 | −1 702.54 | −19.17 |
| 年保玉则保护区 | 20世纪90年代初至2004年 | 0.49 | 0.02 | 2 840.11 | 93.63 | 190.96 | 6.30 |
| | 2004~2012年 | 146.23 | 4.82 | 2 884.17 | 95.09 | 1.16 | 0.04 |
| | 两时段差值 | 145.74 | 4.80 | 44.06 | 1.45 | −189.80 | −6.26 |
| 麦秀保护区 | 20世纪90年代初至2004年 | 0.00 | 0.00 | 2 516.01 | 91.93 | 201.25 | 7.35 |
| | 2004~2012年 | 19.95 | 0.73 | 2 715.05 | 99.21 | 0.00 | 0.00 |
| | 两时段差值 | 19.95 | 0.73 | 199.04 | 7.27 | −201.25 | −7.35 |
| 玛可河保护区 | 20世纪90年代初至2004年 | 9.65 | 0.45 | 1 981.96 | 91.56 | 171.24 | 7.91 |
| | 2004~2012年 | 169.91 | 7.85 | 1 992.06 | 92.02 | 0.88 | 0.04 |
| | 两时段差值 | 160.26 | 7.40 | 10.10 | 0.47 | −170.36 | −7.87 |
| 江西保护区 | 20世纪90年代初至2004年 | 0.00 | 0.00 | 1 728.44 | 73.57 | 617.99 | 26.30 |
| | 2004~2012年 | 308.21 | 13.12 | 2 038.23 | 86.76 | 0.00 | 0.00 |
| | 两时段差值 | 308.21 | 13.12 | 309.79 | 13.19 | −617.99 | −26.30 |

续表

| 保护区 | 时段 | 退化好转 | | 无退化 | | 发生退化 | |
|---|---|---|---|---|---|---|---|
| | | 面积/km² | 比例/% | 面积/km² | 比例/% | 面积/km² | 比例/% |
| 果宗木查保护区 | 20世纪90年代初至2004年 | 5.34 | 0.05 | 8 279.03 | 74.24 | 2 531.24 | 22.70 |
| | 2004～2012年 | 373.25 | 3.35 | 10 770.38 | 96.58 | 6.10 | 0.05 |
| | 两时段差值 | 367.91 | 3.30 | 2 491.35 | 22.34 | −2 525.14 | −22.64 |
| 各拉丹冬保护区 | 20世纪90年代初至2004年 | 0.00 | 0.00 | 10 094.37 | 96.20 | 389.36 | 3.71 |
| | 2004～2012年 | 9.19 | 0.09 | 10 475.63 | 99.84 | 6.23 | 0.06 |
| | 两时段差值 | 9.19 | 0.09 | 381.26 | 3.63 | −383.13 | −3.65 |
| 多可河保护区 | 20世纪90年代初至2004年 | 0.00 | 0.00 | 489.47 | 91.35 | 44.92 | 8.38 |
| | 2004～2012年 | 36.69 | 6.85 | 497.70 | 92.89 | 0.00 | 0.00 |
| | 两时段差值 | 36.69 | 6.85 | 8.23 | 1.54 | −44.92 | −8.38 |
| 东仲保护区 | 20世纪90年代初至2004年 | 0.00 | 0.00 | 2 370.87 | 84.25 | 442.31 | 15.72 |
| | 2004～2012年 | 0.00 | 0.00 | 2 813.18 | 99.97 | 0.00 | 0.00 |
| | 两时段差值 | 0.00 | 0.00 | 442.31 | 15.72 | −442.31 | −15.72 |
| 当曲保护区 | 20世纪90年代初至2004年 | 0.00 | 0.00 | 12 668.71 | 77.89 | 1 889.66 | 11.62 |
| | 2004～2012年 | 384.61 | 2.36 | 15 754.54 | 96.87 | 113.72 | 0.70 |
| | 两时段差值 | 384.61 | 2.36 | 3 085.83 | 18.97 | −1 775.94 | −10.92 |
| 白扎保护区 | 20世纪90年代初至2004年 | 1.59 | 0.02 | 6 113.82 | 73.02 | 2 255.54 | 26.94 |
| | 2004～2012年 | 168.89 | 2.02 | 8 202.11 | 97.97 | 0.00 | 0.00 |
| | 两时段差值 | 167.30 | 2.00 | 2 088.29 | 24.94 | −2 255.54 | −26.94 |
| 昂赛保护区 | 20世纪90年代初至2004年 | 0.00 | 0.00 | 1 168.50 | 74.84 | 390.57 | 25.02 |
| | 2004～2012年 | 27.24 | 1.74 | 1 530.33 | 98.02 | 1.10 | 0.07 |
| | 两时段差值 | 27.24 | 1.74 | 361.83 | 23.17 | −389.47 | −24.94 |
| 阿尼玛卿保护区 | 20世纪90年代初至2004年 | 0.00 | 0.00 | 3 806.72 | 87.98 | 518.16 | 11.98 |
| | 2004～2012年 | 185.35 | 4.28 | 4 139.08 | 95.66 | 0.00 | 0.00 |
| | 两时段差值 | 185.35 | 4.28 | 332.36 | 7.68 | −518.16 | −11.98 |
| 三江源区 | 20世纪90年代初至2004年 | 25.28 | 0.02 | 105 354.82 | 70.73 | 40 454.52 | 27.16 |
| | 2004～2012年 | 13 411.94 | 9.00 | 135 161.80 | 90.75 | 275.91 | 0.19 |
| | 两时段差值 | 13 386.66 | 8.99 | 29 806.98 | 20.01 | −40 178.61 | −26.98 |

# 六、重点工程区草地退化与恢复

## 1. 工程实施后草地退化与恢复状况

2004～2012 年，黄河源工程区草地轻微好转面积增幅明显，增幅达到 11.54%，远高于其他工程区（图 6-30）。黄河源工程区草地明显好转增加显著，增幅达到工程区总面积的 4.31%。长江源工程区草地轻微好转面积为 5 002.5 km²，草地明显好转面积为 1 304.9 km²，草地退化状态不变面积为 15 263.9 km²。中南工程区草地轻微好转面积为 663.8 km²，草地明显好转面积为 178.87 km²，草地退化状态不变面积为 4 573.2 km²。麦秀工程区草地轻微好转面积仅 9.58 km²，草地明显好转面积为 10.24 km²，草地退化状态不变面积为 198.9 km²，无草地退化发生和退化加剧。东南工程区草地以轻微好转为主，草地轻微好转面积为 273.52 km²，草地明显好转面积为 79.21 km²，草地退化状态不变面积为 54.48 km²。各拉丹冬工程区草地以退化状态不变为主，草地退化状态不变面积为 380.5 km²，草地轻微好转面积为 7.15 km²，草地明显好转面积为 2.06 km²。

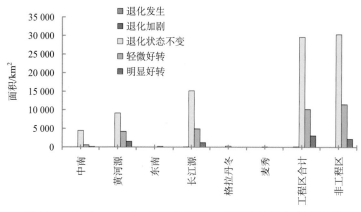

图 6-30　2004～2012 年三江源区重点工程区草地退化/恢复态势

## 2. 工程实施前后草地退化与恢复状况变化

从各工程区草地退化态势看（表 6-66），2004～2012 年，三江源地区好转（轻微好转和明显好转）草地在各工程区均有分布，且好转比例高于同一时段发生退化比例。2004～2012 年时间段较 1990～2004 年时间段，各工程区均表现为草地退化趋势明显遏制，初步好转，其中，黄河源工程区表现最为明显，退化发生比例下降了 41.03%。

表 6-66　三江源区重点工程区草地退化和恢复分类面积及比例统计

| 重点工程区 | 时段 | 退化好转 | | 无退化 | | 发生退化 | |
| --- | --- | --- | --- | --- | --- | --- | --- |
| | | 面积/km² | 比例/% | 面积/km² | 比例/% | 面积/km² | 比例/% |
| 中南工程区 | 20 世纪 90 年代初至 2004 年 | 9.80 | 0.04 | 18 522.61 | 77.31 | 5 426.11 | 22.65 |
| | 2004～2012 年 | 842.29 | 3.52 | 23 097.44 | 96.41 | 16.72 | 0.07 |
| | 两时段差值 | 832.49 | 3.48 | 4 574.83 | 19.10 | −5 409.39 | −22.58 |

续表

| 重点工程区 | 时段 | 退化好转 | | 无退化 | | 发生退化 | |
|---|---|---|---|---|---|---|---|
| | | 面积/km² | 比例/% | 面积/km² | 比例/% | 面积/km² | 比例/% |
| 黄河源工程区 | 20世纪90年代初至2004年 | 0.00 | 0.00 | 21 850.01 | 58.89 | 15 253.24 | 41.11 |
| | 2004~2012年 | 5 881.18 | 15.85 | 31 190.88 | 84.07 | 27.95 | 0.08 |
| | 两时段差值 | 5 881.18 | 15.85 | 9 340.87 | 25.18 | -15 225.29 | -41.03 |
| 东南工程区 | 20世纪90年代初至2004年 | 10.14 | 0.18 | 5 311.54 | 92.72 | 407.12 | 7.11 |
| | 2004~2012年 | 352.83 | 6.16 | 5 373.93 | 93.81 | 2.04 | 0.04 |
| | 两时段差值 | 342.69 | 5.98 | 62.39 | 1.09 | -405.08 | -7.07 |
| 长江源工程区 | 20世纪90年代初至2004年 | 5.34 | 0.01 | 47 046.16 | 68.34 | 21 789.27 | 31.65 |
| | 2004~2012年 | 6 306.5 | 9.16 | 62 308.87 | 90.51 | 222.97 | 0.32 |
| | 两时段差值 | 6 301.16 | 9.15 | 15 262.71 | 22.17 | -21 566.30 | -31.33 |
| 各拉丹冬工程区 | 20世纪90年代初至2004年 | 0.00 | 0.00 | 10 094.37 | 96.23 | 395.94 | 3.77 |
| | 2004~2012年 | 9.19 | 0.09 | 10 475.63 | 99.85 | 6.23 | 0.06 |
| | 两时段差值 | 9.19 | 0.09 | 381.26 | 3.63 | -389.71 | -3.71 |
| 麦秀工程区 | 20世纪90年代初至2004年 | 0.00 | 0.00 | 2 516.01 | 91.99 | 218.99 | 8.01 |
| | 2004~2012年 | 19.95 | 0.73 | 2 715.05 | 99.27 | 0.00 | 0.00 |
| | 两时段差值 | 19.95 | 0.73 | 199.04 | 7.28 | -218.99 | -8.01 |

# 第四节　基于土地覆被转类指数的宏观生态状况变化

## 一、三江源区宏观生态状况变化

### 1. 土地覆被状况指数

从20世纪90年代初至2012年，三江源区土地覆被状况指数总体上经历了一个先下降（20世纪90年代初至2004年）—略有上升（2004~2012年）的变化过程（表6-67）。近8年，土地覆被状况指数上升主要与降水增加和生态建设工程的实施有关 。

### 2. 土地覆被转类指数

三江源区在20世纪90年代初至2012年土地覆盖与宏观生态状况呈转好趋势，其中，20世纪90年代初至2004年土地覆盖与宏观生态状况有转差趋势，而2004~2012年土地覆盖与宏观生态状况呈好转趋势（表6-68）。

表 6-67 三江源区及州域土地覆被状况指数 （单位：%）

| 州域 | 20 世纪 90 年代初 | 2004 年 | 2012 年 |
| --- | --- | --- | --- |
| 果洛藏族自治州 | 50.17 | 49.48 | 49.72 |
| 玉树藏族自治州 | 34.77 | 34.55 | 34.96 |
| 海南藏族自治州 | 53.14 | 51.25 | 55.03 |
| 黄南藏族自治州 | 72.57 | 72.28 | 71.90 |
| 格尔木市唐古拉山乡 | 20.28 | 20.32 | 20.14 |
| 三江源区 | 38.32 | 37.96 | 38.37 |

表 6-68 三江源区及州域土地覆被转类指数变化 （单位：%）

| 州域 | 20 世纪 90 年代初至 2004 年 | 2004～2012 年 |
| --- | --- | --- |
| 果洛藏族自治州 | −0.02 | 2.64 |
| 玉树藏族自治州 | −0.02 | 1.87 |
| 海南藏族自治州 | −0.68 | 7.41 |
| 黄南藏族自治州 | 0.00 | −0.25 |
| 格尔木市唐古拉山乡 | 0.00 | −1.28 |
| 三江源区 | −0.05 | 1.75 |

# 二、州域宏观生态状况变化

## 1. 土地覆被状况指数

20 世纪 90 年代初至 2004 年，三江源区有 4 个州土地覆被状况指数下降，下降程度最大的为海南藏族自治州，较大的有果洛藏族自治州、玉树藏族自治州和黄南藏族自治州；只有格尔木市唐古拉山乡土地覆被状况指数略有升高。

2004～2012 年，有两个州土地覆被状况指数下降，且下降程度非常小，下降程度最大的为格尔木市唐古拉山乡；果洛藏族自治州、玉树藏族自治州和海南藏族自治州 3 个州土地覆被状况指数上升，上升程度最大的为海南藏族自治州。

## 2. 土地覆被转类指数

20 世纪 90 年代初至 2004 年，三江源区有 3 个州土地覆被转类指数为负值，其中绝对值最大的为海南藏族自治州，黄南藏族自治州和格尔木市唐古拉山乡等土地覆被转类指数基本不变。

2004～2012 年，有黄南藏族自治州和格尔木市唐古拉山乡两个州土地覆被转类指数为负，但绝对值较小，其中，绝对值最大的是格尔木市唐古拉山乡；3 个州土地覆被转类指数为正，土地覆盖与宏观生态状况好转，其中，最大的为海南藏族自治州，其次为果洛藏族自治州和玉树藏族自治州。

# 三、县域宏观生态状况变化

## 1. 土地覆被状况指数

20 世纪 90 年代初至 2004 年，三江源区有 16 个县土地覆被状况指数下降，下降程度最大为同德县，其次为达日县、称多县、玛多县、囊谦县、久治县和兴海县等县；只有唐古拉山乡土地覆被状况指数略有升高（表 6-69）。

**表 6-69　三江源区县域土地覆被状况指数**　　　（单位：%）

| 县域 | 20 世纪 90 年代初 | 2004 年 | 2012 年 |
| --- | --- | --- | --- |
| 河南县 | 81.25 | 80.71 | 80.04 |
| 甘德县 | 73.46 | 73.12 | 73.06 |
| 班玛县 | 72.30 | 72.27 | 71.73 |
| 泽库县 | 63.90 | 63.86 | 63.77 |
| 囊谦县 | 64.17 | 63.01 | 63.97 |
| 玛沁县 | 63.14 | 62.75 | 62.74 |
| 同德县 | 61.76 | 56.31 | 58.11 |
| 久治县 | 55.28 | 54.60 | 54.22 |
| 玉树县 | 54.97 | 54.88 | 56.11 |
| 称多县 | 52.96 | 51.83 | 52.23 |
| 兴海县 | 49.87 | 49.33 | 53.86 |
| 杂多县 | 37.79 | 37.67 | 38.22 |
| 玛多县 | 37.47 | 36.68 | 37.36 |
| 达日县 | 35.51 | 34.26 | 34.81 |
| 曲麻莱县 | 26.97 | 26.85 | 26.94 |
| 治多县 | 26.43 | 26.40 | 26.69 |
| 唐古拉山乡 | 20.28 | 20.32 | 20.14 |

2004～2012 年，有 7 个县土地覆被状况指数下降，且下降程度非常小，下降程度最大为唐古拉山乡；囊谦县、同德县、玉树县、称多县、兴海县、杂多县、玛多县、达日县、曲麻莱县、治多县 10 个县土地覆被状况指数上升，上升程度最大的为兴海县。

## 2. 土地覆被转类指数

20 世纪 90 年代初至 2004 年，三江源区有 7 个县土地覆被转类指数为负值，其中，绝对值最大的为兴海县，河南县、甘德县、泽库县、玛沁县、同德县、久治县、玉树县、称多县、曲麻莱县、唐古拉山乡等县土地覆被转类指数略有好转，但好转程度不明显（表 6-70）。

表 6-70　三江源区县域土地覆被转类指数　　　（单位：%）

| 县域 | 20 世纪 90 年代初至 2004 年 | 2004～2012 年 |
| --- | --- | --- |
| 河南县 | 0.00 | −0.70 |
| 甘德县 | 0.00 | −0.15 |
| 班玛县 | −0.05 | 3.99 |
| 泽库县 | 0.00 | 0.19 |
| 囊谦县 | −0.31 | 3.70 |
| 玛沁县 | 0.00 | 0.10 |
| 同德县 | 0.28 | 9.87 |
| 久治县 | 0.00 | −0.59 |
| 玉树县 | 0.01 | 3.88 |
| 称多县 | 0.02 | 3.07 |
| 兴海县 | −1.04 | 6.48 |
| 杂多县 | −0.01 | 1.32 |
| 玛多县 | −0.04 | 6.16 |
| 达日县 | −0.02 | 1.69 |
| 曲麻莱县 | 0.00 | 0.43 |
| 治多县 | −0.01 | 2.08 |
| 唐古拉山乡 | 0.00 | −1.28 |

2004～2012 年，河南县、甘德县、久治县、唐古拉山乡 4 个县（乡）土地覆被转类指数为负，但绝对值较小，其中，绝对值最大的是唐古拉山乡；13 个县乡土地覆被转类指数正，土地覆盖与宏观生态状况普遍好转，其中，最大的为同德县，其次为兴海县和玛多县。

# 四、流域宏观生态状况变化

## 1. 土地覆被状况指数

20 世纪 90 年代初至 2004 年，三江源区三大流域土地覆被状况指数均下降，其中，黄河流域下降程度最大，其次为澜沧江流域，长江流域土地覆被状况指数下降程度较小（表 6-71）。

2004～2012 年，长江流域土地覆被状况指数有所上升，其中，澜沧江流域上升程度最大，其次为黄河流域，长江流域土地覆被状况指数上升程度最小。

表 6-71　　三江源区流域土地覆被状况指数　　　　（单位：%）

| 流域 | 20 世纪 90 年代初 | 2004 年 | 2012 年 |
| --- | --- | --- | --- |
| 黄河流域 | 52.04 | 51.15 | 51.94 |
| 澜沧江流域 | 49.99 | 49.50 | 50.31 |
| 长江流域 | 31.62 | 31.51 | 31.68 |

20 世纪 90 年代初至 2004 年，黄河源吉迈水文站以上、当曲、楚玛尔河等流域土地覆被状况指数均下降，其中黄河源吉迈水文站以上流域下降程度最大，其次为当曲流域，楚玛尔河流域土地覆被状况指数下降程度较小（表 6-72）。

表 6-72　　三江源区黄河吉迈水文站以上流域及长江源区土地覆被状况指数　　（单位：%）

| 流域 | | 20 世纪 90 年代初 | 2004 年 | 2012 年 |
| --- | --- | --- | --- | --- |
| 黄河源吉迈水文站以上流域 | | 38.84 | 38.01 | 38.64 |
| 长江源 | 沱沱河流域 | 16.78 | 16.84 | 16.90 |
| | 当曲流域 | 32.20 | 31.68 | 31.11 |
| | 楚玛尔河流域 | 22.46 | 22.42 | 22.96 |

2004～2012 年，当曲流域土地覆被状况指数有所减少，其余流域土地覆被状况指数均上升，其中，楚玛尔河流域上升程度最大，其次为黄河源吉迈水文站以上流域，沱沱河流域土地覆被状况指数上升程度最小。

### 2. 土地覆被转类指数

20 世纪 90 年代初至 2004 年，黄河流域土地覆被转类指数为负，且绝对值最大，澜沧江流域土地覆被转类指数也为负，但绝对值较小，长江流域土地覆被转类指数为正，但值较小。2004～2012 年三大流域土地覆被转类指数均为正，但黄河流域值最大，其次为澜沧江流域，长江流域最小（表 6-73）。

表 6-73　　三江源区流域土地覆被转类指数　　　　（单位：%）

| 流域 | 20 世纪 90 年代初至 2004 年 | 2004～2012 年 |
| --- | --- | --- |
| 黄河流域 | −0.12 | 2.91 |
| 澜沧江流域 | −0.11 | 2.27 |
| 长江流域 | 0.01 | 0.67 |

20 世纪 90 年代初至 2004 年，黄河源吉迈水文站以上流域和当曲流域土地覆被转类指数为负，黄河源吉迈水文站以上流域绝对值最大，当曲流域土地覆被转类指数也为负，但绝对值较小，沱沱河流域和楚玛尔河流域土地覆被转类指数为正，但值较小。2004～2012 年黄河源吉迈水文站以上、沱沱河和楚玛尔河流域土地覆被均为正，但黄河源吉迈水文站以上流域最大，其次为楚玛尔河流域，沱沱河流域最小（表 6-74）。

**表 6-74　三江源区黄河吉迈水文站以上流域及长江源区土地覆被转类指数**（单位：%）

| 流域 | | 20 世纪 90 年代初至 2004 年 | 2004～2012 年 |
|---|---|---|---|
| 黄河源（吉迈水文站以上） | | −5.63 | 3.90 |
| 长江源 | 沱沱河 | 0.37 | 0.72 |
| | 当曲 | −2.10 | −3.60 |
| | 楚玛尔河 | 0.15 | 3.55 |

# 五、自然保护区宏观生态状况变化

## 1. 土地覆被状况指数

20 世纪 90 年代初至 2004 年，三江源区有 15 个自然保护区土地覆被状况指数下降，下降程度最大为多可河保护区，较大的有当曲保护区、星星海保护区、白扎保护区、阿尼玛卿保护区、扎陵湖-鄂陵湖保护区、年保玉则保护区、约古宗列保护区和江西保护区；只有东仲、各拉丹冬和玛可河 3 个自然保护区土地覆被状况指数略有升高（表 6-75）。

**表 6-75　三江源自然保护区土地覆被状况指数**　　（单位：%）

| 保护区 | 20 世纪 90 年代初 | 2004 年 | 2012 年 |
|---|---|---|---|
| 东仲保护区 | 54.80 | 54.80 | 55.10 |
| 中铁-军功保护区 | 68.89 | 68.75 | 70.56 |
| 多可河保护区 | 80.30 | 74.24 | 74.56 |
| 年保玉则保护区 | 54.10 | 53.41 | 53.06 |
| 当曲保护区 | 38.41 | 37.14 | 37.29 |
| 扎陵湖-鄂陵湖保护区 | 40.37 | 39.66 | 40.67 |
| 昂赛保护区 | 41.05 | 41.03 | 41.08 |
| 星星海保护区 | 35.05 | 33.92 | 34.78 |
| 果宗木查保护区 | 35.88 | 35.84 | 36.87 |
| 各拉丹冬保护区 | 19.01 | 19.03 | 19.10 |
| 江西保护区 | 74.90 | 74.14 | 76.21 |
| 玛可河保护区 | 77.26 | 77.49 | 77.66 |
| 白扎保护区 | 62.38 | 61.21 | 61.75 |
| 索加-曲麻河保护区 | 29.07 | 28.97 | 28.98 |
| 约古宗列保护区 | 26.92 | 26.63 | 26.75 |
| 通天河沿保护区 | 52.56 | 52.16 | 53.48 |
| 阿尼玛卿保护区 | 47.40 | 46.55 | 46.63 |
| 麦秀保护区 | 70.64 | 70.63 | 70.53 |

2004～2012 年，年保玉则和麦秀两个自然保护区土地覆被状况指数略有下降，且下降程度非常小；其余 16 个自然保护区土地覆被状况指数均上升，上升程度最大的为果宗木查保护区。

### 2. 土地覆被转类指数

20 世纪 90 年代初至 2004 年，三江源自然保护区内转类指数为–2.42，土地覆被具有转差趋势。其中，核心区、缓冲区和实验区转类指数分别为–3.66、–2.38 和–1.92，各圈层土地覆被转差趋势基本相当；分保护区来看，转类指数为正的保护区只有 2 个，转类指数为负的有 15 个保护区，其中，星星海保护区核心区和缓冲区、阿尼玛卿保护区核心区、多可河保护区核心区、当曲保护区核心区、江西保护区缓冲区、扎陵湖-鄂陵湖保护区缓冲区和实验区转类指数均小于–5，生态状况转差趋势明显（表 6-76）。

表 6-76　　三江源自然保护区土地覆被转类指数　　　　　　　（单位：%）

| 保护区 | 20 世纪 90 年代初至 2004 年 | 2004～2012 年 |
|---|---|---|
| 东仲保护区 | 0.00 | 0.72 |
| 中铁-军功保护区 | –0.01 | 4.58 |
| 多可河保护区 | –14.15 | 2.24 |
| 年保玉则保护区 | –0.67 | –0.99 |
| 当曲保护区 | –5.11 | 0.30 |
| 扎陵湖-鄂陵湖保护区 | –8.46 | 5.79 |
| 昂赛保护区 | –0.39 | 0.06 |
| 星星海保护区 | –7.52 | 7.71 |
| 果宗木查保护区 | –1.01 | 2.20 |
| 各拉丹冬保护区 | 0.11 | 0.13 |
| 江西保护区 | –1.47 | 7.43 |
| 玛可河保护区 | –0.88 | 7.05 |
| 白扎保护区 | –2.39 | 1.46 |
| 索加-曲麻河保护区 | –0.78 | 0.15 |
| 约古宗列保护区 | 2.00 | 0.61 |
| 通天河沿保护区 | –1.50 | 6.50 |
| 阿尼玛卿保护区 | –5.21 | 0.64 |
| 麦秀保护区 | –0.17 | –0.14 |

2004～2012 年，三江源自然保护区内转类指数为 2.11，表明土地覆被具有转好趋势，其中核心区、缓冲区和实验区转类指数分别为 3.01、2.33 和 1.64，表明各圈层土地覆被都具有转好趋势，其中，核心区和缓冲区转好趋势比实验区明显，可能与生态保护工程实施有关；分保护区来看，转类指数为负的保护区只有两个，分别是年保玉则和麦秀保护区，转类指数为正的有 16 个保护区，其中，白扎保护区缓冲区、果宗木查保护区核心

区、江西保护区缓冲区和实验区、玛可河保护区核心区、通天河沿保护区实验区和核心区、扎陵湖-鄂陵湖保护区核心区和缓冲区及中铁-军功保护区缓冲区转类指数均大于5，生态状况转好趋势明显（图6-31）。

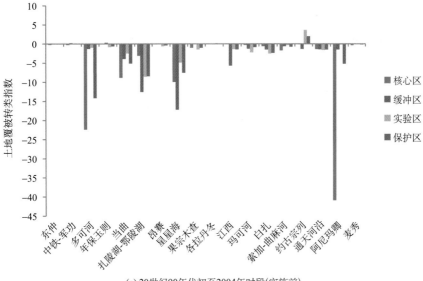

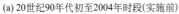

(a) 20世纪90年代初至2004年时段(实施前)

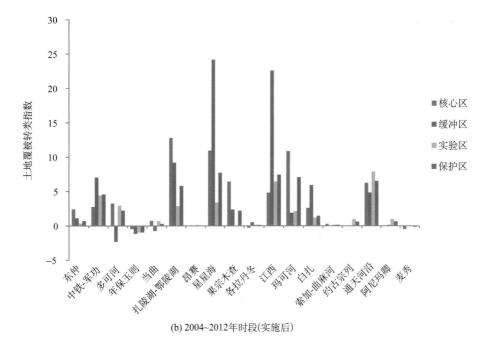

(b) 2004~2012年时段(实施后)

图6-31　实施前后自然保护区土地覆被转类指数

## 六、重点工程区宏观生态状况变化

### 1. 土地覆被状况指数

20 世纪 90 年代初至 2004 年，三江源区有 5 个重点工程区土地覆被状况指数下降，下降程度最大为黄河源工程区，较大的有东南工程区、长江源工程区、中南工程区和麦秀工程区；只有各拉丹冬 1 个重点工程区土地覆被状况指数略有升高（表 6-77）。

表 6-77  三江源区重点工程区土地覆被状况指数　　　（单位：%）

| 重点工程区 | 20 世纪 90 年代初 | 2004 年 | 2012 年 |
|---|---|---|---|
| 中南工程区 | 57.69 | 57.06 | 57.98 |
| 黄河源工程区 | 44.72 | 44.08 | 45.02 |
| 东南工程区 | 65.29 | 64.45 | 64.36 |
| 长江源工程区 | 32.38 | 32.01 | 32.22 |
| 各拉丹冬工程区 | 19.01 | 19.03 | 19.10 |
| 麦秀工程区 | 70.64 | 70.63 | 70.53 |

2004～2012 年，东南和麦秀 2 个重点工程区土地覆被状况指数略有下降，且下降程度非常小；其余 4 个重点工程区土地覆被状况指数均上升，上升程度最大的为黄河源工程区。

### 2. 土地覆被转类指数

20 世纪 90 年代初至 2004 年，三江源区有 5 个重点工程区土地覆被转类指数为负值，其中，绝对值最大的为黄河源工程区，各拉丹冬工程区土地覆盖转类指数略有好转，值为 0.11，但好转程度不明显（表 6-78）。

表 6-78  三江源区重点工程区土地覆被转类指数　　　（单位：%）

| 重点工程区 | 20 世纪 90 年代初至 2004 年 | 2004～2012 年 | 变幅 |
|---|---|---|---|
| 中南工程区 | −1.56 | 3.73 | 5.29 |
| 黄河源工程区 | −4.98 | 4.72 | 9.70 |
| 东南工程区 | −2.01 | 2.35 | 4.36 |
| 长江源工程区 | −1.84 | 0.52 | 2.36 |
| 各拉丹冬工程区 | 0.11 | 0.13 | 0.02 |
| 麦秀工程区 | −0.17 | −0.14 | 0.03 |

2004～2012 年，麦秀工程区土地覆被转类指数为负，且绝对值较小，值为 0.14；其余 5 个重点工程区土地覆被转类指数为正，土地覆被与宏观生态状况普遍好转，其中，最大的为黄河源工程区，其次为中南工程区、东南工程区、长江源工程区和各拉丹冬工程区。

# 第七章　三江源生态工程区生态系统服务和生物多样性变化

## 第一节　水源涵养服务状况及其变化

### 一、三江源区水源涵养服务状况及其变化

**1. 2012 年水源涵养服务状况**

2012 年，三江源区林草生态系统水源涵养量为 179.00 亿 m³，单位面积水源涵养量为 501.89 m³/hm²。水体与湿地生态系统水源涵养量为 244.24 亿 m³（图 7-1）。

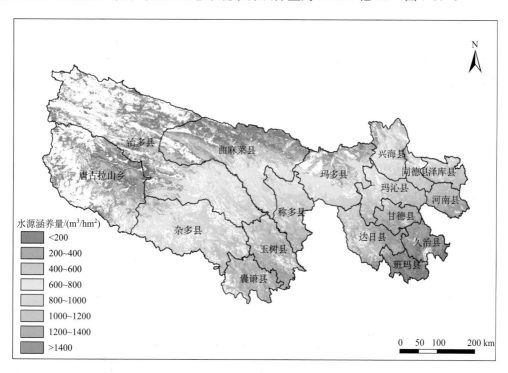

图 7-1　2012 年三江源区林草生态系统水源涵养服务空间分布

**2. 工程实施前后水源涵养服务状况变化**

1997～2012 年，三江源区林草生态系统水源涵养服务在波动中有所提升（图 7-2），平均水源涵养量为 153.60 亿 m³/a，单位面积水源涵养量为 430.67 m³/hm²。三江源生态保护与建设工程实施前 8 年（1997～2004 年）林草生态系统平均水源涵养服务量为 142.49 亿 m³/a，

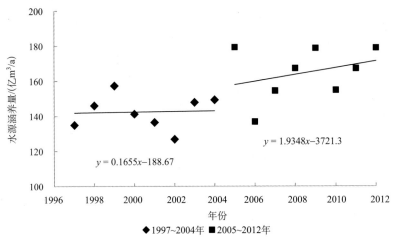

图 7-2　1997～2012 年三江源区林草生态系统水源涵养量

工程实施后 8 年（2005～2012 年）平均水源涵养服务量为 164.71 亿 m³/a，相比增加了 15.60%。

2004 年，水体与湿地生态系统水源涵养量为 242.39 亿 m³；2012 年，水体与湿地生态系统水源涵养量为 244.24 亿 m³。

三江源区生态工程实施前（1997～2004 年），林草生态系统水源涵养服务变化趋势为 1.66 亿 m³/10 a，工程实施后（2005～2012 年）水源涵养服务增加趋势更为明显，变化趋势为 19.35 亿 m³/10 a（图 7-3）。

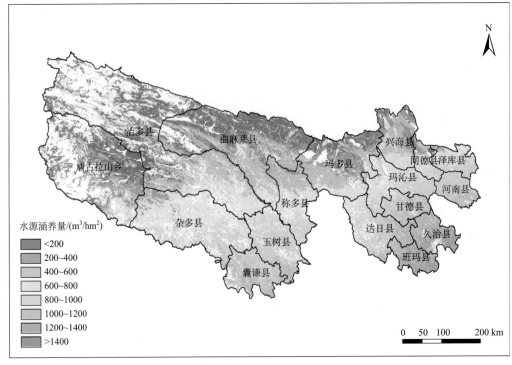

(a) 1997~2004年平均

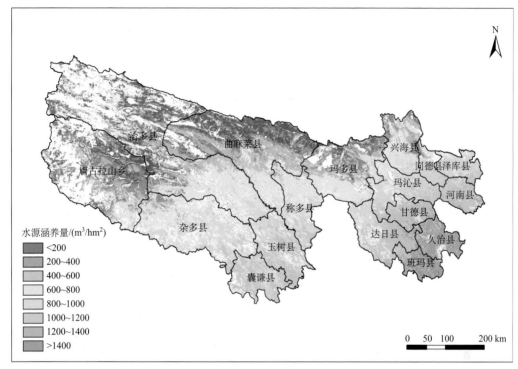

(b) 2005~2012年平均

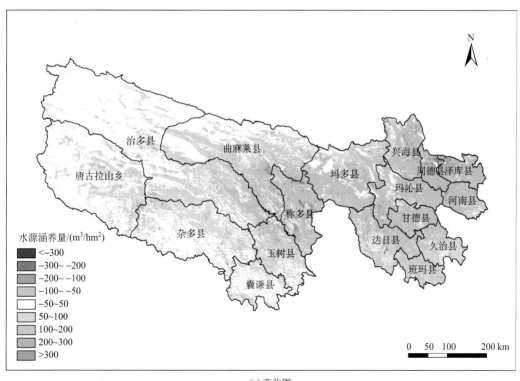

(c) 变化图

图 7-3 1997~2012 年三江源区林草生态系统水源涵养服务空间分布及变化

## 二、州域水源涵养服务状况及其变化

### 1. 2012 年水源涵养服务状况

2012 年，三江源区林草生态系统水源涵养量玉树藏族自治州最高，为 88.25 亿 $m^3$；果洛藏族自治州次之，为 60.42 亿 $m^3$；黄南藏族自治州、海南藏族自治州和格尔木市唐古拉山乡较低，分别为 13.10 亿 $m^3$、9.62 亿 $m^3$ 和 7.61 亿 $m^3$。就单位面积水源涵养量而言，黄南藏族自治州和果洛藏族自治州较高，单位面积水源涵养量分别为 978.94 $m^3/hm^2$、815.19 $m^3/hm^2$；次高的是海南藏族自治州和玉树藏族自治州，单位面积水源涵养量分别为 576.43 $m^3/hm^2$、431.01 $m^3/hm^2$；格尔木市唐古拉山乡单位面积水源涵养量为 159.46 $m^3/hm^2$（表 7-1）。

表 7-1　2012 年三江源各州林草生态系统水源涵养服务状况

| 州域 | 水源涵养量/亿 $m^3$ | 单位面积水源涵养量/($m^3/hm^2$) |
| --- | --- | --- |
| 玉树藏族自治州 | 88.25 | 431.01 |
| 果洛藏族自治州 | 60.42 | 815.19 |
| 海南藏族自治州 | 9.62 | 576.43 |
| 黄南藏族自治州 | 13.10 | 978.94 |
| 格尔木市唐古拉山乡 | 7.61 | 159.46 |

### 2. 工程实施前后水源涵养服务状况变化

工程实施前（1997～2004 年），玉树藏族自治州、果洛藏族自治州、海南藏族自治州、黄南藏族自治州，以及格尔木市唐古拉山乡的林草生态系统单位面积水源涵养量分别为 340.40 $m^3/hm^2$、653.33 $m^3/hm^2$、431.80 $m^3/hm^2$、796.39 $m^3/hm^2$ 和 136.27 $m^3/hm^2$；工程实施后（2005～2012 年），各州和格尔木市唐古拉山乡的林草生态系统单位面积水源涵养量均有所上升，分别升高了 48.93 $m^3/hm^2$、98.01 $m^3/hm^2$、112.72 $m^3/hm^2$、129.78 $m^3/hm^2$ 和 27.80 $m^3/hm^2$，升幅分别为 14.37%、15.00%、26.10%、16.30% 和 20.40%（表 7-2）。

表 7-2　工程实施前、后三江源各州林草生态系统水源涵养服务变化

| 州域 | 1997～2004 年 /($m^3/hm^2$) | 2005～2012 年 /($m^3/hm^2$) | 变化量/($m^3/hm^2$) | 变化率/% |
| --- | --- | --- | --- | --- |
| 玉树藏族自治州 | 340.40 | 389.33 | 48.93 | 14.37 |
| 果洛藏族自治州 | 653.33 | 751.34 | 98.01 | 15.00 |
| 海南藏族自治州 | 431.80 | 544.52 | 112.72 | 26.10 |
| 黄南藏族自治州 | 796.39 | 926.17 | 129.78 | 16.30 |
| 格尔木市唐古拉山乡 | 136.27 | 164.07 | 27.80 | 20.40 |

## 三、县域水源涵养服务状况及其变化

### 1. 2012 年水源涵养服务状况

2012 年，三江源区林草生态系统水源涵养量杂多县最高，为 19.77 亿 m³；治多县次之，为 16.70 亿 m³；同德县最小，仅 3.40 亿 m³。就单位面积水源涵养量而言，班玛、久治、河南和甘德县较高，单位面积水源涵养量分别为 1 324.21 m³/hm²、1 189.83 m³/hm²、1 078.63 m³/hm² 和 1 024.14 m³/hm²；次高的是达日、玉树、囊谦、泽库、称多、玛沁和同德县，单位面积水源涵养量为 740.41～946.80 m³/hm²；曲麻莱、治多和唐古拉山乡单位面积水源涵养量较低，单位面积水源涵养量为 159.46～315.20 m³/hm²（图 7-4）。

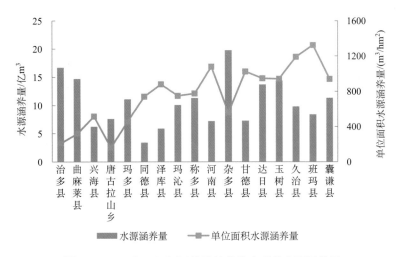

图 7-4 2012 年三江源区分县林草生态系统水源涵养量

### 2. 工程实施前后水源涵养服务状况变化

1997～2012 年三江源区林草生态系统平均水源涵养量杂多县最高，为 18.37 亿 m³/a；治多县次之，为 13.98 亿 m³/a；同德县最小，仅 2.94 亿 m³/a（图 7-5）。就单位面积水源涵养量而言，班玛县和久治县较高，单位面积水源涵养量为 1 152.47 m³/hm² 和 1 082.73 m³/hm²；河南、甘德、囊谦、达日、玉树和泽库县单位面积水源涵养量较高，单位面积水源涵养量为 768.70～954.00 m³/hm²；次高的是玛沁、同德、称多、杂多、兴海和玛多县，单位面积水源涵养量为 360.35～656.44 m³/hm²；曲麻莱县、治多县和唐古拉山乡单位面积水源涵养量较低，单位面积水源涵养量为 150.17～249.43 m³/hm²。

各县林草生态系统水源涵养量在生态工程实施后均有所提高，曲麻莱县增加量最大，为 2.71 亿 m³/a；治多县次之，为 2.67 亿 m³/a，囊谦县增加量最小，为 0.12 亿 m³/a（图 7-6）。与 2004 年相比较，治多县水体与湿地生态系统水源涵养量增加最多，为 2.28 亿 m³；玛多县次之，为 0.58 亿 m³；唐古拉山乡水体与湿地生态系统水源涵养量减少最多，为 0.79 亿 m³。

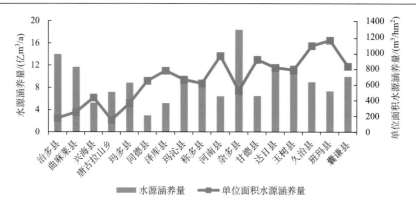

图 7-5　1997～2012 年三江源区各县林草生态系统平均水源涵养量

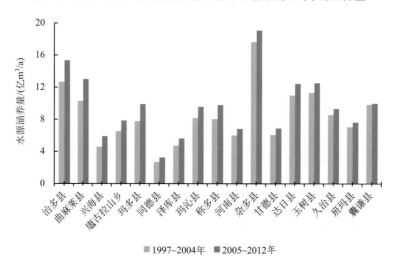

图 7-6　工程实施前、后三江源区各县林草生态系统水源涵养量变化

# 四、流域水源涵养服务状况及其变化

## 1. 2012 年水源涵养服务状况

三江源区长江、黄河、澜沧江流域林草生态系统水源涵养服务功能分布差异明显，2012 年平均水源涵养量分别为 71.43 亿 $m^3$、73.53 亿 $m^3$ 和 29.23 亿 $m^3$。单位面积水源涵养量排序为澜沧江流域>黄河流域>长江流域，依次为 790.15 $m^3/hm^2$、729.99 $m^3/hm^2$ 和 433.83 $m^3/hm^2$（表 7-3）。

表 7-3　2012 年三江源各流域林草生态系统水源涵养服务状况

| 流域 | 水源涵养量/亿 $m^3$ | 单位面积水源涵养量/（$m^3/hm^2$） |
| --- | --- | --- |
| 长江流域 | 71.43 | 433.83 |
| 黄河流域 | 73.53 | 729.99 |
| 澜沧江流域 | 29.23 | 790.15 |

**2. 工程实施前后水源涵养服务状况变化**

三江源区长江、黄河、澜沧江流域林草生态系统水源涵养服务分布差异明显,1997～2012 年平均水源涵养量分别为 61.18 亿 m³/a、62.93 亿 m³/a 和 25.52 亿 m³/a。单位面积水源涵养量排序为澜沧江流域>黄河流域>长江流域,依次为 690.02 m³/hm²、624.77 m³/hm² 和 371.59 m³/hm²。

长江、黄河、澜沧江流域林草生态系统水源涵养量在生态工程实施后均有所提高,分别增加了 9.23 亿 m³/a、10.48 亿 m³/a 和 1.30 亿 m³/a,升幅分别为 16.33%、18.17% 和 5.21%(表 7-4)。与 2004 年相比较,黄河流域水体与湿地生态系统水源涵养量增加,为 0.60 亿 m³;长江流域和澜沧江流域水体与湿地生态系统水源涵养量减少,分别为 0.27 亿 m³ 和 0.05 亿 m³。

表 7-4　生态工程实施前后三江源区分流域林草生态系统水源涵养量变化

| 流域 | 1997～2004 年/（亿 m³/a） | 2005～2012 年/（亿 m³/a） | 变化量/（亿 m³/a） | 变化率/% |
|---|---|---|---|---|
| 长江流域 | 56.54 | 65.77 | 9.23 | 16.33 |
| 黄河流域 | 57.67 | 68.15 | 10.48 | 18.17 |
| 澜沧江流域 | 24.87 | 26.17 | 1.30 | 5.21 |

工程实施前(1997～2004 年),长江源的楚玛尔河流域、当曲河流域和沱沱河流域的林草生态系统水源涵养量分别为 2.17 亿 m³/a、10.84 亿 m³/a 和 2.27 亿 m³/a,工程实施后(2005～2012 年)3 个流域的林草生态系统水源涵养量均有所提高,分别增加了 0.63 亿 m³/a、1.24 亿 m³/a 和 0.60 亿 m³/a,升幅分别为 29.05%、11.38% 和 26.38%(表 7-5)。与 2004 年相比较,长江源楚玛尔河流域和沱沱河流域的林草生态系统水源涵养量分别增加了 0.15 亿 m³/a 和 0.05 亿 m³/a;当曲河流域的林草生态系统水源涵养量减少了 1.41 亿 m³/a。

表 7-5　生态工程实施前后三江源区长江源、黄河源林草生态系统水源涵养量变化

| | 流域 | 1997～2004 年/（亿 m³/a） | 2005～2012 年/（亿 m³/a） | 变化量/（亿 m³/a） | 变化率/% |
|---|---|---|---|---|---|
| 长江源 | 楚玛尔河流域 | 2.17 | 2.80 | 0.63 | 29.05 |
| | 当曲河流域 | 10.84 | 12.08 | 1.24 | 11.38 |
| | 沱沱河流域 | 2.27 | 2.87 | 0.60 | 26.38 |
| 黄河源 | 吉迈水文站以上流域 | 18.60 | 22.80 | 4.19 | 22.53 |

工程实施前(1997～2004 年),黄河源吉迈水文站以上流域的林草生态系统水源涵养量为 18.60 亿 m³/a,工程实施后(2005～2012 年)增加了 4.19 亿 m³/a,增幅为 22.53%。与 2004 年相比较,黄河源吉迈水文站以上流域的水体与湿地生态系统水源涵养量增加了 0.65 亿 m³。

## 五、自然保护区水源涵养服务状况及其变化

### 1. 2012 年水源涵养服务状况

2012 年，索加-曲麻河保护区林草生态系统水源涵养量最高，为 12.51 亿 m³；当曲保护区、通天河沿保护区、白扎保护区、果宗木查保护区、扎陵湖-鄂陵湖保护区、中铁-军功保护区次之；各拉丹冬保护区和多可河保护区林草生态系统水源涵养量最小，分别为 0.84 亿 m³ 和 0.74 亿 m³。就单位面积水源涵养量而言，多可河保护区、玛可河保护区、江西保护区和年保玉则保护区较高，单位面积水源涵养量分别为 1 382.23 m³/hm²、1 373.00 m³/hm²、1 132.89 m³/hm² 和 1 090.01 m³/hm²；次高的是麦秀保护区、白扎保护区、东仲保护区、通天河沿保护区和中铁-军功保护区，单位面积水源涵养量为 739.57～917.52 m³/hm²；各拉丹冬保护区单位面积水源涵养量最低，仅 80.24 m³/hm²（表 7-6）。

表 7-6　2012 年三江源区各自然保护区林草生态系统水源涵养量

| 保护区 | 水源涵养量/亿 m³ | 单位面积水源涵养量/（m³/hm²） |
| --- | --- | --- |
| 东仲保护区 | 2.44 | 867.86 |
| 中铁－军功保护区 | 5.77 | 739.57 |
| 多可河保护区 | 0.74 | 1 382.23 |
| 年保玉则保护区 | 3.31 | 1 090.01 |
| 当曲保护区 | 8.08 | 497.00 |
| 扎陵湖－鄂陵湖保护区 | 5.79 | 412.72 |
| 昂赛保护区 | 1.02 | 655.54 |
| 星星海保护区 | 3.42 | 496.29 |
| 果宗木查保护区 | 6.16 | 552.79 |
| 各拉丹冬保护区 | 0.84 | 80.24 |
| 江西保护区 | 2.66 | 1 132.89 |
| 玛可河保护区 | 2.97 | 1 373.00 |
| 白扎保护区 | 7.58 | 905.45 |
| 索加－曲麻河保护区 | 12.51 | 301.62 |
| 约古宗列保护区 | 1.50 | 366.98 |
| 通天河沿保护区 | 7.70 | 867.17 |
| 阿尼玛卿保护区 | 2.19 | 506.31 |
| 麦秀保护区 | 2.51 | 917.52 |

### 2. 工程实施前后水源涵养服务状况变化

工程实施前 8 年（1997～2004 年），多可河、年保玉则、扎陵湖-鄂陵湖、星星海、玛可河、约古宗列和阿尼玛卿 7 个保护区林草生态系统的单位面积水源涵养量表现为减

少趋势，其余保护区林草生态系统单位面积水源涵养量表现为增加趋势。中铁-军功、年保玉则、扎陵湖-鄂陵湖、星星海、果宗木查、索加-曲麻河、约古宗列和阿尼玛卿 8 个保护区林草生态系统水源涵养服务保有率表现为减少趋势，其余保护区林草生态系统水源涵养服务保有率表现为增加趋势（表 7-7）。

表 7-7　三江源自然保护区工程实施前后水源涵养服务比较

| 保护区 | 1997~2004 年 | | 2005~2012 年 | | 变幅 | |
| --- | --- | --- | --- | --- | --- | --- |
| | 单位面积水源涵养量 /[m³/(hm²·10 a)] | 保有率 /(%/10 a) | 单位面积水源涵养量 /[m³/(hm²·10 a)] | 保有率 /(%/10 a) | 单位面积水源涵养量 /[m³/(hm²·10 a)] | 保有率 /(%/10 a) |
| 东仲 | 17.66 | 2.23 | 130.90 | 1.88 | 113.23 | −0.35 |
| 中铁-军功 | 12.28 | −2.00 | 3.00 | 2.94 | −9.29 | 4.94 |
| 多可河 | −127.13 | 3.81 | 91.85 | 1.86 | 218.98 | −1.95 |
| 年保玉则 | −76.16 | −0.74 | −10.36 | 0.35 | 65.80 | 1.09 |
| 当曲 | 78.59 | 2.80 | 62.22 | 3.38 | −16.37 | 0.57 |
| 扎陵湖-鄂陵湖 | −31.39 | −1.94 | 63.92 | 6.24 | 95.32 | 8.18 |
| 昂赛 | 66.34 | 3.36 | 98.22 | 4.27 | 31.88 | 0.91 |
| 星星海 | −65.76 | −7.71 | 75.72 | 6.11 | 141.49 | 13.82 |
| 果宗木查 | 35.92 | −1.58 | 74.99 | 2.57 | 39.07 | 4.15 |
| 各拉丹冬 | 18.11 | 6.96 | 17.35 | 6.54 | −0.76 | −0.41 |
| 江西 | 87.13 | 5.49 | 171.54 | 2.53 | 84.41 | −2.96 |
| 玛可河 | −103.73 | 4.07 | 82.03 | 0.83 | 185.76 | −3.24 |
| 白扎 | 64.49 | 1.96 | 130.43 | 3.52 | 65.94 | 1.55 |
| 索加-曲麻河 | 13.28 | −0.61 | 62.45 | 3.48 | 49.18 | 4.09 |
| 约古宗列 | −30.30 | −6.48 | 66.56 | 6.22 | 96.87 | 12.70 |
| 通天河沿 | 24.70 | 1.38 | 158.03 | 1.03 | 133.33 | −0.35 |
| 阿尼玛卿 | −29.59 | −3.45 | −2.44 | 2.84 | 27.15 | 6.29 |
| 麦秀 | 75.04 | 0.30 | −5.22 | 1.58 | −80.25 | 1.28 |
| 整个保护区 | 14.56 | −0.23 | 66.63 | 3.56 | 52.07 | 3.79 |
| 非保护区 | −2.48 | −0.09 | 45.37 | 4.45 | 47.85 | 4.53 |

　　工程实施后 8 年（2005~2012 年），保护区林草生态系统的单位面积水源涵养量以增加为主，仅年保玉则、阿尼玛卿和麦秀 3 个保护区表现为减少趋势。18 个自然保护区林草生态系统水源涵养服务保有率均表现为增加趋势。

　　工程实施前后两个时段相比，保护区林草生态系统的单位面积水源涵养量和水源涵养服务保有率均以增加为主，仅中铁-军功等 4 个保护区的单位面积水源涵养量表现为减少，仅东仲等 6 个保护区的水源涵养服务保有率表现为减少（图 7-7、图 7-8）。

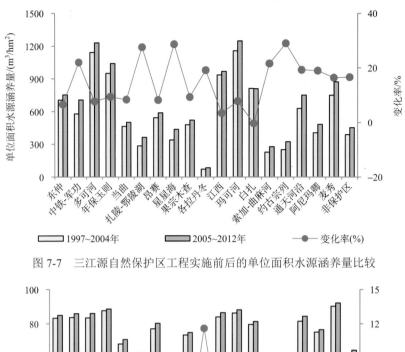

图 7-7 三江源自然保护区工程实施前后的单位面积水源涵养量比较

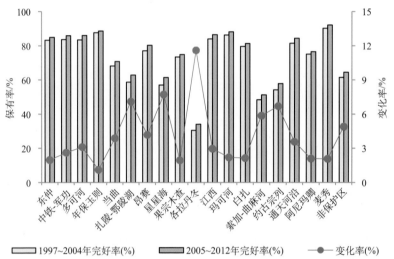

图 7-8 三江源自然保护区工程实施前后水源涵养服务保有率比较

自 2005 年三江源生态保护与建设工程实施以来，就林草生态系统单位面积水源涵养量而言，通天河沿、江西、索加-曲麻河、玛可河、麦秀和多可河自然保护区大于非保护区，其余保护区则小于非保护区。就林草生态系统水源涵养服务保有率而言，星星海、当曲、各拉丹冬、果宗木查、年保玉则、东仲和多可河保护区小于非保护区，其余保护区则大于非保护区（表 7-8）。

表 7-8 工程实施后三江源区自然保护区水源涵养服务比较

| 保护区 | 保护区内 | | 保护区外 | | 保护区内外变化量 | |
| --- | --- | --- | --- | --- | --- | --- |
| | 单位面积水源涵养量/（m³/hm²） | 保有率/% | 单位面积水源涵养量/（m³/hm²） | 保有率/% | 单位面积水源涵养量/（m³/hm²） | 保有率/% |
| 东仲 | 753.13 | 85.02 | 832.34 | 86.44 | −79.21 | −1.42 |

| 保护区 | 保护区内 | | 保护区外 | | 保护区内外变化量 | |
|---|---|---|---|---|---|---|
| | 单位面积水源涵养量/（m³/hm²） | 保有率/% | 单位面积水源涵养量/（m³/hm²） | 保有率/% | 单位面积水源涵养量/（m³/hm²） | 保有率/% |
| 中铁-军功 | 707.25 | 85.94 | 729.03 | 80.43 | -21.78 | 5.51 |
| 多可河 | 1 230.79 | 86.10 | 1 179.63 | 86.94 | 51.16 | -0.84 |
| 年保玉则 | 1 039.47 | 88.66 | 1 059.71 | 90.12 | -20.24 | -1.45 |
| 当曲 | 502.86 | 70.81 | 644.67 | 80.03 | -141.81 | -9.21 |
| 扎陵湖-鄂陵湖 | 363.70 | 62.85 | 429.84 | 60.20 | -66.14 | 2.65 |
| 昂赛 | 589.19 | 80.33 | 644.67 | 80.03 | -55.48 | 0.31 |
| 星星海 | 436.64 | 61.43 | 734.92 | 76.92 | -298.28 | -15.49 |
| 果宗木查 | 522.58 | 74.82 | 644.67 | 80.03 | -122.09 | -5.21 |
| 各拉丹冬 | 85.44 | 34.01 | 187.07 | 40.27 | -101.63 | -6.26 |
| 江西 | 967.80 | 86.49 | 832.01 | 84.81 | 135.80 | 1.67 |
| 玛可河 | 1 248.34 | 88.16 | 1 179.63 | 86.94 | 68.71 | 1.23 |
| 白扎 | 808.80 | 81.35 | 830.69 | 78.46 | -21.89 | 2.89 |
| 索加-曲麻河 | 276.71 | 51.25 | 175.98 | 43.34 | 100.73 | 7.91 |
| 约古宗列 | 322.73 | 57.81 | 332.87 | 51.77 | -10.14 | 6.05 |
| 通天河沿 | 750.20 | 84.37 | 281.53 | 54.60 | 468.66 | 29.77 |
| 阿尼玛卿 | 481.29 | 76.58 | 618.78 | 71.18 | -137.49 | 5.40 |
| 麦秀 | 871.84 | 92.08 | 819.57 | 90.14 | 52.27 | 1.94 |

## 六、重点工程区水源涵养服务状况及其变化

### 1. 2012 年水源涵养服务状况

2012 年，长江源工程区林草生态系统水源涵养量最高，为 26.75 亿 m³；中南工程区和黄河源工程区次之，林草生态系统水源涵养量分别为 21.41 亿 m³ 和 18.67 亿 m³；各拉丹冬工程区林草生态系统水源涵养量最小，仅 0.84 亿 m³。就单位面积水源涵养量而言，东南工程区最高，单位面积水源涵养量为 1 224.42 m³/hm²；次高的是麦秀工程区和中南工程区，单位面积水源涵养量分别为 917.67 m³/hm²、892.95 m³/hm²；各拉丹冬工程区单位面积水源涵养量最低，仅 80.21 m³/hm²（表 7-9）。

表 7-9 2012 年三江源区各自然保护区林草生态系统水源涵养量

| 重点工程区 | 水源涵养量/亿 m³ | 单位面积水源涵养量/（m³/hm²） |
|---|---|---|
| 中南工程区 | 21.41 | 892.95 |
| 黄河源工程区 | 18.67 | 502.81 |
| 东南工程区 | 7.02 | 1 224.42 |
| 长江源工程区 | 26.75 | 388.39 |
| 各拉丹冬工程区 | 0.84 | 80.21 |
| 麦秀工程区 | 2.51 | 917.67 |

**2. 工程实施前后水源涵养服务状况变化**

1）黄河源工程区

工程实施前 8 年（1997～2004 年），黄河源工程区森林、草地、湿地生态系统单位面积水源涵养量和生态系统水源涵养服务保有率均呈现降低趋势，降幅高于非工程区。单位面积水源涵养量降幅为 66.73 m³/（hm²·10 a），水源涵养服务保有率减少率为 3.73 %/10 a。

工程实施后 8 年（2005～2012 年），黄河源工程区森林、草地、湿地生态系统单位面积水源涵养量和生态系统水源涵养服务保有率均呈现增加态势，单位面积水源涵养量增幅达到 79.19 m³/（hm²·10 a），水源涵养服务保有率增长率为 2.11 %/10 a，高于其他工程区与非工程区。

工程实施前后两个时段相比，黄河源工程区森林、草地、湿地生态系统单位面积水源涵养量表现为好转态势。黄河源工程区水源涵养服务保有率增速是非工程区的两倍。

2）长江源工程区

工程实施前 8 年（1997～2004 年），长江源工程区森林、草地、湿地生态系统单位面积水源涵养量和生态系统水源涵养服务保有率均呈现增加趋势，单位面积水源涵养量增幅为 4.41 m³/（hm²·10 a），水源涵养服务保有率增长率为 0.08 %/10 a。

工程实施后 8 年（2005～2012 年），长江源工程区森林、草地、湿地生态系统单位面积水源涵养量和生态系统水源涵养服务保有率均显著增加，单位面积水源涵养量增幅达到 63.65 m³/（hm²·10 a），水源涵养服务保有率增长率为 1.23 %/10 a。

工程实施前后两个时段相比，长江源工程区森林、草地、湿地生态系统单位面积水源涵养量表现为持续好转态势。

3）中南工程区

工程实施前 8 年（1997～2004 年），中南工程区森林、草地、湿地生态系统单位面积水源涵养量和生态系统水源涵养服务保有率均呈现增加趋势，单位面积水源涵养量增幅为 47.15 m³/（hm²·10 a），水源涵养服务保有率增长率为 1.45 %/10 a。

工程实施后 8 年（2005～2012 年），中南工程区森林、草地、湿地生态系统单位面积水源涵养量和生态系统水源涵养服务保有率均呈现增加态势，中南工程区的单位面积水源涵养量增幅最大，达到了 145.55 m³/（hm²·10 a），水源涵养服务保有率增长率为 1.52 %/10 a。

工程实施前后两个时段相比，中南工程区森林、草地、湿地生态系统单位面积水源涵养量表现为显著好转态势，生态系统水源涵养服务保有率有所上升。

4）麦秀工程区

工程实施前 8 年（1997～2004 年），麦秀工程区森林、草地、湿地生态系统单位面积水源涵养量和生态系统水源涵养服务保有率均呈现增加趋势，单位面积水源涵养量增幅为 73.93 m³/（hm²·10 a），水源涵养服务保有率增长率为 0.25 %/10 a。

工程实施后 8 年（2005～2012 年），麦秀工程区森林、草地、湿地生态系统单位面积水源涵养量减少率为 5.33 m³/（hm²·10 a），生态系统水源涵养服务保有率增长率为 0.28 %/10 a。

工程实施前后两个时段相比，麦秀工程区森林、草地、湿地生态系统单位面积水源涵养量表现为变差态势，而生态系统水源涵养服务保有率呈现轻微增加。

5）东南工程区

工程实施前 8 年（1997～2004 年），东南工程区森林、草地、湿地生态系统单位面积水源涵养量呈现降低趋势，减少率为 92.27 m³/（hm²·10 a），水源涵养服务保有率增长率为 1.35 %/10 a。

工程实施后 8 年（2005～2012 年），东南工程区森林、草地、湿地生态系统单位面积水源涵养量和生态系统水源涵养服务保有率均呈现增加态势。单位面积水源涵养量增幅达到 23.26 m³/（hm²·10 a），水源涵养服务保有率增长率为 0.02 %/10 a。

工程实施前后两个时段相比，东南工程区森林、草地、湿地生态系统单位面积水源涵养量表现为好转态势，生态系统水源涵养服务保有率则呈现降低趋势。

6）各拉丹冬工程区

工程实施前 8 年（1997～2004 年），各拉丹冬工程区森林、草地、湿地生态系统单位面积水源涵养量呈现增加趋势，增长率为 21.23 m³/（hm²·10 a），水源涵养服务保有率增长率为 1.89 %/10 a。

工程实施后 8 年（2005～2012 年），各拉丹冬工程区森林、草地、湿地生态系统单位面积水源涵养量和生态系统水源涵养服务保有率均呈现增加态势。单位面积水源涵养量增长率为 18.82 m³/（hm²·10 a），水源涵养服务保有率增长率为 1.81 %/10 a。

工程实施前后两个时段相比，各拉丹冬工程区森林、草地、湿地生态系统单位面积水源涵养量与生态系统水源涵养服务保有率呈现持续增加趋势，工程实施后期增加趋势有所减少（表 7-10，图 7-9，图 7-10）。

表 7-10　重点工程区生态系统水源涵养服务变化

| 重点工程区 | 评估指标 | 1997～2004 年 | 2005～2012 年 | 变幅 |
|---|---|---|---|---|
| 黄河源工程区 | 单位面积水源涵养量/[m³/（hm²·10 a）] | −66.73 | 79.19 | 145.92 |
| | 保有率/（%/10 a） | −3.73 | 2.11 | 5.84 |
| 长江源工程区 | 单位面积水源涵养量/[m³/（hm²·10 a）] | 4.41 | 63.65 | 59.23 |
| | 保有率/（%/10 a） | 0.08 | 1.23 | 1.16 |
| 中南工程区 | 单位面积水源涵养量/[m³/（hm²·10 a）] | 47.15 | 145.55 | 98.4 |
| | 保有率/（%/10 a） | 1.45 | 1.52 | 0.07 |
| 麦秀工程区 | 单位面积水源涵养量/[m³/（hm²·10 a）] | 73.93 | −5.33 | −79.26 |
| | 保有率/（%/10 a） | 0.25 | 0.28 | 0.03 |
| 东南工程区 | 单位面积水源涵养量/[m³/（hm²·10 a）] | −92.27 | 23.26 | 115.54 |
| | 保有率/（%/10 a） | 1.35 | 0.02 | −1.33 |
| 各拉丹冬工程区 | 单位面积水源涵养量/[m³/（hm²·10 a）] | 21.23 | 18.82 | −2.41 |
| | 保有率/（%/10 a） | 1.89 | 1.81 | −0.08 |

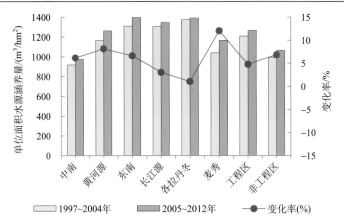

图 7-9　工程实施前后重点工程区的单位面积水源涵养量比较

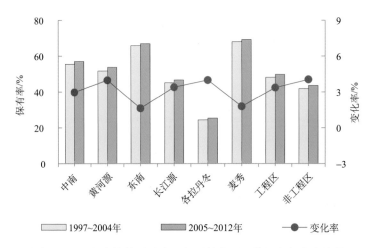

图 7-10　工程实施前后重点工程区的水源涵养服务保有率比较

# 第二节　土壤保持服务状况及其变化

## 一、三江源区土壤保持服务状况及其变化

### 1. 2012 年土壤保持服务状况

2012 年，三江源区土壤侵蚀量为 3.37 亿 t，单位面积侵蚀模数为 11.99 t/hm²；土壤保持量为 7.15 亿 t，单位面积土壤保持量为 25.47 t/hm²（图 7-11，图 7-12）。

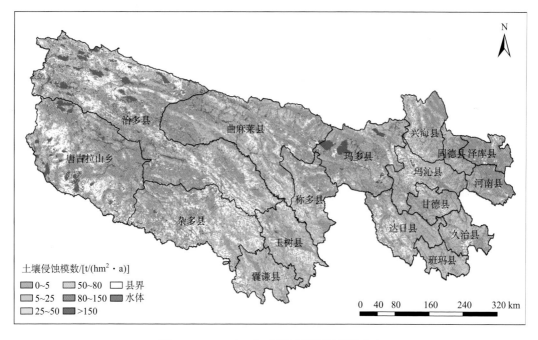

图 7-11　2012 年三江源区土壤侵蚀模数分布

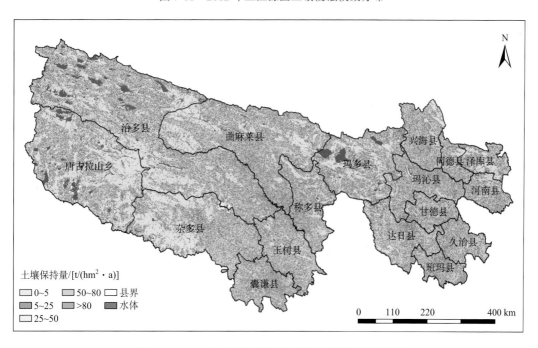

图 7-12　2012 年三江源区单位面积土壤保持服务功能

## 2. 工程实施前后土壤保持服务状况变化

1) 土壤流失量的变化

A. 土壤流失方程估算结果

1997～2012 年三江源地区土壤流失量呈微度上升趋势，年均土壤流失量为 3.1 亿 t。三江源生态保护与建设工程实施前 8 年（1997～2004 年），年均土壤流失量为 3.0 亿 t；工程实施后 8 年（2005～2012 年），年均土壤流失量为 3.2 亿 t，较工程实施前增加了 6.5%（图 7-13～图 7-16）。

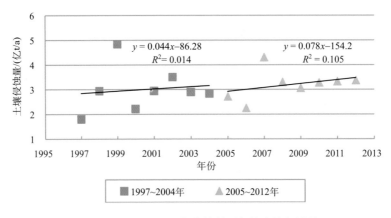

图 7-13　三江源区工程实施前后年均土壤侵蚀量

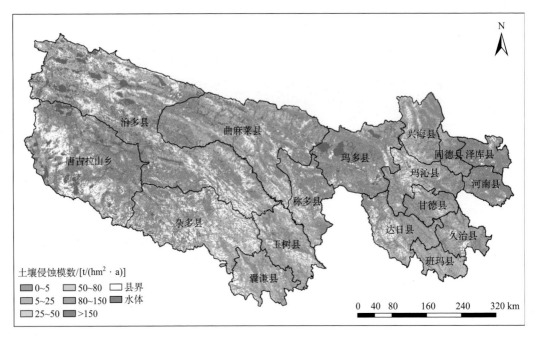

图 7-14　三江源区工程实施前（1997～2004 年）年均土壤侵蚀模数

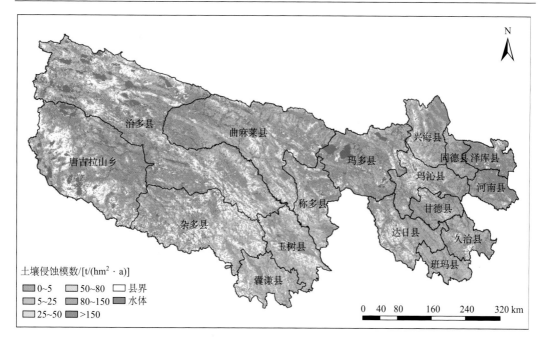

图 7-15　三江源区工程实施后（2005～2012 年）年均土壤侵蚀模数

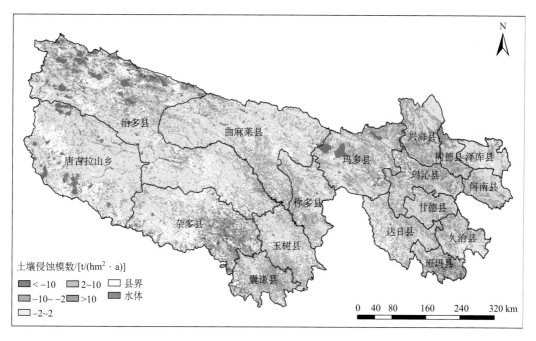

图 7-16　工程实施前后年均土壤侵蚀模数的变化

从空间格局及分县统计的结果可以发现，三江源中东部地区的土壤流失量在工程后有所增加，西部地区土壤流失量变化较小，治多县西北部、杂多县东部，以及班玛县中部地区的土壤流失量有所下降（图 7-17）。影响土壤流失的因素很多，各因素之间又有非常密切的联系，某一因素的变化会消长其他因素的影响力，各因素叠加结果也就相差很大，甚至是完全不同。通过对该地区工程实施前后多年年均降雨侵蚀力，以及植被覆盖度的对比分析发现，三江源地区降雨侵蚀力总体呈上升趋势，植被覆盖度同样为上升趋势（图 7-18，图 7-19），尽管植被具备降低雨水对表土的冲击和地表径流的侵蚀作用，能防止土壤崩塌泄流，对土壤具有较好的固持能力，但由于大部分地区降雨侵蚀力上升的幅度超过了植被覆盖度，因此总体上土壤流失量是增加的。

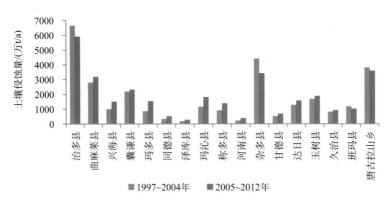

图 7-17　三江源区工程实施前后各县年均土壤侵蚀量

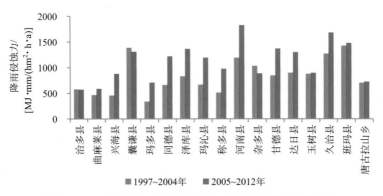

图 7-18　三江源区工程实施前后各县年降雨侵蚀力的变化

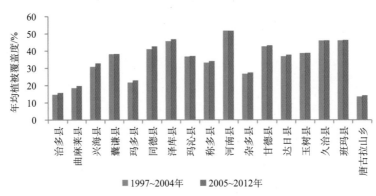

图 7-19　三江源区工程实施前后各县年均植被覆盖度的变化

在唐古拉山乡西南部、治多县中东部、曲麻莱县中部、治多县与玉树县交界处、班玛县的西部和东部、久治县中部等地区，其植被覆盖度和降雨侵蚀力同时增加，但土壤流失量却有所下降，这表明这些地区植被状况改善后在土壤保持方面发挥了正效应。而治多县西北部、曲麻莱县西部、杂多县东部、囊谦县西南部，以及班玛县中部等地，在降雨侵蚀力下降、植被覆盖度提升的共同影响下，土壤流失量有所下降。

B. 地面监测结果

通过对比分析生态系统监测站，以及水土保持辅测点土壤侵蚀模数的年际变化可以发现，不同区域土壤侵蚀模数的变化趋势有所差异。多数生态系统监测站从 2006 年开始监测工作，从观测结果来看，2006～2012 年各站点的侵蚀模数呈上升趋势；而从水土保持辅测点的观测结果来看，侵蚀模数上升和下降的站点各占一半，均为 8 个（图 7-20，图 7-21）。总的来看，侵蚀模数上升的站点数量多于侵蚀模数下降的站点数量，但站点

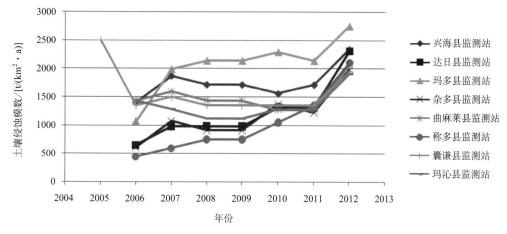

图 7-20　三江源区生态系统监测站土壤侵蚀模数

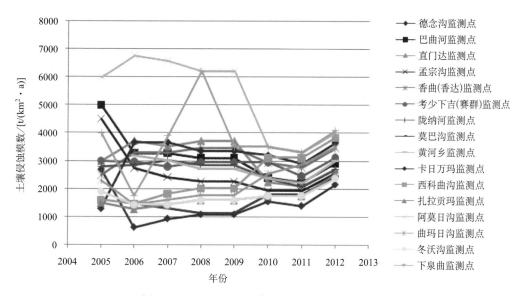

图 7-21　三江源区水土保持辅测点土壤侵蚀模数

的结果并不能说明整个三江源区域的土壤侵蚀强度和分布，可用于趋势性分析，并为遥感解译提供基准。

C. 河流含沙量变化分析

主要利用唐乃亥、吉迈、直门达、沱沱河 4 个水文站长期观测数据进行分析。由于枯水期河流结冰，吉迈和沱沱河站没有含沙量监测数据，所以只对春汛期和夏汛期生态系统土壤保持功能进行分析。根据数据情况，黄河源含沙量监测时段为 1975～2010 年，长江源含沙量监测时段为 1975～2011 年。

a. 黄河源区河流含沙量与年输沙量变化及其与流量关系

（1）黄河源区春汛期含沙量变化特征及其与流量关系。

从图 7-22、图 7-23 和表 7-11 可以看出，1975～2010 年，黄河源唐乃亥站春汛期多年平均含沙量为 0.3 kg/m³，呈降低的趋势，多年变化斜率为–0.005。1997～2004 年，唐乃亥春汛期含沙量分别 0.3 kg/m³，其变化斜率为–0.027。2004～2010 年，唐乃亥春汛期含沙量为 0.1 kg/m³，变化斜率为–0.008，比 1975～2010 年降低了 48.3%，比 1997～2004 年降低了 45.3%。说明生态保护工程实施以来，水体所含泥沙量减少，即生态系统保护功能导致流失的泥沙量降低。

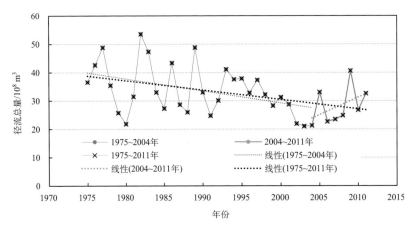

图 7-22　唐乃亥春汛期径流总量变化

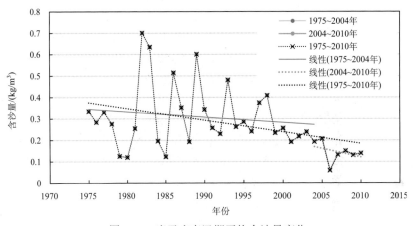

图 7-23　唐乃亥春汛期平均含沙量变化

表 7-11　黄河流域不同时段春汛期平均含沙量及其变化

| 站点 | 典型时段 | 平均含沙量（kg/m³） | 含沙量变化倾斜率 | 绝对比率（$R_{max}/R_{min}$） |
| --- | --- | --- | --- | --- |
| 唐乃亥 | 1975～2010 年（A） | 0.3 | −0.005 | 11.78 |
| | 1997～2004 年（B） | 0.3 | −0.027 | 2.13 |
| | 2004～2010 年 | 0.1 | −0.008 | 3.47 |
| | 与时段 A 相比 | −48.3% | 46.3% | −70.5% |
| | 与时段 B 相比 | −45.3% | −70.1% | 63.1% |
| 吉迈 | 1975～2010 年（A） | 0.164 | −0.004 | 11.46 |
| | 1997～2004 年（B） | 0.143 | −0.016 | 4.20 |
| | 2004～2010 年 | 0.109 | 0.004 | 7.67 |
| | 与时段 A 相比 | −33.4% | 204.8% | −33.0% |
| | 与时段 B 相比 | −23.3% | 124.9% | 82.6% |

　　春汛期黄河流域吉迈水文站含沙量和径流总量呈正相关的关系（图 7-24）。径流总量越大，泥沙挟带越多，生态系统损失的泥沙量多，生态系统土壤保护功能弱。自 1975 年以来，吉迈水文站春汛期径流总量呈减少的趋势（图 7-25），因此该时段内泥沙的携带量也少（图 7-26），生态系统土壤保护功能增强。

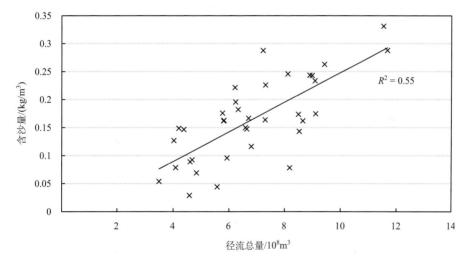

图 7-24　吉迈春汛期径流总量含沙量关系

　　（2）黄河源区夏汛期含沙量变化特征及其与流量关系。

　　从图 7-27、图 7-28 和表 7-12 可以看出，1975～2010 年，唐乃亥站夏汛期平均含沙量为 0.6 kg/m³，多年变化斜率为−0.007，呈降低的趋势。最高、最低含沙量之比为 6.55。1997～2004 年，唐乃亥站夏汛期多年平均含沙量为 0.7 kg/m³，多年变化斜率为 0.018，呈增加的趋势，最高、最低含沙量之比为 2.55。2004～2010 年，多年平均含沙量为 0.5 kg/m³，与 1975～2010 年相比，含沙量降低了 30.2%，与 1997～2010 年相比，含沙量降低了 38.3%；

图 7-25　吉迈春汛期径流总量变化

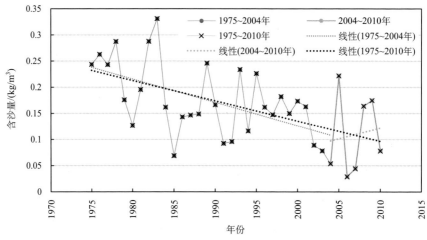

图 7-26　吉迈春汛期平均含沙量变化

含沙量多年变化斜率为-0.010，呈降低的趋势。生态系统保护工程实施后，尽管降水呈持续增加的趋势，但生态系统土壤保护功能出现了大幅度好转的趋势，使河流含沙量快速下降。

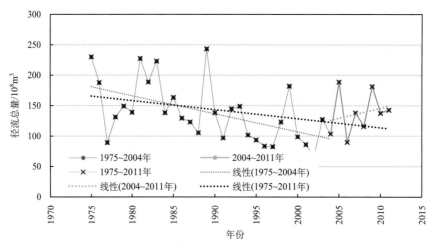

图 7-27　唐乃亥夏汛期径流总量变化

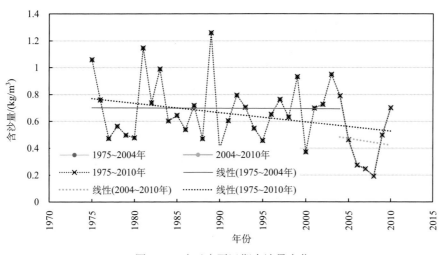

图 7-28　唐乃亥夏汛期含沙量变化

1975~2010 年，吉迈夏汛期平均含沙量为 0.157 kg/m³，呈减少的趋势，其多年变化斜率为−0.005。1997~2004 年，吉迈水文站夏汛期径流总量平均含沙量为 0.076 kg/m³，呈减少的趋势，斜率为−0.004（图 7-29，表 7-12）。2004~2010 年，吉迈水文站夏汛期平均含沙量为 0.136 kg/m³，比 1975~2010 年降低了 13.1%，比 1997~2010 年增加了 78.6%，多年变化斜率为 0.017，呈增加的趋势。吉迈水文站径流量与含沙量具有正相关的关系（图 7-30），随着径流总量的减少，径流裹挟的土壤量也呈降低的趋势（图 7-31）。

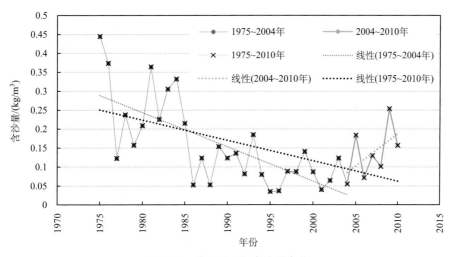

图 7-29　吉迈夏汛期含沙量变化

表 7-12　黄河流域不同时段夏汛期平均含沙量及其变化

| 站点 | 典型时段 | 平均含沙量/（kg/m³） | 含沙量变化倾斜率 | 绝对比率（$R_{max}/R_{min}$） |
|---|---|---|---|---|
| 唐乃亥 | 1975~2010 年（A） | 0.6 | −0.007 | 6.55 |
| | 1997~2004 年（B） | 0.7 | 0.018 | 2.55 |
| | 2004~2010 年 | 0.5 | −0.010 | 4.11 |

续表

| 站点 | 典型时段 | 平均含沙量/（kg/m³） | 含沙量变化倾斜率 | 绝对比率（$R_{max}/R_{min}$） |
|------|---------|---------------------|-----------------|------------------------------|
| 唐乃亥 | 与时段 A 相比 | −30.2% | 43.4% | −37.3% |
| | 与时段 B 相比 | −38.3% | −156.5% | 61.4% |
| 吉迈 | 1975~2010 年（A） | 0.157 | −0.005 | 12.61 |
| | 1997~2004 年（B） | 0.076 | −0.004 | 4.00 |
| | 2004~2010 年 | 0.136 | 0.017 | 4.60 |
| | 与时段 A 相比 | −13.1% | 415.6% | −63.5% |
| | 与时段 B 相比 | 78.6% | 529.3% | 15.1% |

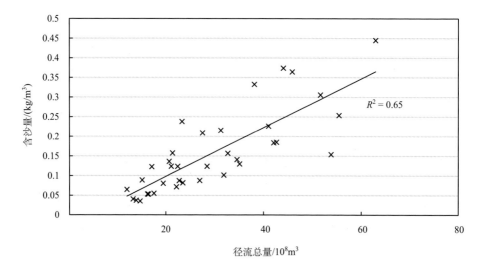

图 7-30 吉迈夏汛期径流总量含沙量关系

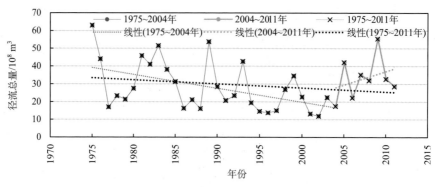

图 7-31 吉迈夏汛期径流总量变化

b. 长江源区含沙量变化及其与流量关系

（1）长江源区春汛期含沙量变化特征及其与流量关系。

从图 7-32 和图 7-33、表 7-13 可以看出，1975~2011 年，直门达春汛期多年平均含沙量为 0.205 kg/m³。1997~2004 年，长江源直门达春汛期多年平均含沙量为 0.258 kg/m³，径流含沙量呈降低的趋势，斜率为-0.025。2004～2010 年，长江源直门达春汛期多年平均含沙量为 0.176 kg/m³，径流含沙量呈增加的趋势，斜率为 0.016。

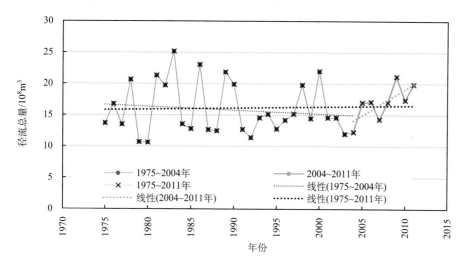

图 7-32　直门达春汛期径流总量变化

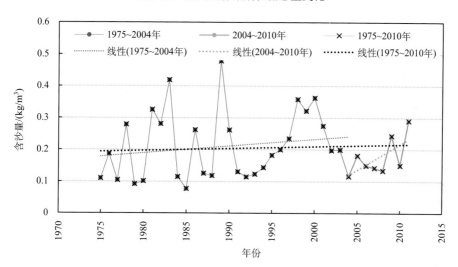

图 7-33　直门达春汛期含沙量变化

表 7-13　长江源区不同时段春汛期平均含沙量及其变化

| 站点 | 典型时段 | 平均含沙量/（kg/m³） | 含沙量变化倾斜率 | 绝对比率/（$R_{max}/R_{min}$） |
|---|---|---|---|---|
| | 1975～2011 年（A） | 0.205 | 0.001 | 6.185 |
| | 1997～2004 年（B） | 0.258 | −0.025 | 3.124 |
| 直门达 | 2004～2011 年 | 0.176 | 0.016 | 2.503 |
| | 与时段 A 相比 | −14.2% | 2 433.3% | −59.5% |
| | 与时段 B 相比 | −31.8% | 164.4% | −19.9% |

续表

| 站点 | 典型时段 | 平均含沙量/（kg/m³） | 含沙量变化倾斜率 | 绝对比率/（$R_{max}/R_{min}$） |
|---|---|---|---|---|
| 沱沱河 | 1987～2011 年（A） | 0.244 | 0.002 | 7.496 |
| | 1997～2004 年（B） | 0.225 | −0.006 | 2.713 |
| | 2004～2011 年 | 0.253 | 0.025 | 5.138 |
| | 与时段 A 相比 | 3.6% | 1 008.1% | −31.5% |
| | 与时段 B 相比 | 12.2% | 543.0% | 89.4% |

沱沱河有 1987 年以来的含沙量观测数据。从图 7-34 和图 7-35 可以看出，1987～2011 年，沱沱河春汛期平均含沙量为 0.244 kg/m³，多年含沙量呈增加的趋势，倾斜率约为 0.002；1997～2004 年，沱沱河春汛期含沙量为 0.225 kg/m³，多年变化斜率为−0.006，呈降低的趋势。2004～2011 年，沱沱河春汛期含沙量为 0.253 kg/m³，多年变化斜率为 0.025，呈增加的趋势。

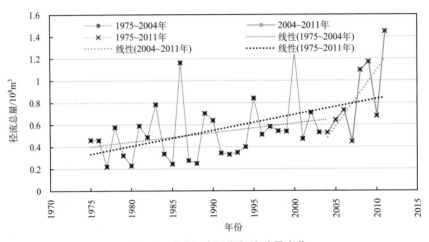

图 7-34　沱沱河春汛期径流总量变化

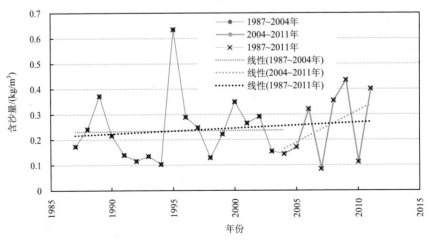

图 7-35　沱沱河春汛期含沙量变化

（2）长江源区夏汛期含沙量变化特征及其与流量关系。

从图7-36、图7-37和表7-14可以看出，1975～2011年，直门达站夏汛期多年平均含沙量为0.666 kg/m³，而且基本稳定不变。1997～2004年，直门达站夏汛期多年平均含沙量为0.655 kg/m³，多年变化斜率为–0.021，呈降低的趋势。2004～2011年，直门达站夏汛期多年平均含沙量为0.659 kg/m³，多年变化斜率为0.018，呈增加的趋势。受径流总量增大的影响，河流裹挟了更多的泥沙，导致河水含沙量增加。

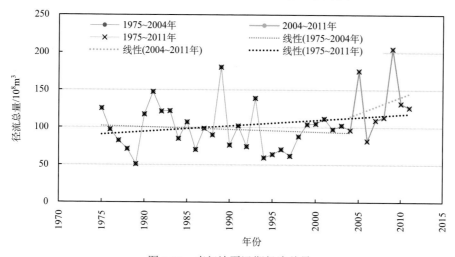

图7-36　直门达夏汛期径流总量

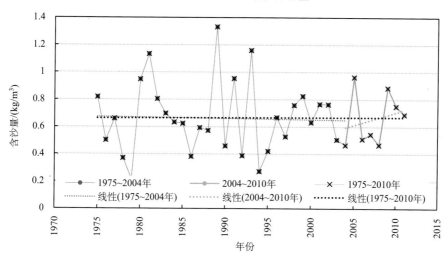

图7-37　直门达夏汛期含沙量

表7-14　长江源区不同时段夏汛期平均含沙量及其变化

| 站点 | 典型时段 | 平均含沙量/（kg/m³） | 含沙量变化倾斜率 | 绝对比率（$R_{max}/R_{min}$） |
|---|---|---|---|---|
| 直门达 | 1975～2011年（A） | 0.666 | 0.000 | 6.159 |
| | 1997～2004年（B） | 0.655 | −0.021 | 1.773 |
| | 2004～2011年 | 0.659 | 0.018 | 2.073 |

续表

| 站点 | 典型时段 | 平均含沙量/（kg/m³） | 含沙量变化倾斜率 | 绝对比率（$R_{max}/R_{min}$） |
|---|---|---|---|---|
| 直门达 | 与时段 A 相比 | −1.1% | 11 078.1% | −66.4% |
| | 与时段 B 相比 | 0.6% | −188.6% | 16.9% |
| 沱沱河 | 1987～2011 年（A） | 0.606 | 0.011 | 5.391 |
| | 1997～2004 年（B） | 0.678 | −0.001 | 2.920 |
| | 2004～2011 年 | 0.670 | 0.015 | 2.169 |
| | 与时段 A 相比 | 10.4% | 34.8% | −59.8% |
| | 与时段 B 相比 | −1.2% | −1 484.6% | −25.7% |

　　沱沱河只有 1987 年以来的观测数据，从图 7-38 和图 7-39 可以看出，1987～2011 年，沱沱河夏汛期径流总量也呈增加的趋势，含沙量也呈增加的趋势，变化斜率为 0.011。1997～2004 年，沱沱河夏汛期径流总量也呈增加的趋势，含沙量呈降低的趋势，说明生态工程实施后，径流裹挟泥沙的程度已经开始出现变小的趋势。

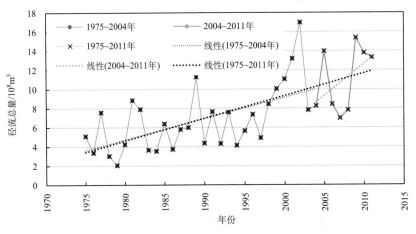

图 7-38　沱沱河夏汛期径流总量

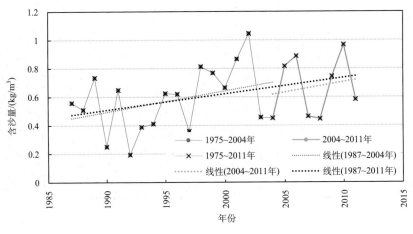

图 7-39　沱沱河夏汛期含沙量

由上述分析可以看出，2004 年生态系统工程实施后，江河源区径流量出现了增加的趋势，径流增加的同时，河流裹挟的泥沙量也在增加，短期实施的生态工程，虽然使江河源区生态系统涵养水源、调蓄洪水、截留泥沙的功能得到一定恢复，但是并未彻底扭转退化的趋势，生态系统功能的恢复将是一个长期的、持续的过程，生态系统保护工程还需要继续坚持。

2）土壤保持服务的变化

A. 年土壤保持总量的变化

1997～2012 年三江源地区土壤保持量呈持续上升趋势，年均土壤保持量为 6.35 亿 t。三江源生态保护与建设工程实施前 8 年（1997～2004 年），年均土壤保持量为 5.46 亿 t；工程实施后 8 年（2005～2012 年），年均土壤保持量为 7.23 亿 t，较工程实施前增加了1.77 亿 t，增长了 32.5%（图 7-40～图 7-44）。

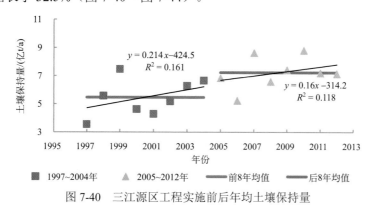

图 7-40　三江源区工程实施前后年均土壤保持量

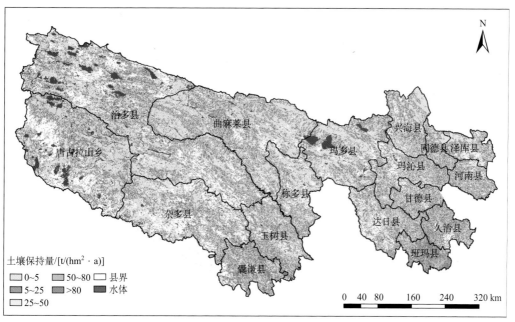

图 7-41　三江源区工程实施前（1997～2004 年）多年平均土壤保持量

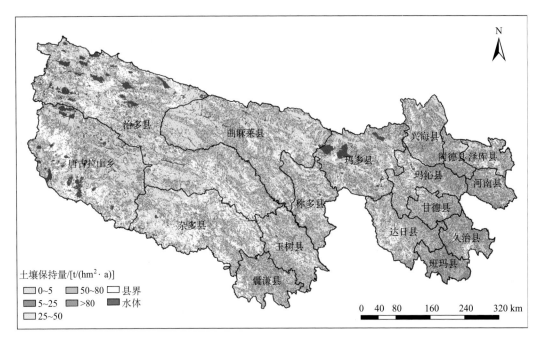

图 7-42　三江源区工程实施后（2005～2012 年）多年平均土壤保持量

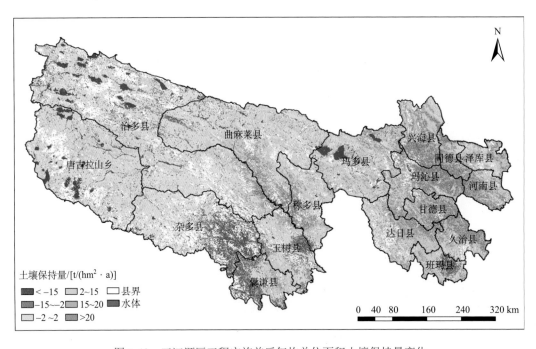

图 7-43　三江源区工程实施前后年均单位面积土壤保持量变化

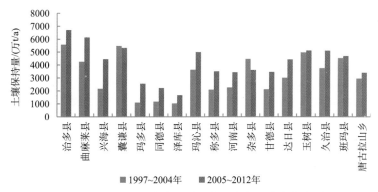

图 7-44　三江源区工程实施前后各县多年平均土壤保持量

从空间格局及分县统计的结果可以发现，三江源地区的土壤保持量在工程实施后有所增加，东部和中部增加较为明显，杂多县的东部、玉树县东北部，以及班玛县的中东部土壤保持量有所下降。由于土壤保持量是生态系统极端退化下的潜在侵蚀量与真实状况下侵蚀量之差，因此土壤保持量也会受降雨侵蚀力的影响，降水量的变化会直接影响土壤保持量的大小。因此，土壤保持量的变化并不能完全反映生态工程的效益，气候因素会对其产生影响。

B. 土壤保持服务保有率的变化

1997～2012 年三江源区土壤保持服务保有率呈持续上升趋势，年均保有率为61.92%。工程实施前 8 年（1997～2004 年），年均保有率为 59.7%;工程实施后 8 年（2005～2012 年），年均保有率为 64.15%，较工程实施前增加了 4.45%，增长幅度为 7.45%（图7-45～图 7-49）。

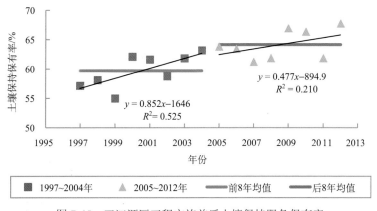

图 7-45　三江源区工程实施前后土壤保持服务保有率

由于年土壤保持量会受当年降雨的影响，无法直接反映当年生态系统在土壤保持服务方面的作用，从而无法进一步评估生态工程的效益。土壤保持服务保有率能够剔除当年气候因素的影响，从而反映生态系统固持土壤的能力。从空间格局及分县统计的结果可以发现，植被状况较好的地区土壤保持服务保有率较高，主要集中在三江源地区东部及中南部，河南、泽库、甘德等地区的保有率均高于 80%，而西部地区的唐古拉山乡、治多等地保有率均较低。而从工程实施前后土壤保持服务保有率的变化图上可以发现，三江源的西部及中北部地区变化量较大，并且呈上升的趋势，这主要归因于上述地区植被覆盖度的提升。而玉树县东南部、囊谦县中东部，以及东部的河南县、达日县与久治县的交界处植被覆盖度均有所下降，因此其保有率也有所下降。

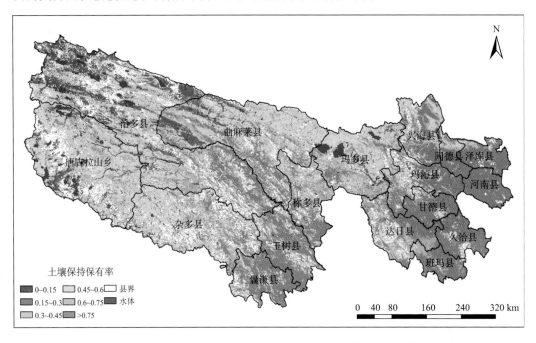

图 7-46　三江源区工程实施前（1997～2004 年）多年平均土壤保持服务保有率

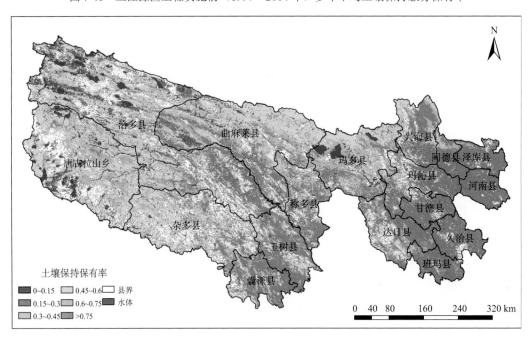

图 7-47　三江源区工程实施后（2005～2012 年）多年平均土壤保持服务保有率

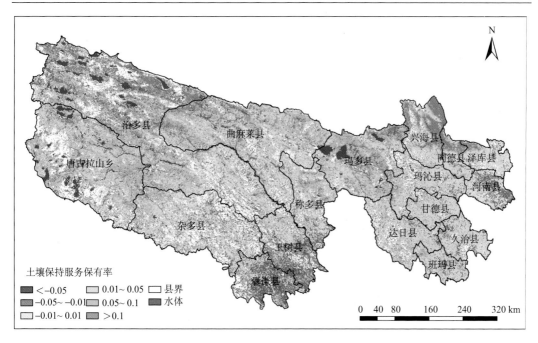

图 7-48　三江源区工程实施前后多年平均土壤保持服务保有率的变化量

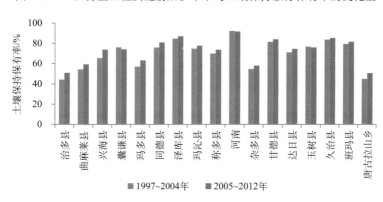

图 7-49　三江源区工程实施前后各县多年平均土壤保持服务保有率

# 二、州域土壤保持服务状况及其变化

## 1. 2012 年土壤保持服务状况

2012 年，三江源区各州土壤水蚀总量最高的是玉树藏族自治州，达 2.16 亿 t，其次为果洛藏族自治州，为 0.78 亿 t；海南藏族自治州、格尔木市唐古拉山乡、黄南藏族自治州土壤水蚀量相对较低，其中黄南藏族自治州土壤水蚀总量最低为 0.08 亿 t。各州土壤水蚀模数玉树藏族自治州最高，为 13.89 t/hm²；其次为海南藏族自治州，为 12.99 t/hm²；果洛藏族自治州水蚀模数为 12.38 t/hm²；其他两个州土壤水蚀模数相对较低，其中格尔木市唐古拉山乡土壤水蚀模数最低，为 4.26 t/hm²（表 7-15）。

表 7-15　2012 年三江源区各州土壤侵蚀与土壤保持服务状况

| 州域 | 土壤水蚀量 | | 土壤保持量 | |
| --- | --- | --- | --- | --- |
| | 单位面积/（t/hm²） | 总量/10⁸ t | 单位面积/（t/hm²） | 总量/10⁸ t |
| 玉树藏族自治州 | 13.89 | 2.16 | 26.44 | 4.12 |
| 海南藏族自治州 | 12.99 | 0.19 | 37.98 | 0.57 |
| 果洛藏族自治州 | 12.38 | 0.78 | 29.65 | 1.87 |
| 黄南藏族自治州 | 6.55 | 0.08 | 27.62 | 0.34 |
| 格尔木市唐古拉山乡 | 4.26 | 0.15 | 7.34 | 0.25 |

各州土壤保持量最高的是玉树藏族自治州，为 4.12 亿 t，其次是果洛藏族自治州，为 1.87 亿 t；其他三州土壤保持量相对较低，最低的是格尔木市唐古拉山乡，为 0.25 亿 t。单位面积土壤保持量海南藏族自治州最高，果洛藏族自治州其次，格尔木市唐古拉山乡最低。

**2. 工程实施前后土壤保持服务状况变化**

1）土壤流失量的变化

工程实施前（1997～2004 年），玉树藏族自治州、果洛藏族自治州、海南藏族自治州、黄南藏族自治州，以及格尔木市唐古拉山乡的多年平均土壤侵蚀模数分别为 11.99 t/（hm²·a）、9.20 t/（hm²·a）、8.96 t/（hm²·a）、3.4 t/（hm²·a）和 11.01 t/（hm²·a）；工程期（2005～2012 年），玉树藏族自治州和格尔木市唐古拉山乡的土壤侵蚀模数有所降低，分别降低了 0.35 t/（hm²·a）和 0.63 t/（hm²·a），降幅为 2.9% 和 5.7%，果洛藏族自治州、海南藏族自治州、黄南藏族自治州的土壤侵蚀模数有所上升，分别升高了 2.79 t/（hm²·a）、4.66 t/（hm²·a）和 2.03 t/（hm²·a），升幅分别为 30.3%、52.0% 和 59.7%（表 7-16）。

表 7-16　三江源区各州工程实施前后土壤侵蚀模数变化

| 州域 | 1997～2004 年/[t/（hm²·a）] | 2005～2012 年/[t/（hm²·a）] | 变化量/[t/（hm²·a）] | 变化率/% |
| --- | --- | --- | --- | --- |
| 玉树藏族自治州 | 11.99 | 11.64 | −0.35 | −2.9 |
| 果洛藏族自治州 | 9.20 | 11.99 | 2.79 | 30.3 |
| 海南藏族自治州 | 8.96 | 13.62 | 4.66 | 52.0 |
| 黄南藏族自治州 | 3.40 | 5.43 | 2.03 | 59.7 |
| 格尔木市唐古拉山乡 | 11.01 | 10.38 | −0.63 | −5.7 |

2）土壤保持服务的变化

A. 年土壤保持总量的变化

工程实施前（1997～2004 年），玉树藏族自治州、果洛藏族自治州、海南藏族自治州、黄南藏族自治州，以及格尔木市唐古拉山乡的多年平均土壤保持量分别为 26 860 万 t/a、18 154 万 t/a、3 343 万 t/a、3 299 万 t/a 和 2 950 万 t/a；工程实施后（2005～2012 年），各州的土壤保持量均有所上升，增加量由高到低分别是果洛藏族自治州、玉树藏族自治州、海南藏族自治州、黄南藏族自治州和格尔木市唐古拉山乡，增量分别为 8 640 万 t/a、3 541 万 t/a、3 318 万 t/a、1 807 万 t/a 和 446 万 t/a，增幅由高到低分别是海南藏族自治州、黄南藏族自治州、果洛藏族自治州、唐古拉山乡和玉树藏族自治州，增幅分别为 99.3%、54.8%、47.6%、15.1% 和 13.2%（表 7-17）。

**表 7-17　三江源区各州工程实施前后土壤保持量变化**

| 州域 | 1997～2004 年/（万 t/a） | 2005～2012 年/（万 t/a） | 变化量/（万 t/a） | 变化率/% |
|---|---|---|---|---|
| 玉树藏族自治州 | 26 860 | 30 401 | 3 541 | 13.2 |
| 果洛藏族自治州 | 18 154 | 26 794 | 8 640 | 47.6 |
| 海南藏族自治州 | 3 343 | 6 661 | 3 318 | 99.3 |
| 黄南藏族自治州 | 3 299 | 5 106 | 1 807 | 54.8 |
| 格尔木市唐古拉山乡 | 2 950 | 2 504 | 446 | 15.1 |

B. 年土壤保持服务保有率的变化

工程实施前（1997～2004 年），玉树藏族自治州、果洛藏族自治州、海南藏族自治州、黄南藏族自治州，以及格尔木市唐古拉山乡的多年平均土壤保持服务保有率分别为 55.3%、70.7%、68.7%、88.7% 和 45.0%；工程实施后（2005～2012 年），各州的土壤保持服务保有率均有所上升，分别增加了 4.4%、3.8%、7.4%、0.8% 和 5.8%，增幅分别为 8.0%、5.4%、10.8%、0.9% 和 12.8%（表 7-18）。

**表 7-18　三江源区各州工程实施前后土壤保持服务保有率变化**　　　　（单位：%）

| 州域 | 1997～2004 年 | 2005～2012 年 | 变化量 | 变化率 |
|---|---|---|---|---|
| 玉树藏族自治州 | 55.3 | 59.7 | 4.4 | 8.0 |
| 果洛藏族自治州 | 70.7 | 74.5 | 3.8 | 5.4 |
| 海南藏族自治州 | 68.7 | 76.1 | 7.4 | 10.8 |
| 黄南藏族自治州 | 88.7 | 89.5 | 0.8 | 0.9 |
| 格尔木市唐古拉山乡 | 45.0 | 50.8 | 5.8 | 12.8 |

## 三、县域土壤保持服务状况及其变化

### 1. 2012 年土壤保持服务状况

2012 年，三江源区土壤水蚀量最高的是治多县，达 5 074.59 万 t；曲麻莱县次之，为 4 243.26 万 t；再次为囊谦县，为 3 539.87 万 t；玉树县、杂多县的土壤水蚀量分别为 3 306.36 万 t、3 208.34 万 t。甘德、同德、河南、泽库四县土壤水蚀量较低，均低于 1 000 万 t，其中，泽库县水蚀量最低，为 296.38 万 t；其余各县的土壤水蚀量为 1 000 万～2 500 万 t（表 7-19）。

表 7-19 2012 年三江源区各县土壤水蚀与土壤保持服务状况

| 县域 | 土壤水蚀量 | | 土壤保持量 | |
|---|---|---|---|---|
| | 单位面积/（t/hm²） | 总量/万 t | 单位面积/（t/hm²） | 总量/万 t |
| 治多县 | 9.00 | 5 074.59 | 16.23 | 9 149.42 |
| 曲麻莱县 | 10.69 | 4 243.26 | 24.75 | 9 827.99 |
| 兴海县 | 13.43 | 1 399.46 | 37.19 | 3 876.18 |
| 囊谦县 | 35.09 | 3 539.87 | 74.81 | 7 547.85 |
| 玛多县 | 6.46 | 1 315.07 | 12.47 | 2 540.06 |
| 同德县 | 11.97 | 535.74 | 39.88 | 1 785.41 |
| 泽库县 | 4.85 | 296.38 | 18.99 | 1 159.98 |
| 玛沁县 | 17.05 | 1 875.34 | 41.47 | 4 562.07 |
| 称多县 | 18.38 | 2 247.74 | 34.76 | 4 250.57 |
| 河南县 | 8.19 | 517.96 | 35.94 | 2 272.93 |
| 杂多县 | 13.11 | 3 208.34 | 17.10 | 4 183.08 |
| 甘德县 | 12.07 | 769.01 | 29.76 | 1 896.43 |
| 达日县 | 12.16 | 1 455.55 | 21.89 | 2 619.70 |
| 玉树县 | 25.92 | 3 306.36 | 48.51 | 6 187.72 |
| 久治县 | 14.54 | 1 076.06 | 42.17 | 3 120.22 |
| 班玛县 | 21.98 | 1 332.27 | 65.84 | 3 989.78 |
| 唐古拉山乡 | 4.26 | 1 473.36 | 7.33 | 2 538.59 |

各县土壤保持服务量最高的是曲麻莱县，达 9 827.99 万 t；治多县次之，为 9 149.42 万 t；再次为囊谦县，为 7 547.85 万 t；玉树县的土壤保持量为 6 187.72 万 t；其余各县土壤保持量均低于 5000 万 t，其中，泽库县最低，为 1 159.98 万 t。单位面积土壤保持量最高的为班玛县，达 65.84 t/hm²；单位面积土壤保持量最低的是唐古拉山乡，为 7.33 t/hm²。

**2. 工程实施前后土壤保持服务状况变化**

1）土壤流失量的变化

工程实施前（1997~2004 年），囊谦县、班玛县和杂多县平均土壤侵蚀模数最高，土壤侵蚀模数均超过了 18 t/（hm²·a），泽库县、河南县和玛多县土壤侵蚀模数最小，土壤侵蚀模数均低于 5 t/（hm²·a）。工程实施后（2005~2012 年），由于降水的大幅增加，大部分县的土壤侵蚀模数有所增加，其中玛沁县的增加量最大，达到 6 t/（hm²·a），曲麻莱县的增加量最小，仅为 0.96 t/（hm²·a），其他县的增幅为 1.23~4.89 t/（hm²·a）；所有县中仅有治多县、唐古拉山乡、杂多县和班玛县的土壤侵蚀模数有所下降，其中杂多县的下降量最大，达到 4.07 t/(hm²·a)，唐古拉山乡的下降量最小，仅为 0.63 t/（hm²·a）。总体来看，三江源区各县的平均土壤侵蚀模数较低，根据土壤侵蚀强度分级标准，大部分县处于轻度侵蚀等级[5~25 t/（hm²·a）]（表 7-20）。

表 7-20　三江源区各县工程实施前后土壤侵蚀模数变化

| 县域 | 1997~2004 年/[t/（hm²·a）] | 2005~2012 年/[t/（hm²·a）] | 变化量/[t/（hm²·a）] | 变化率/% |
| --- | --- | --- | --- | --- |
| 治多县 | 11.80 | 10.50 | −1.31 | −11.1 |
| 曲麻莱县 | 7.06 | 8.02 | 0.96 | 13.6 |
| 兴海县 | 9.61 | 14.50 | 4.89 | 50.9 |
| 囊谦县 | 21.77 | 23.00 | 1.23 | 5.6 |
| 玛多县 | 4.25 | 7.58 | 3.33 | 78.4 |
| 同德县 | 7.44 | 11.60 | 4.16 | 55.9 |
| 泽库县 | 3.11 | 4.66 | 1.55 | 49.8 |
| 玛沁县 | 10.48 | 16.48 | 6.00 | 57.3 |
| 称多县 | 7.45 | 11.34 | 3.89 | 52.2 |
| 河南县 | 3.68 | 6.17 | 2.50 | 67.9 |
| 杂多县 | 18.05 | 13.98 | −4.07 | −22.5 |
| 甘德县 | 8.25 | 10.90 | 2.66 | 32.2 |
| 达日县 | 10.66 | 13.16 | 2.50 | 23.5 |
| 玉树县 | 13.15 | 14.80 | 1.65 | 12.5 |
| 久治县 | 11.07 | 12.48 | 1.41 | 12.7 |
| 班玛县 | 19.38 | 16.91 | −2.47 | −12.7 |
| 唐古拉山乡 | 11.00 | 10.38 | −0.63 | −5.7 |

2）土壤保持服务的变化

A. 年土壤保持总量的变化

工程实施前（1997~2004 年），治多县、囊谦县和玉树县的平均土壤保持量较高，分别为 5 589 万 t/a、5 481 万 t/a 和 4 982 万 t/a，泽库县、玛多县和同德县的土壤保持量较小，均低于 1 200 万 t/a，分别为 1 034 万 t/a、1 100 万 t/a 和 1 178 万 t/a，其他地区的土壤保持量为 1 178 万~4 531 万 t/a。工程实施后（2005~2012 年），大部分县的土壤保持量有所增加，其中，兴海县的增加量最大，增加了 2 277 万 t/a，玉树县的增加量最小，增加量仅为 141 万 t/a，其他土壤保持量增加区域的增幅为 166 万~1 882 万 t/a；所有县中仅有杂多县和囊谦县的土壤保持量有所下降，变化量分别为–860 万 t/a 和–151 万 t/a（表 7-21）。

表 7-21　三江源区各县工程实施前后土壤保持量变化

| 县域 | 1997~2004 年/（万 t/a） | 2005~2012 年/（万 t/a） | 变化量/（万 t/a） | 变化率/% |
| --- | --- | --- | --- | --- |
| 治多县 | 5 589 | 6 707 | 1 118 | 20.0 |
| 曲麻莱县 | 4 252 | 6 134 | 1 882 | 44.3 |
| 兴海县 | 2 168 | 4 445 | 2 277 | 105.0 |
| 囊谦县 | 5 481 | 5 330 | −151 | −2.8 |
| 玛多县 | 1 100 | 2 554 | 1 454 | 132.2 |

续表

| 县域 | 1997~2004 年/（万 t/a） | 2005~2012 年/（万 t/a） | 变化量/（万 t/a） | 变化率/% |
|---|---|---|---|---|
| 同德县 | 1 178 | 2 221 | 1 043 | 88.5 |
| 泽库县 | 1 034 | 1 669 | 635 | 61.4 |
| 玛沁县 | 3 631 | 5 002 | 1 371 | 37.8 |
| 称多县 | 2 092 | 3 500 | 1 408 | 67.3 |
| 河南县 | 2 264 | 3 433 | 1 169 | 51.6 |
| 杂多县 | 4 463 | 3 603 | −860 | −19.3 |
| 甘德县 | 2 120 | 3 457 | 1 337 | 63.1 |
| 达日县 | 3 015 | 4 425 | 1 410 | 46.8 |
| 玉树县 | 4 982 | 5 123 | 141 | 2.8 |
| 久治县 | 3 752 | 5 111 | 1 359 | 36.2 |
| 班玛县 | 4 531 | 4 697 | 166 | 3.7 |
| 唐古拉山乡 | 2 949 | 3 395 | 446 | 15.1 |

B. 土壤保持服务保有率的变化

工程实施前（1997~2004 年），河南县、泽库县和久治县的保有率较高，分别为 92.4%、84.9% 和 83.9%，治多县、杂多县、唐古拉山乡和曲麻莱县的保有率较低，均低于 55%，分别为 44.3%、54.7%、45.0% 和 54.3%，其他地区的保有率为 57.1%~81.7%。工程实施后（2005~2012 年），大部分县的保有率有所增加，其中兴海县的增加量最大，增加了 8.5%，久治县的增加量最小，仅为 1.6%，其他保有率增加区域的增幅为 2.2%~6.7%；所有县中仅有囊谦县、玉树县和河南县的保有率有所下降，变化量分别为 –2.1%、–0.8% 和 –0.6%（表 7-22）。

表 7-22　三江源区各县工程实施前后土壤保持服务保有率变化　　（单位：%）

| 县域 | 1997~2004 年 | 2005~2012 年 | 变化量 | 变化率 |
|---|---|---|---|---|
| 治多县 | 44.3 | 51.0 | 6.7 | 15.1 |
| 曲麻莱县 | 54.3 | 59.4 | 5.1 | 9.4 |
| 兴海县 | 65.5 | 74.0 | 8.5 | 13.0 |
| 囊谦县 | 76.3 | 74.2 | −2.1 | −2.8 |
| 玛多县 | 57.1 | 63.3 | 6.2 | 10.9 |
| 同德县 | 76.1 | 81.1 | 5 | 6.6 |
| 泽库县 | 84.9 | 87.2 | 2.3 | 2.7 |
| 玛沁县 | 74.9 | 77.9 | 3 | 4.0 |
| 称多县 | 69.9 | 73.9 | 4 | 5.7 |
| 河南县 | 92.4 | 91.8 | −0.6 | −0.6 |
| 杂多县 | 54.7 | 58.2 | 3.5 | 6.4 |
| 甘德县 | 81.7 | 84.2 | 2.5 | 3.1 |
| 达日县 | 71.4 | 74.8 | 3.4 | 4.8 |

续表

| 县域 | 1997~2004 年 | 2005~2012 年 | 变化量 | 变化率 |
|---|---|---|---|---|
| 玉树县 | 77.0 | 76.2 | −0.8 | −1.0 |
| 久治县 | 83.9 | 85.5 | 1.6 | 1.9 |
| 班玛县 | 79.6 | 81.8 | 2.2 | 2.8 |
| 唐古拉山乡 | 45.0 | 50.8 | 5.8 | 12.9 |

## 四、流域土壤保持服务状况及其变化

### 1. 2012 年土壤保持服务状况

2012 年，三江源区澜沧江流域、黄河流域、长江流域的土壤水蚀总量分别为 0.77 亿 t、0.86 亿 t 和 1.40 亿 t。土壤水蚀模数澜沧江流域最高，为 27.66 t/hm²，其次为长江流域，为 11.13 t/hm²，黄河流域最低，为 10.09 t/hm²（表 7-23）。

表 7-23　2012 年三江源区各流域土壤水蚀量与土壤保持量服务状况

| 流域 | 土壤水蚀量 | | 土壤保持量 | |
|---|---|---|---|---|
| | 单位面积/（t/hm²） | 总量/亿 t | 单位面积/（t/hm²） | 总量/亿 t |
| 长江流域 | 11.13 | 1.40 | 23.12 | 29.02 |
| 黄河流域 | 10.09 | 0.86 | 26.36 | 22.36 |
| 澜沧江流域 | 27.66 | 0.77 | 50.52 | 14.15 |

长江流域、黄河流域、澜沧江流域的土壤保持服务功能量分别为 29.02 亿 t、22.36 亿 t 和 14.15 亿 t。单位面积土壤保持量由高到低依次为澜沧江流域、黄河流域、长江流域。

### 2. 工程实施前后土壤保持服务状况变化

1）土壤流失量的变化

工程实施前（1997~2004 年），三江源区长江流域、黄河流域、澜沧江流域的平均土壤侵蚀模数分别为 9.88 t/hm²、6.76 t/hm² 和 22.31 t/hm²。工程实施后（2005~2012 年），黄河流域的土壤侵蚀模数增加较为明显，尽管增加量不大，仅为 3.19 t/(hm²·a)，但增幅达到了 47.2%；长江流域的土壤侵蚀模数基本不变；澜沧江流域的土壤侵蚀模数有所下降，下降幅度为 9.8%（表 7-24）。

表 7-24　三江源各一级流域工程实施前后土壤侵蚀模数变化

| 流域 | 1997~2004 年/[t/（hm²·a）] | 2005~2012 年/[t/（hm²·a）] | 变化量/[t/（hm²·a）] | 变化率/% |
|---|---|---|---|---|
| 长江流域 | 9.88 | 10.06 | 0.18 | 1.8 |
| 黄河流域 | 6.76 | 9.95 | 3.19 | 47.2 |
| 澜沧江流域 | 22.31 | 20.13 | −2.18 | −9.8 |

工程实施前（1997~2004 年），长江源的楚玛尔河流域、当曲河流域和沱沱河流域的多年平均土壤侵蚀模数分别为 8.57 t/（hm²·a）、10.06 t/（hm²·a）和 8.62 t/（hm²·a），工程实施后（2005~2012 年），3 个流域的土壤侵蚀模数均有所下降，下降量分别为 1.15 t/（hm²·a）、0.86 t/（hm²·a）和 0.35 t/（hm²·a），下降幅度分别为 13.4%、8.5% 和 4.1%（表 7-25）。

表 7-25　三江源长江、黄河源二级流域工程前后土壤侵蚀模数变化

| 流域 | | 1997~2004 年 /[t/（hm²·a）] | 2005~2012 年 /[t/（hm²·a）] | 变化量 /[t/（hm²·a）] | 变化率/% |
|---|---|---|---|---|---|
| 长江源 | 楚玛尔河流域 | 8.57 | 7.42 | −1.15 | −13.4 |
| | 当曲河流域 | 10.06 | 9.2 | −0.86 | −8.5 |
| | 沱沱河流域 | 8.62 | 8.27 | −0.35 | −4.1 |
| 黄河源 | 吉迈水文站以上流域 | 4.82 | 7.28 | 2.46 | 51.0 |

工程实施前（1997~2004 年），黄河源吉迈水文站以上流域的多年平均土壤侵蚀模数为 4.82 t/（hm²·a），工程实施后（2005~2012 年），增加了 2.46 t/（hm²·a），增幅为 51.0%。

2）土壤保持服务的变化

A. 年土壤保持总量的变化

工程实施前（1997~2004 年），三江源区长江流域、黄河流域、澜沧江流域的土壤保持量分别为 2.12 亿 t/a、1.84 亿 t/a 和 1.17 亿 t/a。工程实施后（2005~2012 年），长江流域和黄河流域的土壤保持量有所增加，增量分别为 0.46 亿 t/a 和 1.3 亿 t/a，澜沧江流域的土壤保持量有所下降，降幅为 0.11 亿 t/a（表 7-26）。

表 7-26　三江源各一级流域工程前后土壤保持量变化

| 流域 | 1997~2004 年/（亿 t/a） | 2005~2012 年/（亿 t/a） | 变化量/（亿 t/a） | 变化率/% |
|---|---|---|---|---|
| 长江流域 | 2.12 | 2.58 | 0.46 | 21.7 |
| 黄河流域 | 1.84 | 3.14 | 1.3 | 70.7 |
| 澜沧江流域 | 1.17 | 1.06 | −0.11 | −9.4 |

工程实施前（1997~2004 年），长江源的楚玛尔河流域、当曲河流域和沱沱河流域的土壤保持量分别为 1 395 亿 t/a、1 723 亿 t/a 和 1 258 亿 t/a。工程实施后（2005~2012 年），3 个流域的土壤保持量均有所增加，增量分别为 121 亿 t/a、207 亿 t/a 和 205 亿 t/a，增幅分别为 8.7%、12.0% 和 16.3%（表 7-27）。

表 7-27　三江源长江、黄河源二级流域工程实施前后土壤保持量变化

| 流域 | | 1997~2004 年/（万 t/a） | 2005~2012 年/（万 t/a） | 变化量/（万 t/a） | 变化率/% |
|---|---|---|---|---|---|
| 长江源 | 楚玛尔河流域 | 1 395 | 1 516 | 121 | 8.7 |
| | 当曲河流域 | 1 723 | 1 930 | 207 | 12.0 |
| | 沱沱河流域 | 1 258 | 1 463 | 205 | 16.3 |
| 黄河源 | 吉迈水文站以上流域 | 2 880 | 5 386 | 2 506 | 87.0 |

工程实施前（1997～2004年），黄河源吉迈水文站以上流域的土壤保持量为2 880 t/a，工程实施后（2005～2012年），增加了2 506 t/a，增幅达到87.0%。

B. 土壤保持服务保有率的变化

工程实施前（1997～2004年），三江源区长江流域、黄河流域、澜沧江流域的土壤保持服务保有率（以下简称保有率）分别为56.6%、72.0%和69.1%。工程实施后（2005～2012年），长江流域和黄河流域的保有率有所增加，分别增加了4.7%和4.0%，澜沧江流域的保有率略有下降，减少量为0.3%（表7-28）。

表7-28　三江源一级流域工程实施前后土壤保持服务保有率变化　　　（单位：%）

| 流域 | 1997～2004年 | 2005～2012年 | 变化量 | 变化率 |
| --- | --- | --- | --- | --- |
| 长江流域 | 56.6 | 61.3 | 4.7 | 8.3 |
| 黄河流域 | 72.0 | 76.0 | 4.0 | 5.6 |
| 澜沧江流域 | 69.1 | 68.8 | −0.3 | −0.4 |

工程实施前（1997～2004年），长江源的楚玛尔河流域、当曲河流域和沱沱河流域的保有率分别为43.4%、48%和45.6%。工程实施后（2005～2012年），3个流域的保有率均有所增加，增量分别为6.6%、5.7%和5.8%，增幅分别为15.2%、11.8%和12.7%（表7-29）。

表7-29　三江源长江、黄河二级流域工程实施前后土壤保持服务保有率变化　（单位：%）

| | 流域 | 1997～2004年 | 2005～2012年 | 变化量 | 变化率 |
| --- | --- | --- | --- | --- | --- |
| 长江源 | 楚玛尔河流域 | 43.4 | 50 | 6.6 | 15.2 |
| | 当曲河流域 | 48 | 53.7 | 5.7 | 11.9 |
| | 沱沱河流域 | 45.6 | 51.4 | 5.8 | 12.7 |
| 黄河源 | 吉迈水文站以上流域 | 61.6 | 66.8 | 5.2 | 8.4 |

工程实施前（1997～2004年），黄河源吉迈水文站以上流域的保有率为61.6%，工程实施后（2005～2012年），增加了5.2%，增幅为8.4%。

## 五、自然保护区土壤保持服务状况及其变化

### 1. 2012年土壤保持服务状况

2012年，三江源区土壤水蚀量较高的自然保护区是索加-曲麻河、通天河沿、白扎保护区，分别为2 569.49万t、2 555.83万t、2 358.80万t，均低于非保护区的18 373.80万t；土壤水蚀量较低的是多可河、麦秀、约古宗列保护区，水蚀量分别为152.06万t、158.30万t、184.24万t。土壤水蚀模数较高的保护区是白扎、通天河沿与东仲，分别为34.80 t/hm²、35.16 t/hm²、33.91 t/hm²；水蚀模数较低的保护区是当曲、各拉丹冬、麦秀、索加-曲麻河、星星海、约古宗列、扎陵湖-鄂陵湖保护区，均低于10 t/hm²（表7-30）。

表 7-30　2012 年三江源区各保护区土壤水蚀与土壤保持服务状况

| 保护区 | 土壤水蚀量 | | 土壤保持量 | |
| --- | --- | --- | --- | --- |
| | 单位面积/（t/hm²） | 总量/万 t | 单位面积/（t/hm²） | 总量/万 t |
| 阿尼玛卿保护区 | 25.86 | 712.06 | 42.88 | 1 180.57 |
| 昂赛保护区 | 30.34 | 299.46 | 55.40 | 546.79 |
| 白扎保护区 | 34.80 | 2 358.80 | 63.63 | 4 313.60 |
| 当曲保护区 | 4.70 | 544.82 | 6.49 | 753.11 |
| 东仲保护区 | 33.91 | 699.86 | 45.35 | 936.10 |
| 多可河保护区 | 30.23 | 152.06 | 92.57 | 465.64 |
| 各拉丹冬保护区 | 5.27 | 325.26 | 8.01 | 494.36 |
| 果宗木查保护区 | 16.32 | 1 209.46 | 20.02 | 1 483.80 |
| 江西保护区 | 26.26 | 575.64 | 86.35 | 1 892.72 |
| 玛可河保护区 | 20.45 | 423.73 | 73.43 | 1 521.40 |
| 麦秀保护区 | 6.43 | 158.30 | 24.27 | 597.24 |
| 年保玉则保护区 | 14.68 | 372.97 | 41.78 | 1 061.21 |
| 索加-曲麻河保护区 | 7.45 | 2 569.49 | 17.77 | 6 125.91 |
| 通天河沿保护区 | 35.16 | 2 555.83 | 68.78 | 4 999.98 |
| 星星海保护区 | 5.72 | 327.34 | 9.87 | 565.18 |
| 约古宗列保护区 | 5.32 | 184.24 | 12.82 | 444.25 |
| 扎陵湖-鄂陵湖保护区 | 5.73 | 650.08 | 11.95 | 1 356.20 |
| 中铁-军功保护区 | 16.75 | 1 176.52 | 57.09 | 4 010.27 |
| 非保护区 | 11.21 | 18 373.80 | 23.65 | 38 769.70 |

2012 年，土壤保持量较高的保护区是索加-曲麻河、通天河沿、白扎、中铁-军功保护区，分别为 6 125.91 万 t、4 999.98 万 t、4 313.60 万 t、4 010.27 万 t，均远低于非保护区的 38 769.70 万 t。单位面积土壤保持量最高的保护区是多可河保护区，为 92.57 t/hm²；单位面积土壤保持量较低的保护区是当曲、各拉丹冬、星星海保护区，均低于 10 t/hm²。

**2. 工程实施前后土壤保持服务状况变化**

1）土壤流失量的变化

工程实施前 8 年（1997～2004 年），土壤侵蚀模数最大的是昂赛保护区，达到 33.32 t/hm²，最小的是约古宗列保护区，仅 3.22 t/hm²。生态系统单位面积土壤保持量最大的是多可河、玛可河保护区，分别达到 91.37 t/hm² 和 89.44 t/hm²。生态系统土壤保持服务保有率最高的是江西保护区，最低的是各拉丹冬保护区（表 7-31，图 7-50～图 7-52）。

工程实施后 8 年（2005～2012 年），土壤侵蚀模数最大的是阿尼玛卿保护区，达到 30.91 t/hm²，最小的是约古宗列保护区，仅 4.34 t/hm²。生态系统单位面积土壤保持量最大的是多可河、玛可河保护区，分别达到 96.49 t/hm² 和 88.66 t/hm²。生态系统土壤保持服务保有率最高的是麦秀保护区，最低的是各拉丹冬保护区。

表 7-31　三江源自然保护区工程实施前后土壤保持服务比较

| 保护区 | 1997～2004 年 | | | 2005～2012 年 | | | 变幅 | | |
|---|---|---|---|---|---|---|---|---|---|
| | 侵蚀模数 /（t/hm²） | 单位面积保持量/（t/hm²） | 保有率 /% | 侵蚀模数 /（t/hm²） | 单位面积保持量/（t/hm²） | 保有率 /% | 侵蚀模数 /（t/hm²） | 单位面积保持量/（t/hm²） | 保有率 /% |
| 东仲 | 16.80 | 42.84 | 75.91 | 19.73 | 40.71 | 72.68 | 2.93 | −2.13 | −3.23 |
| 中铁–军功 | 9.14 | 39.62 | 80.65 | 14.00 | 74.40 | 84.43 | 4.86 | 34.78 | 3.78 |
| 多可河 | 27.76 | 91.37 | 78.75 | 23.86 | 96.49 | 80.78 | −3.90 | 5.12 | 2.03 |
| 年保玉则 | 11.65 | 47.65 | 81.75 | 13.45 | 66.30 | 83.67 | 1.80 | 18.64 | 1.92 |
| 当曲 | 8.80 | 6.81 | 50.36 | 7.77 | 7.25 | 55.52 | −1.04 | 0.44 | 5.17 |
| 扎陵湖–鄂陵湖 | 3.20 | 4.36 | 59.71 | 5.34 | 9.21 | 64.92 | 2.14 | 4.85 | 5.20 |
| 昂赛 | 33.32 | 58.90 | 66.34 | 24.78 | 43.99 | 67.90 | −8.54 | −14.91 | 1.56 |
| 星星海 | 4.43 | 5.77 | 52.73 | 7.71 | 12.89 | 59.44 | 3.28 | 7.12 | 6.71 |
| 果宗木查 | 21.74 | 20.03 | 56.63 | 16.55 | 15.86 | 58.95 | −5.19 | −4.17 | 2.32 |
| 各拉丹冬 | 14.51 | 8.02 | 36.97 | 13.79 | 9.63 | 42.91 | −0.72 | 1.61 | 5.94 |
| 江西 | 9.34 | 59.33 | 86.38 | 13.09 | 61.77 | 83.89 | 3.75 | 2.44 | −2.48 |
| 玛可河 | 20.73 | 89.44 | 82.31 | 16.29 | 88.66 | 84.23 | −4.44 | −0.78 | 1.92 |
| 白扎 | 25.11 | 51.67 | 73.91 | 24.16 | 46.78 | 72.11 | −0.95 | −4.89 | −1.79 |
| 索加–曲麻河 | 7.31 | 10.85 | 52.44 | 6.94 | 12.53 | 57.79 | −0.37 | 1.68 | 5.35 |
| 约古宗列 | 3.22 | 4.54 | 58.04 | 4.34 | 7.43 | 62.70 | 1.12 | 2.89 | 4.67 |
| 通天河沿 | 16.28 | 40.82 | 74.40 | 21.09 | 57.17 | 76.38 | 4.80 | 16.35 | 1.98 |
| 阿尼玛卿 | 18.74 | 29.07 | 64.46 | 30.91 | 56.82 | 68.13 | 12.18 | 27.75 | 3.67 |
| 麦秀 | 4.79 | 24.36 | 86.83 | 6.90 | 36.86 | 87.80 | 2.11 | 12.50 | 0.97 |
| 整个保护区 | 10.86 | 20.92 | 60.38 | 11.54 | 26.22 | 64.24 | 6.30 | 25.35 | 6.40 |
| 非保护区 | 10.59 | 18.41 | 59.22 | 11.29 | 25.46 | 64.08 | 0.70 | 7.05 | 4.86 |

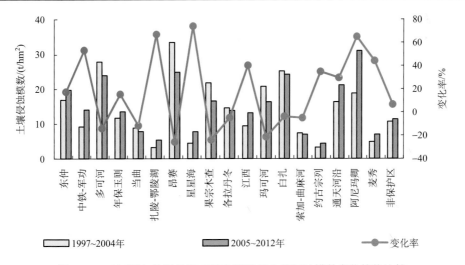

图 7-50　三江源自然保护区工程实施前后土壤侵蚀模数变化趋势比较

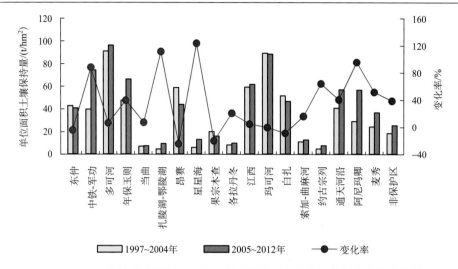

图 7-51　三江源自然保护区工程实施前后单位面积土壤保持量变化趋势比较

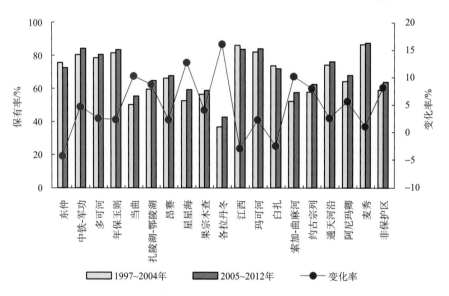

图 7-52　三江源自然保护区工程实施前后土壤保持服务保有率变化趋势比较

　　工程实施前后两个时段相比，自然保护区的土壤侵蚀模数以增加为主，多可河等8 个保护区的土壤侵蚀模数则表现为减少。生态系统单位面积土壤保持量以增加为主，仅东仲等 5 个保护区的单位面积土壤保持量减少。生态系统土壤保持服务保有率以增加为主，仅东仲等 3 个保护区的保有率减少。

　　2）土壤保持服务的变化

　　为了反映工程实施的生态效益，利用空间代替时间的方法，将工程实施后保护区与其对应非保护区的土壤保持服务进行对比，通过对比结果评估工程的生态效益。当一个保护区跨越一个或多个县时，该保护区对应的非保护区被定义为保护区所涉及县内无工程实施的区域，基于此，将保护区边界与县界进行叠加分析，得到与每个保护区进行比较的非保护区。

工程实施后 8 年（2005～2012 年），当曲、扎陵湖-鄂陵湖、星星海、果宗木查、江西、白扎、索加-曲麻河、约古宗列等保护区的土壤侵蚀量相对于各自非保护区的土壤侵蚀量有所下降，平均下降幅度为 35%，下降最多的是当曲保护区，其次是约古宗列，下降幅度分别达到了 66% 和 56%；东仲、中铁-军功、多可河、年保玉则、昂赛、各拉丹冬、玛可河、通天河沿、阿尼玛卿，以及麦秀的土壤侵蚀量均有所上升，上升最多的是阿尼玛卿，其次是麦秀（表 7-32）。

表 7-32　工程实施后保护区与非保护区土壤保持服务比较

| 保护区 | 保护区内 | | | 保护区外 | | | 保护区内外变化量 | | |
|---|---|---|---|---|---|---|---|---|---|
| | 侵蚀模数 / (t/hm²) | 单位面积保持量 / (t/hm²) | 保有率 /% | 侵蚀模数 / (t/hm²) | 单位面积保持量 / (t/hm²) | 保有率 /% | 侵蚀模数 / (t/hm²) | 单位面积保持量/ (t/hm²) | 保有率 /% |
| 东仲 | 19.73 | 40.71 | 72.68 | 11.89 | 31.82 | 76.27 | 7.84 | 8.89 | −3.59 |
| 中铁-军功 | 14 | 74.4 | 84.43 | 10.82 | 43.94 | 80.11 | 3.18 | 30.46 | 4.32 |
| 多可河 | 23.86 | 96.49 | 80.78 | 16.24 | 68.10 | 80.56 | 7.62 | 28.39 | 0.22 |
| 年保玉则 | 13.45 | 66.3 | 83.67 | 11.36 | 61.26 | 85.19 | 2.09 | 5.04 | −1.52 |
| 当曲 | 7.77 | 7.25 | 55.52 | 23.34 | 25.71 | 61.60 | −15.57 | −18.46 | −6.08 |
| 扎陵湖-鄂陵湖 | 5.34 | 9.21 | 64.92 | 9.13 | 18.62 | 65.72 | −3.79 | −9.41 | −0.80 |
| 昂赛 | 24.78 | 43.99 | 67.9 | 23.34 | 25.71 | 61.60 | 1.44 | 18.28 | 6.30 |
| 星星海 | 7.71 | 12.89 | 59.44 | 11.69 | 34.62 | 72.91 | −3.98 | −21.73 | −13.47 |
| 果宗木查 | 16.55 | 15.86 | 58.95 | 23.34 | 25.71 | 61.60 | −6.79 | −9.85 | −2.65 |
| 各拉丹冬 | 13.79 | 9.63 | 42.91 | 9.63 | 9.85 | 52.15 | 4.16 | −0.22 | −9.24 |
| 江西 | 13.09 | 61.77 | 83.89 | 14.54 | 39.47 | 76.15 | −1.45 | 22.30 | 7.74 |
| 玛可河 | 16.29 | 88.66 | 84.23 | 16.24 | 68.10 | 80.56 | 0.05 | 20.56 | 3.67 |
| 白扎 | 24.16 | 46.78 | 72.11 | 24.62 | 68.56 | 75.67 | −0.46 | −21.78 | −3.56 |
| 索加-曲麻河 | 6.94 | 12.53 | 57.79 | 11.36 | 13.41 | 50.53 | −4.42 | −0.88 | 7.26 |
| 约古宗列 | 4.34 | 7.43 | 62.7 | 9.96 | 20.89 | 63.74 | −5.62 | −13.46 | −1.04 |
| 通天河沿 | 21.09 | 57.17 | 76.38 | 10.97 | 15.86 | 55.82 | 10.12 | 41.31 | 20.56 |
| 阿尼玛卿 | 30.91 | 56.82 | 68.13 | 10.46 | 32.77 | 71.44 | 20.45 | 24.05 | −3.31 |
| 麦秀 | 6.9 | 36.86 | 87.8 | 3.14 | 20.93 | 86.75 | 3.76 | 15.93 | 1.05 |

在土壤保持量方面，工程实施后，当曲、扎陵湖-鄂陵湖、星星海、果宗木查、各拉丹冬、白扎、索加-曲麻河、约古宗列等保护区的土壤保持量较非保护区有所下降，下降最多的是当曲保护区，其次是约古宗列；东仲、中铁-军功、多可河、年保玉则、昂赛、江西、玛可河、通天河沿、阿尼玛卿，以及麦秀等保护区的土壤保持量较非保护区有所上升。

在土壤保持服务保有率方面，工程期，中铁-军功、多可河、昂赛、江西、玛可河、索加-曲麻河、通天河沿，以及麦秀等保护区的土壤保持服务保有率较非保护区有所上升，表明非保护区的土壤保持能力有所增强，其中通天河沿的保有率提升幅度最大，提升了37%；而东仲、年保玉则、当曲、星星海、果宗木查、各拉丹冬、白扎、约古宗列、阿尼玛卿等保护区的保有率有所下降。

# 六、重点工程区土壤保持服务状况及其变化

## 1. 2012 年土壤保持服务状况

2012 年，土壤水蚀量最高的工程区为中南工程区，水蚀总量达 6 494.35 万 t，其次为长江源工程区，达 4 322.02 万 t，黄河源工程区水蚀量为 3 051.38 万 t，其他工程区水蚀量相对较低。土壤水蚀模数最高的是中南工程区，为 33.65 t/hm$^2$，其次是东南工程区，风蚀模数为 18.55 t/hm$^2$；各拉丹冬工程区土壤水蚀模数最低（表 7-33）。

表 7-33　2012 年三江源区各工程区土壤水蚀量与土壤保持量服务状况

| 重点工程区 | 土壤水蚀量 | | 土壤保持量 | |
| --- | --- | --- | --- | --- |
| | 单位面积/（t/hm$^2$） | 总量/万 t | 单位面积/（t/hm$^2$） | 总量/万 t |
| 中南工程区 | 33.65 | 6 494.35 | 65.76 | 12 692.60 |
| 黄河源工程区 | 10.07 | 3 051.38 | 24.94 | 7 560.28 |
| 东南工程区 | 18.55 | 949.79 | 59.61 | 3 052.09 |
| 长江源工程区 | 8.08 | 4 322.02 | 15.63 | 8 359.84 |
| 各拉丹冬工程区 | 5.27 | 324.67 | 8.01 | 493.39 |
| 麦秀工程区 | 6.42 | 158.55 | 24.22 | 598.17 |

各工程区土壤保持量最高的是中南工程区，为 12 692.60 万 t，其次是长江源工程区，为 8 359.84 万 t；各拉丹冬工程区土壤保持量最低。单位面积土壤保持量同样为中南工程区最高，为 65.76 t/hm$^2$；各拉丹冬工程区单位面积土壤保持量最低，为 8.01 t/hm$^2$。

## 2. 工程实施前后土壤保持服务状况变化

1）黄河源工程区

工程实施前 8 年（1997～2004 年），黄河源工程区土壤侵蚀模数、生态系统单位面积土壤保持量、生态系统土壤保持服务保有率均高于非工程区，土壤侵蚀模数为 6.22 t/hm$^2$，单位面积土壤保持量为 15.07 t/hm$^2$，土壤保持服务保有率为 63.53%（表 7-34，图 7-53～图 7-55）。

表 7-34　三江源区重点工程区生态系统服务变化

| 重点工程区 | 评估指标 | 1997～2004 年 | 2005～2012 年 | 变幅 |
| --- | --- | --- | --- | --- |
| 黄河源工程区 | 侵蚀模数/（t/hm$^2$） | 6.22 | 10 | 3.78 |
| | 单位面积保持量/（t/hm$^2$） | 15.07 | 29.14 | 14.07 |
| | 保有率/% | 63.53 | 68.48 | 4.95 |

续表

| 重点工程区 | 评估指标 | 1997~2004 年 | 2005~2012 年 | 变幅 |
|---|---|---|---|---|
| 长江源工程区 | 侵蚀模数/（t/hm$^2$） | 9.63 | 8.45 | −1.18 |
| | 单位面积保持量/（t/hm$^2$） | 11.25 | 11.85 | 0.6 |
| | 保有率/% | 52.56 | 57.46 | 4.89 |
| 中南工程区 | 侵蚀模数/（t/hm$^2$） | 19.52 | 21.3 | 1.78 |
| | 单位面积保持量/（t/hm$^2$） | 47.88 | 51.6 | 3.72 |
| | 保有率/% | 75.33 | 74.89 | −0.43 |
| 麦秀工程区 | 侵蚀模数/（t/hm$^2$） | 4.78 | 6.9 | 2.12 |
| | 单位面积保持量/（t/hm$^2$） | 24.3 | 36.77 | 12.48 |
| | 保有率/% | 86.84 | 87.8 | 0.96 |
| 东南工程区 | 侵蚀模数/（t/hm$^2$） | 16.92 | 15.63 | −1.29 |
| | 单位面积保持量/（t/hm$^2$） | 68.87 | 78.31 | 9.44 |
| | 保有率/% | 81.67 | 83.61 | 1.93 |
| 各拉丹冬工程区 | 侵蚀模数/（t/hm$^2$） | 14.53 | 13.81 | −0.72 |
| | 单位面积保持量/（t/hm$^2$） | 8.02 | 9.63 | 1.61 |
| | 保有率/% | 36.96 | 42.91 | 5.95 |

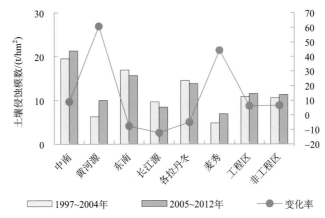

图 7-53　三江源区重点工程区工程实施前后土壤侵蚀模数变化

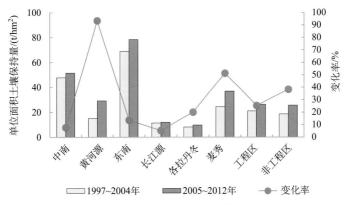

图 7-54　三江源区重点工程区工程实施前后单位面积土壤侵蚀保持量变化

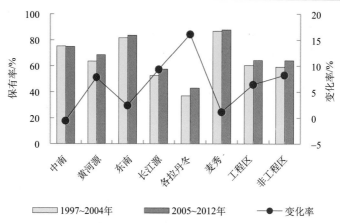

图 7-55　三江源区重点工程区工程实施前后土壤保持服务保有率变化

工程实施后 8 年（2005～2012 年），黄河源工程区土壤侵蚀模数达到了 10 t/hm²，单位面积土壤保持量达到 29.14 t/hm²，土壤保持服务保有率为 68.48%。

工程实施前后两个时段相比，黄河源工程区土壤侵蚀模数、生态系统单位面积土壤保持量和生态系统土壤保持服务保有率均表现为增加，增幅均低于非工程区。

2）长江源工程区

工程实施前 8 年（1997～2004 年），长江源工程区土壤侵蚀模数为 9.63 t/hm²，单位面积土壤保持量为 11.25 t/hm²，土壤保持服务保有率为 52.26%。

工程实施后 8 年（2005～2012 年），长江源工程区土壤侵蚀模数为 8.45 t/hm²，单位面积土壤保持量达到 11.85 t/hm²，土壤保持服务保有率为 57.46%。

工程实施前后两个时段相比，长江源工程区土壤侵蚀模数减少，生态系统单位面积土壤保持量有所增加，生态系统土壤保持服务保有率也增加。

3）中南工程区

工程实施前 8 年（1997～2004 年），中南工程区土壤侵蚀模数最大，达到了 19.52 t/hm²，单位面积土壤保持量为 47.88 t/hm²，生态系统土壤保持服务保有率达 75.33%。

工程实施后 8 年（2005～2012 年），中南工程区土壤侵蚀模数达到了 21.3 t/hm²，单位面积土壤保持量达到 51.6 t/hm²，生态系统土壤保持服务保有率达 74.89%。

工程实施前后两个时段相比，中南工程区土壤侵蚀模数、生态系统单位面积土壤保持量均表现为增加，生态系统土壤保持服务保有率则有所降低。

4）麦秀工程区

工程实施前 8 年（1997～2004 年），麦秀工程区土壤侵蚀模数仅 4.78 t/hm²，单位面积土壤保持量为 24.3 t/hm²，生态系统土壤保持服务保有率 86.84 %。

工程实施后 8 年（2005～2012 年），麦秀工程区土壤侵蚀模数增加至 6.9 t/hm²，单位面积土壤保持量增加至 36.77 t/hm²，生态系统土壤保持服务保有率达 87.8%。

工程实施前后两个时段相比，麦秀工程区土壤侵蚀模数、生态系统单位面积土壤保持量和生态系统土壤保持服务保有率均表现为增加态势。

5）东南工程区

工程实施前 8 年（1997～2004 年），东南工程区土壤侵蚀模数为 16.92 t/hm²，单位面积土壤保持量达到 68.87 t/hm²，生态系统土壤保持服务保有率达 81.61%。

工程实施后 8 年（2005～2012 年），东南工程区土壤侵蚀模数为 15.63 t/hm²，单位面积土壤保持量达到 78.31 t/hm²，生态系统土壤保持服务保有率最大，达 83.61%。

工程实施前后两个时段相比，东南工程区土壤侵蚀模数减少，生态系统单位面积土壤保持量和生态系统土壤保持服务保有率均表现为增加。

6）各拉丹冬工程区

工程实施前 8 年（1997～2004 年），各拉丹冬工程区土壤侵蚀模数为 14.53 t/hm²，单位面积土壤保持量为 8.02 t/hm²，生态系统土壤保持服务保有率为 36.96%。

工程实施后 8 年（2005～2012 年），各拉丹冬工程区土壤侵蚀模数为 13.81 t/hm²，单位面积土壤保持量为 9.63 t/hm²，生态系统土壤保持服务保有率为 42.91%。

工程实施前后两个时段相比，各拉丹冬工程区土壤侵蚀模数减少，生态系统单位面积土壤保持量和生态系统土壤保持服务保有率均表现为增加。

# 第三节　防风固沙服务状况及其变化

## 一、三江源区防风固沙服务状况及其变化

### 1. 2012 年防风固沙服务状况

2012 年，三江源区土壤风蚀量为 3.11 亿 t，单位面积风蚀模数为 11.97 t/hm²；防风固沙量为 6.41 亿 t，单位面积防风固沙量为 25.93 t/hm²（图 7-56，图 7-57）。

### 2. 工程实施前后防风固沙服务状况变化

1）土壤风蚀量的变化

A. 风蚀方程估算结果

1997～2012 年，三江源区土壤风蚀量前期有所升高、后期有轻微下降（图 7-58），平均土壤风蚀量为 3.11 亿 t，土壤风蚀模数为 1 159.16 t/km²。三江源生态保护与建设工程实施前 8 年（1997～2004 年），三江源区年均土壤风蚀量为 3.09 亿 t，工程实施后 8 年（2005～2012 年），三江源区年均土壤风蚀量为 3.13 亿 t，风蚀量变化不大。工程实施前，三江源区土壤风蚀的变化趋势为 1.9 亿 t/10 a，工程实施后土壤风蚀量处于下降趋势，变化趋势为 –1.1 亿 t/10 a，表明土壤风蚀逐年增加的趋势在生态工程实施后开始扭转。

从空间格局而言，土壤风蚀集中发生在三江源区西部区域（图 7-59），如治多县、唐古拉山乡、曲麻莱县，以及杂多县等地。其余地区的风蚀以微度侵蚀为主，风蚀量很小。

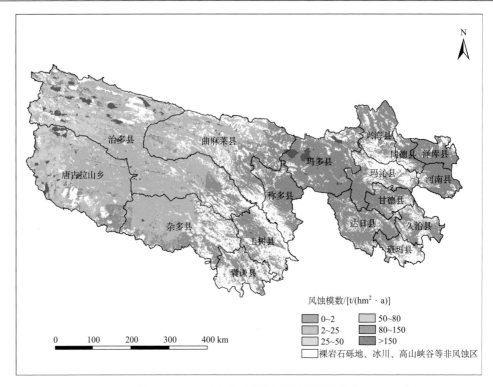

图 7-56　2012 年三江源区土壤风蚀模数分布

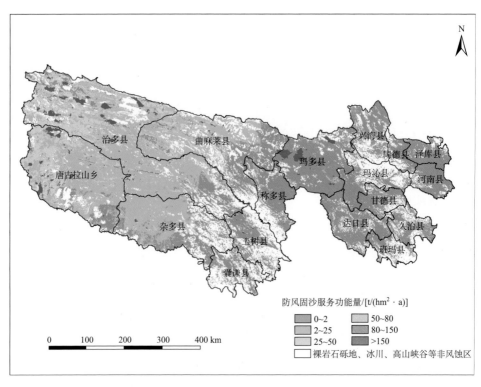

图 7-57　2012 年三江源区单位面积防风固沙服务功能

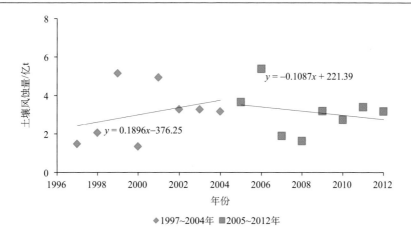

$y = -0.1087x + 221.39$

$y = 0.1896x - 376.25$

图 7-58 1997～2012 年土壤风蚀量年际变化

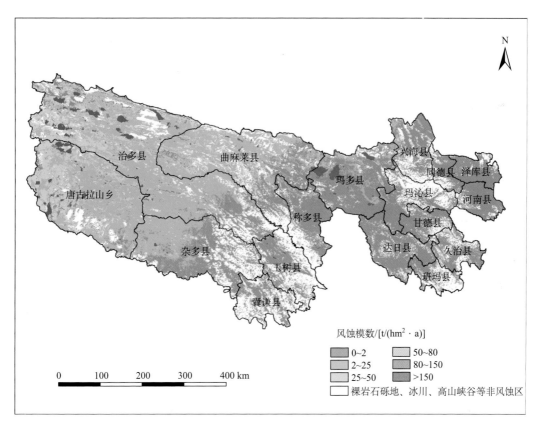

图 7-59 2004 年土壤风蚀量分布图

B. 地面监测结果

a. 样区结果分析

根据 2006～2012 年对生态系统综合站点及水土保持辅助站点的土壤风蚀量的实地监测结果，4 个风蚀监测站点样区中，土壤风蚀量最大的样区为格尔木市唐古拉山乡（沱沱河监测点），样区多年平均风蚀量为 0.12 t，其多年平均侵蚀模数为 3 334.58 t/（km²·a）；土壤风蚀量最小的样区为格尔木市唐古拉山乡（草地生态系统综合监测站），样区多年平均风蚀量为 0.04 t，其多年平均侵蚀模数为 1 248.06 t/（km²·a）；整体来看，监测样区多年平均风蚀量为 0.10 t，其多年平均侵蚀模数为 2 907.84 t/（km²·a）（图 7-60，图 7-61）。

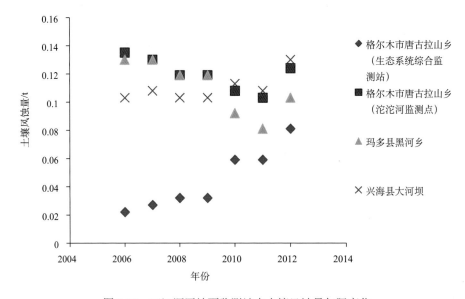

图 7-60　三江源区地面监测站点土壤风蚀量年际变化

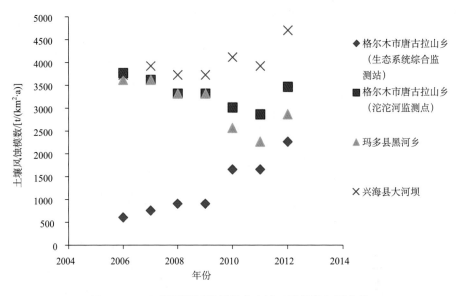

图 7-61　三江源区地面监测站点土壤风蚀模数年际变化

b. 区域结果分析

根据监测点所代表的植被类型，将监测点分为两大类：草原类监测点和草甸类监测点。

草甸类结果分析：玛多县黑河乡监测站为草甸类监测站，其多年平均土壤风蚀量为

0.11 t，多年平均侵蚀模数为 3 076.35 t/（km²·a）。土壤风蚀量和土壤风蚀模数在 2006～2012 年均处于下降趋势，生态工程实施后生态状况好转。

草原类结果分析：格尔木市唐古拉山乡（草地生态系统综合监测站）、格尔木市唐古拉山乡（沱沱河监测点）和兴海大河坝站位草原类监测站，草原区的多年平均土壤风蚀量为 0.91 t，多年平均侵蚀模数为 2 851.67 t/（km²·a）。其中，格尔木市唐古拉山乡（草地生态系统综合监测站）和兴海县大河坝监测站的土壤风蚀量和土壤风蚀模数在 2006～2012 年均处于上升趋势，格尔木市唐古拉山乡（沱沱河监测点）的土壤风蚀量和土壤风蚀模数在 2006～2012 年处于下降趋势。

### 2）防风固沙服务的变化

#### A. 年防风固沙总量的变化

1997～2012 年三江源区防风固沙服务量总体基本不变（图 7-62）。1997～2012 年平均防风固沙服务量为 6.11 亿 t。三江源生态保护与建设工程实施前 8 年（1997～2004年），三江源区平均防风固沙服务量为 6.35 亿 t，工程实施后 8 年（2005～2012 年），三江源区平均防风固沙服务量为 5.87 亿 t，相比有轻微下降。这是由于年均风场强度降低，裸土和地表覆盖植被情况下的土壤风蚀量均降低，服务量也相应降低。三江源区生态工程实施前防风固沙服务量的变化趋势为 2.48 亿 t/10 a，工程实施后防风固沙服务量依然处于下降趋势，但下降趋势变缓，变化趋势为–0.05 亿 t/10 a，同样由于风场强度等气候驱动力的减弱，潜在土壤风蚀量与植被覆盖下的风蚀量均有所降低，服务量有所下降。

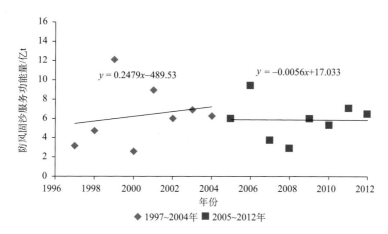

图 7-62　1997～2012 年三江源区生态系统防风固沙量年际变化

从空间格局而言，防风固沙服务集中发生在三江源区西部区域（图 7-63），如治多县、唐古拉山乡、曲麻莱县，以及杂多县等地，与三江源区土壤风蚀发生区域一致。其余地区的防风固沙服务量很小，主要是由于其余地区的风蚀驱动力小，实际上裸土状态下的风蚀量也很小，防风固沙量与西部四县区域相比差异很大，防风固沙量小。

#### B. 防风固沙服务保有率的变化

1997～2012 年三江源区生态系统防风固沙服务保有率前期有所下降，后期有所提升

（图 7-64），平均防风固沙服务保有率为 78%。三江源生态保护与建设工程实施前 8 年
（1997～2004 年）平均防风固沙服务保有率为 78.6%，工程实施后（2005～2012 年）平
均防风固沙服务保有率为 0.776。生态工程实施前，三江源区防风固沙服务保有率呈下降
趋势，为–43.38%/a，工程实施后防风固沙服务保有率转为上升趋势，变化趋势为 62.15%/a，
生态工程效益有所体现。

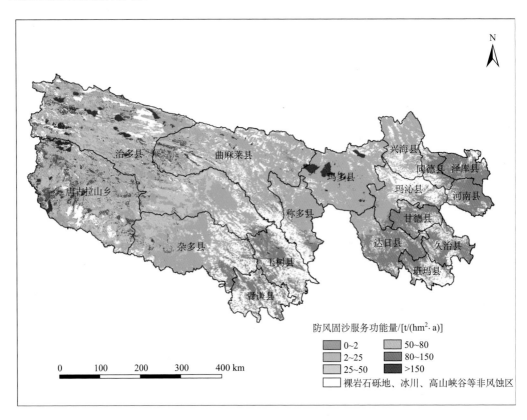

图 7-63　2004 年三江源区生态系统防风固沙服务量分布

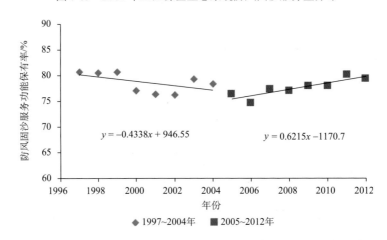

图 7-64　1997～2012 年三江源区生态系统防风固沙服务保有率年际变化

1997～2012 年三江源除水蚀以外的风蚀区的防风固沙服务保有率前期有所下降，后期有所提升（图 7-65），平均防风固沙服务保有率为 68%。三江源生态保护与建设工程实施前 8 年（1997～2004 年），三江源区风蚀区平均防风固沙服务保有率为 63%，工程实施后 8 年（2005～2012 年），三江源区风蚀区平均防风固沙服务保有率为 62%。三江源区风蚀区生态工程实施前防风固沙服务保有率呈下降趋势，为–50.94%/a，工程实施后防风固沙服务保有率转为上升趋势，变化趋势为 47.85%/a，生态工程效益有所体现。

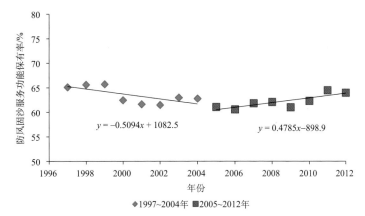

图 7-65　1997～2012 年三江源区风蚀区生态系统防风固沙服务保有率年际变化

从空间格局而言，防风固沙服务保有率自东南向西北逐渐递减（图 7-66），与三江源区植被覆盖度的变化趋势一致。

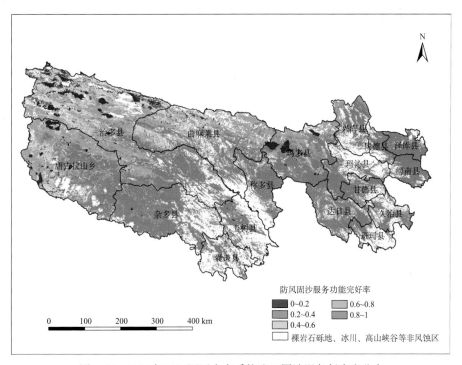

图 7-66　2004 年三江源区生态系统防风固沙服务保有率分布

## 二、州域防风固沙服务状况及其变化

### 1. 2012年防风固沙服务状况

2012年，三江源区各州土壤风蚀总量最高的是玉树藏族自治州，为2.130亿t，其次为格尔木市唐古拉山乡，为0.966亿t；海南藏族自治州、果洛藏族自治州、黄南藏族自治州土壤风蚀量相对较低，其中黄南藏族自治州土壤风蚀总量最低，为0.001亿t。各州土壤风蚀模数格尔木市唐古拉山乡最高，为22.94 t/hm²，其次为玉树藏族自治州，为14.60 t/hm²；其他三州土壤风蚀模数相对较低，其中黄南藏族自治州土壤风蚀模数最低，为0.06 t/hm²（表7-35）。

表7-35　2012年三江源区各州土壤风蚀量与防风固沙量服务状况

| 州域 | 土壤风蚀量 | | 防风固沙量 | |
| --- | --- | --- | --- | --- |
| | 单位面积/（t/hm²） | 总量/亿t | 单位面积/（t/hm²） | 总量/亿t |
| 玉树藏族自治州 | 14.60 | 2.130 | 30.50 | 4.219 |
| 海南藏族自治州 | 0.49 | 0.005 | 4.12 | 0.040 |
| 果洛藏族自治州 | 0.27 | 0.014 | 1.59 | 0.075 |
| 黄南藏族自治州 | 0.06 | 0.001 | 1.23 | 0.013 |
| 格尔木市唐古拉山乡 | 22.94 | 0.966 | 50.24 | 2.060 |

各州防风固沙量最高的是玉树藏族自治州，为4.219亿t，其次是格尔木市唐古拉山乡，为2.06亿t；其他三州防风固沙量相对较低，最低的是黄南藏族自治州，为0.013亿t。单位面积防风固沙量格尔木市唐古拉山乡最高，玉树藏族自治州其次，黄南藏族自治州最低。

### 2. 工程实施前后防风固沙服务状况变化

#### 1）土壤风蚀量的变化

工程实施前（1997～2004年），玉树藏族自治州、海南藏族自治州、格尔木市唐古拉山乡、果洛藏族自治州，以及黄南藏族自治州的多年平均土壤风蚀量分别为2.05亿t、0.02亿t、0.97亿t、0.04亿t和0.00亿t；工程实施后（2005～2012年），除格尔木市唐古拉山乡的土壤风蚀量有所提升外，其余各州土壤风蚀量均有所下降，分别降低了0.03亿t、0.01亿t和0.02亿t，降幅为1.49%、62.69%和49.97%，格尔木市唐古拉山乡的土壤侵蚀模数升高了0.11亿t，升幅为11.69%（表7-36）。

表7-36　工程实施前后三江源区各州土壤风蚀量变化

| 州域 | 1997～2004年/亿t | 2005～2012年/亿t | 变化量/亿t | 变化率/% |
| --- | --- | --- | --- | --- |
| 玉树藏族自治州 | 2.05 | 1.97 | −0.03 | −1.49 |
| 海南藏族自治州 | 0.02 | 0.01 | −0.01 | −62.69 |

续表

| 州域 | 1997~2004 年/亿 t | 2005~2012 年/亿 t | 变化量/亿 t | 变化率/% |
|---|---|---|---|---|
| 格尔木市唐古拉山乡 | 0.97 | 1.08 | 0.11 | 11.69 |
| 果洛藏族自治州 | 0.04 | 0.02 | −0.02 | −49.97 |
| 黄南藏族自治州 | 0.00 | 0.00 | 0.00 | −53.31 |

### 2）防风固沙服务的变化

#### A. 防风固沙服务量的变化

工程实施前（1997~2004 年），玉树藏族自治州、海南藏族自治州、格尔木市唐古拉山乡、果洛藏族自治州，以及黄南藏族自治州平均气候条件下的多年平均土壤防风固沙量分别为 6.01 亿 t、0.15 亿 t、3.33 亿 t、0.29 亿 t 和 0.06 亿 t；工程实施后（2005~2012 年），玉树藏族自治州、格尔木市唐古拉山乡平均气候条件下的多年平均土壤防风固沙量有所下降，变化量分别为−0.06 亿 t、−0.04 亿 t；海南藏族自治州、果洛藏族自治州和黄南藏族自治州基本不变（表 7-37）。

**表 7-37　工程实施前后平均气候条件下三江源各州土壤防风固沙服务量变化**

| 州域 | 1997~2004 年/亿 t | 2005~2012 年/亿 t | 变化量/亿 t | 变化率/% |
|---|---|---|---|---|
| 玉树藏族自治州 | 6.01 | 5.75 | −0.06 | −1.00 |
| 海南藏族自治州 | 0.15 | 0.14 | 0.00 | 0.07 |
| 格尔木市唐古拉山乡 | 3.33 | 3.23 | −0.04 | −1.24 |
| 果洛藏族自治州 | 0.29 | 0.28 | 0.00 | 0.01 |
| 黄南藏族自治州 | 0.06 | 0.05 | 0.00 | −0.44 |

#### B. 年防风固沙服务保有率的变化

工程实施前（1997~2004 年），玉树藏族自治州、海南藏族自治州、格尔木市唐古拉山乡、果洛藏族自治州，以及黄南藏族自治州的多年平均防风固沙服务保有率分别为 75.83%、87.52%、70.69%、89.40% 和 95.21%；工程实施后（2005~2012 年），玉树藏族自治州、格尔木市唐古拉山乡和黄南藏族自治州的防风固沙服务保有率均有所下降，分别下降了 1.46%、2.30% 和 2.25%（表 7-38）。

**表 7-38　工程实施前后三江源各州土壤保持服务保有率变化**　（单位：%）

| 州域 | 1997~2004 年 | 2005~2012 年 | 变化量 | 变化率 |
|---|---|---|---|---|
| 玉树藏族自治州 | 75.83 | 74.33 | −1.46 | −1.93 |
| 海南藏族自治州 | 87.52 | 88.04 | 0.50 | 0.57 |
| 格尔木市唐古拉山乡 | 70.69 | 68.66 | −2.30 | −3.25 |
| 果洛藏族自治州 | 89.40 | 90.20 | 0.76 | 0.85 |
| 黄南藏族自治州 | 95.21 | 92.98 | −2.25 | −2.37 |

## 三、县域防风固沙服务状况及其变化

### 1. 2012年防风固沙服务状况

2012 年，三江源区土壤风蚀最高的是治多县，达 15 429.40 万 t；唐古拉山乡次之，为 9650.68 万 t；再次为曲麻莱县，为 4 621.92 万 t，杂多县的土壤风蚀量为 1 205.57 万 t。其余各县的风蚀以微度侵蚀为主，风蚀量很小。土壤风蚀模数也以治多、唐古拉山、曲麻莱、杂多四县（乡）相对较高（表 7-39）。

表 7-39　2012 年三江源区各县土壤风蚀与防风固沙服务状况

| 县域 | 土壤风蚀量 | | 防风固沙量 | |
| --- | --- | --- | --- | --- |
| | 单位面积/（t/hm$^2$） | 总量/万 t | 单位面积/（t/hm$^2$） | 总量/万 t |
| 治多县 | 23.94 | 15 429.40 | 40.48 | 25 018.60 |
| 曲麻莱县 | 13.68 | 4 621.92 | 29.73 | 9 728.81 |
| 兴海县 | 0.61 | 45.49 | 4.74 | 326.45 |
| 唐古拉山乡 | 22.94 | 9 650.68 | 50.23 | 20 584.00 |
| 玛多县 | 0.61 | 119.09 | 2.52 | 484.01 |
| 同德县 | 0.18 | 5.15 | 2.55 | 68.85 |
| 泽库县 | 0.09 | 4.95 | 1.59 | 86.51 |
| 玛沁县 | 0.15 | 10.38 | 1.58 | 97.60 |
| 称多县 | 0.20 | 19.63 | 2.59 | 243.74 |
| 河南县 | 0.03 | 1.83 | 0.85 | 44.88 |
| 杂多县 | 4.57 | 1 205.57 | 28.56 | 7 160.67 |
| 甘德县 | 0.03 | 1.67 | 1.06 | 50.38 |
| 达日县 | 0.04 | 4.71 | 0.88 | 94.91 |
| 玉树县 | 0.04 | 2.65 | 0.58 | 33.71 |
| 久治县 | 0.01 | 0.71 | 0.41 | 17.23 |
| 班玛县 | 0.01 | 0.24 | 0.37 | 8.49 |
| 囊谦县 | 0.03 | 1.14 | 0.28 | 9.85 |

各县防风固沙服务量最高的是治多县，达 25 018.60 万 t；唐古拉山乡次之，为 2 0584.00 万 t；再次为曲麻莱县，为 9 728.81 万 t，杂多县的防风固沙服务量为 7 160.67 万 t。单位面积防风固沙量同样以这四个县（乡）较高。

### 2. 工程实施前后防风固沙服务状况变化

1）土壤风蚀量的变化

1997～2012 年三江源区土壤风蚀最高的是治多县，达 1.50 亿 t；唐古拉山乡次之，为 1.03 亿 t；再次为曲麻莱县，为 0.41 亿 t，杂多县的土壤风蚀量为 0.11 亿 t。其余地区的风蚀主要以微度侵蚀为主，风蚀量很小（图 7-67）。

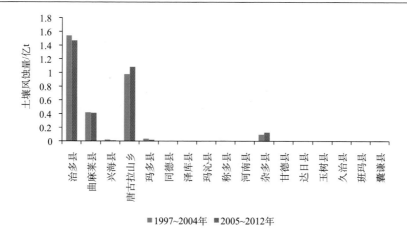

图 7-67 工程实施前后三江源区土壤风蚀量分县变化

各县土壤风蚀量在工程实施后有升有降，就风蚀量较大的四县来看，杂多县的风蚀量较工程实施前上升了 0.03 亿 t；唐古拉山乡升高了 0.10 亿 t；曲麻莱县下降了 0.01 亿 t，治多县下降了 0.07 亿 t（图 7-67）。

2）防风固沙服务的变化

A. 年防风固沙总量的变化

1997～2012 年三江源区防风固沙服务量最高的是治多县，达 2.79 亿 t；唐古拉山乡次之，为 2.46 亿 t；再次为曲麻莱县，为 1.03 亿 t，杂多县的防风固沙服务量为 0.71 亿 t（图 7-68）。

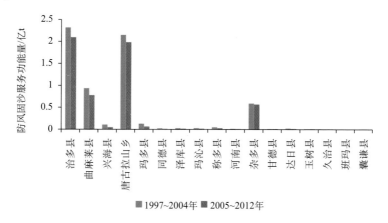

图 7-68 工程实施前后三江源区生态系统防风固沙服务量分县变化

三江源区生态系统防风固沙服务量在工程实施后整体有所下降，就风蚀量较大的四县来看，治多县的防风固沙服务量下降量最大，较工程实施前下降了 0.22 亿 t，下降幅度为 9.59%；唐古拉山乡次之，下降了 0.17 亿 t，下降幅度为 7.71%；曲麻莱县下降 0.16 亿 t，下降幅度为 16.83%；杂多县下降 0.02 亿 t，下降幅度为 3.86%（图 7-68）。

B. 防风固沙服务保有率的变化

1997～2012 年三江源区生态系统防风固沙服务保有率最高的是襄谦县、久治县和班玛县，均达到 95% 以上；达日县和甘德县次之，达到 94% 以上；再次为杂多县、称多县、玉树县、玛沁县、泽库县和河南县，均达到 90% 以上；同德县和玛多县的防风固沙服务保有率均达到 82% 以上；唐古拉山乡、兴海县、曲麻莱县和治多县的生态系统防风固沙服务保有率较差，分别为 81%、71%、67% 和 65%（图 7-69）。

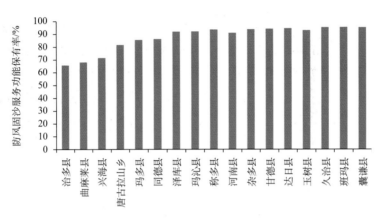

图 7-69　1997～2012 年三江源区分县年均生态系统防风固沙服务保有率

三江源区生态系统防风固沙服务在工程实施之后整体有所提升，个别县份有所下降。泽库县的防风固沙服务保有率趋势提升幅度最大，较工程实施前提升了 1.77%；曲麻莱县次之提升了 1.47%；再次为兴海县、杂多县、玛多县、治多县、称多县，提升量均在 1% 以上；此外，甘德县、唐古拉山乡、达日县、同德县、玛沁县、河南县和班玛县也有轻微提升，提升量分别为 0.97%、0.77%、0.72%、0.50%、0.37%、0.20% 和 0.14%。玉树县在生态工程实施前后防风固沙服务保有率的变化趋势基本未变。久治县和襄谦县的防风固沙服务保有率的变化趋势有所降低，但降低幅度均小于 0.2%（图 7-70）。

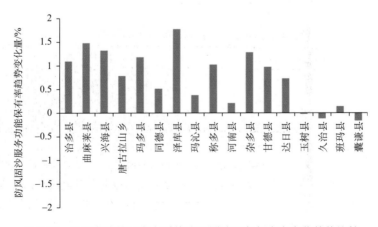

图 7-70　工程实施前后生态系统防风固沙服务保有率变化趋势比较

# 四、流域防风固沙服务状况及其变化

## 1. 2012 年防风固沙服务状况

2012 年，三江源区澜沧江流域、长江流域、黄河流域的土壤风蚀总量分别为 0.02 亿 t、1.60 亿 t 和 0.03 亿 t。土壤风蚀模数长江流域最高，为 12.85 t/hm²，其次为澜沧江流域，为 1.19 t/hm²，黄河流域最低，为 0.35 t/hm²。

澜沧江流域、长江流域、黄河流域的防风固沙服务功能量分别为 0.14 亿 t、4.39 亿 t 和 0.16 亿 t。单位面积防风固沙量由高到低依次为长江流域、澜沧江流域、黄河流域（表 7-40）。

表 7-40　2012 年三江源区各流域土壤风蚀与防风固沙服务状况

| 流域 | 土壤风蚀量 | | 防风固沙量 | |
| --- | --- | --- | --- | --- |
| | 单位面积/（t/hm²） | 总量/亿 t | 单位面积/（t/hm²） | 总量/亿 t |
| 澜沧江流域 | 1.19 | 0.02 | 9.56 | 0.14 |
| 长江流域 | 12.85 | 1.60 | 36.70 | 4.39 |
| 黄河流域 | 0.35 | 0.03 | 2.37 | 0.16 |

## 2. 工程实施前后防风固沙服务状况变化

### 1）土壤风蚀量

工程实施前（1997～2004 年），三江源区澜沧江流域、长江流域、黄河流域的平均土壤风蚀量分别为 0.01 亿 t、1.51 亿 t 和 0.06 亿 t。工程实施后（2005～2012 年），澜沧江流域的土壤风蚀量增加较为明显，增加量达到了 0.01 亿 t，增幅达到了 85.88%；长江流域的土壤风蚀量增加量较大，为 0.07 亿 t，增幅达到 4.33%；黄河流域的土壤风蚀量有所下降，下降幅度为 46.76%（表 7-41）。

表 7-41　工程实施前后三江源区各一级流域土壤风蚀量变化

| 流域 | 1997～2004 年/亿 t | 2005～2012 年/亿 t | 变化量/亿 t | 变化率/% |
| --- | --- | --- | --- | --- |
| 澜沧江流域 | 0.01 | 0.02 | 0.01 | 85.88 |
| 长江流域 | 1.51 | 1.57 | 0.07 | 4.33 |
| 黄河流域 | 0.06 | 0.03 | −0.03 | −46.76 |

工程实施前（1997～2004 年），长江源的楚玛尔河流域、当曲河流域和沱沱河流域的多年平均土壤风蚀量分别为 0.40 亿 t、0.27 亿 t 和 0.42 亿 t，工程实施后（2005～2012 年），楚玛尔河流域的土壤风蚀量均有所下降，下降量达到 0.01 亿 t，下降幅度达 0.03%；当曲河流域的土壤风蚀量基本不变，沱沱河流域的土壤风蚀量有所增加，增加幅度达 11.94%（表 7-42）。

表 7-42　工程实施前后三江源区各二级流域土壤风蚀量变化

| | 流域 | 1997～2004 年/亿 t | 2005～2012 年/亿 t | 变化量/亿 t | 变化率/% |
|---|---|---|---|---|---|
| 长江源 | 楚玛尔河流域 | 0.40 | 0.39 | −0.01 | −0.03 |
| | 当曲河流域 | 0.27 | 0.27 | 0.00 | 0.70 |
| | 沱沱河流域 | 0.42 | 0.46 | 0.05 | 11.94 |
| 黄河源 | 吉迈水文站以上流域 | 0.04 | 0.02 | −0.01 | −38.10 |

工程实施前（1997～2004 年），黄河源吉迈水文站以上流域的多年平均土壤风蚀量为 0.04 亿 t，工程实施后（2005～2012 年）减少了 0.01 亿 t，减幅为 38.10%。

2）防风固沙服务量

A. 防风固沙服务量

工程实施前（1997～2004 年），三江源区澜沧江流域、长江流域、黄河流域平均气候条件下的多年平均防风固沙服务量分别为 0.15 亿 t、6.53 亿 t 和 0.51 亿 t。工程实施后（2005～2012 年），长江流域的防风固沙量基本不变，澜沧江流域和黄河流域的防风固沙量有所下降，分别下降了 0.02 亿 t 和 0.22 亿 t（表 7-43）。

表 7-43　工程实施前后三江源区各一级流域防风固沙服务量变化

| 流域 | 1997～2004 年/亿 t | 2005～2012 年/亿 t | 变化量/亿 t | 变化率/% |
|---|---|---|---|---|
| 长江流域 | 0.15 | 0.15 | 0.00 | −0.90 |
| 黄河流域 | 6.53 | 6.32 | −0.22 | −3.32 |
| 澜沧江流域 | 0.51 | 0.49 | −0.02 | −4.24 |

工程实施前（1997～2004 年），长江源的楚玛尔河流域、当曲河流域和沱沱河流域平均气候条件下的多年平均防风固沙服务量分别为 1.05 亿 t、1.75 亿 t 和 1.58 亿 t。工程实施后（2005～2012 年），3 个流域的防风固沙量均有所下降，分别降低 0.07 亿 t、0.02 亿 t 和 0.06 亿 t（表 7-44）。

表 7-44　工程实施前后三江源区各二级流域防风固沙服务量变化

| | 流域 | 1997～2004 年/亿 t | 2005～2012 年/亿 t | 变化量/亿 t | 变化率/% |
|---|---|---|---|---|---|
| 长江源 | 楚玛尔河流域 | 1.05 | 0.98 | −0.07 | −6.49 |
| | 当曲河流域 | 1.75 | 1.73 | −0.02 | −1.04 |
| | 沱沱河流域 | 1.58 | 1.53 | −0.06 | −3.62 |
| 黄河源 | 吉迈水文站以上流域 | 0.28 | 0.27 | −0.01 | −4.33 |

工程实施前（1997～2004 年），黄河源吉迈水文站以上流域平均气候条件下的多年平均防风固沙服务量为 0.28 亿 t，工程实施后（2005～2012 年）减少了 0.01 亿 t，降幅达到 4.33%。

B. 防风固沙服务保有率

工程实施前（1997～2004 年），三江源区澜沧江流域、长江流域、黄河流域的土壤保持服务保有率（以下简称保有率）分别为 92.3%、79.06% 和 89.46%。工程实施后（2005～2012 年），澜沧江流域和长江流域的保有率有所下降，分别下降了 3.32% 和 2.06%（表 7-45）。

**表 7-45　工程实施前后三江源区各一级流域防风固沙服务保有率变化**

| 流域 | 1997～2004 年/% | 2005～2012 年/% | 变化量/% | 变化率/% |
|---|---|---|---|---|
| 澜沧江流域 | 92.30 | 89.24 | −3.07 | −3.32 |
| 长江流域 | 79.06 | 77.44 | −1.63 | −2.06 |
| 黄河流域 | 89.46 | 89.48 | 0.02 | 0.02 |

工程实施前（1997～2004 年），长江源的楚玛尔河流域、当曲河流域和沱沱河流域的保有率分别为 64.60%、81.97% 和 71.75%。工程实施后（2005～2012 年），3 个流域的保有率均有所减少，减少量分别为 2.45%、2.04% 和 2.84%，降幅分别为 3.80%、2.49% 和 3.96%（表 7-46）。

**表 7-46　工程实施前后三江源区各二级流域防风固沙服务保有率变化**

| | 流域 | 1997～2004 年/% | 2005～2012 年/% | 变化量/% | 变化率/% |
|---|---|---|---|---|---|
| 长江源 | 楚玛尔河流域 | 64.60 | 62.14 | −2.45 | −3.80 |
| | 当曲河流域 | 81.97 | 79.92 | −2.04 | −2.49 |
| | 沱沱河流域 | 71.75 | 68.91 | −2.84 | −3.96 |
| 黄河源 | 吉迈水文站以上流域 | 86.32 | 86.48 | 0.16 | 0.19 |

工程实施前（1997～2004 年），黄河源吉迈水文站以上区域的保有率为 86.32%，工程实施后（2005～2012 年）增加了 0.16%，增幅为 0.19%。

## 五、自然保护区防风固沙服务状况及其变化

### 1. 2012 年防风固沙服务状况

2012 年，三江源区土壤风蚀量最高的自然保护区是索加-曲麻河保护区，为 5 948.90 万 t，其次是各拉丹冬保护区，为 2 146.44 万 t，当曲保护区风蚀量为 947.05 万 t，3 个保护区的风蚀量远小于非保护区的 21 685.00 万 t，其他自然保护区风蚀量较小。土壤风蚀模数较高的保护区是各拉丹冬保护区与索加—曲麻河保护区，分别为 25.92 t/hm² 和 16.86 t/hm²，高于非保护区的 13.73 t/hm²，其他保护区的风蚀模数均低于非保护区（表 7-47）。

2012 年，防风固沙量较高的保护区是索加-曲麻河、当曲、各拉丹冬保护区，分别为 15 215.70 万 t、5 402.41 万 t、3 448.94 万 t，均低于非保护区的 37 475.10 万 t。单位面积防风固沙量较高的保护区是索加-曲麻河、各拉丹冬、当曲保护区，分别为 44.23 t/hm²、

43.82 t/hm$^2$ 和 35.57 t/hm$^2$，高于非保护区的 24.98 t/hm$^2$，其他自然保护区的单位面积防风固沙量均小于非保护区。

表 7-47　2012 年三江源区各保护区土壤风蚀与防风固沙服务状况

| 保护区 | 土壤风蚀量 | | 防风固沙量 | |
| --- | --- | --- | --- | --- |
| | 单位面积/（t/hm$^2$） | 总量/万 t | 单位面积/（t/hm$^2$） | 总量/万 t |
| 阿尼玛卿保护区 | 0.15 | 2.42 | 1.22 | 18.31 |
| 昂赛保护区 | 0.06 | 0.20 | 0.46 | 0.99 |
| 白扎保护区 | 0.02 | 0.62 | 0.22 | 5.38 |
| 当曲保护区 | 6.17 | 947.05 | 35.57 | 5 402.41 |
| 东仲保护区 | 0.00 | 0.03 | 0.10 | 0.46 |
| 多可河保护区 | 0.00 | 0.01 | 0.18 | 0.17 |
| 各拉丹冬保护区 | 25.92 | 2 146.44 | 43.82 | 3 448.94 |
| 果宗木查保护区 | 3.32 | 253.28 | 24.16 | 1 727.63 |
| 江西保护区 | 0.01 | 0.05 | 0.18 | 0.65 |
| 玛可河保护区 | 0.01 | 0.03 | 0.25 | 0.81 |
| 麦秀保护区 | 0.06 | 1.14 | 1.31 | 25.41 |
| 年保玉则保护区 | 0.01 | 0.21 | 0.36 | 4.41 |
| 索加-曲麻河保护区 | 16.86 | 5 948.90 | 44.23 | 15 215.70 |
| 通天河沿保护区 | 0.04 | 1.07 | 0.95 | 18.73 |
| 星星海保护区 | 0.70 | 44.18 | 2.48 | 154.36 |
| 约古宗列保护区 | 1.97 | 63.33 | 8.96 | 281.82 |
| 扎陵湖-鄂陵湖保护区 | 0.46 | 48.03 | 2.09 | 215.45 |
| 中铁-军功保护区 | 0.19 | 4.92 | 3.21 | 70.68 |
| 非保护区 | 13.73 | 21 685.00 | 24.98 | 37 475.10 |

**2. 工程实施前后防风固沙服务状况变化**

1）风蚀量的变化

自 2005 年三江源生态保护与建设工程实施以来，东仲、中铁-军功、多可河、年保玉则、扎陵湖-鄂陵湖、昂赛、江西、玛可河、白扎、索加-曲麻河、约古宗列、通天河沿、阿尼玛卿和麦秀自然保护区的单位面积土壤风蚀量均小于非保护区，当曲、星星海、果宗木查和各拉丹冬保护区则大于非保护区。整体而言，工程实施后自然保护区的土壤风蚀量普遍低于周边非保护区的土壤风蚀量，工程效益有所体现（表 7-48）。

工程实施前 8 年（1997～2004 年），就风蚀模数来说，中铁-军功等 8 个保护区处于减少趋势，其余 10 个保护区呈增加趋势，各拉丹冬的增加趋势最大，远高于非保护区。工程实施后 8 年（2005～2012 年），中铁-军功等 11 个保护区处于减少趋势，仅各拉丹冬减幅达 36.5 t/（hm$^2$ · 10 a），远超非保护区，其余 7 个保护区呈增加趋势（表 7-49、图 7-71）。

**表 7-48　工程实施后三江源区自然保护区土壤风蚀量比较**　　　（单位：t/hm²）

| 保护区 | 保护区内单位面积风蚀量 | 保护区外单位面积风蚀量 | 保护区内外风蚀变化量 |
|---|---|---|---|
| 东仲 | 0.00 | 0.09 | −0.09 |
| 中铁–军功 | 0.28 | 0.38 | −0.10 |
| 多可河 | 0.01 | 0.01 | −0.01 |
| 年保玉则 | 0.02 | 0.03 | −0.01 |
| 当曲 | 6.31 | 0.39 | 5.92 |
| 扎陵湖–鄂陵湖 | 0.65 | 2.53 | −1.89 |
| 昂赛 | 0.10 | 0.39 | −0.29 |
| 星星海 | 0.84 | 0.33 | 0.51 |
| 果宗木查 | 3.10 | 0.39 | 2.71 |
| 各拉丹冬 | 29.82 | 22.79 | 7.03 |
| 江西 | 0.01 | 0.08 | −0.08 |
| 玛可河 | 0.01 | 0.01 | 0.00 |
| 白扎 | 0.04 | 0.05 | −0.01 |
| 索加–曲麻河 | 14.87 | 22.64 | −7.77 |
| 约古宗列 | 1.60 | 4.86 | −3.26 |
| 通天河沿 | 0.11 | 18.40 | −18.29 |
| 阿尼玛卿 | 0.31 | 0.59 | −0.29 |
| 麦秀 | 0.10 | 0.15 | −0.05 |

**表 7-49　工程实施前后三江源自然保护区生态系统防风固沙服务变化**

| 保护区 | 1997~2004 年 | | | 2005~2012 年 | | | 变幅 | | |
|---|---|---|---|---|---|---|---|---|---|
| | 风蚀模数 /[t/（hm²·10 a）] | 单位面积防风固沙量 /[t/（hm²·10 a）] | 保有率 /（%/10 a） | 风蚀模数 /[t/（hm²·10 a）] | 单位面积防风固沙量 /[t/（hm²·10 a）] | 保有率 /（%/10 a） | 风蚀模数 /[t/（hm²·10 a）] | 单位面积防风固沙量 /[t/（hm²·10 a）] | 保有率 /（%/10 a） |
| 东仲 | 0.02 | 0.45 | −0.46 | 0.00 | −0.02 | 0.75 | −0.02 | −0.46 | 1.21 |
| 中铁–军功 | −0.39 | −3.18 | 1.80 | −0.43 | −1.45 | 6.35 | −0.05 | 1.74 | 4.55 |
| 多可河 | −0.01 | −0.29 | −2.99 | 0.00 | 0.02 | 1.17 | 0.01 | 0.31 | 4.17 |
| 年保玉则 | −0.05 | −0.56 | 1.87 | 0.01 | 0.11 | 1.60 | 0.05 | 0.67 | −0.27 |
| 当曲 | 5.01 | 17.70 | −4.89 | −2.92 | 4.98 | 8.64 | −7.93 | −12.72 | 13.54 |
| 扎陵湖–鄂陵湖 | −0.39 | −2.44 | −3.94 | −0.56 | −1.18 | 5.09 | −0.18 | 1.26 | 9.03 |
| 昂赛 | 0.09 | 0.82 | −5.88 | −0.21 | −1.42 | 1.72 | −0.30 | −2.24 | 7.60 |
| 星星海 | −0.17 | −1.91 | −3.60 | −0.26 | −0.47 | 3.35 | −0.09 | 1.44 | 6.95 |
| 果宗木查 | 2.47 | 15.04 | −3.22 | −0.59 | 9.52 | 6.45 | −3.06 | −5.52 | 9.67 |
| 各拉丹冬 | 26.95 | 35.14 | −3.48 | −36.50 | −29.89 | 14.19 | −63.45 | −65.03 | 17.67 |
| 江西 | 0.01 | 0.48 | 0.07 | 0.01 | 0.19 | 1.61 | 0.01 | −0.29 | 1.54 |
| 玛可河 | −0.01 | −0.63 | −0.75 | 0.01 | 0.11 | 1.44 | 0.02 | 0.74 | 2.19 |

续表

| 保护区 | 1997~2004 年 | | | 2005~2012 年 | | | 变幅 | | |
|---|---|---|---|---|---|---|---|---|---|
| | 风蚀模数 /[t/（hm² · 10 a）] | 单位面积 防风固沙量 /[t/（hm² · 10 a）] | 保有率 /（%/10 a） | 风蚀模数 /[t/（hm² · 10 a）] | 单位面积 防风固沙量 /[t/（hm² · 10 a）] | 保有率 /（%/10 a） | 风蚀模数 /[t/（hm² · 10 a）] | 单位面积 防风固沙量 /[t/（hm² · 10 a）] | 保有率 /（%/10 a） |
| 白扎 | 0.07 | 0.78 | −4.79 | −0.06 | −0.30 | 10.12 | −0.13 | −1.08 | 14.90 |
| 索加−曲麻河 | 7.30 | 9.90 | −7.11 | 2.80 | 18.47 | 5.68 | −4.51 | 8.57 | 12.79 |
| 约古宗列 | 0.60 | −0.74 | −8.97 | 0.74 | 6.77 | 5.39 | 0.14 | 7.51 | 14.36 |
| 通天河沿 | 0.50 | 1.94 | −11.51 | −0.23 | −0.50 | 8.09 | −0.73 | −2.44 | 19.60 |
| 阿尼玛卿 | −0.60 | −1.51 | 2.14 | −0.55 | −2.56 | 9.42 | 0.06 | −1.06 | 7.28 |
| 麦秀 | −0.14 | −1.87 | 2.59 | −0.10 | 0.01 | 3.01 | 0.04 | 1.88 | 0.42 |
| 全部保护区 | 5.51 | 9.59 | −4.99 | −2.36 | 5.89 | 6.64 | −7.87 | −3.69 | 11.62 |
| 非保护区 | 8.06 | 9.46 | −3.92 | −4.92 | −2.04 | 5.97 | −12.98 | −11.50 | 9.89 |

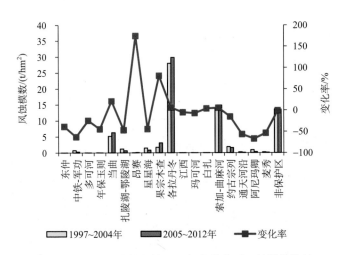

图 7-71　三江源自然保护区工程实施前后风蚀模数比较

2）防风固沙服务的变化

自 2005 年三江源生态保护与建设工程实施以来，就单位面积防风固沙量而言，东仲、多可河、年保玉则、扎陵湖-鄂陵湖、昂赛、各拉丹冬、江西、玛可河、白扎、约古宗列、通天河沿、阿尼玛卿和麦秀自然保护区小于非保护区，中铁-军功、当曲、星星海、果宗木查和索加-曲麻河保护区则大于非保护区。就防风固沙服务保有率而言，当曲、扎陵湖-鄂陵湖、果宗木查、各拉丹冬和白扎保护区均小于非保护区，其余保护区则均大于非保护区。从防风固沙服务保有率而言，保护区的防风固沙服务普遍高于周边非自然保护区，生态效益有所体现（表 7-50）。

表 7-50　工程实施后三江源自然保护区生态系统防风固沙服务比较

| 保护区 | 保护区内 | | 保护区外 | | 保护区内外变化量 | |
| --- | --- | --- | --- | --- | --- | --- |
| | 单位面积防风固沙量 / （m³/hm²） | 保有率 /% | 单位面积防风固沙量 / （m³/hm²） | 保有率 /% | 单位面积防风固沙量 / （m³/hm²） | 保有率 /% |
| 东仲 | 0.09 | 96.72 | 0.90 | 87.85 | -0.81 | 8.87 |
| 中铁-军功 | 3.79 | 92.59 | 2.96 | 88.01 | 0.84 | 4.58 |
| 多可河 | 0.25 | 97.32 | 0.41 | 92.01 | -0.16 | 5.31 |
| 年保玉则 | 0.47 | 96.30 | 0.84 | 88.01 | -0.38 | 8.29 |
| 当曲 | 30.36 | 83.60 | 2.01 | 93.44 | 28.35 | -9.84 |
| 扎陵湖-鄂陵湖 | 2.55 | 82.47 | 7.34 | 96.96 | -4.80 | -14.49 |
| 昂赛 | 0.74 | 89.80 | 2.01 | 79.30 | -1.27 | 10.50 |
| 星星海 | 2.87 | 80.90 | 1.81 | 70.88 | 1.06 | 10.02 |
| 果宗木查 | 18.78 | 85.91 | 2.01 | 88.01 | 16.77 | -2.10 |
| 各拉丹冬 | 42.79 | 60.03 | 48.72 | 93.24 | -5.93 | -33.21 |
| 江西 | 0.12 | 97.01 | 0.84 | 96.96 | -0.72 | 0.04 |
| 玛可河 | 0.32 | 96.99 | 0.41 | 91.14 | -0.08 | 5.85 |
| 白扎 | 0.27 | 92.23 | 0.45 | 96.67 | -0.18 | -4.44 |
| 索加-曲麻河 | 36.04 | 72.67 | 30.25 | 63.06 | 5.79 | 9.61 |
| 约古宗列 | 6.17 | 78.60 | 12.56 | 68.64 | -6.39 | 9.97 |
| 通天河沿 | 1.14 | 94.40 | 25.00 | 91.38 | -23.86 | 3.03 |
| 阿尼玛卿 | 2.14 | 90.89 | 2.71 | 77.11 | -0.57 | 13.78 |
| 麦秀 | 1.67 | 93.16 | 2.06 | 83.15 | -0.39 | 10.01 |

工程实施前 8 年（1997～2004 年），就生态系统单位面积防风固沙量而言，各拉丹冬、当曲、果宗木查和索加-曲麻河的增幅远高于非保护区，中铁-军功等 9 个保护区处于减少趋势。工程实施后 8 年（2005～2012 年），降低和提升趋势的保护区各占一半，除各拉丹冬和阿尼玛卿以外，其他的防风固沙量变化趋势都好于非保护区（图 7-72）。

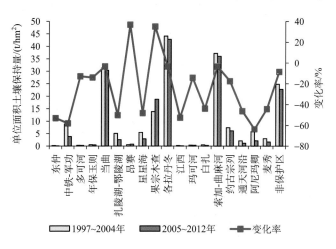

图 7-72　工程实施前后三江源自然保护区单位面积土壤保持量比较

　　工程实施前 8 年（1997～2004 年），就生态系统防风固沙服务保有率而言，通天河沿等 13 个保护区及非保护区都呈现降低趋势，仅中铁-军功、年保玉则、阿尼玛卿、麦秀和江西表现为上升趋势。工程实施后 8 年（2005～2012 年），所有区域都处于上升趋势，中铁-军功等 7 个保护区的变化趋势好于非保护区（图 7-73）。

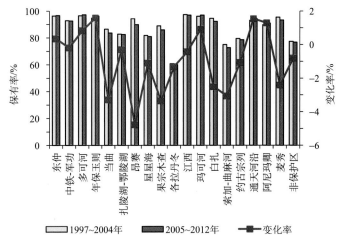

图 7-73　工程实施前后三江源自然保护区防风固沙服务保有率比较

　　工程实施前后两个时段相比，保护区风蚀模数以减少为主，生态系统单位面积防风固沙量增加和减少趋势各占一半，生态系统防风固沙服务保有率表现为提升，且提升幅度多好于非保护区。

# 六、重点工程区防风固沙服务状况及其变化

## 1. 2012 年防风固沙服务状况

　　2012 年，土壤风蚀量最高的工程区为长江源工程区，风蚀总量达 7 137.95 万 t，其次为各拉丹冬工程区，风蚀量达 2 144.42 万 t，其他工程区风蚀量相对较小。土壤风蚀模数最高的是各拉丹冬工程区，为 25.87 t/hm$^2$，其次是长江源工程区，风蚀模数为 12.26 t/hm$^2$（表 7-51）。

表 7-51　2012 年三江源区各工程区土壤风蚀与防风固沙服务状况

| 重点工程区 | 土壤风蚀量 | | 防风固沙量 | |
| --- | --- | --- | --- | --- |
| | 单位面积/（t/hm$^2$） | 总量/万 t | 单位面积/（t/hm$^2$） | 总量/万 t |
| 中南工程区 | 0.03 | 1.97 | 0.48 | 26.26 |
| 黄河源工程区 | 0.67 | 162.74 | 3.16 | 739.34 |
| 东南工程区 | 0.01 | 0.25 | 0.33 | 5.38 |
| 长江源工程区 | 12.26 | 7 137.95 | 39.36 | 22 321.50 |
| 各拉丹冬工程区 | 25.87 | 2 144.42 | 43.78 | 3 453.62 |
| 麦秀工程区 | 0.06 | 1.12 | 1.31 | 25.18 |

各工程区防风固沙功能量最高的是长江源工程区，为 22 321.50 万 t，其次是各拉丹冬工程区，为 3 453.62 万 t。各拉丹冬工程区单位面积防风固沙量高于长江源工程区，分别为 43.78 t/hm²、39.36 t/hm²。其他工程区单位面积防风固沙量相对较低。

**2. 工程实施前后防风固沙服务状况变化**

1）黄河源工程区

工程实施前 8 年（1997～2004 年），黄河源工程区土壤风蚀模数、生态系统单位面积防风固沙服务量均呈现减少趋势，风蚀模数减少 0.22 t/（hm²·10 a），单位面积防风固沙服务量减少 2.09 t/（hm²·10 a），防风固沙服务完好率下降 3.57%/10 a（表 7-52，图 7-74～图 7-76）。

表 7-52　三江源区重点工程区生态系统防风固沙服务变化

| 重点工程区 | 评估指标 | 1997～2004 年 | 2005～2012 年 | 变幅 |
|---|---|---|---|---|
| 黄河源工程区 | 风蚀模数/[t/（hm²·10 a）] | −0.22 | −0.29 | −0.08 |
| | 单位面积防风固沙量/[t/（hm²·10 a）] | −2.09 | −0.06 | 2.03 |
| | 完好率/（%/10 a） | −3.57 | 5.01 | 8.59 |
| 长江源工程区 | 风蚀模数/[t/（hm²·10 a）] | 6.08 | 0.84 | −5.24 |
| | 单位面积防风固沙量/[t/（hm²·10 a）] | 12.58 | 13.7 | 1.12 |
| | 完好率/（%/10 a） | −6.05 | 6.68 | 12.72 |
| 中南工程区 | 风蚀模数/[t/（hm²·10 a）] | 0.21 | −0.12 | −0.33 |
| | 单位面积防风固沙量/[t/（hm²·10 a）] | 1.15 | −0.35 | −1.5 |
| | 完好率/（%/10 a） | −6.51 | 7.7 | 14.21 |
| 麦秀工程区 | 风蚀模数/[t/（hm²·10 a）] | −0.14 | −0.1 | 0.04 |
| | 单位面积防风固沙量/[t/（hm²·10 a）] | −1.87 | 0 | 1.87 |
| | 完好率/（%/10 a） | 2.58 | 3.03 | 0.45 |
| 东南工程区 | 风蚀模数/[t/（hm²·10 a）] | −0.04 | 0.01 | 0.04 |
| | 单位面积防风固沙量/[t/（hm²·10 a）] | −0.55 | 0.11 | 0.66 |
| | 完好率/（%/10 a） | 1.04 | 1.52 | 0.48 |
| 各拉丹冬工程区 | 风蚀模数/[t/（hm²·10 a）] | 26.91 | −36.46 | −63.37 |
| | 单位面积防风固沙量/[t/（hm²·10 a）] | 35.12 | −29.84 | −64.96 |
| | 完好率/（%/10 a） | −3.48 | 14.17 | 17.65 |

工程实施后 8 年（2005～2012 年），黄河源工程区土壤风蚀模数减少 0.29 t/（hm²·10 a），单位面积防风固沙服务量减少 0.06 t/（hm²·10 a），防风固沙服务完好率增加 5.01%/10 a。

工程实施后，黄河源工程区土壤风蚀模数减幅有所提高，但生态系统单位面积防风固沙服务量减幅缩小，生态系统防风固沙服务保有率由减变增。

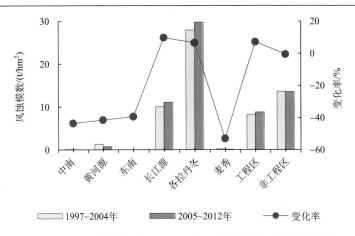

图 7-74　工程实施前后三江源区重点工程区土壤风蚀模数比较

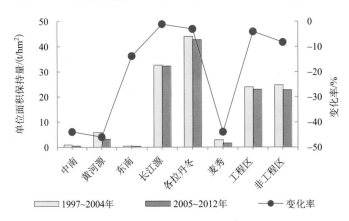

图 7-75　工程实施前后三江源区重点工程区生态系统防风固沙单位面积保持量比较

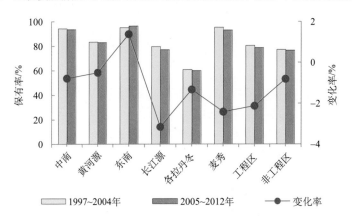

图 7-76　工程实施前后三江源区重点工程区生态系统防风固沙服务保有率比较

### 2）长江源工程区

工程实施前 8 年（1997～2004 年），长江源工程区土壤风蚀模数、生态系统单位面积防风固沙服务量均呈现增加趋势，风蚀模数增加 6.08 t/(hm² · 10 a)，单位面积防风固沙服务量增加 12.58 t/（hm² · 10 a），防风固沙服务保有率下降 6.05%/10 a。

工程实施后 8 年（2005～2012 年），长江源工程区土壤风蚀模数仅增加 0.84 t/（hm² · 10 a），单位面积防风固沙服务量增加 13.70 t/（hm² · 10 a），防风固沙服务保有率增加 6.68%/10 a。

工程实施后，长江源工程区土壤风蚀模数增幅大大下降，生态系统单位面积防风固沙服务量与生态系统防风固沙服务保有率均有所提高。

### 3）中南工程区

工程实施前 8 年（1997～2004 年），中南工程区土壤风蚀模数和生态系统单位面积防风固沙服务量均呈现增加趋势，分别达到 0.21 t/（hm² · 10 a）和 1.15 t/（hm² · 10 a），生态系统防风固沙服务保有率下降 6.51%/10 a。

工程实施后 8 年（2005～2012 年），中南工程区土壤风蚀模数下降 0.12 t/（hm² · 10 a），生态系统单位面积防风固沙服务量下降 0.35 t/（hm² · 10 a），生态系统防风固沙服务保有率则呈现增加态势，增加了 7.70 %/10 a。

工程实施前后两个时段相比，中南工程区土壤风蚀模数和生态系统单位面积防风固沙服务量均表现为减少，生态系统防风固沙服务保有率则相对上升。

### 4）麦秀工程区

工程实施前 8 年（1997～2004 年），麦秀工程区土壤风蚀模数和生态系统单位面积防风固沙服务量均呈现减少趋势，分别减少 0.14 t/（hm² · 10 a）和 1.87 t/（hm² · 10 a），生态系统防风固沙服务保有率则增加 2.58 %/10 a。

工程实施后 8 年（2005～2012 年），麦秀工程区土壤风蚀模数下降 0.1 t/（hm² · 10 a），生态系统单位面积防风固沙服务量基本持衡，生态系统防风固沙服务保有率增加 3.03 %/10 a。

工程实施前后两个时段相比，麦秀工程区土壤风蚀模数、生态系统单位面积防风固沙服务量与生态系统防风固沙服务保有率均呈现增加态势。

### 5）东南工程区

工程实施前 8 年（1997～2004 年），东南工程区土壤风蚀模数和生态系统单位面积防风固沙服务量均呈现减少趋势，分别减少 0.04 t/（hm² · 10 a）和 0.55 t/（hm² · 10 a），生态系统防风固沙服务保有率增加 1.04 %/10 a。

工程实施后 8 年（2005～2012 年），东南工程区土壤风蚀模数、生态系统单位面积防风固沙服务量与生态系统防风固沙服务保有率均呈现增加趋势。风蚀模数增加 0.01 t/（hm² · 10 a），单位面积防风固沙服务量增加 0.11 t/（hm² · 10 a），生态系统防风固沙服务保有率增加 1.52 %/10 a。

工程实施前后两个时段相比，东南工程区土壤风蚀模数、生态系统单位面积防风固沙服务量与生态系统防风固沙服务保有率均呈现增加态势。

### 6）各拉丹冬工程区

工程实施前 8 年（1997～2004 年），各拉丹冬工程区土壤风蚀模数和生态系统单位面积防风固沙服务量均呈现增加趋势，分别增加 26.91 t/（hm$^2$ • 10 a）和 35.12 t/（hm$^2$ • 10 a），生态系统防风固沙服务保有率减少 3.48 %/10 a。

工程实施后 8 年（2005～2012 年），各拉丹冬工程区土壤风蚀模数、生态系统单位面积防风固沙服务量减少了 36.46 t/（hm$^2$ • 10 a）和 29.84 t/（hm$^2$ • 10 a），生态系统防风固沙服务保有率增加 14.17 %/10 a。

工程实施前后两个时段相比，各拉丹冬工程区土壤风蚀模数、生态系统单位面积防风固沙服务量呈现减少趋势，生态系统防风固沙服务保有率呈现增加态势。

## 第四节　牧草供给服务状况及其变化

### 一、三江源区牧草供给服务状况及其变化

#### 1. 2012 年牧草供给服务状况

2012 年，三江源区牧草产量为 831.13 kg/hm$^2$，为历年来最高。由空间分布上看，从东南向西北产草量逐渐递减（图 7-77）。

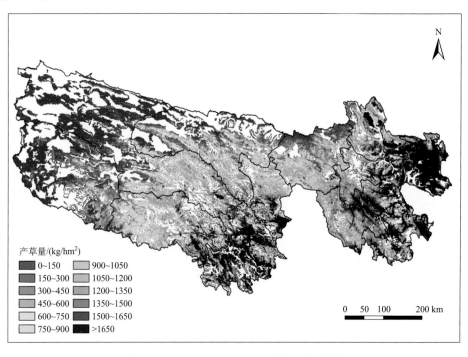

图 7-77　三江源区 2012 年产草量空间分布

#### 2. 工程实施前后牧草供给服务状况变化

工程实施前 17 年（1988～2004 年），三江源区草地平均产草量为 575.03 kg/（hm$^2$ • a），工程实施后 8 年（2005～2012 年）草地平均产草量为 732.58 kg/（hm$^2$ • a），相比提高了 27.40%（图 7-78）。

续表

| 流域 | | 1988~2004 年/（kg/hm²） | 2005~2012 年/（kg/hm²） | 增幅/% |
|---|---|---|---|---|
| 一级流域 | 二级流域 | | | |
| | 当曲流域 | 359.04 | 446.31 | 24.31 |
| | 楚玛尔河流域 | 98.03 | 154.18 | 57.28 |
| 黄河流域 | | 788.98 | 1 041.14 | 31.96 |
| | 吉迈水文站以上流域 | 502.73 | 675.52 | 34.37 |
| 澜沧江流域 | | 947.63 | 1 051.05 | 10.91 |

黄河流域较长江流域的年均产草量增幅较高，年均产草量由工程实施前的 788.98 kg/hm² 增加至 1 041.14 kg/hm²，增幅为 31.96%。其中，黄河流域中吉迈水文站以上流域草地产草量的升幅为 34.37%，较黄河流域整体区域稍高。

澜沧江流域在工程实施后，年均产草量升幅最低，工程实施前 17 年的年均产草量为 947.63 kg/hm²，工程实施后 8 年的年均产草量为 1 051.05 kg/hm²，增幅为 10.91%。

## 五、自然保护区牧草供给服务状况及其变化

### 1. 2012 年牧草供给服务状况

2012 年，三江源区东南部各自然保护区草地产草量较高，最高的是江西保护区，产草量为 1 618.42 kg/hm²；其次是麦秀保护区，产草量为 1 571.60 kg/hm²；产草量在 1200 kg/hm² 以上的保护区还包括玛可河（1 439.27 kg/hm²）、年保玉则（1 420.48 kg/hm²）、白扎（1 387.34 kg/hm²）、中铁-军功（1 302.55 kg/hm²）、多可河（1 280.79 kg/hm²）、通天河沿（1 264.86 kg/hm²）、昂赛（1 204.25 kg/hm²）。产草量较低的保护区为位于三江源西北部的扎陵湖-鄂陵湖、索加-曲麻河、约古宗列及各拉丹冬保护区，产草量均低于 600 kg/hm²，其中各拉丹冬是三江源区产草量最低的保护区，产草量仅为 148.09 kg/hm²（图 7-86）。

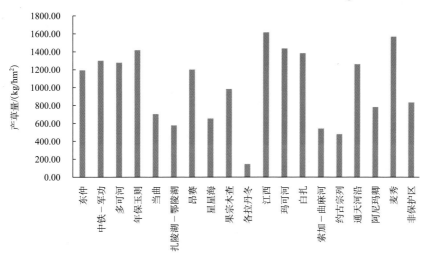

图 7-86 2012 年三江源各自然保护区草地产草量

## 2. 工程实施前后牧草供给服务状况变化

自 2005 年三江源生态保护和建设工程实施以来，三江源自然保护区及其所在县域的非保护区草地的牧草产草量均明显提高。对各自然保护区而言，工程开始前 17 年（1988～2004 年）与工程实施后 8 年（2005～2012 年）相比，草地产草量均呈现好转态势，草地产草量增幅最大的是各拉丹冬（56.63%）、索加-曲麻河（46.04%）和扎陵湖-鄂陵湖（43.47%）自然保护区，增幅最小的为白扎（4.67%）、昂赛（6.32%）和东仲（8.34%）自然保护区（表 7-56）。

表 7-56　工程实施前后三江源自然保护区草地产草量比较

| 保护区 | 保护区内 | | | 保护区外 | | |
|---|---|---|---|---|---|---|
| | 1988～2004 年 / (kg/hm²) | 2005～2012 年 / (kg/hm²) | 增幅 /% | 1988～2004 年 / (kg/hm²) | 2005～2012 年 / (kg/hm²) | 增幅 /% |
| 东仲 | 1 010.84 | 1 095.16 | 8.34 | 1 061.40 | 1 254.53 | 18.20 |
| 中铁-军功 | 848.22 | 1 190.64 | 40.37 | 951.95 | 1 279.75 | 34.44 |
| 多可河 | 1 190.63 | 1 385.94 | 16.40 | 1 142.91 | 1 369.76 | 19.85 |
| 年保玉则 | 963.89 | 1 159.31 | 20.27 | 1 204.38 | 1 491.50 | 23.84 |
| 当曲 | 506.95 | 607.83 | 19.90 | 846.67 | 936.88 | 10.65 |
| 扎陵湖-鄂陵湖 | 325.09 | 466.39 | 43.47 | 429.39 | 585.64 | 36.39 |
| 昂赛 | 967.86 | 1 029.06 | 6.32 | 846.67 | 936.88 | 10.65 |
| 星星海 | 335.74 | 464.37 | 38.31 | 753.96 | 957.29 | 26.97 |
| 果宗木查 | 703.60 | 816.15 | 16.00 | 846.67 | 936.88 | 10.65 |
| 各拉丹冬 | 68.83 | 107.73 | 56.53 | 151.25 | 211.06 | 39.55 |
| 江西 | 1 201.05 | 1 351.58 | 12.53 | 1 076.91 | 1 254.24 | 16.47 |
| 玛可河 | 1 304.59 | 1 545.42 | 18.46 | 1 142.91 | 1 369.76 | 19.85 |
| 白扎 | 1 090.30 | 1 141.70 | 4.71 | 1 150.84 | 1 239.40 | 7.70 |
| 索加-曲麻河 | 287.35 | 419.65 | 46.04 | 218.64 | 306.52 | 40.19 |
| 约古宗列 | 270.57 | 378.84 | 40.01 | 371.05 | 513.21 | 38.31 |
| 通天河沿 | 867.67 | 1 071.91 | 23.54 | 378.74 | 496.70 | 31.15 |
| 阿尼玛卿 | 554.06 | 722.55 | 30.41 | 637.49 | 834.50 | 30.90 |
| 麦秀 | 1 077.53 | 1 413.58 | 31.19 | 1 064.31 | 1 472.92 | 38.39 |

对各自然保护区所在县域的非保护区而言，工程实施后草地产草量也都呈现增加趋势，增幅最大的为索加-曲麻河、各拉丹冬、麦秀保护区所在县域的非保护区，分别为40.19%、39.55%、38.39%，增幅最小的为白扎保护区所在县域的非保护区（7.7%）。

各自然保护区内外对比，工程实施后，各拉丹冬、星星海、当曲、扎陵湖-鄂陵湖、中铁-军功、索加-曲麻河、果宗木查和约古宗列 8 个自然保护区内较保护区外的产草量增幅高，而阿尼玛卿、玛可河、白扎、多可河、年保玉则、江西、昂赛、麦秀、通天河沿和东仲 10 个自然保护区内较保护区外的产草量增幅低（表 7-56）。

# 六、重点工程区牧草供给服务状况及其变化

## 1. 2012 年牧草供给服务状况

2012 年，三江源区草地产草量较高的工程区为麦秀、东南、中南，产草量分别为 1 571.60 kg/hm²、1 414.16 kg/hm²、1 328.02 kg/hm²，高于非工程区产草量 837.20 kg/hm²；黄河源、长江源两工程区的产草量略低于非工程区，分别为 749.41 kg/hm² 和 662.56 kg/hm²；各拉丹冬工程区的产草量最低，仅为 148.09 kg/hm²（图 7-87）。

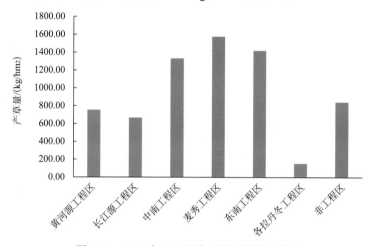

图 7-87　2012 年三江源各工程区草地产草量

## 2. 工程实施前后牧草供给服务状况变化

1）黄河源工程区

工程实施前 8 年（1997～2004 年），黄河源工程区生态系统牧草供给服务具有下降态势，降幅高于非工程区。年均产草量升幅为 0.38 kg/hm²，高于非工程区。但黄河源工程区的年均产草量低于非工程区（表 7-57）。

表 7-57　三江源区重点工程区草地产草量变化　　　（单位：kg/hm²）

| 重点工程区 | 1997～2004 年 | | 2005～2012 年 | | 变幅 |
| --- | --- | --- | --- | --- | --- |
| | 产草量 | 变幅 | 产草量 | 变幅 | |
| 黄河源工程区 | 470.17 | −0.2 | 648.82 | 1.02 | 0.38 |
| 长江源工程区 | 421.66 | 0.27 | 543.72 | 0.63 | 0.29 |
| 中南工程区 | 1 001.21 | −0.1 | 1 134.30 | 1.16 | 0.13 |
| 麦秀工程区 | 1 101.20 | 0.03 | 1 449.80 | 0.98 | 0.32 |
| 东南工程区 | 1 230.88 | 0.27 | 1 479.09 | 0.97 | 0.20 |
| 各拉丹冬工程区 | 82.69 | 0.23 | 125.24 | 0.27 | 0.51 |
| 非工程区 | 583.50 | −0.2 | 750.91 | 1.02 | 0.29 |

工程实施后 8 年（2005～2012 年），黄河源工程区生态系统牧草供给服务保有率均呈现增加态势，年均产草量升幅为 1.02 kg/hm²，高于其他工程区与非工程区。

工程实施前后两个时段相比，黄河源工程区生态系统牧草供给表现为好转态势。

### 2）长江源工程区

工程实施前 8 年（1997～2004 年），长江源工程区生态系统牧草供给服务保有率均呈现增加趋势，单位面积产草量增幅为 0.27 kg/hm²。

工程实施后 8 年（2005～2012 年），长江源工程区生态系统牧草供给服务显著增加，单位面积产草量增幅达到 0.63 kg/hm²。

工程实施前后两个时段相比，长江源工程区生态系统牧草供给表现为持续好转态势，增幅为 0.29 kg/hm²。

### 3）中南工程区

工程实施前 8 年（1997～2004 年），中南工程区生态系统牧草供给服务呈现降低趋势，单位面积产草量降幅为–0.1 kg/hm²。

工程实施后 8 年（2005～2012 年），中南工程区牧草供给服务呈现增加态势，中南工程区的单位面积产草量增幅最高，达到为 1.16 kg/hm²。

工程实施前后两个时段相比，中南工程区生态系统单位面积牧草供给表现为显著好转态势，年均产草量较工程实施前升幅为 0.13 kg/hm²。

### 4）麦秀工程区

工程实施前 8 年（1997～2004 年），麦秀工程区生态系统牧草供给服务保有率均呈现增加趋势，单位面积产草量增加 0.03 kg/hm²。

工程实施后 8 年(2005～2012 年)，麦秀工程区生态系统单位面积产草量增加 0.98 kg/hm²。

工程实施前后两个时段相比，麦秀工程区生态系统单位面积牧草供给表现为转好态势，年均产草量较工程实施前升幅为 0.32 kg/hm²。

### 5）东南工程区

工程实施前 8 年（1997～2004 年），东南工程区生态系统单位面积牧草供给呈现增长趋势，增加 0.27 kg/hm²。

工程实施后 8 年（2005～2012 年），东南工程区生态系统单位面积牧草供给呈现增加态势。单位面积产草量增幅达到 0.97 kg/hm²。

工程实施前后两个时段相比，东南工程区生态系统单位面积产草量表现为好转态势，年均产草量较工程实施前升幅为 0.20 kg/hm²。

### 6）各拉丹冬工程区

工程实施前 8 年（1997～2004 年），各拉丹冬工程区生态系统单位面积产草量呈现增加趋势，增加了 0.23 kg/hm²。

工程实施后 8 年（2005～2012 年），各拉丹冬工程区生态系统单位面积产草量呈现增加态势。单位面积产草量的升幅为 0.27 kg/hm²。

工程实施前后两个时段相比，各拉丹冬工程区生态系统单位面积牧草供给服务呈现持续增加趋势，年均产草量较工程实施前升幅为 0.51 kg/hm²。

# 第五节　水供给服务状况及其变化

## 一、流域径流状况及其变化

### 1. 黄河源径流变化特征与生态系统调节功能

1）春汛期径流变化特征与生态系统调节功能

A. 径流变化特征

三江源区地处青藏高原东部，春汛期间（3 月下旬至 6 月上旬）西南季风还未到达，降水所占比重很小，融化冰雪和冻土解冻形成春汛。春汛期径流量越大，对下游的贡献越大，所以春汛期采用流量和径流系数来表征流域径流调节功能。

1975～2011 年，黄河源出口唐乃亥站春汛期多年平均流量为 460.7 m³/s；流量变化斜率为-4.9，呈明显的下降趋势（图 7-88）；最大、最小流量比率为 2.6。1975～2011年，吉迈站多年平均流量为 96.0 m³/s；流量变化斜率为-0.8，呈降低的趋势，降低的速率小于唐乃亥站；最大、最小流量之比为 3.4，高于唐乃亥站的波动幅度。

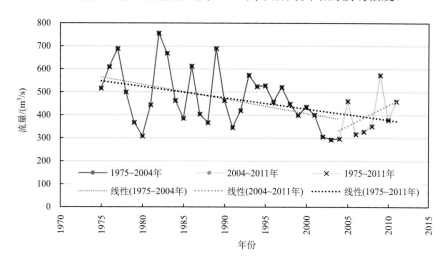

图 7-88　唐乃亥站春汛期流量变化

由表 7-58 可以看出，1997～2004 年，唐乃亥站春汛期多年平均流量为 387.2 m³/s；流量变化斜率为-31.7，呈明显下降的趋势；最大、最小流量之比为 1.8。1997～2004 年，吉迈站春汛期多年平均流量为 80.4 m³/s；流量变化斜率为-7.0，呈降低的趋势，降低的速率远远低于唐乃亥站；最大、最小流量之比为 2.4，高于唐乃亥站同期波动幅度。

表 7-58　黄河流域不同时段春汛期平均流量及其变化

| 站点 | 典型时段 | 平均流量/（m³/s） | 流量变化倾斜率 | 绝对比率（$R_{max}/R_{min}$） |
|---|---|---|---|---|
| 唐乃亥站 | 1975～2011 年（A） | 460.7 | −4.9 | 2.6 |
| | 1997～2004 年（B） | 387.2 | −31.7 | 1.8 |
| | 2004～2011 年 | 395.1 | 18.1 | 1.9 |
| | 与时段 A 相比 | −14.2% | 473.4% | −25.1% |
| | 与时段 B 相比 | 2.0% | 157.2% | 8.8% |
| 吉迈站 | 1975～2011 年（A） | 96.0 | −0.8 | 3.4 |
| | 1997～2004 年（B） | 80.4 | −7.0 | 2.4 |
| | 2004～2011 年 | 90.0 | 8.3 | 2.6 |
| | 与时段 A 相比 | −6.3% | 1158.0% | −22.0% |
| | 与时段 B 相比 | 11.9% | 218.1% | 8.5% |
| 唐乃亥-吉迈站 | 1975～2011 年（A） | 364.7 | −4.1 | 2.5 |
| | 1997～2004 年（B） | 306.8 | −24.7 | 1.8 |
| | 2004～2011 年 | 305.1 | 9.9 | 1.8 |
| | 与时段 A 相比 | −16.3% | 342.2% | −28.3% |
| | 与时段 B 相比 | −0.6% | 140.0% | −1.1% |

　　由表 7-58 可以看出，2004～2011 年，唐乃亥站春汛期多年平均流量为 395.1 m³/s，比 1975～2011 年平均流量减少了 14.2%，比 1997～2004 年增加了 2.0%；流量变化斜率为 18.1，止跌回升，而且增加迅速（图 7-88）；该时段内最大、最小流量之比为 1.9。2004～2011 年，吉迈站春汛期多年平均流量为 90.0 m³/s，比 1975～2011 年减少了 6.3%，比 1997～2004 年增加了 11.9%；流量变化斜率为 8.3，呈增加的趋势（图 7-89），最大、最小流量之比为 2.6。

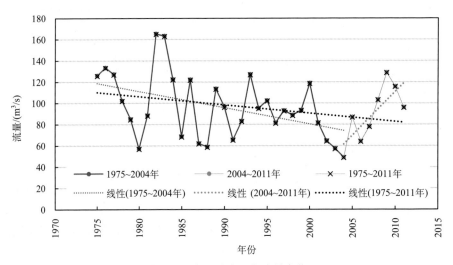

图 7-89　吉迈站春汛期流量变化

黄河源唐乃亥站以上流域集水面积为 121 972 km²，有 22.35%的集水面积，即 27 261.7 km²位于四川省，考虑到这一部分集水面积对唐乃亥站流量数据的影响，所以在分析时将唐乃亥站的径流量减去吉迈站（以下用唐乃亥-吉迈表示）的径流流量，以分析两个水文站之间流域面积上生态系统对径流的调节状况。根据计算结果（表 7-58），唐乃亥-吉迈 1975～2011 年多年平均春汛期流量为 364.7 m³/s；这期间最大、最小的比值为 2.5；流量变化倾斜率为−4.1，春汛期流量呈明显的下降趋势（图 7-90）。1997～2004 年，唐乃亥-吉迈站春汛期多年平均流量为 306.8 m³/s，比 1975～2011 年降低了−16.3%，比 1997～2004 年降低了 0.6%；径流变化斜率为−24.7 m³/s，呈明显下降的趋势；最大、最小流量比值为 1.8。2004～2011 年，唐乃亥-吉迈站春汛期平均流量为 305.1 m³/s，流量变化斜率为 9.9，呈增加的趋势；最大、最小流量比值为 1.8，与前一时段持平。

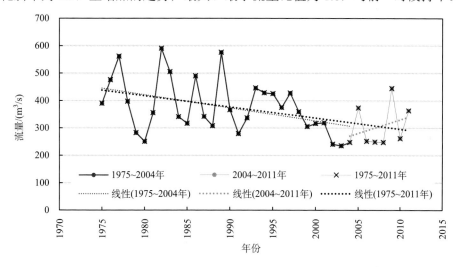

图 7-90　唐乃亥-吉迈站春汛期流量变化

总体来说，2004 年生态工程实施后，黄河源区春汛期流量径流调节功能出现了恢复的趋势。与 1997～2004 年相比，春汛期流量出现了回升的趋势，但是流量波动幅度变化不大。吉迈站以上流域径流调节功能恢复的程度好于唐乃亥-吉迈站。

B. 径流系数的变化

1975～2011 年，黄河源唐乃亥站春汛期径流系数平均值为 0.24，最大最小的比值为 3.43。这一时期，径流系数呈下降的趋势（图 7-91），其斜率为−0.0032。吉迈站径流系数平均值为 0.18，最大最小比值为 4.58；径流系数变化斜率为−0.002，呈降低的趋势。说明该时段内黄河源区降水转变为径流的部分持续减少，更多的降水被截留在生态系统内。

1997～2004 年，唐乃亥站径流系数平均值为 0.20；变化斜率为−0.014，呈下降的趋势。吉迈站径流系数平均值为 0.13；变化斜率为−0.011，呈下降的趋势（图 7-92）。说明由降水转变为径流的部分持续减少。

2004～2011 年，唐乃亥站径流系数平均值为 0.19；变化斜率为 0.005，呈增加的趋势。吉迈站径流系数平均值为 0.16；变化斜率为 0.015，呈增加的趋势，生态系统转变为径流的部分增加。

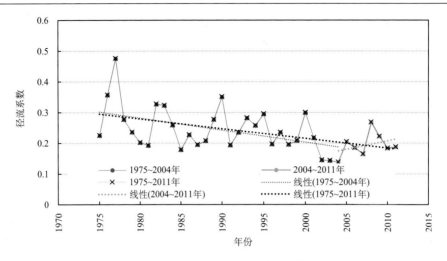

图 7-91　唐乃亥站春汛期径流系数

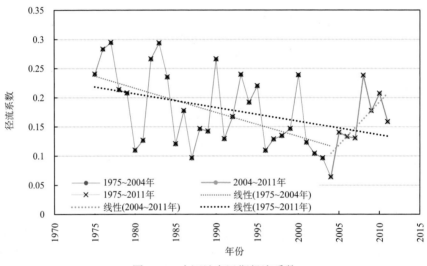

图 7-92　吉迈站春汛期径流系数

因此，2004 年生态工程实施后，降水径流转换比例增加，春汛期黄河源供水能力增加，径流调节功能增强。

C. 生态系统径流调节功能变化的原因分析

1975～2011 年，黄河流域降水和温度均呈增加趋势。气温的升高有助于冰雪消融量的增加，降水量尽管在春汛时所占比重很小，但从理论上讲，降水增加的趋势对径流量起正效应。考虑到该区域是三江源地区草地生态系统退化最严重的地区，在草地长期过牧和气候干暖化的双重影响下，该时唐乃亥站和吉迈站的流量呈现下降的趋势，黄河源向下游地区的供水能力总体呈减少的趋势。

1997～2004 年，黄河流域降水和气温均呈降低的趋势，流量也大幅度降低，其多年变化斜率高达–31.7（表 7-59），尽管吉迈站以上流域内气温和降水有微弱增加的趋势，但是不足以对黄河源流量产生根本影响，黄河源向下游地区的供水能力呈减少的趋势。

表 7-59 黄河流域在不同时段内春汛期流量、降水和温度年际变化趋势

| 流域 | 典型时阶段 | 站点 | 倾斜率 | | |
| --- | --- | --- | --- | --- | --- |
| | | | 流量 | 降水 | 温度 |
| 黄河流域 | 1975～2011 年 | 唐乃亥站 | -4.9 | 0.324 | 0.030 |
| | | 吉迈站 | -0.8 | 0.505 | 0.033 |
| | | 唐乃亥-吉迈站 | -4.1 | -0.181 | — |
| | 1997～2004 年 | 唐乃亥站 | -31.7 | -0.494 | -0.047 |
| | | 吉迈站 | -7.0 | 0.149 | 0.036 |
| | | 唐乃亥-吉迈站 | -24.7 | -0.643 | — |
| | 2004～2011 年 | 唐乃亥站 | 18.1 | 1.868 | 0.063 |
| | | 吉迈站 | 8.3 | -1.787 | 0.075 |
| | | 唐乃亥-吉迈站 | 9.9 | 3.655 | — |

2004～2011 年,黄河流域春汛期降水和气温均呈增加的趋势,变化斜率分别为 1.868 (图 7-93,表 7-59)和 0.063(图 7-94,表 7-59);流量呈迅速增加的趋势,其变化斜率为 18.1,尽管吉迈站以上流域降水出现降低的趋势,但是不足以对径流变化产生根本影响;吉迈-唐乃亥站,降水呈明显增加的趋势,流量呈增加的趋势。因此,黄河源春汛期径流调节功能的增加主要是由于吉迈-唐乃亥站径流调节功能增加的影响。

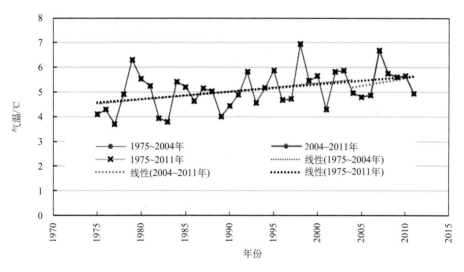

图 7-93 黄河流域春汛期平均温度

2)夏汛期径流变化特征与生态系统调节功能

A. 径流变化特征

由图 7-95 和表 7-60 可以看出,黄河源唐乃亥站,1975～2011 年,多年平均流量为 1 112.8 m³/s,最大、最小流量之比为 3.7,该时段内流量呈下降的趋势,倾斜率为-12.3。1997～2004 年,年平均流量为 864.5 m³/s,最大年平均流量是最小年平均流量的 2.8 倍。

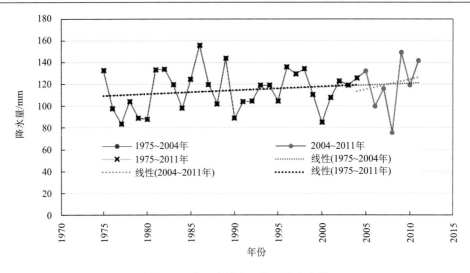

图 7-94　黄河流域春汛期平均降水量

多年流量呈下降的趋势,变化斜率为-18.8 m³/s。2004~2011 年,多年平均流量为 1 095.4 m³/s,比 1975~2011 年降低了 1.6%,比 1997~2004 年增加了 26.7%;流量变化斜率为 28.7;最大、最小流量比值为 2.1,比 1975~2011 年和 1997~2004 年两个时段分别减少了 43.3% 和 24.2%。黄河源唐乃亥站,尽管夏汛期流量出现了大幅度的增加,但是流量的波动幅度却出现了大幅度减少的趋势,说明生态保护工程实施后,黄河源生态系统削减洪峰的能力增强。

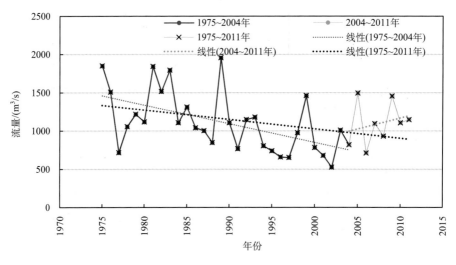

图 7-95　唐乃亥站夏汛期流量变化

由图 7-96 和表 7-60 可以看出,黄河源吉迈站,1975~2011 年,平均流量为 236.9 m³/s;最大年平均流量是最小年平均流量的 5.4 倍,年际间流量波动较大;多年流量呈降低的趋势,变化斜率为-1.9。1997~2004 年,吉迈站平均流量为 164.5 m³/s,流量变化倾斜率为-8.0,呈降低的趋势;最大年平均流量是最小年平均流量的 3.0 倍。2004~2011 年,

**表 7-60　黄河源区夏汛期流量变化特征参数**

| 站点 | 典型时段 | 平均流量/（m³/s） | 流量变化倾斜率 | 绝对比率（$R_{max}/R_{min}$） |
|---|---|---|---|---|
| 唐乃亥站 | 1975～2011 年（A） | 1 112.8 | −12.3 | 3.7 |
| | 1997～2004 年（B） | 864.5 | −18.8 | 2.8 |
| | 2004～2011 年 | 1 095.4 | 28.7 | 2.1 |
| | 与时段 A 相比 | −1.6% | 333.4% | −43.3% |
| | 与时段 B 相比 | 26.7% | 253.0% | −24.2% |
| 吉迈站 | 1975～2011 年（A） | 236.9 | −1.9 | 5.4 |
| | 1997～2004 年（B） | 164.5 | −8.0 | 3.0 |
| | 2004～2011 年 | 267.2 | 12.8 | 3.2 |
| | 与时段 A 相比 | 12.8% | 771.2% | −40.7% |
| | 与时段 B 相比 | 62.4% | 260.1% | 8.7% |
| 唐乃亥-吉迈站 | 1975～2011 年（A） | 875.8 | −10.4 | 3.5 |
| | 1997～2004 年（B） | 700.0 | −10.8 | 2.7 |
| | 2004～2011 年 | 828.2 | 15.9 | 2.2 |
| | 与时段 A 相比 | −5.4% | 252.8% | −38.5% |
| | 与时段 B 相比 | 18.3% | 247.7% | −20.5% |

吉迈站平均流量为 267.2 m³/s，流量变化斜率为 12.8，呈迅速增加的趋势，最大、最小流量之比为 3.2。与 1975～2011 年相比，流量增加了 12.8%；流量增加速率提高了 7.7 倍；但是流量绝对比率却降低了 40.7%。与 1997～2004 年相比，流量增加了 62.4%，斜率提高了 2.6 倍，流量绝对比率增加了 8.7%。可以看出，2004 年生态工程实施后，吉迈站生态系统调蓄洪峰的能力变化增强。

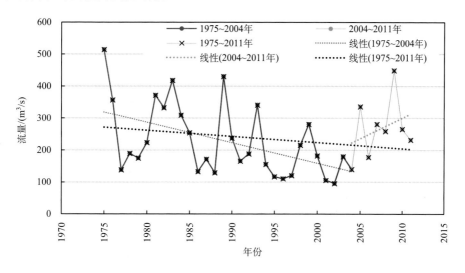

图 7-96　吉迈站夏汛期流量变化

从图 7-97 可以看出,唐乃亥-吉迈站,1975～2004 年夏汛期流量总体呈下降的趋势,斜率为-10.4;流量绝对比率为 3.5。1997～2004 年,流量仍呈下降的趋势,但是降低的速率趋缓,变化斜率为-10.8;流量绝对比率为 2.7。2004～2011 年,夏汛期平均流量为828.2 m³/s;流量变化斜率为 15.9,呈增加的趋势;最大、最小流量之比为 2.2。与 1975～2011 年相比,流量降低了 5.4%;流量绝对比率降低了 38.5%。与 1997～2004 年相比,流量增加了 18.3%,最大、最小流量比例降低了 20.5%。可以看出,生态系统保护工程实施以后,唐乃亥-吉迈站夏汛期流量出现了恢复的趋势,生态系统削减洪峰的能力增强。

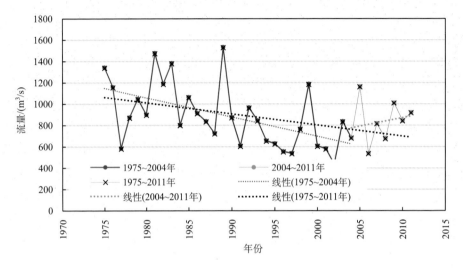

图 7-97　唐乃亥-吉迈站夏汛期流量变化

由上述分析可以看出,吉迈水文以上流域,夏汛期流量增加的幅度远远高于黄河源区的总体水平,洪峰的削减主要发生在吉迈水文以上流域内,在吉迈-唐乃亥站生态系统恢复过程中,夏汛期调蓄洪水的能力也有部分恢复;在两者的共同作用下,黄河源夏汛期调洪能力总体呈增加的趋势。

B. 径流调节功能变化

a. 径流调节系数的变化

从图 7-98 和表 7-60 可以看出,1975～2011 年,唐乃亥站径流调节系数变化斜率为-0.001,流域径流调节功能提高。1997～2004 年,流域径流调节系数为-0.003,流域调节功能提高。2004～2011 年,流域径流调节系数变化斜率为 0.004,表面上看,该时段内径流调节功能似乎出现了微小下降的趋势,但是,唐乃亥站降水大幅增加,生态系统削减洪峰的能力却有大幅度的提升,如果扣除降水的影响,唐乃亥站以上流域径流调节功能仍然是变好的。

同样,1975～2011 年,吉迈站径流调节系数基本不变,流域径流调节功能基本稳定。1997～2004 年,径流调节系数呈下降的趋势,变化斜率为-0.011,径流调节功能提高。2004～2011 年,径流调节系数呈降低的趋势,变化斜率为-0.006,流域径流调节功能提高(图 7-99)。

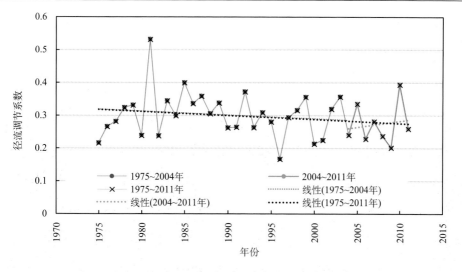

图 7-98　唐乃亥站夏汛期径流调节系数的变化

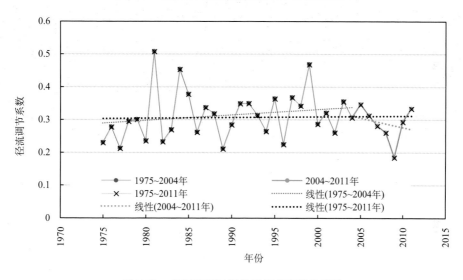

图 7-99　吉迈站夏汛期径流调节系数的变化

b. 径流系数的变化

径流系数反映的是降水量转化为径流量的比例，反映了流域内自然地理要素对径流的影响。由图 7-100 和表 7-60 可以看出，1975～2011 年，黄河源区吉迈站夏汛期径流系数呈下降的趋势，其斜率为-0.002。1997～2004 年，径流系数仍呈逐年下降的趋势，斜率仍然为-0.007。2004～2011 年，径流系数仍呈逐年增加的趋势，斜率仍然为 0.009。1975年以来，吉迈站以上流域夏汛期降水转变为径流的部分总体是下降的，但是 2004 年工程实施以后，多年径流系数开始增加，降水转变为径流的部分增加。

由图 7-101 和表 7-60 可以看出，1975～2011 年，唐乃亥站夏汛期径流系数呈缓慢下降的趋势，变化斜率为-0.003。1997～2004 年，径流系数为-0.007。说明黄河源区不同时段内降水转变为径流的部分总体是下降的，2004～2011 年，唐乃亥站径流系数变化斜

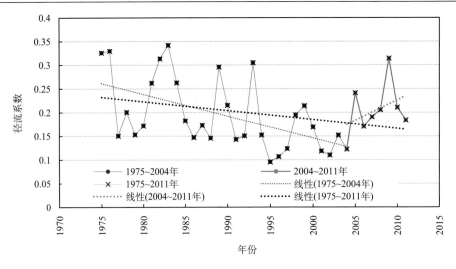

图 7-100　吉迈站夏汛期径流系数的变化

率为 0.009，呈增加的趋势。1975 年以来，黄河源降水转换径流的强度总体是降低的，但是自生态系统保护工程实施后，降水转换为径流的量开始增加。

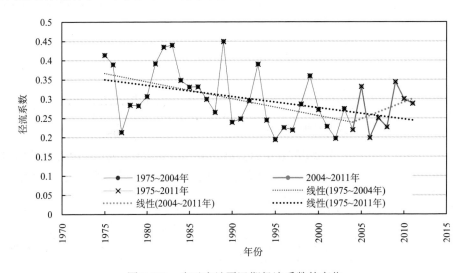

图 7-101　唐乃亥站夏汛期径流系数的变化

3）枯水期径流变化特征与生态系统调节功能

A. 径流变化特征

从图 7-102 和表 7-61 可以看出，1975～2011 年，黄河源唐乃亥站枯水期多年平均流量为 183.2 m³/s，该时段内流量呈下降的趋势，斜率为−0.5。1997～2004 年，枯水期多年平均流量为 152.2 m³/s，变化斜率为−3.2。2004～2011 年，多年平均流量为 201.6 m³/s，比 1975～2011 年增加了 10.0%，比 1997～2011 年增加了 32.4%；该时段内，流量变化斜率为 10.8，呈增加的趋势。黄河源枯水期径流调节功能增强。

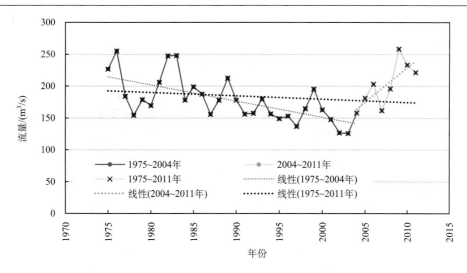

图 7-102　唐乃亥站枯水期流量变化

表 7-61　黄河源区典型时段多年平均流量及其变化情况

| 站点 | 典型时段 | 平均流量/（m³/s） | 流量变化倾斜率 |
| --- | --- | --- | --- |
| 唐乃亥站 | 1975～2011 年（A） | 183.2 | −0.5 |
| | 1997～2004 年（B） | 152.2 | −3.2 |
| | 2004～2011 年 | 201.6 | 10.8 |
| | 与时段 A 相比 | 10.0% | 2 147.7% |
| | 与时段 B 相比 | 32.4% | 439.3% |
| 吉迈站 | 1975～2011 年（A） | 35.6 | 0.1 |
| | 1997～2004 年（B） | 23.3 | 0.3 |
| | 2004～2011 年 | 50.7 | 7.4 |
| | 与时段 A 相比 | 42.3% | 4 991.4% |
| | 与时段 B 相比 | 117.6% | 2 368.9% |
| 唐乃亥-吉迈站 | 1975～2011 年（A） | 147.6 | −0.7 |
| | 1997～2004 年（B） | 128.9 | −3.5 |
| | 2004～2011 年 | 150.9 | 3.3 |
| | 与时段 A 相比 | 2.2% | 596.6% |
| | 与时段 B 相比 | 17.1% | 196.0% |

从图 7-103 和表 7-61 可以看出，1975～2011 年，吉迈站枯水期多年平均流量为 35.6 m³/s，总体呈上升的趋势，变化斜率为 0.1。1997～2004 年，枯水期多年平均流量为 23.3 m³/s，呈下降的趋势，斜率为 0.3。2004～2011 年，枯水期多年平均流量为 50.7 m³/s，比 1975～2011 年增加了 42.3%，比 1997～2004 年增加了 117.6%；流量变化斜率为 7.4，呈增加的趋势，而且增加速率远远高于前两个时段。吉迈站以上流域枯水期径流调节功能增强。

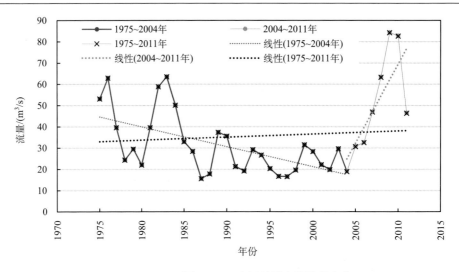

图 7-103　吉迈站枯水期流量变化

　　从图 7-104 和表 7-61 可以看出，1975～2011 年，唐乃亥–吉迈站枯水期多年平均流量为 147.6 m³/s，变化斜率为–0.7。1997～2004 年，枯水期多年平均流量为 128.9 m³/s，相应变化的斜率为–3.5。2004～2011 年，唐乃亥–吉迈站平均流量为 150.9 m³/s，比 1975～2011 年增加了 2.2%，比 1997～2004 年增加了 17.1%。自 2004 年生态工程实施以来，唐乃亥–吉迈站流量开始呈现增加的趋势。唐乃亥–吉迈站枯水期径流调节功能增强。

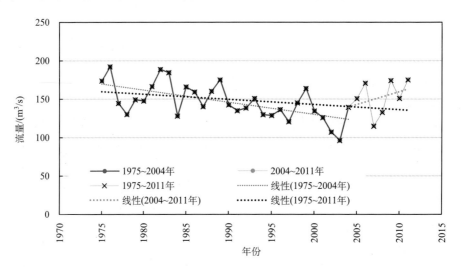

图 7-104　唐乃亥–吉迈站枯水期流量变化

　　B. 径流系数的变化

　　由图 7-105 和表 7-62 可以看出，1975～2011 年，吉迈站以上流域枯水期径流系数总体呈增加的趋势，其斜率为 0.004。1997～2004 年，径流系数呈增加的趋势，斜率为 0.004。2004～2011 年，径流系数仍呈增加的趋势，变化斜率为 0.137。吉迈站以上流域内，降水转变为径流的量增加，枯水期径流调节功能增加。

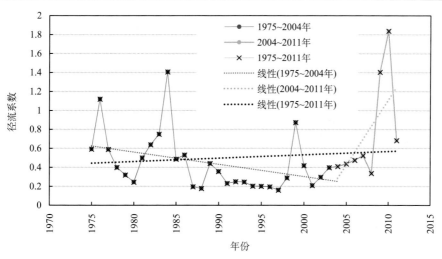

图 7-105　吉迈站枯水期径流系数变化

表 7-62　黄河源区不同站点枯水期径流系数变化斜率

| 站点 | 典型时段 | 斜率/% |
|---|---|---|
| 唐乃亥站 | 1975~2011 年 | 0.000 |
| | 1997~2004 年 | 0.022 |
| | 2004~2011 年 | 0.093 |
| 吉迈站 | 1975~2011 年 | 0.004 |
| | 1997~2004 年 | 0.004 |
| | 2004~2011 年 | 0.137 |

由图 7-106 和表 7-62 可以看出，1975～2011 年，黄河源唐乃亥站枯水期径流系数总体变化不大。1997～2004 年，径流系数呈增加的趋势，斜率为 0.022。2004～2011 年，径流系数呈增加的趋势，斜率为 0.093。降水转变为径流的量增加，枯水期径流调节功能增加。

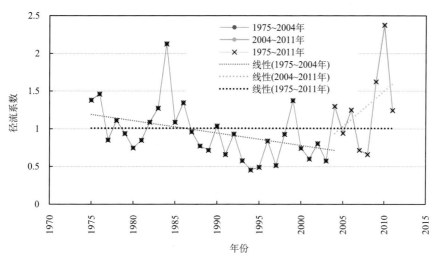

图 7-106　唐乃亥站枯水期径流系数变化

由以上分析可以看出,枯水期吉迈站以上流域和唐乃亥站以上流域,1975~2011 年径流系数总体变化不大,说明该时段内降水转变为径流部分的总体趋势几乎不变。1997~2004 年,两站降水转换为径流的比例呈增加的趋势,2004~2011 年,径流系数仍呈增加的趋势,但是增加的速率远高于 1997~2011 年,说明生态系统保护工程实施后,黄河源生态系统枯水期调节径流的能力出现恢复的趋势。

C. 生态系统径流调节功能变化的原因分析

枯水期降水较少,此时段内生态系统通过土壤调蓄、地下水补给、湿地调控和冰雪融水补给流域水量,径流量变化是本时段调节作用增强或者减弱的集中表现。

1975~2011 年,黄河源吉迈站枯水期流量呈增加的趋势,降水和温度也呈增加的趋势,变化斜率分别为 0.038 和 0.059。1997~2004 年,吉迈站枯水期流量呈增加的趋势,斜率为 0.3;降水呈降低的趋势,斜率为–0.558,气温呈增加的趋势,斜率为 0.357。2004~2011 年,流量、降水和气温分别呈增加的趋势,斜率分别为 7.4、0.168 和 0.048(表 7-63)。

表 7-63　黄河流域枯水期流量、降水和温度变化情况

| 流域 | 典型时段 | 站点 | 倾斜率 | | |
| --- | --- | --- | --- | --- | --- |
| | | | 流量 | 降水 | 温度 |
| 黄河流域 | 1975~2011 年 | 唐乃亥站 | −0.5 | 0.003 | 0.033 |
| | | 吉迈站 | 0.1 | 0.038 | 0.059 |
| | | 唐乃亥–吉迈站 | −0.7 | −0.034 | — |
| | 1997~2004 年 | 唐乃亥站 | −3.2 | −0.628 | −0.037 |
| | | 吉迈站 | 0.3 | −0.558 | 0.357 |
| | | 唐乃亥–吉迈站 | −3.5 | −0.070 | — |
| | 2004~2011 年 | 唐乃亥站 | 10.8 | −0.074 | 0.016 |
| | | 吉迈站 | 7.4 | 0.168 | 0.048 |
| | | 唐乃亥–吉迈站 | 3.3 | −0.243 | — |

从表 7-63 可以看出,1997~2004 年,黄河源唐乃亥站枯水期流量呈降低的趋势,变化斜率为–0.628,温度也呈降低的趋势,变化斜率为–0.037。该时段内,黄河源流量也呈降低的趋势,变化斜率为–3.2。2004~2011 年,唐乃亥站枯水期流量呈增加的趋势,变化斜率为 10.8,降水呈减少的趋势,斜率为–0.074,温度呈增加的趋势,斜率为 0.016。

黄河源枯水期降水形式主要是雪,积雪融化会对流量径流量增加有正效应,低温阻碍了积雪的融化,然而该时段内唐乃亥径流流量却呈减少的趋势(表 7-63),在降水变化不明显和气候暖干化的影响下,黄河源枯水期径流调节功能呈下降的趋势。2004 年生态系统保护工程实施后,黄河源枯水期增温趋势低于 1975~2011 年和 1997~2004 年,流量呈增加的趋势,暖干化趋势降低,流域对下游地区的供水能力增强,黄河源枯水期径流调节功能也有了明显的趋好迹象。

## 2. 长江源径流变化特征与生态系统调节功能

### 1）春汛期径流变化特征与生态系统调节功能

#### A. 径流变化特征

长江源温度比黄河源低，3 月径流与 2 月基本持平，增幅不大。从 4 月中旬以后，融雪径流才开始逐渐增大，持续到 6 月，与冰川融水、降水共同形成夏汛。根据这一情况，结合长江源区旬平均径流资料，将长江源春汛期定为 4 月中旬至 6 月上旬。但由于沱沱河只有 5 月以后的数据，所以沱沱河站春汛期为 5 月上旬至 6 月上旬。

1975～2011 年，长江源直门达站多年平均春汛期流量为 274.2 m³/s，最大值与最小值的比值为 2.51，该时段流量略呈上升的趋势（图 7-107），斜率为 0.2。1997～2004 年，春汛期多年平均流量为 265.9 m³/s，春汛期流量也呈下降的趋势，斜率为 -16.1。2004～2011 年，多年平均流量为 283.5 m³/s，高于 1975～2011 年 3.4%，比 1997～2004 年高 6.6%，降水呈快速增加的趋势（表 7-64），导致直门达实测春汛期流量迅速增大。

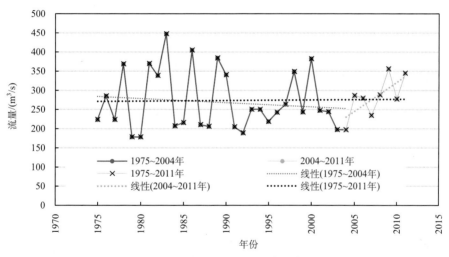

图 7-107　直门达站春汛期流量变化

表 7-64　长江流域春汛期流量变化情况

| 站点 | 典型时段 | 平均流量/（m³/s） | 流量变化倾斜率 | 绝对比率（$R_{max}/R_{min}$） |
|---|---|---|---|---|
| 直门达站 | 1975～2011 年（A） | 274.2 | 0.2 | 2.5 |
| | 1997～2004 年（B） | 265.9 | -16.1 | 1.9 |
| | 2004～2011 年 | 283.5 | 15.1 | 1.8 |
| | 与时段 A 相比 | 3.4% | 9 785.1% | -28.0% |
| | 与时段 B 相比 | 6.6% | 193.7% | -6.9% |
| 沱沱河站 | 1975～2011 年（A） | 22.1 | 0.5 | 6.5 |
| | 1997～2004 年（B） | 24.1 | -0.3 | 2.7 |
| | 2004～2011 年 | 31.5 | 3.8 | 3.2 |
| | 与时段 A 相比 | 42.5% | 613.5% | -50.5% |
| | 与时段 B 相比 | 30.7% | 1 298.7% | 21.3% |

从图 7-108 和表 7-64 可以看出,1975~2011 年,沱沱河站多年平均流量为 22.1 m³/s,流量变化斜率为 0.5,呈增加的趋势;最大春汛期流量和最小春汛期流量的比值为 6.5。1997~2004 年,直门达春汛期多年平均流量为 24.1 m³/s,多年流量变化斜率为−0.3,呈下降的趋势;最大、最小流量之比为 2.7。2004~2011 年,多年平均流量为 31.5 m³/s,比 1975~2011 年增加了 42.5%,比 1997~2004 年增加了 30.7%;流量变化斜率为 3.8,最大春汛期流量和最小春汛期流量的比值为 3.2,该时段内流量也呈增加的趋势。

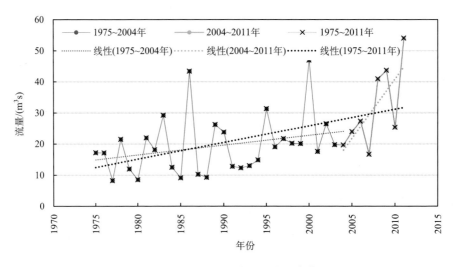

图 7-108　沱沱河站春汛期流量变化

B. 径流系数变化

1975~2011 年,直门达站春汛期径流系数平均值为 0.24,斜率为−0.002,呈下降的趋势(图 7-109)。1997~2004 年,直门达站春汛期径流系数平均值为 0.21,呈缓慢下降的趋势,斜率约为−0.020。2004~2011 年,直门达站春汛期径流系数平均值为 0.20,

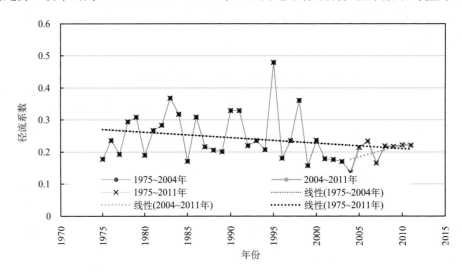

图 7-109　直门达站春汛期径流系数变化

变化斜率为 0.008，呈增加的趋势。结合以上分析可知，这两个时段内降水转变为径流的部分下降，更多的降水被截留在生态系统内。

1975～2001 年，沱沱河站春汛期径流系数平均值为 0.12，基本没有变化（图 7-110）。1997～2004 年，沱沱河站径流系数平均值为 0.08，多年变化斜率为-0.004，呈缓慢下降的趋势；2004～2011 年，沱沱河站径流系数呈增加的趋势，变化斜率为 0.11。近年来，沱沱河流域平均温度呈增加的趋势，温度改变了区域的蒸散，导致流域内冰川积雪融化情况发生变化，从而引起春汛期降水径流转换程度发生相应的变化。

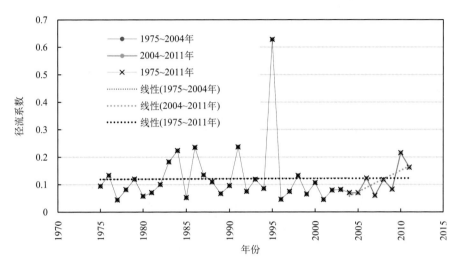

图 7-110　沱沱河站春汛期径流系数变化

C. 生态系统径流调节功能变化的原因分析

从表 7-65 可以看出，1975～2011 年，长江流域直门达站降水量呈增加的趋势，倾斜率为 0.514；温度也呈增加的趋势，斜率为 0.038，即每十年增加 0.38℃。气温的升高有助于冰雪消融量的增加，而降水量尽管在春汛中的比重很小，但理论上降水增加的趋势对径流量起正效应。

表 7-65　长江流域春汛期径流量、降水和温度变化

| 流域 | 典型时段 | 站点 | 倾斜率 | | |
|---|---|---|---|---|---|
| | | | 流量 | 降水 | 温度 |
| 长江流域 | 1975～2011 年 | 直门达站 | 0.153 | 0.514 | 0.038 |
| | | 沱沱河站 | 0.535 | 0.915 | 0.038 |
| | 1997～2004 年 | 直门达站 | −16.144 | 1.537 | −0.004 |
| | | 沱沱河站 | −0.319 | 0.811 | −0.006 |
| | 2004～2011 年 | 直门达站 | 15.134 | 0.991 | 0.054 |
| | | 沱沱河站 | 3.821 | 0.452 | 0.099 |

沱沱河站在该时段径流流量呈增加的趋势，斜率为 0.535，降水的变化斜率为 0.915；降水的增加补充了沱沱河的径流量。研究发现，近 30 年来，长江源区也发生草地覆盖度/破碎化退化，湖泊萎缩，沼泽和湿地面积减少，使得生态系统的春汛期径流调节功能下降。长江源区，除冰川、冻土融水对径流调节作用增强外，温度增加导致下垫面蒸散加强，土壤退化导致春汛期土壤调蓄功能减弱，湖泊、湿地和沼泽面积萎缩导致春汛径流调节功能减弱，在这些因素的共同作用下，近 30 年来长江源春汛期径流量总体呈增加的趋势。1997～2004 年，长江源直门达站春汛期降水呈增加的趋势，变化斜率高达 1.537，而温度则呈缓慢降低的趋势，变化斜率仅为 -0.004，春汛期降水形式主要是雪，江河将来主要来自于冰川冻土融水，持续降低的温度导致该时段内流量呈降低的趋势。2004 年实施生态系统保护工程实施后，直达门站温度和气温都呈增加的趋势，温度多年变化速率为 0.054，而降水也呈快速增加的趋势，其多年变化斜率高达 0.991，导致流量呈现快速增加的趋势（图 7-111，图 7-112）。

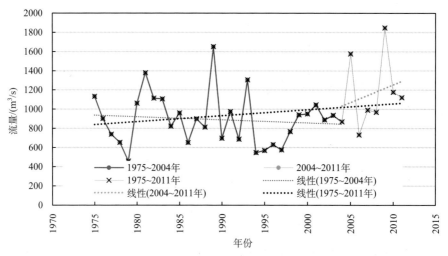

图 7-111　直门达站夏汛期流量变化

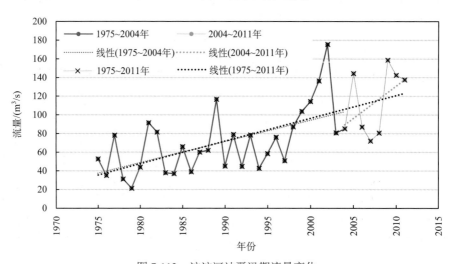

图 7-112　沱沱河站夏汛期流量变化

2）夏汛期径流变化特征与生态系统调节功能

A. 径流变化特征

长江源夏汛期的径流变化主要受降水的影响。直门达站夏汛期最大流量出现在 2009 年，最大值为 1847.8 $m^3/s$，最小值出现在 1979 年，为 457.8 $m^3/s$。

由图 7-111 和表 7-66 可以看出，1975～2011 年，长江源直门达站夏汛期平均流量为 950.5 $m^3/s$，流量变化斜率为 6.2，呈增加的趋势，最大、最小流量比率为 4.0。1997～2004 年，直门达站夏汛期平均流量为 872.5 $m^3/s$，流量多年变化斜率为 33.8，呈快速增加的趋势，最大、最小流量之比为 1.8。2004～2011 年，直门达站夏汛期多年平均流量为 1 160.9 $m^3/s$，比 1975～2011 年增加了 22.1%，比 1997～2004 年增加了 33.1%；流量变化斜率为 36.7，呈快速增加的趋势，洪峰流量之比为 2.5。可以看出，流量的快速增加并未导致长江源区洪峰加大，流域生态系统有效发挥了调蓄洪水、涵养水源的能力，尤其在 2004 年生态系统保护工程实施后，尽管流量大幅增加，但是洪峰流量变化不大。

表 7-66　长江源区夏汛期流量变化

| 站点 | 典型时段 | 平均流量/（$m^3/s$） | 流量变化倾斜率 | 绝对比率（$R_{max}/R_{min}$） |
|---|---|---|---|---|
| 直门达站 | 1975～2011 年（A） | 950.5 | 6.2 | 4.0 |
| | 1997～2004 年（B） | 872.5 | 33.8 | 1.8 |
| | 2004～2011 年 | 1 160.9 | 36.7 | 2.5 |
| | 与时段 A 相比 | 22.1% | 494.5% | −37.5% |
| | 与时段 B 相比 | 33.1% | 8.5% | 38.9% |
| 沱沱河站 | 1975～2011 年（A） | 79.3 | 2.4 | 8.2 |
| | 1997～2004 年（B） | 104.2 | 5.3 | 3.5 |
| | 2004～2011 年 | 113.5 | 6.9 | 2.2 |
| | 与时段 A 相比 | 43.1% | 183.6% | −73.3% |
| | 与时段 B 相比 | 8.9% | 30.1% | −36.3% |

长江源区沱沱河站位于唐古拉山东麓，区内冰川雪山广布。由图 7-112 和表 7-66 可以看出，1975～2011 年，沱沱河站夏汛期平均流量为 79.3 $m^3/s$，变化的斜率为 2.4，呈上升趋势，最大值出现在 2002 年，为 175.47 $m^3/s$；最小值出现在 1979 年，为 21.29 $m^3/s$，二者比值为 8.2。1997～2004 年，沱沱河站夏汛期多年平均流量为 104.2 $m^3/s$，流量变化斜率为 5.3，最大、最小流量之比为 3.5。2004～2011 年，沱沱河站夏汛期多年平均流量为 113.5，比 1975～2011 年增加了 43.1%，比 1997～2004 年增加了 8.9%，流量变化斜率为 6.9，最大、最小流量之比为 2.2。

B. 生态系统径流调节功能的变化分析

a. 径流调节系数的变化

由图 7-113 可以看出，1975～2011 年直门达站夏汛期径流调节系数总体下降缓慢，说明生态系统调节功能总体有一定好转，但是效果不明显，生态系统的恢复是一个需要长期投入的过程。该区域是三江源地区草地/湿地生态系统直接得到永久冰雪和冻土融水补给最集中的地区。由于近年来长江源头气候较前期变暖，永久冰雪和冻土融化加剧，而同期降水没有出现明显的增加趋势，因此永久冰雪和冻土融化增加使稳定的径流量加大，表现为流域的径流调节功能增强。1997～2004 年，降水快速增加，多年变化斜率高达 33.8（表 7-67），气温也呈明显增加的趋势，降水对径流的增加起决定性作用，导致流量出现大幅度增加的趋势，与此同时，洪峰流量甚至出现了下降的趋势，说明夏汛期生态系统很好地发挥了调蓄洪水的能力。2004～2011 年，径流调节系数下降的趋势比较明显，斜率为–1.68，说明 2004 年生态保护工程实施以来，生态系统调节功能有了明显的改善。

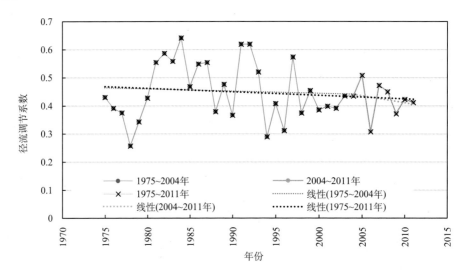

图 7-113　直门达站夏汛期径流调节系数变化

表 7-67　长江流域夏汛期径流量、降水和温度变化

| 流域 | 典型时段 | 站点 | 倾斜率 | | |
| --- | --- | --- | --- | --- | --- |
| | | | 流量 | 降水 | 温度 |
| 长江流域 | 1975～2011 年 | 直门达站 | 6.2 | 0.924 | 0.064 |
| | | 沱沱河站 | 2.4 | 1.798 | 0.047 |
| | 1997～2004 年 | 直门达站 | 33.8 | 5.630 | 0.096 |
| | | 沱沱河站 | 5.3 | 6.719 | 0.063 |
| | 2004～2011 年 | 直门达站 | 36.7 | 8.834 | –0.005 |
| | | 沱沱河站 | 6.9 | 13.500 | 0.056 |

由图 7-114 可以看出，1975～2011 年，沱沱河站径流调节系数呈降低的趋势，变化斜率为–0.001，1997～2004 年，径流调节系数降低，斜率为–0.010；2004～2011 年变化斜率为–0.005。说明 1975 年以来，长江源沱沱河站的径流调节功能缓慢趋好。沱沱河站河川流量径流主要来自于冰川冻土融水，降水和温度增加共同导致夏汛期流量增加，

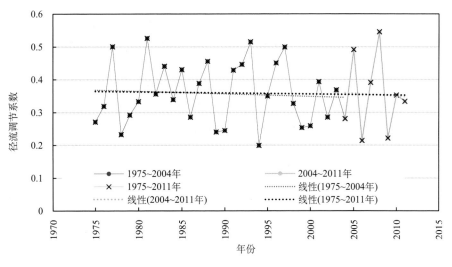

图 7-114　沱沱河站夏汛期径流调节系数变化

形成洪峰，进入下游地区，受直门达站以上流域生态系统径流调节的影响，长江源区并未形成较大的洪水波动，有效发挥了生态系统调蓄洪水的功能。

b. 径流系数的变化

研究区内沱沱河站枯水期数据不全，因此不对该时段径流系数进行讨论。

由图 7-115，图 7-116 可以看出，1975～2011 年，直门达站和沱沱河站径流系数分别为 0.30 和 0.08，呈增加的趋势，斜率均为 0.001。1997～2004 年，直门达站、沱沱河站夏汛期径流系数分别为 0.29 和 0.10，变化斜率分别为 0.006 和 0.003。2004～2011 年，直门达站、沱沱河站夏汛期径流系数分别为 0.33 和 0.09，变化斜率分别为 0.002 和 0.001，呈缓慢增加的趋势。说明工程实施前后，长江源直门达站以上流域生态系统拦蓄水分的能力并没有明显的变化，降水转变为径流的部分变化不大。

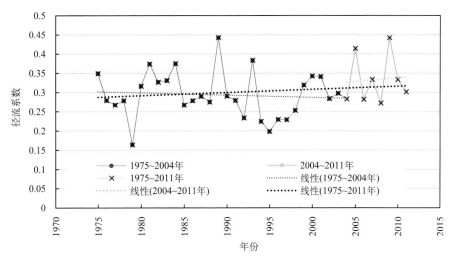

图 7-115　直门达站夏汛期径流系数变化

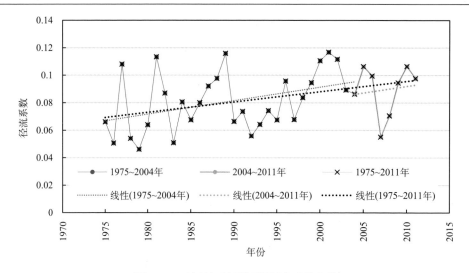

图 7-116　沱沱河站夏汛期径流系数变化

### 3）枯水期径流变化特征与生态系统调节功能

#### A. 径流变化特征

由表 7-68 和图 7-117 可以看出，1975～2011 年，长江源直门达站枯水期多年平均流量为 76.0 m³/s，该时段流量呈微弱增加的趋势，斜率为 0.2，这期间最大、最小流量之比为 2.6。1997～2004 年枯水期流量为 67.6 m³/s，流量变化斜率为 1.5，最大、最小流量之比为 1.5。2004～2011 年，直门达站枯水期流量增加迅速，其变化斜率为 2.230，平均流量也达 85.6 m³/s，比 1975～2011 年增加了 12.6%，比 1997～2004 年增加了 26.7%。说明 2004 年以来，长江流域枯水期向下游地区供水的能力增加，流域径流调节功能增强。

表 7-68　长江源区直门达站枯水期流量变化

| 站点 | 典型时段 | 平均流量/（m³/s） | 流量变化倾斜率 | 绝对比率（$R_{max}/R_{min}$） |
|---|---|---|---|---|
| | 1975～2011 年（A） | 76.0 | 0.2 | 2.6 |
| | 1997～2004 年（B） | 67.6 | 1.5 | 1.5 |
| 直门达站 | 2004～2011 年 | 85.6 | 2.2 | 1.7 |
| | 与时段 A 相比 | 12.6% | 1 342.5% | −37.2% |
| | 与时段 B 相比 | 26.7% | 46.3% | 13.5% |

#### B. 生态系统径流调节功能变化的原因分析

枯水期降水较少，河流在该时段保持较大的稳定径流是河流健康的重要表征，也是人类对河流功能的重要需求。本区的生态系统主要通过土壤调蓄、地下水补给等方式，在非降水季节发挥重要的调控作用。径流量及其变化是这一调节作用增强或衰退的集中表现。

由前期评估可知，1975～2011 年长江源区枯水期径流量呈缓慢增加的趋势，斜率为

0.2，1997～2004 年流量呈增加的趋势，变化的斜率为 1.5；2004～2011 年流量增加的速率较快，斜率为 2.2。说明近年来实施的生态系统恢复工程已经产生了一定的效果，枯水期径流调节功能出现了好转。

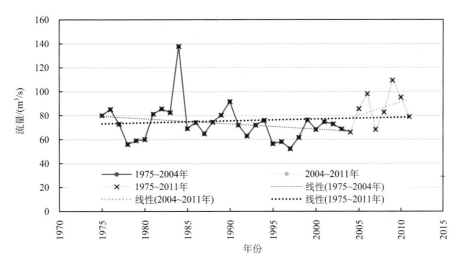

图 7-117　直门达站枯水期流量变化

# 二、水资源量状况及其变化

1975～2004 年，长江源平均每年向下游供给水资源总量（径流总量）124.3 亿 $m^3$。2004～2011 年年平均径流总量为 161.3 亿 $m^3$。1975～2004 年，黄河源唐乃亥站每年向下游供给水资源总量（径流总量）200.6 亿 $m^3$；2004～2011 年平均每年供给下游的水资源总量为 197.9 亿 $m^3$。由于澜沧江香达站 1990 年以后没有观测数据，而且从 1983 年以后数据不全，所以只分析黄河流域和长江流域水供给功能的变化，1969～1982 年香达站水资源总量为 42.8 亿 $m^3$。

## 1. 黄河源水资源量的变化

### 1）年际变化

根据黄河源两个重要水文观测站（吉迈站、唐乃亥站）1975～2011 年 37 年实测流量资料，绘制了这两个站 37 年来年径流总量的曲线变化图（图 7-118 和图 7-119）。

由图 7-118 和表 7-69 可以看出，唐乃亥站：1975～2011 年，多年平均径流总量为 201.4 亿 $m^3$，最大年是 1989 年，年径流量为 327.8 亿 $m^3$，最小年是 2002 年，为 105.8 亿 $m^3$，变幅为 222.1 亿 $m^3/a$，本时段径流模数为 7.2 L/（s·$km^2$）。该站 1997～2004 年年径流总量为 161.0 亿 $m^3$，变化倾斜率为 -4.92，减少趋势十分明显，2004～2011 年年径流量为 197.9 亿 $m^3$，变化倾斜率为 5.74，年径流总量呈增加的趋势，该时段径流模数为 6.9 L/（s·$km^2$）。

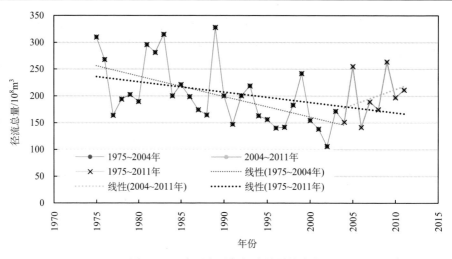

图 7-118　唐乃亥站年径流总量的变化

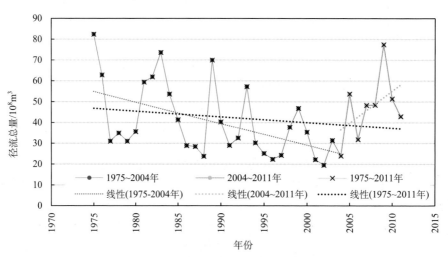

图 7-119　吉迈站年径流总量的变化

表 7-69　黄河源区唐乃亥站和吉迈站供水指标变化

| 站点 | 典型时段 | 年径流总量/亿 m³ | 年波动幅度/亿 m³ | 年产流模数/[L/（s·km²）] |
|---|---|---|---|---|
| 唐乃亥站 | 1975～2011 年（A） | 201.4 | 222.1 | 5.2 |
| | 1997～2004 年（B） | 161.0 | 136.1 | 4.1 |
| | 2004～2011 年 | 197.9 | 122.2 | 5.1 |
| | 与 A 时段比变化比例 | −1.7% | −45.0% | −2.0% |
| | 与 B 时段比变化比例 | 22.9% | −10.2% | 23.7% |
| 吉迈站 | 1975-2011 年（A） | 41.9 | 62.8 | 3.0 |
| | 1997～2004 年（B） | 30.2 | 27.3 | 2.1 |
| | 2004～2011 年 | 47.3 | 53.6 | 3.4 |
| | 与时段 A 相比 | 12.8% | −14.8% | 12.7% |
| | 与时段 B 相比 | 56.7% | 96.3% | 57.8% |

由图 7-119 和表 7-69 可以看出，吉迈站：1975～2011 年，多年平均径流总量为 41.9 亿 $m^3$，最大年是 1975 年，年径流量为 82.4 亿 $m^3$，最小年是 2002 年，为 19.5 亿 $m^3$，变幅为 62.8 亿 $m^3/a$，本时段径流模数为 4.2 L/（s・$km^2$）。该站 1997～2004 年年径流总量为 30.2 亿 $m^3$，变化倾斜率为–1.54，呈减少的趋势，径流模数为 3.0 L/（s・$km^2$）。2004～2011 年年径流总量为 47.3 亿 $m^3$，变化倾斜率为 3.08，年径流量开始止跌回升，该时段径流模数为 4.6 L/（s・$km^2$）。

综上可以看出，生态系统保护工程实施后，改善了黄河源对下游地区的供水功能，径流总量总体呈增加的趋势，但是长期的趋势并没有改变，需要继续加大生态保护工程的力度。

2）年内变化

由图 7-120 可以看出，黄河源径流年内分配也不均匀，唐乃亥站多年月平均流量呈双峰型变化。1975～2011 年，汛期（5～10 月）径流总量为 128.7 亿 $m^3$，占全年径流量的 78.6%；月径流量极大值分别为 35.0 亿 $m^3$ 和 30.8 亿 $m^3$，分别发生在 7 月和 9 月。1997～2004 年，汛期 5～10 月径流总量为 159.6 亿 $m^3$；占全年径流量的 79.6%；月径流量的极大值分别为 33.8 亿 $m^3$ 和 31.7 亿 $m^3$，发生在 7 月和 9 月。2004～2011 年，月径流量的最大值为 39.8 亿 $m^3$，占全年径流总量的 77.9%，发生在 7 月。

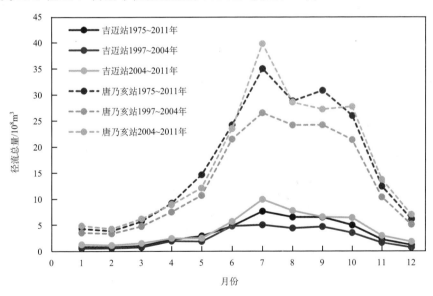

图 7-120　黄河源水文站逐年月径流总量变化

## 2. 长江源水资源量的变化

1）年际变化

1975 年至今，沱沱河流域汛期径流总量总体是增加的，2004～2011 年径流总量增加的趋势加快。

1975～2011 年，直门达站年径流总量为 132.4 亿 m³（表 7-70），呈缓慢增加的趋势，变化斜率为 0.86。1997～2004 年，直门达年平均径流总量为 122.1 亿 m³，呈增加的趋势，其斜率为 3.04。2004～2011 年，年平均供水量出现了较快的增加趋势，年径流总量为 161.3 亿 m³，斜率为 5.72，比 1975～2011 年增加了 21.8%，比 1997～2004 年增加了 32.2%（图 7-121，表 7-70）。生态保护工程实施后，长江源对下游地区供水的能力明显增强。2004～2011 年，直门达站径流模数呈增加的趋势，多年变化斜率为 0.1，平均径流模数为 3.7L/（s·km²），而 1975～2011 年、1997～2004 年多年平均径流模数分别为 3.0 L/（s·km²）和 2.8 L/（s·km²）（图 7-122）。

表 7-70　长江源区直门达站和沱沱河站供水指标变化

| 站点 | 典型时段 | 径流量/亿 m³ | 波动幅度/亿 m³ | 产流模数/[L/（s·km²）] |
|---|---|---|---|---|
| 直门达站 | 1975～2011 年（A） | 132.4 | 175.5 | 3.0 |
| | 1997～2004 年（B） | 122.1 | 53.6 | 2.8 |
| | 2004～2011 年 | 161.3 | 133.1 | 3.7 |
| | 与时段 A 相比 | 21.8% | −24.2% | 21.8% |
| | 与时段 B 相比 | 32.2% | 148.3% | 32.2% |
| 沱沱河站 | 1975～2011 年（A） | 9.1 | 16.6 | 3.2 |
| | 1997～2004 年（B） | 11.7 | 13.4 | 4.6 |
| | 2004～2011 年 | 13.1 | 10.3 | 5.2 |
| | 与时段 A 相比 | 43.4% | −37.9% | 61.5% |
| | 与时段 B 相比 | 12.0% | −23.0% | 12.0% |

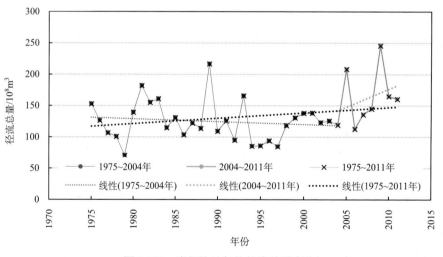

图 7-121　直门达站年均径流总量变化

1975～2011 年，沱沱河站多年平均径流总量为 9.1 亿 m³，呈增加的趋势，其斜率为 0.27。1997～2004 年，沱沱河多年平均径流总量为 11.7 亿 m³，也呈增加的趋势，其斜率为 0.52，而 2004～2011 年，其对下游地区的供水能力持续增强，多年平均径流总量为

13.1 亿 m³，变化斜率为 0.91，比 1975～2011 年增加了 43.4%，比 1997～2004 年增加了 12.0%（图 7-123、表 7-70）。沱沱河站不同时段径流模数的变化趋势和直门达站类似，1975～2011 年平均径流模数为 3.2 L/（s·km²），1997～2004 年平均径流模数为 4.6 L/（s·km²），2004～2011 年平均径流模数为 5.2 L/（s·km²）（图 7-124）。

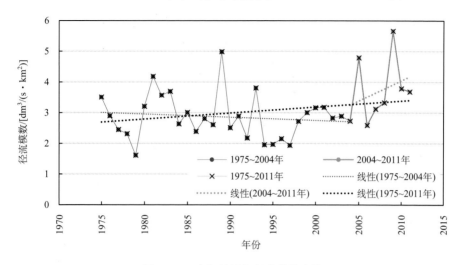

图 7-122　直门达站年径流模数变化

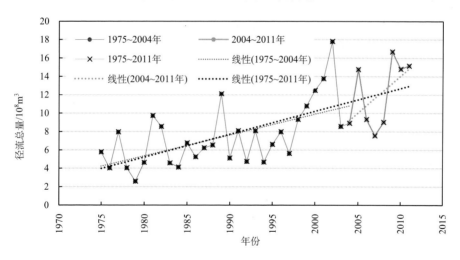

图 7-123　沱沱河站年均径流总量变化

由上述分析可以看出，2004 年开始实施生态保护工程后，长江源对下游地区的水资源供给能力明显增强。全球变化加剧了源区内冰川冻土的消融速率，同时近年来增大的降水也对径流量的增加具有正效应。另外，温度的升高也导致流域蒸散的加大，径流量的增加是三者共同作用的结果。这也反映了生态系统保护的复杂性，需要长期的关注和投入。

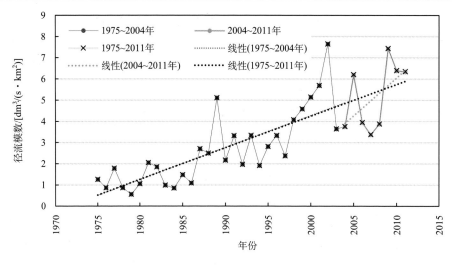

图 7-124　沱沱河站年径流模数变化

## 2）年内变化

长江源区径流供给功能变化不仅反映在年际数量上，而且反映在年内径流过程上。源区径流年内分配很不均匀，由图 7-125 可以看出，1975～2011 年，长江源区直门达站月径流总量呈单峰型变化，月平均径流量达 11.0 亿 $m^3$，最大流量发生在 7 月，其中汛期 5～10 月径流总量为 115.6 亿 $m^3$，占全年径流总量的 87.3%。沱沱河站 5～10 月平均径流总量为 9.0 亿 $m^3$，占全年径流总量的 97.1%，最大流量发生在 8 月。

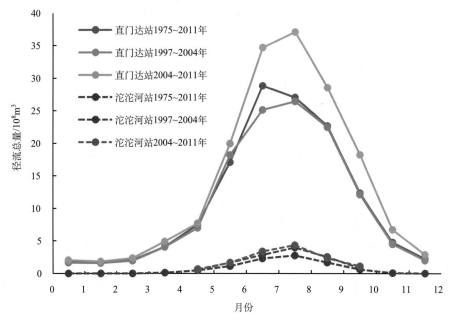

图 7-125　长江源水文站逐年月径流总量变化

1997～2004 年，直门达站多年平均月径流变化呈单峰型，月平均径流量达 10.6 亿 m³，最大流量发生在 8 月，其中汛期 5～10 月径流总量为 111.5 亿 m³，占全年径流总量的 87.5%。沱沱河站汛期多年月平均径流量占全年径流总量的 96.8%，最大月发生在 8 月，可见温度是间接影响沱沱河站径流量的最重要的因素之一。

2004～2011 年，直门达站年径流总量达 167.4 亿 m³，最大流量发生在 8 月。长江源直门达站 5～10 月径流总量为 146.4 亿 m³，占全年径流总量的 87.5%。沱沱河站 5～10 月径流总量为 13.6 亿 m³。

## 三、水质状况及其变化

从 2005～2012 年沱沱河、雁石坪、直门达资料统计结果来看，水质基本无变化，溶解氧一般大于 6.5 mg/L；氨氮小于 0.5 mg/L；高锰酸盐指数小于 2.0 mg/L；五日生化需氧量小于 2.0 mg/L；总磷小于 0.02 mg/L；氟化物小于 0.3 mg/L，水质类别为 I～II 类。

2007～2012 年，三江源区所有监测断面汛期、非汛期水质变化不明显，重金属、挥发酚、氰化物、硫化物、石油类、阴离子表面活性剂在汛期、非汛期均未检出，溶解氧非汛期比汛期稍高，这是由于汛期气温较高，溶解氧易溢出，导致非汛期较汛期结果偏低，氨氮汛期比非汛期稍高，这是由于汛期雨水冲刷腐殖质植物，加之气温较非汛期高造成，高锰酸盐指数、五日生化需氧量、总磷、氟化物汛期、非汛期基本无变化。

根据《地表水环境质量标准》（GB3838—2002）评价，自 2007～2012 年三江源水质监测站点汛期、非汛期全年水质均为 I～II 类，长江流域、澜沧江流域出境水质为 I 类、黄河流域出境水质为 II 类；根据《青海省水功能区划》评价，自 2007～2012 年三江源所监测的水功能区汛期、非汛期全年水质均达到水功能区水质目标，水质良好。

# 第六节　生物多样性变化

## 一、野生动物栖息地变化

据青海省三江源自然保护区野生动物栖息地评价报告揭示，三江源自然保护区生态建设与保护工程实施以来，野生动物栖息地类型变化主要发生在荒漠类型、草地类型、水源与湿地类型、森林类型，表现为水域与湿地面积扩张，荒漠逐步向草地转变，草地覆盖度增加，森林面积增加，生态类型的变化在一定程度上反映了三江源地区野生动物栖息地正在逐步改善。

水域与湿地面积扩张主要发生在玛多县西部、曲麻莱县中北部、治多县西部，以及唐古拉山乡，2004～2009 年水域与湿地面积净增加 142.21 km²；荒漠面积变化以减少为主，2004～2009 年荒漠的面积净减少 95.63 km²；森林面积的变化主要发生在东部的同德县、泽库县和兴海县，森林面积净增加了 13.1 km²；草地覆盖度增加主要发生在三江源地区东部的泽库县、同德县和河南县，以及中部的称多县、玉树县和囊谦县。

# 二、种群数量变化

2012 年，由青海省生态环境遥感监测中心牵头，西北濒危动物研究所（陕西省动物研究所）、青海省野生动植和自然保护区管理局、基层林业部门共同参与组成三江源区野生动物监测组。根据项目监测调查产生的青海三江源自然保护区重点区域野生动物资源现状及种群变化调查报告，区域野生动物种群数量现状及与往期相比变化如下。

### 1. 马麝

三江源国家级自然保护区有马麝（7407±584）只，与历史资料相比，种群数量基本稳定，略有增加（表 7-71）。

三江源自然保护区中各州马麝的具体分布及数量情况如下。

（1）海南藏族自治州：在兴海县和同德县有马麝分布。其中，马麝栖息地面积为 1 231 km²，马麝资源量为（533±205）只（表 7-72）。

（2）黄南藏族自治州：在泽库县和河南县有马麝分布。其中，马麝栖息地面积为 862 km²，马麝资源量为（305±153）只（表 7-73）。

**表 7-71　马麝资源现状及种群变化趋势**

| 时间 | 分布区域 | 面积/km² | 密度/（只/km²） | 数量/只 | 属于三江源自然保护区的区域 |
|---|---|---|---|---|---|
| （1）1997 年 张荣祖等 | 天峻县、共和县、门源县、祁连县、班玛县、玛沁县、湟源县、茫崖县、格尔木、都兰、德令哈、贵德、兴海、同德、贵南、尖扎、西宁、平安、乐都、曲麻莱、囊谦 | — | — | — | 玛沁县、班玛县、兴海县、同德县、曲麻莱县、囊谦县 |
| （2）2003 年 郑杰 | 祁连、门源、刚察、海晏、共和、兴海、贵南、同德、天峻、乌兰、都兰、格尔木、玛多、玛沁、久治、班玛、甘德、达日、称多、玉树、曲麻莱、治多、囊谦、杂多、河南 | 35 600 | 0.204±0.024 | 7262±854 | 青海三江源国家级自然保护区除泽库县以外的其余16个县 |
| （3）2009 年 国家林业局 | 天峻、共和、门源、祁连、班玛、玛沁、格尔木、都兰、兴海、同德、贵南、曲麻莱、囊谦、河南、杂多、治多、甘德、达日、称多、玉树、玛多、久治、乌兰、刚察、海晏 | 35 600 | 0.204 | 7 000 | 青海三江源国家级自然保护区除泽库县以外的其余16个县 |
| （4）2012 年 本次调查 | 全保护区的 16 个县 1 个乡均有分布：玛多县、玛沁县、甘德县、久治县、班玛县、达日县、称多县、杂多县、治多县、曲麻莱县、囊谦县、玉树县、兴海县、同德县、泽库县和河南县、唐古拉山乡 | 12 710 | 0.572±0.199 | 7407±584 | |

表 7-72　海南藏族自治州各县马麝资源信息表

| 县域 | 栖息地面积/km² | 马麝数量/只 | 主要区域 |
|---|---|---|---|
| 兴海县 | 578 | 246±95 | 中铁林场然莫、中铁林场沙什青沟、楠木堂乡桑龙沟、楠木堂乡尼青沟 |
| 同德县 | 653 | 287±110 | 江群林场、河北林场香吉沟 |
| 总计 | 1 231 | 533±205 | |

表 7-73　黄南藏族自治州各县马麝资源信息表

| 县域 | 栖息地面积/km² | 马麝数量/只 | 主要区域 |
|---|---|---|---|
| 泽库县 | 365 | 150±80 | 多得乡马珂河沟 |
| 河南县 | 497 | 155±73 | 宁布特林场夏桑沟、阿荣沟、吉冈山 |
| 总计 | 862 | 305±153 | |

（3）果洛藏族自治州：在玛多县、玛沁县、达日县、甘德县、久治县和班玛县均有马麝分布。其中，马麝栖息地面积为 6 298 km²，马麝资源量为（3 510±939）只（表 7-74）。

表 7-74　果洛藏族自治州各县马麝资源信息表

| 县域 | 栖息地面积/km² | 马麝数量/只 | 主要区域 |
|---|---|---|---|
| 玛沁县 | 2 445 | 1 219±363 | 大武镇江壤沟、银白沟 |
| 达日县 | 1 188 | 748±192 | |
| 甘德县 | 1 120 | 666±121 | |
| 久治县 | 1 030 | 656±166 | 索乎日麻乡、上嘎拉沟 |
| 玛多县 | 113 | 63±36 | 花石峡、错柔 |
| 班玛县 | 402 | 158±61 | 王柔林场、友谊桥林场 |
| 总计 | 6 298 | 3 510±939 | |

（4）玉树藏族自治州：在称多县、杂多县、治多县、曲麻莱县、囊谦县和玉树县均有马麝分布。其中，马麝栖息地面积为 4 319 km²，马麝资源量为（3 059±1 040）只（表 7-75）。

表 7-75　玉树藏族自治州各县马麝资源信息表

| 县域 | 栖息地面积/km² | 马麝数量/只 | 重点区域 |
|---|---|---|---|
| 玉树县 | 1 559 | 781±262 | 果庆沟、色普、秀吾沟、色如千沟 |
| 囊谦县 | 1 163 | 793±230 | 白扎林场、觉拉乡坎达、毛庄乡嘎墨浓 |
| 称多县 | 530 | 418±146 | 色日沟、八玛沟 |
| 杂多县 | 297 | 245±96 | 结扎乡扎戈沟、昂赛乡香戈村 |
| 治多县 | 231 | 255±74 | 立新乡岗察村沟庆沟 |
| 曲玛莱县 | 539 | 567±232 | 约放乡岗当沟 |
| 总计 | 4 319 | 3 059±1 040 | |

## 2. 白唇鹿

白唇鹿是青藏高原特有动物，只有在较偏远的地区才能见到。在唐古拉山乡、治多县和玛多县未发现白唇鹿分布，依据郑杰（2003）报道的白唇鹿密度，估算出当前三江源自然保护区的白唇鹿有（2 777±502）只（表 7-76）。

表 7-76　白唇鹿资源现状及种群变化趋势

| 时间 | 分布区域 | 面积/km² | 密度/（只/km²） | 数量/只 | 属于三江源自然保护区的区域 |
|---|---|---|---|---|---|
| （1）1997. 张荣祖等 | 祁连县、柴达木盆地、班玛县、贵德县、同德县、兴海县、玉树、称多、杂多、昂久、治多、曲麻莱、甘德、达日、玛多、乌兰、天峻、门源、刚察、河南、尖扎、长江源头 | — | — | — | 12 个县：兴海县、同德县、玉树县、称多县、杂多县、治多县、曲麻莱县、班玛县、甘德县、达日县、玛多县、河南县 |
| （2）2003. 郑杰 | 祁连、门源、刚察、兴海、同德、天峻、乌兰、都兰、德令哈、格尔木、玛多、玛沁、甘德、达日、班玛、称多、玉树、曲麻莱、治多、囊谦、杂多 | 54 000 | 0.387±0.072 | 25 309±4 708 | 青海三江源国家级自然保护区除泽库县、河南县、久治县以外的其余 14 个县 |
| （3）2009. 国家林业局 | 班玛、兴海、同德、玉树、称多、杂多、治多、曲麻莱、甘德、达日、囊谦、玛多、玛沁、天峻、都兰、乌兰、格尔木、德令哈、祁连、刚察、门源 | 54 700 | 0.387 | 25 000 | 青海三江源国家级自然保护区除泽库县、河南县、久治县以外的其余 14 个县 |
| （4）2012. 本次调查 | 玛沁县、甘德县、久治县、班玛县、达日县、称多县、杂多县、曲麻莱县、囊谦县、玉树县、兴海县、同德县、泽库县和河南县 | 7 176 | 0.387±0.07 | 2 777±502 | |

## 3. 岩羊

野外调查中在泽库县麦秀林场发现两大群岩羊（分别有 100 只和 150 只）。通过对牧民和保护区人员的访问调查，以及新华网的新闻报道均表明，近些年岩羊数量明显增加。依据郑杰（2003）报道的岩羊密度，估算出当前三江源自然保护区的岩羊有（50 998±7 246）只（表 7-77）。

## 4. 盘羊

野外调查中未发现盘羊。通过对牧民和保护区人员的访问调查表明，盘羊数量有所增加。依据郑杰（2003）报道的盘羊密度，估算出当前三江源自然保护区的盘羊有（3 934±828）只（表 7-78）。

表 7-77　岩羊资源现状及种群变化趋势

| 时间 | 分布区域 | 面积 /km² | 密度 /（只/km²） | 数量 /只 | 属于三江源自然保护区的区域 |
|---|---|---|---|---|---|
| （1）1997.张荣祖等 | 共和、贵德、兴海、祁连、门源、天峻、德令哈、茫崖西部、格尔木南部、花石峡、玛沁、互助、循化、黄河源头、长江源头 | — | — | — | 兴海县、玛沁县、黄河源头、长江源头 |
| （2）2003.郑杰 | 天峻、乌兰、都兰、德令哈、大柴旦、茫崖、格尔木、曲麻莱、治多、称多、玉树、囊谦、杂多、玛多、玛沁、甘德、达日、久治、班玛、兴海、共和、贵南、同德、祁连、门源、刚察、海晏 | 187 500 | 1.858±0.264 | 348 375±49 500 | 青海三江源国家级自然保护区除泽库县、河南县、久治县以外的其余 14 个县 |
| （3）2009.国家林业局 | 天峻、乌兰、都兰、德令哈、大柴旦、茫崖、格尔木、曲麻莱、治多、称多、玉树、囊谦、杂多、玛多、玛沁、甘德、达日、久治、班玛、兴海、共和、贵南、同德、祁连、门源、刚察、海晏 | 187 500 | 1.858 | 350 000 | 青海三江源国家级自然保护区除泽库县、河南县、甘德县、格尔木市以外的其余 13 个县 |
| （4）2012.本次调查 | 青海三江源国家级自然保护区除班玛县、格尔木市以外的其余 15 个县 | 27 448 | 1.858±0.264 | 50 998±7 246 | |

表 7-78　盘羊资源现状及种群变化趋势

| 时间 | 分布区域 | 面积 /km² | 密度 /（只/km²） | 数量 /只 | 属于三江源自然保护区的区域 |
|---|---|---|---|---|---|
| （1）1997.张荣祖 | 祁连、茫崖、格尔木南部、当金山口、都兰、花石峡、玛沁、兴海、长江源头 | — | — | — | 2 个县：玛沁县、兴海县 |
| （2）2003.郑杰 | 天峻、都兰、大柴旦、茫崖、格尔木、泽库、河南、玛多、玛沁、称多、曲麻莱、治多、囊谦、杂多、祁连 | 34 500 | 0.104±0.024 | 3 588±828 | 10 个县：格尔木市、泽库县、河南县、玛多县、玛沁县、称多县、曲麻莱县、治多县、囊谦县、杂多县 |
| （3）2009.国家林业局 | 称多、杂多、治多、曲麻莱、囊谦、玛多、玛沁、格尔木、都兰、天峻、泽库、河南、祁连 | 34 500 | 0.104 | 3 600 | 10 个县：格尔木市、泽库县、河南县、玛多县、玛沁县、称多县、曲麻莱县、治多县、囊谦县、杂多县 |
| （4）2012.本次调查 | 玛多县、玛沁县、甘德县、达日县、称多县、杂多县、治多县、曲麻莱县、囊谦县、玉树县、兴海县、唐古拉山乡 | 37 832 | 0.104±0.024 | 3 934±828 | |

### 5. 马鹿

野外调查中发现马鹿分布区有所扩大，依据郑杰（2003）报道的马鹿密度，估算出当前三江源自然保护区的马鹿有（1 656±423）只（表7-79）。

表 7-79　马鹿资源现状及种群变化趋势

| 时间 | 分布区域 | 面积/km² | 密度/（只/km²） | 数量/只 | 属于三江源自然保护区的区域 |
|---|---|---|---|---|---|
| (1)1997.张荣祖 | 班玛、祁连、茫崖、格尔木南部、德令哈、贵德、同德、兴海 | — | — | — | 3个县：班玛县、同德县、兴海县 |
| (2)2003.郑杰 | 互助、祁连、门源、刚察、兴海、同德、天峻、乌兰、都兰、玛沁、班玛、称多、玉树、囊谦 | 34 500 | 0.231±0.059 | 8 225±1696 | 10个县：格尔木、泽库县、河南县、玛多县、玛沁县、称多县、曲麻莱县、治多县、囊谦县、杂多县 |
| (3)2009.国家林业局 | 互助、祁连、门源、刚察、兴海、同德、天峻、乌兰、都兰、玛沁、班玛、称多、玉树、囊谦 | 28 760 | 0.231 | 8 500 | 7个县：班玛县、同德县、兴海县、玛沁县、称多县、玉树县、囊谦县 |
| (4)2012.本次调查 | 玛沁县、甘德县、久治县、班玛县、达日县、称多县、杂多县、曲麻莱县、囊谦县、玉树县、兴海县、同德县、泽库县、河南县 | 7 167 | 0.231±0.059 | 1 656±423 | |

### 6. 藏羚

藏羚是青藏高原的特产动物，在青海省分布涉及5个县（市），主要是玉树藏族自治州的治多县、曲麻莱县和杂多县；海西蒙古族藏族自治州的格尔木市唐古拉山乡和茫崖镇。现已在这些主要分布区建立了国家级自然保护区，野外实地勘察和访问调查均表明，藏羚数量明显增加。依据郑杰（2003）报道的藏羚密度，估算出当前三江源自然保护区的藏羚有（35 918±13 268）只（表7-80）。

表 7-80　藏羚资源现状及种群变化趋势

| 时间 | 分布区域 | 面积/km² | 密度/（只/km²） | 数量/只 | 属于三江源自然保护区的区域 |
|---|---|---|---|---|---|
| (1) 1997.张荣祖等 | 格尔木南部、曲麻莱、黄河源头、长江源头、共和、贵南、昆仑山-阿尔金山盆地、玉树、海西州昆仑山 | — | — | — | 3个地方：格尔木、曲麻莱县、玉树县 |
| (2) 2003.郑杰 | 治多、曲玛莱、杂多、唐古拉山、茫崖 | 25 000 | 0.739±0273 | 18 475±6 825 | 4个县：治多县、曲麻莱县、杂多县、唐古拉 |
| (3) 2009.国家林业局 | 青海（治多、曲玛莱、杂多、唐古拉山、茫崖） | 25 000 | 0.739 | 17 000 | 4个县：治多县、曲麻莱县、杂多县、唐古拉 |
| (4) 2012.本次调查 | 治多县、杂多县和曲麻莱3个县，以及唐古拉山乡 | 48 604 | 0.739±0273 | 35 918±13 268 | |

#### 7. 藏野驴

藏野驴系青藏高原特有动物，在青海分布的为青海亚种 E.k.holdereri，其分布栖息海拔多在 4 000～4 800 m，有时可达 5 000 m 以上。其活动的区域内有藏原羚、藏狐和狼等兽类。藏野驴在三江源国家级自然保护区内主要分布在 7 个县（乡）治多县、杂多县、称多县、曲麻莱县、玛多县、玛沁县、唐古拉乡。野外实地的样线勘察和访问调查结果分析可知，近年来，藏野驴数量有所增加，分布区域略有增大。依据郑杰（2003）报道的藏野驴密度，估算出当前三江源自然保护区的藏野驴有（41 907±5 685）只（表 7-81）。

**表 7-81　藏野驴资源现状及种群变化趋势**

| 时间 | 分布区域 | 面积/km² | 密度/（只/km²） | 数量/只 | 属于三江源自然保护区的区域 |
|---|---|---|---|---|---|
| （1）1997.张荣祖等 | 祁连、天峻、乌兰、都兰、兴海、治多、杂多、德令哈、小柴旦、格尔木、茫崖、扎陵湖、花石峡、玛沁、曲麻莱、玛多、久治、达日、大柴旦、长江源头 | — | — | — | 9 个县：兴海、治多、杂多、格尔木、玛沁、曲麻莱、玛多、久治、达日 |
| （2）2003.郑杰 | 天峻、德令哈、都兰、格尔木、玛多、玛沁、称多、曲麻莱、治多、杂多、可可西里 | 92 400 | 0.874±0.118 | 80 757±10 164 | 7 个县：格尔木、玛多、玛沁、称多、曲麻莱、治多、杂多 |
| （3）2009.国家林业局 | 青海（治多、杂多、曲麻莱、称多、玛多、玛沁、都兰、天峻、德令哈、格尔木、可可西里自然保护区） | 92 400 | 0.874 | 81 000 | 7 个县：格尔木、玛多县、玛沁县、称多县、曲麻莱县、治多县、杂多县 |
| （4）2012.本次调查 | 7 个县（乡）：治多县、杂多县、称多县、曲麻莱县、玛多县、玛沁县、唐古拉乡 | 47 948 | 0.874±0.118 | 41 907±5 685 | |

#### 8. 藏原羚

从野外实地勘察和访问调查结果分析可知，近几年来，藏原羚数量有所增加。依据郑杰（2003）报道的藏原羚密度，估算出当前三江源自然保护区的藏原羚有（50 064±5 560）只（表 7-82）。

#### 9. 野牦牛

野外考察看到多个数十只以上的野牦牛群。据当地牧民介绍，目前仅曲麻河乡包括可可西里部分地域在内的野牦牛数量已经达到了 2 000 多头。依据郑杰（2003）报道的野牦牛密度，估算出当前三江源自然保护区的野牦牛有（7 272±1 415）只（表 7-83）。

**表 7-82　藏原羚资源现状及种群变化趋势**

| 时间 | 分布区域 | 面积 /km² | 密度 /（只/km²） | 数量 /只 | 属于三江源自然保护区的区域 |
|---|---|---|---|---|---|
| （1）1997.张荣祖等 | 门源、祁连、天峻、海晏、格尔木南部山地、班玛、曲麻莱、玉树、果洛、黄南、共和、黄河源头、长江源头 | — | — | — | 8 个地区：格尔木、班玛、曲麻莱、玉树、果洛、黄南、黄河源头、长江源头 |
| （2）2003.郑杰 | 祁连、海晏、刚察、共和、同德、天峻、都兰、格尔木、玛多、玛沁、甘德、达日、称多、玉树、曲麻莱、治多、囊谦、杂多 | 116 400 | 0.557±0.0623 | 64 834±7 251 | 12 个县（市）：治多县、杂多县、称多县、囊谦县、曲麻莱县、玉树县、玛多县、玛沁县、甘德县、达日县、同德县、格尔木市 |
| （3）2009.国家林业局 | 祁连、海晏、刚察、共和、同德、天峻、都兰、格尔木、玛多、玛沁、甘德、达日、称多、玉树、曲麻莱、治多、囊谦、杂多 | 116 400 | 0.557 | 65 000 | 12 个县（市）：治多县、杂多县、称多县、囊谦县、曲麻莱县、玉树县、玛多县、玛沁县、甘德县、达日县、同德县、格尔木市 |
| （4）2012.本次调查 | 7 个县（乡）：治多县、杂多县、称多县、曲麻莱县、玛多县、玛沁县、唐古拉山乡 | 89 881 | 0.557±0.0623 | 50 064±5 560 | |

**表 7-83　野牦牛资源现状及种群变化趋势**

| 时间 | 分布区域 | 面积 /km² | 密度 /（只/km²） | 数量 /只 | 属于三江源自然保护区的地方 |
|---|---|---|---|---|---|
| （1）1997.张荣祖等 | 兴海、黄河源头、祁连山、天峻、阳康、乌兰、长江源头 | — | — | — | 3 个地区：兴海县、黄河源头、长江源头 |
| （2）2003.郑杰 | 曲麻莱、治多、称多、杂多、玛多、玛沁、天峻、都兰、格尔木、茫崖 | 63 200 | 0.149±0.029 | 9 416±1 832 | 7 个县（市）：曲麻莱县、治多县、称多县、杂多县、玛多县、玛沁县、格尔木市 |
| （3）2009.国家林业局 | 曲麻莱、治多、称多、杂多、玛多、玛沁、天峻、都兰、格尔木、茫崖 | 63 200 | 0.149 | 9 500 | 7 个县（市）：曲麻莱县、治多县、称多县、杂多县、玛多县、玛沁县、格尔木市 |
| （4）2012.本次调查 | 称多县、曲麻莱县、杂多县、玛多县、治多县和玛沁县 6 个县，以及格尔木市唐古拉山乡 | 48 803 | 0.149±0.029 | 7 272±1 415 | |

## 10. 狼

野外调查中，在玛多县县城周边发现 8 只狼。对牧民和保护区人员的访问调查表明，狼的数量有所增加。依据郑杰（2003）报道的狼密度，估算出当前三江源自然保护区的狼有（9 880±2 543）只（表 7-84）。

表 7-84　狼资源现状及种群变化趋势

| 时间 | 分布区域 | 面积/km² | 密度/（只/km²） | 数量/只 | 属于三江源自然保护区的区域 |
|---|---|---|---|---|---|
| （1）1997 张荣祖等 | 除海南外全国各地均有分布 | — | — | — | 青海三江源国家级自然保护区的 16 个县 1 个乡均有分布 |
| （2）2003. 郑杰 | 大通、湟源、湟中、互助、祁连、门源、刚察、海晏、共和、兴海、贵南、贵德、同德、天峻、乌兰、都兰、格尔木、玛多、玛沁、久治、甘德、达日、称多、玉树、治多、曲麻莱、囊谦、杂多 | 126 300 | 0.101±0.026 | 12 756±3 283 | 14 个县：兴海县、同德县、格尔木、玛多县、玛沁县、久治县、甘德县、达日县、称多县、玉树县、治多县、曲麻莱县、囊谦县、杂多县 |
| （3）2009. 国家林业局 | 大通、湟源、湟中、互助、祁连、门源、刚察、共和、兴海、贵南、贵德、同德、天峻、乌兰、格尔木、玛多、玛沁、久治、甘德、达日、称多、玉树、治多、曲麻莱、囊谦、杂多 | 126 300 | 0.101 | 13 000 | 14 个县：兴海县、同德县、格尔木、玛多县、玛沁县、久治县、甘德县、达日县、称多县、玉树县、治多县、曲麻莱县、囊谦县、杂多县 |
| （4）2012. 本次调查 | 三江源国家级自然保护区内的 16 个县 1 个乡均有分布 | 97 817 | 0.101±0.026 | 9 880±2 543 | |

## 11. 雪豹

依据郑杰（2003）报道的雪豹密度，估算出当前三江源自然保护区的雪豹有（222±43）只。李娟（2012）和野外调查均表明，基于寺庙的社区保护在雪豹保护中发挥着重要作用（表 7-85）。

表 7-85　雪豹资源现状及种群变化趋势

| 时间 | 分布区域 | 面积/km² | 密度/（只/km²） | 数量/只 | 属于三江源自然保护区的区域 |
|---|---|---|---|---|---|
| （1）1997. 张荣祖等 | 同德、兴海、杂多、曲麻莱、治多、玉树、都兰、祁连、门源、海晏、刚察、格尔木、德令哈、茫崖、长江源头、花石峡、玛沁、班玛、阿尔金山、贵德、互助、天峻、贵南、囊谦、称多、玛多、达日、昆仑山及川、青、陕交界地区 | — | — | — | 治多县、杂多县、曲麻莱县、玉树县、玛沁县、班玛县、囊谦县、称多县、玛多县、达日县 10 个县及格尔木市 |

续表

| 时间 | 分布区域 | 面积/km² | 密度/（只/km²） | 数量/只 | 属于三江源自然保护区的区域 |
|---|---|---|---|---|---|
| （2）2003. 郑杰 | 祁连、门源、天峻、乌兰、格尔木、大柴旦、玛多、玛沁、久治、达日、班玛、称多、玉树、治多、曲麻莱、囊谦、杂多 | 20 450 | 0.015～0.02 | 982～1 209 | 治多县、杂多县、曲麻莱县、称多县、玉树县、囊谦县、玛多县、玛沁县、久治县、班玛县、达日县11个县及格尔木市 |
| （3）2009. 国家林业局 | 治多、杂多、曲麻莱、称多、玉树、囊谦、玛多、玛沁、久治、班玛、达日、都兰、天峻、大柴旦、格尔木、祁连、门源 | 28 760 | 0.231 | 8 500 | 治多县、杂多县、曲麻莱县、称多县、玉树县、囊谦县、玛多县、玛沁县、久治县、班玛县、达日县11个县及格尔木市 |
| （4）2012. 李娟 | 三江源地区索加北部 | 1 300 | 0.031±0.006 | 41±7 | 治多县索加乡 |
| （5）2012. 本次调查 | 保护区内14个县均有分布：玛多县、玛沁县、甘德县、久治县、班玛县、达日县、称多县、杂多县、治多县、曲麻莱县、囊谦县、玉树县、兴海县和泽库县 | 7 167 | 0.031±0.006 | 222±43 | |

### 12. 棕熊

依据郑杰（2003）报道的棕熊密度，估算出当前三江源自然保护区的棕熊有（1 500～2 096）只（表 7-86）。

表 7-86　棕熊资源现状及种群变化趋势

| 时间 | 分布区域 | 面积/km² | 密度/（只/km²） | 数量/只 | 属于三江源自然保护区的区域 |
|---|---|---|---|---|---|
| （1）1997. 张荣祖等 | 除海南外全国各地均有分布 | — | — | — | 曲麻莱县、同德县、兴海县、班玛县4个县，以及唐古拉山乡 |
| （2）2003. 郑杰 | 天峻、乌兰、都兰、大柴旦、德令哈、格尔木、门源、祁连、玛多、玛沁、达日、久治、班玛、玉树、称多、曲麻莱、治多、囊谦、杂多、河南、泽库、同仁 | 186 500 | 0.016 | 2 984～4 000 | 称多县、杂多县、治多县、曲麻莱县、囊谦县、玉树县、达日县、玛多县、玛沁县、久治县、班玛县、泽库县、河南县13个县，以及唐古拉山乡 |
| （3）2009. 国家林业局 | 天峻、乌兰、都兰、大柴旦、德令哈、格尔木、门源、祁连、玛多、玛沁、达日、久治、班玛、玉树、称多、曲麻莱、治多、囊谦、杂多、河南、泽库、同仁 | 186 500 | — | 6 950 | 称多县、杂多县、治多县、曲麻莱县、囊谦县、玉树县、达日县、玛多县、玛沁县、久治县、班玛县、泽库县、河南县13个县，以及唐古拉山乡 |

续表

| 时间 | 分布区域 | 面积/km² | 密度/（只/km²） | 数量/只 | 属于三江源自然保护区的区域 |
|---|---|---|---|---|---|
| （4）2012.本次调查 | 称多县、杂多县、治多县、曲麻莱县、囊谦县、玉树县、达日县、玛多县、玛沁县、久治县、班玛县、泽库县、河南县13个县，以及唐古拉山乡 | 97 725 | 0.016～0.021 | 1 500～2 096 | |

### 13. 喜马拉雅旱獭

依据郑杰（2003）报道的喜马拉雅旱獭密度，估算出当前三江源自然保护区的喜马拉雅旱獭约有（74 225±7 575）只（表7-87）。

表7-87　喜马拉雅旱獭资源现状及种群变化趋势

| 时间 | 分布区域 | 面积/km² | 密度/（只/km²） | 数量/只 | 属于三江源自然保护区的区域 |
|---|---|---|---|---|---|
| （1）1997.张荣祖等 | 刚察、海晏、祁连、门源、共和、兴海、玉树、果洛、天峻、黄南、河南、尖扎、同仁、扎多、甘德、柴达木、班玛、乌兰、泽库、长江源头 | — | — | — | 6个县：兴海县、玉树县、河南县、甘德县、班玛县、泽库县 |
| （2）2003.郑杰 | 祁连、海晏、天峻、乌兰、都兰、玛多、玛沁、久治、达日、班玛、称多、玉树、曲麻莱、治多、囊谦、杂多 | 66 700 | 0.794±0.081 | 52 959.8±5 416 | 玛多县、玛沁县、久治县、达日县、班玛县、称多县、玉树县、曲麻莱县、治多县、囊谦县、杂多县11个县 |
| （3）2009.国家林业局 | 甘德、天峻、格尔木、都兰、贵南、尖扎、同仁、海晏、祁连、门源、化隆、互助、湟源、大通、玛多、玛沁、达日、久治、班玛、称多、杂多、治多、曲麻莱、囊谦、玉树、兴海、同德、泽库、河南、格尔木 | 66 700 | | 60 000 | 16个县（乡）：青海三江源自然保护区除甘德县以外的地区 |
| （4）2012.本次调查 | 三江源自然保护区内均有分布 | 93 521 | 0.794±0.081 | 74 225±7 575 | |

### 14. 高原鼠兔

三江源区发生鼠害面积约为503万hm²，占三江源区总面积的17%，占可利用草场面积的28%。黄河源区有50%多的黑土型退化草场是因鼠害所致。严重地区有效鼠洞密度高达1 334个/hm²，鼠兔密度高达412只/hm²。

### 15. 藏雪鸡

依据郑杰（2003）报道的藏雪鸡密度，估算出当前三江源自然保护区的藏雪鸡约有 23 513±8 686 只（表 7-88）。

表 7-88　藏雪鸡资源现状及种群变化趋势

| 时间 | 分布区域 | 面积 /km² | 密度 /（只/km²） | 数量 /只 | 属于三江源自然保护区的区域 |
| --- | --- | --- | --- | --- | --- |
| （1）1976. 郑光美. | 青海大部分地区 | — | — | — | |
| （2）2003.郑杰 | 祁连、门源、刚察、共和、兴海、互助、泽库、天峻、乌兰、都兰、格尔木、玛多、玛沁、达日、久治、班玛、称多、玉树、曲麻莱、治多、杂多、囊谦 | 116 300 | 1.22±0.118 | 141 886±13 723 | 兴海县、泽库县、格尔木、玛多县、玛沁县、达日县、久治县、班玛县、称多县、玉树县、曲麻莱县、治多县、杂多县、囊谦县 14 个县及格尔木 |
| （3）2009. 国家林业局 | 青海大部分地区 | 116 300 | 1.22 | 140 000 | |
| （4）2012. 本次调查 | 全保护区 16 个县 1 个乡均有分布：玛多县、玛沁县、甘德县、久治县、班玛县、达日县、称多县、杂多县、治多县、曲麻莱县、囊谦县、玉树县、兴海县、同德县、泽库县和河南县、唐古拉山乡 | 31 817 | 0.739±0273 | 23 513±8 686 | |

### 16. 黑颈鹤

依据郑杰（2003）报道的黑颈鹤密度，估算出当前三江源自然保护区的黑颈鹤约有（2 000±739）只。对隆宝国家级自然保护区访问调查结果表明，黑颈鹤作为藏族群众心中的"神鸟"而受到高度保护，其种群数量较为稳定。隆宝国家级自然保护区黑颈鹤从建站初期（1986 年）的 22 只增加到目前的 216 只，黑颈鹤栖息环境出现日益恶化的迹象（表 7-89）。

表 7-89　黑颈鹤资源现状及种群变化趋势

| 时间 | 分布区域 | 面积 /km² | 密度 /（只/km²） | 数量 /只 | 属于三江源自然保护区的区域 |
| --- | --- | --- | --- | --- | --- |
| （1）1998.郑光美等 | 青海（玉树、治多、曲麻莱、称多、久治、刚察、天峻、乌兰、都兰） | — | — | — | 5 个县：玉树县、治多县、曲麻莱县、称多县、久治县 |

续表

| 时间 | 分布区域 | 面积 /km² | 密度 /（只/km²） | 数量 /只 | 属于三江源自然保护区的区域 |
|---|---|---|---|---|---|
| （2）2003.郑杰 | 玉树、称多、曲麻莱、治多、杂多、玛多、久治、达日、都兰、格尔木、共和、刚察 | 1 260 | 0.85±0.18 | 1 074±229 | 9个县（市）：玉树县、称多县、曲麻莱县、治多县、杂多县、玛多县、久治县、达日县、格尔木市 |
| （2）2009.国家林业局 | 青海（包括果洛、玉树、海西、海北） | 1 260 | 0.85 | 2 174（夏季） | 12个县：玛多县、玛沁县、甘德县、久治县、班玛县、达日县、玉树县、称多县、杂多县、治多县、曲麻莱县、囊谦县、玉树县 |
| （3）2012.本次调查 | 班玛县、久治县、玛多县、治多县、玉树县、称多县、曲麻莱县，以及格尔木市唐古拉山乡 | 2 706 | 0.739±0.273 | 2 000±739 | |

### 17. 斑头雁

斑头雁在青海为广布种，随着青藏高原气候的变暖，湖泊滩涂的裸露，其栖息觅食场所不断扩大，青藏高原斑头雁等夏季水禽候鸟呈逐年增长的态势。依据郑杰（2003）报道的斑头雁密度，估算出当前三江源自然保护区的斑头雁约有（60 034±20 970）只（表7-90）。

表7-90 斑头雁资源现状及种群变化趋势

| 时间 | 分布区域 | 面积 /km² | 密度 /（只/km²） | 数量 /只 | 属于三江源自然保护区的区域 |
|---|---|---|---|---|---|
| （1）2003.郑杰. | 共和、刚察、天峻、德令哈、格尔木、玛多、玉树、治多、杂多 | 21 300 | 3.55±1.24 | 75 615±26 412 | 5个县（市）：玛多县、玉树县、治多县、杂多县、格尔木市 |
| （2）2009.国家林业局. | 青海（包括玉树、海西、海北、海南） | 21 300 | 3.55 | 75 344（夏季） | 8个县：称多县、杂多县、治多县、曲麻莱县、囊谦县、玉树县、兴海县、同德县 |
| （3）2012.本次调查 | 保护区的16个县1个乡均有分布：玛多县、玛沁县、甘德县、久治县、班玛县、达日县、称多县、杂多县、治多县、曲麻莱县、囊谦县、玉树县、兴海县、同德县、泽库县和河南县、唐古拉山乡 | 16 911 | 3.55±1.24 | 60 034±20 970 | |

### 18. 赤麻鸭

赤麻鸭在青海湿地为优势种，在海拔 3 200 m 以上的湖泊、河流或高山湿地草甸均有分布。青藏高原赤麻鸭等夏季水禽候鸟呈逐年增长的态势。依据郑杰（2003）报道的赤麻鸭密度，估算出当前三江源自然保护区的赤麻鸭约有（45 258±9 917）只（表 7-91）。

**表 7-91　赤麻鸭资源现状及种群变化趋势**

| 时间 | 分布区域 | 面积 /km² | 密度 /（只/km²） | 数量 /只 | 属于三江源自然保护区的区域 |
|---|---|---|---|---|---|
| （1）2003.郑杰. | 刚察、海晏、祁连、门源、德令哈、天峻、乌兰、都兰、格尔木、共和、兴海、贵南、玛多、玛沁、甘德、达日、久治、班玛、称多、玉树、治多、曲麻莱、杂多、囊谦、河南、泽库 | 31 370 | 2.51±0.55 | 78 458±17 233 | 16 个县（乡）：格尔木兴海县、河南县、泽库县、囊谦县、玉树县、称多县、曲麻莱县、治多县、杂多县、玛多县、玛沁县、甘德县、久治县、达日县、班玛县 |
| （2）2009.国家林业局. | 青海全省 | 31 370 | 2.51 | 83 429（夏季） | 三江源保护区各地均有分布 |
| （3）2012.本次调查. | 班玛县、治多县、杂多县、称多县、曲麻莱县、玉树县、玛多县、久治县和达日县 9 个县 | 18 031 | 2.51±0.55 | 45 258±9 917 | |

# 第八章　三江源生态工程区
# 生态系统变化驱动因素

## 第一节　气候变化

### 一、气温变化

1975～2012 年，三江源区各气象站点年平均气温为–0.34℃（图 8-1），1997～2004 年各气象站点年平均气温为–0.14℃，2004～2012 年各站点年平均气温为 0.48℃，2004～2012 年的年平均气温比 1997～2004 年的年平均气温增加了 0.62℃；1975～2012 年年平均气温变化率约为 0.48℃/10 a，1997～2004 年年平均气温变化率约为 1.38℃/10 a，后期2004～2012 年年平均气温变化率约为 0.19℃/10 a，增温速率显著降低。

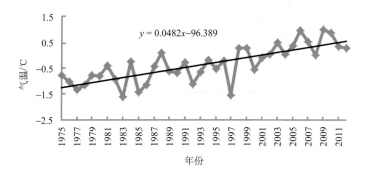

图 8-1　1975～2012 年三江源区站点平均气温变化趋势

长江流域伍道梁、沱沱河、曲麻莱、玉树、清水河、班玛 6 个站点 1975～2012 年年平均气温分别为–5.06℃、–3.72℃、–1.79℃、3.64℃、–4.34℃、3.04℃，2004～2012 年年平均气温分别比 1997～2004 年增加 0.48℃、0.93℃、0.88℃、0.63℃、0.95℃、0.42℃。黄河流域兴海、玛多、达日、久治 4 个站点 1975～2012 年年平均气温分别为 1.65℃、–3.42℃、–0.57℃、0.99℃，2004～2012 年年平均气温分别比 1997～2004 年增加–0.004℃、0.49℃、0.62℃、0.55℃。澜沧江流域杂多、囊谦 2 个站点 1975～2012 年年平均气温分别为 0.92℃、4.53℃，2004～2012 年年平均气温分别比 1997～2004 年增加 0.77℃、0.66℃。1975～2012 年 30 多年的年平均气温大于 0℃的有兴海、杂多、玉树、久治、班玛、囊谦6 个站点，上述站点所处位置平均海拔为 3 646 m，2004～2012 年年平均气温高于 0℃的站点新增了达日站，其海拔为 3 968 m，反映了在本区气候变暖过程中，年平均气温 0℃线的海拔呈上升趋势（图 8-2～图 8-5）。

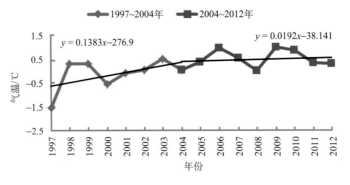

图 8-2　1997～2012 年三江源区站点平均气温变化趋势

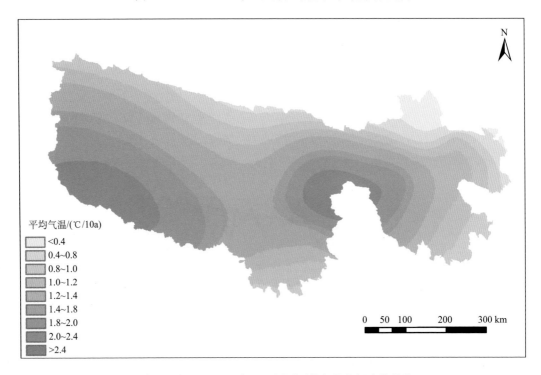

图 8-3　1997～2004 年三江源区平均气温空间变化趋势

三江源区 1975～2012 年空间上的年平均气温均值为–4.07℃，其中，1997～2004 年空间上的年平均气温为–3.83℃，2004～2012 年年平均气温为–3.56℃，与站点上的增温基本一致，后期年平均气温比前期的平均值增加 0.27℃，略小于站点上的增温；1975～2012 年年均气温变化率约为 0.53℃/10 a，1997～2004 年年平均气温变化率约为 1.6℃/10 a，后期 2004～2012 年年平均气温变化率约为 0.24℃/10 a，近几年的增温速率有所下降。

1997～2004 年全区的气温变化率空间分布具有明显规律，中部和西南部地区的气温变化率较高，往北气温变化率逐渐下降，而 2004 年以后的气温变化以中部较为显著，北部地区的气温变化趋势略低一些。由于 2004 年以后中部地区的气温变化率较高，使得1975～2012 年整个时期的气温变化率也略有提高。

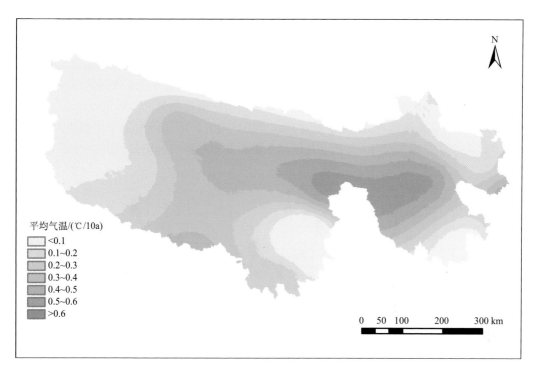

图 8-4　2004～2012 年三江源区平均气温空间变化趋势

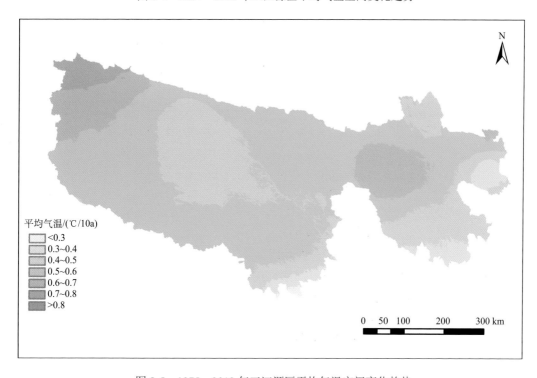

图 8-5　1975～2012 年三江源区平均气温空间变化趋势

# 二、降 水 变 化

三江源区 1975～2012 年的站点年降水量均值为 481.83 mm，其中，1997～2004 年的站点年降水量均值为 463.56 mm，2004～2012 年的年降水量均值为 518.66 mm，比 1997～2004 年年降水量均值多 55.10 mm，除 2006 年降水量低于多年平均水平外，其余几年均高于多年平均年降水量。本区 1975～2012 年年降水量变化趋势为 9.9 mm/10a，1997～2004 年年降水量变化趋势为 7.02 mm/10a，2004～2012 年年降水量变化趋势为 68.44 mm/10 a，降水量呈增加趋势，而最近几年降水量增加的趋势更加明显（图 8-6～图 8-10）。

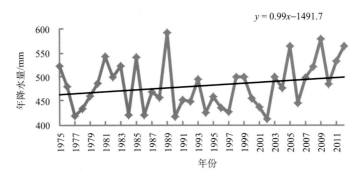

图 8-6　　1975～2011 年三江源区站点年降水量变化趋势

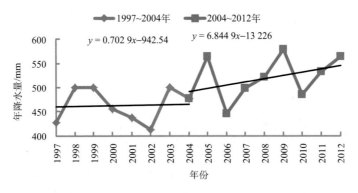

图 8-7　　1997～2012 年三江源区站点年降水量变化趋势

三江源区 1997～2004 年空间上的年降水量均值为 444.23 mm，2004～2012 年的年降水量均值为 492.88 mm，比 1997～2004 的年降水量均值多 48.65 mm，与站点上的统计值基本上一致。本区 1975～2012 年年降水量变化趋势为 20.98 mm/10 a，其中，1997～2004 年年降水量变化趋势为 5.99 mm/10 a，2004～2012 年年降水量变化趋势为 62.06 mm/10 a。

从空间上看，年降水量增长较大的区域主要在西部和西南部地区，1975～2012 年和 1975～2004 年的年降水量变化率空间分布基本一致，东部增长略少，往西变化率逐渐升高，2004 年以后年降水量变化的空间差异更为显著，从四周向中部降水量变化率逐渐升高。

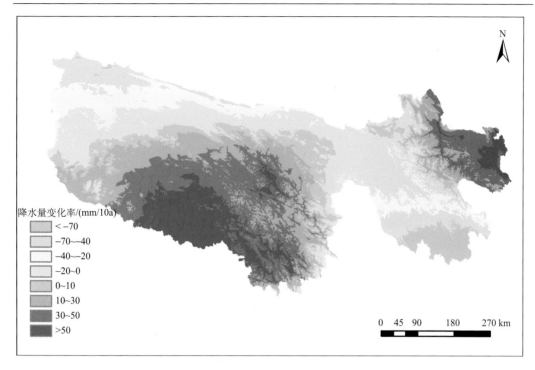

图 8-8　1997～2004 年三江源区年降水量变化率空间分布

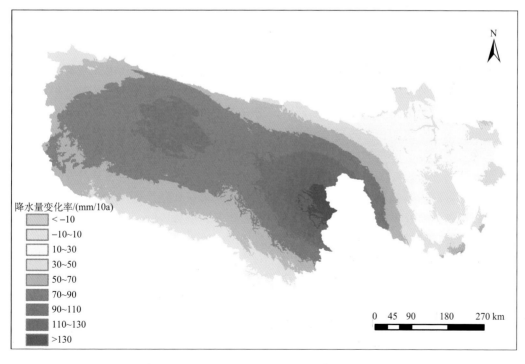

图 8-9　2004～2012 年三江源区年降水量变化率空间分布

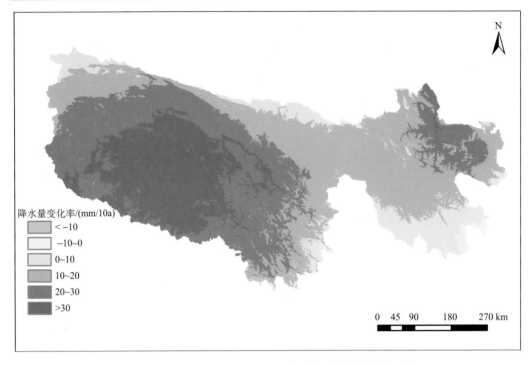

图 8-10　1975~2012 年三江源区年降水量变化率空间分布

# 三、湿润系数变化

综合考虑降水和蒸发的湿润指数能较好地反映气候的干湿状况。湿润指数是指年降水量与潜在蒸发散之比。三江源区 1975~2012 年多年平均湿润指数图（图 8-11）显示，从东南低海拔山地区向西北高海拔高原区，湿润指数总体呈递减趋势。湿润指数高值区主要分布在本区东南部和南部海拔较高的山区，如阿尼玛卿雪山、唐古拉山等，这些地方年平均气温较低，潜在蒸散发比较低，年降水量较多；湿润指数中值区主要分布在本区东南部和南部海拔较低的地区，这些地方虽然年平均气温较高，潜在蒸散发较高，但降水较多；湿润指数低值区主要分布在本区西北高寒草原和荒漠区，这些地区年平均气温较低，潜在蒸散发不高，但年降水量较低，因此湿润指数较低。

1975~2012 年三江源地区的湿润指数为 −86~−12，平均值为 −57，以半干旱地区为主；1997~2004 年平均湿润指数为 −57，2004~2012 年的平均值为 −53，比前一时期略微湿润，平均增加 3.75 左右（图 8-12、图 8-13）。

三江源区 1997~2004 年湿润系数呈微弱的降低趋势，2004 年以后开始呈上升趋势（图 8-14）。在空间上，1975~2012 年东部小部分地区呈降低趋势，其余大部分地区均呈上升趋势；而 1997~2004 年东南部的部分地区降低趋势明显；2004~2012 年南部部分地区下降趋势较为显著，而中部地区均呈上升趋势（图 8-15~图 8-17）。

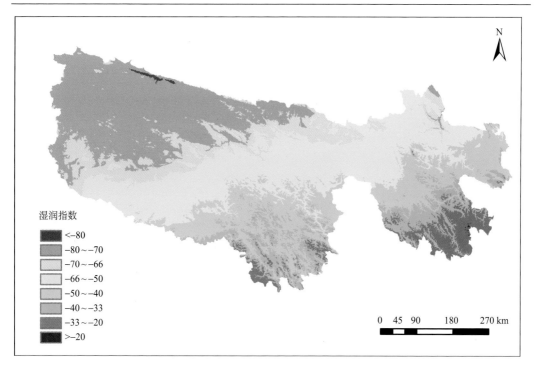

图 8-11 1975~2012 年三江源区年平均湿润指数空间分布

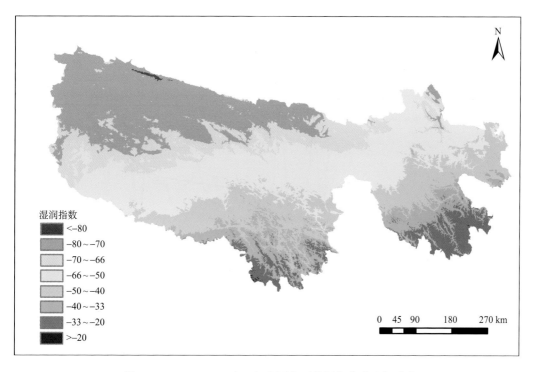

图 8-12 1997~2004 年三江源区年平均湿润指数空间分布

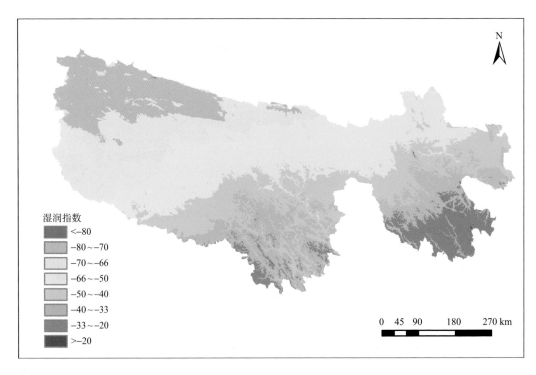

图 8-13　2004～2012 年三江源区年平均湿润指数空间分布

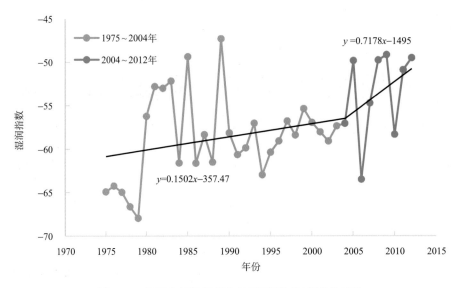

图 8-14　基于空间数据统计的三江源区湿润指数变化

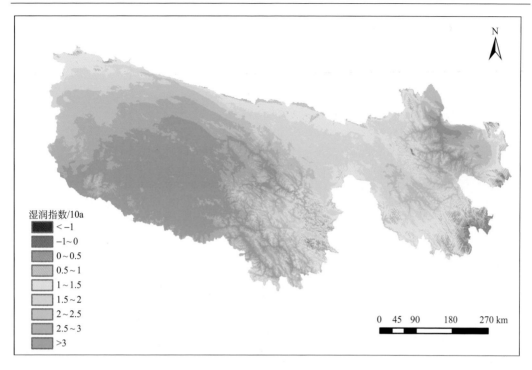

图 8-15　1975～2012 年三江源区湿润指数变化率空间分布

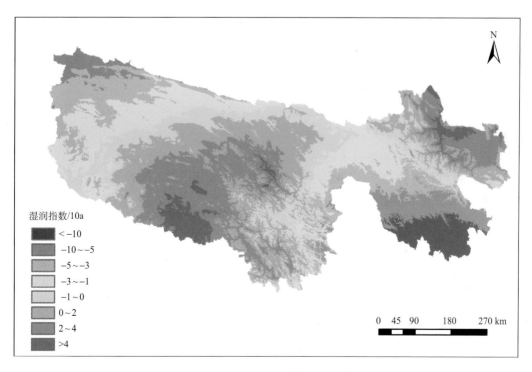

图 8-16　1997～2004 年三江源区湿润指数变化率空间分布

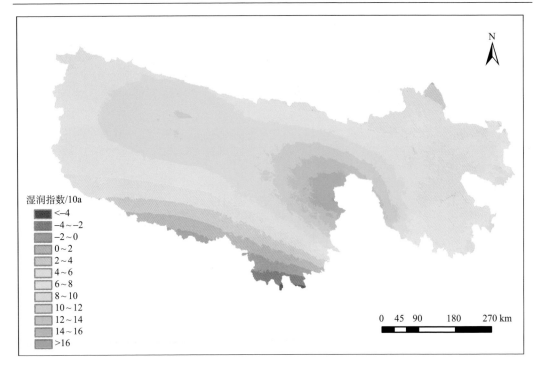

图 8-17　2004～2012 年三江源区湿润指数变化率空间分布

# 第二节　人 类 活 动

## 一、草地载畜压力变化

### 1. 理论载畜压力

　　三江源区生态保护和建设工程的减畜工作始于 2003 年。理论载畜量则由工程实施前（1988～2002 年）的 1132.7 万羊单位增加为减畜工程实施以来（2003～2012 年）的 1 292.1 万羊单位，理论载畜量增加了 22.9%（图 8-18）。

　　三江源区的理论载畜压力 1988～2012 年呈缓慢上升趋势，增长斜率为 18.675。从各县分布来看（表 8-1），除囊谦县、玛多县、同德县、兴海县、泽库县和称多县 6 个县外，其余各县在 25 年内，理论载畜量均呈现持续增长趋势，且各县在减畜工程实施后比减畜工程实施前增长趋势更明显。其中，河南县的理论载畜量最高，同时也是变化较大的，减畜工程实施前后，理论载畜量均呈增加趋势，减畜工程实施后理论载畜量增加趋势比减畜工程实施前更明显。久治县的理论载畜量也较高，减畜工程实施前增长率为 0.011，减畜工程实施后则为 0.208。此外，班玛县、甘德县、玉树县和泽库县的理论载畜量也较大，均高于 1 标准羊单位/hm²，且呈现上升的变化趋势。囊谦县的理论载畜量在减畜工程实施前后均高于 1 标准羊单位/hm²，减畜工程实施前理论载畜量呈降低变化趋势，减畜工程实施后则呈现升高的变化趋势，升高 0.391 标准羊单位/hm²。曲麻莱县

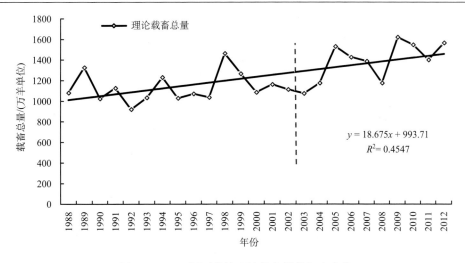

$$y = 18.675x + 993.71$$
$$R^2 = 0.4547$$

图 8-18  三江源区草地理论载畜量的年度变化

理论载畜量最小，减畜工程实施前后均小于 0.5 标准羊单位/hm²。玛多县、兴海县和治多县等理论载畜量较小，减畜工程实施前后均小于 1 标准羊单位/hm²。减畜工程实施前，增速最快的是久治县，其次是河南县，最慢的是兴海县；减畜工程实施后，增速最快的是河南县，其次是同德县和久治县，最慢的是治多县。

表 8-1  1988～2012 年三江源地区各县草地理论载畜压力变化

| 县域 | 减畜工程前（1988～2002 年） | | 减畜工程期间（2003～2012 年） | |
| --- | --- | --- | --- | --- |
| | 平均值/（标准羊单位/hm²） | 斜率 | 平均值/（标准羊单位/hm²） | 斜率 |
| 班玛县 | 1.102 | 0.002 | 1.689 | 0.190 |
| 称多县 | 0.705 | −0.001 | 1.102 | 0.125 |
| 达日县 | 0.847 | 0.003 | 1.290 | 0.150 |
| 甘德县 | 1.039 | 0.009 | 1.621 | 0.178 |
| 河南县 | 1.309 | 0.010 | 2.238 | 0.252 |
| 久治县 | 1.234 | 0.011 | 1.922 | 0.208 |
| 玛多县 | 0.363 | −0.002 | 0.535 | 0.067 |
| 玛沁县 | 0.803 | 0.007 | 1.318 | 0.151 |
| 囊谦县 | 1.069 | −0.001 | 1.460 | 0.161 |
| 曲麻莱县 | 0.291 | 0.004 | 0.494 | 0.063 |
| 同德县 | 0.823 | −0.006 | 1.497 | 0.222 |
| 兴海县 | 0.558 | −0.008 | 0.995 | 0.153 |
| 玉树县 | 1.005 | 0.003 | 1.310 | 0.072 |
| 杂多县 | 0.691 | 0.008 | 0.983 | 0.087 |
| 泽库县 | 1.024 | −0.001 | 1.770 | 0.206 |
| 治多县 | 0.430 | 0.009 | 0.601 | 0.028 |

### 2．现实载畜压力

自 2003 年减畜工程实施以来，三江源区家畜数量明显减少（图 8-19）。减畜工程实施后（2003～2012 年）家畜年平均数量已降至 1 541.27 万羊单位，与工程实施前 15 年（1988～2002 年）平均 1 958.0 万羊单位相比，减幅达 21.3%。

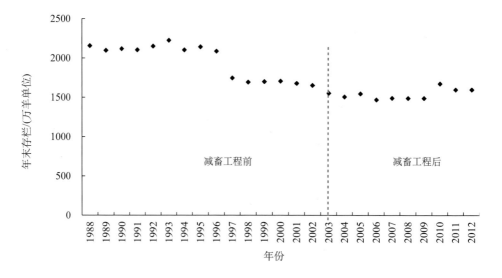

图 8-19　1988 年以来三江源区家畜存栏数变化

三江源区大部分县的家畜数量在减畜工程实施后也均有不同程度的减少（图 8-20），其中，称多县减幅最大，从减畜工程实施前 15 年的 104.40 万羊单位减少至工程实施后 10 年的 34.24 万羊单位，减幅达到 70.16%；其次是玛多县，由减畜工程实施前 15 年的 66.05 万羊单位减少至工程实施后 10 年的 27.33 万羊单位，减幅为 38.72%；达日县、甘德县、久治县、囊谦县、曲麻莱县、玉树县、杂多县和治多县的家畜总量在家畜工程实

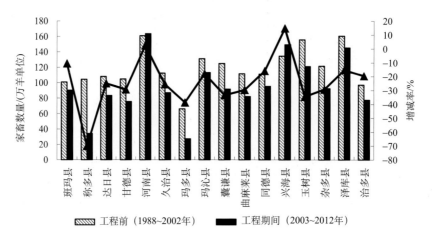

图 8-20　减畜工程前后三江源区各县家畜数量变化

施后，减幅保持为 20%～30%；其余各县减幅较小。三江源地区仅有河南县和兴海县减畜工程实施后比减畜工程实施前家畜数量多，减畜期间家畜均值分别高于减畜工程实施前 2.62 万羊单位和 14.77 万羊单位。

自 1988 年以来，三江源区草地现实载畜总量持续下降（图 8-21）。在减畜工程实施前的 15 年（1988～2002 年）中（三江源生态工程的减畜工作始于 2003 年），该地区草地的现实载畜总量平均为 2 545.4 万羊单位，2003 年减畜工程实施以来（2003～2012年）现实载畜总量平均为 2 003.7 万羊单位，现实载畜量降低了 21.3%。

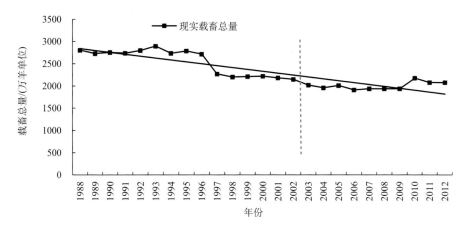

图 8-21　三江源区草地现实载畜量的年度变化

从三江源区各县的现实载畜压力指数来看（表 8-2），减畜工程实施后，载畜压力指数均降低，现实载畜压实指数在减畜工程实施前的斜率均呈现下降趋势，减畜工程实施前草地现实载畜压力指数斜率最高的是囊谦县，最低的是玉树县；在减畜工程实施后草地现实载畜压力指数斜率最高的是玉树县，最低的是同德县。

表 8-2　1988～2012 年三江源区各县草地现实载畜压力变化

| 县域 | 减畜工程实施前（1988～2002 年） | | 减畜工程实施后（2003～2012 年） | |
| --- | --- | --- | --- | --- |
| | 平均值/（标准羊单位/hm²） | 斜率 | 平均值/（标准羊单位/hm²） | 斜率 |
| 班玛县 | 3.375 | 0.055 | 3.032 | −0.057 |
| 称多县 | 1.311 | −0.102 | 0.535 | 0.039 |
| 达日县 | 1.377 | 0.008 | 1.048 | −0.043 |
| 甘德县 | 2.966 | −0.013 | 2.095 | −0.042 |
| 河南县 | 4.145 | 0.001 | 4.198 | 0.077 |
| 久治县 | 2.754 | −0.030 | 2.087 | −0.014 |
| 玛多县 | 0.497 | −0.021 | 0.191 | 0.004 |
| 玛沁县 | 2.576 | −0.010 | 2.194 | −0.041 |
| 囊谦县 | 2.058 | −0.080 | 1.448 | 0.100 |
| 曲麻莱县 | 0.612 | −0.023 | 0.439 | −0.012 |

| 县域 | 减畜工程实施前（1988～2002 年） | | 减畜工程实施后（2003～2012 年） | |
|---|---|---|---|---|
| | 平均值（标准羊单位/hm²） | 斜率 | 平均值（标准羊单位/hm²） | 斜率 |
| 同德县 | 5.003 | −0.073 | 4.162 | −0.366 |
| 兴海县 | 2.386 | −0.075 | 2.573 | 0.031 |
| 玉树县 | 2.101 | −0.107 | 1.564 | 0.148 |
| 杂多县 | 0.744 | −0.033 | 0.547 | 0.012 |
| 泽库县 | 3.807 | −0.031 | 3.418 | −0.023 |
| 治多县 | 0.653 | −0.006 | 0.506 | 0.020 |

### 3. 载畜压力指数

　　减畜工程实施后，三江源地区草地的载畜压力指数明显降低，且具有逐年下降的趋势（图 8-22）。统计表明，减畜工程实施前 15 年（1988～2002 年）的平均载畜压力指数为 2.29，即草地超载约 1.29 倍；减畜工程实施以来（2003～2012 年）平均载畜压力指数为 1.46，即超载 0.46 倍，两者相比较降低了 36.1%，表明三江源区草地的载畜压力逐渐减小，草地减畜工程取得初步成效。

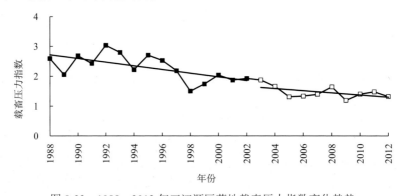

图 8-22　1988～2012 年三江源区草地载畜压力指数变化趋势

　　减畜工程实施后，三江源区各县草地的载畜压力指数明显降低，且呈现逐年下降的趋势（除玉树县外）（表 8-3）。统计表明，减畜工程实施前 15 年（1988～2002 年），同德县平均载畜压力指数最高，为 6.32，即草地超载约 5.32 倍；减畜工程实施以来（2003～2012 年），平均载畜压力指数为 3.69，即超载现象缓和明显，两者相比较降低了 41.54%。其次，兴海县减畜工程前 15 年（1988～2002 年）的平均载畜压力指数为 4.59，减畜工程后载畜压力指数为 3.15，超载现象有略微缓和。称多县减畜工程实施前 15 年（1988～2002 年）的平均载畜压力指数为 1.90，减畜工程实施后载畜压力指数为 0.52，减幅最大，为 72.51%，减畜工程结束后超载现象消失。玛多县减畜工程实施前 15 年（1988～2002 年）的平均载畜压力指数为 1.43，减畜工程实施后载畜压力指数为 0.42，减幅较大，为 70.68%，减畜工程结束后超载现象消失。此外，称多县、达日县、玛多县、杂多县和治多县 5 个县经过减畜工程的实施，减畜工程实施后的载畜压力指数均小于 1。

表 8-3　1988～2012 年三江源区各县草地载畜压力指数变化

| 县域 | 减畜工程前（1988～2002 年） | | 减畜工程期间（2003～2012 年） | |
| --- | --- | --- | --- | --- |
| | 平均值 | 斜率 | 平均值 | 斜率 |
| 班玛县 | 3.13 | 0.045 | 2.08 | −0.234 |
| 称多县 | 1.90 | −0.145 | 0.52 | −0.034 |
| 达日县 | 1.65 | 0.003 | 0.97 | −0.130 |
| 甘德县 | 2.91 | −0.042 | 1.48 | −0.168 |
| 河南县 | 3.22 | −0.025 | 2.09 | −0.167 |
| 久治县 | 2.27 | −0.043 | 1.23 | −0.120 |
| 玛多县 | 1.43 | −0.057 | 0.42 | −0.049 |
| 玛沁县 | 3.28 | −0.043 | 1.93 | −0.224 |
| 囊谦县 | 1.96 | −0.071 | 1.02 | −0.043 |
| 曲麻莱县 | 2.21 | −0.112 | 1.10 | −0.150 |
| 同德县 | 6.32 | −0.062 | 3.69 | −0.573 |
| 兴海县 | 4.59 | −0.103 | 3.15 | −0.333 |
| 玉树县 | 2.13 | −0.109 | 1.24 | 0.070 |
| 杂多县 | 1.13 | −0.058 | 0.59 | −0.034 |
| 泽库县 | 3.82 | −0.029 | 2.20 | −0.235 |
| 治多县 | 1.60 | −0.045 | 0.87 | −0.014 |

　　2003 年减畜工程实施后，三江源区各自然保护区及其所在县域的非保护区草地的载畜压力指数均呈现明显降低的趋势（表 8-4）。各自然保护区中，星星海、扎陵湖-鄂陵湖和通天河沿自然保护区的载畜压力指数下降得最多，分别减少了 63.04%，62.86% 和 50.24%，即草地超载分别减小了 63.04%，62.86% 和 50.24%。玛可河和多可河保护区的载畜压力指数下降得较少，草地超载分别减小了 21.63% 和 19.37%。各自然保护区所在县域的非保护区中，以通天河沿、年保玉则和索加-曲麻河保护区所在县域的非保护区载畜压力减少得最快，草地超载分别减少了 57.56%、43.97% 和 43.13%。各自然保护区内外对比，工程实施后，星星海、通天河沿、当曲、扎陵湖-鄂陵湖、果宗木查、索加-曲麻河和中铁-军功 7 个自然保护区内较保护区外草地载畜压力指数下降明显，即保护区内草地压力减轻幅度较大，而另外 11 个保护区内较保护区外草地压力减轻幅度小。这表明，三江源各自然保护区与非保护区草地的载畜压力均逐渐减小，且部分自然保护区的载畜压力下降幅度高于非保护区。

表 8-4　工程实施前后三江源自然保护区平均载畜压力指数变化对比

| 保护区 | 保护区内 | | | 保护区外 | | |
| --- | --- | --- | --- | --- | --- | --- |
| | 1988～2004 年 | 2005～2012 年 | 变幅 | 1988～2004 年 | 2005～2012 年 | 变幅 |
| 东仲 | 1.54 | 1.11 | 0.43 | 1.47 | 0.95 | 0.52 |
| 中铁-军功 | 2.61 | 1.86 | 0.75 | 2.53 | 1.87 | 0.66 |

续表

| 保护区 | 保护区内 | | | 保护区外 | | |
|---|---|---|---|---|---|---|
| | 1988~2004 年 | 2005~2012 年 | 变幅 | 1988~2004 年 | 2005~2012 年 | 变幅 |
| 多可河 | 2.10 | 1.70 | 0.41 | 2.18 | 1.69 | 0.49 |
| 年保玉则 | 2.23 | 1.47 | 0.76 | 1.78 | 1.07 | 0.70 |
| 当曲 | 1.13 | 0.70 | 0.43 | 0.65 | 0.44 | 0.21 |
| 扎陵湖-鄂陵湖 | 1.18 | 0.44 | 0.74 | 1.30 | 0.55 | 0.75 |
| 昂赛 | 0.57 | 0.41 | 0.16 | 0.65 | 0.44 | 0.21 |
| 星星海 | 1.26 | 0.47 | 0.79 | 1.41 | 0.91 | 0.50 |
| 果宗木查 | 0.79 | 0.51 | 0.28 | 0.65 | 0.44 | 0.21 |
| 江西 | 1.27 | 0.84 | 0.43 | 1.44 | 0.94 | 0.50 |
| 玛可河 | 1.92 | 1.51 | 0.42 | 2.18 | 1.69 | 0.49 |
| 白扎 | 1.38 | 0.98 | 0.40 | 1.31 | 0.89 | 0.42 |
| 索加-曲麻河 | 1.67 | 0.91 | 0.76 | 2.19 | 1.26 | 0.93 |
| 约古宗列 | 1.66 | 0.95 | 0.71 | 1.21 | 0.68 | 0.53 |
| 通天河沿 | 1.21 | 0.60 | 0.61 | 1.66 | 0.94 | 0.71 |
| 阿尼玛卿 | 3.17 | 2.19 | 0.98 | 1.74 | 1.10 | 0.64 |
| 麦秀 | 2.67 | 1.87 | 0.80 | 2.70 | 1.80 | 0.89 |

# 二、生 态 工 程

人类活动对三江源生态系统的影响是多方面的，主要包括农牧业生产活动、交通及基础建设活动、城镇建设活动、工商业生产活动、各种资源开采活动，以及生态保护和建设活动等。总体而言，草地放牧活动和近期的生态保护和建设活动对该地区的生态环境产生了重大影响。2005 年以来开展的三江源自然保护区生态保护和建设工程重点实施了退牧还草、退耕还林（草）、沙漠化防治、人工增雨等项目，这些项目对改善当地的生态环境发挥了重要作用。以下针对几个重点生态工程措施的成效及其对生态环境的影响进行初步的评估和分析。

## 1. 退牧还草

截至 2012 年，保护区内完成退牧还草 9 468.30 万亩。其中，2005~2011 年完成 4 936.05 万亩，2012 年完成 4 532.25 万亩（包括围栏建设 2 190 万亩、补播优良牧草 777 万亩、人工饲草地 1 565.25 万亩）。工程范围涉及玉树藏族自治州（玉树县、称多县、杂多县、治多县、囊谦县、曲麻莱县），果洛藏族自治州（玛沁县、玛多县、甘德县、达日县、班玛县、久治县），黄南藏族自治州（泽库县、河南县）和海南藏族自治州（同德县、兴海县）。

根据生态监测数据，2012 年三江源地区的低覆盖度草地面积比工程实施前减少 10 383.38 km$^2$，占工程实施前低覆盖度草地面积的 12.56%；而中覆盖度草地面积增加了 849.70 km$^2$，占工程实施前中覆盖度草地面积的 0.85%；高覆盖草地面积增加了 11 725.37 km$^2$，占工程实施前高覆盖度草地面积的 7.24%。上述数据表明,草地生态状况朝好的方向发展。在草地产量方面,低产草地(产草量<50 kg/亩)的草地面积减少了 11 089.80 多平方千米,占工程实施前低产草地面积的 11.09%;中产草地(产草量 50～100 kg/亩)的草地面积减少了 1 188.25 km²,占工程实施前中产草地面积的 2.12%。而高产草地(产草量>100 kg/亩)的面积有所增加,其中产草量为 300～400 kg/亩的草地面积增加最多,达 3 008.35 km²,增加了 7.10%。

### 2. 黑土滩治理

截至 2012 年,保护区内共完成黑土滩治理 276.90 万亩。工程范围涉及玉树县、称多县、杂多县、治多县、囊谦县、玛沁县、甘德县、达日县、泽库县、河南县、同德县、兴海县等县。

以泽库县、甘德县、囊谦县、称多县、兴海县为例,根据生态监测数据,黑土滩治理前草地草层高度平均为 5.5 cm,其中,优势种草层高度平均为 8.5 cm,植被总覆盖度为 67%,其中,优势种覆盖度为 12%;2012 年草地草层平均高度为 7.0 cm,其中,优势种草层高度为 12.4 cm,植被覆盖度为 68%,其中,优势种覆盖度为 32%。分析表明,通过黑土滩治理后,草层高度平均增加 1.5 cm,其中,优势种高度增加 3.9 cm,植被总覆盖度增加 1 个百分点,优势种覆盖度增加 20 个百分点。在草地产量方面,以上各样点黑土滩草地治理后草地总产草量增加了 2 923.54 kg/hm²,其中,可食牧草产量增加 2 800.86 kg/hm²,补播的禾本科牧草增加 2 505.52 kg/hm²,同时不可食毒杂草产量也增加 122.66 kg/hm²。

### 3. 退耕还林(草)和封山育林

截至 2006 年,保护区内已完成 15.31 万亩退耕还林(草)任务,并从 2008 年开始实施巩固退耕还林成果;截至 2012 年,保护区共完成封山育林任务 365.14 万亩(表 8-5 和表 8-6)。

**表 8-5 2003～2006 年三江源自然保护区退耕还林(草)工程完成统计** (单位:万亩)

| 县域 | 2003 年 | 2005 年 | 2006 年 | 合计 |
|---|---|---|---|---|
| 兴海县 | 3.00 | 0.54 | | 3.54 |
| 同德县 | 3.00 | 0.97 | | 3.97 |
| 泽库县 | 2.00 | 0.30 | 0.10 | 2.40 |
| 玛沁县 | 0.10 | 0.30 | | 0.40 |
| 班玛县 | 0.30 | 0.50 | | 0.80 |
| 玉树县 | 0.40 | 1.50 | | 1.90 |
| 称多县 | 0.60 | 0.50 | | 1.10 |
| 囊谦县 | 1.00 | 0.20 | | 1.20 |
| 合计 | 10.40 | 4.81 | 0.10 | 15.31 |

注:数据来源于《青海三江源自然保护区生态保护和建设 2011 年生态监测专题——森林监测报告》和《青海三江源自然保护区生态保护和建设 2012 年生态监测专题——森林监测报告》。

表 8-6　2005～2012 年三江源自然保护区封山育林工程完成统计　（单位：万亩）

| 县域 | 2005 年 | 2006 年 | 2007 年 | 2009 年 | 2010 年 | 2011 年 | 2012 年 | 合计 |
|---|---|---|---|---|---|---|---|---|
| 玉树县 | 10.80 | 4.75 | 2.63 | | 6.00 | 6.00 | | 30.18 |
| 称多县 | 3.60 | 7.00 | 5.35 | | 8.63 | 6.00 | 7.00 | 37.58 |
| 囊谦县 | 10.00 | | 2.24 | 2.00 | 2.00 | 4.00 | 5.00 | 25.24 |
| 曲麻莱县 | 5.00 | | | | | 2.00 | | 7.00 |
| 江西林场 | | 3.00 | | | 0.53 | | | 3.53 |
| 治多县 | 4.00 | | | | | 3.00 | 5.00 | 12.00 |
| 杂多县 | 7.60 | | 3.97 | 5.00 | 4.00 | 3.00 | 12.00 | 35.57 |
| 玛沁县 | 8.60 | 7.84 | 4.36 | 2.00 | 3.00 | 6.00 | 12.00 | 43.80 |
| 甘德县 | | | | | | 2.00 | 3.00 | 5.00 |
| 久治县 | 4.80 | | | | | 6.00 | 5.00 | 15.80 |
| 班玛县 | 6.50 | 4.13 | 3.81 | | | 1.50 | | 15.94 |
| 达日县 | 3.60 | | | | | 2.00 | 2.60 | 8.20 |
| 玛多县 | | | | | | | | 0.00 |
| 玛可河 | 5.60 | | | | | | 2.00 | 7.60 |
| 兴海县 | 7.60 | 8.00 | 3.39 | 3.00 | 3.00 | 5.00 | 6.00 | 35.99 |
| 同德县 | 7.60 | 7.10 | 3.13 | | 6.00 | 4.00 | 8.00 | 35.83 |
| 河南县 | 4.60 | | | | 1.70 | 2.00 | 1.50 | 9.80 |
| 泽库县 | 11.00 | 2.50 | 2.18 | 2.00 | | 3.00 | 4.00 | 24.68 |
| 麦秀林场 | | 3.40 | | 2.30 | 2.70 | 3.00 | | 11.40 |
| 合计 | 100.90 | 47.72 | 31.06 | 16.30 | 37.56 | 58.50 | 73.10 | 365.14 |

注：数据来源于《青海三江源自然保护区生态保护和建设 2012 年生态监测专题——森林监测报告》。

生态监测数据显示，工程实施后退耕还林（草）和封山育林工程区各项观测指标的增长幅度均高于非工程区。2012 年非工程监测样地乔木平均郁闭度比 2005 年增加了 0.63%，而退耕还林（草）和封山育林工程区则增加了 0.71%；2012 年非工程监测样地标准木蓄积量（生物量）比 2005 年增长了 0.008 $m^3$，而工程区则增长了 0.018 $m^3$；2012 年非工程监测样地灌木林盖度增长了 1.0%，而工程区盖度增长了 1.8%；2012 年非工程监测样地灌木林平均高度增长了 2.1 cm，而工程区增加了 2.48 cm。上述分析表明，退耕还林（草）和封山育林工程对生态系统的良性发展具有积极的促进作用。

### 4. 沙漠化防治

截至 2011 年，已完成沙漠化防治 66.16 万亩，主要治理范围为曲麻莱县、治多县、玛沁县和玛多县（表 8-7）。

生态监测数据显示，与非工程区相比，沙漠化防治工程区植被盖度呈现出较快的增加趋势。2012 年工程区内监测站点的植被平均盖度比 2005 年提高了 4.62%，增长率为 16.42%，而非工程站点植被平均盖度比 2005 年仅提高了 0.36%，增长率仅为 0.01%。这表明，沙漠化防治工程已取得较为明显的治理效果，流沙地和沙荒地的植被覆盖度开始增加，防风固沙能力逐渐增强。

**表 8-7　2005～2011 年三江源自然保护区沙漠化防治工程完成统计**　　（单位：万亩）

| 项目实施县 | 2005 年 | 2007 年 | 2008 年 | 2009 年 | 2010 年 | 2011 年 | 合计 |
|---|---|---|---|---|---|---|---|
| 曲麻莱县 | 1.00 | 1.80 | | | 10.00 | 4.00 | 16.80 |
| 治多县 | 1.00 | 1.75 | | 2.00 | 4.65 | 3.00 | 12.40 |
| 玛沁县 | | | | | | 2.00 | 2.00 |
| 玛多县 | 2.39 | 5.20 | 4.29 | 3.00 | 10.00 | 10.08 | 34.96 |
| 合计 | 4.39 | 8.75 | 4.29 | 5.00 | 24.65 | 19.08 | 66.16 |

注：数据来源于《青海三江源自然保护区生态保护和建设 2012 年生态监测专题——沙化土地监测报告》。

### 5. 草原鼠害防治

至 2008 年，已完成草原鼠害防治面积 11 781.15 万亩，工程范围涉及整个三江源区。生态监测数据表明，鼠害防治工程典型区效益明显。以玛多县、达日县、泽库县为例，2012 年工程区草地植被草层高度、总覆盖度，以及产草量与 2005 年相比，分别增长了 0.5 cm、5%和 64.67%，可食牧草总产量增长了 93.93%。但是从全区来看，也存在一些问题。例如，鼠害控制不够理想，项目实施初期曾经进行大规模灭鼠并在第二年扫残，以后再未进行大规模灭鼠，鼠害面积比项目实施初期增加 62.20 万 hm²，增长比例为 12.47%；害鼠平均有效洞口数由灭鼠初期的 420.95 个/hm² 增加到 441.52 个/hm²，增长 4.89%，因此灭鼠工作仍需作出进一步的努力。

### 6. 水土保持工程

截至 2012 年，完成水土保持工程 500 万亩，其中 2011 年前完成 150 万亩。工程内容包括营造水土保持林、建设浆砌石谷坊、护岸墙、宣传碑、封禁碑等。工程范围涉及整个三江源区域。

工程实施后，治理区侵蚀模数由治理前的 2 875 t/(km²·a) 降至 1 444 t/(km²·a)，保水量增加到 149.39 万 t/a，保土 24.6 万 t/a。但由于工程实施规模小、进度慢，三江源地区水土流失面积扩大、侵蚀程度日趋严重的总体趋势未能从根本上得到扭转，需要加大工程实施力度。

### 7. 人工增雨

三江源区于 2005 年开始人工增雨工程项目，共计投资 1.6 亿元。截至 2011 年，该项目共增加降水量 388.48 亿 m³（表 8-8）。考虑到降水、温度等因素对牧草和植被恢复生长的需求，人工增雨时段主要在 3～10 月，作业范围为黄河工程区为主的 55 万 km²。

表 8-8　2006～2011 年青海省三江源地区人工增雨作业情况表　　（单位：亿 m³）

| 年份 | 2006 | 2007 | 2008 | 2009 | 2010 | 2011 | 合计 |
|------|------|------|------|------|------|------|------|
| 增加降水量 | 56.93 | 49.44 | 66.19 | 88.10 | 54.98 | 72.84 | 388.48 |

人工增雨工程在防灾减灾、开发利用空中云水资源、增加江河流量和保护生态环境等方面发挥了积极作用，取得了较为明显的效益，集中表现在以下 4 个方面。

1）湖泊湿地面积扩大，人工增雨效果显著

从三江源地区湖泊面积的变化趋势来看，实施人工增雨后（2007～2010 年）较实施增雨前（2003～2006 年）湖泊平均面积普遍呈明显增大趋势。扎陵湖、鄂陵湖平均面积分别增大 10.28 km² 和 33.03 km²，在 2009 年鄂陵湖面积出现了最大值。对三江源地区湖泊而言，人工增雨有效地增加了该地区的水体面积，对青海高原及下游地区的生活、生产和生态建设储备了良好的水资源。

2）草地退化趋势逐渐恢复，草地生态环境趋向良性发展

人工增雨实施后，2007～2010 年各等级覆盖度草地面积平均值与 2002～2006 年相比，高覆盖度草地面积逐年增加，增加速度为 2 174.7 km²/a；低覆盖度草地面积逐年减少，减少速度为 1 954.8 km²/a；中等覆盖度草地呈相对稳定趋势。而对不同等级牧草产量的分析发现，<50 kg/亩、50～100 kg/亩低等级产量草地面积呈明显减少趋势，100 kg/亩以上高等级草地面积均呈增加趋势。可见，人工增雨的实施对提高草地覆盖度、产量效果显著。

3）江河源区径流量增加，水资源短缺状况有所改善

在黄河上游地区，2007～2010 年年平均降水量较 2002～2006 年增加了 63.6 mm，偏多 12.7%；较 1971～2000 年降水平均值偏多 14.3%；较 20 世纪 90 年代偏多 18.7%；较 90 年代至 2006 年偏多 17.3%。2007～2010 年平均径流量为 657.6 m³/s，较 2002～2006 年平均径流量（518.3 m³/s）增长了 139.4 m³/s，增加 26.9%；较 20 世纪 90 年代平均径流量偏多 19.3%；较 90 年代至 2006 年平均径流量偏多 23.1%。这表明，实施人工增雨工程之后，青海省黄河上游地区大气降水量明显偏多。

在长江源区，2007～2010 年年平均降水量为 500.6 mm，较 2002～2006 年年平均降水量多 50.3 mm，偏多 10.0%；较 1971～2000 年降水平均值偏多 13.9%；较 20 世纪 90 年代年平均降水量偏多 15.7%；较 90 年代至 2006 年年平均降水量偏多 13.9%。2007～2010 年平均流量为 580.5 m³/s，较 2002～2006 年平均流量（433.7 m³/s）多了 146.7 m³/s，偏多 33.8%；较 1971～2000 年气候平均值（388.6 m³/s）偏多 49.4%；较 90 年代平均流量偏多 64.2%；较 90 年代至 2006 年平均流量偏多 51.3%。

4）上游水库库容增加，水电效益明显

以近年来龙羊峡水库为例，2009 年龙羊峡水库（库容 247 亿 m³）上游来水达到 227

亿 $m^3$，比 2009 年前的多年平均值增加了 21 亿 $m^3$。

2009 年，人工增雨工程共增加降水量 88.10 亿 $m^3$，利用黄河上游水电开发有限公司提供的水库水位实测值和产流系数计算得出每年的黄河径流量表明，人工增雨使得黄河径流量增加了 14.10 亿 $m^3$。2007～2009 年，人工增雨工程给黄河龙羊峡至青铜峡河段内已投产发电的 12 座大中型梯级电站共增加发电量 302.3 亿 kW·h，按照电价的市值直接计算可带来直接经济效益 48.40 亿元。

# 第三节　气候变化与生态工程对生态系统变化影响的厘定

## 一、生态系统质量变化

### 1. 植被覆盖度残差

1）年际变异

图 8-23 为遥感影像 NDVI 计算得到的植被覆盖度与气候因子驱动计算得到的植被覆盖度之差的年际变异图，即 1989～2012 年植被覆盖度残差变化趋势图。在整个研究时段内，植被覆盖度的残差呈显著增加的趋势，变化斜率为 0.0036（$R^2$=0.61，$P$<0.01）。对比工程实施前后植被覆盖度残差的变化趋势发现，在工程实施前，1989～2004 年植被覆盖度残差变化斜率为 0.004（$R^2$=0.42，$P$<0.01），而 2005～2012 年植被覆盖度残差变化斜率为 0.0024（$R^2$=0.12，$P$=0.4）。分析发现，三江源区自 2005 年实施生态保护和建设工程以来，对植被覆盖度提高有一定成效，但由于实施时间还比较短，工程措施的效益还不具有统计上的显著性，生态保护和建设工程是一项长期、系统的工程，需要继续实施下去。

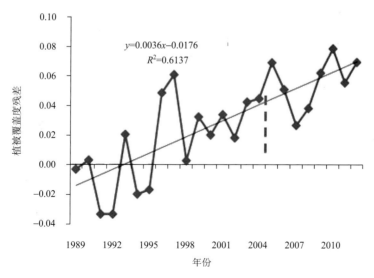

图 8-23　1989～2012 年三江源区植被覆盖度残差变化趋势图

2）空间格局

A. 2004 年与 2012 年植被覆盖度残差空间格局

从 2004 年和 2012 年三江源地区植被覆盖度残差状况（图 8-24，图 8-25）对比发现，研究区 2012 年植被覆盖度残差要整体高于 2004 年植被覆盖度残差，其中，覆盖度提高较为明显的地区主要集中在研究区的东南部。从表 8-9 可以发现，植被覆盖度残差小于 −1% 的区域由 2004 年的 37.15%（占总面积百分比）降低到 2012 年的 33.85%（占总面积百分比）；植被覆盖度残差大于 1% 的区域由 2004 年的 53.77%（占总面积百分比）提高到 2012 年的 57.25%（占总面积百分比）。这与该地区 2004 年以来实施的保护区生态保护和建设工程关系密切。

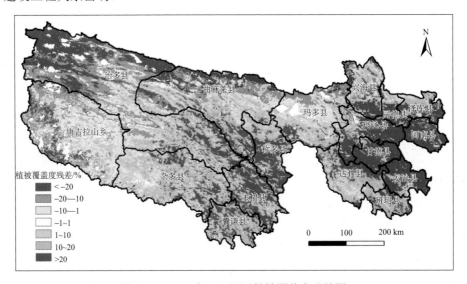

图 8-24　2004 年三江源区植被覆盖度残差图

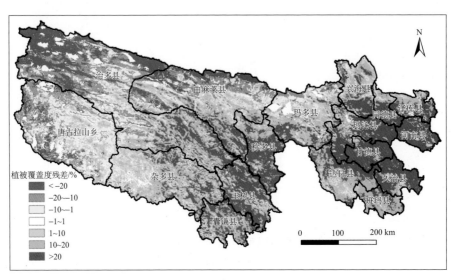

图 8-25　2012 年三江源区植被覆盖度残差图

表 8-9　2004 年、2012 年三江源区植被覆盖度残差统计

| 植被覆盖度残差变化分级/% | 2004 年 | | 2012 年 | |
| --- | --- | --- | --- | --- |
| | 面积/km² | 百分比/% | 面积/km² | 百分比/% |
| <−20 | 37 766 | 10.57 | 34 914 | 9.77 |
| −20～−10 | 53 445 | 14.96 | 48 367 | 13.54 |
| −10～−1 | 41 498 | 11.62 | 37 658 | 10.54 |
| −1～1 | 32 451 | 9.08 | 31 770 | 8.89 |
| 1～10 | 45 278 | 12.67 | 43 496 | 12.17 |
| 10～20 | 61 163 | 17.12 | 62 618 | 17.53 |
| >20 | 85 665 | 23.98 | 98 443 | 27.55 |

B. 工程实施前后变化趋势

表 8-10 显示，1989～2004 年和 2005～2012 年植被覆盖度残差变化率主要分布在 −0.01～0.01，分别占总面积的 88.51%和 81.22%。但植被覆盖度残差变化率大于 0.015 的区域在 2005～2012 年为 5.1%（占总面积），要大于在 1989～2004 年期间的 0.52%（占总面积）。这可能与该地区 2004 年以来实施的保护区生态保护和建设工程有密切关系。对比 1989～2004 年和 2005～2012 年植被覆盖度残差变化率（图 8-26，图 8-27）发现，黄河源的玛多县、兴海县和同德县等地区植被覆盖度残差变化率较大；长江源的杂多县、囊谦县和玉树县等地区植被覆盖度残差变化率较大。这可能得力于近年来黑土滩综合治理、封山育林等系列保护工程的贯彻实施。

表 8-10　三江源区植被覆盖度残差变化率统计

| 植被覆盖度残差变化率分级 | 1989～2004 年 | | 2005～2012 年 | |
| --- | --- | --- | --- | --- |
| | 面积/km² | 百分比/% | 面积/km² | 百分比/% |
| <−0.02 | 1 112 | 0.31 | 5 235 | 1.47 |
| −0.02～−0.015 | 2 313 | 0.65 | 5 789 | 1.62 |
| −0.015～−0.01 | 5 612 | 1.57 | 13 636 | 3.82 |
| −0.01～−0.005 | 13 955 | 3.91 | 35 870 | 10.04 |
| −0.005～0.005 | 162 120 | 45.38 | 193 971 | 54.29 |
| 0.005～0.01 | 140 113 | 39.22 | 60 347 | 16.89 |
| 0.01～0.015 | 30 171 | 8.44 | 24 183 | 6.77 |
| 0.015～0.02 | 1 732 | 0.48 | 9 798 | 2.74 |
| >0.02 | 138 | 0.04 | 8 437 | 2.36 |

C. 工程成效

通过遥感影像 NDVI 计算得到的植被覆盖度与气候因子驱动计算得到的植被覆盖度之差来衡量生态保护与建设成效。计算结果表明，2005～2012 年三江源区植被覆盖度的平均残差为 5.6%（遥感影像 NDVI 计算得到的植被覆盖度为 42.4%），表明工程措施产

生了正效应，对植被覆盖度变化的贡献率为 13.21%。因此，气候因子对植被覆盖变化的贡献率为 86.79%。

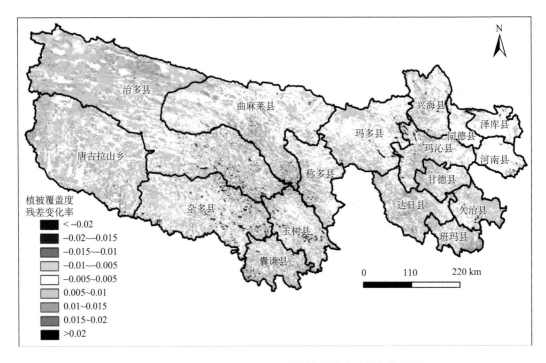

图 8-26　1989～2004 年三江源区植被覆盖度残差变化率图

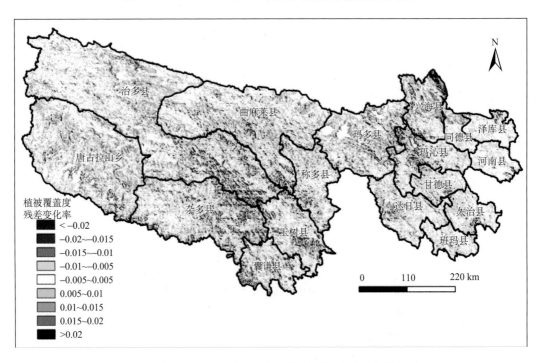

图 8-27　2005～2012 年三江源区植被覆盖度残差变化率图

图 8-28 为三江源区工程效益空间分布状况，变化覆盖度计算过程如下：利用 2000～2004 年植被覆盖度残差的平均作为工程实施前的背景状况，2005～2012 年植被覆盖度残差的平均作为工程实施后的效益状况，后者与前者的差值被认为是工程效益。表 8-11 为三江源区工程效益变化面积及比例，其中正效应地区占研究区面积的 56.45%，且这些地区主要分布在中东部工程实施处。三江源区生态保护与建设工程初具成效。

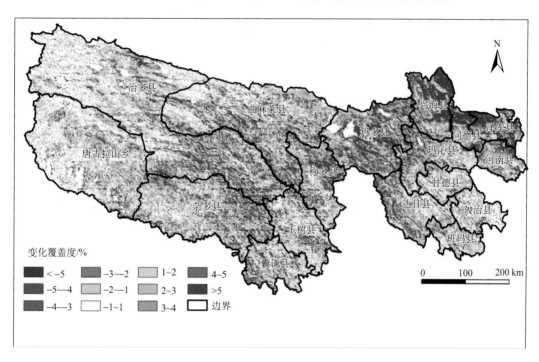

图 8-28　基于残差分析法的三江源区工程效益空间分布

表 8-11　基于残差分析法的三江源区工程效益变化面积及比例

| 变化覆盖度/% | 面积/km² | 比例/% | 比例/% |
|---|---|---|---|
| <−5 | 7 609 | 2.13 | |
| −5～−4 | 3 776 | 1.06 | |
| −4～−3 | 6 212 | 1.74 | 13.29 |
| −3～−2 | 10 752 | 3.01 | |
| −2～−1 | 19 120 | 5.35 | |
| −1～1 | 108 110 | 30.26 | 30.26 |
| 1～2 | 52 643 | 14.73 | |
| 2～3 | 44 611 | 12.49 | |
| 3～4 | 33 466 | 9.37 | 56.45 |
| 4～5 | 23 972 | 6.71 | |
| >5 | 46 995 | 13.15 | |
| 统计 | 357 266 | 100.00 | 100.00 |

### 2. NPP 模型变量控制

采用 CASA 模型，通过控制气象因子，分析不同因子对 NPP 增加趋势的贡献率。该模型气候因子的输入变量包括气温、降水和太阳辐射。变量控制方案见表 8-12。

表 8-12　模型变量控制方案

| 实验 | 气象因子 | NDVI | 场景 |
|---|---|---|---|
| 1 | Mean | 2000～2012 年 | 气象不变 |
| 2 | 2000～2012 年 | 2000～2012 年 | 实际气象 |

实验 1 用多年平均的气象数据代替原始气象输入数据，代表不考虑气候变化因素下的 NPP 多年变化趋势；实验 2 为不控制气象和地表植被参数输入，代表三江源区 NPP 多年变化趋势。

通过对比不同场景分析气候、植被变化因素对 NPP 的影响。实际气象场景表示自然状况下三江源区 NPP 多年变化趋势。2000～2012 年三江源 NPP 呈上升趋势，每年约增加 3 gC/m$^2$。在不考虑气候因素的影响下（气象不变情景），NPP 每年约增加 1.73 gC/m$^2$（图 8-29）。

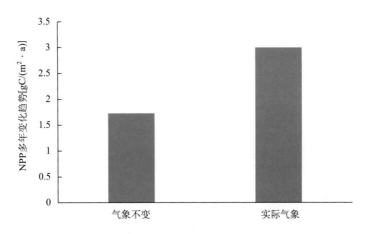

图 8-29　三江源区不同实验 NPP 多年变化趋势图

图 8-30 为不同情景 NPP 多年变化时间序列图，红线和绿线分别为气象条件不变场景和实际气象场景的 NPP 时间序列图。气象不变情景采用多年平均气温、降水、辐射数据驱动模型，NDVI 为 2000～2012 年 NOAA AVHRR 数据；实际气象场景则采用 2000～2012 年 NOAA AVHRR NDVI 数据和气象数据。图 8-30 中两条曲线变化较为一致，2000～2012 年 NPP 呈震荡上升趋势，其中实际气象场景的上升趋势更明显[3.0 gC/(m$^2$·a)]。

从多年平均 NPP 空间分布图（图 8-31，图 8-32）来看， NPP 空间分布结构基本一致，由东南向西北逐步减少。从工程实施前后三江源多年 NPP 的差异图可以看出，三江源地区工程实施后的 NPP 显著高于工程前的 NPP。

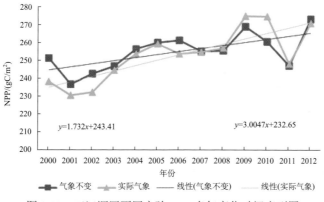

图 8-30 三江源区不同实验 NPP 多年变化时间序列图

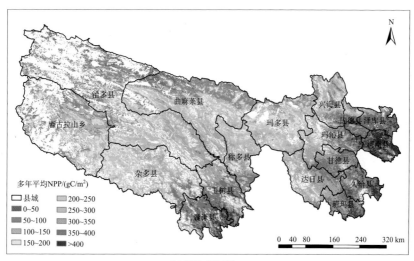

(a) 2000~2004年

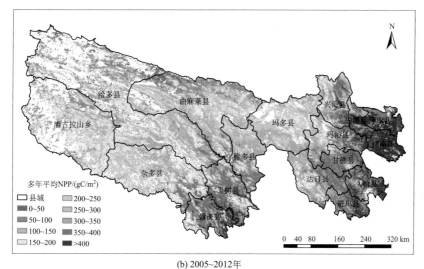

(b) 2005~2012年

图 8-31 工程实施前后三江源区多年平均 NPP 空间分布

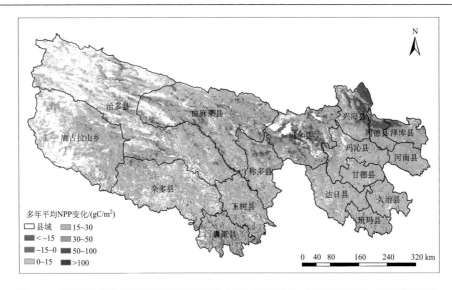

图 8-32　工程实施前后三江源区多年平均 NPP 空间差异（工程实施后-工程实施前）

分别统计各县不同场景工程前后 NPP 及 NPP 变化率（表 8-13）发现，工程实施后与工程实施前相比，各县 NPP 平均值均呈增加趋势，增加最大的为玛多县 NPP 增加约 19.29%。气象不变场景的工程实施前后各县 NPP 变化率为生态工程带来 NPP 的增加，增加幅度为 1.88%～11.16%。

表 8-13　三江源区各县不同实验多年 NPP 变化趋势统计

| 县域 | 气象不变场景 | | | 实际气象场景 | | |
| --- | --- | --- | --- | --- | --- | --- |
| | NPP | NPP | 变化率 | NPP | NPP | 变化率 |
| | 2000～2004 年 | 2005～2012 年 | /% | 2000～2004 年 | 2005～2012 年 | /% |
| 治多县 | 168.77 | 183.53 | 8.04 | 161.62 | 182.44 | 12.88 |
| 曲麻莱县 | 176.60 | 191.13 | 7.60 | 164.69 | 189.10 | 14.82 |
| 兴海县 | 274.43 | 305.19 | 10.08 | 260.88 | 304.08 | 16.56 |
| 唐古拉山乡 | 128.90 | 144.88 | 11.03 | 124.13 | 143.72 | 15.78 |
| 玛多县 | 209.75 | 236.10 | 11.16 | 196.48 | 234.39 | 19.29 |
| 同德县 | 339.49 | 366.98 | 7.49 | 325.94 | 365.38 | 12.10 |
| 泽库县 | 379.40 | 399.80 | 5.10 | 367.38 | 398.55 | 8.48 |
| 玛沁县 | 317.16 | 330.39 | 4.00 | 309.83 | 329.65 | 6.40 |
| 称多县 | 295.40 | 309.33 | 4.50 | 284.45 | 308.60 | 8.49 |
| 河南县 | 401.80 | 416.37 | 3.50 | 394.12 | 415.51 | 5.43 |
| 杂多县 | 259.53 | 272.60 | 4.79 | 255.86 | 272.97 | 6.69 |
| 甘德县 | 350.51 | 360.95 | 2.89 | 346.47 | 360.65 | 4.09 |
| 达日县 | 317.75 | 330.76 | 3.93 | 313.50 | 330.52 | 5.43 |
| 玉树县 | 343.00 | 350.82 | 2.23 | 339.43 | 349.95 | 3.10 |
| 久治县 | 370.49 | 379.80 | 2.45 | 368.70 | 379.20 | 2.85 |

| 县域 | 气象不变场景 | | | 实际气象场景 | | |
|---|---|---|---|---|---|---|
| | NPP 2000~2004 年 | NPP 2005~2012 年 | 变化率 /% | NPP 2000~2004 年 | NPP 2005~2012 年 | 变化率 /% |
| 班玛县 | 360.13 | 369.43 | 2.52 | 359.00 | 368.15 | 2.55 |
| 囊谦县 | 355.46 | 362.26 | 1.88 | 355.87 | 359.80 | 1.10 |
| 三江源区 | 247.23 | 260.72 | 5.17 | 240.27 | 262.06 | 8.31 |

# 二、生态系统服务变化

## 1. 水源涵养服务

### 1）三江源区水源涵养服务时空变化

为消除年际间气候波动对估算结果的影响，采用多年平均气象插值数据参与计算。1997~2012 年三江源区林草生态系统平均水源涵养量为 149.71 亿 m³/a，单位面积水源涵养量为 419.77 m³/hm²。三江源区生态保护与建设工程实施前 8 年（1997~2004 年）林草生态系统平均水源涵养服务量为 147.04 亿 m³/a，工程实施后 8 年（2005~2012 年）平均水源涵养服务量为 152.38 亿 m³/a，相比增加了 3.63%（图 8-33，图 8-34）。

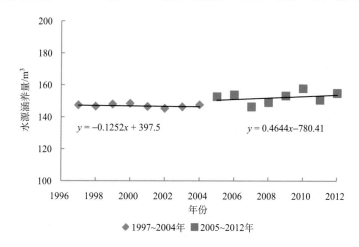

图 8-33　1997~2012 年平均气候状况下三江源区林草生态系统水源涵养量

平均气候状况下，1997~2012 年三江源区林草生态系统平均水源涵养量以杂多县最高，达 17.76 亿 m³/a；治多县次之，为 13.39 亿 m³/a；同德县最小，仅 2.85 亿 m³/a（图 8-35）。就单位面积水源涵养量而言，班玛县最高，为 1 141.64 m³/ha；次高的是久治县，单位面积水源涵养量为 1 066.39 m³/ha；唐古拉山乡单位面积水源涵养量最低，为 141.78 m³/ha。

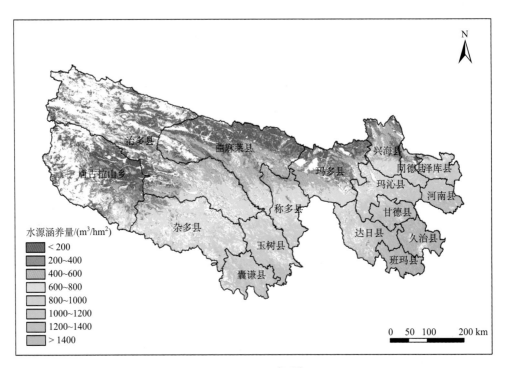

(a) 1997~2004年平均

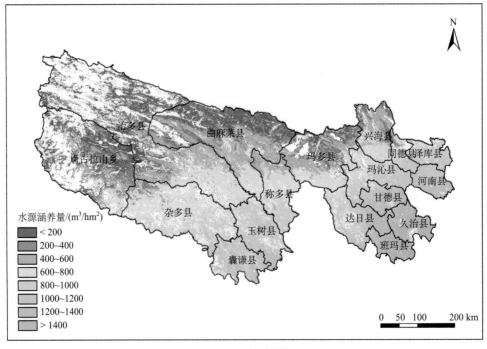

(b) 2005~2012年平均

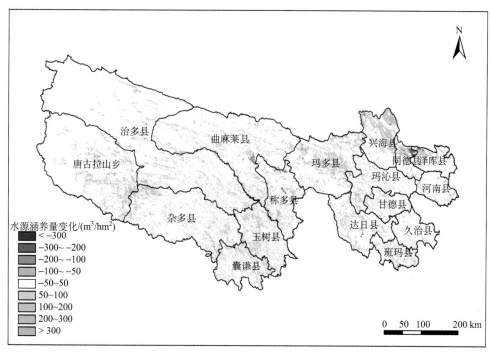

(c) 1997~2012年变化图

图 8-34　1997～2012 年平均气候状况下三江源区林草生态系统水源涵养服务空间分布及变化

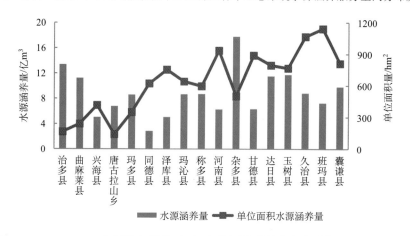

图 8-35　1997～2012 年平均气候状况下三江源区分县林草生态系统平均水源涵养量

三江源区生态工程实施前（1997～2004 年）林草生态系统水源涵养服务变化趋势为 −1.25 亿 m³/10 a，工程实施后（2005～2012 年）水源涵养服务变化趋势为 4.64 亿 m³/10 a（图 8-33）。各县林草生态系统水源涵养量在生态工程实施后均有所提高，其中治多县增加量最大，为 0.76 亿 m³/a；唐古拉山乡次之，为 0.75 亿 m³/a，同德县最小，为 0.04 亿 m³/a（图 8-36）。

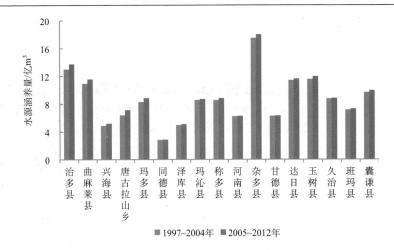

图 8-36　平均气候状况下工程实施前后三江源区分县林草生态系统水源涵养量变化

## 2）流域水源涵养服务时空变化

1997～2012 年，三江源区长江流域、黄河流域、澜沧江流域林草生态系统平均水源涵养量分别为 59.24 亿 m³/a、61.53 亿 m³/a 和 25.10 亿 m³/a。单位面积水源涵养量排序为澜沧江流域>黄河流域>长江流域，依次为 678.63 m³/hm²、610.90 m³/ hm² 和 359.84 m³/ hm²。与平均气候状况下三江源区林草生态系统涵养水源能力相比较，澜沧江流域和黄河流域分别高 61.66% 和 45.53%，而长江流域则低 14.28%。

长江流域、黄河流域、澜沧江流域林草生态系统水源涵养量在生态工程实施后均有所提高，分别增加了 2.96 亿 m³/a、2.79 亿 m³/a 和 1.12 亿 m³/a（图 8-37）。

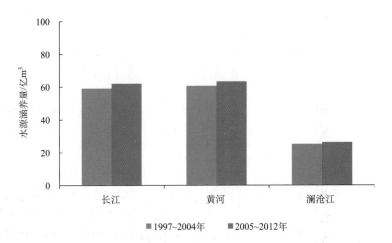

图 8-37　平均气候状况下工程实施前后三江源区分流域林草生态系统水源涵养量变化

三江源区生态保护与建设工程的实施对区域水源涵养服务的提升具有一定的正向作用。真实气候条件和平均气候状况下，生态工程实施后的区域平均水源涵养量均比前期高。前期主要受到区域气候变化的影响，后期则叠加了生态工程的驱动作用。

### 2. 土壤保持服务

为了完全剔除气候因素，即降水对土壤保持服务的直接影响，采用控制变量法对三江源地区的土壤流失量、土壤保持服务量，以及土壤保持服务保有率进行了估算。采用算术平均法将评估年份 1997～2012 年的逐年降水侵蚀力求均值，得到多年平均的降水侵蚀力，每个评估年均采用该降雨侵蚀力进行结果估算，即控制降雨变量不变，而植被状况仍然使用真实量计算，通过对比不同年份的结果，可以反映出植被状况变化对水土保持功能的影响。

1）土壤流失量的变化

在平均气候状况下，1997～2012 年三江源地区土壤侵蚀量呈持续下降趋势，年均土壤侵蚀量为 2.77 亿 t。三江源生态保护与建设工程实施前 8 年（1997～2004 年），年均土壤侵蚀量为 2.85 亿 t；工程实施后 8 年（2005～2012 年），年均土壤侵蚀量为 2.69 亿 t，较工程实施前减少了 0.16 亿 t，减少了 5.59%（图 8-38～图 8-42）。

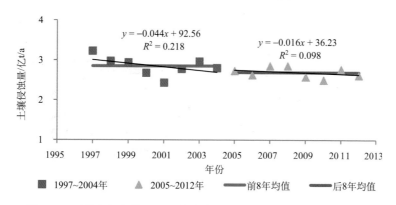

图 8-38　平均气候条件下工程实施前后三江源区多年平均土壤侵蚀量

从空间格局及分县统计结果来看，三江源区东北部、西部大部分地区的土壤侵蚀量有所下降，这主要是因为该地区植被状况发生了明显好转；而三江源东部及中南部地区在平均气候条件下的土壤侵蚀量有所增加，这是因为该地区植被覆盖度下降导致的结果。

2）年土壤保持总量的变化

在平均气候状况下，1997～2012 年三江源区土壤保持量呈持续上升趋势，年均土壤保持量为 6.22 亿 t。工程实施前 8 年（1997～2004 年），年均土壤保持量为 6.14 亿 t；工程实施 8 年（2005～2012 年），年均土壤保持量为 6.29 亿 t，较工程实施前增加了 0.15 亿 t，增长了 2.39%（图 8-43～图 8-47）。

从空间格局及分县统计结果来看，三江源区东部及中南部水土保持量有所下降，东北部及西部地区的水土保持量有所上升。该结果与土壤侵蚀量的变化正好相反，这主要是因为采用平均气候降水后，各年在极度退化状况下的潜在土壤侵蚀量是不变的，因此当年侵蚀量呈下降趋势时，年土壤保持量将呈上升趋势。因此，植被转好后，地区固持土壤的能力增强，水土保持量会相应增加。

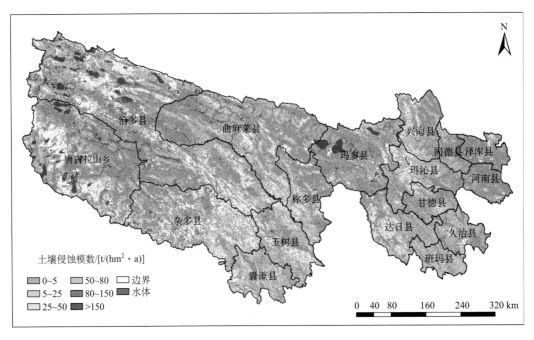

图 8-39 平均气候条件下工程实施前（1997～2004 年）三江源区多年平均土壤侵蚀模数

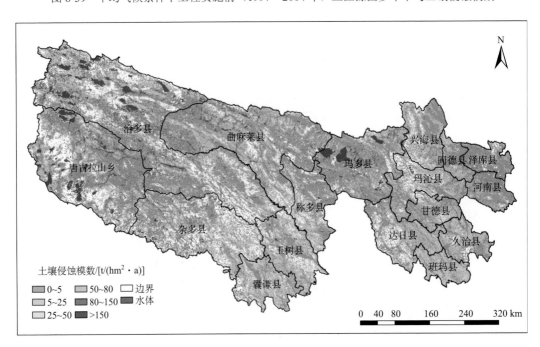

图 8-40 平均气候条件下工程实施后（2005～2012 年）三江源区多年平均土壤侵蚀模数

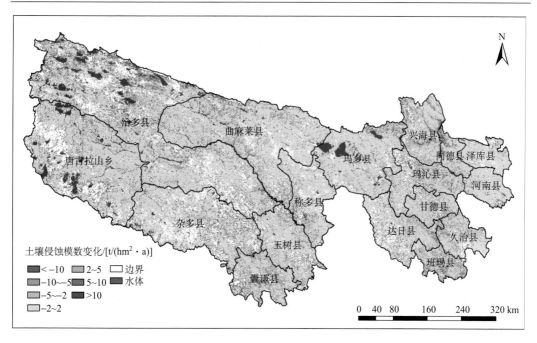

图 8-41　平均气候条件下工程实施前后三江源区年均土壤侵蚀模数的变化

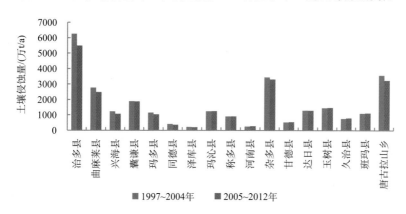

图 8-42　平均气候条件下工程实施前后三江源区各县多年平均土壤侵蚀量

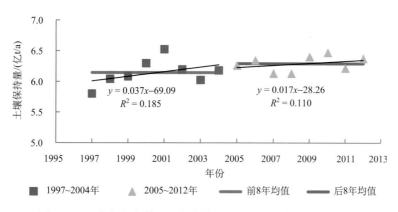

图 8-43　平均气候条件下工程实施前后三江源区年均土壤保持量

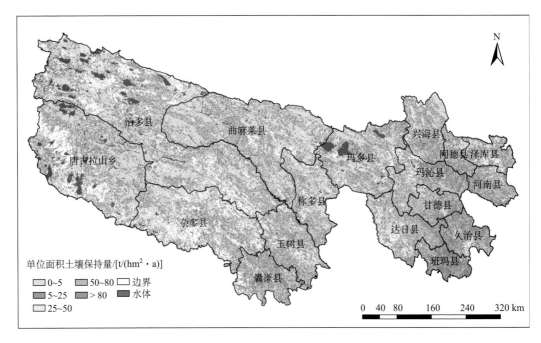

图 8-44 平均气候条件下工程实施前（1997～2004 年）三江源区多年平均单位面积土壤保持量

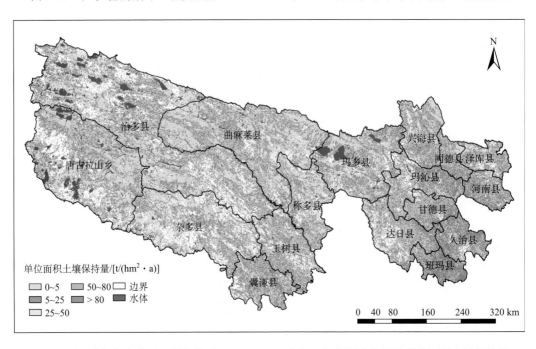

图 8-45 平均气候条件下工程实施后（2005～2012 年）三江源区多年平均单位面积土壤保持量

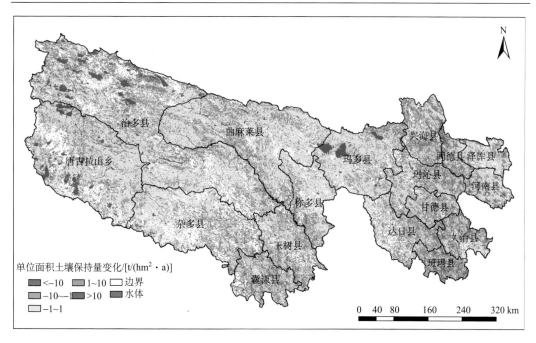

图 8-46　平均气候条件下工程实施前后三江源区多年平均单位面积土壤保持量的变化

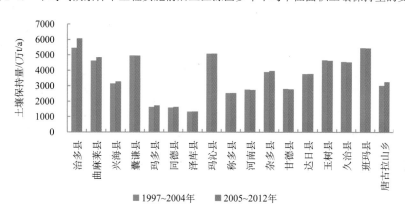

图 8-47　平均气候条件下工程实施前后三江源区各县多年平均土壤保持量

### 3）土壤保持服务保有率的变化

在平均气候条件下，1997～2012 年三江源区土壤保持服务保有率呈持续上升趋势，年均保有率为 62.71%。工程实施前 8 年（1997～2004 年），年均保有率为 61.48%；工程实施后 8 年（2005～2012 年），年均保有率为 63.94%，较工程前增加了 2.46%，增长幅度为 4.0%。土壤保持服务保有率在平均气候条件及真实气候条件下的趋势保持不变，只是数值量有所变化，其反映的趋势与生态系统植被状况的变化趋势是一致的（图 8-48～图 8-52）。

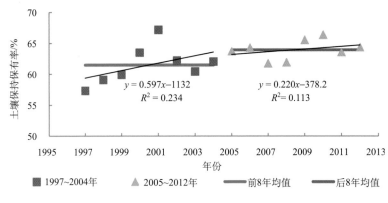

图 8-48　平均气候条件下工程实施前后三江源区土壤保持服务保有率

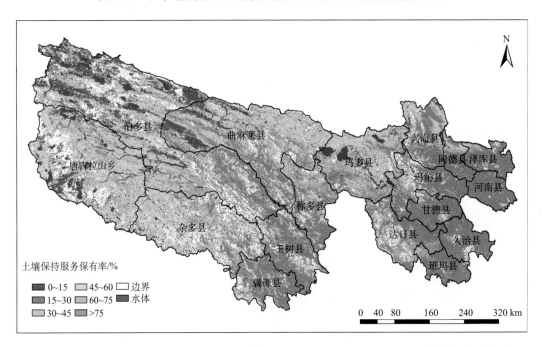

图 8-49　平均气候条件下工程实施前（1997～2004 年）三江源区多年平均土壤保持服务保有率

　　通过比较平均气候条件下工程实施前后的土壤侵蚀量、土壤保持量、土壤保持服务保有率可以发现，3 个变量的变化趋势完全与该地区植被状况的变化趋势相关。当区域植被状况转好时，该地区的水土保持能力将上升，土壤侵蚀量减少；当区域植被状况变差时，该地区的土壤保持能力下降，土壤侵蚀量将增加。三江源区生态保护与建设工程的实施改善了大部分地区的植被覆盖状况，有利于提高整个地区的土壤保持能力。尽管在真实气候条件下，三江源区的土壤侵蚀量整体在增加，但是如果没有生态工程对地区植被状况的改善，三江源区的土壤侵蚀量增加的幅度可能更大，因此生态工程的实施将进一步遏制水土流失的加剧。

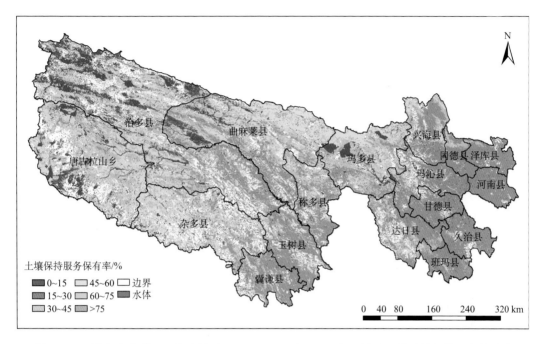

图 8-50　平均气候条件下工程实施后（2005～2012 年）三江源区多年平均土壤保持服务保有率

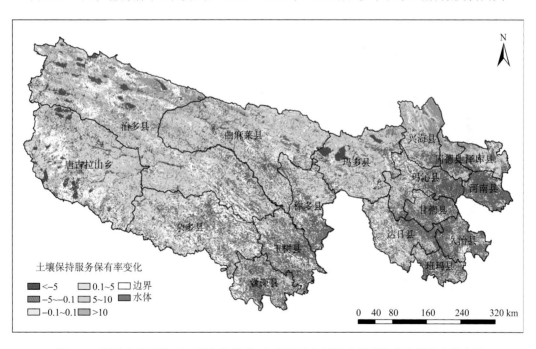

图 8-51　平均气候条件下工程实施前后三江源区多年平均土壤保持服务保有率的变化

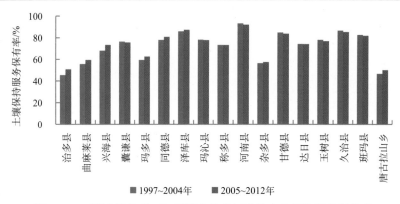

图 8-52　工程实施前后三江源区各县多年平均水土保持服务保有率

### 3. 防风固沙服务

在气候因子采用多年平均后，1997～2012 年三江源区防风固沙服务量总体基本不变（图 8-53）。平均防风固沙服务量为 9.75 亿 t。三江源区生态保护与建设工程实施前 8 年（1997～2004 年）平均防风固沙服务量为 9.83 亿 t，工程实施后 8 年（2005～2012 年）平均防风固沙服务量为 9.67 亿 t。三江源区生态工程实施前防风固沙服务量的变化趋势为 –0.39 亿 t/10 a，工程实施后防风固沙服务量转为上升趋势，变化趋势为 0.13 亿 t/10 a。

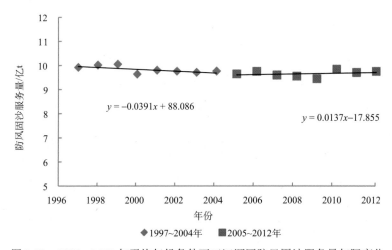

图 8-53　1997～2012 年平均气候条件下三江源区防风固沙服务量年际变化

从空间格局而言，将气候因子进行多年平均后，防风固沙服务依然集中发生在三江源区西部区域（图 8-54），如治多县、唐古拉山乡、曲麻莱县，以及杂多县等地，与三江源区土壤风蚀发生区域一致。1997～2012 年三江源区防风固沙服务量以治多县最高，达 3.56 亿 t；唐古拉山乡次之，为 3.20 亿 t；再次为曲麻莱县，为 1.26 亿 t，杂多县的防风固沙服务量为 0.98 亿 t。其余地区的防风固沙服务量很小，主要是由于其余地区的风蚀驱动力小，实际上裸土状态下的风蚀量也很小，防风固沙量与西部四县区域相比差异很大，防风固沙量小。

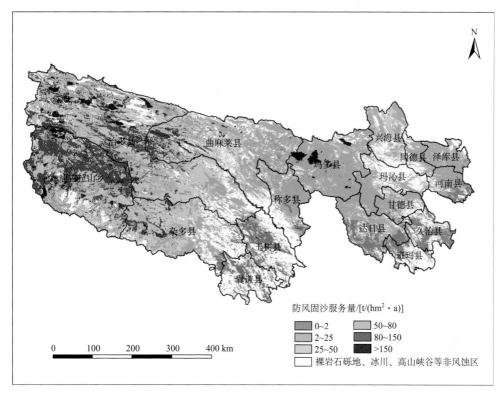

图 8-54　2004 年平均气候条件下三江源区防风固沙服务量

三江源区防风固沙服务在生态工程实施后整体上有所提升，就风蚀量较大的四县来看，治多县和唐古拉山乡的防风固沙服务变化趋势明显好转，较工程实施前，分别提升了 0.031 亿 t/a 和 0.023 亿 t/a，分别由工程实施前的下降趋势转为工程实施后的提升趋势，杂多县的防风固沙服务变化趋势在工程实施前后均为微弱上升，后期上升幅度稍缓，曲麻莱县防风固沙服务变化趋势在工程实施前后均为下降，后期的变化趋势较前期有所降低，但下降幅度不大。整体而言，三江源区的防风固沙服务有微度提升（图 8-55）。

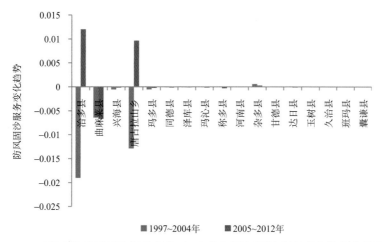

图 8-55　工程实施前后平均气候条件下三江源区防风固沙服务变化趋势分县比较

# 第九章　三江源生态保护和建设工程生态效益评估

## 第一节　生态系统宏观结构变化评价

采用生态系统宏观结构变化指数（EMSCI）评价三江源区生态系统宏观结构变化程度。据统计，三江源区 EMSCI 平均值为 4.75，表明三江源区生态系统宏观结构整体表现为基本不变态势。

在 4 个自治州中，玉树藏族自治州、海南藏族自治州及黄南藏族自治州的 EMSCI 平均值分别为 4.85、4.95 和 4.4，生态系统宏观结构表现为基本不变。果洛藏族自治州的 EMSCI 为 5.9，生态系统宏观结构表现为微弱转好（表 9-1）。

**表 9-1　三江源区各州生态系统宏观结构变化指数（EMSCI）评价结果**

| 州域 | EMSCI | 评价结果 |
| --- | --- | --- |
| 玉树藏族自治州 | 4.85 | 基本不变 |
| 海南藏族自治州 | 4.95 | 基本不变 |
| 果洛藏族自治州 | 5.9 | 微弱转好 |
| 黄南藏族自治州 | 4.4 | 基本不变 |

在 17 个县（乡）级单元中，玛多县、同德县及班玛县 3 个县的 EMSCI 平均值为 5～6，生态系统宏观结构表现为微弱转好，占县（乡）级单元的 17.65%。其余 14 县的 EMSCI 平均值为 4～5，生态系统宏观结构变化表现为基本不变，占县（乡）级单元的 82.35%（表 9-2）。

**表 9-2　三江源区各县生态系统宏观结构变化指数（EMSCI）评价结果**

| 县域 | EMSCI | 评价结果 |
| --- | --- | --- |
| 治多县 | 5 | 基本不变 |
| 曲麻莱县 | 5 | 基本不变 |
| 兴海县 | 4.95 | 基本不变 |
| 唐古拉山乡 | 4.8 | 基本不变 |
| 玛多县 | 5.95 | 微弱转好 |
| 同德县 | 5.25 | 微弱转好 |
| 泽库县 | 4.4 | 基本不变 |
| 玛沁县 | 5 | 基本不变 |
| 称多县 | 4.55 | 基本不变 |

续表

| 县域 | EMSCI | 评价结果 |
|---|---|---|
| 河南县 | 4.6 | 基本不变 |
| 杂多县 | 5 | 基本不变 |
| 甘德县 | 4.35 | 基本不变 |
| 达日县 | 5 | 基本不变 |
| 玉树县 | 4.95 | 基本不变 |
| 久治县 | 4.55 | 基本不变 |
| 班玛县 | 5.35 | 微弱转好 |
| 囊谦县 | 5 | 基本不变 |

在三大流域中，黄河流域的 EMSCI 最高，为 5.3，表明其生态系统宏观结构微弱好转，其次是澜沧江流域，EMSCI 为 4.9，长江流域的 EMSCI 为 4.6，均表明其生态系统宏观结构基本不变。黄河源吉迈水文站以上流域 EMSCI 为 5.7，生态系统宏观结构表现为微弱转好。长江源的沱沱河源头和楚玛尔河源头的 EMSCI 分别为 5.15 和 5.4，生态系统宏观结构表现为微弱转好，当曲源头的 EMSCI 为 4.65，生态系统宏观结构基本不变（表 9-3，表 9-4）。

**表 9-3**　三江源区各一级流域生态系统宏观结构变化指数（EMSCI）评价结果

| 流域 | EMSCI | 评价结果 |
|---|---|---|
| 澜沧江流域 | 4.9 | 基本不变 |
| 长江流域 | 4.6 | 基本不变 |
| 黄河流域 | 5.3 | 微弱转好 |

**表 9-4**　三江源区长江、黄河二级流域生态系统宏观结构变化指数（EMSCI）评价结果

| 流域 | | EMSCI | 评价结果 |
|---|---|---|---|
| 黄河源 | 吉迈水文站以上流域 | 5.7 | 微弱转好 |
| | 沱沱河源头 | 5.15 | 微弱转好 |
| 长江源 | 当曲河源头 | 4.65 | 基本不变 |
| | 楚玛尔河源头 | 5.4 | 微弱转好 |

在 18 个自然保护区中，中铁-军功、扎陵-鄂陵湖、星星海、江西、约古宗列、通天河 6 个自然保护区的 EMSCI 平均值为 5～6，生态系统宏观结构变化表现为微弱转好，占自然保护区总数的 33.33%；其余 12 县的 EMSCI 平均值为 4～5，生态系统宏观结构变化表现为基本不变，占自然保护区总数的 66.67%（表 9-5）。

在 6 个重点工程区中，黄河源工程区的 EMSCI 为 5.7，生态系统宏观结构表现为微弱转好，中南、东南、长江源、各拉丹冬和麦秀工程区的 EMSCI 为 4～5，生态系统宏观结构表现为基本不变（表 9-6）。

表 9-5　三江源自然保护区生态系统宏观结构变化指数（EMSCI）评价结果

| 保护区 | EMSCI | 评价结果 |
|---|---|---|
| 东仲保护区 | 5 | 基本不变 |
| 中铁-军功保护区 | 5.25 | 微弱转好 |
| 多可河保护区 | 5 | 基本不变 |
| 年保玉则保护区 | 4.75 | 基本不变 |
| 当曲保护区 | 5 | 基本不变 |
| 扎陵湖-鄂陵湖保护区 | 5.25 | 微弱转好 |
| 昂赛保护区 | 5 | 基本不变 |
| 星星海保护区 | 5.8 | 微弱转好 |
| 果宗木查保护区 | 5 | 基本不变 |
| 各拉丹冬保护区 | 5 | 基本不变 |
| 江西保护区 | 5.1 | 微弱转好 |
| 玛可河保护区 | 5 | 基本不变 |
| 白扎保护区 | 5 | 基本不变 |
| 索加-曲麻河保护区 | 5 | 基本不变 |
| 约古宗列保护区 | 5.25 | 微弱转好 |
| 通天河沿保护区 | 5.25 | 微弱转好 |
| 阿尼玛卿保护区 | 5 | 基本不变 |
| 麦秀保护区 | 4.6 | 基本不变 |

表 9-6　三江源区各重点工程区生态系统宏观结构变化指数（EMSCI）评价结果

| 重点工程区 | EMSCI | 评价结果 |
|---|---|---|
| 中南工程区 | 4.7 | 基本不变 |
| 黄河源工程区 | 5.7 | 微弱转好 |
| 东南工程区 | 4.75 | 基本不变 |
| 长江源工程区 | 5 | 基本不变 |
| 各拉丹冬工程区 | 5 | 基本不变 |
| 麦秀工程区 | 4.6 | 基本不变 |

# 第二节　生态系统质量变化评价

## 一、分　类　评　价

### 1. 基于草地退化状况变化的生态系统质量变化评价

根据草地退化状况变化指数（GDCI）变化幅度判断三江源区草地退化与恢复程度。三江源区各州的草地退化状况均有较大改善。其中，玉树藏族自治州与果洛藏族自治州草地退化状况变化指数（GDCI）值较高，评价结果为显著转好；海南藏族自治州评价结果表现为明显转好；黄南藏族自治州表现为较明显转好（表9-7）。

**表9-7　三江源区各州草地退化状况变化指数（GDCI）评价结果**

| 州域 | GDCI | 归一化 | 评价结果 |
| --- | --- | --- | --- |
| 果洛藏族自治州 | 15.68 | 9 | 显著转好 |
| 海南藏族自治州 | 3.38 | 8 | 明显转好 |
| 黄南藏族自治州 | 1.82 | 7 | 较明显转好 |
| 玉树藏族自治州 | 25.61 | 9 | 显著转好 |

在17个县（乡）级单元中，草地退化状况变化指数（GDCI）的评价结果为河南县为微弱转好，治多县为较明显转好，兴海县、唐古拉山乡、同德县、泽库县、甘德县、玉树县表现为明显转好，其他县均为显著转好（表9-8）。

**表9-8　三江源区各县草地退化状况变化指数（GDCI）评价结果**

| 县域 | GDCI | 归一化 | 评价结果 |
| --- | --- | --- | --- |
| 治多县 | 2.13 | 7 | 较明显转好 |
| 曲麻莱县 | 87.47 | 9 | 显著转好 |
| 兴海县 | 3.26 | 8 | 明显转好 |
| 唐古拉山乡 | 3.85 | 8 | 明显转好 |
| 玛多县 | 21.58 | 9 | 显著转好 |
| 同德县 | 3.71 | 8 | 明显转好 |
| 泽库县 | 3.19 | 8 | 明显转好 |
| 玛沁县 | 7.14 | 9 | 显著转好 |
| 称多县 | 38.97 | 9 | 显著转好 |
| 河南县 | 0.40 | 6 | 微弱转好 |
| 杂多县 | 5.42 | 9 | 显著转好 |
| 甘德县 | 17.09 | 9 | 明显转好 |
| 达日县 | 8.03 | 9 | 显著转好 |
| 玉树县 | 2.99 | 8 | 明显转好 |
| 久治县 | 21.29 | 9 | 显著转好 |
| 班玛县 | 19.95 | 9 | 显著转好 |
| 囊谦县 | 15.14 | 9 | 显著转好 |

三江源区各流域的草地退化状况有较大改善，草地退化状况变化指数（GDCI）的评价结果除长江源当曲河与沱沱河流域为明显转好外，其他各流域均为显著转好（表9-9）。

表 9-9　三江源区各流域草地退化状况变化指数（GDCI）评价结果

| | 流域 | GDCI | 归一化 | 评价结果 |
|---|---|---|---|---|
| | 长江流域 | 17.13 | 9 | 显著转好 |
| | 黄河流域 | 22.41 | 9 | 显著转好 |
| | 澜沧江流域 | 8.30 | 9 | 显著转好 |
| 长江源 | 楚玛尔河流域 | 30.25 | 9 | 显著转好 |
| | 当曲河流域 | 4.47 | 8 | 明显转好 |
| | 沱沱河流域 | 4.71 | 8 | 明显转好 |
| 黄河源 | 吉迈水文站以上流域 | 43.17 | 9 | 显著转好 |

在 18 个自然保护区中，草地退化状况变化指数（GDCI）评价结果显示，东仲保护区的 GDCI 指数为 0，草地退化状况基本不变；各拉丹冬保护区评价结果为微弱转好；麦秀保护区评价结果为较明显转好；中铁-军功、当曲、昂赛、白扎 4 个保护区评价结果为明显转好；其余保护区的评价结果均为显著转好（表 9-10）。

表 9-10　三江源区各自然保护区草地退化状况变化指数（GDCI）评价结果

| 保护区 | GDCI | 归一化 | 评价结果 |
|---|---|---|---|
| 东仲保护区 | 0.00 | 5 | 基本不变 |
| 中铁-军功保护区 | 3.11 | 8 | 明显转好 |
| 多可河保护区 | 15.17 | 9 | 显著转好 |
| 年保玉则保护区 | 10.04 | 9 | 显著转好 |
| 当曲保护区 | 4.44 | 8 | 明显转好 |
| 扎陵湖-鄂陵湖保护区 | 49.42 | 9 | 显著转好 |
| 昂赛保护区 | 4.45 | 8 | 明显转好 |
| 星星海保护区 | 31.16 | 9 | 显著转好 |
| 果宗木查保护区 | 7.33 | 9 | 显著转好 |
| 各拉丹冬保护区 | 0.38 | 6 | 微弱转好 |
| 江西保护区 | 27.62 | 9 | 显著转好 |
| 玛可河保护区 | 14.92 | 9 | 显著转好 |
| 白扎保护区 | 4.37 | 8 | 明显转好 |
| 索加-曲麻河保护区 | 32.40 | 9 | 显著转好 |
| 约古宗列保护区 | 137.39 | 9 | 显著转好 |
| 通天河沿保护区 | 8.24 | 9 | 显著转好 |
| 阿尼玛卿保护区 | 9.58 | 9 | 显著转好 |
| 麦秀保护区 | 1.47 | 7 | 较明显转好 |

表 9-15　三江源区各自然保护区植被状况变化指数（VCCI）评价结果

| 保护区 | VCCI | 评价结果 |
|---|---|---|
| 索加-曲麻河保护区 | 8.6 | 显著转好 |
| 约古宗列保护区 | 8.6 | 显著转好 |
| 扎陵湖-鄂陵湖保护区 | 8.6 | 显著转好 |
| 中铁-军功保护区 | 8.2 | 显著转好 |
| 星星海保护区 | 9 | 显著转好 |
| 通天河沿保护区 | 8.2 | 显著转好 |
| 年保玉则保护区 | 8.2 | 显著转好 |
| 麦秀保护区 | 8.2 | 显著转好 |
| 玛可河保护区 | 8.2 | 显著转好 |
| 江西保护区 | 7.6 | 明显转好 |
| 果宗木查保护区 | 6.8 | 较明显转好 |
| 各拉丹冬保护区 | 5.6 | 微弱转好 |
| 多可河保护区 | 8.2 | 显著转好 |
| 东仲保护区 | 7.4 | 明显转好 |
| 当曲保护区 | 8.6 | 显著转好 |
| 白扎保护区 | 6.4 | 较明显转好 |
| 昂赛保护区 | 5 | 基本不变 |
| 阿尼玛卿保护区 | 7.4 | 明显转好 |

表 9-16　三江源区各重点工程区植被状况变化指数（VCCI）评价结果

| 重点工程区 | VCCI | 评价结果 |
|---|---|---|
| 中南工程区 | 7.6 | 明显转好 |
| 黄河源工程区 | 8.6 | 显著转好 |
| 东南工程区 | 8.2 | 显著转好 |
| 长江源工程区 | 8.6 | 显著转好 |
| 各拉丹冬工程区 | 5.6 | 微弱转好 |
| 麦秀工程区 | 8.2 | 显著转好 |

### 3. 基于宏观生态状况的生态系统质量变化评价

用宏观生态状况变化指数（MECCI）评价三江源区生态系统质量变化。从州域情况来看，黄南藏族自治州 MECCI 平均值较低，为 4，表现为微弱转差；其他三州均表现出转好态势，其中海南藏族自治州为明显转好，果洛藏族自治州与玉树藏族自治州为较明显转好（表 9-17）。

**表 9-17　三江源区各州宏观生态状况变化指数（MECCI）评价结果**

| 州域 | MECCI | 评价结果 |
|---|---|---|
| 黄南藏族自治州 | 4 | 微弱转差 |
| 果洛藏族自治州 | 6.3 | 较明显转好 |
| 玉树藏族自治州 | 6.3 | 较明显转好 |
| 海南藏族自治州 | 7.95 | 明显转好 |

　　从县域情况看，河南县、甘德县、泽库县、玛沁县、久治县、曲麻莱县、唐古拉山乡 7 个县（乡）的宏观生态状况变化指数（MECCI）为 4～5，评价结果为基本不变；而班玛县、囊谦县、玉树县、称多县、杂多县、达日县、治多县 7 个县的宏观生态状况变化指数（MECCI）为 5～6，评价结果为微弱转好；同德县、兴海县、玛多县的宏观生态状况变化指数（MECCI）为 6～7，评价结果为较明显转好（表 9-18）。

**表 9-18　三江源区各县宏观生态状况变化指数（MECCI）评价结果**

| 县域 | MECCI | 评价结果 |
|---|---|---|
| 河南县 | 4.35 | 基本不变 |
| 甘德县 | 5 | 基本不变 |
| 班玛县 | 5.65 | 微弱转好 |
| 泽库县 | 5 | 基本不变 |
| 囊谦县 | 5.65 | 微弱转好 |
| 玛沁县 | 5 | 基本不变 |
| 同德县 | 6.65 | 较明显转好 |
| 久治县 | 5 | 基本不变 |
| 玉树县 | 6 | 微弱转好 |
| 称多县 | 5.65 | 微弱转好 |
| 兴海县 | 6.65 | 较明显转好 |
| 杂多县 | 5.65 | 微弱转好 |
| 玛多县 | 6.3 | 较明显转好 |
| 达日县 | 5.65 | 微弱转好 |
| 曲麻莱县 | 5 | 基本不变 |
| 治多县 | 5.65 | 微弱转好 |
| 唐古拉山乡 | 4.35 | 基本不变 |

　　三江源区三大流域的宏观生态状况变化指数（MECCI）的变化评价结果显示，长江流域评价结果为微弱转好，黄河流域和澜沧江流域评价结果为较明显转好。长江源的楚玛尔河流域评价结果为较明显转好，当曲河流域评价结果为微弱转差，沱沱河流域评价

结果为微弱转好；黄河源吉迈水文站以上流域的宏观生态状况变化指数（MECCI）评价结果为较明显转好（表 9-19）。

表 9-19 三江源区各流域宏观生态状况变化指数（MECCI）评价结果

| | 流域 | MECCI | 评价结果 |
|---|---|---|---|
| | 长江流域 | 5.65 | 微弱转好 |
| | 黄河流域 | 6.95 | 较明显转好 |
| | 澜沧江流域 | 6.3 | 较明显转好 |
| 长江源 | 楚玛尔河流域 | 6.95 | 较明显转好 |
| | 当曲河流域 | 3.05 | 微弱转差 |
| | 沱沱河流域 | 5.65 | 微弱转好 |
| 黄河源 | 吉迈水文站以上流域 | 6.95 | 较明显转好 |

三江源区各自然保护区整体上宏观生态状况变化指数（MECCI）评价结果显示，年保玉则、麦秀 2 个保护区为基本不变，东仲、当曲、昂赛、各拉丹冬、索加-曲麻河、约古宗列、阿尼玛卿 7 个自然保护区为微弱转好，多可河、果宗木查、白扎 3 个自然保护区为较明显转好，中铁-军功、扎陵湖-鄂陵湖、星星海、江西、玛可河、通天河沿 6 个自然保护区为明显转好（表 9-20）。

表 9-20 三江源区各自然保护区宏观生态状况变化指数（MECCI）评价结果

| 保护区 | MECCI | 评价结果 |
|---|---|---|
| 东仲保护区 | 5.65 | 微弱转好 |
| 中铁-军功保护区 | 7.3 | 明显转好 |
| 多可河保护区 | 6.3 | 较明显转好 |
| 年保玉则保护区 | 4.35 | 基本不变 |
| 当曲保护区 | 5.65 | 微弱转好 |
| 扎陵湖-鄂陵湖保护区 | 7.95 | 明显转好 |
| 昂赛保护区 | 5.65 | 微弱转好 |
| 星星海保护区 | 7.6 | 明显转好 |
| 果宗木查保护区 | 6.65 | 较明显转好 |
| 各拉丹冬保护区 | 5.65 | 微弱转好 |
| 江西保护区 | 7.95 | 明显转好 |
| 玛可河保护区 | 7.6 | 明显转好 |
| 白扎保护区 | 6.3 | 较明显转好 |
| 索加-曲麻河保护区 | 5.65 | 微弱转好 |
| 约古宗列保护区 | 5.65 | 微弱转好 |

续表

| 保护区 | MECCI | 评价结果 |
|---|---|---|
| 通天河沿保护区 | 7.95 | 明显转好 |
| 阿尼玛卿保护区 | 5.65 | 微弱转好 |
| 麦秀保护区 | 4.35 | 基本不变 |

三江源区各重点工程区整体上宏观生态状况变化指数（MECCI）评价结果显示，麦秀工程区为基本不变，长江源、各拉丹冬工程区为微弱转好，中南、黄河源、东南 3 个工程区为较明显转好（表 9-21）。

**表 9-21　三江源区各重点工程区宏观生态状况变化指数（MECCI）评价结果**

| 重点工程区 | MECCI | 评价结果 |
|---|---|---|
| 中南工程区 | 6.95 | 较明显转好 |
| 黄河源工程区 | 6.95 | 较明显转好 |
| 东南工程区 | 6.3 | 较明显转好 |
| 长江源工程区 | 5.65 | 微弱转好 |
| 各拉丹冬工程区 | 5.65 | 微弱转好 |
| 麦秀工程区 | 4.35 | 基本不变 |

## 二、综 合 评 价

从州域情况来看，格尔木市唐古拉山乡与黄南藏族自治州生态系统质量变化指数（EQCI）为 6~7，表现为较明显转好；其余各州 EQCI 指数为 8~9，表现为显著转好（表 9-22）。

**表 9-22　三江源区各州生态系统质量变化指数（EQCI）评价结果**

| 州域 | EQCI | 评价结果 |
|---|---|---|
| 格尔木市唐古拉山乡 | 6.79 | 较明显转好 |
| 果洛藏族自治州 | 8.07 | 显著转好 |
| 海南藏族自治州 | 8.17 | 显著转好 |
| 黄南藏族自治州 | 6.46 | 较明显转好 |
| 玉树藏族自治州 | 8.07 | 显著转好 |

从县域情况来看，三江源区玛多县的生态系统质量变化指数（EQCI）最高，为 8.19，表现为显著转好；河南县 EQCI 指数最小，为 6.17，表现为较明显转好；其余各县评价结果均为明显转好（表 9-23）。

表 9-23　三江源区各县生态系统质量变化指数（EQCI）评价结果

| 县域 | EQCI | 评价结果 |
|---|---|---|
| 治多县 | 7.08 | 明显转好 |
| 曲麻莱县 | 7.68 | 明显转好 |
| 兴海县 | 7.78 | 明显转好 |
| 唐古拉山乡 | 7.09 | 明显转好 |
| 玛多县 | 8.19 | 显著转好 |
| 同德县 | 7.78 | 明显转好 |
| 泽库县 | 7.28 | 明显转好 |
| 玛沁县 | 7.56 | 明显转好 |
| 称多县 | 7.88 | 明显转好 |
| 河南县 | 6.17 | 较明显转好 |
| 杂多县 | 7.70 | 明显转好 |
| 甘德县 | 7.56 | 明显转好 |
| 达日县 | 7.76 | 明显转好 |
| 玉树县 | 7.46 | 明显转好 |
| 久治县 | 7.56 | 明显转好 |
| 班玛县 | 7.76 | 明显转好 |
| 囊谦县 | 7.40 | 明显转好 |

从流域情况来看，三江源区三大流域中长江流域、澜沧江流域生态系统质量变化指数（EQCI）评价结果为明显转好，黄河流域为显著转好。长江源楚玛尔河流域和黄河源吉迈水文站以上流域评价结果均为显著转好，长江源当曲河流域表现为较明显转好，沱沱河流域表现为明显转好（表 9-24）。

表 9-24　三江源区各流域生态系统质量变化指数（EQCI）评价结果

| 流域 | | EQCI | 评价结果 |
|---|---|---|---|
| 长江流域 | | 7.88 | 明显转好 |
| 黄河流域 | | 8.27 | 显著转好 |
| 澜沧江流域 | | 7.71 | 明显转好 |
| 长江源 | 楚玛尔河流域 | 8.03 | 显著转好 |
| | 当曲河流域 | 6.70 | 较明显转好 |
| | 沱沱河流域 | 7.48 | 明显转好 |
| 黄河源 | 吉迈水文站以上流域 | 8.27 | 显著转好 |

从保护区情况来看，东仲、各拉丹冬 2 个自然保护区宏观生态系统质量变化指数（EQCI）评价结果为微弱转好，昂赛、麦秀 2 个保护区评价结果为较明显转好，扎陵湖-鄂陵湖、星星海、江西、玛可河、通天河沿 5 个自然保护区的评价结果为显著转好，其余各保护区的评价结果均为明显转好（表 9-25）。

表 9-25　三江源区各自然保护区生态系统质量变化指数（EQCI）评价结果

| 保护区 | EQCI | 评价结果 |
|---|---|---|
| 东仲保护区 | 5.92 | 微弱转好 |
| 中铁-军功保护区 | 7.85 | 明显转好 |
| 多可河保护区 | 7.95 | 明显转好 |
| 年保玉则保护区 | 7.37 | 明显转好 |
| 当曲保护区 | 7.48 | 明显转好 |
| 扎陵湖-鄂陵湖保护区 | 8.57 | 显著转好 |
| 昂赛保护区 | 6.40 | 较明显转好 |
| 星星海保护区 | 8.58 | 显著转好 |
| 果宗木查保护区 | 7.64 | 明显转好 |
| 各拉丹冬保护区 | 5.78 | 微弱转好 |
| 江西保护区 | 8.27 | 显著转好 |
| 玛可河保护区 | 8.34 | 显著转好 |
| 白扎保护区 | 7.01 | 明显转好 |
| 索加-曲麻河保护区 | 7.88 | 明显转好 |
| 约古宗列保护区 | 7.88 | 明显转好 |
| 通天河沿保护区 | 8.45 | 显著转好 |
| 阿尼玛卿保护区 | 7.52 | 明显转好 |
| 麦秀保护区 | 6.57 | 较明显转好 |

从工程区情况来看，各拉丹冬工程区宏观生态系统质量变化指数（EQCI）评价结果为微弱转好，麦秀工程区评价结果为较明显转好，黄河源工程区的评价结果为显著转好，其余各工程区的评价结果均为明显转好（表 9-26）。

表 9-26　三江源区各重点工程区生态系统质量变化指数（EQCI）评价结果

| 重点工程区 | EQCI | 评价结果 |
|---|---|---|
| 中南工程区 | 7.97 | 明显转好 |
| 黄河源工程区 | 8.27 | 显著转好 |
| 东南工程区 | 7.95 | 明显转好 |
| 长江源工程区 | 7.88 | 明显转好 |
| 各拉丹冬工程区 | 5.78 | 微弱转好 |
| 麦秀工程区 | 6.57 | 较明显转好 |

# 第三节 生态系统服务变化评价

## 一、分类评价

### 1. 生态系统水源涵养服务变化评价

采用水源涵养服务变化指数（WRCI）评价三江源区生态系统水源涵养服务的变化状况。据统计，三江源区 WRCI 平均值为 7.10，表明三江源区生态系统水源涵养服务整体有较明显的转好态势。

在 4 个自治州中，玉树藏族自治州和海南藏族自治州的 WRCI 平均值分别为 7.03 和 7.69，生态系统水源涵养服务表现为较明显转好。果洛藏族自治州和黄南藏族自治州的 WRCI 平均值分别为 6.96 和 6.83，生态系统水源涵养服务表现为微弱转好（表 9-27）。

**表 9-27 三江源区各州水源涵养服务变化指数（WRCI）评价结果**

| 州域 | WRCI | 评价结果 |
| --- | --- | --- |
| 玉树藏族自治州 | 7.03 | 较明显转好 |
| 海南藏族自治州 | 7.69 | 较明显转好 |
| 果洛藏族自治州 | 6.96 | 微弱转好 |
| 黄南藏族自治州 | 6.83 | 微弱转好 |

在 17 个县（乡）级单元中，玛多县、兴海县、曲麻莱县、唐古拉山乡、治多县、同德县、称多县和泽库县 8 个县（乡）的 WRCI 平均值为 7~8，生态系统水源涵养服务表现为较明显转好，占县（乡）级单元的 47.06%。玛沁县、达日县、玉树县、河南县、甘德县、杂多县、班玛县和久治县 8 个县的 WRCI 平均值为 6~7，生态系统水源涵养服务表现为微弱转好，占县（乡）级单元的 47.06%。囊谦县的 WRCI 平均值为 5.33，生态系统水源涵养服务表现为基本不变，占县（乡）级单元的 5.88%（表 9-28）。

**表 9-28 三江源区各县水源涵养服务变化指数（WRCI）评价结果**

| 县域 | WRCI | 评价结果 |
| --- | --- | --- |
| 治多县 | 7.44 | 较明显转好 |
| 曲麻莱县 | 7.69 | 较明显转好 |
| 兴海县 | 7.81 | 较明显转好 |
| 唐古拉山乡 | 7.65 | 较明显转好 |
| 玛多县 | 7.85 | 较明显转好 |
| 同德县 | 7.41 | 较明显转好 |
| 泽库县 | 7.15 | 较明显转好 |
| 玛沁县 | 6.98 | 微弱转好 |
| 称多县 | 7.21 | 较明显转好 |

续表

| 县域 | WRCI | 评价结果 |
|---|---|---|
| 河南县 | 6.53 | 微弱转好 |
| 杂多县 | 6.24 | 微弱转好 |
| 甘德县 | 6.43 | 微弱转好 |
| 达日县 | 6.68 | 微弱转好 |
| 玉树县 | 6.55 | 微弱转好 |
| 久治县 | 6.12 | 微弱转好 |
| 班玛县 | 6.20 | 微弱转好 |
| 囊谦县 | 5.33 | 基本不变 |

在 3 大流域中，长江流域的 WRCI 平均值最高，为 7.18；其次是黄河流域，WRCI 平均值为 7.17；澜沧江流域的 WRCI 平均值最低，为 5.87。长江源楚玛尔河流域和沱沱河流域的 WRCI 平均值分别为 7.69 和 7.73，生态系统水源涵养服务表现为较明显转好；当曲河流域的 WRCI 平均值为 6.96，生态系统水源涵养服务表现为微弱转好。黄河源吉迈水文站以上流域的 WRCI 平均值为 7.49，生态系统水源涵养服务表现为较明显转好（表 9-29，表 9-30）。

表 9-29　三江源区各一级流域水源涵养服务变化指数（WRCI）评价结果

| 流域 | WRCI | 评价结果 |
|---|---|---|
| 长江流域 | 7.18 | 较明显转好 |
| 黄河流域 | 7.17 | 较明显转好 |
| 澜沧江流域 | 5.87 | 基本不变 |

表 9-30　三江源区长江、黄河二级流域水源涵养服务变化指数（WRCI）评价结果

| | 流域 | WRCI | 评价结果 |
|---|---|---|---|
| 长江源 | 楚玛尔河流域 | 7.69 | 较明显转好 |
| | 当曲河流域 | 6.96 | 微弱转好 |
| | 沱沱河流域 | 7.73 | 较明显转好 |
| 黄河源 | 吉迈水文站以上流域 | 7.49 | 较明显转好 |

在 18 个自然保护区中，星星海、扎陵湖-鄂陵湖、约古宗列、各拉丹冬、索加-曲麻河、中铁-军功、通天河沿和阿尼玛卿 8 个自然保护区的 WRCI 平均值为 7~8，生态系统水源涵养服务表现为较明显转好，占自然保护区总数的 44.44%；麦秀、当曲、昂赛、果宗木查、年保玉则、玛可河和多可河 7 个自然保护区的 WRCI 平均值为 6~7，生态系统水源涵养服务表现为微弱转好，占自然保护区总数的 38.89%；白扎、江西、东仲 3 个自然保护区的 WRCI 平均值为 5~6，生态系统水源涵养服务表现为基本不变，占自然保护区总数的 16.67%（表 9-31）。

表 9-31  三江源自然保护区水源涵养服务变化指数（WRCI）评价结果

| 保护区 | WRCI | 评价结果 |
| --- | --- | --- |
| 各拉丹冬保护区 | 7.44 | 较明显转好 |
| 当曲保护区 | 6.32 | 微弱转好 |
| 索加-曲麻河保护区 | 7.38 | 较明显转好 |
| 多可河保护区 | 6.07 | 微弱转好 |
| 年保玉则保护区 | 6.17 | 微弱转好 |
| 玛可河保护区 | 6.08 | 微弱转好 |
| 星星海保护区 | 7.81 | 较明显转好 |
| 扎陵湖-鄂陵湖保护区 | 7.73 | 较明显转好 |
| 约古宗列保护区 | 7.73 | 较明显转好 |
| 果宗木查保护区 | 6.23 | 微弱转好 |
| 中铁－军功保护区 | 7.25 | 较明显转好 |
| 阿尼玛卿保护区 | 7.02 | 较明显转好 |
| 通天河沿保护区 | 7.11 | 较明显转好 |
| 麦秀保护区 | 6.81 | 微弱转好 |
| 昂赛保护区 | 6.26 | 微弱转好 |
| 白扎保护区 | 5.03 | 基本不变 |
| 江西保护区 | 5.78 | 基本不变 |
| 东仲保护区 | 5.95 | 基本不变 |

在 6 个重点工程区中，黄河源和各拉丹冬工程区的 WRCI 平均值为 7~8，生态系统水源涵养服务表现为较明显转好；长江源、麦秀、东南和中南工程区的 WRCI 平均值为 6~7，生态系统水源涵养服务表现为微弱转好（表 9-32）。

表 9-32  三江源区重点工程区水源涵养服务变化指数（WRCI）评价结果

| 重点工程区 | WRCI | 评价结果 |
| --- | --- | --- |
| 各拉丹冬工程区 | 7.44 | 较明显转好 |
| 长江源工程区 | 6.96 | 微弱转好 |
| 东南工程区 | 6.12 | 微弱转好 |
| 黄河源工程区 | 7.56 | 较明显转好 |
| 麦秀工程区 | 6.81 | 微弱转好 |
| 中南工程区 | 6.06 | 微弱转好 |

## 2. 生态系统土壤保持服务变化评价

采用土壤保持服务变化指数（SPCI）评价三江源区生态系统土壤保持服务的变化状况。据统计，三江源区的 SPCI 平均值为 6.26，表明三江源区生态系统土壤保持服务整体呈较明显转好态势。

在 4 个自治州中，海南藏族自治州、果洛藏族自治州，以及黄南藏族自治州的 SPCI 平均值分别为 5.93、5.83 和 5.13，表现为微弱转好；玉树藏族自治州的 SPCI 平均值为 6.34，表现为较明显转好（表 9-33）。

表 9-33　三江源区各州土壤保持服务变化指数（SPCI）评价结果

| 州域 | SPCI | 评价结果 |
| --- | --- | --- |
| 玉树藏族自治州 | 6.34 | 较明显转好 |
| 海南藏族自治州 | 5.93 | 微弱转好 |
| 果洛藏族自治州 | 5.83 | 微弱转好 |
| 黄南藏族自治州 | 5.13 | 微弱转好 |

在 17 个县（乡）级单元中，治多县和唐古拉山乡的 SPCI 平均值最高，分别为 7.36 和 7.24，评价结果表现为明显好转，占县（乡）级单元的 11.8%；曲麻莱县、杂多县、班玛县、兴海县、久治县 5 个县的 SPCI 平均值为 6~7，表现为较明显转好，占县（乡）级单元的 29.4%；达日县、玛多县、甘德县、同德县、称多县、玛沁县、泽库县的 SPCI 平均值为 5~6，表现为微弱转好，占县（乡）级单元的 41.2%；河南县、玉树县和囊谦县的 SPCI 平均值均低于 5，表现为基本不变，占县（乡）级单元的 17.6%（表 9-34）。

表 9-34　三江源区各县（乡）土壤保持服务变化指数（SPCI）评价结果

| 县域 | SPCI | 评价结果 |
| --- | --- | --- |
| 治多县 | 7.36 | 明显好转 |
| 唐古拉山乡 | 7.24 | 明显好转 |
| 曲麻莱县 | 6.44 | 较明显转好 |
| 杂多县 | 6.29 | 较明显转好 |
| 班玛县 | 6.13 | 较明显转好 |
| 兴海县 | 6.08 | 较明显转好 |
| 久治县 | 6.08 | 较明显转好 |
| 达日县 | 5.87 | 微弱转好 |
| 玛多县 | 5.83 | 微弱转好 |
| 甘德县 | 5.74 | 微弱转好 |
| 同德县 | 5.59 | 微弱转好 |
| 称多县 | 5.50 | 微弱转好 |
| 玛沁县 | 5.49 | 微弱转好 |
| 泽库县 | 5.35 | 微弱转好 |
| 河南县 | 4.93 | 基本不变 |
| 玉树县 | 4.42 | 基本不变 |
| 囊谦县 | 4.04 | 基本不变 |

　　在三大流域中，长江流域的 SPCI 平均值最高，达到 6.67，评价结果表现为较明显转好；其次是黄河流域，SPCI 平均值为 5.66，表现为微弱转好；澜沧江流域的 SPCI 平均值最低，仅为 4.6，表现为基本不变。长江源的当曲河流域、楚玛尔河流域和沱沱河流域的 SPCI 平均值均高于 7，依次为 7.25、7.24 和 7.14，表现为明显好转；黄河源吉迈水文站以上流域的 SPCI 平均值为 5.76，表现为微弱转好（表 9-35，表 9-36）。

表 9-35　三江源区各一级流域土壤保持服务变化指数（SPCI）评价结果

| 流域 | SPCI | 评价结果 |
| --- | --- | --- |
| 长江流域 | 6.67 | 较明显转好 |
| 黄河流域 | 5.66 | 微弱转好 |
| 澜沧江流域 | 4.60 | 基本不变 |

表 9-36　三江源区长江、黄河二级流域土壤保持服务变化指数（SPCI）评价结果

| | 流域 | SPCI | 评价结果 |
| --- | --- | --- | --- |
| 长江源 | 当曲河流域 | 7.25 | 明显转好 |
| | 楚玛尔河流域 | 7.24 | 明显转好 |
| | 沱沱河流域 | 7.14 | 明显转好 |
| 黄河源 | 吉迈水文站以上流域 | 5.76 | 微弱转好 |

　　在 18 个自然保护区中，各拉丹冬、当曲、索加-曲麻河 3 个自然保护区的 SPCI 平均值均高于 7，评价结果表现为明显好转，占自然保护区总数的 16.7%；多可河、年保玉则、玛可河 3 个自然保护区的 SPCI 平均值为 6~7，表现为较明显好转，占自然保护区总数的 16.7%；星星海、扎陵湖-鄂陵湖、约古宗列、果宗木查、中铁-军功、阿尼玛卿、通天河沿、麦秀、昂赛 9 个自然保护区的 SPCI 平均值为 5~6，表现为微弱转好，占自然保护区总数的 50.0%；白扎、江西、东仲 3 个自然保护区的 SPCI 平均值均小于 4，表现为微弱转差，占自然保护区总数的 16.7%（表 9-37）。

表 9-37　三江源自然保护区土壤保持服务变化指数（SPCI）评价结果

| 保护区 | SPCI | 评价结果 |
| --- | --- | --- |
| 各拉丹冬保护区 | 7.24 | 明显转好 |
| 当曲保护区 | 7.18 | 明显转好 |
| 索加-曲麻河保护区 | 7.09 | 明显转好 |
| 多可河保护区 | 6.43 | 较明显转好 |
| 年保玉则保护区 | 6.07 | 较明显转好 |
| 玛可河保护区 | 6.04 | 较明显转好 |
| 星星海保护区 | 5.90 | 微弱转好 |
| 扎陵湖-鄂陵湖保护区 | 5.74 | 微弱转好 |
| 约古宗列保护区 | 5.72 | 微弱转好 |

续表

| 保护区 | SPCI | 评价结果 |
|---|---|---|
| 果宗木查保护区 | 5.69 | 微弱转好 |
| 中铁－军功保护区 | 5.55 | 微弱转好 |
| 阿尼玛卿保护区 | 5.51 | 微弱转好 |
| 通天河沿保护区 | 5.32 | 微弱转好 |
| 麦秀保护区 | 5.26 | 微弱转好 |
| 昂赛保护区 | 5.13 | 微弱转好 |
| 白扎保护区 | 3.96 | 微弱转差 |
| 江西保护区 | 3.90 | 微弱转差 |
| 东仲保护区 | 3.41 | 微弱转差 |

在 6 个重点工程区中，各拉丹冬工程区的 SPCI 平均值最高，达到 7.24，评价结果表现为明显转好；长江源和东南工程区的 SPCI 平均值分别为 6.91 和 6.10，表现为较明显转好；黄河源和麦秀工程区的 SPCI 平均值均处于 5～6，表现为微弱转好；中南工程区的 SPCI 平均值最低，仅为 4.47，表现为基本不变（表 9-38）。

表 9-38　三江源区重点工程区土壤保持服务变化指数（SPCI）评价结果

| 重点工程区 | SPCI | 评价结果 |
|---|---|---|
| 各拉丹冬工程区 | 7.24 | 明显转好 |
| 长江源工程区 | 6.91 | 较明显转好 |
| 东南工程区 | 6.10 | 较明显转好 |
| 黄河源工程区 | 5.70 | 微弱转好 |
| 麦秀工程区 | 5.26 | 微弱转好 |
| 中南工程区 | 4.47 | 基本不变 |

**3. 生态系统防风固沙服务变化评价**

采用防风固沙服务功能变化指数（FSCI）评价三江源区生态系统防风固沙服务功能的变化状况。据统计，三江源区的 FSCI 平均值为 4.33，表明三江源区生态系统防风固沙服务功能整体处于基本不变态势。

在 4 个自治州中，海南藏族自治州、果洛藏族自治州的 FSCI 平均值分别为 5.50 和 5.46，表现为微弱转好；玉树藏族自治州和黄南藏族自治州的 FSCI 平均值为 4.08 和 4.20，表现为基本不变（表 9-39）。

在 17 个县（乡）级单元中，泽库县、达日县、同德县、班玛县、玛多县、玛沁县、称多县、兴海县、久治县和甘德县的 FSCI 平均值最高，均为 5～6，评价结果为微弱转好，占县（乡）级单元的 59%；曲麻莱县和治多县 2 个县的 FSCI 评价结果表现为基本不变，占县（乡）级单元的 11.8%；囊谦县、河南县、唐古拉山乡、杂多县和玉树县的 FSCI 平均值为 3～4，表现为微弱转差，占县（乡）级单元的 29.4%（表 9-40）。

表 9-39　三江源区州域防风固沙服务功能变化指数（FSCI）评价结果

| 州域 | FSCI | 评价结果 |
|---|---|---|
| 玉树藏族自治州 | 4.08 | 基本不变 |
| 海南藏族自治州 | 5.50 | 微弱转好 |
| 果洛藏族自治州 | 5.46 | 微弱转好 |
| 黄南藏族自治州 | 4.20 | 基本不变 |

表 9-40　三江源区县域防风固沙服务功能变化指数（FSCI）评价结果

| 县域 | FSCI | 评价结果 |
|---|---|---|
| 治多县 | 4.03 | 基本不变 |
| 唐古拉山乡 | 3.59 | 微弱转差 |
| 曲麻莱县 | 4.29 | 基本不变 |
| 杂多县 | 3.60 | 微弱转差 |
| 班玛县 | 5.37 | 微弱转好 |
| 兴海县 | 5.56 | 微弱转好 |
| 久治县 | 5.63 | 微弱转好 |
| 达口县 | 5.34 | 微弱转好 |
| 玛多县 | 5.43 | 微弱转好 |
| 甘德县 | 5.71 | 微弱转好 |
| 同德县 | 5.36 | 微弱转好 |
| 称多县 | 5.53 | 微弱转好 |
| 玛沁县 | 5.52 | 微弱转好 |
| 泽库县 | 5.05 | 微弱转好 |
| 河南县 | 3.34 | 微弱转差 |
| 玉树县 | 3.75 | 微弱转差 |
| 囊谦县 | 3.20 | 微弱转差 |

在三大流域中，黄河流域的 FSCI 平均值最高，达到 5.23，表现为微弱转好；其次是长江流域和澜沧江流域，FSCI 平均值均为 3.81，表现为微弱转差。其中，长江源的当曲河流域、楚玛尔河流域和沱沱河流域的 FSCI 平均值均为 3~4，依次为 3.60、3.72 和 3.20，表现为微弱转差；黄河源吉迈水文站以上流域的 FSCI 平均值为 5.32，表现为微弱转好（表 9-41）。

在 18 个自然保护区中，年保玉则、阿尼玛卿、扎陵湖-鄂陵湖、中铁-军功、通天河和星星海 6 个自然保护区的 FSCI 平均值均高于 5，表现为微弱转好，占自然保护区总数的 33.3%；东仲、多可河、约古宗列、麦秀、非保护区、各拉丹冬、江西、昂赛、果宗木查和玛可河 10 个自然保护区的 FSCI 平均值为 4~5，表现为基本不变，占自然保护区总数的 55.6%；索加-曲麻河、当曲和白扎 3 个自然保护区的 FSCI 平均值为 3~4，表现为微弱转差，占自然保护区总数的 16.7%（表 9-42）。

表 9-41　三江源区流域防风固沙服务功能变化指数（FSCI）评价结果

| 一级流域 | FSCI | 二级流域 | FSCI |
|---|---|---|---|
| 长江流域 | 3.81 | 沱沱河流域 | 3.20 |
| | | 楚玛尔河流域 | 3.72 |
| | | 当曲河流域 | 3.60 |
| 黄河流域 | 5.23 | 古迈水文站以上流域 | 5.32 |
| 澜沧江流域 | 3.81 | — | — |

表 9-42　三江源自然保护区防风固沙服务功能变化指数（FSCI）评价结果

| 保护区 | FSCI | 评价结果 |
|---|---|---|
| 东仲保护区 | 4.93 | 基本不变 |
| 中铁-军功保护区 | 5.38 | 微弱转好 |
| 多可河保护区 | 4.79 | 基本不变 |
| 年保玉则保护区 | 5.65 | 微弱转好 |
| 当曲河保护区 | 3.33 | 微弱转差 |
| 扎陵湖-鄂陵湖保护区 | 5.41 | 微弱转好 |
| 昂赛保护区 | 4.15 | 基本不变 |
| 星星海保护区 | 5.32 | 微弱转好 |
| 果宗木查保护区 | 4.15 | 基本不变 |
| 各拉丹冬保护区 | 4.27 | 基本不变 |
| 江西保护区 | 4.16 | 基本不变 |
| 玛可河保护区 | 4.03 | 基本不变 |
| 白扎保护区 | 3.32 | 微弱转差 |
| 索加-曲麻河保护区 | 3.48 | 微弱转差 |
| 约古宗列保护区 | 4.72 | 基本不变 |
| 通天河保护区 | 5.34 | 微弱转好 |
| 阿尼玛卿保护区 | 5.55 | 微弱转好 |
| 麦秀保护区 | 4.65 | 基本不变 |

在 6 个重点工程区中，东南工程区和黄河源工程区的 FSCI 平均值最高，分别达到 5.28 和 5.30，表现为微弱转好；各拉丹冬、麦秀和中南工程区的 FSCI 平均值分别为 4.27、4.65 和 4.28，表现为基本不变；长江源工程区的 FSCI 平均值最低，仅为 3.52，表现为微弱转差（表 9-43）。

表 9-43　三江源区重点工程区防风固沙服务功能变化指数（FSCI）评价结果

| 重点工程区 | FSCI | 评价结果 |
|---|---|---|
| 各拉丹冬工程区 | 4.27 | 基本不变 |
| 长江源工程区 | 3.52 | 微弱转差 |

续表

| 重点工程区 | FSCI | 评价结果 |
|---|---|---|
| 东南工程区 | 5.28 | 微弱转好 |
| 黄河源工程区 | 5.30 | 微弱转好 |
| 麦秀工程区 | 4.65 | 基本不变 |
| 中南工程区 | 4.28 | 基本不变 |

**4. 生态系统牧草供给服务变化评价**

采用牧草供给服务变化指数（HSCI）评价三江源区生态系统牧草供给服务的变化状况。据统计，三江源区 HSCI 平均值为 7.75，表明三江源区生态系统牧草供给服务整体有较明显的转好态势。

在 4 个自治州中，玉树藏族自治州和果洛藏族自治州的 HSCI 平均值分别为 7.52 和 7.98，生态系统牧草供给服务表现为明显转好。海南藏族自治州和黄南藏族自治州的 HSCI 平均值分别为 8.28 和 8.65，生态系统牧草供给服务表现为显著转好（表 9-44）。

表 9-44 三江源区各州牧草供给服务变化指数（HSCI）评价结果

| 州域 | HSCI | 评价结果 |
|---|---|---|
| 玉树藏族自治州 | 7.52 | 明显转好 |
| 海南藏族自治州 | 8.28 | 显著转好 |
| 果洛藏族自治州 | 7.98 | 明显转好 |
| 黄南藏族自治州 | 8.65 | 显著转好 |

在 17 个县（乡）级单元中，治多县、曲麻莱县、唐古拉山乡、玛多县、玛沁县、杂多县、达日县、玉树县、班玛县 9 个县的 HSCI 平均值为 7~8，生态系统牧草供给服务表现为明显转好，占县（乡）级单元的 52.94%。称多县、久治县、兴海县、甘德县、同德县、泽库县、河南县 7 个县的 HSCI 平均值为 8~9，生态系统牧草供给服务表现为显著转好，占县（乡）级单元的 41.18%。囊谦县的 HSCI 平均值为 6.55，生态系统牧草供给服务表现为较明显转好，占县（乡）级单元的 5.88%（表 9-45）。

表 9-45 三江源区各县牧草供给服务变化指数（HSCI）评价结果

| 县域 | HSCI | 评价结果 |
|---|---|---|
| 治多县 | 7.81 | 明显转好 |
| 曲麻莱县 | 7.60 | 明显转好 |
| 兴海县 | 8.16 | 显著转好 |
| 唐古拉山乡 | 7.76 | 明显转好 |
| 玛多县 | 7.92 | 明显转好 |
| 同德县 | 8.55 | 显著转好 |

续表

| 县域 | HSCI | 评价结果 |
|------|------|---------|
| 泽库县 | 8.62 | 显著转好 |
| 玛沁县 | 7.83 | 明显转好 |
| 称多县 | 8.03 | 显著转好 |
| 河南县 | 8.69 | 显著转好 |
| 杂多县 | 7.15 | 明显转好 |
| 甘德县 | 8.28 | 显著转好 |
| 达日县 | 7.96 | 明显转好 |
| 玉树县 | 7.34 | 明显转好 |
| 久治县 | 8.12 | 显著转好 |
| 班玛县 | 7.95 | 明显转好 |
| 囊谦县 | 6.55 | 较明显转好 |

在三大流域中，黄河流域的 HSCI 平均值最高，为 8.18；其次是长江流域，HSCI 平均值为 7.75；澜沧江流域的 HSCI 平均值最低，为 6.75。长江源的楚玛尔河流域、沱沱河流域和当曲河流域的 HSCI 平均值分别为 7.21、8.00 和 7.61，生态系统牧草供给服务表现为明显转好。黄河源吉迈水文站以上流域的 HSCI 平均值为 8.06，生态系统牧草供给服务表现为显著转好（表 9-46，表 9-47）。

**表 9-46　三江源区各一级流域牧草供给服务变化指数（HSCI）评价结果**

| 流域 | HSCI | 评价结果 |
|------|------|---------|
| 长江流域 | 7.75 | 明显转好 |
| 黄河流域 | 8.18 | 显著转好 |
| 澜沧江流域 | 6.75 | 较明显转好 |

**表 9-47　三江源区长江、黄河二级流域牧草供给服务变化指数（HSCI）评价结果**

| 流域 | | HSCI | 评价结果 |
|------|------|------|---------|
| 长江源 | 楚玛尔河流域 | 7.21 | 明显转好 |
| | 当曲河流域 | 7.61 | 明显转好 |
| | 沱沱河流域 | 8.00 | 明显转好 |
| 黄河源 | 吉迈水文站以上流域 | 8.06 | 显著转好 |

在 18 个自然保护区中，约古宗列、扎陵湖-鄂陵湖、麦秀、中铁-军功 4 个自然保护区的 HSCI 平均值为 8~9，生态系统牧草供给服务表现为显著转好，占自然保护区总数的 22.22%；果宗木查、阿尼玛卿、通天河沿、各拉丹冬、多可河、当曲、江西、星星海、玛可河、索加-曲麻河、年保玉则 11 个自然保护区的 HSCI 平均值为 7~8，生态系统牧草供给服务表现为明显转好，占自然保护区总数的 61.11%；昂赛、东仲、白扎 3 个自然

保护区的 HSCI 平均值为 6～7，生态系统牧草供给服务表现为较明显转好，占自然保护区总数的 16.67%（表 9-48）。

表 9-48　三江源自然保护区牧草供给服务变化指数（HSCI）评价结果

| 保护区 | HSCI | 评价结果 |
|---|---|---|
| 各拉丹冬保护区 | 7.47 | 明显转好 |
| 当曲保护区 | 7.60 | 明显转好 |
| 索加-曲麻河保护区 | 7.93 | 明显转好 |
| 多可河保护区 | 7.48 | 明显转好 |
| 年保玉则保护区 | 7.99 | 明显转好 |
| 玛可河保护区 | 7.67 | 明显转好 |
| 星星海保护区 | 7.66 | 明显转好 |
| 扎陵湖-鄂陵湖保护区 | 8.12 | 显著转好 |
| 约古宗列保护区 | 8.02 | 显著转好 |
| 果宗木查保护区 | 7.03 | 明显转好 |
| 中铁-军功保护区 | 8.42 | 显著转好 |
| 阿尼玛卿保护区 | 7.07 | 明显转好 |
| 通天河沿保护区 | 7.38 | 明显转好 |
| 麦秀保护区 | 8.20 | 显著转好 |
| 昂赛保护区 | 6.13 | 较明显转好 |
| 白扎保护区 | 6.39 | 较明显转好 |
| 江西保护区 | 7.60 | 明显转好 |
| 东仲保护区 | 6.36 | 较明显转好 |

在 6 个重点工程区中，麦秀工程区的 HSCI 平均值为 8～9，生态系统牧草供给服务表现为显著转好；各拉丹冬、长江源、东南和黄河源工程区的 HSCI 平均值为 7～8，生态系统牧草供给服务表现为明显转好；中南工程片区的 HSCI 平均值为 6.83，生态系统牧草供给服务表现为较明显转好（表 9-49）。

表 9-49　三江源区重点工程区牧草供给服务变化指数（HSCI）评价结果

| 重点工程区 | HSCI | 评价结果 |
|---|---|---|
| 各拉丹冬工程区 | 7.47 | 明显转好 |
| 长江源工程区 | 7.69 | 明显转好 |
| 东南工程区 | 7.83 | 明显转好 |
| 黄河源工程区 | 7.97 | 明显转好 |
| 麦秀工程区 | 8.20 | 显著转好 |
| 中南工程区 | 6.83 | 较明显转好 |

**5. 生态系统水供给服务变化评价**

用水供给服务变化指数（WSCI）评价区域生态系统水供给服务变化。

1990～2004 年，长江源河流径流量呈微弱增加的趋势，沱沱河和直门达水文站的径流量年均增长量分别为 0.54 亿 $m^3$ 和 1.33 亿 $m^3$。黄河源河流径流量呈减少的变化，唐乃亥和吉迈水文站径流量年均减少量分别为 2.44 亿 $m^3$ 和 0.74 亿 $m^3$。2004～2012 年，长江源和黄河源的河流径流量都有比较明显的增加。尤其是黄河源的唐乃亥水文站，从 1990～2004 年年均减少 2.44 亿 $m^3$ 到增加 9.86 亿 $m^3$，增加非常明显，这得益于生态工程的实施。

1990～2004 年，三江源湖泊面积呈微弱增加的趋势，增加了 1.03%。而 2004～2012 年，湖泊面积增加显著，增加了 10.01%。由于气候变暖，冰川面积在 1990～2004 年减少了 1.49%，而在 2004～2012 年，冰川减少的面积更多，达到了 8.88%；说明冰川融化有可能是径流变化和湖泊增加的主要原因。

根据三江源河流径流变化、湖泊面积和冰川面积的变化，可以计算水供给服务变化指数 WSCI。1990～2004 年，三江源生态系统水供给服务总体上基本不变，WSCI=4.95；而 2004～2012 年，由于生态保护和建设工程的实施，水供给服务微弱变好，水供给服务变化指数 WSCI=5.78。通过前后 WSCI 指数的变化可以看到，生态保护和建设工程卓有成效。

# 二、综 合 评 价

采用生态系统服务变化指数（ESCI）对三江源区生态系统服务变化进行综合评价，据统计，三江源区的 ESCI 平均值为 6.51，表明三江源区生态系统服务整体呈较明显的转好态势。

4 个自治州的 ESCI 平均值均为 6～7，评价结果表现为较明显转好，海南藏族自治州的 ESCI 平均值最高（6.87），表明其生态系统服务的好转态势最明显（表 9-50）。

表 9-50　三江源区各州生态系统服务变化指数（ESCI）评价结果

| 州域 | ESCI | 评价结果 |
| --- | --- | --- |
| 玉树藏族自治州 | 6.36 | 较明显转好 |
| 海南藏族自治州 | 6.87 | 较明显转好 |
| 果洛藏族自治州 | 6.57 | 较明显转好 |
| 黄南藏族自治州 | 6.25 | 较明显转好 |

在 17 个县（乡）级单元中，兴海县、治多县、玛多县、同德县、唐古拉山乡、曲麻莱县、称多县、泽库县、甘德县、久治县、达日县、班玛县，以及玛沁县 13 个县（乡）的 ESCI 平均值均为 6～7，评价结果表现为较明显转好，占县（乡）级单元数量的 76.5%；杂多县、河南县和玉树县的 ESCI 平均值高于 5 小于 6，表现为微弱转好，占县（乡）级单元数量的 17.6%；囊谦县的 SPCI 平均值仅为 4.82，表现为基本不变，占县（乡）级单元数量的 5.9%（表 9-51）。

表 9-51 三江源区各县生态系统服务变化指数（ESCI）评价结果

| 县域 | ESCI | 评价结果 |
|---|---|---|
| 治多县 | 6.83 | 较明显转好 |
| 唐古拉山乡 | 6.74 | 较明显转好 |
| 曲麻莱县 | 6.61 | 较明显转好 |
| 杂多县 | 5.96 | 微弱转好 |
| 玛多县 | 6.78 | 较明显转好 |
| 同德县 | 6.74 | 较明显转好 |
| 泽库县 | 6.56 | 较明显转好 |
| 玛沁县 | 6.45 | 较明显转好 |
| 称多县 | 6.57 | 较明显转好 |
| 河南县 | 5.95 | 微弱转好 |
| 兴海县 | 6.93 | 较明显转好 |
| 甘德县 | 6.54 | 较明显转好 |
| 达日县 | 6.49 | 较明显转好 |
| 玉树县 | 5.55 | 微弱转好 |
| 久治县 | 6.51 | 较明显转好 |
| 班玛县 | 6.45 | 较明显转好 |
| 囊谦县 | 4.82 | 基本不变 |

在三大流域中，黄河流域的 ESCI 平均值最高，达到 6.58；其次是长江流域，ESCI 平均值为 6.50，评价结果表现为较明显转好。澜沧江流域的 ESCI 平均值最低，仅为 5.30，评价结果为微弱转好。长江源的沱沱河流域、楚玛尔河流域和当曲河流域的 ESCI 平均值均为 6~7，表现为较明显转好；黄河源吉迈水文站以上流域的 ESCI 平均值为 6.68，表现为较明显转好（表 9-52，表 9-53）。

表 9-52 三江源区各一级流域生态系统服务变化指数（ESCI）评价结果

| 流域 | ESCI | 评价结果 |
|---|---|---|
| 长江流域 | 6.50 | 较明显转好 |
| 黄河流域 | 6.58 | 较明显转好 |
| 澜沧江流域 | 5.30 | 微弱转好 |

表 9-53 三江源区长江、黄河二级流域生态系统服务变化指数（ESCI）评价结果

| | 流域 | ESCI | 评价结果 |
|---|---|---|---|
| 长江源 | 楚玛尔河流域 | 6.66 | 较明显转好 |
| | 当曲河流域 | 6.53 | 较明显转好 |
| | 沱沱河流域 | 6.71 | 较明显转好 |
| 黄河源 | 吉迈水文站以上流域 | 6.68 | 较明显转好 |

在 18 个自然保护区中，扎陵湖-鄂陵湖、各拉丹冬、星星海、中铁-军功、索加-曲麻河、约古宗列、年保玉则、当曲、通天河沿、阿尼玛卿、多可河、麦秀、玛可河 13个自然保护区的 ESCI 平均值均为 6～7，评价结果表现为较明显转好，占自然保护区总数的 72.2%；果宗木查、昂赛、江西、东仲 4 个自然保护区的 ESCI 平均值为 5～6，表现为微弱转好，占自然保护区总数的 22.2%；白扎自然保护区的 ESCI 平均值为 4～5，表现为基本不变，占自然保护区总数的 5.6%（表 9-54）。

表 9-54　三江源自然保护区生态系统服务变化指数（ESCI）评价结果

| 保护区 | ESCI | 评价结果 |
|---|---|---|
| 各拉丹冬保护区 | 6.75 | 较明显转好 |
| 当曲保护区 | 6.30 | 较明显转好 |
| 索加-曲麻河保护区 | 6.65 | 较明显转好 |
| 多可河保护区 | 6.27 | 较明显转好 |
| 年保玉则保护区 | 6.49 | 较明显转好 |
| 玛可河保护区 | 6.05 | 较明显转好 |
| 星星海保护区 | 6.70 | 较明显转好 |
| 扎陵湖-鄂陵湖保护区 | 6.77 | 较明显转好 |
| 约古宗列保护区 | 6.60 | 较明显转好 |
| 果宗木查保护区 | 5.85 | 微弱转好 |
| 中铁－军功保护区 | 6.66 | 较明显转好 |
| 阿尼玛卿保护区 | 6.28 | 较明显转好 |
| 通天河沿保护区 | 6.29 | 较明显转好 |
| 麦秀保护区 | 6.26 | 较明显转好 |
| 昂赛保护区 | 5.47 | 微弱转好 |
| 白扎保护区 | 4.71 | 基本不变 |
| 江西保护区 | 5.35 | 微弱转好 |
| 东仲保护区 | 5.09 | 微弱转好 |

在 6 个重点工程区中，各拉丹冬、黄河源、长江源、东南、麦秀 5 个工程区的 ESCI平均值均为 6～7，评价结果为较明显转好；中南工程区的 ESCI 平均值分别为 5.42，表现为微弱转好（表 9-55）。

表 9-55　三江源区重点工程区生态系统服务变化指数（ESCI）评价结果

| 重点工程区 | ESCI | 评价结果 |
|---|---|---|
| 各拉丹冬工程区 | 6.75 | 较明显转好 |
| 长江源工程区 | 6.44 | 较明显转好 |
| 东南工程区 | 6.37 | 较明显转好 |
| 黄河源工程区 | 6.65 | 较明显转好 |
| 麦秀工程区 | 6.26 | 较明显转好 |
| 中南工程区 | 5.42 | 微弱转好 |

# 第四节　生态系统变化状况综合评估

采用生态系统变化状况指数（ECI），对区域生态系统变化状况进行综合评价。结果显示，三江源区各州生态系统均呈现转好态势。其中，玉树藏族自治州、海南藏族自治州、果洛藏族自治州3个州的ECI平均值均为6~7，评价结果表现为较明显转好，黄南藏族自治州生态系统变化状况指数略小，为5.66，评价结果表现为微弱转好（表9-56）。

表 9-56　三江源区各州生态系统变化状况指数（ECI）评价结果

| 州域 | ECI | 评价结果 |
| --- | --- | --- |
| 玉树藏族自治州 | 6.26 | 较明显转好 |
| 海南藏族自治州 | 6.52 | 较明显转好 |
| 果洛藏族自治州 | 6.71 | 较明显转好 |
| 黄南藏族自治州 | 5.66 | 微弱转好 |

在三江源区17个县（乡）级单元中，泽库县、河南县、玉树县、囊谦县4个县的ECI平均值均为5~6，评价结果为微弱转好，占县（乡）级单元数量的23.53%；其余各县（乡）的ECI平均值为6~7，评价结果为较明显转好，占县（乡）级单元数量的76.47%（表9-57）。

表 9-57　三江源区各县生态系统变化状况指数（ECI）评价结果

| 县域 | ECI | 评价结果 |
| --- | --- | --- |
| 治多县 | 6.25 | 较明显转好 |
| 曲麻莱县 | 6.31 | 较明显转好 |
| 兴海县 | 6.45 | 较明显转好 |
| 唐古拉山乡 | 6.15 | 较明显转好 |
| 玛多县 | 6.84 | 较明显转好 |
| 同德县 | 6.48 | 较明显转好 |
| 泽库县 | 5.98 | 微弱转好 |
| 玛沁县 | 6.22 | 较明显转好 |
| 称多县 | 6.19 | 较明显转好 |
| 河南县 | 5.53 | 微弱转好 |
| 杂多县 | 6.06 | 较明显好转 |
| 甘德县 | 6.03 | 较明显转好 |
| 达日县 | 6.29 | 较明显转好 |
| 玉树县 | 5.82 | 微弱转好 |
| 久治县 | 6.09 | 较明显转好 |
| 班玛县 | 6.39 | 较明显转好 |
| 囊谦县 | 5.53 | 微弱转好 |

在三大流域中，长江流域与黄河流域的 ECI 值分别为 6.18、6.55，评价结果表现为较明显转好；澜沧江流域的 ECI 平均值最低，为 5.76，表现为微弱转好。在长江源各流域中，楚玛尔河流域与沱沱河流域的 ECI 平均值均为 6~7，评价结果表现为较明显转好；当曲河流域的 ECI 平均值为 5.91，表现为微弱转好。黄河源吉迈水文站以上流域的 ECI 平均值为 6.73，评价结果表现为较明显转好（表 9-58，表 9-59）。

表 9-58　三江源区各一级流域生态系统变化状况指数（ECI）评价结果

| 流域 | ECI | 评价结果 |
| --- | --- | --- |
| 长江流域 | 6.18 | 较明显转好 |
| 黄河流域 | 6.55 | 较明显转好 |
| 澜沧江流域 | 5.76 | 微弱转好 |

表 9-59　三江源区长江、黄河二级流域生态系统变化状况指数（ECI）评价结果

| | 流域 | ECI | 评价结果 |
| --- | --- | --- | --- |
| 长江源 | 楚玛尔河流域 | 6.56 | 较明显转好 |
| | 当曲河流域 | 5.91 | 微弱转好 |
| | 沱沱河流域 | 6.36 | 较明显转好 |
| 黄河源 | 吉迈水文站以上流域 | 6.73 | 较明显转好 |

在 18 个自然保护区中，东仲、昂赛、各拉丹冬、江西、白扎、麦秀 6 个自然保护区的 ECI 平均值为 5~6，评价结果为微弱转好，占自然保护区总数的 33.33%；中铁-军功、多可河等其余 12 个自然保护区的 ECI 平均值均为 6~7，评价结果为较明显转好，占自然保护区总数的 66.67%（表 9-60）。

表 9-60　三江源自然保护区生态系统变化状况指数（ECI）评价结果

| 保护区 | ECI | 评价结果 |
| --- | --- | --- |
| 东仲保护区 | 5.27 | 微弱转好 |
| 中铁-军功保护区 | 6.46 | 较明显转好 |
| 多可河保护区 | 6.25 | 较明显转好 |
| 年保玉则保护区 | 6.10 | 较明显转好 |
| 当曲保护区 | 6.14 | 较明显转好 |
| 扎陵湖-鄂陵湖保护区 | 6.69 | 较明显转好 |
| 昂赛保护区 | 5.54 | 微弱转好 |
| 星星海保护区 | 6.86 | 较明显好转 |
| 果宗木查保护区 | 6.00 | 较明显转好 |
| 各拉丹冬保护区 | 5.90 | 微弱转好 |
| 江西保护区 | 5.99 | 微弱转好 |
| 玛可河保护区 | 6.26 | 较明显转好 |

续表

| 保护区 | ECI | 评价结果 |
|---|---|---|
| 白扎保护区 | 5.39 | 微弱转好 |
| 索加-曲麻河保护区 | 6.38 | 较明显转好 |
| 约古宗列保护区 | 6.45 | 较明显转好 |
| 通天河沿保护区 | 6.47 | 较明显转好 |
| 阿尼玛卿保护区 | 6.14 | 较明显转好 |
| 麦秀保护区 | 5.76 | 微弱转好 |

在 6 个重点工程区中，中南、各拉丹冬、麦秀 3 个工程区的 ECI 平均值为 5～6，评价结果为微弱转好；黄河源、东南、长江源 3 个工程区的 ECI 平均值均为 6～7，评价结果为较明显转好（表 9-61）。

表 9-61　三江源各重点工程区生态系统变化状况指数（ECI）评价结果

| 重点工程区 | ECI | 评价结果 |
|---|---|---|
| 中南工程区 | 5.81 | 微弱转好 |
| 黄河源工程区 | 6.72 | 较明显转好 |
| 东南工程区 | 6.20 | 较明显转好 |
| 长江源工程区 | 6.30 | 较明显转好 |
| 各拉丹冬工程区 | 5.90 | 微弱转好 |
| 麦秀工程区 | 5.76 | 微弱转好 |

# 第五节　生态工程对生态系统影响的贡献率

分别对平均气候状况与真实气候状况下的服务（水土保持、防风固沙、水源涵养以及 NPP）变化量进行了估算。由于平均气候条件下工程前后模型输入的气候要素不变，因此可以认为服务变化量与气候变化无关，主要反映生态工程的影响，而真实气候状况下的变化量反映了气候变化和生态工程的综合影响。因此，对比平均气候状况和真实气候状况下工程实施前后的服务变化量，可以厘定出生态工程和气候变化对生态系统服务变化的贡献率（以下简称生态工程贡献率和气候变化贡献率）。结果表明，在三江源区，生态工程对 NPP 增加的贡献率为 61.90%，对水源涵养服务价值增加的贡献率为 24.03%，对土壤水蚀为负效应，为 80%，对土壤保持服务是正效应，对土壤风蚀也为负效应，为 2 269.01%，对防风固沙服务是正效应（表 9-62）。

**表 9-62　三江源生态工程及气候对生态系统主要服务影响贡献率辨识**

| 主要评价参数 | 工程实施前后的变化量 | | 生态工程贡献率/% | 气候变化贡献率/% |
|---|---|---|---|---|
| | 真实气候状况 | 平均气候状况 | | |
| NPP/[gC/（m² · a⁻¹）] | 21.79 | 13.49 | 61.90 | 38.10 |
| 水源涵养量/（亿 m³/a） | 22.22 | 5.34 | 24.03 | 75.97 |
| 土壤水蚀量/（万 t/a） | 2 000 | −1 600 | −80 | 180.00 |
| 土壤风蚀量/（万 t/a） | −25.91 | −587.87 | −2 269.01 | 2 169.01 |

　　基于上述生态系统重要评价参数的生态工程贡献率统计结果，进一步计算得到了三江源区生态系统变化的生态工程贡献率，该指标用于综合判断生态工程贡献率。结果表明，生态系统变化的生态工程贡献率为 6.09，这表明生态系统的转好与生态工程的实施密切相关。

## 第六节　基于规划目标的生态效益评估

### 一、《规划》目标

　　《规划》的总体目标：通过对自然保护区和生态功能区生态保护和建设的分步实施，基本上扭转整个三江源地区生态环境恶性循环的趋势，保护和恢复三江源区林草植被，遏制草地植被退化、沙化等高原生态系统失衡的趋势，增加保持水土、涵养水源能力，水源涵养量增加 13.20 亿 m³，水土流失减少 1 139.48 万 m³。人工增雨工程的实施，预计每年在作业区内增加降水 80 亿 m³，黄河径流增加 12 亿 m³。提高野生动植物栖息地环境质量。调整产业结构，提高牧民生活水平，实现牧民小康生活。建立为三江源区生态环境建设和可持续发展全方位服务的生态保障体系，实现山川秀美，经济发展，人民富裕，民族团结的总目标。

　　《规划》2004～2010 年（后延至 2012 年）目标：完成生态环境保护和建设先期工程，遏制保护区生态环境恶化，完善和巩固生态保护与建设成果，为后期大规模实施生态保护和建设奠定基础。具体来说，是以三江源自然保护区为重点，主要开展天然草地及森林湿地保护和恢复工程，到 2010 年通过天然草地的恢复、退化草地的综合治理、森林植被保护、封山育林（草）、人工造林、退耕还林、沙漠化防治、39%的沼泽湿地生态系统和 80%的国家重点保护物种的保护，使区域草地退化、沙化得到治理和恢复，草地植被盖度平均提高 20%～40%，高寒草甸草地通过 5 年封育，植被覆盖度达到 60%～70%，高寒草原草地通过 7～10 年封育，植被覆盖度达到 40%～50%，严重退化草地通过 5 年封育并辅助人工措施，植被覆盖度达到 70%～80%。林草植被恢复后水源涵养能力增强。通过牧民集中定居，加快小城镇建设，引导群众调整产业结构，改变传统落后的生产方式；并实行以草定畜，达到畜草平衡，减轻天然草地的放牧压力，可将天然草地 458.95 万羊单位的超载牲畜予以缩减和转移，使保护区在 17 215.42 万亩的天然草地上，在保持牲畜 814.64 万羊单位（或保持牲畜 353 万头/只）、人口 13.37 万人的合理承载能力范围内，其生态环境开始走上良性循环的轨道，实现天然草地、牲畜和人口的生态平衡。

开展 2005～2012 年青海省三江源自然保护区生态保护和建设工程生态效益综合评估（以下简称"评估"），是三江源生态保护和建设项目科学管理必不可少的手段，是形成今后生态保护与生态修复策略的重要前提。其目的是通过研究制定生态系统综合评估总体框架、指标体系、标准规范，研发生态系统结构与服务综合评估的关键技术，构建生态系统监测评估数据库，通过开展生态系统结构、主要服务（水源涵养/水分调节、土壤保持、防风固沙等），以及与《规划》目标相关的生态保护与建设工程生态效益的综合评估，完成 2005～2012 年青海省三江源自然保护区生态保护和建设工程生态效益科学评估。为后期大规模实施生态保护和建设提供科学依据。

评估主要围绕《规划》目标，通过以下 9 个问题来回答《规划》目标制定的定量指标的完成情况，评估生态工程对生态系统变化的作用。

（1）生态系统结构有无变化，沙化是否得到遏制？

（2）草地退化态势如何，是否有好转？

（3）草地生产力是否得到恢复与提高，草畜矛盾是否有所减轻？

（4）森林、湿地生态系统是否得到有效保护？

（5）生态系统水分/径流调节功能有无提高？

（6）主要流域水资源量有无增加？水质是否保持优良？

（7）水土保持与防风固沙状况如何，水土流失有无减轻？

（8）自然保护区（工程区）是否取得明显成效？

（9）生态保护与建设工程对生态系统变化的作用如何？

# 二、基于规划目标的生态效益评估

**目标 1：保护和恢复三江源区林草植被，遏制草地植被退化、沙化等高原生态系统失衡。使区域草地退化、沙化得到治理和恢复，草地植被盖度平均提高 20%～40%，高寒草甸草地通过 5 年封育，植被覆盖度达到 60%～70%，高寒草原草地通过 7～10 年封育，植被覆盖度达到 40%～50%，严重退化草地通过 5 年封育并辅助人工措施，植被覆盖度达到 70%～80%。**

（1）评估分析结论 1：与工程实施前相比，三江源地区宏观生态状况趋好，但尚未达到 20 世纪 70 年代比较好的生态状况。

根据遥感监测，20 世纪 70 年代中后期至 2004 年，三江源地区草地生态系统的总面积净减少 1 246.52 km²，水体与湿地净减少 219.61 km²，荒漠净增加 655.51 km²。2004～2012 年三江源全区草地面积净增加 124.40 km²，水体与湿地生态系统面积净增加 280.01 km²，荒漠生态系统的面积净减少 494.11 km²（表 5-1）。

土地覆盖转类指数表明，三江源全区在 1970～2004 年宏观生态状况呈转差趋势，其中，1970～1990 年转差较明显，1990～2004 年转差程度有所减缓，而 2004～2012 年则呈好转趋势。

在三大流域中，黄河流域各生态系统类型变化最突出，水体与湿地面积增加 92.42 km²、草地生态系统面积扩大 116.83 km²，荒漠生态系统面积萎缩 203.62 km²（表 5-28）。长江流域各生态系统类型变化的典型特征是草地生态系统面积扩大 118.85 km²，水体与湿地生态系统面积萎缩 146.84 km²，荒漠生态系统面积净减少 64.84 km²（表 5-29）。澜沧江流域各生态系统类型面积变化小，其中森林生态系统面积净增加了 9.23 km²，草地生态系统类型面积净减少 5.55 km²（表 5-30）。

三大流域中，土地覆盖转类指数表明，1970～2004 年黄河流域宏观生态状况持续下降，长江流域先转差后转好，而澜沧江流域先转好后转差。2004～2012 年，三大流域土地覆盖与宏观生态状况均有所好转，其中，黄河流域好转最明显，其次为澜沧江流域。

由此可见，自三江源自然保护区生态保护和建设工程实施以来，全区宏观生态状况趋好，但尚未达到 20 世纪 70 年代比较好的生态状况，而且各流域状况各异。

（2）评估分析结论 2：与工程实施前相比，三江源地区草地持续退化的趋势得到初步遏制。

根据遥感监测，三江源区草地退化面积在 20 世纪 70 年代中后期至 90 年代初期间为 7 662 145 hm²，占草地总面积的 32.9%；在 90 年代初至 2004 年为 8 418 553 hm²，占草地总面积的 36.2%；在整个 70 年代至 2004 年期间为 9 335 321 hm²，占草地总面积的 40.1%。这说明三江源区草地退化是一个在空间上影响面积大，在时间上持续时间长的连续变化过程。这一过程基本是连续的，总体上不存在 90 年代至今的急剧加强（图 6-20，图 6-21）。

从 2004～2012 年三江源地区草地退化/恢复态势的统计结果看，退化状态不变的面积为 60 213.5 km²，占六类退化态势面积总量的 68.52%；轻微好转类型的面积为 21 834.7 km²，占六类退化态势面积总量的 24.85%；明显好转类型的面积为 5 425.8 km²，占六类退化态势面积总量的 6.17%；而退化发生类型的面积最少，为 105.9 km²，仅占六类退化态势面积总量的 0.12%；退化加剧类型的面积为 297.5 km²，占六类退化态势面积总量的 0.34%。

据测算，自 2005 年三江源自然保护区生态保护和建设工程实施以来，该地区草地的牧草产草量明显提高。工程开始前 17 年（1988～2004 年）的草地平均产草量为 575.03 kg/hm²，生态工程实施后 8 年（2005～2012 年）草地平均产草量为 732.58 kg/hm²，相比产草量提高了 27.40%。

由此可见，自三江源自然保护区生态保护和建设工程实施以来，全区草地持续退化的趋势得到初步遏制。

（3）评估分析结论 3：与工程实施前相比，三江源地区植被盖度明显好转，但并未达到预期目标。

据遥感监测，与生态工程实施前（1998～2004 年）比较，生态工程实施后（2005～2012 年）三江源地区平均植被覆盖度明显提高，植被覆盖度增长地区的总面积占三江源全区总土地面积的 79.18%，其中，植被覆盖度轻微好转的面积占 43.67%，明显好转的面积占 35.51%，而覆盖度变差区域的面积仅占 7.76%。从空间分布看，植被覆盖度明显提高的地区主要集中于兴海县北部和玛多县，增加幅度在 10% 以上（表 6-21，图 6-6）。

地面观测表明，2005～2012 年，天然草地植被覆盖度为 69%～83%，总体上呈增加趋势，特别是温性草原类明显增加（回归斜率 1.09%/a），而高寒草原和高寒草甸类略有降低（表 6-2）。如果将生态工程实施后期（2008～2012 年）各类草地平均覆盖度与工程实施前期（2005～2007 年）进行比较，则发现三类草地的平均覆盖度增加了 5.6%，其中，温性草原类草地的平均覆盖度增加了 12%，高寒草原类草地的平均覆盖度增加了 1.6%，高寒草甸类草地的平均覆盖度降低了 3.2%。这表明，生态工程实施对草地覆盖度的提高具有较好的促进作用，但提高幅度仍然有限。

由此可见，自三江源自然保护区生态保护和建设工程实施以来，全区植被盖度明显好转，但并未达到预期目标（表 9-63）。

表 9-63 《青海三江源自然保护区生态保护和建设总体规划》草地覆盖度目标完成情况

| 《青海三江源自然保护区生态保护和建设总体规划》草地覆盖度目标 | 规划目标完成情况 |
| --- | --- |
| 草地植被盖度提高平均 20%～40% | 据遥感监测，1998～2004 年草地平均植被盖度为 45.78%，2005～2012 年草地平均植被盖度为 48.8%，全区平均提高幅度为 6.6% |
| | 地面观测表明，生态工程实施后期（2008～2012 年）各类草地平均覆盖度比工程实施前期（2005～2007 年）草地的平均覆盖度增加了 5.6% |
| 高寒草甸草地通过 5 年封育，植被覆盖度达到 60%～70% | 据遥感监测，2005～2012 年高寒草甸平均植被盖度为 58%，2012 年高寒草甸平均植被盖度为 59.2% |
| | 地面观测表明，生态工程实施后期（2008～2012 年），高寒草甸覆盖度为 85.2%，生态工程实施前期（2005～2007 年），高寒草甸覆盖度为 88% |
| 高寒草原草地通过 7～10 年封育，植被覆盖度达到 40%～50% | 2005～2012 年高寒草原平均植被盖度为 31.3%，2012 年高寒草原平均植被盖度为 33.2% |
| 严重退化草地通过 5 年封育并辅助人工措施，植被覆盖度达到 70%～80% | 2005～2012 年严重退化草地（中度和重度黑土滩）平均植被盖度为 54.6%，2012 年严重退化草地平均植被盖度为 55.5% |
| | 工程实施点附近 1998～2004 年草地平均植被盖度为 61.1%，2005～2012 年草地平均植被盖度为 64.5%，提高幅度 5.6%，2012 年草地植被盖度为 65.8% |

**目标 2：增加涵养水源能力，水源涵养量增加 13.20 亿 $m^3$。**

评估结论：三江源生态保护与建设工程工程实施后 8 年（2005～2012 年）林草生态系统年平均水源涵养量为 164.71 亿 $m^3/a$，比实施前 8 年（1997～2004 年）增加 22.22 亿 $m^3/a$；2012 年湿地与水体水分调节量比 2004 年增加了 1.85 亿 $m^3$。

根据模型估算，1997～2012 年三江源区林草生态系统水源涵养服务功能在波动中有所提升（图 7-2），平均水源涵养量为 153.60 亿 $m^3/a$，单位面积水源涵养量为 430.67 $m^3/hm^2$。三江源生态保护与建设工程实施前 8 年（1997～2004 年）林草生态系统平均水源涵养服务量为 142.49 亿 $m^3$，工程实施后 8 年（2005～2012 年）平均水源涵养服务量为 164.71 亿 $m^3/a$，相比增加 22.22 亿 $m^3/a$，即增加 15.60%。

据测算，2004 年，水体与湿地生态系统水源涵养量为 242.39 亿 m³；2012 年，水体与湿地生态系统水源涵养量为 244.24 亿 m³，增加了 1.85 亿 m³。

三江源区生态工程实施前（1997～2004 年）林草生态系统水源涵养服务变化趋势为 1.66 亿 m³/10 a，工程实施后（2005～2012 年）水源涵养服务增加趋势更为明显，变化趋势为 19.35 亿 m³/10 a。

三江源区长江流域、黄河流域、澜沧江流域林草生态系统水源涵养服务功能分布差异明显，1997～2012 年平均水源涵养量分别为 61.18 亿 m³/a、62.93 亿 m³/a 和 25.52 亿 m³。单位面积水源涵养量排序为澜沧江流域>黄河流域>长江流域，依次为 690.02 m³/hm²、624.77 m³/hm² 和 371.59 m³/hm²。与三江源区林草生态系统涵养水源能力相比较，澜沧江流域和黄河流域分别高 60.22% 和 45.07%，而长江流域则低 13.72%。

长江流域、黄河流域、澜沧江流域林草生态系统水源涵养量在生态工程实施后均有所提高，分别增加了 9.23 亿 m³/a、10.48 亿 m³/a 和 1.30 亿 m³/a。与 2004 年相比较，黄河流域水体与湿地生态系统水源涵养量增加，为 0.60 亿 m³；长江流域和澜沧江流域水体与湿地生态系统水源涵养量减少，分别为 0.27 亿 m³ 和 0.05 亿 m³。

**目标 3：增加保持水土能力，减少水土流失 1 139.48 万 m³。**

评估结论：生态工程实施后，生态系统年均水土保持服务量较工程前增加了 1.77 亿 t（1.39 亿 m³），反映生态系统保持水土能力有所增加；但是水土流失量也增加了 1 572.33 万 m³，主要原因是近几年降水量大幅度增加造成了降雨侵蚀力的明显揭高，建议今后科学部署人工增雨工程。

据水土流失方程估算，1997～2012 年三江源地区水土保持服务量（潜在水土流失量减去真实水土流失量）呈持续上升趋势，年均水土保持服务量为 6.35 亿 t。三江源生态保护与建设工程实施前 8 年（1997～2004 年），年均水土保持服务量为 5.46 亿 t；工程实施后 8 年（2005～2012 年），年均水土保持服务量为 7.23 亿 t，较工程实施前增加了 1.77 亿 t（1.39 亿 m³），增长了 32.5%。反映出生态工程实施后因植被盖度增加，生态系统保持水土的能力增强。

1997～2012 年三江源地区土壤流失量呈微弱上升趋势，年均土壤流失量为 3.1 亿 t。三江源生态保护与建设工程实施前 8 年（1997～2004 年），年均土壤流失量为 3.0 亿 t；工程实施后 8 年（2005～2012 年），年均土壤流失量为 3.2 亿 t，较工程实施前增加了 0.2 亿 t，即增加 1 572.33 万 m³。主要原因是近几年降水量大幅度增加造成了降雨侵蚀力的明显提高，建议今后科学部署人工增雨工程。

根据三江源地区各水文站观测得到的累计输沙量年际变化(图 9-1)可以得知，2004～2012 年土壤侵蚀总体上呈增加趋势。

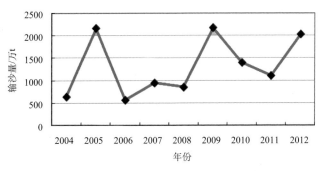

图 9-1　2004～2012 年三江源区各水文站累计输沙量变化

**目标 4：人工增雨工程的实施，预计每年在作业区内增加降水 80 亿 m³，黄河径流增加 12 亿 m³。**

评估结论：黄河流域河川径流量在生态工程实施后有较快的恢复，达到了黄河径流增加 12 亿 m³ 的目标，但从长期趋势看，黄河流域年径流量下降的趋势仍没有得到扭转。三江源地区向下游提供的水资源水质始终保持优良。

据水文站径流量数据可知（表 7-69），黄河流域河川径流量在生态工程实施后有较快的恢复，与生态工程实施前 8 年平均年径流量比较，唐乃亥站增加了 36.9 亿 m³，吉迈站增加了 17.1 亿 m³，但从长期趋势看，黄河流域年径流量下降的趋势仍没有得到扭转（图 7-118，图 7-119）。由于气候变暖冰雪加速融化的原因，长江流域沱沱河水文站年径流量一直呈增加趋势；长江流域直门达水文站径流量在生态工程实施后有较快的恢复，与生态工程实施前 8 年平均年径流量比较，增加了 39.2 亿 m³（表 7-70），而且从长期趋势看，长江流域年径流量下降的趋势初步得到遏制（图 7-121，图 7-122）。

从三江源地区三大流域主要控制断面监测的水质情况看（表 9-64），2007～2012 年，

表 9-64　三江源地区三大流域主要控制断面水质情况

| 流域 | 断面 | 2007 年 | 2008 年 | 2009 年 | 2010 年 | 2011 年 | 2012 年 |
|---|---|---|---|---|---|---|---|
| 黄河流域 | 玛多 | II | II | II | II | II | II |
|  | 唐乃亥 | II | II | II | II | II | II |
|  | 大米滩 | II | II | II | II | II | II |
|  | 上村 | II | II | II | II | II | II |
|  | 同仁 | II | II | II | II | III | I |
| 澜沧江流域 | 香达 | I | I | II | II | II | I |
|  | 下拉秀 | I | I | II | II | II | II |
| 长江流域 | 沱沱河 | II | II | II | II | II | II |
|  | 雁石坪 | II | II | II | II | II | II |
|  | 直门达 | I | I | I | I | I | I |
|  | 新寨 | II | II | II | II | II | I |
|  | 隆宝滩 | II | III | II | III | III | III |
|  | 班玛 | I | II | II | II | I | I |

绝大部分监测断面的水质属于一类和二类，只有少数断面水质为三类。说明三江源地区始终在向下游提供水质优良的水资源。

**目标 5：提高野生动植物栖息地环境质量。**

评估结论：三江源 18 个自然保护区野生动植物栖息地环境质量均得到了不同程度的提高。

生态系统类型面积变化。1990～2004 年，三江源自然保护区生态系统类型变化主要表现为：农田、森林、草地、湿地和水体生态系统面积减少，荒漠生态系统和其他面积增加。2004～2012 年则表现为农田生态系统面积不变，森林、草地、湿地和水体生态系统面积增加，荒漠生态系统和其他面积减少（表 5-36～表 5-53）。

土地覆被转类指数。三江源自然保护区 2004～2012 年土地覆被转类指数明显好于20 世纪 90 年代初至 2004 年（图 6-31），指数类型由下降为主转为以上升和稳定为主，其中以星星海、扎陵湖-鄂陵湖、阿尼玛卿、江西和多可河等保护区表现明显，反映了宏观生态状况明显好转。

植被覆盖度。工程实施前后对比多年平均植被覆盖度可以看出，各保护区的核心区、缓冲区和试验区均存在不同程度的提高，14 个保护区的植被覆盖度增幅超过了非保护区（表 6-51），说明除气候变化影响以外，生态工程的实施在一定程度上促进了植被的恢复。

从工程实施前后的植被覆盖度变化倾向率可以看出（图 6-14），中铁-军功等 9 个保护区表现为先减少后增加趋势，东仲等 9 个保护区表现为持续增加趋势。其中，当曲、江西、玛可河保护区后期增幅低于前期，说明在这 3 个保护区内气候对生态系统的影响起到主要作用。东仲、扎陵湖-鄂陵湖、昂赛、星星海、果宗木查等 7 个保护区的植被覆盖度增幅高于非工程区，说明生态工程起到了积极作用。

植被净初级生产力变化。工程实施前 14 年（20 世纪 90 年代初至 2004 年）与工程实施后 8 年（2004～2012 年）多年平均净初级生产力相比（图 6-16），各保护区均表现为增加。与非保护区相比，部分保护区草地植被净初级生产力增加趋势更为明显，如东仲、中铁-军功、多可河、昂赛、江西、玛可河、白扎、通天河沿、麦秀，说明除气候影响以外，生态工程具有积极的正面作用。

草地产草量变化。1988～2012 年，三江源保护区内草地产草量均呈现增加趋势（表7-56）。工程实施后 8 年（2004～2012 年）与工程实施前 14 年（20 世纪 90 年代初至2004 年）相比，各自然保护区草地产草量均呈现好转态势。草地产草量增幅最大的是各拉丹冬、索加-曲麻河和扎陵湖-鄂陵湖自然保护区。

**目标 6：39%的沼泽湿地生态系统得到保护。**

评估结论：三江源地区湿地与水体生态系统整体有所恢复，不同区域恢复程度不同。

2004～2012 年，三江源全区水体与湿地生态系统净增加 280.01 km²，荒漠生态系统的面积净减少 494.11 km²。其中，位于治多县的玛日达错、盐湖和玛多县的鄂陵湖水面面积扩大最为突出，其中玛日达错面积净增加 82.41 km²，盐湖面积净增加 78.71 km²，而鄂陵湖面积净增加 74.72 km²。此外，治多县的库赛湖和海丁诺尔，以及唐古拉山乡的乌兰乌拉湖水域面积扩张也比较明显，三者水域面积分别增加 69.49 km$^2$、62.67 km$^2$ 和 62.48 km$^2$。

根据重点湿地封育保护工程规划，工程主要分布在果宗木查、扎陵湖-鄂陵湖、星星湖、年保玉则、当曲、约古宗列等保护区，规划保护面积 160.12 万亩，其中，核心区 89.77 万亩、缓冲区 70.35 万亩。从这 6 个实施工程的保护区湿地面积变化监测结果可以看出，2004～2012 年，工程除了保护原有的湿地以外，保护区内湿地新增了 20.19 万亩。

# 第十章 评估结论与政策建议

## 第一节 评估结论

《规划》实施以来的生态效益总体可以从以下 3 个方面概括："生态系统退化趋势得到初步遏制，重点生态建设工程区生态状况好转，生态建设任务的长期性、艰巨性凸显。"

### 1. 生态系统退化趋势得到初步遏制

生态工程实施以来，三江源地区水体局部扩张，荒漠生态系统局部向草地生态系统转变，生态系统结构逐渐向良性方向发展。多年平均植被盖度明显提高，全区宏观生态状况趋好，但尚未达到 20 世纪 70 年代比较好的生态状况。草地退化趋势得到初步遏制，工程实施对草地覆盖度的提高产生了直接和较好的正面作用，但高寒草地的天然特性决定了提高幅度有限。水体与湿地整体有所恢复，生态系统水源涵养与流域水供给能力明显提高。土壤保持服务量持续上升，生态系统土壤保持能力有所增强，三江源区生态系统退化趋势得到初步遏制（详见第九章第六节）。

### 2. 重点生态建设工程区生态状况好转

针对生态工程主要在自然保护区内（也称重点生态工程区）实施的状况，对保护区内外生态恢复状况进行了对比分析，结果表明，重点生态工程区内生态恢复程度好于面上，但不同自然保护分区有所差异。

#### 1）重点工程区（自然保护区）生态恢复状况好于非工程区

工程实施前（1990～2004 年），三江源自然保护区内森林、草地、湿地和水体等优良生态系统面积净减少 386 km²，荒漠生态系统和其他面积净增加 389.2 km²。三江源自然保护区外，森林、草地、湿地和水体等优良生态系统面积净减少 98.8 km²，荒漠生态系统和其他面积净增加 97.4 km²。工程实施后（2004～2012 年），保护区内森林、草地和湿地等优良生态系统面积净增加 252.2 km²，而保护区外仅净增加 173 km²；保护区内荒漠等面积净减少 252.2 km²，而保护区外仅净减少 180.8 km²。与工程实施前相比，工程实施后（2004～2012 年），保护区退化草地明显好转的面积占其退化草地面积的 7.30%，高于非保护区的 5.05%。植被覆盖度保护区比非保护区高 6.19 个百分点，植被净初级生产力保护区比非保护区高 58.86 gC/m²（表 10-1）。

**表 10-1　工程实施前后三江源自然保护区生态系统类型面积变化**　　　　（单位：km²）

| 时段 | 空间范围 | 农田 | 森林 | 草地 | 湿地 | 荒漠 | 其他 |
|---|---|---|---|---|---|---|---|
| 1990~2004 年<br>（工程实施前） | 保护区内 | −3.22 | −12.8 | −362.4 | −10.8 | +387.6 | +1.6 |
| | 保护区外 | +1.32 | −0.7 | −83.4 | −14.7 | +43.8 | +53.6 |
| | 保护区内外比较 | 内减外增 | 内减外减 | 内减外减 | 内减外减 | 内增外增 | 内增外增 |
| 2004~2012 年<br>（工程实施后） | 保护区内 | | +12.1 | +135.2 | +104.9 | −192.1 | −60.1 |
| | 保护区外 | +7.84 | +3.3 | −11.4 | +181.1 | −300.5 | +119.7 |
| | 保护区内外比较 | 内不变外增 | 内增外增 | 内增外减 | 内增外增 | 内减外减 | 内减外增 |
| 工程实施后与<br>工程实施前<br>比较 | 保护区内 | 先减后不变 | 先减后增 | 先减后增 | 先减后增 | 先增后减 | 先增后减 |
| | 保护区外 | 连续增加 | 先减后增 | 连续减少 | 先减后增 | 先增后减 | 连续增加 |
| | 保护区内外比较 | 内好于外 | 内好于外 | 内好于外 | 内好于外 | 内好于外 | 内好于外 |

注：表中"−"表示减少，"+"表示增加；"内"表示保护区，"外"表示保护区外。

工程实施前（1990~2004 年），三江源自然保护区退化草地面积为 43 490.67 km²，是整个三江源区退化草地面积的 49.4%。工程实施后（2004~2012 年），保护区退化草地明显好转的面积为 3 173.00 km²，占保护区退化草地面积的 7.30%，高于非保护区的 5.05% 和整个三江源区的 6.16%（表 10-2）。

**表 10-2　工程实施后（2004~2012 年）三江源区退化草地明显好转面积**

| 区域 | 工程实施前退化草地 | | 工程实施后明显好转草地 | |
|---|---|---|---|---|
| | 面积/km² | 占全区退化草地面积比例/% | 面积/km² | 占各区退化草地面积比例/% |
| 整个保护区 | 43 490.67 | 49.4 | 3 173.00 | 7.30 |
| 非保护区 | 44 591.40 | 50.6 | 2 252.81 | 5.05 |
| 三江源区 | 88 082.07 | 100 | 5 425.81 | 6.16 |

工程实施前（1990~2004 年），整个保护区多年平均植被覆盖度比非保护区高 5.57%，工程实施后（2005~2012 年），整个保护区多年平均植被覆盖度比非保护区高 6.19%；工程实施前（1997~2004 年），整个保护区多年平均植被净初级生产力（NPP）比非保护区高 46.02 gC/m²，工程实施后（2005~2012 年），整个保护区多年平均植被净初级生产力比非保护区高 58.86 gC/m²（表 10-3）。

**表 10-3　工程实施前后三江源保护区植被覆盖度/净初级生产力**

| 时段 | 区域 | 植被覆盖度/% | NPP/（gC/m²） |
|---|---|---|---|
| 1997~2004 年 | 整个保护区 | 47.15 | 246.86 |
| | 非保护区 | 41.58 | 200.84 |
| | 保护区与非保护区差值 | 5.57 | 46.02 |

续表

| 时段 | 区域 | 植被覆盖度/% | NPP/（gC/m²） |
|---|---|---|---|
| | 整个保护区 | 50.34 | 306.23 |
| 2005～2012 年 | 非保护区 | 44.15 | 247.37 |
| | 保护区与非保护区差值 | 6.19 | 58.86 |
| | 整个保护区 | 3.19 | 59.37 |
| 后一时段与前一时段<br>差值 | 非保护区 | 2.57 | 46.53 |
| | 保护区与非保护区差值 | 0.62 | 12.84 |

2004～2012 年，工程区土地覆被指数类型以上升和基本持衡为主，以低生态级别向高生态级别转移为主，其中以黄河源、中南、东南等工程区表现明显，土地覆被转类指数分别达到了 5.09、3.76 和 2.36，反映出宏观生态状况明显好转。

综上所述，在气候影响以外，生态保护和建设工程的实施对促进自然保护区植被的恢复起到了明显而积极的作用。植被的恢复和生态系统质量的提高，有效提升了生态系统服务，野生动植物栖息地环境质量明显改善，加之"减人减畜"的作用，野生动物种群数量明显增加。这一点在黄河源头区的表现尤为突出。

2）各保护区主要工程措施的生态效果

规划用 5 年（2004～2008 年）时间完成退牧还草 9 658.29 万亩（含邻近保护区的区域），从保护区内退化草地变化状态统计，退化草地好转面积 2 010.6 万亩，退化状态未继续发展的面积 4 458.05 万亩，说明该工程措施在占保护区 66.98% 的范围内取得了成效。

在以森林灌丛植被为主的 9 个保护分区实施的封山育林工程区，实施工程的保护区 3 个圈层内植被覆盖度均有所上升。

在索加-曲麻河、扎陵湖-鄂陵湖、星星海保护区实施的封沙育林草措施，规划面积为 66.15 万亩。2004～2012 年，3 个保护分区内的荒漠面积减少 25.84 万亩，说明在 39% 的工程区内取得了预期生态效益。

在 9 个保护分区内实施了 160.12 万亩湿地生态系统保护工程。2004～2012 年，工程区原有湿地未发生明显退化，同时新增湿地面积为 20.19 万亩，说明工程实施具有成效。

规划用 5 年时间完成黑土滩治理面积 522.58 万亩。从实施该工程的区域内草地好转面积统计可以看出，黑土滩区草地好转面积达到 351.64 万亩，说明有 67.3% 的黑土滩治理已取得工程效益。

3）18 个自然保护分区生态恢复程度有所差异

生态工程实施前（1990～2004 年）18 个自然保护区的生态状况变化指数均为负值（图 6-31），表明该时段内各保护区生态状况均趋差；其中，阿尼玛卿自然保护区转差最为明显，其次为星星海自然保护区和扎陵湖-鄂陵湖自然保护区。工程实施后（2004～2012 年）17 个自然保护区的生态状况变化指数为正值，表明其生态状况好转，星星海、扎陵湖-鄂陵湖、江西和通天河沿等保护区表现明显，而年保玉则自然保护区生态状况有所转差（图 6-31）。

**3. 生态建设任务的长期性、艰巨性凸显**

青海三江源自然保护区生态建设保护与建设工程（一期）的覆盖范围仅占三江源区的 40%。工程实施 8 年以来，草地退化态势明显好转的面积仅占原有退化草地面积的6.17%，且仅是长势好转，群落结构尚未明显好转；草地退化态势遏制（即原退化状况不变）的面积占原有退化草地面积的 68.52%。从 2012 年三江源区退化草地空间分布状况看（图 10-1），与 20 世纪 70 年代草地相比，黄河源和长江源仍存在大面积的退化草地，其中，玛多县、曲麻莱县、以及称多县北部和治多县的东南部，退化草地面积比例最大。可见，自 2005 年三江源生态保护和建设工程实施以来，虽然三江源区草地退化得到了初步遏制，但草地退化的局面并没有获得根本性扭转，退化草地的恢复与治理，仍然是一项长期的艰巨任务。

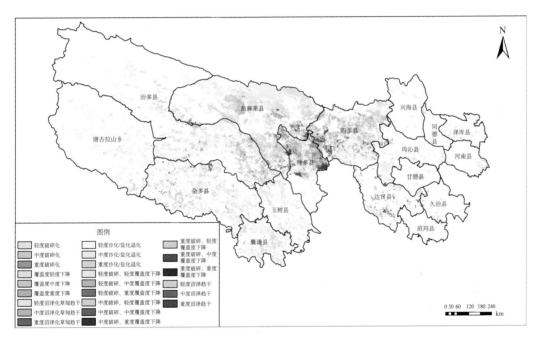

图 10-1　2012 年三江源区退化草地空间分布图

生态工程实施以来，三江源区草地植被覆盖度明显提高，特别是黄河源区植被覆盖度明显好转（图 10-2）。然而，将 2005～2012 年多年平均草地覆盖度与 20 世纪 80 年代同类型健康草地覆盖度进行比较（图 10-3）可以发现，草地覆盖度差值在 10% 以上草地面积达 34.87%，即仍有约 35% 的草地需要进一步恢复，主要分布在黄河源区与长江源区。

工程实施后，虽然草地面积净增加了 124.40 km²，但未抵消前 30 年来净减少的草地面积。净增加的草地面积仅占净减少的草地面积的 8.95%，尚有 1 265.49 km² 的差距。虽然荒漠面积净减少了 494.11 km²，但未抵消前 30 年来净增加的面积，荒漠净减少的面积占净增加面积的 73.22%。

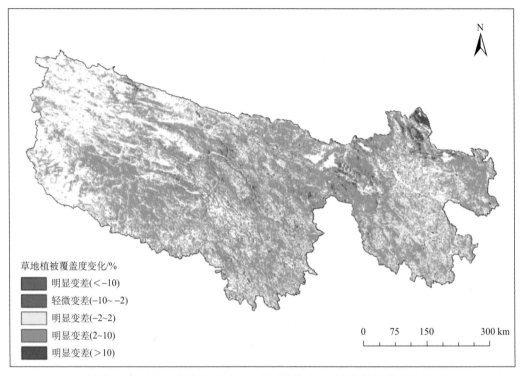

图 10-2　生态工程实施前后三江源区草地多年平均植被覆盖度变化

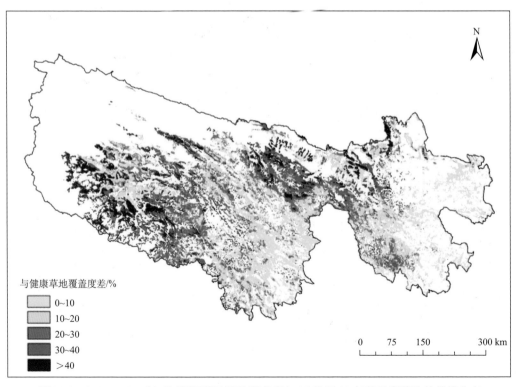

图 10-3　2005～2012 年三江源区草地平均覆盖度与 20 世纪 80 年代健康草地的差值分布

工程实施后，虽然湿地和水体面积净增加 280.01 km$^2$，但未抵消前 30 年来净减少的湿地与水体面积。湿地与水体净增加的面积占净减少面积 74.61%。

黄河、长江控制水文站观测数据的多时段对比分析表明（表 10-4），尽管黄河流域河川径流量在生态工程期有较快的恢复，但唐乃亥水文站径流量尚未恢复到 20 世纪 70 年代和 80 年代的水平。长江源沱沱河水文站年径流量一直处于增加中，主要是因为该流域冰川、永久积雪多，而气温上升，导致冰川、永久积雪和冻土加速融化，造成了径流增加，但从长远的角度看，是不可持续的。

表 10-4　长江流域、黄河流域主要控制水文站年径流量变化　　　　（单位：亿 m$^3$）

| 时段（年份） | 黄河唐乃亥站 | 黄河吉迈站 | 长江直门达站 | 长江沱沱河站（仅 5~10 月） |
|---|---|---|---|---|
| 1975~1980 | 221.21 | 46.26 | 115.85 | 4.85 |
| 1975~1990 | 236.10 | 47.90 | 131.37 | 6.14 |
| 1975~2004 | 200.65 | 39.87 | 124.29 | 7.52 |
| 1975~2011 | 201.40 | 41.90 | 132.40 | 9.10 |
| 1991~2004 | 165.20 | 31.26 | 116.20 | 9.11 |
| 1997~2004 | 161.00 | 30.20 | 122.10 | 11.70 |
| 2004~2011 | 197.90 | 47.30 | 161.30 | 13.10 |

生态工程的实施尚未遏制土壤水蚀增加的趋势，据估算，与工程实施前（1997~2004年）相比，工程实施后（2005~2012 年）全区多年平均年土壤流失量增加了 1 572.33 万 m$^3$。根据三江源地区各水文站观测得到的累计输沙量年际变化得知，2004~2012 年土壤水蚀总体上呈增加的趋势。

由于三江源草地退化有大量的土壤层剥蚀（图 10-4），尽管目前草地植被有所恢复，其覆盖度和生产力有所提高，但是基于三江源地区较严酷的生态环境，对于水土保持意

(a)　　　　　　　　　　　　　　　(b)

图 10-4　青海三江源区草地退化状况照片

义重大的植被根系土壤层恢复却极其缓慢，土壤理化性状的恢复则更为缓慢。这主要表现在植被根系层浅，根系生长缓慢，植物根系的固土能力弱，土壤生成能力差。从区域生态系统的分布格局和生态条件看，三江源地区的植被生态系统十分脆弱，特别是由东南至西北更趋脆弱。这一现象也说明三江源地区的生态恢复是一项长期、艰巨的工作，需要持续的努力。另外，降水量在促进植被生长的同时，也造成了降雨侵蚀力的明显提高，使得土壤水蚀量有所增加，因此，建议今后科学部署人工增雨工程。同时，鼠害治理的形势依然严峻，需要继续探索长期有效的治理途径。

综上所述，三江源自然保护区生态保护与建设工程（一期）的实施仅是起步，具有局部性、初步性特点，三江源区生态保护与建设任务的长期性、艰巨性凸显。

### 4. 总体结论

通过三江源自然保护区生态保护与建设工程的实施，区域生态系统总体表现出"初步遏制，局部好转"的态势，并取得了显著生态效益，《规划》预期目标基本实现。这一效益的取得是"天帮忙、人努力"的结果，是气候变化背景下各级党委、政府和人民群众艰苦努力的结果。同时，也应看到区域生态系统的健康状况尚远未达到理想的状态，必须扩大范围，长期坚持，才能实现"整体恢复，全面好转，生态健康，功能稳定"的最终目标。三江源生态保护任重道远。

# 第二节　生态效益的局限性

### 1. 气候变化和主要工程措施有利于生态恢复

工程实施前的 1997～2004 年 8 年，三江源区年平均温度均值为–0.14℃，而2004～2012 年站点年平均温度为 0.48℃，增加了 0.62℃；1997～2004 年平均年降水量为463.56 mm，而 2004～2012 年为 518.66 mm，增加了 55.10 mm。1997～2004 年年降水量平均每十年增加趋势为 7.02 mm，2004～2012 年则为 68.44 mm，增加的趋势明显，除了降水本身存在周期性规律以外，与实施人工增雨关系很大。上述气候数据表明，最近几年三江源地区的年均温和年均降水量明显提高，导致植被返青期提前，对植被生长起到了促进作用，使植被覆盖度和生产力均明显增加，十分有利于植被的生态恢复。

主要工程措施的开展也对该地区生态保护和建设工程的生态效益产生了重要作用。通过生态移民和减畜措施，草地载畜压力减轻。同时，鼠害防治、草地围栏、人工草地建设和天然草地改良等工程措施都对植被恢复作出了积极的贡献。

气候因素和工程措施对生态系统恢复和生态环境改善的贡献率的初步分析表明，对于植被净初级生产力 NPP，气候因素的贡献率为 38.1%，生态工程的贡献率为 61.9%；对于林草生态系统水源涵养服务量的增加，气候因素的贡献率为 75.97%，生态工程的贡献率为 24.03%；生态工程实施后由于植被好转，从而减少土壤水蚀的贡献率达 80%，而降水量增加导致降水侵蚀力增强，从而增加土壤水蚀量，所以气候变化对土壤水蚀的影响达 180%。

### 2. 生态系统宏观结构局部改善，草地退化趋势得到遏制的原因

生态工程实施以来，三江源地区生态系统结构的变化速率明显趋缓，并朝着更合理的方向发展，其原因与气候变化和人类活动调整有很大关系。温度和降水量的增加，促使该地区的气候特征在很大程度上趋于暖湿化，导致荒漠化进程减缓，荒漠面积减少，水体面积增加。工程区人类活动减少，生态移民、减畜等措施使得该地区的土地利用强度降低，人类干扰对生态系统的作用和影响减小，促进了生态系统宏观结构局部改善，生态系统结构变化速度趋缓，草地退化趋势在一定程度上得到遏制。

### 3. 草地生态系统压力减轻的原因

工程实施后，三江源区的草地载畜压力明显减轻。其一是气候变化和人工降水导致草地生产力提高，使草地的理论载畜量有所增加；其二是大幅度的减畜工作使得草地现实载畜量明显下降。两方面的原因使该地区的草畜矛盾趋缓，草地生态系统压力减轻。

### 4. 林草生态系统水源涵养量及湿地与水体水分调节量明显提高的原因

由于气候因素和工程措施的共同作用，导致三江源地区林草植被覆盖度、生产力明显提高，退化生态系统有所恢复，整体生态系统质量明显提高，使得林草生态系统水源涵养量明显提高。同时，由于水体面积的增大，使得水体水量调节能力也明显提高。

### 5. 生态系统保持水土能力有所增加，但水土流失量也略有增加的原因

植被恢复和生态环境的改善促进了生态系统保持水土能力的增强，但近几年降水量大幅度增加除促进植被生长外，也造成了降雨侵蚀力的明显提高，使得水土流失量有所增加，建议今后科学部署人工增雨工程。

### 6. 流域径流调节功能有所上升的原因

近年来，三江源区的生态系统径流调节功能略有提高，这在一定程度上体现了生态系统恢复的成效。植被恢复对生态系统径流调节功能的提高起到了积极作用，使生态系统的水分涵养能力增强，蓄水功能提高，对径流的削峰填谷作用有所加强。另外，流域融水量的增加不仅促进了植被的恢复，而且也使径流的季节分配更趋合理。但是也应该清醒的认识到，由于气候变暖造成的冰川融水量增加有可能给该地区的生态系统带来长期的负面影响。

### 7. 重点工程区好转明显的原因

近期，三江源地区气候趋向暖湿化，降水增加，气温升高，冰川融水增多，有助于生态系统恢复，同时，实施的重点工程效益对生态系统恢复也发挥了重要作用：退牧还草工程使得工程区家畜数量减少，草地现实载畜量明显下降；黑土滩退化草地治理和鼠害防治工程有利于已经退化草地的恢复和防止新的草地退化发生；封山育林/湿地封育保护工程使得森林面积、郁闭度、蓄积量均有所增加；湿地封育保护避免了人类扰动对湿

地的影响；生态移民/建设养畜/太阳能利用等措施有利于减小自然保护区的人类干扰，降低土地利用强度。以黄河源工程区为主的人工增雨作业，增加了土壤水分，扩大了湖泊湿地面积；草地恢复和草地生产力的提高，增加了草地的理论载畜量，增加了水源涵养和调节能力，对下游地区的生态和生产发挥了重要作用。

**8. 目前工程的实施仅是起步，具有局部性、初步性特点**

目前，三江源生态建设工程的覆盖范围约占三江源地区 40%。工程实施 8 年以来，草地退化态势明显好转的面积仅占原有退化草地面积 6.17%，且仅是长势好转，群落结构尚未明显好转；草地退化态势遏制（即原退化状况不变）的面积占原有退化草地面积的 68.52%，草地退化治理的任务仍然十分艰巨。鼠害治理和水土保持治理的形势依然严峻，需要继续探索长期有效的治理途径。

# 第三节　政　策　建　议

**1. 提高科学认识，制定长期规划，调整不合理的规划指标与措施**

目前的生态建设规划年限偏短，缺乏前瞻性的长期部署，未来气候变化对高原生态系统可能产生的影响也缺少针对性考虑。建议在除了开展短期生态建设规划外，组织专家制定青海三江源区长期（50 年）生态保护与建设规划纲要，用于指导该区生态保护与建设工作。

同时，对于已有生态建设规划中存在的不合理目标，如"草地植被盖度提高平均20%～40%"，实际上由于高寒草地的天然特性决定了提高幅度有限，不能达到该项目标，应当在科学论证的基础上加以调整。

近几年，降水量较大幅度的增加在促进植被生长的同时，也造成了降水集中季节土壤侵蚀力的明显提高，使水土流失量有所增加，建议今后科学部署人工增雨工程，避免天然降水与人工降水的高强度叠加。

**2. 尽快建立生态补偿机制，发展"减压增效"新型草地畜牧业**

青海三江源自然保护区的核心生态屏障功能是为下游提供稳定优质的水源。建议加大国家财政支持力度，同时，建立有效的流域生态补偿机制。鼓励补偿资金用于草地畜牧业的改造，发展成为"现代"与"传统""集约"与"分散"相结合的"减压增效"新型畜牧业，通过推广先进的畜牧业技术和管理方法提高草地畜牧业效率，减轻草地压力。

**3. 以人为本，加大科技推广与教育投入**

青海三江源区属传统藏区，基层农牧业科技推广体系薄弱，先进的生态畜牧业科技难以普及推广。建议学习内蒙古自治区的成功经验，大力支持农牧业科技推广体系的建立，在保护生态环境的同时促进农牧民共同富裕。

三江源区人口增长迅速，而牧区的核心生计是草地畜牧业，靠行政命令生硬地削减牲畜数量的难度加大。从长远治本的角度，应加大对牧民子女的教育投入，激励牧民送子女上学，力争用 10～15 年的时间，通过提高就业能力转变牧民后代的生计，将部分人口移出草地，从根本上实现草地的减压减负。对留在草地上的新一代牧民进行培训，使其掌握现代化的生态畜牧业技能，实现科学养畜和保护生态的双赢。同时，引导当地人民从事对草地生态系统压力较小的产业。

**4. 建立三江源区生态综合监测评估的稳定运行机制**

虽然目前生态监测和评估工作已取得了一定的成果，但是由于该项工程是在国家发展和改革委员会的主管下，按照生态工程建设项目要求执行的一项为期 8 年的工程项目，其生态监测工作仅为工程项目服务，其主要目的是开展工程效益的评价，而对生态系统长期变化的监测和分析缺乏战略性部署。另外，由于经费的限制及前期设计的缺陷，目前已建立的生态监测评价体系存在以下问题：其一，由于工程项目生态监测工作的科技力量投入等限制，目前地面监测和遥感监测缺乏衔接，没有真正达到空地一体化综合监测的目的；其二，由于工程项目生态监测工作的资金与科技力量投入等限制，地面生态监测观测站点虽然已经设置了 400 多个基础站和 16 个综合站，但缺乏综合性骨干中心站和监测网络的安排，很难实现更有效的监测和评估；其三，工程项目生态监测和评估工作没有能够建立稳定的运行机制，主要表现在没有连续的经费支持，运行部门的职责不清，没有固定长期的依托单位等。

基于上述情况，本书认为，进一步完善遥感与地面监测网络一体化的综合监测体系，突破生态系统空地一体化监测与评估的关键技术方法，以生态工程（一期）设置的观测站为基础，构建生态系统地面长期监测体系，在生态工程（一期）构建的生态监测评估遥感信息平台的基础上，建立生态系统监测评估和生态安全预警业务化运行系统，为青海三江源区生态保护二期工程及该区域的生态保护和可持续发展服务。

# 参 考 文 献

边多, 李春, 杨秀海, 等. 2008. 藏西北高寒牧区草地退化现状与机理分析. 自然资源学报, 23(2): 254-262.

邴龙飞, 邵全琴, 刘纪远, 等. 2011. 基于小波分析的长江和黄河源区汛期、枯水期径流特征. 地理科学, 31(2): 232-238.

邴龙飞, 邵全琴, 王军邦. 2012. 大样地循环采样的草地生物量空间异质性及误差分析. 草地学报, 20(2): 257-267.

蔡博峰. 2009. 三北防护林工程监测和评价研究. 北京: 化学工业出版社.

蔡崇法, 丁树文, 史志华, 等. 2000. 应用 USLE 模型与地理信息系统 IDRISI 预测小流域土壤侵蚀量的研究. 水土保持学报, 14(2): 19-24.

曹旭娟, 干珠扎布, 梁艳, 等. 2016. 基于 NDVI 的藏北地区草地退化时空分布特征分析. 草业学报, 25(3): 1-8.

车涛, 李新, 高峰. 2004. 青藏高原积雪深度和雪水当量的被动微波遥感反演. 冰川冻土, 26(3): 363-368.

陈浩, 赵志平. 2009. 近 30 年来三江源自然保护区土地覆被变化分析. 地球信息科学学报, 11(3): 390-399.

陈卓奇, 邵全琴, 刘纪远, 等. 2012. 基于 MODIS 的青藏高原植被净初级生产力研究. 中国科学(地球科学), 42(3): 402-410.

戴睿, 刘志红, 娄梦筠, 等. 2013. 藏北那曲地区草地退化时空特征分析. 草地学报, 21(1): 37-41.

杜自强, 王建, 李建龙, 等. 2010. 黑河中上游典型地区草地植被退化遥感动态监测. 农业工程学报, 04: 180-185.

樊江文, 邵全琴, 刘纪远, 等. 2010. 1988~2005 年三江源草地产草量变化动态分析. 草地学报, 1: 5-10.

樊江文, 邵全琴, 王军邦, 等. 2011. 三江源草地载畜压力时空动态分析. 中国草地学报, 33(3): 64-72.

范燕敏, 武红旗, 靳瑰丽. 2006. 新疆草地类型高光谱特征分析. 草业科学, 23(6): 15-18.

冯险峰, 刘高焕, 陈述彭, 等. 2004. 陆地生态系统净第一性生产力过程模型研究综述. 自然资源学报, 19(3): 369-378.

高清竹, 李玉娥, 林而达, 等. 2005. 藏北地区草地退化的时空分布特征. 地理学报, 60(6): 965-973.

巩国丽. 2014. 中国北方土壤风蚀时空变化特征及影响因素分析. 中国科学院博士学位论文.

国家林业局. 2014. 2013 年退耕还林工程生态效益监测国家报告. 北京: 中国林业出版社.

国家林业局. 2015. "三北"防护林工程评估技术规程(LY/T 2411—2015). 北京: 中国标准出版社.

胡云锋, 刘纪远, 齐永青, 等. 2010. 内蒙古农牧交错带生态工程成效实证调查和分析. 地理研究, 29(8): 1452-1460.

李哈滨, 王政权. 1998. 空间异质性定量研究理论与方法. 应用生态学报, 9(6): 651-657.

李辉霞, 刘淑珍. 2007. 基于 ETM+影像的草地退化评价模型研究——以西藏自治区那曲县为例. 中国沙漠, 27(3): 412-418.

李建龙, 任继周. 1996. 草地遥感应用动态与研究进展. 草业科学, 13(1): 55-60.

李世东. 2007. 世界重点生态工程研究. 北京: 科学出版社.

李世东, 等. 2006. 中国生态状况报告 2005: 生态综合指数与生态状况基本判断. 北京: 科学出版社.

李小文, 王锦地, Strahler, H. 2000. 尺度效应及几何光学模型用于尺度纠正. 中国科学: E 辑.

李元寿, 王根绪, 王一博, 等. 2006. 长江黄河源区覆被变化下降水的产流产沙效应研究. 水科学进展,

17(5): 616-623.

李正泉. 2006. 陆地生态系统生产力的多尺度分析与尺度转换方法研究. 中国科学院地理科学与资源研究所博士学位论文.

李智广, 刘秉正. 2006. 我国主要江河流域土壤侵蚀量测算. 中国水土保持科学, 4(2): 1-6.

梁顺林, 程洁, 贾坤, 等. 2016. 陆表定量遥感反演方法的发展新动态. 遥感学报, 20(5): 875-898.

刘宝元, 谢云, 王勇. 2001. 土壤侵蚀预报模型. 北京: 中国科学技术出版社.

刘纪远, 齐永青, 师华定, 等. 2007. 蒙古高原塔里亚特-锡林郭勒样带土壤风蚀速率的 $^{137}$Cs 示踪分析[J]. 科学通报, 52(23): 2785-2791.

刘纪远, 邵全琴, 樊江文. 2009. 三江源区草地生态系统综合评估指标体系. 地理研究, 28(2): 273-283.

刘纪远, 邵全琴, 徐新良. 2008. 近 30 年来青海三江源地区草地退化的时空特征. 地理学报, 63(4): 364-376.

刘纪远, 岳天祥, 鞠洪波, 等. 2006. 中国西部生态系统综合评估. 北京: 气象出版社.

刘洋, 刘荣高, 陈镜明, 等. 2013. 叶面积指数遥感反演研究进展与展望. 地球信息科学学报, 15(5): 734-743.

刘勇. 2006. 中国林业生态工程后评价理论与应用研究. 北京林业大学.

刘志明, 晏明, 王贵卿, 等. 2001. 基于卫星遥感信息的吉林省西部草地退化分析. 地理科学, 21(5): 452-456.

毛飞, 张艳红, 侯英雨, 等. 2008. 藏北那曲地区草地退化动态评价. 应用生态学报, 19(2): 278-284.

娜日苏, 苏和, 格根图. 2010. 退化草甸草原近地面光谱特征初探. 安徽农业科学, 38 (5) : 164-167.

潘美慧, 伍永秋, 任斐鹏, 等. 2010. 基于 USLE 的东江流域土壤侵蚀量估算. 自然资源学报, 25(12): 2155-2164.

潘韬, 吴绍洪, 戴尔阜, 等. 2013. 基于 InVEST 模型的三江源区生态系统水源供给服务时空变化. 应用生态学报, 24(1): 183-189.

彭少麟, 张桂莲, 柳新伟. 2005. 生态系统模拟模型的研究进展. 热带亚热带植物学报, 13(1): 85-94.

蹼励杰, 包浩生, 彭补拙, 等. 1998. $^{137}$Cs 应用于我国西部风蚀地区土地退化的初步研究——以新疆库尔勒地区为例. 土壤学报, 35(4): 441-449.

齐永青, 刘纪远, 师华定, 等. 2008. 蒙古高原北部典型草原区土壤风蚀的 $^{137}$Cs 示踪法研究. 科学通报, 53(9): 1070-1076.

屈冉, 李双, 徐新良, 等. 2013. 草地退化杂类草入侵遥感监测方法研究进展. 地球信息科学学报, 15(5): 761-767.

邵全琴, 樊江文, 等. 2012. 三江源区生态系统综合监测与评估. 北京: 科学出版社.

邵全琴, 刘纪远, 黄麟, 等. 2013. 2005~2009 年三江源自然保护区生态保护和建设工程生态成效综合评估. 地理研究, 32(9): 1645-1656.

邵全琴, 肖桐, 刘纪远, 等. 2011. 三江源区典型高寒草甸土壤侵蚀的 $^{137}$Cs 定量分析. 科学通报, 56(13): 1019-1025.

邵全琴, 赵志平, 刘纪远, 等. 2010. 近 30 年来三江源地区土地覆被与宏观生态变化特征. 地理研究, 29(8): 1439-1451.

孙文义, 邵全琴, 刘纪远, 等. 2011. 三江源典型高寒草地坡面土壤有机碳变化特征及其影响因素. 自然资源学报, 26(12): 2072-2087.

仝川, 郝敦元, 高霞, 等. 2002. 利用马尔柯夫过程预测锡林河流域草原退化格局的变化. 自然资源学报, 17(4): 488-493.

涂军, 石德军. 1999. 青海高寒草甸草地退化的遥感技术调查分析. 应用与环境生物学报, 5(2): 131-135.

王冬梅. 2000. 农地水土保持. 北京: 中国林业出版社.

王宏志, 李仁东, 毋河海. 2002. 土地利用动态度双向模型及其在武汉郊县的应用. 国土资源遥感, 02:

20-22.

王焕炯, 范闻捷, 崔要奎, 等. 2010. 草地退化的高光谱遥感监测方法. 光谱学与光谱分析, 30(10): 2734-2738.

王军邦, 刘纪远, 邵全琴, 等. 2009. 基于遥感-过程耦合模型的1988～2004年青海三江源区净初级生产力模拟. 植物生态学报, 33(2): 254-269.

王礼先, 王斌瑞, 等. 2000. 林业生态工程学. 北京: 中国林业出版社.

王培娟, 谢东辉, 张佳华, 朱启疆, 陈镜明. 2007. 基于过程模型的长白山自然保护区森林植被净第一性生产力空间尺度转换方法. 生态学报, 8: 3215-3224.

王艳荣, 雍世鹏. 2004. 利用多时相近地面反射波谱特征对不同退化等级草地的鉴别研究. 植物生态学报, 28(3): 406-413.

王尧. 2011. 喀斯特地区土壤侵蚀模拟研究. 北京大学.

魏强, 王芳, 陈文业, 等. 2010. 黄河上游玛曲不同退化程度高寒草地土壤物理特性研究. 水土保持通报, 30(5): 16-21.

吴丹. 2014. 中国主要陆地生态系统水源涵养服务研究. 中国科学院博士学位论文.

吴红, 安如, 李晓雪, 等. 2011. 基于初级生产力变化的草地退化监测研究. 草业科学, 28(04): 536-542.

肖文发, 黄志霖, 唐万鹏, 等. 2012. 长江三峡库区退耕还林工程生态效益监测与评价. 北京: 科学出版社.

徐剑波, 陈进发, 胡月明, 等. 2011. 青海省玛多县草地退化现状及动态变化研究. 草业科学, 28(3): 359-364.

徐孝庆. 1992. 森林综合效益计量评价. 北京: 中国林业出版社.

徐新良, 刘纪远, 邵全琴, 等. 2008. 30年来青海三江源生态系统格局和空间结构动态变化. 地理研究, 27(4): 829-838.

薛存芳, 张玮. 2009. 基于MODIS数据的内蒙古草地植被退化动态监测研究. 国土资源遥感, 21(2): 97-101.

严平, 董光荣, 张信宝等. 2000. $^{137}$Cs法测定青藏高原土壤风蚀的初步结果. 科学通报. 45(2): 199-204.

杨文才, 吴新宏, 张德罡, 等. 2011. 基于MODIS-NDVI的三江源区称多县高寒草地退化现状评价. 草原与草坪, 31(5): 50-54.

余新晓, 谷建才, 岳永杰, 等. 2010. 林业生态工程效益评价. 北京: 科学出版社.

喻小勇, 邵全琴, 刘纪远, 等. 2012. 三江源区不同退化程度的高寒草甸光谱特征分析. 地球信息科学学报, 14(3): 398-404.

臧淑英, 那晓东, 冯仲科. 2008. 基于植被指数的大庆地区草地退化因子遥感定量反演模型的研制. 北京林业大学学报, 30(s1): 98-104.

张仁华, 田静, 李召良, 苏红波, & 陈少辉. 2010. 定量遥感产品真实性检验的基础与方法. 中国科学: D辑, 211-222.

张万昌, 钟山, 胡少英. 2008. 黑河流域叶面积指数(LAI)空间尺度转换. 生态学报. 28(6): 2495-2504.

章文波, 谢云, 刘宝元. 2002. 利用日雨量计算降雨侵蚀力的方法研究. 地理科学, 22(6): 705-711.

章文波, 谢云, 刘宝元. 2003. 中国降雨侵蚀力空间变化特征. 山地学报, 21(1): 33-40.

赵同谦. 2004. 中国陆地生态系统服务功能及其价值评价研究. 北京: 中国科学院生态环境研究中心.

赵志平, 刘纪远, 邵全琴. 2010. 三江源自然保护区土地覆被变化特征分析. 地理科学, 30(3): 415-420.

中国草地资源图编制委员会. 1993. 1：100万中国草地资源图集. 北京: 中国地图出版社.

中国环境监测总站. 2004. 中国生态环境质量评价研究. 北京: 中国环境科学出版社.

中华人民共和国国家标准. 2009. 退耕还林工程建设效益监测评价(GB/T23233-2009). 北京: 中国标准出版社.

中华人民共和国环境保护行业标准. 2006. 生态环境状况评价技术规范(HJ/T 192-2006). 北京: 中国环

境科学出版社.

中华人民共和国农业行业标准. 2003. 天然草地合理载畜量的计算(NY/ T635-20021). 北京: 中国标准出版社.

周兴民. 2001. 中国嵩草草甸. 北京: 科学出版社.

朱会义, 李秀彬, 何书金, 等. 2001. 环渤海地区土地利用的时空变化分析. 地理学报, 56(03): 253-260.

朱连奇, 许叔明, 陈沛云. 2003. 山区土地利用/覆被变化对土壤侵蚀的影响. 地理研究, 22(4): 432-438.

Abbot M, Dawson T, Clark J, Covich A, Goldberg D, Kinzig A. 2015. NEON Science Capability Assessment [Internet]. Boulder (CO): NEON, Inc. ; 2015 February 23. 19 p. Available from: http: //www. neoninc. org.

Allen R G, Pereira L S, Raes D, et al. 1998. FAO irrigation and drainage paper No. 56. Rome: Food and Agriculture Organization of the United Nations, 26-40.

Apaydin H, Sonmez F K, & Yildirim Y E. 2004. Spatial interpolation techniques for climate data in the GAP region in Turkey. Climate Research, 28(1): 31-40.

Aubry P, Debeuzie D. 2000. Geostatistical estimation variance for the spatial mean in two-dimensional systematic sampling. Ecology, 81: 543-553.

Baret F, & Buis S. 2008. Estimating canopy characteristics from remote sensing observations: review of methods and associated problems. Advances in Land Remote Sensing. New York, USA. Springer, 173-201.

Börner J, Baylis K, Corbera E, Ezzine-de-Blas D, Ferraro P J, Honey-Rosés J, Lapeyre R, et al. PLOS ONE 2016. Emerging Evidence on the Effectiveness of Tropical Forest Conservation. 11: e0159152.

Burrous S N, Gower S T, Clayte M K, et al. 2002. Application of geostatistics to characterize leaf area index (LAI) from flux tower to landscape scales using a cyclic sampling design. Ecosysterns, 5(7): 667-679.

Che T, Li X, Jin R, Armstrong R, Zhang T J. 2008. Snow depth derived from passive microwave remote-sensing data in China. Annals of Glaciology, 49: 145-154.

Chen J M, Pavlic G, Brown L, et al. 2002. Derivation and validation of Canada wide coarse resolution leaf area index maps using high resolution satellite imagery and ground measurement. Remote Sensing of Environment. 80: 165-184.

Clinger W, Van Ness J W. 1976. On unequally spaced time points in time series. Ann Stat. 4: 736-745.

Courtier P, Derber J, Errico R, Louis J F, & Vukićević T. 1993. Important literature on the use of adjoint, variational methods and the Kalman filter in meteorology. Tellus A, 45, 342-357.

Dai Liyun, Che Tao. 2010. Cross-platform calibration of SMMR, SMM/I and AMSR-E passive microwave brightness temperature. Sixth International Symposium on Digital Earth: Data Procession and Applications, edited by Huadong Guo, Changlin Wang, Proc. of SPIE, Vol. 7841.

Diner D J, Asner G P, Davies R, Knyazikhin Y, Muller J P, Nolin A W, Pinty B, Schaaf C B, & Stroeve J. 1999. New directions in earth observing: Scientific applications of multiangle remote sensing. Bulletin-American Meteorological Society, 80, 2209-2228.

Dutilleul P, Sep N. 1993. Spatial Heterogeneity and the Design of Ecological Field Experiments. Ecology, 74: 1646-1658.

Gill R A, Kelly R H, Parton W J, et al. 2002. Using simple environmental variables to estimate below - ground productivity in grasslands. Global ecology and biogeography, 11(1): 79-86.

Gutman G, Ignatov A. 1998. The derivation of the green vegetation fraction from NOAA/AVHRR data for use in numerical weather prediction models. International Journal of Remote Sensing, 19(8): 1533-1543.

Hutchinson M F. 1995. Interpolating mean rainfall using thin plate smoothing splines. International journal of geographical information systems, 9(4): 385-403.

Legendre P. 1993. Spatial autocorrelation: trouble or new paradigm? Ecology, 74: 1659-1673.

Liu B Y, Nearing M A, Risse L M. 1994. Slope gradient effects on soil loss for steep slopes [J]. Transactions of the American Society of Agricultural Engineers, 37(6): 1835-1840.

Liu B Y, Nearing M A, Shi P J. et. al. 2000. Slope length effects on soil loss for steep slopes. Soil Science Society of America Journal, 64(5): 1759-1763.

Mccool D K, Foster G R, Mutchler C K, et al. 1989. Revised slope length factor for the universal soil loss equation [J]. Transactions of the American Society of Agricultural Engineers, 32(5): 1571-1576.

Millennium Ecosystem Assessment. 2003. Ecosystems and Human Well-being. Washington: Island Press.

Raffy M, & Gregoire C. 1998. Semi-empirical models and scaling: a least square method for remote sensing experiments. International Journal of Remote Sensing, 19, 2527-2541.

Renard K G, Foster G R, Weesies G A, McCool D K, and Yoder D C. 1997. PrediSoil Erosion by Water: A Guide to Conservation Planning with the Revised Universal Soil Loss Equation (RUSLE). Agriculture Handbook No.703. U.S.Department of Agriculture, Agricultural Research Service, Washington, District of Columbia, USA. 404 pp.

Shao Y P, Raupach M R, Leys J F. 1996. A model for predicting Aeolian sand drift and dust entrainment on scales from pad-dock to region. Australian Journal of Soil Research, 34: 309-402.

Tallis H T, Ricketts T, Guerry A D, et al. 2011. InVEST 2. 0 beta User's Guide. The Natural Capital Project.

The State of Nation's Ecosystems. 2008. Measuring the Lands, Waters, and Living Resources of the United States. 2008. The H. John Heinz III Center for Science, Economics and the Environment.

Tian Y, Wang Y, Knyazikhin Y, et al. 2003. Radiative Transfer Based Scaling of LAI Retrievals form Reflectance Data of Different Resolution. Remote Sending of Environment, 84: 143-159.

Vaughan H, Brydges T, Fenech A, Lumb A. 2001. Monitoring long-term ecological changes through the Ecological Monitoring and Assessment Network: science-based and policy relevant. Environ Monit Assess. 67(1-2): 3-28.

Verger A, Baret F, & Weiss M. 2008. Performances of neural networks for deriving LAI estimates from existing CYCLOPES and MODIS products. Remote Sensing of Environment, 112, 2789-2803.

Weiss M, Troufleau D, Baret F, Chauki H, Prevot L, Olioso A, Bruguier N, & Brisson N. 2001. Coupling canopy functioning and radiative transfer models for remote sensing data assimilation. Agricultural and Forest Meteorology, 108, 113-128.

Williams J R, Jones C A, Dyke P T. 1984. A modeling approachto determining the relationship between erosion and soilproductivity. Transactions of the Asae, 27(1): 129-144.

Wisehmeier W H, Johnson C B, Cross B V. 1971. A soiler odibility mono graph for farm land construction sites. Journal of Soiland Water Conservation, 26: 189-193.

Woodcock C E, & Strahler A H. 1987. The factor of scale in remote sensing. Remote Sensing of Environment, 21, 311-332.

Woodruff N P, Siddoway F H. 1965. A wind erosion equation. Proceedings of the Soil Science Society of America, 29: 602-608.

Yamano H, Chen J, Tamura M. 2003. Hyperspectral identification of grassland vegetation in Xilinhot, Inner Mongolia, China. International Journal of Remote Sensing, 24(15): 3171-3178.

# 附件1 三江源区生态系统
# 本底评估主要结论

　　针对三江源区域特征，借鉴 MA 生态系统评估的理念，以现代空间信息"3S"技术为支撑，在建设三江源生态环境综合数据库系统的基础上，实现野外观测数据、生态模型模拟数据和遥感对地观测数据的集成分析，通过多源数据融合、尺度转换与地面-空间数据相互验证，建立对三江源生态系统格局、功能变化规律的科学认识，追踪全区生态系统服务变化轨迹，提炼生态系统变化过程中的主导规律，从而实现三江源生态本底的综合评估。

　　通过三江源区生态本底综合评估研究，取得了以下主要核心成果。

　　（1）发展了一套基于遥感、GIS 和生态模型技术的生态时空过程参数获取的方法体系，建立和开发了三江源区生态系统评估综合数据库及其管理系统，该数据库涵盖生态本底综合评估指标体系的所有参数项，是目前我国在该区域建立的时间跨度最长、时空分辨率最高、数据质量最为可靠的生态评估综合数据库。该系统为三江源生态保护和建设总体规划项目的生态建设成效评估建立了一个完备的时空信息本底，奠定了生态建设成效评估的科学数据基础。

　　（2）提出了土地覆盖类型转类与主体生态系统退化结合的生态系统宏观结构变化评估指标体系，并完成了生态系统结构评估。在此基础上揭示了三江源草地退化的基本特征和区域差异，以及不同区域草地退化的过程模式，为草地生态系统恢复提供了区域针对性很强的科学依据。

　　（3）提出了符合三江源区生态系统核心和主要服务序列的"支持功能、供给功能、调节功能综合评估指标体系"，并完成了生态系统服务综合评估。在水、土、气、生各分项功能指标定量化和动态评估方面达到了一个全新的水平。揭示了生态系统各主要服务的时空变化规律与驱动机制，对于三江源区生态系统核心和主要服务的维持与恢复具有重要的科学意义。

　　（4）研究发展了多项新概念和新方法，其中包括：生态系统本底综合评估中"生态本底"的定义、生态系统服务优先度序列、遥感草地退化分类系统、草地承载压力指数、径流调节系数、保护区动物栖息地适宜性评价指标等，在支持项目目标实现的同时，为生态系统评估理论与方法论创新做出了重要的贡献。

　　通过分析和研究，在三江源区生态系统变化的时空过程规律及其形成机制方面取得了一系列新的科学结论，主要包括：

　　（1）30 年来三江源地区各类生态系统变化主要发生在三江源东部人类活动集中的地区和中北部气候暖干化影响严重的地区。但在总体上，三江源地区生态系统格局稳定少动，生态系统类型变化相对缓慢，人类改造生态系统的强度和广度远低于全国其他地区，这为该区域今后开展生态系统服务的保护和恢复奠定了良好的基础。

（2）从 20 世纪 70 年代~2004 年，三江源退化草地面积占草地总面积的 40.1%。然而，三江源草地退化的格局在 70 年代末期已基本形成，尽管 70 年代后的草地退化过程一直在继续发生，但总体上不存在 90 年代至今的急剧加强。三江源草地退化的空间差异明显，可以划分为 7 个退化特征区。

（3）近 30 年来长江源区、黄河源区的供水功能均呈下降趋势，后者的下降速率和幅度均大于前者，而长江源区因为冰雪融水的补充，其水供给功能状况明显好于黄河源区。三江源地区气候的干暖化过程，是造成该地区水供给功能下降的根本原因。

（4）三江源地区的牧草年供给总量约 974 万 t。从 1988~2005 年的 18 年，三江源草地的产草量总体变化不大，但呈现 5 年左右的波动周期，特别以 2005 年的产草量最高，这主要是由于当年气候条件的影响造成的，人为作用极其有限。

（5）在调节功能方面，三江源黄河流域生态系统在春汛期和枯水期径流调节功能下降，夏汛期调节功能增强；在长江流域，沱沱河站以上地区生态系统的径流调节功能呈上升趋势，而其他区域的径流调节功能呈下降趋势。

三江源区生态系统总持水量（水分涵养量）159.5 亿 t，其中，黄河流域 49.7 亿 t，长江流域 73.9 亿 t，澜沧江流域 17.5 亿 t，分别相当于黄河、长江、澜沧江径流总量的 25%、62% 和 33%。这显示出三江源的生态系统在江河的径流调节中发挥着巨大的作用。

三江源地区 1982~2003 年的年蒸散总量平均为 1 106.86 亿 t，占该地区多年降水量平均值的 69%。该地区生态系统的水调节功能表现为：黄河流域>长江流域>澜沧江流域；生态系统对地表热调节表现为：黄河流域>澜沧江流域>长江流域，并从东南到西部降低。

自 20 世纪 70 年代中后期以来，三江源区草地生态系统的土壤保持能力在整体持续地减弱，而且减弱呈增强的趋势。各流域草地生态系统的土壤保持能力表现为：长江流域>澜沧江流域>黄河流域。各县的表现为：曲麻莱县的草地生态系统土壤保持功能减弱最多，班玛县减弱最少。

（6）近 30 年来，三江源地区年平均温度呈上升趋势，每 10 年约上升 0.33℃，特别是 90 年代以来三江源地区的温度升高有加速的趋势；而年降水量呈现减少趋势，每 10 年约减少 13.879 mm，同时，三江源地区降水存在一定的周期性，南部表现出短周期性（2~3 年），中部表现出中周期性（5~6 年），东北部表现出长周期性（大于 7 年）。除最西部分地区以外，三江源地区整体气候变化以暖干化趋势为主。

（7）三江源草食家畜经历了 5 个阶段 3 个台级的发展，在 20 世纪 70 年代后期载畜量达到峰值后，1978~2005 年的 28 年来三江源区的载畜压力具有逐年下降的趋势，特别以冬春场的压力指数下降趋势更为明显，三江源地区草地利用逐年向合理的方向发展。同时，冬春场和夏场的载畜压力指数逐渐趋于一致，冬春场过重的放牧压力逐渐由原来压力较轻的夏场所承担，这对草地减负、缓解草地退化起到了较好作用。但目前三江源地区草地仍总体超载 1.7 倍，而冬春场草地更是超载 2.3 倍以上。三江源地区自 20 世纪 60 年代后期到 90 年代末连续 30 多年的过度放牧是造成该地区草地退化的一个最主要因素。

# 附件 2  三江源生态保护和建设工程生态效益中期评估主要结论

三江源一期工程生态效益中期评估主要围绕生态保护与建设工程实施以来工程成效是否开始呈现为核心,具体针对生态系统结构有无变化,沙化是否得到遏制?草地退化态势如何,是否有好转?草地生产力是否得到恢复与提高,草畜矛盾是否有效减轻?流域径流调节功能有无提高,土壤流失有无减轻,主要径流水质是否保持优良等主要问题进行分析和评价。针对生态系统结构有无变化,沙化是否得到遏制的问题,主要采用与生态本底评估相同的技术路线,解译 2008 年 TM 图像获取土地覆被图,并与 2004 年土地覆被数据进行比较分析;针对草地退化态势如何,是否有好转的问题,由于 2004~2008年时间间隔较短,本底评估时提出的草地退化遥感分类系统不适用,因此提出了草地退化态势遥感分类系统,并结合地面调查数据开展分析;针对草地生产力是否得到恢复与提高,草畜矛盾是否有效减轻的问题,仍然沿用基于遥感反演参数的 GLOPEM-CEVSA模型模拟计算获取;针对流域径流调节功能有无提高的问题,仍然采用本底报告中枯水季径流量和汛期径流调节系数的技术方法分析;针对土壤流失有无减轻,主要利用水文站泥沙含量数据,结合降雨侵蚀力进行综合分析。

## 1. 工程实施以来气候变化和人类活动的调整

工程实施以来,气候变化和人类活动的调整都对工程成效产生的十分积极的作用。

据分析,工程实施前的 1975~2004 年 29 年三江源区气象站点观测的年平均温度均值为–0.54℃,而工程实施后的 2004~2007 年 4 年站点年平均温度均值为 0.47℃,实施后期(2004~2007 年)年平均温度均值比实施前期(2000~2004 年)增加了 0.49℃。同时,1975~2004 年时段年平均气温变化率约为 0.34℃/10 a,1975~2007 年时段年均气温变化率约为 0.43℃/10 a,表明最近十几年该地区的增温速率明显加快。温度增高导致植被返青期提前,生产力提高,对植被恢复起到了明显的促进作用。

统计表明,本区工程前 1975~2004 年时段的站点年降水量均值为 478 mm,工程实施后 2004~2007 年时段的年降水量均值为 506 mm,实施后期(2004~2007 年)年降水量均值比前期(2000~2004 年)增加了 46 mm。实施后期除 2006 年降水量低于多年平均水平,其余几年均高于多年平均年降水量。同时,1975~2004 年时段年降水量变化趋势为–12.4 mm/10 a,1975~2007 年时段年降水量变化趋势为–4.4 mm/10 a,表明近年来年降水量下降的趋势减缓。分析表明,近年来该地区降水量增加与生态工程实施的人工增雨关系密切,从 2006~2008 年 3 年三江源人工增雨累计增加降水 172.56 亿 m²。从降水量的季节分配看,三江源大部分地区生长季降水量增加,生长季降水量占年降水量比重提高。上述降水量的变化对该地区生态系统的恢复起到了良好的作用,使得湖泊湿地面积扩大，牧草产量提高，上游水库库容增加。

人类活动的调整也对该地区生态保护和建设工程成效产生了重要作用。工程实施后，三江源地区的家畜数量大幅度减少，草地载畜压力明显减轻，移民工作取得重要进展，鼠害防治、草地围栏、人工草地建设和天然草地改良等工程措施都对生态系统的恢复做出了积极贡献。

### 2. 生态系统结构变化速度趋缓，生态退化趋势得到明显遏制

遥感解译分析表明，2004～2008 年三江源地区生态系统结构变化比较微弱，且变化速率比工程前的几十年更趋缓慢，其变化主要表现在水体局部扩张，荒漠生态系统局部向草地生态系统过渡，其中，草地生态系统变化面积净增加 182.75 km$^2$，水体与湿地生态系统面积净增加了 43.21 km$^2$；荒漠生态系统面积净减少 200.84 km$^2$。生态系统类型的变化在一定程度上体现了 2004 年以来该地区水分条件和草地质量状况的逐步好转。

在退化草地方面，20 世纪 90 年代初~2004 年三江源地区草地退化图斑在 2004～2008 年呈现不同程度的退化减缓态势，而且局部地区草地状况有明显好转。 统计分析表明，该地区退化状态不变的草地面积占五类退化态势面积总量的 69.35%；轻微好转类型的面积占五类退化态势面积总量的 21.87%；明显好转类型的面积占五类退化态势面积总量的 7.4%；退化发生类型的面积仅占五类退化态势面积总量的 0.81%；退化加剧发生类型的面积仅仅占五类退化态势面积总量的 0.57%。

上述结果证实，工程实施后，三江源地区土地利用动态度下降，稳定性增加，生态系统结构逐渐趋于合理，草地退化态势得到明显遏制。

### 3. 草地生产力提高，草畜矛盾趋缓，草地承载压力有所减轻

工程实施后，三江源区草地产草量普遍提高。减畜工程实施后的 2005～2008 年 4 年的草地平均产草量比减畜工程实施前 2000～2004 年 5 年的平均产草量提高了 21.06%，特别是冬草场产草量的提高幅度高于夏草场，这表明生态工程在植被恢复方面取得了明显的成效，同时，对于扭转冬草场载畜压力长期一直较大的局面起到了良好的作用。

生态工程实施以来，三江源区减畜工作取得了明显成效，平均减畜数超过 20%，这对遏制这些地区草地严重退化的局面是十分有利的。同时，分析表明，减畜工程实施后，其草地现实载畜量降低的幅度大于理论载畜量提供的幅度，说明减少家畜数量对减轻草地载畜压力起到的作用要大于草地生产力相对提高的作用。因此，减畜仍是今后三江源生态恢复工作中的重中之重的任务。

分析表明，生态工程实施后的 2003～2008 年平均载畜压力指数比 1998～2002 年 5 年平均下降了 11.48%，生态工程取得了明显成效。在季节草场上，冬草场的载畜压力指数下降了 13.08%，夏草场的载畜压力指数下降了 6.86%，同时，冬春场和夏场的载畜压力指数逐年趋于接近，这表明冬春草场过重的放牧压力在一定程度上逐渐由原来压力相对较轻的夏场所承担，季节草场正在向均衡利用的方向发展，这对草地减负、缓解草地退化起到了较好的作用。

#### 4. 生态系统径流调节功能略有上升，但土壤保持功能没有提高

分析表明，在长江流域，1975～2007 年枯水期直门达站径流总体呈下降趋势，但 2003 年呈增加的趋势，说明 2003 年以后，流域径流调节功能有所增加。1975～2007 年夏汛期直门达站和沱沱河站径流调节系数几乎持平。黄河流域 1975～2007 年枯水期径流流量总体呈减少的趋势，说明生态系统的水调节能力较弱。2003 年以后，枯水期流量呈明显增加的趋势，反映生态系统调节水量的作用增强，这对下游地区枯水期水量的增加是十分有利的。而在夏汛期，吉迈和唐乃亥站 1975～2007 年径流调节系数呈缓慢下降的趋势，2003 年以后径流调节系数下降明显，表明更多的降水被截留，生态系统更好的发挥了水调节功能，这有利于径流的季节平衡，使下游地区在夏汛期发生洪灾的现象减少。

分析表明，1975 年以来，各流域径流含沙量具有逐渐减少的趋势，但 2003 年以后，春汛期和夏汛期径流的含沙量呈增加的趋势，相应的降水侵蚀力也有一定程度的增加，这说明降水对土壤的侵蚀作用仍在加强。

#### 5. 向长江、黄河中下游输出的水资源保持优良的水质

2006 年所有检测点中，饮用水水质皆符合国家饮用水水质标准。从长江源直门达断面、黄河源唐乃亥断面共 19 项指标中可以看出，2007 年直门达、唐乃亥站水质状况良好其中氨氮水平由Ⅲ类变为Ⅱ类，总磷由Ⅲ类变为Ⅰ类。